# INTRODUÇÃO

# À BIOQUÍMICA

**Dados Internacionais de Catalogação na Publicação (CIP)**
**(Câmara Brasileira do Livro, SP, Brasil)**

Introdução à bioquímica / Frederick A. Bettelheim...[et al.] ; tradução Mauro de Campos Silva, Gianluca Camillo Azzellini ; revisão técnica Gianluca Camillo Azzellini. - São Paulo : Cengage Learning, 2017.

Outros autores: William H. Brown, Mary K. Campbell, Shawn O. Farrell
1. reimpr. da 1. ed. de 2012.
Título original: Introduction to general, organic and biochemistry.
9. ed. norte-americana.
Bibliografia.
ISBN 978-85-221-1150-3

1. Bioquímica I. Bettelhein, Frederick A. II. Brown, William H. III. Campbell, Mary K. IV. Farrell, Shawn O.

11-05825                                                CDD-574.19207

**Índice para catálogo sistemático:**

1. Bioquímica : Estudo e ensino : Biologia  574.19207

# INTRODUÇÃO

## À BIOQUÍMICA

Tradução da 9ª edição norte-americana

**Frederick A. Bettelheim**

**William H. Brown**
*Beloit College*

**Mary K. Campbell**
*Mount Holyoke College*

**Shawn O. Farrell**
*Olympic Training Center*

Tradução
**Mauro de Campos Silva**
**Gianluca Camillo Azzellini**

Revisão técnica
**Gianluca Camillo Azzellini**

Bacharelado e licenciatura em Química na Faculdade de Filosofia Ciências e Letras, USP-Ribeirão Preto; Doutorado em Química pelo Instituto de Química-USP; Pós-Doutorado pelo Dipartimento di Chimica G. Ciamician – Universidade de Bolonha. Professor do Instituto de Química – USP

**CENGAGE**

Austrália • Brasil • México • Cingapura • Reino Unido • Estados Unidos

# CENGAGE

**Introdução à bioquímica**
**Bettelheim, Brown, Campbell, Farrell**

Gerente Editorial: Patricia La Rosa

Supervisora Editorial: Noelma Brocanelli

Editor de Desenvolvimento: Fábio Gonçalves

Supervisora de Produção Editorial: Fabiana Alencar Albuquerque

Pesquisa Iconográfica: Edison Rizzato

Título Original: Introduction to General, Organic,
and Biochemistry – 9th edition
ISBN 13: 978-0-495-39121-0
ISBN 10: 0-495-39121-2

Tradução: Mauro de Campos Silva (Prefaciais, cap. 32, Glossário, Apêndices e Respostas) e Gianluca Camillo Azzellini (Caps. 16 ao 31)

Revisão Técnica: Gianluca Camillo Azzellini

Copidesque: Carlos Villarruel

Revisão: Luicy Caetano de Oliveira e Cristiane M. Morinaga

Diagramação: Cia. Editorial

Capa: Absoluta Propaganda e Design

© 2010 Brooks/Cole, parte da Cengage Learning.

© 2012 Cengage Learning.

Todos os direitos reservados. Nenhuma parte deste livro poderá ser reproduzida, sejam quais forem os meios empregados, sem a permissão, por escrito, da Editora. Aos infratores aplicam-se as sanções previstas nos artigos 102, 104, 106 e 107 da Lei nº 9.610, de 19 de fevereiro de 1998.

Esta editora empenhou-se em contatar os responsáveis pelos direitos autorais de todas as imagens e de outros materiais utilizados neste livro. Se porventura for constatada a omissão involuntária na identificação de algum deles, dispomo-nos a efetuar, futuramente, os possíveis acertos.

> Para informações sobre nossos produtos, entre em contato pelo telefone **0800 11 19 39**
>
> Para permissão de uso de material desta obra, envie seu pedido
> para **direitosautorais@cengage.com**

© 2012 Cengage Learning. Todos os direitos reservados.

ISBN-13: 978-85-221-1150-3
ISBN-10: 85-221-1150-2

**Cengage Learning**
Condomínio E-Business Park
Rua Werner Siemens, 111 – Prédio 11 – Torre A – Conjunto 12
Lapa de Baixo – CEP 05069-900 – São Paulo – SP
Tel.: (11) 3665-9900 – Fax: (11) 3665-9901
SAC: 0800 11 19 39

Para suas soluções de curso e aprendizado, visite
**www.cengage.com.br**

Impresso no Brasil
*Printed in Brazil*
1 reimpr. – 2017

À minha bela esposa, Courtney – entre revisões,
o emprego e a escola, tenho sido pouco mais que um fantasma
pela casa, absorto em meu trabalho. Courtney manteve
a família unida, cuidou de nossos filhos e do lar,
ao mesmo tempo que tratava de seus próprios textos. Nada disso
seria possível sem seu amor, apoio e esforço.  SF

Aos meus netos, pelo amor e pela alegria que
trazem à minha vida: Emily, Sophia e Oscar; Amanda e Laura;
Rachel; Gabrielle e Max.  WB

Para Andrew, Christian e Sasha – obrigada pelas recompensas
de ser sua mãe. E para Bill, Mary e Shawn – é sempre
um prazer trabalhar com vocês. MK

A edição brasileira está dividida em três livros,* além da
edição completa (combo), sendo:

## Introdução à química geral

Capítulo 1 Matéria, energia e medidas

Capítulo 2 Átomos

Capítulo 3 Ligações químicas

Capítulo 4 Reações químicas

Capítulo 5 Gases, líquidos e sólidos

Capítulo 6 Soluções e coloides

Capítulo 7 Velocidade de reação e equilíbrio químico

Capítulo 8 Ácidos e bases

Capítulo 9 Química nuclear

## Introdução à química orgânica

Capítulo 10 Química orgânica

Capítulo 11 Alcanos

Capítulo 12 Alquenos e alquinos

Capítulo 13 Benzeno e seus derivados

Capítulo 14 Alcoóis, éteres e tióis

Capítulo 15 Quiralidade: a lateralidade das moléculas

Capítulo 16 Aminas

Capítulo 17 Aldeídos e cetonas

Capítulo 18 Ácidos carboxílicos

Capítulo 19 Anidridos carboxílicos, ésteres e amidas

## Introdução à bioquímica

Capítulo 20 Carboidratos

Capítulo 21 Lipídeos

Capítulo 22 Proteínas

Capítulo 23 Enzimas

Capítulo 24 Comunicação química: neurotransmissores e hormônios

Capítulo 25 Nucleotídeos, ácidos nucleicos e hereditariedade

Capítulo 26 Expressão gênica e síntese de proteínas

Capítulo 27 Bioenergética: como o organismo converte alimento em energia

Capítulo 28 Vias catabólicas específicas: metabolismo de carboidratos, lipídeos e proteínas

Capítulo 29 Vias biossintéticas

Capítulo 30 Nutrição

Capítulo 31 Imunoquímica

Capítulo 32 Fluidos do corpo**

## Introdução à química geral, orgânica e bioquímica (combo)

---

\* Em cada um dos livros há remissões a capítulos, seções, quadros, figuras e tabelas que fazem parte dos outros livros. Para consultá-los será necessário ter acesso às outras obras ou ao combo.

\*\* Capítulo on-line, na página do livro, no site www.cengage.com.br.

# Sumário

## Capítulo 20 Carboidratos, 475

- 20.1 Carboidratos: o que são monossacarídeos?, 475
- 20.2 Quais são as estruturas cíclicas dos monossacarídeos?, 480
- 20.3 Quais são as reações características dos monossacarídeos?, 484
- 20.4 O que são dissacarídeos e oligossacarídeos?, 490
- 20.5 O que são polissacarídeos?, 493
- 20.6 O que são polissacarídeos ácidos?, 495

Resumo das questões-chave, 496
Resumo das reações fundamentais, 497
Problemas, 498

### Conexões químicas

- 20A Galactosemia, 480
- 20B Ácido L-ascórbico (vitamina C), 483
- 20C Teste para glicose, 487
- 20D Sangue dos tipos A, B, AB e O, 489
- 20E Bandagens de carboidratos que salvam vidas, 494

## Capítulo 21 Lipídeos, 503

- 21.1 O que são lipídeos?, 503
- 21.2 Quais são as estruturas dos triglicerídeos?, 504
- 21.3 Quais são algumas das propriedades dos triglicerídeos?, 505
- 21.4 Quais são as estruturas dos lipídeos complexos?, 507
- 21.5 Qual é a função dos lipídeos na estrutura das membranas?, 508
- 21.6 O que são glicerofosfolipídeos?, 509
- 21.7 O que são esfingolipídeos?, 510
- 21.8 O que são glicolipídeos?, 512
- 21.9 O que são esteroides?, 514
- 21.10 Quais são algumas das funções fisiológicas dos hormônios esteroides?, 519
- 21.11 O que são sais biliares?, 523
- 21.12 O que são prostaglandinas, tromboxanos e leucotrienos, 524

Resumo das questões-chave, 526
Problemas, 527

### Conexões químicas

- 21A Ranço, 506
- 21B Ceras, 507
- 21C Transporte através das membranas celulares, 511
- 21D A bainha de mielina e a esclerose múltipla, 514
- 21E Doenças relacionadas ao armazenamento de lipídeos, 515
- 21F Esteroides anabolizantes, 522
- 21G Métodos contraceptivos por via oral, 523
- 21H Ação das drogas anti-inflamatórias, 526

## Capítulo 22 Proteínas, 533

- 22.1 Quais são as várias funções das proteínas?, 533
- 22.2 O que são aminoácidos?, 534
- 22.3 O que são zwitteríons?, 538
- 22.4 O que determina as características dos aminoácidos?, 539
- 22.5 O que são aminoácidos incomuns?, 541
- 22.6 Como os aminoácidos se combinam para formar as proteínas?, 542
- 22.7 Quais são as propriedades das proteínas?, 544

22.8 O que é a estrutura primária das proteínas?, 547
22.9 O que é a estrutura secundária das proteínas?, 550
22.10 O que é a estrutura terciária das proteínas?, 551
22.11 O que é a estrutura quaternária das proteínas?, 554
22.12 Como são as proteínas desnaturadas?, 557
Resumo das questões-chave, 561
Problemas, 562

### Conexões químicas

- **22A** Aspartame, o peptídeo doce, 543
- **22B** AGE e envelhecimento, 545
- **22C** O uso da insulina humana, 549
- **22D** Anemia falciforme, 549
- **22E** Doenças dependentes da conformação de proteína/peptídeo, 553
- **22F** Proteômica, Uau!, 555
- **22G** A estrutura quaternária de proteínas alostéricas, 558
- **22H** Cirurgias a *laser* e desnaturação de proteínas, 560

## Capítulo 23 Enzimas, 567

23.1 O que são enzimas?, 567
23.2 Qual é a nomenclatura das enzimas e como elas são classificadas?, 569
23.3 Qual é a terminologia utilizada com as enzimas?, 570
23.4 Quais são os fatores que influenciam na atividade enzimática?, 571
23.5 Quais são os mecanismos da ação enzimática?, 572
23.6 Como as enzimas são reguladas?, 575
23.7 Como as enzimas são usadas na medicina?, 580
23.8 O que são análogos do estado de transição e enzimas elaboradas?, 581
Resumo das questões-chave, 585
Problemas, 585

### Conexões químicas

- **23A** Relaxantes musculares e especificidade enzimática, 569
- **23B** Enzimas e memória, 576
- **23C** Sítios ativos, 577
- **23D** Usos medicinais dos inibidores, 579
- **23E** Glicogênio fosforilase: um modelo para a regulação de enzimas, 582
- **23F** Uma enzima, duas funções, 583
- **23G** Anticorpos catalíticos contra a cocaína, 584

## Capítulo 24 Comunicação química: neurotransmissores e hormônios, 591

24.1 Que moléculas estão envolvidas na comunicação química?, 591
24.2 Como os mensageiros químicos são classificados em neurotransmissores e hormônios?, 593
24.3 De que forma a acetilcolina age como um mensageiro?, 595
24.4 Quais aminoácidos agem como neurotransmissores?, 599
24.5 O que são mensageiros adrenérgicos?, 600
24.6 Qual é a função dos peptídeos na comunicação química?, 605
24.7 De que forma os hormônios esteroides agem como mensageiros?, 606
Resumo das questões-chave, 610
Problemas, 611

### Conexões químicas

- **24A** A atuação do cálcio como um agente sinalizador (mensageiro secundário), 596
- **24B** O botulismo e a liberação de acetilcolina, 597
- **24C** Doença de Alzheimer e comunicação química, 598
- **24D** Doença de Parkinson: redução de dopamina, 603
- **24E** A atuação do óxido nítrico como um mensageiro secundário, 604
- **24F** Diabetes, 609
- **24G** Hormônios e poluentes biológicos, 609

Capítulo 25 **Nucleotídeos, ácidos nucleicos e hereditariedade**, 615

25.1 Quais são as moléculas da hereditariedade?, 615
25.2 Do que são feitos os ácidos nucleicos?, 616
25.3 Qual é a estrutura do DNA e RNA?, 620
25.4 Quais são as diferentes classes do RNA?, 626
25.5 O que são genes?, 629
25.6 Como o DNA é replicado?, 629
25.7 Como o DNA é reparado?, 635
25.8 Como se amplifica o DNA?, 638
Resumo das questões-chave, 638
Problemas, 640

Conexões químicas

25A Drogas anticâncer, 620
25B Telômeros, telomerase e imortalidade, 631
25C Obtendo as impressões digitais do DNA – testes de DNA (DNA *fingerprinting*), 634
25D O Projeto do Genoma Humano: tesouro ou a caixa de Pandora?, 635
25E Farmacogenômica: adequando a medicação às características individuais, 636

Capítulo 26 **Expressão gênica e síntese de proteínas**, 643

26.1 Como o DNA conduz ao RNA e às proteínas?, 643
26.2 Como o DNA é transcrito no RNA?, 645
26.3 Qual é o papel do RNA na tradução?, 647
26.4 O que é o código genético?, 648
26.5 Como as proteínas são sintetizadas?, 649
26.6 Como os genes são regulados?, 655
26.7 O que são mutações?, 661
26.8 Como e por que se manipula o DNA?, 664
26.9 O que é terapia gênica?, 667
Resumo das questões-chave, 669
Problemas, 670

Conexões químicas

26A Quebrando o dogma: o vigésimo primeiro aminoácido, 655
26B Viroses, 656
26C Mutações e evolução bioquímica, 661
26D Mutações silenciosas, 662
26E p53: uma proteína fundamental na supressão de tumores, 663
26F Diversidade humana e fatores de transcrição, 664

Capítulo 27 **Bioenergética: como o organismo converte alimento em energia**, 673

27.1 O que é metabolismo?, 673
27.2 O que são mitocôndrias e que função desempenham no metabolismo?, 675
27.3 Quais são os principais compostos da via metabólica comum?, 676
27.4 Qual é a relevância do ciclo do ácido cítrico no metabolismo?, 679
27.5 Como ocorre o transporte de $H^+$ e elétrons?, 683
27.6 Qual é a função da bomba quimiosmótica na produção de ATP?, 685
27.7 Qual é o rendimento energético resultante do transporte de $H^+$ e elétrons?, 686
27.8 Como a energia química é convertida em outras formas de energia?, 686
Resumo das questões-chave, 688
Problemas, 689

Conexões químicas

27A Desacoplamento e obesidade, 684

## Capítulo 28 Vias catabólicas específicas: metabolismo de carboidratos, lipídeos e proteínas, 693

- 28.1 Quais são os aspectos gerais das vias catabólicas?, 693
- 28.2 Quais são as reações da glicólise?, 694
- 28.3 Qual é o rendimento energético do catabolismo da glicose?, 699
- 28.4 Como ocorre o catabolismo do glicerol?, 700
- 28.5 Quais são as reações da $\beta$-oxidação dos ácidos graxos?, 701
- 28.6 Qual é o rendimento energético do catabolismo do ácido esteárico?, 703
- 28.7 O que são corpos cetônicos?, 703
- 28.8 Como o nitrogênio dos aminoácidos é processado no catabolismo?, 705
- 28.9 Como a cadeia carbônica dos aminoácidos é processada no catabolismo?, 709
- 28.10 Quais são as reações do catabolismo da heme?, 710

Resumo das questões-chave, 712
Problemas, 713

### Conexões químicas

- 28A Acúmulo de lactato, 698
- 28B Efeitos da transdução de sinal no metabolismo, 701
- 28C Cetoacidose no diabetes, 706
- 28D Defeitos hereditários no catabolismo dos aminoácidos: PKU, 712

## Capítulo 29 Vias biossintéticas, 717

- 29.1 Quais são os aspectos gerais das vias biossintéticas?, 717
- 29.2 Como ocorre a biossíntese dos carboidratos?, 718
- 29.3 Como ocorre a biossíntese dos ácidos graxos?, 722
- 29.4 Como ocorre a biossíntese dos lipídeos da membrana?, 724
- 29.5 Como ocorre a biossíntese dos aminoácidos?, 726

Resumo das questões-chave, 728
Problemas, 728

### Conexões químicas

- 29A Fotossíntese, 720
- 29B As bases biológicas da obesidade, 723
- 29C Aminoácidos essenciais, 726

## Capítulo 30 Nutrição, 731

- 30.1 Como se avalia a nutrição?, 731
- 30.2 Por que somamos calorias?, 735
- 30.3 Como o organismo processa os carboidratos da dieta?, 736
- 30.4 Como o organismo processa as gorduras da dieta?, 737
- 30.5 Como o organismo processa as proteínas da dieta?, 738
- 30.6 Qual é a importância das vitaminas, minerais e água?, 739

Resumo das questões-chave, 749
Problemas, 749

### Conexões químicas

- 30A A nova pirâmide alimentar, 734
- 30B Por que é tão difícil perder peso?, 737
- 30C Dieta e adoçantes artificiais, 740
- 30D Ferro: um exemplo da necessidade de minerais, 741
- 30E Alimentos para o aumento do desempenho, 747
- 30F Comida orgânica: esperança ou sensacionalismo?, 748

## Capítulo 31 Imunoquímica, 753

- 31.1 Como o organismo se defende das invasões?, 753
- 31.2 Que órgãos e células compõem o sistema imune?, 756
- 31.3 Como os antígenos estimulam o sistema imune?, 759
- 31.4 O que são imunoglobulinas?, 760
- 31.5 O que são células T e seus receptores?, 765
- 31.6 Como a resposta imune é controlada?, 767
- 31.7 Como o organismo reconhece um corpo estranho que pode invadi-lo?, 768

31.8 Como o vírus da imunodeficiência humana causa Aids?, 772
Resumo das questões-chave, 778
Problemas, 779

**Conexões químicas**

- 31A  O podofilo e agentes quimioterápicos, 761
- 31B  A guerra dos anticorpos monoclonais contra o câncer de mama, 765
- 31C  Imunização, 769
- 31D  Antibióticos: uma faca de dois gumes, 771
- 31E  Por que as células-tronco são especiais?, 776

## Capítulo 32 Fluidos corporais, 783

(Encontra-se na página do livro, no site www.cengage.com.br)

32.1 Quais são os fluidos corporais importantes?, 783
32.2 Quais são as funções do sangue e qual é sua composição?, 784
32.3 Como o sangue transporta oxigênio?, 787
32.4 Como ocorre o transporte de dióxido de carbono no sangue?, 789
32.5 Qual é o papel dos rins na depuração do sangue?, 790
32.6 Qual é o papel dos rins nos tampões do organismo?, 792
32.7 Como são mantidos os equilíbrios de água e sal no sangue e nos rins?, 792
32.8 Como são a bioquímica e a fisiologia da pressão sanguínea?, 792
Resumo das questões-chave, 794
Problemas, 795

**Conexões químicas**

- 32A  Utilizando a barreira hematoencefálica para eliminar efeitos colaterais indesejáveis de fármacos, 784
- 32B  Coagulação, 787
- 32C  Respiração e lei de Dalton, 789
- 32D  Os hormônios sexuais e a velhice, 793
- 32E  Hipertensão e seu controle, 794

## Apêndice I Notação exponencial, A1

## Apêndice II Algarismos significativos, A4

Respostas aos problemas do texto e aos problemas ímpares de final de capítulos, R1

Glossário, G1

Índice remissivo, IR1

Grupos funcionais orgânicos importantes
Código genético padrão
Nomes e abreviações dos aminoácidos mais comuns
Massas atômicas padrão dos elementos 2007
Tabela periódica

# Prefácio

> "Ver o mundo num grão de areia
> E o céu numa flor silvestre
> Reter o infinito na palma das mãos
> E a eternidade em um momento."
> William Blake ("Augúrios da inocência")

> "A cura para o tédio é a curiosidade
> Não há cura para a curiosidade."
> Dorothy Parker

Perceber a ordem na natureza do mundo é uma necessidade humana profundamente arraigada. Nossa meta principal é transmitir a relação entre os fatos e assim apresentar a totalidade do edifício científico construído ao longo dos séculos. Nesse processo, encantamo-nos com a unidade das leis que tudo governam: dos fótons aos prótons, do hidrogênio à água, do carbono ao DNA, do genoma à inteligência, do nosso planeta à galáxia e ao universo conhecido. Unidade em toda a diversidade.

Enquanto preparávamos a nona edição deste livro, não pudemos deixar de sentir o impacto das mudanças que ocorreram nos últimos 30 anos. Do *slogan* dos anos 1970, "Uma vida melhor com a química", para a frase atual, "Vida pela química", dá para ter uma ideia da mudança de foco. A química ajuda a prover as comodidades de uma vida agradável, mas encontra-se no âmago do nosso próprio conceito de vida e de nossas preocupações em relação a ela. Essa mudança de ênfase exige que o nosso texto, destinado principalmente para a educação de futuros profissionais das ciências da saúde, procure oferecer tanto as informações básicas quanto as fronteiras do horizonte que circunda a química.

O uso cada vez mais frequente de nosso texto tornou possível esta nova edição. Agradecemos àqueles que adotaram as edições anteriores para seus cursos. Testemunhos de colegas e estudantes indicam que conseguimos transmitir nosso entusiasmo pelo assunto aos alunos, que consideram este livro muito útil para estudar conceitos difíceis.

Assim, nesta nova edição, esforçamo-nos em apresentar um texto de fácil leitura e fácil compreensão. Ao mesmo tempo, enfatizamos a inclusão de novos conceitos e exemplos nessa disciplina em tão rápida evolução, especialmente nos capítulos de bioquímica. Sustentamos uma visão integrada da química. Desde o começo na química geral, incluímos compostos orgânicos e susbtâncias bioquímicas para ilustrar os princípios. O progresso é a ascensão do simples ao complexo. Insistimos com nossos colegas para que avancem até os capítulos de bioquímica o mais rápido possível, pois neles é que se encontra o material pertinente às futuras profissões de nossos alunos.

Lidar com um campo tão amplo em um só curso, e possivelmente o único curso em que os alunos têm contato com a química, faz da seleção do material um empreendimento bastante abrangente. Temos consciência de que, embora tentássemos manter o livro em tamanho e proporções razoáveis, incluímos mais tópicos do que se poderia cobrir num curso de dois semestres. Nosso objetivo é oferecer material suficiente para que o professor possa escolher os tópicos que considerar importante. Organizamos as seções de modo que cada uma delas seja independente; portanto, deixar de lado seções ou mesmo capítulos não causará rachaduras no edifício.

Ampliamos a quantidade de tópicos e acrescentamos novos problemas, muitos dos quais desafiadores e instigantes.

## Público-alvo

Assim como nas edições anteriores, este livro não se destina a estudantes do curso de química, e sim àqueles matriculados nos cursos de ciências da saúde e áreas afins, como enfermagem, tecnologia médica, fisioterapia e nutrição. Também pode ser usado por alunos de estudos ambientais. Integralmente, pode ser usado para um curso de um ano (dois semestres) de química, ou partes do livro num curso de um semestre.

Pressupomos que os alunos que utilizam este livro têm pouco ou nenhum conhecimento prévio de química. Sendo assim, introduzimos lentamente os conceitos básicos no início e aumentamos o ritmo e o nível de sofisticação à medida que avançamos. Progredimos dos princípios básicos da química geral, passando pela química orgânica e chegando finalmente à bioquímica. Consideramos esse progresso como uma ascensão tanto em termos de importância prática quanto de sofisticação. Ao longo do texto, integramos as três partes, mantendo uma visão unificada da química. Não consideramos as seções de química geral como de domínio exclusivo de compostos inorgânicos, frequentemente usamos substâncias orgânicas e biológicas para ilustrar os princípios gerais.

Embora ensinar a química do corpo humano seja nossa meta final, tentamos mostrar que cada subárea da química é importante em si mesma, além de ser necessária para futuros conhecimentos.

## Conexões químicas (aplicações medicinais e gerais dos princípios químicos)

Os quadros "Conexões químicas" contêm aplicações dos princípios abordados no texto. Comentários de usuários das edições anteriores indicam que esses quadros têm sido bem recebidos, dando ao texto a devida pertinência. Por exemplo, no Capítulo 1, os alunos podem ver como as compressas frias estão relacionadas aos colchões d'água e às temperaturas de um lago ("Conexões químicas 1C"). Indicam-se também tópicos atualizados, incluindo fármacos anti-inflamatórios como o Vioxx e Celebrex ("Conexões químicas 21H"). Outro exemplo são as novas bandagens para feridas baseadas em polissacarídeos obtidos da casca do camarão ("Conexões químicas 20E"). No Capítulo 30, que trata de nutrição, os alunos poderão ter uma nova visão da pirâmide alimentar ("Conexões químicas 30A"). As questões sempre atuais relativas à dieta são descritas em "Conexões químicas 30B". No Capítulo 31, o aluno aprenderá sobre importantes implicações no uso de antibióticos ("Conexões químicas 31D") e terá uma explicação detalhada sobre o tema, tão polêmico, da pesquisa com células-tronco ("Conexões químicas 31E").

A presença de "Conexões químicas" permite um considerável grau de flexibilidade. Se o professor quiser trabalhar apenas com o texto principal, esses quadros não interrompem a continuidade, e o essencial será devidamente abordado. No entanto, como essas "Conexões" ampliam o material principal, a maioria dos professores provavelmente desejará utilizar pelo menos algumas delas. Em nossa experiência, os alunos ficam ansiosos para ler as "Conexões químicas" pertinentes, não como tarefa, e o fazem com discernimento. Há um grande número de quadros, e o professor pode escolher aqueles que são mais adequados às necessidades específicas do curso. Depois, os alunos poderão testar seus conhecimentos em relação a eles com os problemas no final de cada capítulo.

## Metabolismo: o código de cores

As funções biológicas dos compostos químicos são explicadas em cada um dos capítulos de bioquímica e em muitos dos capítulos de química orgânica. A ênfase é na química e não na fisiologia. Como tivemos um retorno muito positivo a respeito do modo como organizamos o tópico sobre metabolismo (capítulos 27, 28 e 29), resolvemos manter essa organização.

Primeiramente, apresentamos a via metabólica comum através da qual todo o alimento será utilizado (o ciclo do ácido cítrico e a fosforilação oxidativa) e só depois discutimos as vias específicas que conduzem à via comum. Consideramos isso um recurso pedagógico útil que nos permite somar os valores calóricos de cada tipo de alimento porque sua utilização na via comum já foi ensinada. Finalmente, separamos as vias catabólicas das vias anabólicas em diferentes capítulos, enfatizando as diferentes maneiras como o corpo rompe e constrói diferentes moléculas.

O tema metabolismo costuma ser difícil para a maioria dos estudantes, e, por isso, tentamos explicá-lo do modo mais claro possível. Como fizemos na edição anterior, melhoramos a apresentação com o uso de um código de cores para os compostos biológicos mais importantes discutidos nos capítulos 27, 28 e 29. Cada tipo de composto aparece em uma cor específica, que permanece a mesma nos três capítulos. As cores são as seguintes:

- ATP e outros trifosfatos de nucleosídeo
- ADP e outros difosfatos de nucleosídeos
- As coenzimas oxidadas $NAD^+$ e FAD
- As coenzimas reduzidas NADH e $FADH_2$
- Acetil coenzima A

Nas figuras que mostram os caminhos metabólicos, os números das várias etapas aparecem em amarelo. Além desse uso do código de cores, outras figuras, em várias partes do livro, são coloridas de tal modo que a mesma cor sempre é usada para a mesma entidade. Por exemplo, em todas as figuras do Capítulo 23 que mostram as interações enzima-substrato, as enzimas sempre aparecem em azul, e os substratos, na cor laranja.

## Destaques

- [NOVO] **Estratégias de resolução de problemas** Os exemplos do texto agora incluem uma descrição da estratégia utilizada para chegar a uma solução. Isso ajudará o aluno a organizar a informação para resolver um problema.
- [NOVO] **Impacto visual** Introduzimos ilustrações de grande impacto pedagógico. Entre elas, as que mostram os aspectos microscópico e macroscópico de um tópico em discussão, como as figuras 6.4 (lei de Henry) e 6.11 (condutância por um eletrólito).
- **Questões-chave** Utilizamos um enquadramento nas "Questões-chave" para enfatizar os principais conceitos químicos. Essa abordagem direciona o aluno, em todos os capítulos, nas questões relativas a cada segmento.
- [ATUALIZADO] **Conexões químicas** Mais de 150 ensaios descrevem as aplicações dos conceitos químicos apresentados no texto, vinculando a química à sua utilização real. Muitos quadros novos de aplicação sobre diversos tópicos foram acrescentados, tais como bandagens de carboidrato, alimentos orgânicos e anticorpos monoclonais.
- **Resumo das reações fundamentais** Nos capítulos de química orgânica (10-19), um resumo comentado apresenta as reações introduzidas no capítulo, identifica a seção onde cada uma foi introduzida e dá um exemplo de cada reação.
- [ATUALIZADO] **Resumos dos capítulos** Os resumos refletem as "Questões-chave". No final de cada capítulo, elas são novamente enunciadas, e os parágrafos do resumo destacam os conceitos associados às questões. Nesta edição estabelecemos "links" entre os resumos e problemas no final dos capítulos.
- [ATUALIZADO] **Antecipando** No final da maior parte dos capítulos incluímos problemas-desafio destinados a mostrar a aplicação, ao material dos capítulos seguintes, de princípios que aparecem no capítulo.
- [ATUALIZADO] **Ligando os pontos e desafios** Ao final da maior parte dos capítulos, incluímos problemas que se baseiam na matéria já vista, bem como em problemas que testam o conhecimento do aluno sobre ela. A quantidade desses problemas aumentou nesta edição.
- [ATUALIZADO] **Os quadros** *Como...* Nesta edição, aumentamos o número de quadros que enfatizam as habilidades de que o aluno necessita para dominar a matéria. Incluem tó-

picos do tipo "*Como...* Determinar os algarismos significativos em um número" (Capítulo 1) e "*Como...* Interpretar o valor da constante de equilíbrio, *K*" (Capítulo 7).

- Modelos moleculares Modelos de esferas e bastões, de preenchimento de espaço e mapas de densidade eletrônica são usados ao longo de todo o texto como auxiliares na visualização de propriedades e interações moleculares.
- Definições na margem Muitos termos também são definidos na margem para ajudar o aluno a assimilar a terminologia. Buscando essas definições no capítulo, o estudante terá um breve resumo de seu conteúdo.
- Notas na margem Informações adicionais, tais como notas históricas, lembretes e outras complementam o texto.
- Respostas a todos os problemas do texto e aos problemas ímpares no final dos capítulos Respostas a problemas selecionados são fornecidas no final do livro.
- Glossário O glossário no final do livro oferece uma definição para cada novo termo e também o número da seção em que o termo é introduzido.

## Organização e atualizações

### Química geral (capítulos 1-9)

- O Capítulo 1, Matéria energia e medidas, serve como uma introdução geral ao texto e introduz os elementos pedagógicos que aparecem pela primeira vez nesta edição. Foi adicionado um novo quadro "*Como...* Determinar os algarismos significativos em um número".
- No Capítulo 2, Átomos, introduzimos quatro dos cinco modos de representação das moléculas que usamos ao longo do texto: mostramos a água em sua fórmula molecular, estrutural e nos modelos de esferas e bastões e de preenchimento de espaço. Introduzimos os mapas de densidade eletrônica, uma quinta forma de representação, no Capítulo 3.
- O Capítulo 3, Ligações químicas, começa com os compostos iônicos, seguidos de uma discussão sobre compostos moleculares.
- O Capítulo 4, Reações químicas, inclui o quadro "*Como...* Balancear uma equação química" que ilustra um método gradual para balancear uma equação.
- No Capítulo 5, Gases, líquidos e sólidos, apresentamos as forças intermoleculares de atração para aumentar a energia, ou seja, as forças de dispersão de London, interações dipolo-dipolo e ligações de hidrogênio.
- O Capítulo 6, Soluções e coloides, abre com uma listagem dos tipos mais comuns de soluções, com discussões sobre os fatores que afetam a solubilidade, as unidades de concentração mais usadas e as propriedades coligativas.
- O Capítulo 7, Velocidades de reação e equilíbrio químico, mostra como esses dois importantes tópicos estão relacionados entre si. Adicionamos um novo quadro "*Como...* Interpretar o valor da constante de equilíbrio, *K*".
- O Capítulo 8, Ácidos e bases, introduz o uso das setas curvadas para mostrar o fluxo de elétrons em reações orgânicas. Utilizamos especificamente essas setas para indicar o fluxo de elétrons em reações de transferência de próton. O principal tema desse capítulo é a aplicação dos tampões ácido-base e da equação de Henderson-Hasselbach.
- A seção de química geral termina com o Capítulo 9, Química nuclear, destacando as aplicações medicinais.

### Química orgânica (capítulos 10-19)

- O Capítulo 10, Química orgânica, introduz as características dos compostos orgânicos e os grupos funcionais orgânicos mais importantes.
- No Capítulo 11, Alcanos, introduzimos o conceito de fórmula linha-ângulo e seguimos usando essas fórmulas em todos os capítulos de química orgânica. Essas estruturas são mais fáceis de desenhar que as fórmulas estruturais condensadas usuais e também mais fáceis de visualizar.
- No Capítulo 12, Alcenos e alcinos, introduzimos o conceito de mecanismo de reação com

a hidro-halogenação e a hidratação por catálise ácida dos alcenos. Apresentamos também um mecanismo para a hidrogenação catalítica dos alcenos e, mais adiante, no Capítulo 18, mostramos como a reversibilidade da hidrogenação catalítica resulta na formação de gorduras *trans*. O objetivo dessa introdução aos mecanismos de reação é demonstrar ao aluno que os químicos estão interessados não apenas no que acontece numa reação química, mas também como ela ocorre.

- O Capítulo 13, Benzeno e seus derivados, segue imediatamente após a apresentação dos alcenos e alcinos. Nossa discussão sobre os fenóis inclui fenóis e antioxidantes.
- O Capítulo 14, Alcoóis, éteres e tióis, discute primeiramente a estrutura, nomenclatura e propriedades dos alcoóis, e depois aborda, do mesmo modo, os éteres e finalmente os tióis.
- No Capítulo 15, Quiralidade: a lateralidade das moléculas, os conceitos de estereocentro e enantiomeria são lentamente introduzidos com o 2-butanol como protótipo. Depois tratamos de moléculas com dois ou mais estereocentros e mostramos como prever o número de estereoisômeros possível para uma determinada molécula. Também explicamos a convenção *R, S* para designar uma configuração absoluta a um estereocentro tetraédrico.
- No Capítulo 16, Aminas, seguimos o desenvolvimento de novas medicações para asma, da epinefrina, como fármaco principal, ao albuterol (Proventil).
- O Capítulo 17, Aldeídos e cetonas, apresenta o $NaBH_4$ como agente redutor da carbonila, com ênfase em sua função de agente de transferência de hidreto. Depois comparamos à NADH como agente redutor da carbonila e agente de transferência de hidreto.

A química dos ácidos carboxílicos e seus derivados é dividida em dois capítulos.

- O Capítulo 18, Ácidos carboxílicos, concentra-se na química e nas propriedades físicas dos próprios ácidos carboxílicos. Discutimos brevemente sobre os ácidos graxos *trans* e os ácidos graxos ômega-3, e a importância de sua presença em nossas dietas.
- O Capítulo 19, Anidridos carboxílicos, ésteres e amidas, descreve a química desses três importantes grupos funcionais, com ênfase em sua hidrólise por catálise ácida e promovida por bases, e as reações com as aminas e os álcoois.

## Bioquímica (capítulos 20-32)

- O Capítulo 20, Carboidratos, começa com a estrutura e a nomenclatura dos monossacarídeos, sua oxidação e redução, e a formação de glicosídeos, concluindo com uma discussão sobre a estrutura dos dissacarídeos, polissacarídeos e polissacarídeos ácidos. Um novo quadro de "Conexões químicas" trata das *Bandagens de carboidrato que salvam vidas*.
- O Capítulo 21, Lipídeos, trata dos aspectos mais importantes da bioquímica dos lipídeos, incluindo estrutura da membrana e estruturas e funções dos esteroides. Foram adicionadas novas informações sobre o uso de esteroides e sobre a ex-velocista olímpica Marion Jones.
- O Capítulo 22, Proteínas, abrange muitas facetas da estrutura e função das proteínas. Dá uma visão geral de como elas são organizadas, começando com a natureza de cada aminoácido e descrevendo como essa organização resulta em suas muitas funções. O aluno receberá as informações básicas necessárias para seguir até as seções sobre enzimas e metabolismo. Um novo quadro de "Conexões químicas" trata do *Aspartame, o peptídeo doce*.
- O Capítulo 23, Enzimas, aborda o importante tópico da catálise e regulação enzimática. O foco está em como a estrutura de uma enzima aumenta tanto a velocidade de reações catalisadas por enzimas. Foram incluídas aplicações específicas da inibição por enzimas em medicina, bem como uma introdução ao fascinante tópico dos análogos ao estado de transição e seu uso como potentes inibidores. Um novo quadro de "Conexões químicas" trata de *Enzimas e memória*.
- No Capítulo 24, Comunicação química, veremos a bioquímica dos hormônios e dos neurotransmissores. As implicações da ação dessas substâncias na saúde são o principal foco deste capítulo. Novas informações sobre possíveis causas da doença de Alzheimer são exploradas.
- O Capítulo 25, Nucleotídeos, ácidos nucleicos e hereditariedade, introduz o DNA e os pro-

cessos que envolvem sua replicação e reparo. Enfatiza-se como os nucleotídeos se ligam uns aos outros e o fluxo da informação genética que ocorre por causa das propriedades singulares dessas moléculas. As seções sobre tipos de RNA foram bastante ampliadas, uma vez que nosso conhecimento sobre esses ácidos nucleicos avança diariamente. O caráter único do DNA de um indivíduo é descrito em um quadro de "Conexões químicas" que introduz *Obtendo as impressões digitais do DNA* e mostra como a ciência forense depende do DNA para fazer identificações positivas.

- O Capítulo 26, Expressão gênica e síntese de proteínas, mostra como a informação contida no DNA da célula é usada para produzir RNA e finalmente proteína. Aqui o foco é como os organismos controlam a expressão dos genes através da transcrição e da tradução. O capítulo termina com o atual e importante tópico da terapia gênica, uma tentativa de curar doenças genéticas dando ao indivíduo o gene que lhe faltava. Os novos quadros de "Conexões químicas" descrevem a *Diversidade humana e fatores de transcrição* e as *Mutações silenciosas*.

- O Capítulo 27, Bioenergética, é uma introdução ao metabolismo que enfatiza as vias centrais, isto é, o ciclo do ácido cítrico, o transporte de elétrons e a fosforilação oxidativa.

- No Capítulo 28, Vias catabólicas específicas, tratamos dos detalhes da decomposição de carboidratos, lipídeos e proteínas, enfatizando o rendimento energético.

- O Capítulo 29, Vias biossintéticas, começa com algumas considerações gerais sobre anabolismo e segue para a biossíntese do carboidrato nas plantas e nos animais. A biossíntese dos lipídeos é vinculada à produção de membranas, e o capítulo termina com uma descrição da biossíntese dos aminoácidos.

- No Capítulo 30, Nutrição, fazemos uma abordagem bioquímica aos conceitos de nutrição. Ao longo do caminho, veremos uma versão revisada da pirâmide alimentar e derrubaremos alguns mitos sobre carboidratos e gorduras. Os quadros de "Conexões químicas" expandiram-se em dois tópicos geralmente importantes para o aluno – dieta e melhoramento do desempenho nos esportes através de uma nutrição apropriada. Foram adicionados novos quadros que discutem o *Ferro: um exemplo de necessidade dietética* e *Alimentos orgânicos – esperança ou modismo?*.

- O Capítulo 31, Imunoquímica, abrange o básico de nosso sistema imunológico e como nos protegemos dos organismos invasores. Um espaço considerável é dedicado ao sistema de imunidade adquirida. Nenhum capítulo sobre imunologia estaria completo sem uma descrição do vírus da imunodeficiência humana. O capítulo termina com uma descrição do tópico polêmico da pesquisa com células-tronco – nossas esperanças e preocupações pelos possíveis aspectos negativos. Foi adicionado um novo quadro de "Conexões químicas", *Anticorpos monoclonais travam guerra contra o câncer de mama*.

- O Capítulo 32, Fluidos corporais, encontra-se na página do livro, no site www.cengage.com.br.

## EM INGLÊS

### Instructor Solutions Manual

Encontra-se na página do livro, no site www.cengage.com.br o Instructor Solutions Manual em PDF, gratuito para professores que comprovadamente adotam a obra.

# Agradecimentos

A publicação de um livro como este requer os esforços de muitas outras pessoas, além dos autores. Gostaríamos de agradecer a todos os professores que nos deram valiosas sugestões para esta nova edição.

Somos especialmente gratos a Garon Smith (University of Montana), Paul Sampson (Kent State University) e Francis Jenney (Philadelphia College of Osteopathic Medicine) que leram o texto com um olhar crítico. Como revisores, também confirmaram a precisão das seções de respostas.

Nossos especiais agradecimentos a Sandi Kiselica, editora sênior de desenvolvimento, que nos deu todo o apoio durante o processo de revisão. Agradecemos seu constante encorajamento enquanto trabalhávamos para cumprir os prazos; ela também foi muito valiosa em dirimir dúvidas. Agradecemos a ajuda de nossos outros colegas em Brooks/Cole: editora executiva, Lisa Lockwood; gerente de produção, Teresa Trego; editor associado, Brandi Kirksey; editora de mídia, Lisa Weber; e Patrick Franzen, da Pre-Press PMG.

Também agradecemos pelo tempo e conhecimento dos avaliadores que leram o original e fizeram comentários úteis: Allison J. Dobson (Georgia Southern University), Sara M. Hein (Winona State University), Peter Jurs (The Pennsylvania State University), Delores B. Lamb (Greenville Technical College), James W. Long (University of Oregon), Richard L. Nafshun (Oregon State University), David Reinhold (Western Michigan University), Paul Sampson (Kent State University), Garon C. Smith (University of Montana) e Steven M. Socol (McHenry County College).

# Carboidratos

## 20

Pães, grãos e massas são fontes de carboidratos.

**Questões-chave**

**20.1** Carboidratos: o que são monossacarídeos?

**20.2** Quais são as estruturas cíclicas dos monossacarídeos?

**20.3** Quais são as reações características dos monossacarídeos?

**20.4** O que são dissacarídeos e oligossacarídeos?

**20.5** O que são polissacarídeos?

**20.6** O que são polissacarídeos ácidos?

## 20.1 Carboidratos: o que são monossacarídeos?

Os carboidratos são os compostos orgânicos mais abundantes no mundo vegetal. Eles atuam como armazéns de energia química (glicose, amido, glicogênio), são componentes das estruturas de sustentação nas plantas (celulose), nas conchas dos crustáceos (quitina) e nos tecidos conectivos nos animais (polissacarídeos ácidos) e componentes essenciais dos ácidos nucleicos (D-ribose e 2-desoxi-D-ribose). Os carboidratos constituem aproximadamente três quartos do peso seco das plantas. Os animais (incluindo os humanos) obtêm os seus carboidratos comendo plantas, mas eles não armazenam muito do que comem. Na verdade, menos que 1% do peso corporal dos animais é constituído de carboidratos.

A palavra *carboidrato* significa "hidrato de carbono" e deriva da fórmula $C_n(H_2O)_m$. Dois exemplos de carboidratos com essa fórmula molecular geral que pode ser escrita alternativamente como um hidrato de carbono são:

[1] Também chamada de glucose. De forma mais geral, na língua portuguesa utiliza-se quase exclusivamente glicose. O termo glucose ainda é muito empregado em rótulos de produtos alimentícios. (NT)

- Glicose[1] (o açúcar do sangue): $C_6H_{12}O_6$, que pode ser escrita como $C_6(H_2O)_6$.
- Sacarose (o açúcar comum, também chamado açúcar de mesa): $C_{12}H_{22}O_{11}$, que pode ser escrita como $C_{12}(H_2O)_{11}$.

Nem todos os carboidratos, entretanto, têm essa fórmula geral. Alguns contêm poucos átomos de oxigênio para se enquadrar nessa fórmula, enquanto outros contêm muitos átomos de oxigênio. Alguns também contêm nitrogênio. O termo *carboidrato* foi tão firmemente enraizado na nomenclatura química que, embora não seja totalmente exato, ele persiste como o nome para essa classe de compostos.

Do ponto de vista molecular, a maioria dos **carboidratos** consiste em poli-hidroxialdeído, poli-hidroxiacetonas ou compostos que as originam após hidrólise. Os membros mais simples da família dos carboidratos são frequentemente designados de **sacarídeos** por causa de seu gosto doce (do latim *saccharum*, "açúcar"). Os carboidratos são classificados como monossacarídeos, oligossacarídeos ou polissacarídeos, o que vai depender do número de açúcares simples que eles contêm.

**Carboidrato** Um poli-hidroxialdeído ou poli-hidroxicetona, ou uma substância que origina esses compostos na reação de hidrólise.

## A. Estrutura e nomenclatura

Os **monossacarídeos** têm a fórmula geral $C_nH_{2n}O_n$, com um dos carbonos sendo de um grupo carbonila de um aldeído ou de uma cetona. Os monossacarídeos mais comuns apresentam de três a nove átomos de carbono. O sufixo **-ose** indica que a molécula é um carboidrato, e os prefixos **tri-**, **tetr-**, **pent-**, e assim sucessivamente, indicam o número de carbonos na cadeia. Monossacarídeos que contêm um grupo aldeído são classificados como **aldoses**, enquanto aqueles que apresentam um grupo cetona são classificados como **cetoses**.

Existem apenas duas trioses: o gliceraldeído (uma a aldotriose) e a di-hidroxiacetona (uma cetotriose).

**Monossacarídeo** Um carboidrato que não pode ser hidrolisado a um composto mais simples.

**Aldose** Um monossacarídeo que contém um grupo aldeído.

**Cetose** Um monossacarídeo que contém um grupo cetona.

```
    CHO              CH2OH
    |                |
    CHOH             C=O
    |                |
    CH2OH            CH2OH
 Gliceraldeído    Di-hidroxiacetona
 (uma aldotriose)  (uma cetotriose)
```

Frequentemente as designações *aldo-* e *ceto-* são omitidas, e essas moléculas são mencionadas apenas como trioses, tetroses e assim por diante.

## B. Fórmulas das projeções de Fisher

O gliceraldeído contém um estereocentro e por isso existe como um par de enantiômeros (Figura 20.1).

Os químicos comumente usam representações bidimensionais denominadas **projeções de Fisher** para mostrar a configuração dos carboidratos. Para elaborar uma projeção de Fisher, desenhe uma representação tridimensional da molécula orientada, de forma que as ligações verticais do estereocentro sejam direcionadas em sentido contrário a você ("entrando no plano do papel"), e as horizontais, na sua direção ("saindo do plano do papel"); nenhuma das ligações do estereocentro deve estar no plano do papel. Então, escreva a molécula como uma cruz com um estereocentro indicado pelo ponto em que ocorre o cruzamento dos eixos da cruz.

**Projeção de Fisher** Uma representação bidimensional que mostra a configuração do estereocentro; linhas horizontais representam as ligações que se projetam para a frente do estereocentro, e as linhas verticais, as ligações que se projetam para trás.

Emil Fisher, que, em 1902, tornou-se o segundo ganhador do Prêmio Nobel em Química, realizou várias descobertas fundamentais na química dos carboidratos e das proteínas e em outras áreas da química orgânica e bioquímica.

```
        CHO                                       CHO
         |           converter para a              |
    H — C — OH   ——————————————————→        H —————— OH
         |         projeção de Fisher              |
        CH2OH                                     CH2OH
  (R)-gliceraldeído                         (R)-gliceraldeído
   (representação                           (projeção de Fisher)
   tridimensional)
```

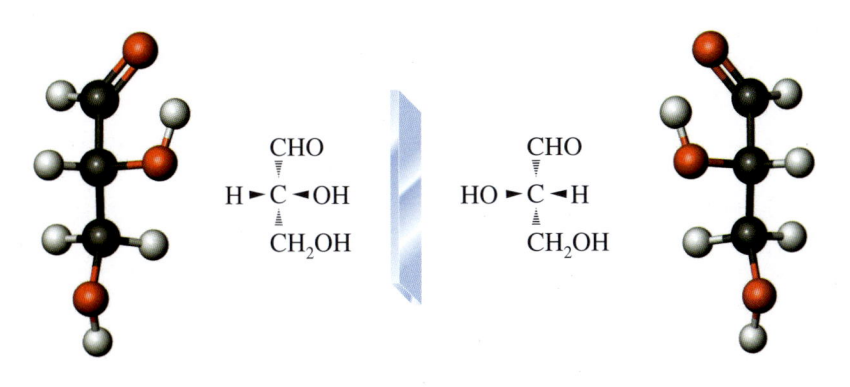

$$\begin{array}{c} \text{CHO} \\ \text{H} \blacktriangleright \text{C} \blacktriangleleft \text{OH} \\ \text{CH}_2\text{OH} \end{array} \qquad \begin{array}{c} \text{CHO} \\ \text{HO} \blacktriangleright \text{C} \blacktriangleleft \text{H} \\ \text{CH}_2\text{OH} \end{array}$$

**FIGURA 20.1** Os enantiômeros do gliceraldeído.

Os segmentos horizontais dessa projeção de Fisher representam ligações direcionadas na sua direção, e os segmentos verticais, ligações direcionadas em sentido contrário. O único átomo no plano do papel é o estereocentro.

### C. D- e L-monossacarídeos

Embora o sistema *R,S* seja amplamente aceito hoje como um padrão para designar a configuração, a configuração dos carboidratos é comumente designada pelo sistema D,L proposto por Emil Fisher em 1891. Naquela época, sabia-se que um enantiômero do gliceraldeído apresentava uma rotação específica (Seção 15.4B) de +13,5°, e o outro, uma rotação específica de −13,5°. Fisher propôs que esses enantiômeros fossem designados D e L, mas ele não tinha condições experimentais para atribuir a estrutura de cada enantiômero com sua respectiva rotação específica. Fisher, entretanto, fez a única coisa possível: realizou uma atribuição arbitrária. Ele atribuiu ao enantiômero dextrorrotatório a configuração representada a seguir e o denominou D-gliceraldeído. Ele nomeou seu enantiômero de L-gliceraldeído. Fisher poderia estar errado, mas, por um golpe de sorte, não estava. Em 1952, cientistas provaram que a sua atribuição das configurações D,L dos enantiômeros do gliceraldeído estavam corretas.

$$\begin{array}{c} \text{CHO} \\ \text{H} \!\!-\!\!\!\!\!\!\!-\!\!\!\!\!\!\!-\!\! \text{OH} \\ \text{CH}_2\text{OH} \end{array} \qquad \begin{array}{c} \text{CHO} \\ \text{HO} \!\!-\!\!\!\!\!\!\!-\!\!\!\!\!\!\!-\!\! \text{H} \\ \text{CH}_2\text{OH} \end{array}$$

D-gliceraldeído $\qquad$ L-gliceraldeído
$[\alpha]_D^{25} = 113{,}5°$ $\qquad$ $[\alpha]_D^{25} = 213{,}5°$

O D-gliceraldeído e L-gliceraldeído servem como pontos de referência para a atribuição das configurações relativas de todas as outras aldoses e cetoses. O ponto de referência é o penúltimo carbono da cadeia. Um **D-monossacarídeo** tem a mesma configuração do penúltimo carbono do **D-gliceraldeído** (o seu grupo —OH está a direita na projeção de Fisher); um **L-monossacarídeo** tem a configuração do penúltimo carbono como o L-gliceraldeído (o seu grupo —OH está à esquerda na projeção de Fisher).

As tabelas 20.1 e 20.2 mostram os nomes e as projeções de Fisher para todas as D-aldo- e D-2-cetotetroses, pentoses e hexoses. Cada nome é composto de três partes. O D especifica a configuração no estereocentro mais afastado do grupo carbonila. Prefixos como *rib-*, *arabin-* e *glic-* especificam a configuração de todos os outros estereocentros no monossacarídeo relativos uns aos outros. O sufixo *-ose* indica que o composto é um carboidrato.

As três hexoses mais abundantes no mundo biológico são D-glicose, D-galactose e D-frutose. As duas primeiras são D-aldoexoses, e a terceira, uma D-2-cetoexose. Glicose, a mais abundante das três, é também conhecida como dextrose porque é um composto dextrorrotatório. Outros nomes para esse monossacarídeo incluem açúcar de uva e açúcar do sangue. O sangue humano normalmente contém 65-110 mg de glicose/100 mL de sangue.

**D–monossacarídeo** Um monossacarídeo que, quando escrito como uma projeção de Fisher, tem o grupo —OH em seu penúltimo carbono no lado direito.

**L–monossacarídeo** Um monossacarídeo que, quando escrito como uma projeção de Fisher, tem o grupo —OH em seu penúltimo carbono no lado esquerdo.

**TABELA 20.1** Relações configuracionais entre D-aldotetroses, D-aldopentoses e D-aldoexoses Isoméricas*

```
                                    CHO
                                H ──┼── OH
                                    CH₂OH
                                D-gliceraldeído
                ┌───────────────────────────────────────┐
              CHO                                      CHO
          H ──┼── OH                              HO ──┼── H
          H ──┼── OH                               H ──┼── OH
              CH₂OH                                   CH₂OH
            D-eritrose                              D-treose
        ┌─────────┴─────────┐                ┌─────────┴─────────┐
      CHO                 CHO              CHO                 CHO
  H ──┼── OH         HO ──┼── H       H ──┼── OH         HO ──┼── H
  H ──┼── OH          H ──┼── OH     HO ──┼── H          HO ──┼── H
  H ──┼── OH          H ──┼── OH      H ──┼── OH          H ──┼── OH
     CH₂OH              CH₂OH           CH₂OH               CH₂OH
   D-ribose           D-arabinose      D-xilose            D-lixose
   ┌───┴───┐          ┌───┴───┐        ┌───┴───┐           ┌───┴───┐
 CHO      CHO       CHO      CHO     CHO      CHO        CHO      CHO
H-OH    HO-H       H-OH    HO-H     H-OH    HO-H        H-OH    HO-H
H-OH    H-OH       HO-H    HO-H     H-OH    H-OH        HO-H    HO-H
H-OH    H-OH       H-OH    H-OH     HO-H    HO-H        HO-H    HO-H
H-OH    H-OH       H-OH    H-OH     H-OH    H-OH        H-OH    H-OH
CH₂OH   CH₂OH      CH₂OH   CH₂OH    CH₂OH   CH₂OH       CH₂OH   CH₂OH
D-alose D-altrose D-glicose D-manose D-gulose D-idose  D-galactose D-talose
```

*A configuração do grupo —OH de referência no penúltimo carbono está indicada em rosa.

**Exemplo 20.1** Desenhando projeções de Fisher

Desenhe as projeções de Fisher para as quatro aldotetroses. Quais são D-monossacarídeos, L-monossacarídeos e enantiômeros? Use a Tabela 20.1 e escreva o nome de cada aldotetrose.

### Estratégia

Comece com as projeções de Fisher das duas aldotrioses, D-gliceraldeído e L-gliceraldeído. Desenhe estruturas com quatro carbonos, posicione o carbono que determina designação D,L entre o quarto carbono e o carbono do aldeído.

### Solução

A seguir, estão as projeções de Fisher para as quatro aldoses. O D- e L- referem-se às configurações do penúltimo carbono, que, no caso das aldotetroses, é o carbono 3. Na projeção de Fisher da D-aldotetrose, o grupo —OH no carbono 3 está à direita; e na L-aldotetrose, no lado esquerdo.

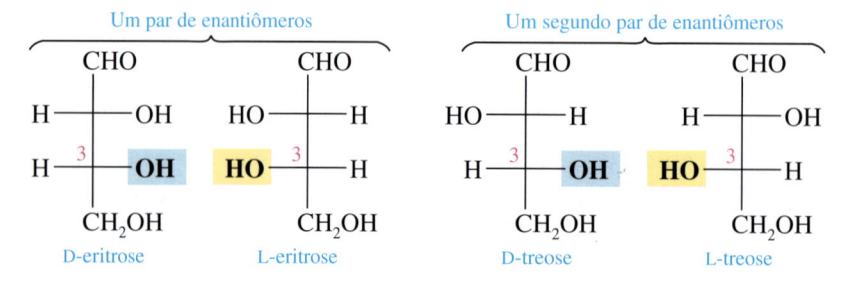

```
      Um par de enantiômeros           Um segundo par de enantiômeros
      ┌───────────────────┐            ┌───────────────────────┐
       CHO           CHO                 CHO              CHO
    H ─┼─ OH      HO ─┼─ H            HO ─┼─ H          H ─┼─ OH
    H ─³┼─ OH    HO ─³┼─ H             H ─³┼─ OH       HO ─³┼─ H
       CH₂OH         CH₂OH                CH₂OH            CH₂OH
     D-eritrose    L-eritrose           D-treose         L-treose
```

### Problema 20.1

Desenhe projeções de Fisher para todas as 2-cetopentoses. Quais são D-2-cetopentoses, L-2-cetopentoses e enantiômeros? Utilize a Tabela 20.2 e escreva o nome de cada 2-cetopentose.

**TABELA 20.2** Relações configuracionais entre as D-2-cetopentoses e D-2-cetoexoses.

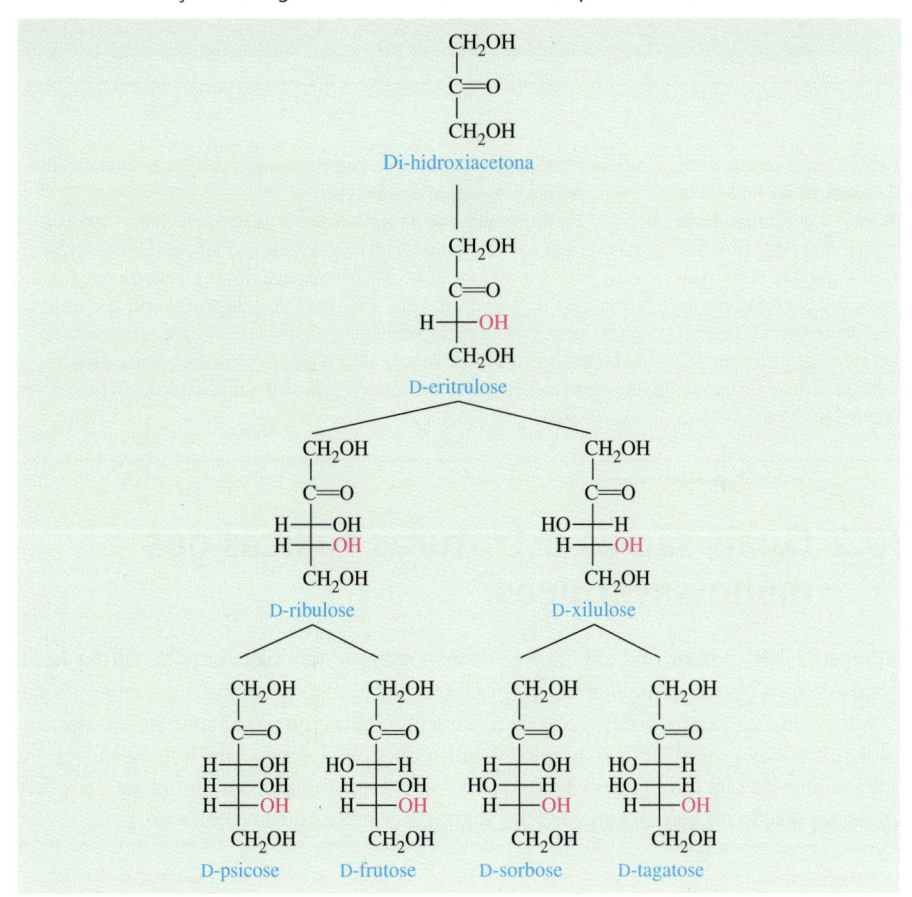

```
                    CH₂OH
                     |
                    C=O
                     |
                    CH₂OH
              Di-hidroxiacetona

                    CH₂OH
                     |
                    C=O
                 H──┼──OH
                    CH₂OH
                 D-eritrulose

        CH₂OH                    CH₂OH
         |                        |
        C=O                      C=O
     H──┼──OH                 HO──┼──H
     H──┼──OH                  H──┼──OH
        CH₂OH                    CH₂OH
      D-ribulose                D-xilulose

  CH₂OH      CH₂OH       CH₂OH      CH₂OH
   |          |           |          |
  C=O        C=O         C=O        C=O
H─┼─OH    HO─┼─H       H─┼─OH    HO─┼─H
H─┼─OH     H─┼─OH     HO─┼─H     HO─┼─H
H─┼─OH     H─┼─OH      H─┼─OH    H─┼─OH
  CH₂OH      CH₂OH       CH₂OH      CH₂OH
D-psicose   D-frutose   D-sorbose  D-tagatose
```

## D. Aminoaçúcares

Os aminoaçúcares contêm um grupo —NH$_2$ no lugar de um grupo —OH. Somente três aminoaçúcares são comuns na natureza: D-glicosamina, D-manosamina e D-galactosamina.

**Aminoaçúcar** Um monossacarídeo em que um grupo —OH é substituído por um grupo —NH$_2$.

```
    CHO              CHO              CHO              CHO    O
     |                |                |                |     ||
H──┼──NH₂      H₂N──²──H         H──┼──NH₂         H──┼──NHCCH₃
HO──┼──H       HO──┼──H          HO──┼──H          HO──┼──H
H──┼──OH       H──┼──OH         HO──⁴──H           H──┼──OH
H──┼──OH       H──┼──OH          H──┼──OH          H──┼──OH
    CH₂OH            CH₂OH            CH₂OH            CH₂OH
D-glicosamina   D-manosamina    D-galactosamina    N-acetil-
              (C-2 estereoisômero (C-4 estereoisômero  -D-glicosamina
               da D-glicosamina)   da D-glicosamina)
```

O N-acetil-D-glicosamina, um derivado da D-glicosamina, é um componente de vários polissacarídeos, incluindo tecidos conjuntivos como a cartilagem. Trata-se também de um componente da quitina, que constitui as estruturas do exoesqueleto de lagostas, caranguejos, camarões e outros moluscos. Outros aminoaçúcares são componentes dos antibióticos naturais.

## E. Propriedades físicas dos monossacarídeos

Monossacarídeos são sólidos cristalinos incolores. Por causa das ligações de hidrogênio entre os seus grupos polares —OH e a água, todos os monossacarídeos são muito solúveis em água. Eles são apenas ligeiramente solúveis em etanol e insolúveis em solvente apolares como éter dietílico, diclorometano e benzeno.

## Conexões químicas 20A

### Galactosemia

De cada 18 mil crianças, uma nasce com um defeito genético que a impede de utilizar o monossacarídeo galactose. A galactose é uma parte da lactose (açúcar do leite, Seção 20.4B). Quando o corpo não pode absorver a galactose, ela se acumula no sangue e na urina. Esse aumento da concentração da galactose no sangue é prejudicial porque provoca retardamento mental, problemas de crescimento, formação de cataratas nos olhos e, em casos mais agudos, morte decorrente de problemas no fígado. Quando o acúmulo de galactose resulta de uma disfunção transiente em crianças, a doença é conhecida como galactosuria, cujos sintomas são leves. Quando a enzima galactose-1-fosfato uridiniltrasferase não funciona corretamente, a disfunção é chamada galactosemia e os sintomas são severos.

O efeito prejudicial da galactosemia pode ser evitado dando à criança um leite formulado, no qual a lactose é substituída por sacarose. Pelo fato de a sacarose não conter a galactose, a criança tem uma dieta livre de galactose. Uma dieta livre de galactose é crítica apenas na infância. Com a passar do tempo, a maioria das crianças desenvolve outra enzima capaz de metabolizar a galactose. Como consequência, elas tornam-se capazes de tolerar a galactose à medida que vão ficando mais velhas.

## 20.2 Quais são as estruturas cíclicas dos monossacarídeos?

Na Seção 17.4C, vimos que aldeídos e cetonas reagem com alcoóis para formar **hemiacetais**. Vimos também que hemiacetais cíclicos se formam prontamente quando os grupos hidroxila e carbonila fazem parte da mesma molécula e que a sua interação origina estruturas cíclicas (anéis). Por exemplo, 4-hidroxipentanal forma um hemiacetal cíclico com um anel de cinco membros. Note que o 4-hidroxipentanal contém um estereocentro e que a formação do hemiacetal gera um segundo estereocentro no carbono 1.

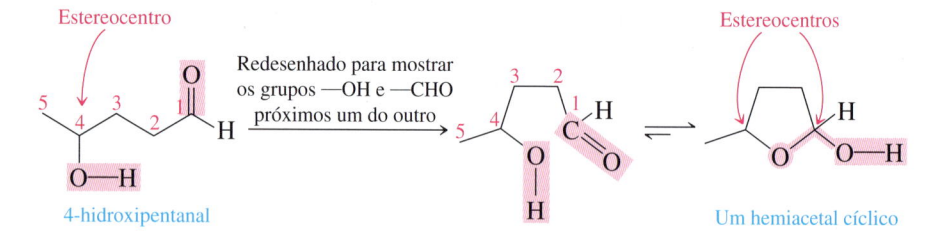

Os monossacarídeos apresentam grupos hidroxila e carbonila na mesma molécula. Como resultado, eles existem quase que exclusivamente como hemiacetais cíclicos formando anéis de cinco e seis membros.

### A. Projeções de Haworth

**Projeção de Haworth** Uma maneira de visualizar as formas furanose e piranose dos monossacarídeos; o anel é desenhado de forma achatada e visualizado através de seu contorno, com o carbono anomérico posicionado à direita da estrutura e o oxigênio projetado para trás.

**Carbono anomérico** O carbono do hemiacetal da forma cíclica de um monossacarídeo.

**Anômeros** Monossacarídeos que diferem na configuração apenas dos seus carbonos anoméricos.

Uma maneira comum de representar as estruturas cíclicas dos monossacarídeos é através das **projeções de Haworth**, em homenagem ao químico inglês *Sir* Walter N. Haworth (Prêmio Nobel em Química, 1937). Em uma projeção de Haworth, um hemiacetal cíclico de cinco ou seis membros é representado respectivamente como um pentágono ou hexágono plano que se projeta de forma aproximadamente perpendicular em relação ao plano do papel. Os grupos ligados aos carbonos do anel são posicionados acima ou abaixo do plano do anel. O carbono do novo estereocentro originado pela formação da estrutura cíclica é chamado **carbono anomérico**. Os estereoisômeros que diferem na configuração somente do carbono anomérico são chamados **anômeros**. O carbono anomérico de uma aldose é o carbono 1, e o das cetoses mais comuns é o carbono 2.

Tipicamente, as projeções de Haworth são mais comumente desenhadas com o carbono anomérico do lado direito e o oxigênio do hemiacetal se direcionando para trás (Figura 20.2).

Na terminologia da química dos carboidratos, a designação $\beta$ significa que o grupo —OH no carbono anomérico do hemiacetal cíclico reside no mesmo lado do anel que o grupo terminal —$CH_2OH$. Contrariamente, a designação $\alpha$ significa que o grupo —OH do carbono anomérico do hemiacetal cíclico reside do lado oposto ao do grupo terminal —$CH_2OH$.

Um hemiacetal de anel de seis membros é indicado por **-piran-**, e o de um anel de cinco membros por **-furan-**. Os termos **furanose** e **piranose** são usados porque os monossacarídeos de anéis de cinco e seis membros correspondem aos compostos heterocíclicos furano e pirano.

**Furanose** Um hemiacetal cíclico de cinco membros de um monossacarídeo.

**Piranose** Um hemiacetal cíclico de seis membros de um monossacarídeo.

Pelo fato de as formas α e β da glicose serem hemiacetais cíclicos de seis membros, elas são chamadas de α-D-glicopiranose e β-D-glicopiranose, respectivamente.

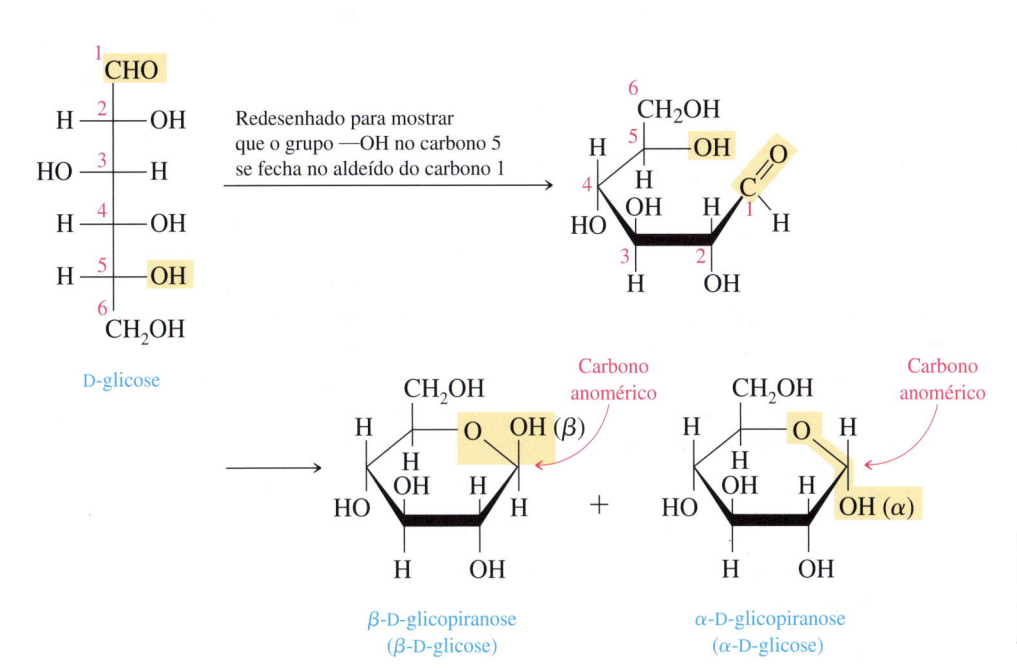

**FIGURA 20.2** Projeções de Haworth para α-D-glicopiranose e β-D-glicopiranose.

Entretanto, as designações *-furan-* e *-piran-* não são sempre utilizadas nos nomes dos monossacarídeos. Portanto, as glicopiranoses, por exemplo, são frequentemente chamadas α-D-glicose e β-D-glicose.

Você deve se lembrar bem das configurações dos grupos nas projeções de Haworth da α-D-glicopiranose e β-D-glicopiranose como estruturas de referência. Conhecendo como as configurações de cadeia aberta de qualquer outra aldoexose diferem da D-glicose, você pode construir projeções de Haworth para as aldoexoses pela comparação com as projeções de Haworth da D-glicose.

**Exemplo 20.2** Desenhando projeções de Haworth

Desenhe projeções de Haworth para os anômeros α e β da D-galactopiranose.

### Estratégia

Uma comparação dos anômeros α e β é mostrada na Figura 20.2, com a glicose como exemplo. A única modificação necessária é substituir a estrutura da glicose pela da galactose.

### Solução

Uma maneira de chegar a essa projeção é usar as formas α e β da D-glicopiranose como referência e lembrar (ou descobrir olhando a Tabela 20.1) que a D-galactose difere da glicose somente na configuração do carbono 4. Portanto, você pode começar com a projeção de Haworth mostrada na Figura 20.2 e então inverter a configuração do carbono 4.

α-D-galactopiranose
(α-D-galactose)

β-D-galactopiranose
(β-D-galactose)

A configuração se diferencia da D-glicose no C-4

## Problema 20.2

A D-manose existe em solução aquosa como uma mistura de α-D-mamopirose e β-D-manopirose. Desenhe as projeções de Harworth para essas moléculas.

As aldopentoses também formam hemiacetais cíclicos. As formas mais predominantes da D-ribose e de outras pentoses no meio biológico são as furanoses. A seguir, são mostradas as projeções de Haworth para α-D-ribofuranose (α-D-ribose) e β-2-desoxi-D--ribofuranose (β-2-desoxi-D-ribose). O prefixo *2-desoxi* indica a ausência de oxigênio no carbono 2. As unidades de D-ribose e 2-desoxi-D-ribose nos ácidos nucleicos e na maioria das moléculas biológicas são encontradas quase que exclusivamente na configuração β.

α-D-ribofuranose
(α-D-ribose)

β-2-desoxi-D-ribofuranose
(β-2-desoxi-D-ribose)

A frutose também forma hemiacetais cíclicos de cinco membros. A β-D-frutofuranose, por exemplo, é encontrada no dissacarídeo sacarose (Seção 20.4A).

α-D-frutofuranose
(α-D-frutose)

D-frutose

β-D-frutofuranose
(β-D-frutose)

Carbono anomérico

### B. Representações de configuração

Um anel de cinco membros de furanose é praticamente planar e as projeções de Haworth fornecem uma representação adequada para as furanoses. No caso das piranoses, entretanto, o anel de seis membros é mais adequadamente representado em uma **conformação cadeira** (Seção 11.6B). A seguir, encontram-se as fórmulas estruturais da α-D-glicopiranose e da β-D-glicopiranose, ambas desenhadas nas suas conformações cadeira. Também é mostrada a forma de cadeia aberta do aldeído que se encontra em equilíbrio em solução aquosa com os hemiacetais cíclicos. Repare que cada grupo, incluindo o grupo anomérico —OH, na conformação cadeira da β-D-glicopiranose é equatorial. Repare também que o grupo —OH no carbono anomérico da α-D-glicopiranose é axial. O fato de o grupo —OH do car-

Não mostramos os átomos de hidrogênio ligados ao anel na conformação cadeira. Nós os mostramos, entretanto, com frequência nas projeções de Haworth.

bono anomérico da β-D-glicopiranose estar em uma posição equatorial mais estável (Seção 11.6B) permite que o anômero β predomine em solução.

β-D-glicopiranose
$[\alpha]_D^{25} = +18,7°$

D-glicose

α-D-glicopiranose
$[\alpha]_D^{25} = 112°$

Neste ponto, vamos comparar as orientações relativas dos grupos no anel da D-glicopiranose na projeção de Haworth e na conformação cadeira. As orientações dos grupos nos carbonos 1 até 5 da β-D-glicopiranose, por exemplo, estão para cima, para baixo, para cima, para baixo e para cima em ambas as representações. Note que, na β-D-glicopiranose, todos os grupos, exceto os hidrogênios, estão na posição equatorial mais estável.

β-D-glicopiranose
(projeção de Harworth)

β-D-glicopiranose
(conformação cadeira)

## Conexões químicas 20B

### Ácido L-ascórbico (vitamina C)

A estrutura do ácido L-ascórbico (vitamina C) se assemelha à de um monossacarídeo. Na verdade, essa vitamina é sintetizada bioquimicamente pelas plantas e por alguns animais e comercialmente através da D-glicose. Os humanos não têm a enzima necessária para realizar a síntese dessa vitamina. Por essa razão, precisamos obter a vitamina C nos alimentos ou na forma de suplementos alimentares. Aproximadamente 66 milhões de kg da vitamina C são sintetizados anualmente nos Estados Unidos.

Ácido L-ascórbico
(Vitamina C)

Ácido L-
-deidroascórbico

> **Exemplo 20.3** Conformações cadeira
>
> Desenhe as conformações cadeira para α-D-galactopiranose e β-D-galactopiranose. Marque a posição do carbono anomérico em cada caso.
>
> ### Estratégia e solução
>
> A configuração da D-galactose difere da D-glicose somente no carbono 4. Então, desenhe as formas α e β da D-glicopiranose e então troque a posição dos grupos —OH e —H no carbono 4.

β-D-galactopiranose (β-D-galactose) ⇌ D-galactose ⇌ α-D-galactopiranose (α-D-galactose)

### Problema 20.3

Desenhe a conformação cadeira para a α-D-manopiranose e β-D-manopiranose. Assinale o carbono anomérico em cada uma delas.

### C. Mutarrotação

**Mutarrotação** A mudança na rotação específica que ocorre quando as formas α e β de um carboidrato são convertidas em uma mistura em equilíbrio das suas duas formas.

**Mutarrotação** é a mudança na rotação específica que acompanha o equilíbrio dos anômeros α e β em solução aquosa. Por exemplo, uma solução preparada pela dissolução de α-D-glicopiranose cristalina em água tem uma rotação específica de +112°, que gradualmente decresce para um valor de equilíbrio de +52,7° quando a α-D-glicopiranose se encontra em equilíbrio com a forma β-D-glicopiranose. Uma solução de β-D-glicopiranose também apresenta mutarrotação, em que a rotação específica muda de +18,7° para o mesmo valor de equilíbrio de +52,7°. A mistura em equilíbrio é composta de 64% de β-D-glicopiranose e 36% de α-D-glicopiranose, com somente traços (0,003%) da forma de cadeia aberta. A mutarrotação é comum para todos os carboidratos que existem na forma de hemiacetais.

β-D-glicopiranose $[\alpha]_D^{25} = +18{,}7°$ ⇌ Forma de cadeia aberta ⇌ α-D-glicopiranose $[\alpha]_D^{25} = +112°$

## 20.3 Quais são as reações características dos monossacarídeos?

### A. Formação de glicosídeos (acetais)

Como vimos na Seção 17C, o tratamento de um aldeído ou cetona com uma molécula de álcool resulta em um hemiacetal, e o tratamento de um hemiacetal com uma molécula de álcool resulta em um acetal. O tratamento de um monossacarídeo – todos existem quase que exclusivamente como hemiacetais cíclicos – com um álcool também resulta em um acetal, como ilustrado pela reação da β-D-glicopiranose com metanol.

[Esquema de reação: β-D-glicopiranose (β-D-glicose) + CH₃OH →(H⁺, −H₂O) Metil β-D-glicopiranosídeo (Metil β-D-glicosídeo) + Metil α-D-glicopiranosídeo (Metil α-D-glicosídeo). Indicações: Carbono anomérico, Ligação glicosídica.]

Um acetal cíclico derivado de um monossacarídeo é chamado um **glicosídeo**, e a ligação do carbono anomérico ao grupo —OR é denominada **ligação glicosídica**.[2] A mutarrotação não é possível em um glisosídeo porque um acetal – diferentemente de um hemiacetal – não se encontra substancialmente em equilíbrio com a forma de cadeia aberta que contém a carbonila. Glicosídeos são estáveis em água e solução aquosa básica; como outros acetais (Seção 17.4C), entretanto, eles são hidrolisados em solução aquosa ácida, formando um álcool e um monossacarídeo.

Denominamos os glicosídeos elencando os grupos alquílicos ou arílicos ligados ao oxigênio, seguidos pelo nome do carboidrato no qual a terminação **-e** é substituída por **-ídeo**. Por exemplo, metil glicosídeo deriva de β-D-glicopiranose é chamada metil β-D-glicopiranosídeo; os derivados da β-D-ribofuranose são chamados metil β-D-ribofuranosídeo.

[2] Em inglês, utiliza-se também a expressão *ligação glucosídica* para especificar que o monossacarídeo envolvido na ligação glicosídica é a glicose (*glucose*). Ver Problema 20.32. Neste capítulo, apenas a forma mais geral "ligação glicosídica" é utilizada, mesmo quando o monossacarídeo envolvido é a glicose. (NT)

**Glicosídeo** Um carboidrato no qual o grupo —OH em seu carbono anomérico é substituído por um grupo —OR.

**Ligação glicosídica** A ligação do carbono anomérico de um glicosídeo a um grupo —OR.

**Exemplo 20.4** Encontrando o carbono anomérico e a ligação glicosídica

Desenhe a fórmula estrutural para o metil β-D-ribofuranosídeo (metil β-D-ribosídeo). Marque o carbono anomérico e a ligação glicosídica.

### Estratégia

Furanosídeos são anéis de cinco membros. O carbono anomérico é o carbono 1, e a ligação glicosídica é formada no carbono anomérico.

### Solução

[Estrutura: Metil β-D-ribofuranosídeo (Metil β-D-ribosídeo), com indicações de Ligação β-glicosídica e Carbono anomérico.]

### Problema 20.4

Escreva a projeção de Haworth e a conformação cadeira para a α-D-manopiranosídeo (metil α-D-manosídeo). Marque o carbono anomérico e a ligação glicosídica.

### B. Redução para alditóis

O grupo carbonila de um monossacarídeo pode ser reduzido a um grupo hidroxila por uma variedade de agentes redutores, incluindo hidrogênio na presença de um catalisador metálico e boroidreto de sódio (Seção 17.4C). Os produtos de redução são conhecidos como **alditóis**. A redução da D-glicose origina D-glicitol, mais comumente conhecido como D-sorbitol. Aqui, a D-glicose é mostrada na sua forma de cadeia aberta. Apenas uma pequena quantidade dessa forma está presente em solução, mas, à medida que ela é reduzida, o equilíbrio entre a forma cíclica do hemiacetal (somente a forma β é mostrada) e a forma de cadeia aberta é deslocado para repor a espécie de cadeia aberta, consequentemente convertendo a forma cíclica em forma de cadeia aberta.

Oxidações e reduções de monossacarídeos são realizadas na natureza por enzimas específicas classificadas como oxidases, por exemplo, glicose oxidase.

**Alditol** O produto formado quando o grupo CHO do monossacarídeo é reduzido a um grupo CH₂OH.

Nomeamos os alditóis substituindo o **-ose** do nome do monossacarídeo por **-itol**. Sorbitol é encontrado no mundo das plantas em várias frutas silvestres vermelhas, cerejas, maçãs, ameixas e algas marinhas.

Ele apresenta 60% da doçura da sacarose (açúcar comum), é usado na manufatura de doces e é um substituto do açúcar para diabéticos. Outros alditóis comumente encontrados no mundo biológico incluem eritritol, D-manitol e xilitol. O xilitol é usado como adoçante em chicletes "sem açúcar", doces e cereais "açucarados".

### C. Oxidação para ácidos aldônicos (açúcares redutores)

Como foi visto na Seção 17.4A, aldeídos (RCHO) são oxidados a um ácido carboxílico (RCOOH) por vários agentes, incluindo oxigênio, $O_2$. Similarmente, o grupo aldeído de uma aldose pode ser oxidado, sob condições básicas, a um grupo carboxilato. Nessas condições, a forma cíclica da aldose está em equilíbrio com a forma de cadeia aberta, a qual é então oxidada pelas condições brandas do agente oxidante. A D-glicose, por exemplo, é oxidada a D-gliconato (o ânion do ácido D-glicônico).

**Açúcar redutor** Um carboidrato que reage com um agente oxidante brando sob condições básicas para formar um ácido aldônico; o carboidrato reduz o agente oxidante.

Qualquer carboidrato que reaja com um agente oxidante para formar um ácido aldônico é classificado como um **açúcar redutor** (ele reduz o agente oxidante).

De forma surpreendente, 2-cetoses são também açúcares redutores. O carbono 1 (um grupo $CH_2OH$) da cetose não é oxidado diretamente. Entretanto, nas condições básicas dessa oxidação, a 2-cetose existe em equilíbrio com uma aldose via um intermediário enodiol. A aldose é então oxidada pelo agente oxidante brando.

## Conexões químicas 20C

### Teste para glicose

O procedimento analítico mais frequentemente realizado em um laboratório de análise clínicas é a determinação de glicose no sangue, na urina ou em outros fluidos biológicos. A alta frequência com que esse teste é realizado reflete a alta incidência de diabetes melito. São conhecidos aproximadamente 20 milhões de diabéticos nos Estados Unidos, e estima-se que milhões de outras pessoas apresentem a doença que ainda não foi diagnosticada.

O diabetes melito ("Conexões químicas 24F") é caracterizado pelos níveis insuficientes do hormônio insulina no sangue. Caso a concentração de insulina no sangue se apresente muito baixa, os músculos e o fígado não absorvem a glicose do sangue, o que provoca aumento dos níveis de glicose no sangue (hiperglicemia), prejudicando o metabolismo de gorduras e proteínas, cetose, podendo ocasionar o coma. Um teste rápido para os níveis de glicose no sangue é uma etapa crítica para o diagnóstico precoce e para o acompanhamento dessa doença. Adicionalmente ao pré-requisito de fornecer um resultado rápido, o teste precisa ser específico para a D-glicose, isto é, ele deve resultar em um teste positivo para glicose, mas não reagir com qualquer outra substância normalmente presente nos fluidos biológicos.

Hoje, os níveis de glicose no sangue são medidos por um procedimento baseado em uma enzima que utiliza a enzima glicose oxidase. Essa enzima catalisa a oxidação da $\beta$-D-glicose ao ácido D-glicônico.

A glicose oxidase é específica para a $\beta$-D-glicose. Por isso, a oxidação completa de qualquer amostra que contenha ambas, $\beta$-D-glicose e $\alpha$-D-glicose, requer a conversão da forma $\alpha$ para a forma $\beta$. Felizmente, essa interconversão é rápida e completa em um curto período de tempo necessário para a realização do teste.

O oxigênio molecular, $O_2$, é o agente oxidante nessa reação e é reduzido a $H_2O_2$. No procedimento, o $H_2O_2$ formado na reação catalisada pela enzima oxida a $o$-toluidina incolor, transformando-a em um produto colorido em uma reação que é catalisada por outra enzima, a peroxidase. A concentração do produto da reação, a forma oxidada colorida, é determinada espectrofotometricamente e é proporcional à concentração de glicose na solução-teste.

Vários kits de teste comerciais usam a reação da glicose oxidase para a determinação qualitativa da glicose na urina.

### D. Oxidação para ácidos urônicos

A oxidação catalisada por enzima do álcool primário no carbono 6 de uma hexose resulta em ácido urônico. A oxidação catalisada por enzima da D-glicose, por exemplo, resulta em ácido D-glicurônico, mostrado aqui tanto na sua forma de cadeia aberta como na forma do hemiacetal cíclico:

[D-glicose] → (Oxidação catalisada por enzima) → Ácido D-glicurônico (um ácido urônico) — Projeção de Fisher / Conformação cadeira

O ácido D-glicurônico é amplamente distribuído tanto no reino vegetal como no animal. Nos humanos, ele serve como um importante componente dos ácidos polissacarídeos do tecido conjuntivo (Seção 20.6A). O corpo também usa ácido D-glicurônico para eliminar fenóis e alcoóis estranhos ao organismo. No fígado, esses compostos são convertidos em glicosídeos do ácido glicurônico (glicuronídeos) e são excretados na urina. O anestésico intravenoso propofol, por exemplo, é convertido no seguinte glucoronídeo e então excretado pela urina:

Propofol — Um D-glicuronídeo solúvel na urina

### E. Formação de ésteres fosfóricos

Ésteres mono e difosfóricos são importantes intermediários no metabolismo de monossacarídeos. Por exemplo, a primeira etapa na glicólise (Seção 28.2) envolve a conversão de glicose em glicose 6-fosfato. Note que o ácido fosfórico é forte o suficiente para estar ionizado no pH dos fluidos intercelulares, resultando em um éster com carga $-2$.

D-glicose → (Fosforilação catalisada por enzima) → D-glicose 6-fosfato / α-D-glicose 6-fosfato

## Conexões químicas 20D

### Sangue dos tipos A, B, AB e O

As membranas das células de plasma dos animais têm um grande número de carboidratos relativamente pequenos ligados a elas. Na verdade, o lado externo da maioria das células de plasma é literalmente "recoberto por açúcar". Essas membranas ligadas aos carboidratos são parte do mecanismo pelo qual as células se reconhecem entre si e, como resultado, atuam como marcadores biológicos. Tipicamente, elas contêm de 4 a 17 unidades de monossacarídeos, consistindo em poucos tipos de monossacarídeos, sendo os mais comuns: D-galactose, D-manose, L-fucose, N-acetil-D-glicosamina e N-acetil-D-galactosamina. A L-fucose é uma 6-desoxialdose.

```
            CHO
     HO ——|—— H
      H ——|—— OH
      H ——|—— OH
     HO ——|—— H
            CH₃
          L-fucose
```

É um L-monossacarídeo porque este grupo —OH está à esquerda na projeção de Fisher

O carbono 6 é formado pelo grupo —CH$_3$ em vez de —CH$_2$OH

Para perceber a importância dessas membranas recobertas com carboidratos, considere o sistema de grupo sanguíneo, descoberto em 1900 por Karl Landsteiner (1868-1943). Se um indivíduo pertence aos tipos A, B, AB ou O, isso é determinado geneticamente e depende do tipo de trissacarídeo ou tetrassacarídeo ligado à superfície das células vermelhas do sangue. Esses carboidratos ligados à superfície, designados de A, B e O, funcionam como antígenos. O tipo de ligação glicosídica que une cada monossacarídeo é mostrado na figura.

O sangue transporta anticorpos contra substâncias estranhas. Quando uma pessoa recebe uma transfusão de sangue, os anticorpos agrupam (agregam) as células do sangue estranho.

O tipo de sangue A, por exemplo, tem antígenos (N-acetil-D-galactosamina) na superfície das suas células vermelhas do sangue e traz anticorpos de antígeno B (contra o antígeno B). O tipo de sangue B tem antígeno B (D-galactose) e traz anticorpos anti-A (contra antígenos A). A transfusão de sangue do tipo A em pessoas do tipo B pode ser fatal e vice-versa. As relações entre o tipo de sangue e as interações entre o doador-receptor de sangue estão resumidas na figura.

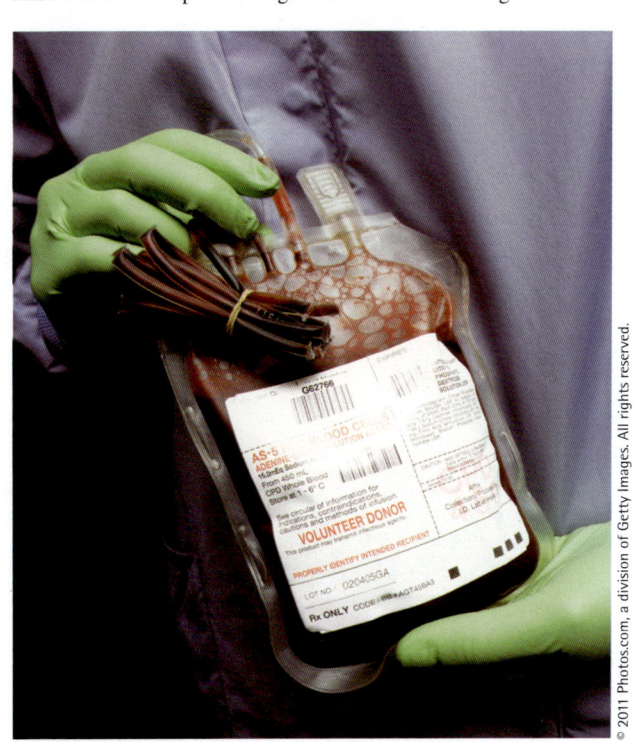

Uma bolsa de sangue mostrando o tipo sanguíneo.

**Tipo A:** N-acetil-D-galactosamina —(α-1,4)— D-galactose —(β-1,3)— N-acetil-D-glicosamina — Células vermelhas do sangue; (α-1,2) L-fucose

**Tipo B:** D-galactose —(α-1,4)— D-galactose —(β-1,3)— N-acetil-D-glicosamina — Células vermelhas do sangue; (α-1,2) L-fucose

**Tipo O:** D-galactose —(β-1,3)— N-acetil-D-glicosamina — Células vermelhas do sangue; (α-1,2) L-fucose

## Conexões químicas 20D (continuação)

**Tipo O**
Açúcar na superfície da célula: O
Tem anticorpos contra: A e B
Pode receber sangue de: O
Pode doar sangue para: O, A, B e AB

**Tipo A**
Açúcar na superfície da célula: A
Tem anticorpos contra: B
Pode receber sangue de: A e O
Pode doar sangue para: A e AB

**Tipo B**
Açúcar na superfície da célula: B
Tem anticorpos contra: A
Pode receber sangue de: B e O
Pode doar sangue para: B e AB

**Tipo AB**
Açúcar na superfície da célula: A e B
Tem anticorpos contra: Nenhum
Pode receber sangue de: A, B, AB e O
Pode doar sangue para: AB

Indivíduos com o tipo de sangue O são doadores universais, e os do tipo de sangue AB, aceptores universais. Pessoas com tipo A podem aceitar somente sangue tipo A ou O. Aquelas do tipo B podem aceitar somente sangue tipo B ou O. As pessoas do tipo O podem aceitar somente sangue de doadores do tipo O.

---

**Dissacarídeo** Um carboidrato que contém dois monossacarídeos unidos através da ligação glicosídica.

**Oligossacarídeo** Um carboidrato que contém de seis a dez monossacarídeos, cada um deles unido ao seguinte pela ligação glicosídica.

**Polissacarídeo** Um carboidrato que contém um grande número de monossacarídeos, cada um deles unido ao seguinte por uma ou mais ligações glicosídicas.

Na produção de sacarose, cana-de-açúcar ou beterraba são fervidas com água, e a solução resultante é esfriada. Cristais de sacarose se formam com o resfriamento e são separados. Subsequente fervura da solução concentrada seguida de resfriamento resulta em um xarope escuro conhecido como melaço.

## 20.4 O que são dissacarídeos e oligossacarídeos?

A maioria dos carboidratos na natureza contém mais que uma unidade de monossacarídeo. Aqueles que contêm duas unidades são chamados **dissacarídeos**, aqueles com três unidades são denominados **trissacarídeo**s e assim sucessivamente. O termo **oligossacarídeo** é usado para descrever carboidratos que contêm de seis a dez unidades de monossacarídeo. Carboidratos com um número maior de unidades monossacarídeas que os oligossacarídeos são denominados **polissacarídeos**.

Em um dissacarídeo, dois monossacarídeos estão unidos através de uma ligação glicosídica entre o carbono anomérico de uma unidade e um grupo —OH da outra unidade. Três dissacarídeos importantes são a sacarose, a lactose e a maltose.

### A. Sacarose

A sacarose (o açúcar de mesa) é o mais abundante dissacarídeo do mundo biológico. Ele é obtido principalmente do caldo-da-cana e das beterrabas. Na sacarose, o carbono 1 da α-D-glicopiranose liga-se ao carbono 2 da α-D-frutofuranose por uma ligação α-1,2-glicosídica. Pelo fato de os carbonos anoméricos tanto da piranose como da frutofuranose estarem envolvidos na formação da ligação glicosídica, nenhuma unidade de monossacarídeo está em equilíbrio com sua forma de cadeia aberta. Portanto, a sacarose não é um açúcar redutor.

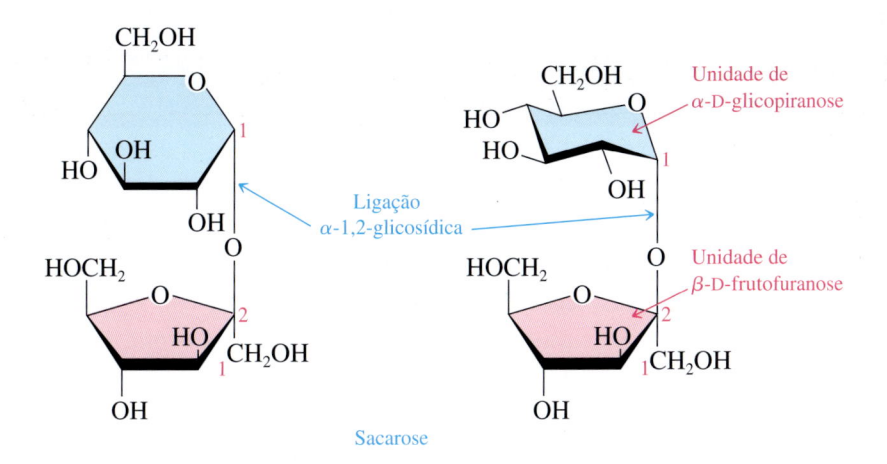

[Estrutura da Sacarose mostrando ligação α-1,2-glicosídica entre unidade de α-D-glicopiranose e unidade de β-D-frutofuranose]

Sacarose

## B. Lactose

A lactose é o principal açúcar presente no leite. Ele corresponde a 5% a 8% do leite humano e a 4% a 6% do leite de vaca. Esse dissacarídeo é composto de D-galactopiranose unido por uma ligação β-1,4-glicosídica ao carbono 4 de uma D-glicopiranose. A lactose é um açúcar redutor porque o hemiacetal cíclico da D-glicopiranose está em equilíbrio com sua forma de cadeia aberta e pode ser oxidado a um grupo carboxila.

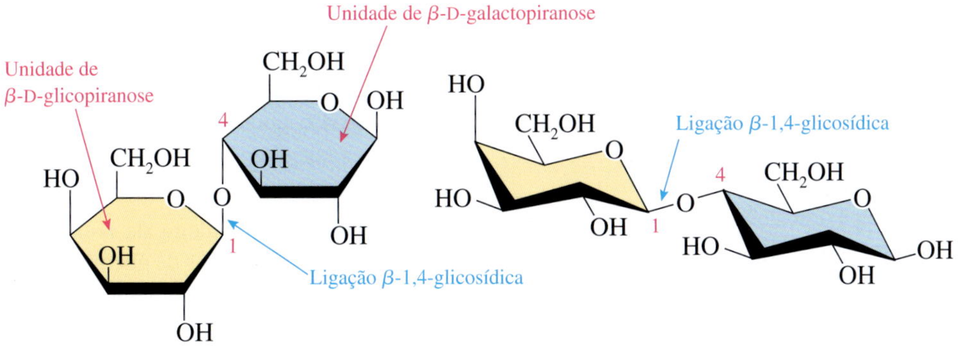

[Estrutura da Lactose mostrando unidade de β-D-galactopiranose e unidade de β-D-glicopiranose unidas por ligação β-1,4-glicosídica]

Lactose

## C. Maltose

O nome da maltose é derivado da sua presença no malte, o extrato dos brotos da cevada e de outros cereais. Ela é composta de duas unidades de D-glicopiranose unidas por uma ligação glicosídica entre o carbono 1 (o carbono anomérico) de uma unidade e o carbono 4 de outra unidade. Pelo fato de o átomo de oxigênio no carbono anomérico da primeira glicopiranose ser alfa, a ligação que une os dois monossacarídeos é uma ligação α-1,4--glicosídica. A seguir, são mostradas as projeções de Haworth e uma conformação cadeira para a β-maltose, assim chamada porque os grupos —OH no carbono anomérico da unidade de glicose da direita são beta.

A maltose é um ingrediente encontrado na maioria dos xaropes.

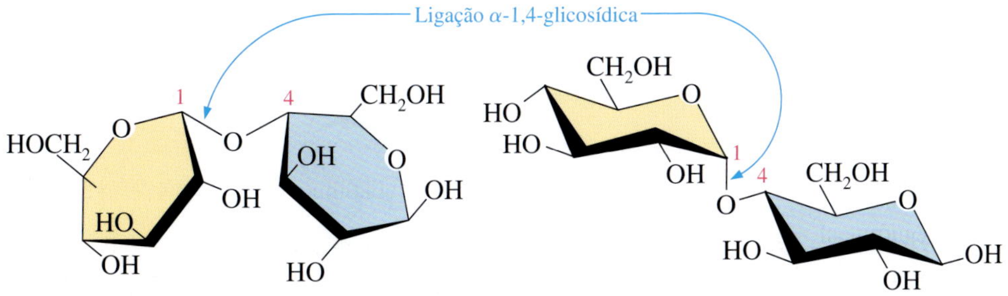

[Estrutura da Maltose mostrando duas unidades de D-glicopiranose unidas por ligação α-1,4-glicosídica]

Maltose

**TABELA 20.3** Doçura relativa de alguns carboidratos e adoçantes artificiais

| Carboidrato | Doçura relativa à sacarose | Adoçante artificial | Doçura relativa à sacarose |
|---|---|---|---|
| Frutose | 1,74 | Sacarina | 450 |
| Sacarose (açúcar de mesa) | 1,00 | Acesulfame-K | 200 |
| Mel | 0,97 | Aspartame | 180 |
| Glicose | 0,74 | Sucralose | 600 |
| Maltose | 0,33 | | |
| Galactose | 0,32 | | |
| Lactose (açúcar do leite) | 0,16 | | |

A maltose é um açúcar redutor; o grupo hemiacetal da direita da D-glicopiranose está em equilíbrio com o aldeído livre (forma de cadeia aberta) e pode ser oxidado a um ácido carboxílico.

> Não há uma maneira mecânica de medir a doçura. O teste é realizado por um grupo de pessoas que experimentam e classificam a doçura de soluções de vários agentes adoçantes.

### D. Doçura relativa

Entre os dissacarídeos, a D-frutose é a mais doce, sendo mais doce que a própria sacarose (Tabela 20.3). O gosto doce do mel é devido grandemente à presença de D-frutose e D-glicose. A lactose não apresenta sabor propriamente doce e algumas vezes é adicionada aos alimentos para aumentar o volume (preenchedor). As pessoas que não toleram a lactose de forma aceitável devem evitar esses alimentos.

**Exemplo 20.5** Desenhando conformações cadeira para os dissacarídeos

Desenhe a conformação cadeira para o $\beta$ anômero de um dissacarídeo no qual as duas unidades de D-glicopiranose estão unidas por uma ligação $\alpha$-1,6-glicosídica.

### Estratégia

Três pontos são necessários aqui. O primeiro é a conformação cadeira da $\alpha$-D-glicopiranose. O segundo é a ligação $\alpha$-1,6-glicosídica entre as duas moléculas de glicopiranose. O terceiro é a conformação correta do carbono anomérico na terminação redutora, nesse caso uma posição $\beta$.

### Solução

Primeiro desenhe a conformação cadeira da $\alpha$-D-glicopiranose. Então conecte o carbono anomérico desse monossacarídeo ao carbono 6 da segunda unidade de D-glicopiranose por uma ligação $\alpha$-1,6-glicosídica. A molécula resultante é $\alpha$ ou $\beta$ dependendo da orientação do grupo —OH no terminal redutor do dissacarídeo. O dissacarídeo aqui mostrado é a forma $\beta$.

### Problema 20.5

Desenhe a conformação cadeira para a forma de um dissacarídeo na qual as duas unidades de D-glicopiranose estão unidas por uma ligação $\beta$-1,3-glicosídica.

## 20.5 O que são polissacarídeos?

Os polissacarídeos são compostos de um grande número de unidades de monossacarídeos unidos através de ligações glicosídicas. Três polissacarídeos importantes, todos constituídos de unidades de glicose, são o amido, o glicogênio e a celulose.

### A. Amido: amilose e amilopectina

O amido é usado nas plantas para armazenar energia. Encontra-se em todos os tubérculos e sementes das plantas e é a forma na qual a glicose é armazenada antes de ser utilizada. O amido pode ser separado em dois polissacarídeos principais: amilose e amilopectina. Embora o amido de cada planta seja único, a maioria dos amidos contém de 20% a 25% de amilose e de 75% a 80% de amilopectina.

A hidrólise completa tanto da amilose como da amilopectina resulta unicamente em D-glicose. A amilose é composta por uma cadeia não ramificada de aproximadamente 4.000 unidades de D-glicose unidas por ligações α-1,4-glicosídicas. A amilopectina contém cadeias de aproximadamente 10.000 unidades de D-glicose, também unidas através de ligações α-1,4-glicosídicas. Além disso, existe uma ramificação considerável ao longo da propagação linear principal da estrutura polimérica. Novas cadeias de 24 a 30 unidades são iniciadas nos pontos de ramificação por ligações α-1,6-glicosídicas (Figura 20.3).

### B. Glicogênio

O glicogênio atua como um carboidrato de reserva de energia para os animais. Similarmente à amilopectina, ele é um polissacarídeo ramificado que contém aproximadamente $10^6$ unidades de glicose unidas por ligações α-1,4- e α-1,6-glicosídicas. A quantidade total de glicogênio no corpo de uma pessoa adulta bem nutrida é cerca de 350 g, distribuída quase igualmente entre o fígado e os músculos.

### C. Celulose

A celulose, o polissacarídeo mais amplamente distribuído nas estruturas de sustentação (esqueleto) das plantas, constitui metade do material da parede das células da madeira. O algodão é quase que celulose pura.

**FIGURA 20.3** A amilopectina é um polímero ramificado de aproximadamente 10.000 unidades de D-glicose unidas por ligações α-1,4-glicosídicas. As ramificações consistem em 24-30 unidades de D-glicose que se iniciam nas ligações α-1,6-glicosídicas.

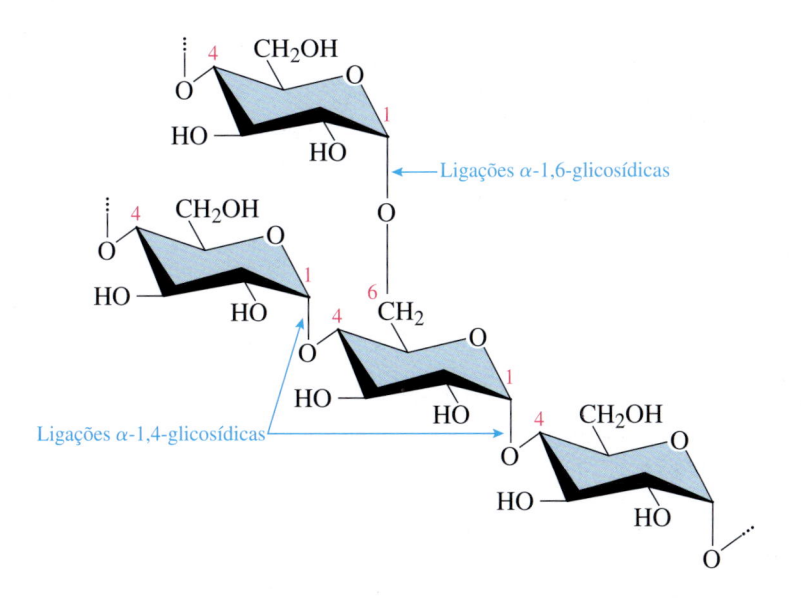

A celulose é um polissacarídeo linear de unidades de D-glicose unidas por ligações β-1,4-glicosídicas (Figura 20.4). A celulose apresenta um peso molecular de 400.000 g/mol, o que corresponde a aproximadamente 2.200 unidades de glicose por molécula.

## Conexões químicas 20E

### Bandagens de carboidratos que salvam vidas

A perda de sangue pelas feridas pode ser fatal e, quando não controlada, é uma das maiores causas de morte em combates. A gaze (essencialmente feita de celulose) é comumente usada como ataduras dos ferimentos, mas não é capaz de cessar o fluxo sanguíneo; ela pode apenas absorver o sangue que já foi liberado. Um novo tipo de atadura para os ferimentos que pode iniciar a coagulação e parar o fluxo sanguíneo usa outro polissacarídeo encontrado abundantemente na natureza.

A quitina, um dos principais componentes da casca dos camarões e das lagostas, é um polímero de glicosamina e *N*-acetilglicosamina (Seção 20.1D).

Se os grupos acetila são removidos, o polímero resultante é chamado quitosana, que, na verdade, é o polímero que forma a base dessas novas ataduras. A quitosana difere da celulose por ter um grupo amina em cada monômero. Esse aspecto estrutural não é encontrado na celulose. O monômero da celulose é a glicose, que tem um grupo hidroxila na posição do grupo amina da glicosamina.

A quitosana tem uma carga positiva porque os grupos amina estão protonados no pH fisiológico. A membrana externa das células vermelhas do sangue tem uma carga negativa. As cargas positivas as atraem, produzindo coagulação e, consequentemente, parando o sangramento. Ataduras feitas com quitosana aderem-se aos ferimentos, originando uma proteção adicional para a área afetada. Nas ataduras de celulose, os grupos hidroxila são eletricamente neutros e não têm atração pelas cargas negativas das membranas das células vermelhas do sangue.

A quitosana é facilmente obtida das cascas de camarão, e ataduras feitas desse material já estão disponíveis comercialmente. As primeiras bandagens de quitosana foram feitas para o Exército dos Estados Unidos para o uso na guerra do Iraque e para a Casa Branca, porém brevemente elas serão mais amplamente difundidas comercialmente.

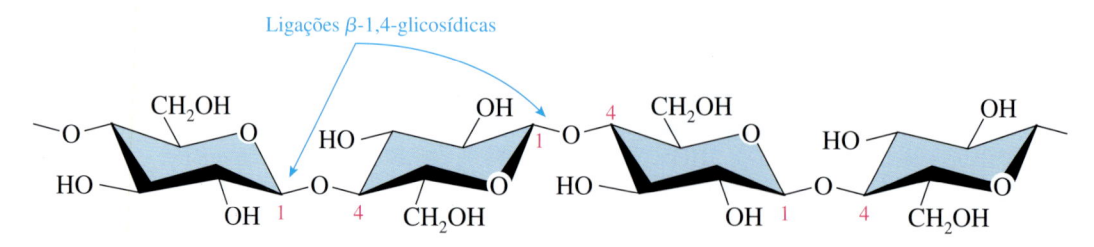

**FIGURA 20.4** A celulose é um polissacarídeo linear que contém cerca de 3.000 unidades de D-glicose unidas por ligações $\beta$-1,4-glicosídicas.

As moléculas de celulose comportam-se como hastes rígidas, uma característica que permite que elas se alinhem entre si, lado a lado, em fibras bem organizadas insolúveis em água em que os grupos OH formam numerosas ligações de hidrogênio intermoleculares. Esse arranjo de cadeias paralelas em feixes confere à celulose alta resistência mecânica. Esse aspecto molecular também explica a sua insolubilidade em água. Quando um pedaço de celulose é colocado na água, não existem grupos —OH suficientes na superfície da fibra para arrancar moléculas individuais de celulose da fibra fortemente unida com as ligações de hidrogênio.

Homens e outros animais não podem utilizar a celulose como alimento porque nosso sistema digestivo não contém $\beta$-glicosidases, enzimas que catalisam a hidrólise das ligações $\beta$-glicosídicas. Em vez disso, temos somente $\alpha$-glicosidases, portanto usamos os polissacarídeos do amido e do glicogênio como nossas fontes de glicose. Entretanto, muitas bactérias e outros microrganismos contêm $\beta$-glicosidases e, portanto, podem digerir a celulose. As térmitas (cupins) têm essas bactérias em seus intestinos e podem usar madeira como seu principal alimento. Ruminantes e cavalos podem também digerir grama e feno porque eles têm microrganismos que apresentam as β-glicosidases em seus sistemas alimentares.

## 20.6 O que são polissacarídeos ácidos?

Os polissacarídeos ácidos são um grupo de polissacarídeos que contêm grupos carboxila e/ou grupos de ésteres sulfúricos. Polissacarídeos ácidos desempenham um papel importante na estrutura e função dos tecidos conjuntivos. Por conterem aminoaçúcares, um nome mais em voga para essas substâncias é glicosaminoglicanos. Não existe um único tipo geral de tecido conjuntivo. Mais propriamente, existe um grande número de formas altamente especializadas, como cartilagem, ossos, fluidos sinuviais, pele, tendões, vasos sanguíneos, discos invertebrados e córnea. A maioria do tecido conjuntivo é composta de colágeno, uma proteína estrutural combinada com uma variedade de polissacarídeos ácidos (glicosaminoglicanos) que interagem com o colágeno para formar redes de tecidos mais elásticos ou tensionados.

Na artrite reumatoide, a inflamação do tecido sinovial resulta em inchaço das articulações.

### A. Ácidos hialurônicos

Ácido hialurônico é o polissacarídeo ácido mais simples encontrado nos tecidos conjuntivos. Ele tem uma massa molecular entre $10^5$ e $10^7$ g/mol e contém de 300 a 100.000 unidades repetitivas, dependendo do órgão em que ele ocorre. Ele é mais abundante em tecidos embrionários e em tecidos conjuntivos especializados, como o fluido sinuvial, o lubrificante das juntas do corpo e a região vítrea do olho, na qual ele viabiliza um gel claro e elástico que mantém a retina em sua posição. Ácidos hialurônicos também são um ingrediente comum encontrado em loções, hidratantes e cosméticos.

O ácido hialurônico é composto de ácido D-glicurônico unido a N-acetil-D--glicosamina através de uma ligação β-1,3-glicosídica, enquanto a glicosamina é ligada ao ácido glicurônico por uma ligação β-1,4-glicosídica.

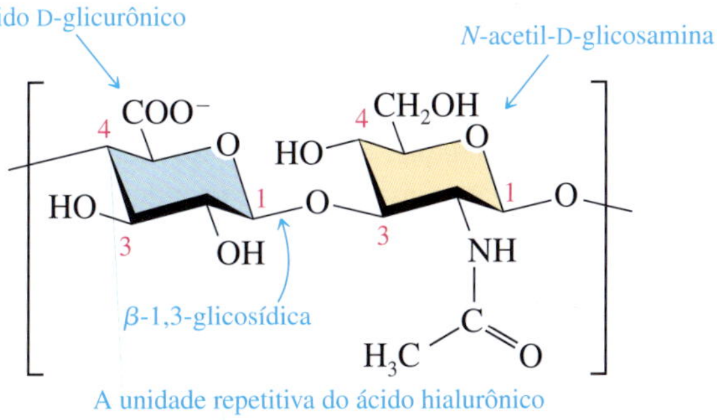

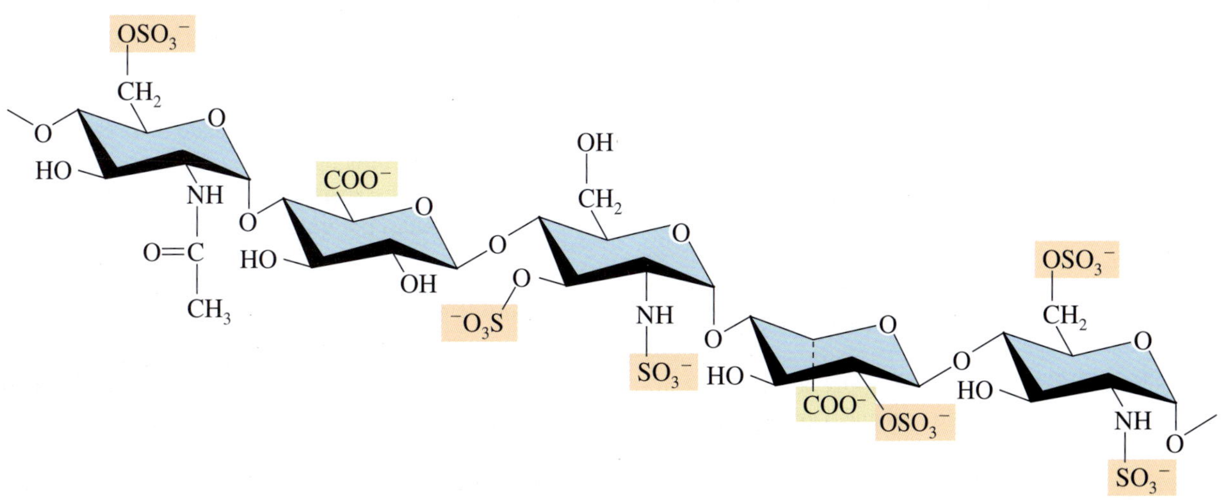

**FIGURA 20.5** Uma unidade repetitiva de pentassacarídeo da heparina.

### B. Heparina

Heparina é uma mistura heterogênea de cadeias variáveis de polissacarídeos sulfonados, e sua massa molecular varia de 6.000 a 30.000 g/mol. Esse polissacarídeo ácido é sintetizado e armazenado em mastócitos (células que são parte do sistema imune e que estão em vários tipos de tecidos) de vários tipos de tecidos – particularmente fígado, pulmões e intestino. A heparina tem várias funções biológicas, e a mais conhecida é a sua atividade anticoagulante. Ela se liga fortemente à antitrombina III, uma proteína do plasma envolvida na fase final do processo de anticoagulação. A heparina com boa atividade anticoagulante apresenta, no mínino, oito unidades repetitivas (Figura 20.5). Quanto maior for a molécula, maior será sua propriedade anticoagulante. Em razão de suas propriedades anticoagulantes, ela é empregada amplamente na medicina.

## Resumo das questões-chave

### Seção 20.1 Carboidratos: o que são monossacarídeos?

- **Monossacarídeos** são poli-hidroxialdeídos ou poli-hidroxiacetonas.
- Os mais comuns têm fórmula geral $C_nH_{2n}O_n$, onde n varia de 3 a 8.
- Os seus nomes contêm o sufixo *-ose* e os prefixos *tri-*, *tetr-* e assim sucessivamente para indicar o número de átomos de carbono na cadeia. O prefixo *aldo-* indica um aldeído, e *ceto-*, uma cetona.

### Seção 20.2 Quais são as estruturas cíclicas dos monossacarídeos?

- Na **projeção de Fisher** de um monossacarídeo, escrevemos a cadeia carbônica verticalmente com o carbono mais oxidado no topo da cadeia. As linhas horizontais representam os grupos que se projetam acima do plano da página, e linhas verticais representam os grupos que se projetam abaixo do plano da página.
- O penúltimo carbono de um monossacarídeo é o mais próximo do último carbono de uma projeção de Fisher.
- Um monossacarídeo que tem a mesma configuração no penúltimo carbono que o D-gliceraldeído é chamado um **D-monossacarídeo**; aquele que apresenta a mesma configuração no penúltimo carbono que o L-gliceraldeído é chamado um **L-monossacarídeo**.
- Os monossacarídeos existem principalmente como hemiacetais cíclicos.
- Um hemiacetal cíclico de seis membros é uma **piranose**, e um hemiacetal cíclico de cinco membros, uma **furanose**.
- O novo estereocentro que resulta da formação do hemiacetal é chamado **carbono anomérico**, e os estereoisômeros formados dessa maneira são denominados **anômeros**.
- O símbolo **β-** indica que o grupo —OH no carbono anomérico está do mesmo lado do anel que o grupo —CH$_2$OH terminal.
- O símbolo **α-** indica que o grupo —OH no carbono anomérico está do lado oposto do anel que o grupo —CH$_2$OH terminal.
- Furanoses e piranoses podem ser escritas como **projeções de Haworth**.
- Piranoses podem também ser escritas nas **conformações cadeira**.
- **Mutarrotação** é a mudança na rotação específica que acompanha a formação de uma mistura em equilíbrio dos anômeros α e β em solução aquosa.

### Seção 20.3 Quais são as reações características dos monossacarídeos?

- Um **glicosídeo** é um acetal cíclico derivado de um monossacarídeo.
- Um **alditol** é um composto poli-hidroxilado formado quando o grupo carbonila do monossacarídeo é reduzido ao grupo hidroxila.
- Um **ácido aldônico** é um ácido carboxílico formado quando o grupo aldeído de uma aldose é oxidado ao grupo carboxila.
- Qualquer carboidrato que reage com um agente oxidante para formar um ácido aldônico é classificado como um **açúcar redutor** (ele reduz o agente oxidante).

### Seção 20.4 O que são dissacarídeos e oligossacarídeos?

- Um **dissacarídeo** contém duas unidades de monossacarídeos unidas por uma ligação glicosídica.
- Os termos usados para denominar os carboidratos que contêm um maior número de monossacarídeos são **trissacarídeos, tetrassacarídeos, oligossacarídeos** e **polissacarídeos**.
- **Sacarose** é um dissacarídeo formado pela D-glicose unida a uma D-frutose por uma ligação α-1,2-glicosídica.
- **Lactose** é um dissacarídeo formado de D-galactose unida a D-glicose por uma ligação β-1,4-glicosídica.
- **Maltose** é um dissacarídeo formado por duas moléculas de D-glicose unidas por uma ligação α-1,4-glicosídica.

### Seção 20.5 O que são polissacarídeos?

- O **amido** pode ser separado em duas frações: amilose e amilopectina.
- A **amilose** é um polissacarídeo linear com cerca de 4.000 unidades de D-glicopiranose unidas por ligações α-1,4-glicosídica.
- A **amilopectina** é um polissacarídeo altamente ramificado de D-glicose unido por ligações α-1,4-glicosídica e, nas ramificações, por ligações α-1,6-glicosídicas.

- O **glicogênio**, a reserva de carboidrato dos animais, é um polissacarídeo altamente ramificado de D-glicopiranose unido por ligações α-1,4-glicosídicas e, nas ramificações, por ligações α-1,6-glicosídicas.
- A **celulose**, o polissacarídeo estrutural das plantas, é um polissacarídeo linear de D-glicopiranose unido por ligações β-1,4-glicosídicas.

Seção 20.6 O que são polissacarídeos ácidos?

- Os grupos carboxila ou sulfato dos **polissacarídeos ácidos** se encontram ionizados —COO$^-$ e —SO$_3^-$ no pH dos fluidos corporais, o que confere a esses polissacarídeos cargas negativas.

## Resumo das reações fundamentais

1. **Formação de hemiacetais cíclicos (Seção 20.2)** Um monossacarídeo que existe na forma de um anel de cinco membros é uma furanose, e aquele que existe como um anel de 6 membros é uma piranose. A piranose é mais comumente representada por uma projeção de Haworth ou pela conformação cadeira.

    D-glicose

    → β-D-glicopiranose (β-D-glicose)

2. **Mutarrotação (Seção 20.2C)** Formas anoméricas de um monossacarídeo estão em equilíbrio em solução aquosa. Mutarrotação é a mudança na rotação específica que acompanha o estabelecimento da situação de equilíbrio.

    β-D-glicopiranose
    $[\alpha]_D^{25} = +18,7°$

    Forma de cadeia aberta

    α-D-glicopiranose
    $[\alpha]_D^{25} = 112°$

3. **Formação de glicosídeos (Seção 20.3A)** O tratamento de um monossacarídeo com um álcool na presença de um catalisador ácido forma um acetal cíclico denominado glicosídeo. A ligação formada com o novo grupo —OR é chamada de ligação glicosídica.

    + CH$_3$OH

    $\xrightarrow[-H_2O]{H^+}$

4. **Redução a alditóis (Seção 20.3B)** A redução de um grupo carbonila de uma aldose ou cetona para um grupo hidroxila resulta em um composto poli-hidroxilado chamado alditol.

    β-D-glicopiranose ⇌ D-glicose

    $\xrightarrow{NaBH_4}$

    D-glicitol (D-sorbitol)

**5. Oxidação para um ácido aldônico (Seção 20.3C)** A oxidação do grupo aldeído de uma aldose para a formação de um grupo carboxila por um agente oxidante moderado resulta em um ácido carboxílico poli-hidroxilado chamado de ácido aldônico.

## Problemas

**Seção 20.1 Carboidratos: o que são monossacarídeos?**

20.6 Defina o que é *carboidrato*.

20.7 Qual é a diferença estrutural entre uma aldose e uma cetose? E entre uma aldopentose e uma cetopentose?

20.8 Entre as oito D-aldoexoses, qual é a mais abundante no mundo biológico?

20.9 Quais são as três hexoses mais abundantes no mundo biológico? O que são aldoexoses e aldocetoses?

20.10 Qual é a hexose também conhecida como "dextrose"?

20.11 O que significa dizer que D e L-gliceraldeído são enantiômeros?

20.12 Explique o significado das designações D e L usadas para especificar a configuração de um monossacarídeo.

20.13 Qual é o carbono de uma aldopentose que determina se a pentose tem configuração D ou L?

20.14 Quantos estereocentros são encontrados para a D-glicose? E na D-ribose? Quantos estereoisômeros são possíveis para cada monossacarídeo?

20.15 Quais dos seguintes compostos são D-monossacarídeos e L-monossacarídeos?

20.16 Desenhe as projeções de Fisher para a L-ribose e L-arabinose.

20.17 Desenhe as projeções de Fisher para a D-2-cetoeptose.

20.18 Explique por que todos os mono e dissacarídeos são solúveis em água.

20.19 O que é um aminoaçúcar? Quais são os três aminoaçúcares mais comuns na natureza?

**Seção 20.2 Quais são as estruturas cíclicas dos monossacarídeos?**

20.20 Defina a expressão *carbono anomérico*. Qual é o carbono anomérico na glicose? E na frutose?

20.21 Defina (a) piranose e (b) furanose.

20.22 Explique como é convencionado o uso de α e β na designação das configurações das formas cíclicas dos monossacarídeos.

20.23 A α-D-glicose e a β-D-glicose são anômeros? Explique. Trata-se de enantiômeros? Explique.

20.24 Os grupos hidroxila dos carbonos 1, 2, 3 e 4 da α-D-glicose estão todos na posição equatorial?

20.25 De que forma a representação das formas moleculares das hexopiranoses nas conformações cadeira são mais precisas que nas projeções de Haworth?

20.26 Converta cada uma das projeções de Haworth na forma de cadeia aberta e na projeção de Fisher. Nomeie os monossacarídeos que você desenhou.

20.27 Converta cada uma das conformações cadeira na forma de cadeia aberta e na projeção de Fisher. Nomeie os monossacarídeos que você desenhou.

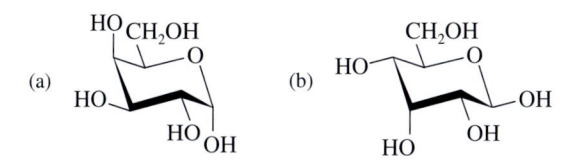

**20.28** Explique o fenômeno da mutarrotação. Como ele é medido?

**20.29** A rotação específica da D-glicose é +112,2°. Qual é a rotação específica da α-L-glicose?

**20.30** Quando a α-D-glicose é dissolvida em água, a rotação específica da solução muda de +112,2° para +52,7°. A rotação específica da α-L-D-glicose também muda quando ela é dissolvida em água? Em caso positivo, para qual valor?

**20.31** Defina *glicosídeo* e *ligação glicosídica*.

**20.32** Qual é a diferença entre *ligação glicosídica* e *ligação glucosídica*?

**20.33** Um glicosídeo apresenta mutarrotação?

### Seção 20.3 Quais são as reações características dos monossacarídeos?

**20.34** Escreva as projeções de Fisher para os produtos do tratamento de cada um dos seguintes monossacarídeos com boroidreto de sódio, $NaBH_4$, em água.
(a) D-galactose (b) D-ribose

**20.35** A redução de D-glicose por $NaBH_4$ resulta em D-sorbitol, um composto usado na manufatura de chicletes e doces sem açúcar. Desenhe a estrutura do D-sorbitol.

**20.36** A redução da D-frutose por $NaBH_4$ resulta em dois alditóis, sendo um deles D-sorbitol. Nomeie e desenhe a fórmula estrutural para o outro alditol.

**20.37** Ribitol e β-D-ribose 1-fosfato são derivados da D-ribose. Desenhe a fórmula estrutural para cada um desses compostos.

### Seção 20.4 O que são dissacarídeos e oligossacarídeos?

**20.38** Escreva o nome de três dissacarídeos importantes. De que monossacarídeos eles derivam?

**20.39** O que significa descrever uma ligação glicosídica β-1,4-? E descrever essa ligação por α-1,6-?

**20.40** Tanto a maltose como a lactose são açúcares redutores, mas a sacarose é um açúcar não redutor. Explique por quê.

**20.41** A seguir, é mostrada a fórmula estrutural para um dissacarídeo.

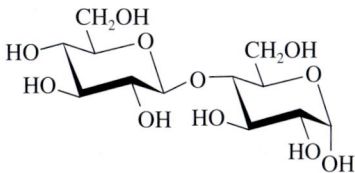

(a) Dê o nome de cada unidade de monossacarídeo no dissacarídeo.
(b) Descreva a ligação glicosídica.
(c) Esse dissacarídeo é um açúcar redutor ou não redutor?
(d) Esse dissacarídeo apresenta mutarrotação?

**20.42** O dissacarídeo trealose é encontrado em cogumelos jovens e é o carboidrato principal no sangue de certos insetos.

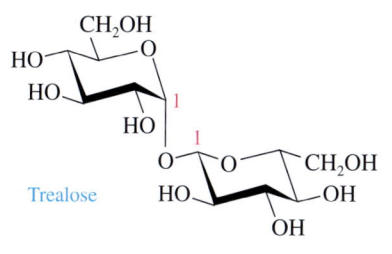

(a) Identifique os dois monossacarídeos presentes na trealose.
(b) Descreva a ligação glicosídica na trealose.
(c) A trealose é um açúcar redutor ou não redutor?
(d) A trealose apresenta mutarrotação?

### Seção 20.5 O que são polissacarídeos?

**20.43** Qual é a diferença estrutural entre oligossacarídeos e polissacarídeos?

**20.44** Escreva o nome de três polissacarídeos formados por unidades de D-glicose. Em qual polissacarídeo as unidades de glicose estão unidas por ligações α-glicosídicas? Em qual estão unidas por ligações β-glicosídicas?

**20.45** O amido pode ser separado em dois polissacarídeos principais, a amilose e a amilopectina. Qual é a principal diferença entre esses dois polissacarídeos?

**20.46** Onde o glicogênio é armazenado no corpo humano?

**20.47** Por que a celulose é insolúvel em água?

**20.48** Como é possível para o gado digerir a grama enquanto isso não é possível para os humanos?

**20.49** Uma projeção de Fisher para N-acetil-glicosamina é mostrada na Seção 20.1D.
(a) Desenhe a projeção de Haworth e a conformação cadeira para a forma β-piranose desse monossacarídeo.
(b) Desenhe a projeção de Haworth e a conformação cadeira para o dissacarídeo formado pela junção de duas unidades da forma piranose da N-acetil-D-glicosamina formada por uma ligação β-1,4-glicosídica. Se você a desenhar corretamente, terá a fórmula estrutural do dímero de repetição do polímero da quitina, o polissacarídeo estrutural da casca da lagosta e de outros crustáceos.

**20.50** Proponha a fórmula estrutural para os dímeros de repetição nestes polissacarídeos.
(a) O ácido algínico, isolado de algas marinhas, é usado como espessante em sorvetes e outros alimentos. O ácido algínico é um polímero de ácido D-manurônico na forma de piranose unida por ligações β-1,4-glicosídicas.
(b) O ácido péctico é o principal componente da pectina, que é responsável pela formação das geleias de frutas. Ácido péctico é um polímero do ácido D-galacturônico na forma de piranose unida por ligações α-1,4-glicosídicas.

Ácido D-manurônico

Ácido D-galacturônico

### Seção 20.6 O que são polissacarídeos ácidos?

20.51 O ácido hialurônico age como um lubrificante nos fluidos sinoviais das juntas. Na artrite reumatoide, o processo de inflamação quebra o ácido hialurônico em moléculas menores. Nessas condições, o que acontece com a ação lubrificante dos fluidos sinoviais?

20.52 As propriedades anticoagulantes da heparina são parcialmente devidas às suas cargas negativas.
   (a) Identifique os grupos funcionais responsáveis pelas cargas negativas.
   (b) Que tipo de heparina é um melhor anticoagulante: aquela que apresenta um alto ou um baixo grau de polimerização?

### Conexões químicas

20.53 (Conexões químicas 20A) Por que a galactosemia congênita se faz presente apenas nas crianças? Por que os sintomas da galactosemia podem ser evitados quando uma criança ingere uma dieta que contém sacarose como o único carboidrato?

20.54 (Conexões químicas 20B) Qual é a diferença estrutural entre o ácido L-ascórbico e ácido L-desidroascórbico? O que a designação L indica nesses nomes?

20.55 (Conexões químicas 20B) Quando o ácido L-ascórbico participa de uma reação redox, ele é convertido em ácido L-desidroascórbico. Nessa reação, o ácido L-ascórbico é oxidado ou reduzido? O ácido L-ascórbico é um agente biológico oxidante ou redutor?

20.56 (Conexões químicas 20C) Por que o teste de glicose é um dos testes analíticos mais comuns realizados nos laboratórios de análises clínicas?

20.57 (Conexões químicas 20D) O que os monossacarídeos do sangue do tipo A, B, AB e O têm em comum? Eles diferem em qual monossacarídeo?

20.58 (Conexões químicas 20D) A L-fucose é um monossacarídeo comum para os tipos de sangue A, B, AB e O.
   (a) Esse monossacarídeo é uma aldose ou uma cetose?
   (b) O que torna esse monossacarídeo particular?
   (c) Se o grupo terminal da —$CH_3$ da L-fucose fosse convertido em —$CH_2OH$, que monossacarídeo seria formado?

20.59 (Conexões químicas 20D) Por que uma pessoa com tipo de sangue A não pode doar sangue para uma pessoa do tipo de sangue B?

20.60 (Conexões químicas 20E) Como as ataduras de quitosana cessam a perda de sangue nas feridas enquanto isso não acontece com as gazes de algodão?

### Problemas adicionais

20.61 A 2,6-dideoxi-D-altrose, também conhecida como D-digitoxose, é um monossacarídeo obtido da hidrólise da digitoxina, um produto natural extraído da dedaleira púrpura (*Digitalis purpurea*). A digitoxina tem encontrado uma ampla utilização em cardiologia porque ela reduz o batimento cardíaco, regulariza o ritmo do coração e faz com que o batimento cardíaco seja fortalecido. Desenhe a fórmula estrutural para a forma de cadeia aberta da 2,6-dideoxi-D-altrose.

20.62 Na manufatura de doces e xaropes de açúcar, a sacarose é fervida em água com um pouco de ácido, como o suco de limão. Por que o gosto da mistura final é mais doce que da solução inicial de sacarose?

20.63 Extratos de casca de salgueiro obtidos com água quente são analgésicos eficientes ("Conexões químicas 19C"). Infelizmente, o líquido obtido é tão amargo que a maioria das pessoas o rejeita. Nomeie a unidade de monossacarídeo presente na salicilina.

Salicilina

20.64 Mostre como o D-sorbitol, usado nas gomas de mascar "sem açúcar", é produzido da D-glicose.

20.65 Qual é a fonte da quitosana, um polissacarídeo que tem sido usado no desenvolvimento de novos tipos de atadura?

20.66 As representações planares de Haworth dão uma ideia razoável da estrutura tridimensional da estrutura das furanoses, tais como a ribose?

20.67 Na Seção 20.4A, duas estruturas são mostradas para a sacarose. Em uma delas, tanto a glicose como a frutose são mostradas em representações de Haworth. Na outra, a glicose é mostrada na forma cadeira, e a frutose, na forma de projeção de Haworth. Por que a frutose é mostrada na forma de projeção de Haworth nas duas estruturas?

20.68 Algumas vezes, a heparina é adicionada às amostras de sangue utilizadas em pesquisa ou testes médicos. Por que isso é feito?

20.69 Qual é a diferença nas ligações glicosídicas do amido e da glicose? Como essa diferença afeta a sua função biológica?

20.70 Quais são as diferenças estruturais entre a vitamina C e os açúcares? Essas diferenças originam um papel na suscetibilidade dessa vitamina em sua oxidação pelo ar?

20.71 Qual é o papel dos aminoaçúcares na estrutura dos carboidratos?

### Antecipando

20.72 Uma etapa do metabolismo da D-glicose-6-fosfato é a sua conversão catalisada por enzima em D-frutose-6-fosfato. Mostre que essa conversão pode ser correlacionada a duas tautomerizações cetoenólicas catalisadas por enzima (Seção 17.5).

$$\begin{array}{c} \text{CHO} \\ \text{H}{-}\text{OH} \\ \text{HO}{-}\text{H} \\ \text{H}{-}\text{OH} \\ \text{H}{-}\text{OH} \\ \text{CH}_2\text{OPO}_3^{2-} \end{array} \underset{\text{de enzimas}}{\overset{\text{Catalisação}}{\rightleftharpoons}} \begin{array}{c} \text{CH}_2\text{OH} \\ \text{C}{=}\text{O} \\ \text{HO}{-}\text{H} \\ \text{H}{-}\text{OH} \\ \text{H}{-}\text{OH} \\ \text{CH}_2\text{OPO}_3^{2-} \end{array}$$

D-glicose-6-fosfato     D-frutose-6-fosfato

**20.73** Uma etapa da glicólise é o processo que converte glicose em piruvato (Seção 28.2) e que envolve conversão catalisada por enzima de di-hidroxiacetona fosfato em D-gliceraldeído 3-fosfato. Mostre que essa transformação pode ser correlacionada com duas tautomerizações cetoenólicas catalisadas por enzima (Seção 17.5).

$$\begin{array}{c} \text{CH}_2\text{OH} \\ | \\ \text{C}{=}\text{O} \\ | \\ \text{CH}_2\text{OPO}_3^{2-} \end{array} \underset{\text{de enzimas}}{\overset{\text{Catalisação}}{\rightleftharpoons}} \begin{array}{c} \text{CHO} \\ \text{H}{-}\text{OH} \\ \text{CH}_2\text{OPO}_3^{2-} \end{array}$$

Di-hidroxiacetona fosfato     D-gliceraldeído 3-fosfato

**20.74** A seguir, são mostradas projeções de Haworth e conformações cadeira para o dissacarídeo de repetição encontrado na condroitina 6-sulfato. Esse biopolímero age como uma matriz de conexão flexível entre os filamentos de proteína na cartilagem. Ele é disponibilizado como um suplemento alimentar, frequentemente combinado com D-glicosamina sulfato. Acredita-se que essa combinação fortaleça e melhore a flexibilidade das juntas.

(a) Quais são os dois monossacarídeos que formam o dissacarídeo de repetição do composto condroitina 6-sulfato?
(b) Descreva a ligação glicosídica entre as duas unidades de monossacarídeo.

**20.75** A seguir, está representada a fórmula estrutural da coenzima A, uma biomolécula importante.
(a) A coenzima A é quiral?
(b) Nomeie cada grupo funcional na coenzima A.
(c) Você acha que a coenzima A é solúvel em água? Explique.
(d) Desenhe as fórmulas estruturais dos produtos da hidrólise completa da coenzima A em solução aquosa de HCl. Mostre como cada produto se encontraria ionizado nessa solução.
(e) Desenhe as fórmulas estruturais dos produtos da hidrólise completa da coenzima A em solução aquosa de NaOH. Mostre como cada produto se encontraria ionizado nessa solução.

Coenzima A

# Lipídeos

## 21

Leões-marinhos são mamíferos que necessitam de uma espessa camada de gordura para que possam viver em águas frias.

### Questões-chave

**21.1** O que são lipídeos?

**21.2** Quais são as estruturas dos triglicerídeos?

**21.3** Quais são algumas das propriedades dos triglicerídeos?

**21.4** Quais são as estruturas dos lipídeos complexos?

**21.5** Qual é a função dos lipídeos na estrutura das membranas?

**21.6** O que são glicerofosfolipídeos?

**21.7** O que são esfingolipídeos?

**21.8** O que são glicolipídeos?

**21.9** O que são esteroides?

**21.10** Quais são algumas das funções fisiológicas dos hormônios esteroides?

**21.11** O que são sais biliares?

**21.12** O que são prostaglandinas, tromboxanos e leucotrienos?

## 21.1 O que são lipídeos?

Encontrados nos seres vivos, os **lipídeos** são uma família de substâncias insolúveis em água, mas solúveis em solventes apolares e solventes de baixa polaridade, tais como o éter dietílico. Diferentemente dos carboidratos, definimos os lipídeos em termos de suas propriedades e não de sua estrutura.

### A. Classificação pela função

Os lipídeos desempenham três funções principais na bioquímica humana: (1) armazenam energia nas células de gordura, (2) fazem parte das membranas que separam os compartimentos celulares que contêm as soluções aquosas e (3) atuam como mensageiros químicos.

#### Armazenamento

Uma função importante dos lipídeos, especialmente nos animais, é o armazenamento de energia. Como foi visto na Seção 20.5, as plantas armazenam energia na forma de amido. Os animais (incluindo os seres humanos) fazem isso de forma mais conveniente usando gorduras. Embora nosso corpo armazene alguns carboidratos na forma de glicogênio para a utilização instantânea de energia quando ela se faz necessária, a energia armazenada na forma de gorduras tem uma importância muito maior para nós. A razão é simples: a queima de gorduras produz mais que o dobro da energia (cerca de 9 kcal/g) quando comparada à queima de um peso igual de carboidrato (cerca de 4 kcal/g).

## Componentes das membranas

A insolubilidade em água dos lipídeos é uma propriedade importante porque nosso corpo é especialmente constituído de água. A maioria dos componentes do corpo, incluindo carboidratos e proteínas, é solúvel em água. Entretanto, o corpo também precisa de compostos insolúveis em água para as membranas que separam os compartimentos que contêm as soluções aquosas, seja nas células ou nas organelas contidas nas células. Os lipídeos formam essas membranas. Sua insolubilidade em água resulta do fato de que os seus grupos polares são muito menores que a sua porção hidrocarbônica (apolar). Essas porções apolares conferem a característica de repelir a água ou propriedade *hidrofóbica*.

## Mensageiros

Os lipídeos também atuam como mensageiros químicos. Mensageiros primários, tais como os hormônios esteroides, levam sinais de uma parte do corpo para outra. Mensageiros secundários, como as prostaglandinas e os tromboxanos, medeiam a resposta hormonal.

### B. Classificação pela estrutura

Podemos classificar os lipídeos em quatro grupos: (1) lipídeos simples, como as gorduras e as ceras; (2) lipídeos complexos; (3) esteroides; e (4) prostaglandinas, tromboxanos e leucotrienos.

## 21.2 Quais são as estruturas dos triglicerídeos?

As gorduras dos animais e os óleos vegetais são triglicerídeos. **Triglicerídeos** são triésteres do glicerol e ácidos carboxílicos de cadeia longa chamados ácidos graxos. Na Seção 19.1, vimos que os ésteres são formados a partir de um álcool e de um ácido. Como o nome indica, o álcool dos triglicerídeos é sempre o glicerol.

$$\begin{array}{c} CH_2-OH \\ | \\ CH-OH \\ | \\ CH_2-OH \end{array}$$
Glicerol

Diferentemente do álcool precursor, o ácido do triglicerídeo[1] pode ser qualquer ácido graxo (Seção 18.4A). Esses ácidos graxos, entretanto, apresentam algumas características comuns:

1. Os ácidos graxos são praticamente todos ácidos carboxílicos não ramificados.
2. Quanto ao tamanho, eles apresentam de 10 a 20 carbonos.
3. Apresentam um número par de átomos de carbono.
4. Excluindo o grupo —COOH, eles não têm grupos funcionais, exceto aqueles que têm duplas ligações.
5. Na maioria dos ácidos graxos que apresentam duplas ligações, o isômero *cis* predomina.

Somente ácidos com número par de carbonos são encontrados nos triglicerídeos porque o organismo constrói esses ácidos somente a partir de unidades de acetato e, por isso, insere carbonos de dois em dois (Seção 29.2).

Nos **triglicerídeos** (também chamados **triacilgliceróis**), todos os três grupos hidroxila estão esterificados. Uma molécula de triglicerídeo típica é mostrada a seguir:

$$CH_3(CH_2)_7CH=CH(CH_2)_7COCH\begin{array}{c} CH_2OC(CH_2)_{14}CH_3 \\ | \\ O \\ | \\ CH_2OC(CH_2)_{16}CH_3 \end{array}$$

Oleato (18:1) — Palmitato (16:0) — Estearato (18:0)

Um triglicerídeo

---

[1] Ao longo do texto, quando for feita menção ao "ácido do triglicerídeo", isso significará que o ácido graxo precursor reage com o glicerol para formar o correspondente éster. (NT)

Os triglicerídeos são os materiais lipídicos mais comuns, embora **mono-** e **diglicerídeos** não sejam raros. Nestes últimos dois tipos, somente um ou dois dos grupos —OH do glicerol são esterificados com ácidos graxos.

Os triglicerídeos naturais são moléculas complexas. Embora algumas das moléculas contenham os três ácidos graxos idênticos, na maioria dos casos dois ou três ácidos diferentes constituem os triglicerídeos. O caráter hidrofóbico dos triglicerídeos é causado pelas cadeias hidrocarbônicas longas. Os grupos éster (—C(=O)—O—), embora polares, estão inseridos em um ambiente apolar, o que torna os triglicerídeos insolúveis em água.

## 21.3 Quais são algumas das propriedades dos triglicerídeos?

### A. Estado físico

Com algumas exceções, **gorduras** provenientes dos animais são geralmente sólidas em temperatura ambiente, e aquelas provenientes das plantas ou peixes são usualmente líquidas. As gorduras líquidas são normalmente chamadas **óleos**; embora elas sejam ésteres de glicerol como as gorduras sólidas, não devem ser confundidas com o petróleo, que é fundamentalmente constituído de alcanos.

Qual é a diferença estrutural entre as gorduras sólidas e os óleos líquidos? As propriedades físicas dos ácidos graxos são determinantes nas propriedades físicas dos triglicerídeos. As gorduras animais sólidas contêm principalmente ácidos graxos saturados, enquanto óleos vegetais contêm grandes quantidades de ácidos graxos insaturados. A Tabela 21.1 mostra o conteúdo médio de ácidos graxos de algumas gorduras e óleos comuns. Note que mesmo algumas gorduras sólidas contêm alguns ácidos insaturados e que gorduras líquidas contêm alguns ácidos saturados. Alguns ácidos graxos insaturados (ácidos linoleico e linolênico) são chamados *ácidos graxos essenciais* porque o corpo não pode sintetizá-los a partir de precursores; eles devem ser consumidos como parte da alimentação.

Embora a maior parte dos óleos vegetais contenha altas quantidades de ácidos graxos insaturados, eles são exceções. Óleo de coco, por exemplo, tem somente uma pequena quantidade de ácidos graxos insaturados. Esse óleo é líquido não pelo fato de conter várias duplas ligações, mas porque é rico em ácidos graxos de baixa massa molecular (principalmente ácido láurico).

**Gordura** Uma mistura de triglicerídeos que contém uma alta proporção de ácidos graxos de cadeia longa saturada.

**Óleo** Uma mistura de triglicerídeos que contém uma alta proporção de ácidos graxos de cadeia longa insaturada ou ácidos graxos de cadeia curta saturada.

**TABELA 21.1** Porcentagem média dos ácidos graxos de algumas gorduras e óleos comuns

| | Saturado | | | | Insaturado | | | |
|---|---|---|---|---|---|---|---|---|
| | Láurico | Mirístico | Palmítico | Esteárico | Oleico | Linoleico | Linolênico | Outros |
| **Gorduras animais** | | | | | | | | |
| Sebo bovino | — | 6,3 | 27,4 | 14,1 | 49,6 | 2,5 | — | 0,1 |
| Manteiga | 2,5 | 11,1 | 29,0 | 9,2 | 26,7 | 3,6 | — | 17,9 |
| Humana | — | 2,7 | 24,0 | 8,4 | 46,9 | 10,2 | — | 7,8 |
| Toucinho | — | 1,3 | 28,3 | 11,9 | 47,5 | 6,0 | — | 5,0 |
| **Óleos vegetais** | | | | | | | | |
| Coco | 45,4 | 18,0 | 10,5 | 2,3 | 7,5 | — | — | 16,3 |
| Milho | — | 1,4 | 10,2 | 3,0 | 49,6 | 34,3 | — | 1,5 |
| Semente de algodão | — | 1,4 | 23,4 | 1,1 | 22,9 | 47,8 | — | 3,4 |
| Linhaça | — | — | 6,3 | 2,5 | 19,0 | 24,1 | 47,4 | 0,7 |
| Oliva | — | — | 6,9 | 2,3 | 84,4 | 4,6 | — | 1,8 |
| Amendoim | — | — | 8,3 | 3,1 | 56,0 | 26,0 | — | 6,6 |
| Cártamo | — | — | 6,8 | — | 18,6 | 70,1 | 3,4 | 1,1 |
| Soja | 0,2 | 0,1 | 9,8 | 2,4 | 28,9 | 52,3 | 3,6 | 2,7 |
| Girassol | — | — | 6,1 | 2,6 | 25,1 | 66,2 | — | — |

Óleos com uma média de mais que uma dupla ligação por cadeia de ácido graxo são denominados *poli-insaturados*. O seu papel na dieta humana é abordado na Seção 30.4.

Gorduras e óleos puros são incolores, inodoros e insípidos. Essa afirmação pode parecer surpreendente porque conhecemos o gosto e as cores de gorduras e óleos, como a manteiga e o azeite de oliva. O gosto, os odores e as cores são originados pelas pequenas quantidades de outras substâncias dissolvidas na gordura ou no óleo.

### B. Hidrogenação

Na Seção 12.6D, aprendemos que a dupla ligação carbono-carbono pode ser reduzida a uma ligação simples pela reação com hidrogênio ($H_2$) na presença de um catalisador. Portanto, não é difícil converter óleos líquidos insaturados em sólidos. Por exemplo:

$$CH_2-O-CO-(CH_2)_7-CH=CH-(CH_2)_7-CH_3 \quad \text{(Ácido oleico)}$$
$$CH-O-CO-(CH_2)_7-CH=CHCH_2CH=CH-(CH_2)_4-CH_3 \quad \text{(Ácido linolênico)} + 5H_2 \xrightarrow{Pt}$$
$$CH_2-O-CO-(CH_2)_7-CH=CHCH_2CH=CH-(CH_2)_4-CH_3 \quad \text{(Ácido linolênico)}$$

$$CH_2-O-CO-(CH_2)_{16}-CH_3 \quad \text{(Ácido esteárico)}$$
$$CH-O-CO-(CH_2)_{16}-CH_3$$
$$CH_2-O-CO-(CH_2)_{16}-CH_3$$

Essa hidrogenação é feita em grande escala para produzir a "gordura" vegetal sólida vendida nos mercados. Ao manufaturarem esses produtos, os fabricantes precisam ser cuidadosos para não hidrogenar completamente todas as duplas ligações, porque a gordura sem duplas ligações seria *muito* sólida. A hidrogenação parcial, mas não completa, resulta em produtos com a consistência correta para a preparação de alimentos. A margarina também é feita pela hidrogenação parcial dos óleos vegetais. Como menos hidrogênio é usado, ela contém mais insaturações que a gordura vegetal hidrogenada.[2] O processo de hidrogenação é a fonte dos ácidos graxos *trans*, como já mencionado ("Conexões químicas 18A"). A indústria de processamento de alimentos tem adotado novos procedimentos para resolver esse problema. Vários rótulos de alimentos chamam especificamente atenção para o fato de que "não existem gorduras *trans*" no produto.

[2] Vale lembrar que, nas propagandas de margarina, uma das propriedades mais realçadas é a sua "cremosidade", fruto de uma menor hidrogenação do óleo. (NRT)

## Conexões químicas 21A

### Ranço

As duplas ligações de gorduras e óleos estão sujeitas à oxidação pelo ar (Seção 13.4C). Quando uma gordura ou óleo são mantidos abertos, essa reação que ocorre lentamente transforma algumas das moléculas em aldeídos e outros compostos com sabor e odor ruins. Então dizemos que a gordura ou o óleo tornou-se *rançoso* e não é mais comestível. Os óleos de plantas, que geralmente contêm mais duplas ligações, são mais suscetíveis a essa transformação que as gorduras sólidas, mas mesmo as gorduras contêm algumas duplas ligações que sofrem oxidação e o ranço também pode ser um problema.

Outra causa do sabor desagradável é a hidrólise. A hidrólise de triglicerídeos pode produzir ácidos graxos de cadeia mais curta, como o ácido butanoico (ácido butírico), que apresenta um odor desagradável. Para prevenir o ranço, óleos e gorduras devem ser mantidos refrigerados (essas reações ocorrem mais lentamente em baixas temperaturas) e em garrafas escuras (a oxidação é catalisada pela luz ultravioleta[3]). Além disso, antioxidantes são frequentemente adicionados a gorduras e óleos para prevenir o aparecimento do ranço.

[3] O vidro das garrafas por si só já filtra a radiação ultravioleta, e o fato de ser escura é para minimizar a quantidade de luz visível que atinge o conteúdo do recipiente. (NT)

### C. Saponificação

Os glicerídeos, por serem ésteres, estão sujeitos à hidrólise que pode ser feita com ácidos ou bases. Como já foi visto na Seção 19.4, o uso de bases é mais prático. A seguir, apresentamos um exemplo de saponificação de uma gordura típica.

## Conexões químicas 21B

### Ceras

As ceras de animais e plantas são ésteres simples. Eles são sólidos por causa de suas altas massas moleculares. Como nas gorduras, a porção ácida dos ésteres consiste em uma mistura de ácidos graxos; a porção de álcool, entretanto, não é o glicerol, mas sim alcoóis simples de cadeia longa. Por exemplo, o principal componente da cera de abelhas é o palmitato de 1-triacontila:

$$\underbrace{CH_3(CH_2)_{13}CH_2\overset{O}{\underset{\|}{C}}}_{\text{Parte de ácido palmítico}}-\underbrace{OCH_2(CH_2)_{28}CH_3}_{\text{Parte de 1-triacontanol}}$$

Palmitato de 1-triacontila

Em geral, as ceras têm maiores pontos de fusão que as gorduras (de 60 a 100 °C) e são mais duras. Animais e plantas as usam de forma geral como uma cobertura de proteção. Por exemplo, as folhas da maioria das plantas são cobertas com cera, a qual ajuda na prevenção do ataque de microrganismos e permite que as plantas conservem a água. As penas dos pássaros e a pele dos animais também são cobertas com cera.

Ceras importantes incluem a cera de carnaúba (de uma palmeira brasileira), lanolina (da lã das ovelhas), cera das abelhas e espermacete (das baleias). Essas substâncias são utilizadas na fabricação de cosméticos, polimentos, velas e unguentos. Ceras de parafina não são ésteres, mas misturas de alcanos de alta massa molecular. A cera do ouvido também não é um éster simples. Essa secreção glandular contém uma mistura de gorduras (triglicerídeos), fosfolipídeos e ésteres do colesterol.

$$\underset{\text{Um triglicerídeo}}{\begin{array}{c}O\\\|\\CH_2OCR\\|\\RCOCH\\|\\CH_2OCR\\\|\\O\end{array}} + 3NaOH \xrightarrow{\text{saponificação}} \underset{\substack{\text{1,2,3-propanotriol}\\(\text{glicerol; glicerina})}}{\begin{array}{c}CH_2OH\\|\\CHOH\\|\\CH_2OH\end{array}} + \underset{\text{Sabão sódico}}{3RCO^-Na^+}$$

Portanto, a saponificação é a hidrólise promovida em meio básico de gorduras e óleos que produz glicerol e uma mistura de sais de ácidos graxos chamados sabões. O **sabão** tem sido utilizado há milhares de anos, e a reação de saponificação é uma das reações mais antigas conhecidas pelo homem.

## 21.4 Quais são as estruturas dos lipídeos complexos?

Os triglicerídeos abordados nas seções anteriores são componentes importantes das células de armazenamento de gordura. Outros tipos de lipídeos, chamados lipídeos complexos, são importantes de outra forma. Eles constituem os principais componentes das membranas (Seção 21.5). Lipídeos complexos podem ser classificados em dois grupos: fosfolipídeos e glicolipídeos.

**Fosfolipídeos** contêm um álcool, dois ácidos graxos e um grupo fosfato. Existem dois tipos: **glicerofosfolipídeos** e **esfingolipídeos**. Nos glicerofosfolipídeos, o álcool é o glicerol (Seção 21.6). Nos esfingolipídeos, o álcool é a esfingosina (Seção 21.7).

**Glicolipídeos** são lipídeos complexos que contêm carboidratos (Seção 21.8). A Figura 21.1 mostra esquematicamente as estruturas de todos esses lipídeos.

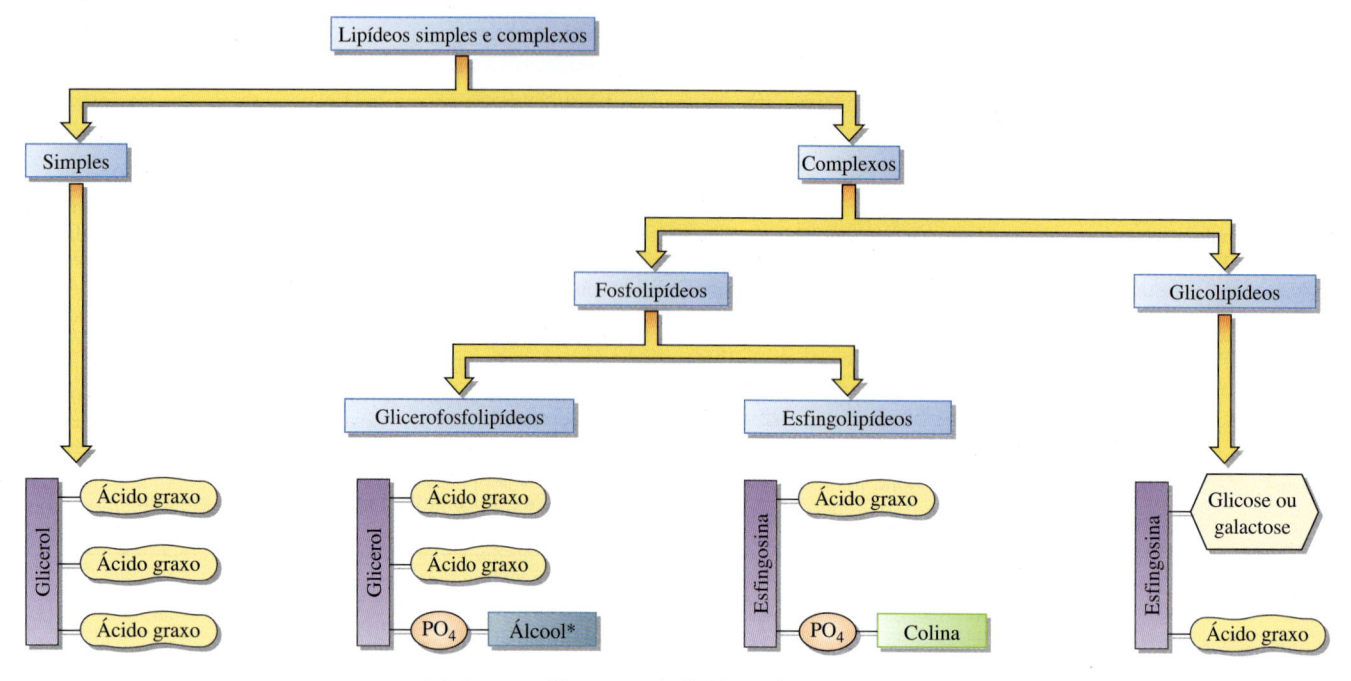

**FIGURA 21.1** Diagrama de lipídeos simples e complexos.*
*O álcool pode ser colina, serina, etanolamina, inositol e outros.

## 21.5 Qual é a função dos lipídeos na estrutura das membranas?

Os lipídeos complexos mencionados na Seção 21.4 formam as **membranas** existentes em volta das células, assim como pequenas estruturas contidas no interior das células. (Essas estruturas pequenas contidas no interior das células são chamadas *organelas*.) Os ácidos graxos insaturados são componentes importantes desses lipídeos. A maioria das moléculas de lipídeos na bicamada contém ao menos um ácido graxo insaturado. As membranas celulares separam as células do seu ambiente externo e viabilizam o transporte seletivo para nutrientes e resíduos de metabolização para dentro e para fora da célula, respectivamente.

Essas membranas são feitas de **bicamadas lipídicas** (Figura 21.2). Em uma bicamada lipídica, duas colunas (camadas) de lipídeos complexos estão orientadas cauda a cauda.[4] As cadeias hidrofóbicas se direcionam uma em relação à outra, o que possibilita que fiquem bem distantes da água. Esse arranjo deixa as cabeças polares direcionadas para as superfícies do interior ou exterior da membrana. O colesterol (Seção 21.9), outro componente da membrana, também direciona a porção hidrofílica de sua molécula na superfície da membrana e a sua porção hidrofóbica no interior da bicamada.

Os ácidos graxos insaturados previnem um empacotamento eficiente das cadeias hidrofóbicas na bicamada lipídica, conferindo, desse modo, um caráter similar ao meio líquido para a membrana. Esse efeito é similar àquele que permite que os ácidos graxos insaturados tenham pontos de fusão menores que os dos ácidos graxos saturados. Essa propriedade da fluidez da membrana é de extrema importância porque vários produtos dos processos bioquímicos do corpo devem atravessar a membrana, e a natureza líquida da bicamada lipídica permite esse transporte.

A parte lipídica da membrana serve como uma barreira contra qualquer movimento dos íons ou compostos polares tanto para o interior como para o exterior da célula. Na bicamada lipídica, moléculas de proteína estão suspensas na superfície (proteínas periféricas), enquanto outras podem estar parcial ou completamente embebidas na bicamada (proteínas integrantes). Essas proteínas se estendem tanto para o interior como para o exterior da membrana.

Outras se encontram completamente embebidas, atravessando a bicamada e se projetando dos dois lados. O modelo mostrado na Figura 21.2, chamado **modelo de mosaico fluido** de membranas, permite a passagem de compostos apolares por difusão, pois esses compostos são solúveis nas membranas lipídicas. O termo *mosaico* se refere à topografia das bicama-

---

[4] A orientação cauda a cauda significa que os lipídeos estão arranjados de forma que a terminação hidrocarbônica das cadeias dos ácidos graxos de uma das camadas (por exemplo, a camada que está orientada para a fase aquosa externa) está em contato com a terminação hidrocarbônica dos ácidos graxos da outra camada (a camada orientada para a fase aquosa interna da célula ou organela). (NT)

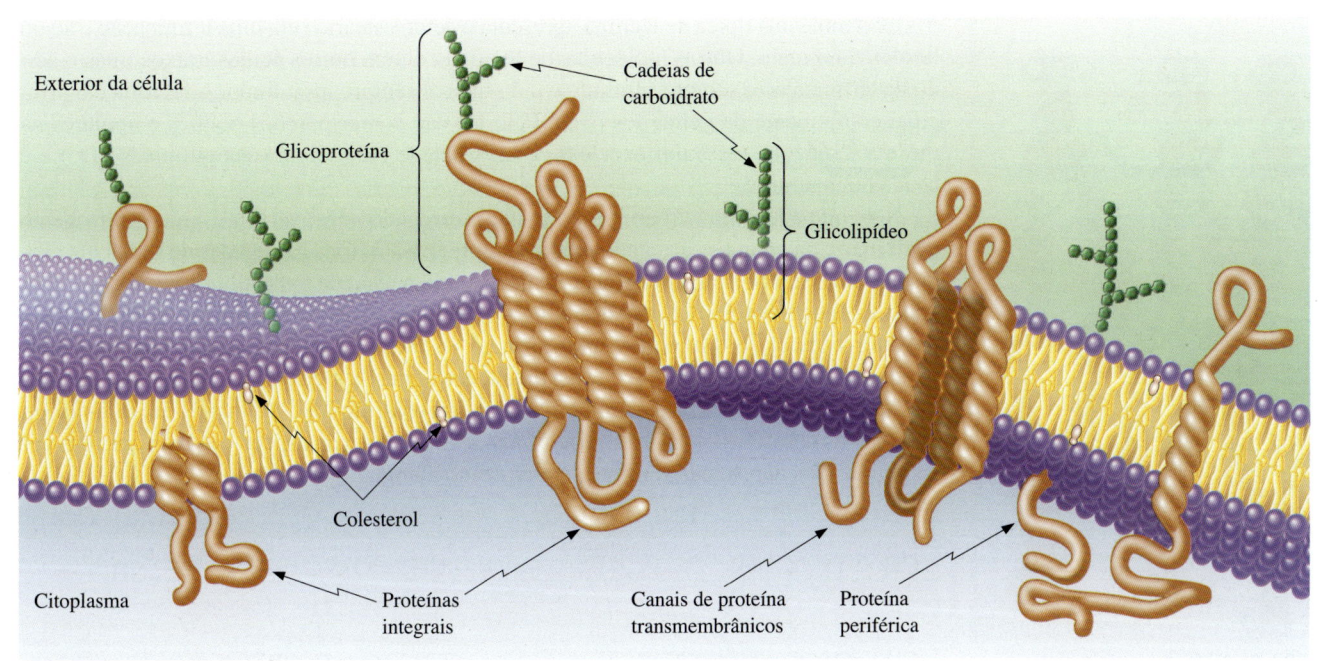

**FIGURA 21.2** Modelo do mosaico fluido de membrana. Note que as proteínas estão embebidas na matriz lipídica.

das: as moléculas de proteínas dispersas no lipídeo. O termo *fluido* é usado porque existe um movimento lateral livre nas bicamadas que resulta em características líquidas para as membranas. Diferentemente dos compostos apolares, os polares são transportados tanto por canais específicos através das regiões que contêm proteínas quanto por um mecanismo denominado transporte ativo (ver "Conexões químicas 21C"). Para cada processo de transporte, a membrana se comporta como um líquido não rígido para que as proteínas possam se movimentar de um lado para o outro da membrana.

## 21.6 O que são glicerofosfolipídeos?

A estrutura dos glicerofosfolipídeos (também chamados fosfoglicérides) é muito similar à das gorduras. Os glicerofosfolipídeos são componentes das membranas das células. Nesses compostos, o componente de álcool é o glicerol. Dois dos três grupos hidroxila do glicerol encontram-se esterificados com ácidos graxos. Como nas gorduras simples, esses ácidos graxos podem ser qualquer ácido carboxílico de cadeia longa, com ou sem duplas ligações. Em todos os glicerofosfolipídeos, lecitinas, cefalinas e fosfatidilinositóis, o ácido graxo do carbono 2 do glicerol é sempre insaturado. O terceiro grupo não está esterificado com um ácido graxo; mais precisamente, ele se encontra esterificado com um grupo fosfato, que também se encontra esterificado por outro álcool, portanto forma-se um diéster de fosfato. Caso o álcool que esterifica o fostato seja a colina, que é uma amina quaternária (um íon amônio), os glicerofosfolipídeos resultantes são denominados **fosfatidilcolinas** (nome usual de **lecitina**):

Essa molécula típica de lecitina apresenta o ácido esteárico em uma terminação e ácido linoleico no meio. Outras moléculas de lecitina contêm outros ácidos graxos, mas o ácido da terminação é sempre saturado e o do meio é sempre insaturado. A lecitina é o principal componente da gema dos ovos. Pelo fato de conter porções polares e apolares na mesma molécula, ela é um excelente emulsificante (ver "Conexões químicas 6D") e é usada na maionese.

Note que a lecitina tem um grupo fosfato carregado negativamente e que o nitrogênio quaternário da colina é carregado positivamente. Essas partes carregadas da molécula produzem uma cabeça altamente hidrofílica, enquanto o resto da molécula é hidrofóbico. Portanto, quando um fosfolipídeo tal como a lecitina faz parte da bicamada lipídica, as caudas hidrofóbicas se direcionam para o meio da bicamada, e as cabeças hidrofílicas se alinham tanto para a superfície interna quanto a externa da membrana (figuras 21.2 e 21.3).

As lecitinas são apenas um exemplo de glicerofosfolipídeos. Outros glicerofosfolipídeos são as **cefalinas**, que são similares às lecitinas em cada aspecto, exceto que, em vez de colina, eles apresentam outros alcoóis, como etanolamina ou serina:

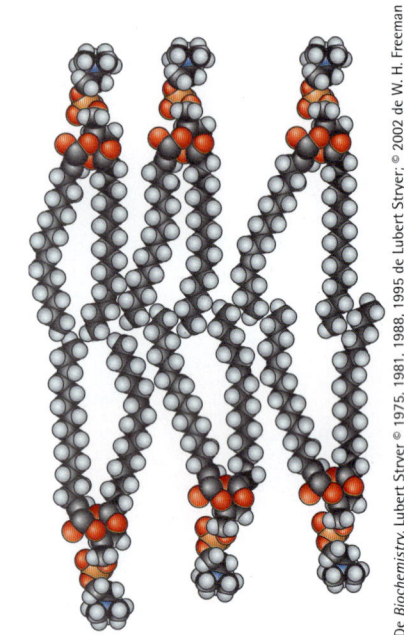

**FIGURA 21.3** Modelos moleculares de preenchimento de lipídeos complexos em uma bicamada.

Uma fosfatidiletanolamina (uma cefalina)

Uma fosfatidilserina (uma cefalina)

R = cauda hidrocarbônica da porção de ácido graxo

Outra classe importante de glicerofosfolipídeos é a dos **fosfatidilinositóis (PI)**. Nos PI, o álcool inositol está ligado à molécula por uma ligação de éster fosfato. Esses compostos não só fazem parte integral das membranas biológicas, mas também, em suas formas mais altamente fosforiladas, tais como o **fosfatidilinositol 4,5-bisfosfato (PIP2)**, atua como moléculas de sinalização na comunicação química (ver Capítulo 24).

Fosfatidilinositóis, PI

## 21.7 O que são esfingolipídeos?

A mielina, a cobertura dos axônios dos nervos, contém um tipo diferente de lipídeo complexo: **esfingolipídeos**, em que a porção de álcool é a esfingosina.

## Conexões químicas 21C

### Transporte através das membranas celulares

As membranas não são um agrupamento aleatório de lipídeos complexos que resultam em uma barreira física e molecular indescritível. Nas células vermelhas do sangue, por exemplo, a parte externa da bicamada é feita principalmente de fosfatidilcolina e esfingomielina, enquanto a parte interna é composta principalmente de fosfatidiletanolamina e fosfatidilserina (seções 21.6 e 21.7). No caso da membrana denominada retículo sarcoplásmico do músculo do coração, a fosfatidiletanolamina é encontrada na parte externa da membrana; a fosfatidilserina, na parte interna; e a fosfatidilcolina está igualmente distribuída nas duas camadas da membrana.

As membranas não são estruturas estáticas. Em vários processos, elas se fundem uma na outra; em outros processos, desintegram-se, e os seus constituintes são usados em outras partes do organismo. Quando as membranas se fundem nas fusões de vacúolos no interior das células, por exemplo, existem certas restrições que previnem que membranas incompatíveis se misturem.

As moléculas de proteína não estão distribuídas aleatoriamente na bicamada. Algumas vezes, elas são agrupadas como em retalhos dispersos; outras vezes, aparecem em padrões geométricos regulares. Um exemplo deste último tipo são as **junções comunicantes** (ou junções *gap*), canais constituídos de seis proteínas que criam um poro central. Esses canais permitem que células vizinhas se comuniquem. As junções comunicantes constituem um exemplo de **transporte passivo**. Moléculas polares pequenas – que incluem alguns nutrientes essenciais como íons inorgânicos, açúcares, aminoácidos e nucleotídeos – podem passar facilmente através das junções comunicantes. Moléculas grandes, como proteínas, polissacarídeos e ácidos nucleicos, não conseguem atravessar esses canais.

No **transporte facilitado** (difusão facilitada), uma interação específica ocorre entre o transportador e a molécula transportada. Considere o **transportador de ânion** das células vermelhas do sangue, através do qual os íons cloreto e bicarbonato são trocados na razão 1:1. O transportador é uma proteína com 14 estruturas em hélice que atravessam a membrana. Um lado das hélices contém as partes hidrofóbicas da proteína, as quais podem interagir com os lipídeos da membrana. O outro lado das hélices da proteína contém as porções hidrofílicas que permitem a interação com os íons hidratados. Dessa forma, os ânions passam através da membrana dos eritrócitos.

O **transporte ativo** envolve a passagem de íons através de um gradiente de concentração. Por exemplo, uma maior concentração de $K^+$ é encontrada no interior da célula do que no ambiente externo que circunda a célula. Contudo, íons potássio podem ser transportados do exterior para dentro da célula, embora à custa de energia. O transportador, uma proteína chamada $Na^+$, $K^+$, ATPase, utiliza a energia da hidrólise da molécula de ATP para mudar a conformação do transportador, que traz $K^+$ e exporta $Na^+$. Estudos detalhados dos canais de íons $K^+$ têm revelado que esses íons entram nos canais aos pares. Cada um dos íons hidratados leva consigo oito moléculas de água na sua camada de solvatação, com o polo negativo da molécula de água (o átomo de oxigênio) circundando o íon positivo. No fundo do canal, os íons $K^+$ encontram uma constrição, chamada filtro de seletividade. Para passar através dele, os íons $K^+$ precisam liberar as moléculas de água de solvatação. A proximidade dos íons $K^+$, agora "nus" sem a esfera de solvatação, gera uma repulsão eletrostática suficiente para forçar a passagem pelo canal. O canal por si mesmo é preenchido com átomos de oxigênio que fornecem ambiente atrativo similar ao oferecido pela forma estável hidratada antes da entrada na área de constrição.

Compostos polares, em geral, são transportados através de **canais transmembrânicos** específicos.

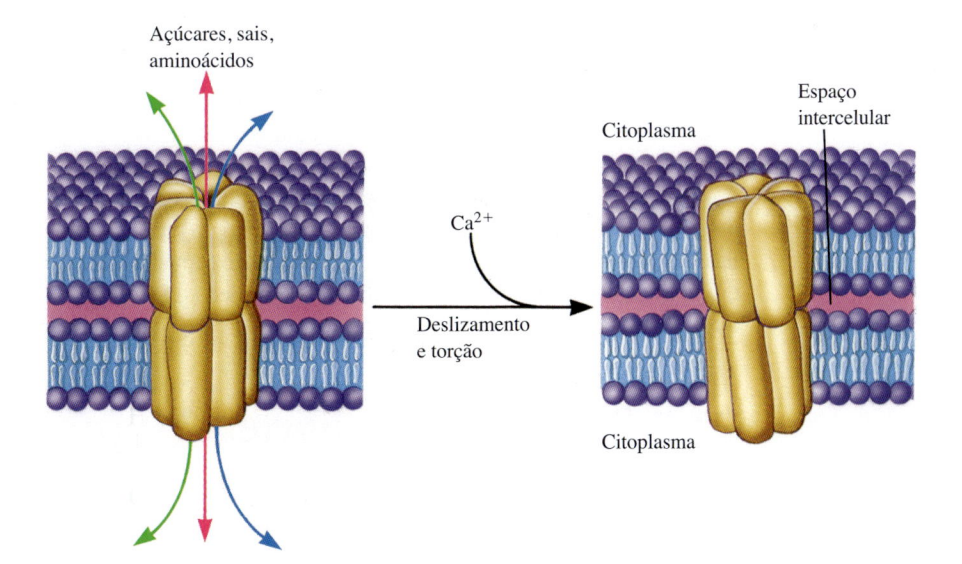

As junções comunicantes são feitas de seis subunidades proteicas cilíndricas. Elas se alinham nas duas membranas do plasma paralelas umas às outras, formando um poro. Os poros das junções comunicantes são fechados por movimentos de deslizamento e torção das subunidades cilíndricas.

$$\text{CH}_3(\text{CH}_2)_{12}-\text{CH}=\text{CH}-\overset{\overset{\displaystyle \text{OH}}{|}}{\underset{}{\text{CH}}}-\overset{\overset{\displaystyle \text{NH}_2}{|}}{\underset{}{\text{CH}}}-\text{CH}_2\text{OH}$$

Esfingosina

Uma cadeia longa de ácido graxo está conectada ao grupo —NH$_2$ por uma ligação amídica, e o grupo —OH no fim da cadeia está esterificado pela fosforilcolina:

*Uma esfingomielina (um esfingolipídeo)* — Porção de ceramida

*Esfingomielina (diagrama esquemático)*

A combinação de um ácido graxo e a esfingosina (realçada pelo fundo colorido) é chamada porção de **ceramida** da molécula, porque muitos desses compostos são também encontrados nos cerebrosídeos (Seção 21.8). A ceramida dos lipídeos complexos pode conter diferentes ácidos carboxílicos. O ácido esteárico, por exemplo, ocorre principalmente na esfingomielina.

As esfingomielinas são os lipídeos mais importantes nas bainhas de mielina das células nervosas e estão associadas com doenças como a esclerose múltipla ("Conexões químicas 21D"). Os esfingolipídeos não estão distribuídos aleatoriamente nas membranas. Nas membranas virais, por exemplo, a maioria das esfingomielinas aparece no interior da membrana. Foi Johann Thudichum quem descobriu os esfingolipídeos em 1874 e nomeou esses lipídeos do cérebro em homenagem a um monstro da mitologia grega, a esfinge. Parte mulher e parte leão alado, a esfinge devorava todos aqueles que não forneciam uma resposta correta aos seus enigmas. Thudichum adotou o termo esfingolipídeos por causa do processo "enigmático" que cercou a descoberta desses compostos.

## 21.8 O que são glicolipídeos?

Glicolipídeos são lipídeos complexos que contêm carboidratos e ceramidas. Um grupo, os **cerebrosídeos**, é composto de ceramida e mono ou oligossacarídeos. Outros grupos, como os **gangliosídeos**, contêm uma estrutura em carboidratos mais complexa (ver "Conexões químicas 21E"). Nos cerebrosídeos, o ácido graxo da parte de ceramida pode conter cadeias de 18 ou 24 carbonos, e o de 24 carbonos é encontrado apenas nesses lipídeos complexos. Uma unidade de glicose ou galactose forma uma ligação glicosídica beta com a porção de ceramida da molécula. Os cerebrosídeos ocorrem principalmente no cérebro (correspondendo a 7% do peso seco do cérebro) e nos nervos das sinapses.

Lipídeos ■ 513

$\beta$-D-glicose

Ceramida

Glicocerobrosídeo

**Exemplo 21.1** Estrutura dos lipídeos

Um lipídeo isolado da membrana das células vermelhas do sangue tem a seguinte estrutura:

$$\begin{array}{l} CH_2-O-\overset{O}{\underset{\|}{C}}-(CH_2)_{14}CH_3 \\ | \\ CH-O-\overset{O}{\underset{\|}{C}}-(CH_2)_7CH=CH(CH_2)_7CH_3 \\ | \\ CH_2-O-\overset{O}{\underset{|}{P}}-O-CH_2CH_2NH_3^+ \\ \quad\quad\quad\;\; O^- \end{array}$$

(a) A que grupo de lipídeos complexos esse composto pertence?
(b) Quais são os seus constituintes?

## Estratégia

A parte (b) da questão, sobre os constituintes dessa molécula, é a chave para a resolução da questão. Quando se conhecem as partes (constituintes), é possível indicar a que classe pertence o composto.

## Solução

(a) A molécula é um triéster do glicerol e contém grupos fosfato; por isso, ela é um glicerofosfolipídeo.
(b) Além do glicerol e fosfato, a molécula apresenta componentes de ácidos palmítico e oleico. O outro álcool é a etanolamina. Portanto, pertence ao subgrupo das cefalinas.

## Problema 21.1

Um lipídeo complexo tem a seguinte estrutura:

$$\begin{array}{l} CH_2-O-\overset{O}{\underset{\|}{C}}-(CH_2)_{12}CH_3 \\ | \\ CH-O-\overset{O}{\underset{\|}{C}}-(CH_2)_7CH=CHCH_2CH=CH(CH_2)_4CH_3 \\ | \\ CH_2-O-\overset{O}{\underset{|}{P}}-O-CH_2CHCOO^- \\ \quad\quad\quad\;\; O^- \quad\quad\quad\;\; NH_3^+ \end{array}$$

(a) A que grupo de lipídeos complexos esse composto pertence?
(b) Quais são os seus constituintes?

## Conexões químicas 21D

### A bainha de mielina e a esclerose múltipla

O cérebro humano e o cordão espinal podem ser divididos em regiões cinzas e brancas. Quarenta por cento do cérebro humano é formado pela matéria branca. Uma análise microscópica revela que a matéria branca é composta de axônios nervosos envoltos em uma cobertura lipídica branca, chamada **bainha de mielina**, a qual viabiliza isolamento e permite a condução rápida dos sinais elétricos. A bainha de mielina é composta de 70% de lipídeos e de 30% de proteínas na estrutura das bicamadas da membrana.

Células especializadas, denominadas **células de Schwann**, envolvem os axônios periféricos para formar numerosas camadas concêntricas. No cérebro, outras células realizam a cobertura de uma forma similar.

A esclerose múltipla afeta 250 mil pessoas nos Estados Unidos.[5] Nessa doença, a bainha de mielina gradualmente se deteriora. Os sintomas, que incluem fadiga muscular, falta de coordenação e perda da visão, podem desaparecer por um tempo, mas retornam mais tarde com maior intensidade. A autopsia de cérebros de portadores da esclerose múltipla mostra a existência de feridas na matéria branca, com muitos axônios não recobertos com a bainha de mielina. Esses sintomas ocorrem porque os axônios sem mielina (processo de desmielinização) não são capazes de conduzir os impulsos nervosos de forma adequada. Um efeito secundário da desmielinização é o dano ao axônio propriamente dito.

Uma desmielinização similar ocorre na síndrome de Guillain-Barré, que ocorre após certas infecções virais. Em 1976, o temor de uma epidemia de "gripe suína" levou a um programa de vacinação que resultou em vários casos da síndrome de Guillan-Barré. Essa doença pode conduzir à paralisia, que pode levar à morte, a menos que sejam fornecidos ao doente meios artificiais para respirar. Nos casos ocorridos em 1976, o governo dos Estados Unidos assumiu a responsabilidade pelas vacinas que não estavam em condições adequadas e que levaram as pessoas a desenvolver a síndrome. O governo norte-americano indenizou as vítimas e seus familiares.

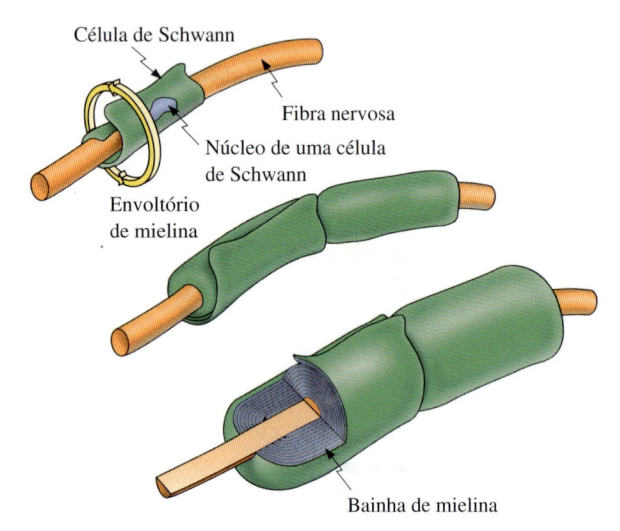

Mielinização dos axônios nervosos que não são do cérebro por células de Schwann. A bainha de mielina é produzida pela célula de Schwann e enrolada sobre o axônio para realizar seu isolamento.

---

[5] No Brasil, são estimados cerca de 30 mil casos, de acordo com a Federação Internacional de Esclerose Múltipla. (NT)

## 21.9 O que são esteroides?

A terceira maior classe de lipídeos são os **esteroides**, compostos que contêm o seguinte sistema de anéis:

Nessa estrutura, três anéis de cicloexano (A, B e C) são conectados de forma similar à que ocorre no fenantreno (Seção 13.2D); e também está presente um anel fundido de ciclopentano (D). Os esteroides são, portanto, completamente diferentes em sua estrutura dos lipídeos já descritos até aqui. Note que eles não são necessariamente ésteres, embora alguns deles possam ser.

## Conexões químicas 21E

### Doenças relacionadas ao armazenamento de lipídeos

Os lipídeos complexos estão sempre sendo sintetizados e decompostos no corpo. Em várias doenças genéticas classificadas como doenças de armazenamento de lipídeos, algumas das enzimas necessárias para a decomposição dos lipídeos complexos não funcionam ou estão ausentes. Como consequência, os lipídeos complexos se acumulam e causam um aumento das dimensões do fígado e do baço, retardamento mental, cegueira e, em certos casos, morte precoce. A Tabela 21E apresenta algumas dessas doenças e indica a enzima ausente e o lipídeo complexo que se acumula em cada caso.

Até agora, não existe nenhum tratamento para essas doenças. A melhor maneira de preveni-las é por uma avaliação genética. Algumas das doenças podem ser diagnosticadas durante o desenvolvimento fetal. Por exemplo, a doença de Tay-Sachs, que afeta 1 em cada 30 judeu-americanos (*versus* 1 em cada 300 na população não judaica), pode ser diagnosticada a partir do fluido amniótico obtido da amniocentese.

**TABELA 21E** Doenças relacionadas ao armazenamento de lipídeos

| Nome | Lipídeo acumulado | Tipo de enzima ausente ou defeituosa |
|---|---|---|
| Doença de Gaucher | Glicocerebrosídeo | β-glicosidase |
| Leucodistrofia de Krabbe | Galactocerebrosídeo | β-galactosidase |
| Doença de Fabry | Ceramida triexosídea | α-galactosidase |

## Conexões químicas 21E (continuação)

| Nome | Lipídeo acumulado | Tipo de enzima ausente ou defeituosa |
|---|---|---|
| Doença de Tay-Sachs | Ceramida oligossacarídea (um gangliosídeo) | Hexosaminoxidase A |
| Doença de Niemann-Pick | Esfingomielina | Esfingomielinase |

### A. Colesterol

No corpo humano, o esteroide mais abundante e mais importante é o **colesterol**:

Colesterol

O colesterol serve como um componente do plasma sanguíneo em todas as células animais, como nas células vermelhas do sangue. A sua segunda função mais importante é servir como matéria-prima na síntese de outros esteroides, como os sexuais e os hormônios adrenocorticoides (Seção 21.10), e os sais biliares (Seção 21.11).

O colesterol existe tanto na forma livre como na forma esterificada com ácidos graxos. Os cálculos biliares contêm o colesterol livre.

Em razão de a imprensa geral ter divulgado a correlação entre os altos níveis de colesterol no sangue e doenças como a arteriosclerose, muitas pessoas estão bastante apreensivas em relação aos níveis de colesterol e o consideram veneno. Longe de ser um veneno, o colesterol é, na verdade, necessário para a vida humana. Essencialmente, nosso fígado produz o colesterol necessário, mesmo sem a sua ingestão alimentar. Quando os níveis de colesterol excedem 150 mg/100 mL, a síntese do colesterol no fígado é reduzida à metade da sua produção normal.

O colesterol no corpo está em uma situação dinâmica. Ele circula constantemente no sangue. O colesterol e os ésteres de colesterol, por serem hidrofóbicos, precisam de transportadores aquossolúveis para que possam circular no meio aquoso do sangue.

## B. Lipoproteínas: carregadores de colesterol

O colesterol, conjuntamente com as outras gorduras, é transportado por **lipoproteínas**. A maior parte das lipoproteínas contém um cerne de moléculas hidrofóbicas lipídicas envolto em uma casca de moléculas hidrofílicas tais como proteínas e fosfolipídeos (Figura 21.4). Como mostrado na Tabela 21.2, existem quatro tipos de lipoproteínas:

- **Lipoproteína de alta densidade (HDL[6]) ("o colesterol bom")**, que é composta de cerca de 30% de proteínas e cerca de 30% de colesterol.
- **Lipoproteína de baixa densidade (LDL) ("o colesterol ruim")**, que contém somente 25% de proteínas e cerca de 50% de colesterol.
- **Lipoproteína de densidade muito baixa (VLDL)**, que principalmente carrega triglicerídeos (gorduras) sintetizados pelo fígado.
- **Quilomícrons**, que carregam lipídeos da dieta sintetizados nos intestinos.

**Lipoproteínas** *Clusters* esféricos que contêm tanto moléculas de lipídios como de proteínas.

## C. Transporte do colesterol na LDL

O transporte de colesterol do fígado começa com uma grande partícula de VLDL (diâmetro de 55 nm). A parte central (cerne) da VLDP contém triglicerídeos e ésteres de colesterol, principalmente linoleato de colesterila. Ela é circundada por uma cobertura de fosfolipídeos e proteínas (Figura 21.4). A VLDL é conduzida no plasma sanguíneo. Ao atingir o tecido dos músculos ou de gordura, os triglicerídeos e todas as proteínas, com exceção de uma proteína chamada apoB-100, são removidos da VLDL. Com a remoção dos triglicerídeos e das proteínas, o diâmetro da partícula diminui para 22 nanômetros e o seu cerne contém agora apenas os ésteres de colesterol. Como a gordura foi removida, a sua densidade aumenta[7] e ela se torna LDL. As lipoproteínas de baixa densidade permanecem no plasma por aproximadamente 2,5 dias.

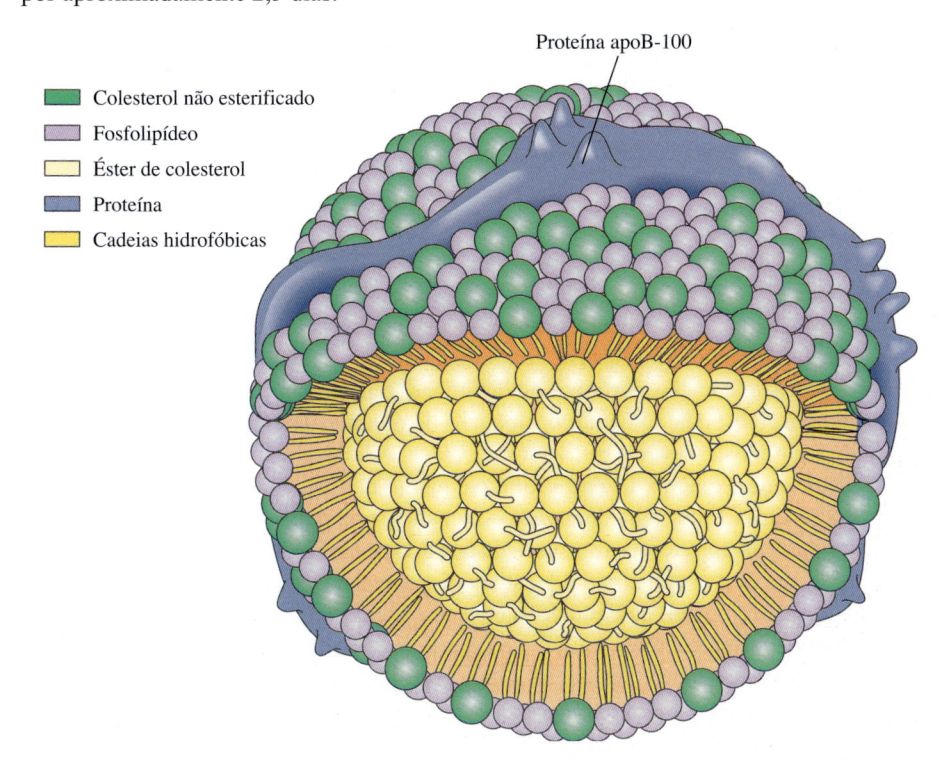

[6] A sigla HDL é proveniente da designação em inglês *high density lipoproteins*. O mesmo ocorre para as lipoproteínas de baixa densidade, cuja abreviação é LDL, de *low density lipoproteins*. A abreviação VLDL corresponde a *very low density lipoproteins*. Essas abreviações das expressões em inglês serão mantidas por causa de seu amplo uso, mesmo em textos de divulgação como jornais e revistas não especializados e que frequentemente trazem matérias que tratam dos temas relacionados ao colesterol. (NT)

[7] Note que a massa diminui, porém o diâmetro (e consequentemente o volume) também. Como a diminuição do diâmetro é mais significativa na razão m/v, a densidade aumenta em relação à da partícula de VLDL. (NT)

Proteína apoB-100

- Colesterol não esterificado
- Fosfolipídeo
- Éster de colesterol
- Proteína
- Cadeias hidrofóbicas

**FIGURA 21.4** Lipoproteína de baixa densidade.

[8] Os *coated pits* são regiões específicas nas membranas das células que concentram os receptores proteicos. Morfologicamente, os receptores estão em regiões em que existem depressões na membrana devidas à comunicação entre os receptores externos e as proteínas mais internas na membrana. (NT)

A LDL leva o colesterol para as células, onde moléculas receptoras específicas se dispõem na superfície da célula em certas áreas chamadas ***coated pits***.[8] A proteína apoB-100 localizada na superfície da LDL se liga a um receptor molecular específico das *coated pits*. Após essa ligação, a LDL é introduzida na célula (endocitose), onde enzimas fragmentam a lipoproteína. Nesse processo, elas liberam o colesterol livre a partir dos ésteres de colesterol. Dessa forma, as células podem utilizar o colesterol, por exemplo, para compor as suas membranas. Esse é o papel normal da LDL na via de transporte do colesterol. Michel Brown e Joseph Goldstein, da Universidade do Texas, compartilharam o Prêmio Nobel de Medicina em 1986 pela descoberta da via mediada por receptores da incorporação/metabolização de LDL nas células. Caso os receptores de LDL não sejam suficientes na superfície das células, o colesterol se acumula no sangue; esse acúmulo pode ocorrer mesmo com uma baixa ingestão de colesterol. Portanto, fatores genéticos e o tipo de dieta desempenham um importante papel nos níveis de colesterol no sangue.

TABELA 21.2 Composição e propriedades das lipoproteínas humanas

| Propriedade | HDL | LDL | VLDL | Quilomícrons |
|---|---|---|---|---|
| **Cerne** | | | | |
| Colesterol e ésteres de colesterol (%) | 30 | 50 | 22 | 8 |
| Triglicerídeos (%) | 8 | 4 | 50 | 84 |
| **Superfície** | | | | |
| Fosfolipídeos (%) | 29 | 21 | 18 | 7 |
| Proteínas (%) | 33 | 25 | 10 | 1-2 |
| Densidade (g/mL) | 1,05–1,21 | 1,02-1,06 | 0,95-1,00 | <0,95 |
| Diâmetro (nm) | 5-15 | 18-28 | 30-80 | 100-500 |

Porcentagens são dadas como % em peso seco.

### D. Transporte do colesterol na HDL

As lipoproteínas de alta densidade transportam o colesterol dos tecidos periféricos até o fígado e transferem o colesterol para a LDL. Enquanto permanecem no plasma, o colesterol livre na HDL é convertido nos ésteres de colesterol. Os colesteróis esterificados são levados ao fígado para a síntese de ácidos biliares e dos hormônios esteroides. O processo de transporte e liberação do colesterol mediado pela HDL difere muito do que ocorre na LDL. O processo na HDL não envolve endocitose nem a degradação da lipoproteína. Em vez disso, em um processo de absorção seletiva do lipídeo, a HDL se liga à superfície da célula do fígado e transfere os ésteres de colesterol para a célula. A HDL, descarregada do seu conteúdo de lipídeos, retorna à circulação. É desejável ter elevados níveis de HDL no sangue porque é uma maneira de remoção do colesterol da corrente sanguínea.

### E. Níveis de LDL e HDL

Como todos os lipídeos, o colesterol é insolúvel em água. Se os seus níveis são altos na corrente sanguínea, depósitos na forma de placas podem se formar nas superfícies das artérias. A diminuição resultante no diâmetro dos vasos sanguíneos pode, por sua vez, diminuir o fluxo de sangue. Essa **arteriosclerose**, conjuntamente com a alta pressão sanguínea, pode provocar ataques do coração, derrames ou disfunções renais.

A arteriosclerose pode aumentar o bloqueio de algumas artérias por um coágulo no ponto onde as artérias estão constritas por uma placa. Adicionalmente, esse bloqueio pode privar as células de oxigênio, fazendo com que parem de funcionar. A morte dos músculos do coração causada por falta de oxigênio é chamada *infarto do miocárdio*.

A maior parte do colesterol é transportada por lipoproteínas de baixa densidade. Se um número suficiente de receptores da LDL estiver disponível na superfície das células, a LDL será efetivamente removida da circulação e a sua concentração no plasma do sangue diminuirá. O número de receptores de LDL na superfície das células é controlado por um mecanismo de retroalimentação (ver Seção 23.6). Isso significa que, quando a concentração de moléculas de colesterol dentro da célula é alta, a síntese dos receptores de LDL é suprimida. Como consequência, menos LDL é levada do plasma para o interior das células e a concentração da LDL no plasma aumenta. Entretanto, quando o nível de colesterol no interior da célula é baixo, a síntese de receptores de LDL aumenta. Como consequência, a LDL é levada mais rapidamente para o interior da célula e o nível no plasma cai.

Em certos casos, entretanto, não existem receptores da LDL suficientes. Na doença chamada *hipercolesterolemia familiar*, o nível de colesterol no plasma pode ser tão alto quanto 680 mg/100 mL, comparado com a taxa de 175 mg/100 mL em indivíduos normais. Esses altos níveis de colesterol podem provocar arteriosclerose prematura e ataques cardíacos. O alto nível de colesterol no plasma desses pacientes ocorre por causa da falta de uma quantidade suficiente de receptores de LDL, ou, se existem em quantidade suficiente, eles não estão concentrados nas *coated pits*.

Em geral, um alto conteúdo de LDL significa um alto teor de colesterol no plasma porque a LDL não pode entrar nas células e ser metabolizada. Por essa razão, um alto nível de LDL combinado com um baixo nível de HDL é um sintoma do transporte deficiente de colesterol e um alerta para uma possível arteriosclerose.

Os níveis de colesterol no plasma controlam a quantidade de colesterol sintetizada no fígado. Quando o colesterol no plasma é alto, a síntese no fígado é baixa. Contrariamente, quando o nível de colesterol no plasma é baixo, a síntese de colesterol aumenta.

As dietas com baixos teores de colesterol e ácidos graxos saturados normalmente reduzem os níveis de colesterol no plasma, e várias drogas podem inibir a síntese de colesterol no fígado. São comumente usadas drogas de estatinas, como atorvastatina (Lipitor) e sinvastatina (Zocor), que inibem uma das enzimas-chave na síntese do colesterol, a HMG-CoA redutase (Seção 29.4). Dessa maneira, elas bloqueiam a síntese de colesterol no interior das células e estimulam a síntese de receptores proteicos de LDL. Mais LDL entra então nas células, diminuindo a quantidade de colesterol que será depositada no interior da parede das artérias.

Em geral, é desejável que o indivíduo tenha altos níveis de HDL e baixos níveis de LDL na corrente sanguínea. As lipoproteínas de alta densidade levam colesterol das placas depositadas nas artérias para o fígado, o que reduz o risco de arteriosclerose. Mulheres na fase de pré-menopausa têm mais HDL que os homens, e é por isso que elas têm um menor risco de doenças coronárias. O nível de HDL pode ser aumentado pela prática de exercícios e perda de peso.

## 21.10 Quais são algumas das funções fisiológicas dos hormônios esteroides?

O colesterol é o material de partida para a síntese dos hormônios esteroides. Nesse processo, a cadeia alifática ligada ao anel D é removida, e o álcool secundário do carbono 3 é oxidado a uma cetona. A molécula resultante, a progesterona, serve como um composto de partida para a obtenção dos hormônios sexuais e adrenocorticoides (Figura 21.5).

### A. Hormônios adrenocorticoides

Os hormônios adrenocorticoides (Figura 21.5) são produtos das glândulas adrenais. O termo *adrenal* significa "adjacente aos rins". Classificamos esses hormônios em dois grupos, de acordo com a sua função: *mineralocorticoides*, que regulam as concentrações de íons (principalmente $Na^+$ e $K^+$), e *glicocorticoides*, que controlam o metabolismo de carboidratos. O termo *corticoide* indica que o sítio de secreção é o córtex (parte externa) da glândula.

A *aldosterona* é um dos mais importantes mineralocorticoides. Um aumento na secreção da aldosterona eleva a reabsorção dos íons $Na^+$ e $Cl^-$ nos túbulos do rim e aumenta a perda de $K^+$. Pelo fato de a concentração de $Na^+$ controlar a retenção de água nos tecidos, a aldosterona controla a expansão dos tecidos.

O *cortisol* é o principal glicocorticoide. Sua função é aumentar as concentrações de glicose e glicogênio no corpo. Os ácidos graxos das células de armazenamento de gordura e os aminoácidos das proteínas são transportados para o fígado, no qual, sob a influência do cortisol, ocorre a produção de glicose e glicogênio a partir dessas matérias-primas.

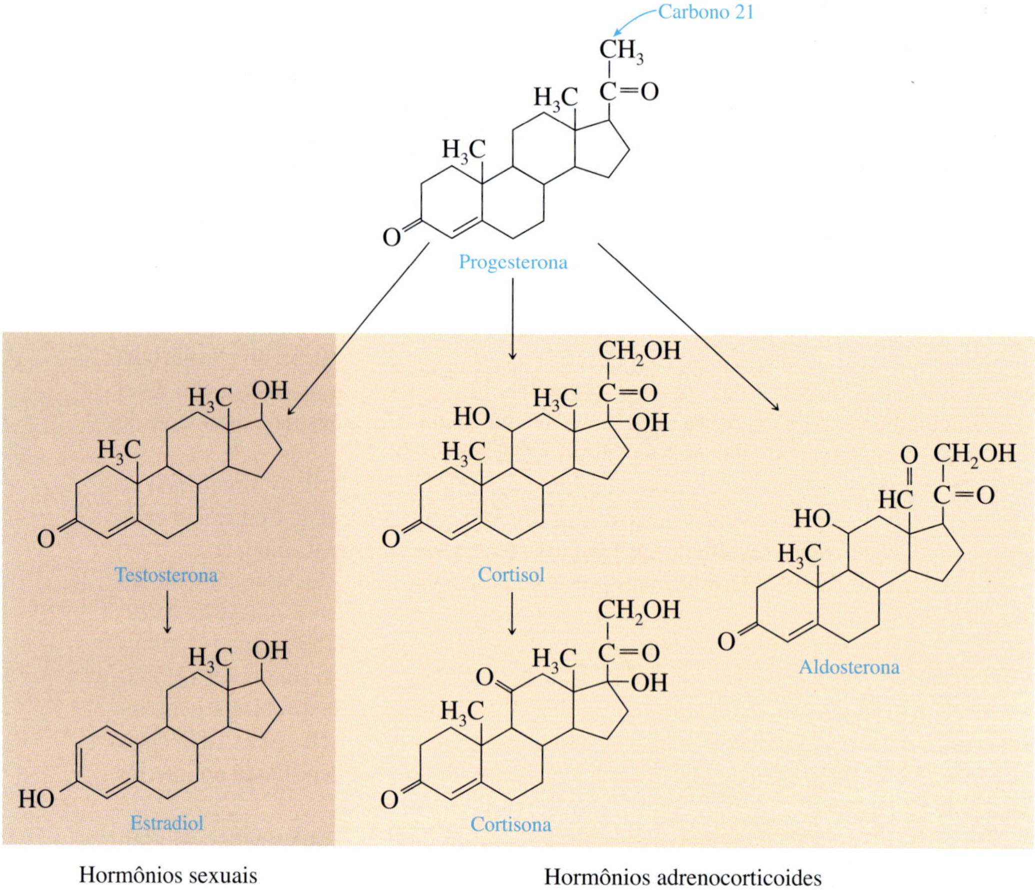

**FIGURA 21.5** A biossíntese de hormônios a partir da progesterona.

O cortisol e o seu derivado cetônico, a *cortisona*, têm notáveis efeitos anti-inflamatórios. Esses compostos ou seus derivados sintéticos, tais como a predinisolona, são usados no tratamento de doenças inflamatórias de diversos órgãos, artrite reumatoide e asma bronquial.

### B. Hormônios sexuais

O mais importante hormônio sexual é a testosterona (Figura 21.5). Esse hormônio, que promove o crescimento normal dos órgãos genitais masculinos, é sintetizado nos testículos a partir do colesterol. Durante a puberdade, o aumento da produção de testosterona conduz às características sexuais masculinas secundárias, como voz grossa e pelos no corpo e na face.

Os hormônios sexuais femininos – o mais importante deles é o estradiol (Figura 21.5) – são sintetizados do correspondente hormônio masculino (testosterona) pela aromatização do anel A:

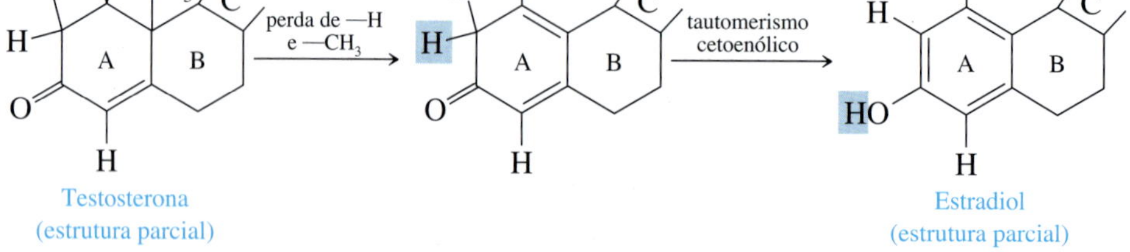

O estradiol, conjuntamente com o seu precursor, a progesterona, regula as mudanças cíclicas que ocorrem no útero e nos ovários, conhecidas como *ciclo menstrual*. Quando o ciclo começa, o nível de estradiol no corpo aumenta, o que, por sua vez, causa um espessamento do revestimento do útero. O hormônio luteinizante (HL) aciona então a ovulação. Se o óvulo é fertilizado, o aumento dos níveis de progesterona inibirá qualquer ovulação posterior. Tanto o estradiol como a progesterona promovem a preparação do revestimento uterino para a recepção do óvulo fertilizado. Se a fertilização não ocorre, a produção de progesterona cessa completamente, e a produção de estradiol diminui. Essa interrupção hormonal causa uma diminuição da espessura do revestimento do útero, que é degrado e eliminado durante o sangramento da menstruação (Figura 21.6).

Pelo fato de a progesterona ser essencial para a implantação do óvulo fertilizado, quando se bloqueia a sua ação, ocorre a interrupção da gravidez (ver "Conexões químicas 21G"). A progesterona interage com um receptor (uma molécula de proteína) no núcleo da célula. O receptor muda a sua forma quando a progesterona se liga a ele (ver Seção 24.7).

Uma droga, hoje amplamente usada na França e na China, chamada mifepristona ou RU486, compete com a progesterona.

Mifepristona
(RU486)

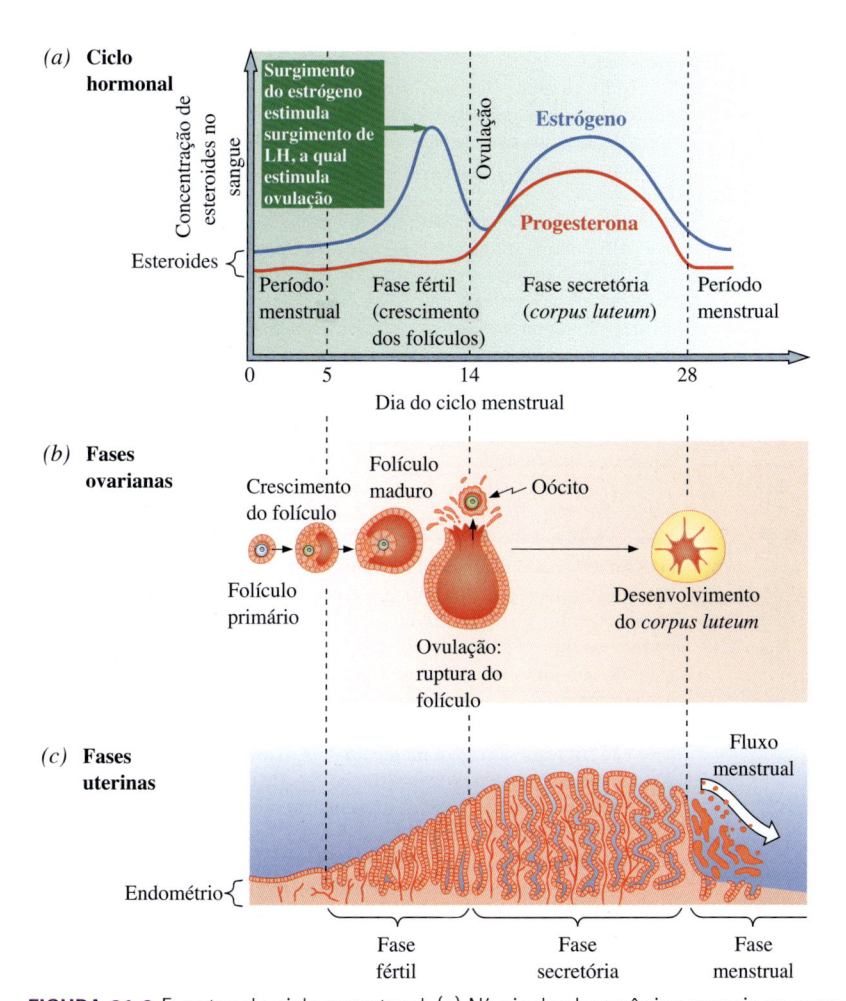

**FIGURA 21.6** Eventos do ciclo menstrual. (a) Níveis dos hormônios sexuais na corrente sanguínea durante as fases de um ciclo menstrual no qual a gravidez não ocorre. (b) Desenvolvimento de um folículo ovariano durante o ciclo. (c) Fases do desenvolvimento do endométrio, o revestimento do útero. O endométrio fica mais espesso durante a fase fértil. Na fase secretória, na qual se segue ovulação, o endométrio continua a crescer e as glândulas secretam um material nutritivo rico em glicogênio como preparação para receber o embrião. Se o embrião não é implantado, as camadas novas do endométrio se desintegram e os vasos sanguíneos se rompem, produzindo o fluxo menstrual.

## Conexões químicas 21F

### Esteroides anabolizantes

A testosterona, o principal hormônio masculino, é responsável pelo crescimento dos músculos no homem. Em razão disso, muitos atletas têm tomado essa droga na tentativa de aumentar seu desenvolvimento muscular. Essa prática é especialmente comum entre atletas em esportes nos quais a força e a massa muscular são importantes, incluindo levantamento de peso, atletismo e lançamento do martelo. Praticantes de outros esportes, como corrida, natação e ciclismo, também se beneficiam de músculos maiores e mais fortes.

Embora usada por muitos atletas, a testosterona apresenta duas desvantagens:

1. Além do efeito que causa nos músculos, ela afeta características sexuais secundárias, e doses grandes podem provocar efeitos colaterais indesejados.
2. Ela não é muito eficiente se administrada por via oral e precisa ser injetada para proporcionar melhores resultados.

Por esses motivos, um grande número de outros anabolizantes esteroides, todos eles sintéticos, tem sido desenvolvido. Exemplos incluem os seguintes compostos:

Metandienona

Metenolona

Decanoato de nandrolona

Algumas atletas também usam esteroides anabolizantes. Uma vez que o organismo das mulheres produz somente pequenas quantidades de testosterona, elas têm mais a ganhar dos esteroides anabolizantes que os homens.

Outra maneira de aumentar a concentração de testosterona é fazer uso de pró-hormônios, que o corpo converte em testosterona. Um desses pró-hormônios é a 4-androstenediona ou "andro". Alguns atletas a usam para aumentar a *performance*.

4-androsteno-3,17-diona

Os esteroides anabolizantes são proibidos em vários eventos esportivos, especialmente nas competições internacionais, por duas razões: (1) eles proporcionam a alguns competidores uma vantagem obtida de forma desleal, e (2) essas drogas podem ter vários efeitos colaterais indesejados e perigosos, que vão de acne a tumor no fígado. Os efeitos colaterais podem ser especialmente desfavoráveis nas mulheres, como pelos na face, calvície, engrossamento da voz e irregularidades no ciclo menstrual.

Todos os atletas que participam dos Jogos Olímpicos passam por um teste de urina para esteroides anabolizantes. Vários atletas ganhadores de medalha tiveram suas vitórias invalidadas porque o teste para os esteroides anabolizantes foi positivo. Por exemplo, o canadense Ben Johnson, um velocista de categoria mundial, foi destituído de seu recorde mundial e da medalha de ouro na Olimpíada de 1988. Um teste positivo para "andro" resultou no banimento das competições do campeão americano de arremesso de peso Randy Barnes. Pró-hormônios não estão incluídos na legislação americana esportiva, por isso seu uso não medicinal não representa um crime federal nos Estados Unidos, contrariamente ao que acontece no caso dos esteroides anabolizantes. Mark McGwire bateu seu recorde de *home runs*[9] em 1998 usando "andro", porque as regras do beisebol não proíbem a sua utilização. Mesmo assim, o Comitê Olímpico baniu o uso tanto de pró-hormônios como dos esteroides anabolizantes.

O uso de esteroides no esporte continua a causar controvérsia. No início de 2008, foi formada uma comissão, liderada pelo senador George Mitchel, no Congresso dos Estados Unidos para discutir a questão. O senador anunciou que muitos jogadores de beisebol faziam uso de esteroides. Um dos principais pontos levantados durante as investigações foi mais de ordem ética do que meramente médico-esportiva, ou seja, se atletas proeminentes de várias modalidades haviam mentido sob juramento durante as audições. Até maio de 2008, apenas um atleta havia sido condenado por perjúrio. Em novembro de 2007, Barry Bonds foi indiciado por perjúrio e obstrução da justiça; o caso não foi resolvido até o momento. Um caso de notoriedade mundial relacionado ao uso de esteroides no esporte foi o da atleta Marion Jones. Em outubro de 2007, a ex-velocista olímpica, ganhadora de cinco medalhas de ouro nos jogos de Sydney em 2000, admitiu o uso de esteroides por um período de dois anos, incluindo o período em que participou dos Jogos Olímpicos. Antes disso, ela havia negado veementemente o uso de esteroides. Jones foi sentenciada a seis meses de prisão por mentir sob juramento e iniciou seu período de prisão em março de 2008.

---

[9] O *home run* é uma jogada do beisebol em que o rebatedor, após a rebatida, circula todas as bases até chegar à base de partida sem uma ação mais efetiva do time adversário. Normalmente, é conseguida rebatendo a bola para fora do campo, não dando oportunidade de reação ao adversário. É uma jogada importante e de efeito no beisebol, tal qual um gol de bicicleta no futebol, ou uma cesta de três pontos ou uma "enterrada" no basquete. (NT)

## Conexões químicas 21G

### Métodos contraceptivos por via oral

Uma vez que a progesterona previne a ovulação durante a gravidez, pesquisadores inferiram que compostos similares à progesterona poderiam ser usados no controle da natalidade. Os análogos sintéticos da progesterona provaram ser mais eficientes que a progesterona natural em si. Na "pílula", um composto sintético análogo à progesterona é fornecido conjuntamente com um análogo do estradiol (esse composto previne um fluxo menstrual irregular). Derivados da testosterona com triplas ligações, como a noretindrona, noretinodrel e etinodiol diacetato, são usados frequentemente nas pílulas contraceptivas.

Noretinodrel

Noretindrona

Etinodiol diacetato

A mifepristona bloqueia a ação da progesterona ao se ligar aos mesmos sítios de receptores. Pelo fato de a molécula de progesterona não poder se ligar à molécula do receptor, o útero não fica preparado para a implantação do óvulo fertilizado, e o óvulo é abortado. Quando se determina a gravidez, o RU486 pode ser tomado por 49 dias de gestação. Esse método químico de aborto foi aprovado pela Food and Drug Administration (FDA) e recentemente tem encontrado também aplicações como um complemento dos abortos cirúrgicos. O RU486 também se liga a receptores de hormônios glicocorticoides. Isso faz com que ele também seja utilizado como um antiglicocorticoide, que é recomendado para atenuar uma doença conhecida com síndrome de Cushing, que está relacionada com uma superprodução de cortisona.

Um enfoque completamente diferente é utilizado na "pílula do dia seguinte", que pode ser tomada oralmente até 72 horas após uma relação sexual sem proteção. A "pílula do dia seguinte" não é uma pílula de aborto, porque ela age antes que a gravidez ocorra. Na verdade, os componentes da pílula são contraceptivos comuns. Dois tipos se encontram disponibilizados comercialmente: um composto análogo da progesterona chamado levonorgesterel, e uma combinação de levonorgesterel e etinil estradiol comercializada nos Estados Unidos como Preven.

Estradiol e progesterona também regulam características sexuais femininas secundárias, como o crescimento dos seios. Graças a essa propriedade, o RU486, que atua como antiprogesterona, tem sido eficiente contra certos tipos de câncer de mama.

Testosterona e estradiol não são exclusivos para homens ou mulheres. Uma pequena quantidade de estradiol é produzida em homens, e uma pequena quantidade de testosterona é produzida nas mulheres. Somente quando a proporção desses dois hormônios (balanço hormonal) é afetada, ocorrem os sintomas indicativos de uma diferenciação sexual anômala.

## 21.11 O que são sais biliares?

Sais biliares são produtos de oxidação do colesterol. Inicialmente o colesterol é oxidado ao derivado tri-hidróxi, e o fim da cadeia alifática é oxidado ao respectivo ácido carboxílico. Esse composto, por sua vez, forma uma ligação amídica com um aminoácido, tanto a glicina como a taurina.

Glicocolato    Taurocolato

A taurina tem obtido certa importância comercial nos últimos anos como um ingrediente das bebidas "energéticas". A bebida comercializada com o nome Red Bull (*taurus* é a palavra latina para touro, que em inglês é *bull*) contém vários açúcares (Capítulo 20), cafeína, vitaminas do complexo B (Seção 30.6) e taurina.

Sais biliares são detergentes potentes. Uma parte da molécula é altamente hidrofílica por causa da presença da carga negativa, e o restante da molécula é muito hidrofóbico. Como consequência, os sais biliares podem dispersar lipídeos da alimentação no intestino delgado na forma de emulsão, o que facilita a digestão. A dispersão desses lipídeos pelos sais biliares é similar à ação de sabões sobre a sujeira.

Pelo fato de serem eliminados nas fezes, os sais biliares removem o colesterol de duas formas: (1) eles próprios são produtos de transformação do colesterol (portanto, o colesterol é eliminado via formação dos sais biliares) e (2) solubilizam depósitos de colesterol na forma de partículas colesterol-sais biliares.

## 21.12 O que são prostaglandinas, tromboxanos e leucotrienos?

As prostaglandinas, um grupo de substâncias análogas aos ácidos graxos, foram descobertas por Kurzrok e Leib na década de 1930, quando eles demonstraram que o fluido seminal causava a contração do útero histerectomizado. O sueco Ulf von Euler, ganhador do Prêmio Nobel em Fisiologia e Medicina em 1970, isolou esses compostos do sêmen humano e, pensando que haviam se originado na glândula da próstata, chamou-os de **prostaglandinas**. Embora a glândula seminal secrete 0,1 mg de prostaglandina por dia em homens adultos, pequenas quantidades dessa substância estão presentes no corpo de ambos os sexos.

As prostaglandinas são sintetizadas no corpo a partir de ácido araquidônico pela reação de fechamento de anel nos carbonos 8 e 12. A enzima que catalisa essa reação é denominada **ciclo-oxigenase** (COX). O produto conhecido como $PGG_2$ é um precursor comum de outras prostaglandinas, incluindo PGE e PGF. Prostaglandinas do grupo E (PGE) têm um grupo carbonila no carbono 9; o número de duplas ligações na cadeia hidrocarbônica é indicado pelo subscrito. Prostaglandinas do grupo F (PGF) têm duas hidroxilas no anel nos carbonos 9 e 11.

A enzima COX ocorre no organismo em duas formas: COX-1 e COX-2. A COX-1 catalisa a produção fisiológica normal de prostaglandinas, que estão sempre presentes no corpo. Por exemplo, $PGE_2$ e $PGF_{2\alpha}$ estimulam a contração uterina e induzem o parto. A $PGE_2$ diminui a pressão pelo relaxamento dos músculos ao redor dos vasos sanguíneos. Na forma de aerosol, essa prostaglandina é usada para o tratamento de asma: ela abre os tubos bronquiais pelo relaxamento dos músculos circundantes. A $PGE_1$ é usada como descongestionante: ela abre a passagem nasal pela constrição dos vasos sanguíneos.

A COX-2, por sua vez, é responsável pela produção de prostaglandinas em inflamações. Quando um tecido se encontra ferido ou danificado, células inflamatórias especiais invadem o tecido lesionado e interagem com essas células – por exemplo, células do tecido da musculatura lisa. Essa interação ativa a enzima COX-2, e as prostaglandinas são sintetizadas. Esse tipo de lesão dos tecidos pode ocorrer em um ataque cardíaco (infarto do miocárdio), em artrite reumatoide e na colite ulcerativa. Drogas anti-inflamatórias não esteroides (Aines), tais como a aspirina, inibem ambas as enzimas COX (ver "Conexões químicas 21H").

Outra classe de derivados do ácido araquidônico são os **tromboxanos**. A sua síntese também inclui um fechamento de anel. Essas substâncias derivam do $PGH_2$, mas os seus anéis são acetais cíclicos. Os tromboxanos são conhecidos por induzir a agregação das plaquetas. Quando um vaso sanguíneo é rompido, a primeira linha de defesa são as plaquetas que circulam no sangue, formando um coágulo incipiente. O tromboxano $A_2$ permite que outras plaquetas se acumulem, o que aumenta o coágulo sanguíneo. A aspirina e agentes anti-inflamatórios similares inibem as enzimas COX. Consequentemente, a $PGH_2$ e a síntese de tromboxanos são inibidas, e a coagulação é prejudicada. Essa ação dos Aines estimulou vários médicos a recomendar uma dose de 81 mg de aspirina para pessoas com riscos de um ataque cardíaco ou derrame. Isso também explica por que os médicos proíbem os pacientes que serão submetidos a cirurgias de usar aspirina e outros anti-inflamatórios por uma semana antes da cirurgia: a aspirina e outros Aines podem causar sangramento excessivo.

Vários Aines inibem as enzimas COX. O ibuprofeno e a indometacina, que são poderosos analgésicos, podem bloquear o efeito inibitório da aspirina e então eliminar os seus efeitos anticoagulantes. Por isso, o uso desses Aines conjuntamente com a aspirina não é recomendado. Outros analgésicos, como acetaminofeno e diclofenaco, não interferem com a habilidade anticoagulante da aspirina e, portanto, podem ser administrados conjuntamente.

Os **leucotrienos** são outro grupo de substâncias que atuam na mediação da resposta hormonal. Como as prostaglandinas, eles são derivados do ácido araquidônico por um mecanismo oxidativo. Entretanto, nesse caso, não existe um processo de fechamento de anel.

Os leucotrienos ocorrem principalmente nas células brancas do sangue (leucócitos), mas também são encontrados em outros tecidos do corpo. Eles produzem contração de longa duração nos músculos, especialmente nos pulmões, e podem causar ataques similares aos ataques de asma. Na verdade, eles são cem vezes mais potentes que as histaminas. Tanto a prostaglandina e como os leucotrienos causam inflamação e febre, então a inibição de sua produção no corpo é a principal preocupação farmacológica. Uma maneira de contrabalancear os efeitos dos leucotrienos é inibir a sua interação com os receptores de leucotrienos (LTRs) no corpo. Um novo antagonista dos LTRs, chamado zafirlukast (comercialmente Accolato), é usado para tratar e controlar ataques de asma. Outra droga antiasmática, zileuton, inibe a 5-lipoxigenase, a qual é a enzima inicial na biossíntese dos leucotrienos a partir de ácido araquidônico.

## Conexões químicas 21H

### Ação das drogas anti-inflamatórias

Os anti-inflamatórios esteroides (tais como a cortisona; Seção 21.10) exercem a sua função inibindo a fosfolipase $A_2$, a enzima que libera ácidos graxos insaturados dos lipídeos complexos nas membranas. Por exemplo, o ácido araquidônico, um dos componentes das membranas, torna-se disponível para as células através desse processo. Uma vez que a ácido araquidônico é o precursor de prostaglandinas, tromboxanos e leucotrienos, ao inibir a sua liberação, ocorre a interrupção da síntese desses compostos, o que evita a infecção.

Esteroides como a cortisona estão associados a muitos efeitos colaterais indesejados (úlcera duodenal, formação de cataratas, entre outros). Por isso, seu uso deve ser controlado. Uma variedade de anti-inflamatórios não esteroides, incluindo aspirina, ibuprofeno, cetoprofeno e indometacina, está disponível comercialmente e serve para essa função.

Aspirina e outros Aines (ver "Conexões químicas 19C") inibem as enzimas ciclo-oxigenases que sintetizam as prostaglandinas e os tromboxanos. A aspirina (ácido acetilsalicílico), por exemplo, acetila as enzimas, e, portanto, bloqueia a entrada de ácido araquidônico no sítio ativo. Essa inibição tanto da COX-1 como da COX-2 explica por que a aspirina e outros agentes anti-inflamatórios têm efeitos colaterais indesejados. Os Aines também interferem com a COX-1, que é necessária para a função fisiológica normal. Os seus efeitos colaterais incluem ulceração estomacal e duodenal e toxicidade renal.

Obviamente, seria desejável ter um agente anti-inflamatório sem os efeitos colaterais e que inibisse apenas a isoforma da enzima COX-2. Até agora, a FDA aprovou duas drogas inibidoras da COX-2: Celebrex, que rapidamente está se tornando a droga mais frequentemente prescrita, e Vioxx, um medicamento mais recente. Apesar da sua seletividade pela inibição da COX-2, essas drogas também apresentam problemas relacionados com o surgimento de úlceras.

O uso de inibidores da COX-2 não é limitado à artrite reumatoide e ao osteoartritismo. O Celebrex foi aprovado pela FDA para o tratamento de um tipo de câncer de colo chamado polipose adenomatosa familiar, em uma abordagem denominada quimioprevenção. Todos os agentes anti-inflamatórios reduzem a dor e amenizam a febre e o inchaço pela diminuição da produção de prostaglandinas, mas não afetam a produção de leucotrienos. Como consequência, pacientes asmáticos devem tomar cuidado ao usar esses agentes anti-inflamatórios. Embora eles inibam a síntese de prostaglandinas, essas drogas podem desviar o ácido araquidônico disponível para a produção de leucotrienos, o que pode resultar em uma reação asmática severa.

Durante o outono de 2004, estudos demonstraram que altas doses de Vioxx estavam correlacionadas com altas incidências de ataques cardíacos e derrames; preocupações também foram levantadas quanto à utilização de outros inibidores da COX-2, principalmente o Celebrex. A inibição da síntese de prostaglandinas permite a formação de outros lipídeos, incluindo os que aumentam a placa arteriosclerótica. O Vioxx foi então retirado do mercado norte-americano e alguns médicos começaram a evitar a prescrição de Celebrex. Esses eventos causaram consternação entre médicos e pacientes que utilizavam essas drogas e entre as indústrias farmacêuticas que as produziam. Em fevereiro de 2005, um comitê de avaliação foi instituído pela FDA. Esse grupo concluiu que inibidores da COX-2 deveriam continuar no mercado, mas seu uso deveria ser altamente monitorado. Avisos de advertência precisam agora fazer parte do rótulo desses medicamentos.

## Resumo das questões-chave

### Seção 21.1 O que são lipídeos?

- **Lipídeos** são substâncias insolúveis em água.
- Os lipídeos são classificados em quatro grupos: gorduras (triglicerídeos); lipídeos complexos; esteroides; e prostaglandinas, tromboxanos e leucotrienos.

### Seção 21.2 Quais são as estruturas dos triglicerídeos?

- As **gorduras** são constituídas de ácidos graxos e glicerol. Nos ácidos graxos saturados, a cadeia hidrocarbônica apresenta apenas ligações simples; nos ácidos graxos insaturados, a cadeia hidrocarbônica apresenta uma ou mais duplas ligações, todas na configuração *cis*.

### Seção 21.3 Quais são algumas das propriedades dos triglicerídeos?

- As gorduras sólidas contêm principalmente ácidos graxos saturados, enquanto os **óleos** contêm quantidades substanciais de ácidos graxos insaturados.
- Os sais solúveis dos ácidos graxos (aqueles cujo contraíon é um cátion dos metais alcalinos, principalmente $Na^+$ e $K^+$) são chamados **sabões**.

**Seção 21.4 Quais são as estruturas dos lipídeos complexos?**
- **Lipídeos complexos** podem ser classificados em dois grupos: fosfolipídeos e glicolipídeos.
- **Fosfolipídeos** são feitos de um álcool central (glicerol ou esfingosina), ácidos graxos e um éster de fosfato que contém um nitrogênio, como a fosforilcolina ou o inositol fosfato.
- **Glicolipídeos** contêm esfingosina e ácidos graxos, que conjuntamente constituem o que é denominado parte de ceramida da molécula, e outra parte que é constituída por um carboidrato.

**Seção 21.5 Qual é a função dos lipídeos na estrutura das membranas?**
- Vários fosfolipídeos e glicolipídeos são importantes componentes da **membrana** das células.
- As membranas são formadas por **bicamada lipídica**, na qual as partes hidrofóbicas dos fosfolipídeos (resíduos de ácidos graxos) se direcionam para o meio da bicamada, e as partes hidrofílicas se direcionam para as superfícies externa e interna da membrana.

**Seção 21.6 O que são glicerofosfolipídeos?**
- **Glicerofosfolipídeos** são lipídeos complexos compostos de uma unidade central de glicerol à qual dois ácidos graxos estão esterificados. O terceiro grupo álcool do glicerol está esterificado a um éster de fosfato que contém um nitrogênio.

**Seção 21.7 O que são esfingolipídeos?**
- **Esfingolipídeos** são lipídeos complexos compostos de um álcool de esfingosina de cadeia longa, esterificado a um ácido graxo (porção de ceramida). Ésteres de fosfato que contêm átomos de nitrogênio também podem estar ligados à porção de esfingosina.

**Seção 21.8 O que são glicolipídeos?**
- **Glicolipídeos** são lipídeos complexos que são formados de duas partes: uma porção de ceramida e uma porção de carboidrato.

**Seção 21.9 O que são esteroides?**
- O terceiro maior grupo de lipídeos compreende os **esteroides**. O aspecto característico da estrutura dos esteroides é a existência de um centro constituído de quatro anéis fundidos.
- O esteroide mais comum, o **colesterol**, é utilizado como um material de partida para a síntese de outros esteroides, como sais biliares, hormônios sexuais e outros hormônios. O colesterol também faz parte integral das membranas, ocupando a região hidrofóbica da bicamada lipídica. Por causa de sua baixa solubilidade em água, depósitos de colesterol são responsáveis pela formação de cálculos biliares e placas da arteriosclerose.
- O colesterol é transportado no plasma sanguíneo principalmente por dois tipos de lipoproteínas: **HDL** e **LDL**. A LDL leva o colesterol para as células para ser usado principalmente como um componente de membrana. A HDL leva principalmente ésteres de colesterol para o fígado para que este seja usado na síntese de ácidos biliares e hormônios esteroides.
- Altos níveis de LDL e baixos níveis de HDL são sintomas do transporte de colesterol defeituoso, indicando grande risco de arteriosclerose.

**Seção 21.10 Quais são algumas das funções fisiológicas dos hormônios esteroides?**
- Um produto de oxidação do colesterol é a progesterona, um **hormônio sexual**. A partir dela, também são sintetizados outros hormônios sexuais como a testosterona e o estradiol.
- A progesterona é uma precursora dos **hormônios adrenocorticoides**. Nesse grupo, cortisol e cortisona são os mais bem conhecidos pela sua ação anti-inflamatória.

**Seção 21.11 O que são sais biliares?**
- **Sais biliares** são produtos de oxidação do colesterol que emulsificam todos os tipos de lipídeos, incluindo o colesterol, e são essenciais na digestão de gorduras.

**Seção 21.12 O que são prostaglandinas, tromboxanos e leucotrienos?**
- **Prostaglandinas**, **tromboxanos** e **leucotrienos** são derivados do ácido araquidônico. Eles influem de forma ampla na química corporal. Entre outras coisas, podem diminuir ou aumentar a pressão sanguínea, causar inflamações e coagulação do sangue, e induzir o parto. Em geral, mediam a ação hormonal.

## Problemas

**Seção 21.1 O que são lipídeos?**

21.2 Por que as gorduras são boas fontes de armazenamento de energia no corpo?

21.3 Qual é o significado do termo *hidrofóbico*? Por que a natureza hidrofóbica dos lipídeos é importante?

**Seção 21.2 Quais são as estruturas dos triglicerídeos?**

21.4 Desenhe a fórmula estrutural de uma molécula de gordura (triglicerídeo) feita de ácido mirístico, ácido oleico, ácido palmítico e glicerol.

21.5 O ácido oleico tem um ponto de ebulição de 16 °C. Se a dupla ligação *cis* for convertida em uma dupla ligação *trans*, o que acontecerá com o ponto de fusão? Explique.

21.6 Desenhe de forma esquemática as fórmulas para todos os possíveis 1,3-diglicerídeos constituídos de glicerol, ácido oleico ou ácido esteárico. Quantos compostos foram obtidos? Desenhe a estrutura de um desses diglicerídeos.

## Seção 21.3 Quais são algumas das propriedades dos triglicerídeos?

**21.7** Para os diglicerídeos do Problema 21.6, indique quais são os dois que apresentariam os maiores pontos de ebulição e quais são os dois que apresentariam os menores pontos de ebulição.

**21.8** Indique qual ácido nos pares apresentados a seguir tem o maior ponto de fusão e explique por quê.

(a) Ácido palmítico ou ácido esteárico

(b) Ácido araquidônico ou ácido araquídico

**21.9** Qual destes triglicerídeos apresenta o maior ponto de fusão: (a) um triglicerídeo que contém apenas ácido láurico e glicerol ou (b) um triglicerídeo que contém apenas ácido esteárico e glicerol?

**21.10** Explique por que os pontos de fusão dos ácidos graxos aumenta quando nos movemos do ácido láurico para o ácido esteárico.

**21.11** Indique a ordem dos pontos de fusão dos triglicerídeos que contêm os ácidos graxos como mostrado a seguir:
(a) Palmítico, palmítico, esteárico
(b) Oleico, esteárico, palmítico
(c) Oleico, linoleico, oleico

**21.12** Consulte a Tabela 21.1. Que gordura animal tem a maior porcentagem de ácidos graxos insaturados?

**21.13** Classifique os seguintes compostos em ordem crescente de suas solubilidades em água (assumindo que todos eles são feitos dos mesmos ácidos graxos): (a) triglicerídeos, (b) diglicerídeos e (c) monoglicerídeos. Explique a sua resposta.

**21.14** Quantos mols de $H_2$ são usados na hidrogenação catalítica de um mol de um triglicerídeo contendo glicerol, ácido palmítico, ácido oleico e ácido linoleico?

**21.15** Nomeie os produtos da saponificação deste triglicerídeo:

$$CH_2-O-\overset{O}{\underset{\|}{C}}-(CH_2)_{14}CH_3$$
$$CH-O-\overset{O}{\underset{\|}{C}}-(CH_2)_{16}CH_3$$
$$CH_2-O-\overset{O}{\underset{\|}{C}}-(CH_2)_7(CH=CHCH_2)_3CH_3$$

**21.16** Usando a equação na Seção 21.3C. Calcule o número de mols de NaOH necessários para saponificar 5 mols de (a) triglicerídeos, (b) diglicerídeos e (c) monoglicerídeos.

## Seção 21.4 Quais são as estruturas dos lipídeos complexos?

**21.17** Quais são os principais tipos de lipídeos complexos e quais são as principais características de suas estruturas?

## Seção 21.5 Qual é a função dos lipídeos na estrutura das membranas?

**21.18** Que parte da molécula de fosfatidilinositol contribui para (a) a fluidez da bicamada e (b) a polaridade da superfície da bicamada?

**21.19** Como os ácidos graxos insaturados dos lipídeos complexos contribuem para a fluidez da membrana?

**21.20** Que tipo de lipídeo é mais provável de ser um dos constituintes das membranas?

**21.21** Qual é a diferença entre uma proteína de membrana integral e uma periférica?

## Seção 21.6 O que são glicerofosfolipídeos?

**21.22** Qual glicerofosfolipídeo tem os grupos mais polares capazes de formar ligações de hidrogênio com a água?

**21.23** Desenhe a estrutura de um fosfatidilinositol que contém ácidos oleico e araquidônico.

**21.24** Entre os glicerofosfolipídeos que contêm os ácidos palmítico e linoleico, qual terá a maior solubilidade em água: (a) fosfatidilcolina, (b) fosfatidiletanolamina ou (c) fosfatidilserina? Explique.

## Seção 21.7 O que são esfingolipídeos?

**21.25** Nomeie todos os grupos do lipídeo complexo que contêm ceramidas.

**21.26** Os vários lipídeos que formam a membrana estão nela distribuídos de forma aleatória? Dê um exemplo.

## Seção 21.8 O que são glicolipídeos?

**21.27** Enumere os grupos funcionais que contribuem para o caráter hidrofílico de (a) glicocerebrosídeo e (b) esfingomielina.

## Seção 21.9 O que são esteroides?

**21.28** O colesterol tem um núcleo esteroide de quatro anéis fundidos e é parte das membranas. O grupo —OH no carbono 3 é a cabeça polar, e o resto da molécula fornece a cadeia hidrofóbica que não se ajusta ao empacotamento zigue-zague da porção hidrocarbônica dos ácidos graxos saturados. Com base nessa estrutura, indique como pequenas quantidades de colesterol que estão bem distribuídas na membrana contribuem para a rigidez ou fluidez da membrana. Explique.

**21.29** Onde cristais puros de colesterol podem ser encontrados no corpo?

**21.30** (a) Encontre todos os estereocentros de carbono na molécula de colesterol.

(b) Quantos estereoisômeros são possíveis?

(c) Quantos desses estereoisômeros podem ser encontrados na natureza?

**21.31** Observe as estruturas do colesterol e dos hormônios mostradas na Figura 21.5. Qual dos anéis da estrutura esteroide apresenta a maior substituição?

**21.32** O que torna a LDL solúvel no plasma?

**21.33** Como a LDL fornece o seu colesterol para as células?

**21.34** Como a lovastatina reduz os sintomas da arteriosclerose?

**21.35** Como a VLDL se torna LDL?

**21.36** Como a HDL fornece os seus ésteres de colesterol para as células do fígado?

21.37 Como os níveis de colesterol no plasma sanguíneo controlam tanto a síntese de colesterol no fígado como a absorção de LDL?

## Seção 21.10 Quais são algumas das funções fisiológicas dos hormônios esteroides?

21.38 Quais são as funções fisiológicas associadas com o cortisol?

21.39 O estradiol no corpo é sintetizado a partir da progesterona. Quais são as modificações químicas que ocorrem quando o estradiol é sintetizado?

21.40 Descreva a diferença estrutural entre o hormônio masculino testosterona e o hormônio feminino estradiol.

21.41 Considerando que o RU486 pode se ligar aos receptores da progesterona e aos receptores da cortisona e do cortisol, o que você pode dizer em relação à importância do grupo funcional presente no carbono 11 do anel esteroide na droga e do sítio de ligação no receptor?

21.42 (a) Qual é a semelhança entre a estrutura do RU486 e a progesterona?
(b) Em que as duas estruturas diferem?

21.43 Quais são as características estruturais comuns às pílulas contraceptivas orais, incluindo a mifepristona?

## Seção 21.11 O que são sais biliares?

21.44 Liste todos os grupos funcionais que tornam o taurocolato solúvel em água.

21.45 Explique como a eliminação constante de sais biliares nas fezes pode reduzir o perigo da formação de placas na arteriosclerose.

## Seção 21.12 O que são prostaglandinas, tromboxanos e leucotrienos?

21.46 Qual é a diferença estrutural básica entre:
(a) Ácido araquidônico e a prostaglandina $PGE_2$?
(b) $PGE_2$ e $PGF_{2\alpha}$?

21.47 Identifique e nomeie todos os grupos funcionais em: (a) glicocolato, (b) cortisona, (c) prostaglandina $PGE_2$ e (d) leucotrieno B4.

21.48 Quais são as funções químicas e fisiológicas da enzima COX-2?

21.49 Como a aspirina, uma droga anti-inflamatória, previne derrames causados pela coagulação de sangue no cérebro?

## Conexões químicas

21.50 (Conexões químicas 21A) O que causa o ranço? Como ele pode ser prevenido?

21.51 (Conexões químicas 21B) O que torna as ceras mais duras e mais difíceis de fundir que as gorduras?

21.52 (Conexões químicas 21C) Como as junções comunicantes previnem a passagem de proteínas de uma célula para outra?

21.53 (Conexões químicas 21C) Como o transporte de ânions fornece um ambiente adequado para a passagem de íons cloreto hidratados?

21.54 (Conexões químicas 21C) Em que sentido o transporte ativo de $K^+$ é seletivo? Como o $K^+$ passa através do transportador?

21.55 (Conexões químicas 21D)
(a) Qual é o papel desempenhado pela esfingomielina na condução do sinal elétrico?
(b) O que acontece com esse processo quando ocorre a esclerose múltipla?

21.56 (Conexões químicas 21E) Compare as estruturas dos lipídeos complexos relacionados com as doenças de armazenamento de lipídeos com as enzimas ausentes ou não operantes. Explique por que a enzima ausente na doença de Fabry é a $\alpha$-galactosidase e não a $\beta$-galactosidase.

21.57 (Conexões químicas 21E) Identifique os monossacarídeos nos glicolipídeos que se acumulam na doença de Fabry.

21.58 (Conexões químicas 21F) Como o anabolizante esteroide metenolona difere estruturalmente da testosterona?

21.59 (Conexões químicas 21G) Qual é a função da progesterona e de compostos contraceptivos similares?

21.60 (Conexões químicas 21H) Como a cortisona previne a inflamação?

21.61 (Conexões químicas 21H) Como a indometacina age no corpo para reduzir a inflamação?

21.62 (Conexões químicas 21H) Que tipo de prostaglandinas é sintetizado pelas enzimas COX-1 e COX-2?

21.63 (Conexões químicas 21H) Os esteroides previnem a síntese de leucotrienos causadores da asma, assim como a síntese de prostaglandinas causadoras das inflamações. Agentes anti-inflamatórios não esteroidais (Aines) como a aspirina reduzem apenas a produção de prostaglandinas. Por que os Aines não afetam a produção de leucotrienos?

## Problemas adicionais

21.64 Qual é o papel da taurina na digestão de lipídeos?

21.65 Desenhe um diagrama esquemático da bicamada lipídica. Mostre como a bicamada previne a passagem por difusão de moléculas polares como a glicose. Mostre por que moléculas apolares, como $CH_3CH_2-O-CH_2CH_3$, podem difundir através da membrana.

21.66 Quantos triglicerídeos diferentes podem ser formados usando três ácidos graxos diferentes (A, B e C)?

21.67 Prostaglandinas têm um anel de cinco membros, e tromboxanos têm um anel de seis membros. A síntese de ambas as classes é impedida por inibidores da COX; as enzimas COX catalisam a etapa da síntese dessas substâncias relacionadas com o fechamento de anel. Como esses fatos estão correlacionados?

21.68 Qual lipoproteína é funcional na remoção dos depósitos de colesterol nas placas e artérias?

21.69 O que são *coated pits*? Qual é a função deles?

21.70 Quais são os constituintes da esfingomielina?

21.71 (Conexões químicas 21C) Qual é a diferença entre transporte facilitado e transporte ativo?

21.72 Que parte da LDL interage com o receptor de LDL?

21.73 Qual é a principal diferença entre a aldosterona e os outros hormônios apresentados na Figura 21.5?

21.74 (Conexões químicas 21H) A droga anti-inflamatória Celebrex não apresenta o efeito colateral usual no estômago, como ulcerações, que outros Aines. Por quê?

21.75 Quantos gramas de $H_2$ são necessários para saturar 100,0 g de um triglicerídeo feito de glicerol e uma unidade dos ácidos láurico, oleico e linoleico?

21.76 Prednisolona é um remédio glicocorticoide sintético mais frequentemente prescrito para combater doenças autoimunes. Compare a sua estrutura com o hormônio glicocorticoide natural, cortisona. Quais são as similaridades e diferenças estruturais?

21.77 Suponha que você tenha acabado de isolar um lipídeo puro que contém apenas esfingosina e um ácido graxo. A que classe de lipídeos ele pertence?

21.78 Sugira a razão pela qual um mesmo sistema proteico transporta sódio e potássio para dentro e para fora da célula.

21.79 Todas as proteínas associadas com as membranas atravessam a membrana de um lado ao outro?

21.80 Na preparação de molhos que envolvem a mistura de água e manteiga derretida, comumente são adicionadas gemas de ovos para prevenir a separação desses dois ingredientes. Como as gemas de ovos previnem a separação? (*Dica*: As gemas de ovos são ricas em fosfatidilcolina (lecitina).)

21.81 Quais das seguintes afirmações são consistentes com o que é conhecido sobre as membranas?
(a) A membrana é composta de uma camada de proteínas entre duas camadas de lipídeos.
(b) A composição da camada interna e externa de lipídeo é a mesma em qualquer membrana individual.
(c) Membranas contêm glicolipídeos e glicoproteínas.
(d) Bicamadas lipídicas são um importante componente das membranas.
(e) Ocorre a formação de ligações covalentes entre lipídeos e proteínas na maioria das membranas.

21.82 Sugira a razão pela qual animais que vivem em climas frios apresentam uma tendência de ter maiores proporções de ácidos graxos poli-insaturados em seu conteúdo lipídico do que animais que vivem em climas quentes.

21.83 Que afirmações são consistentes com o modelo de mosaico fluido de membranas?
(a) Todas as proteínas de membrana estão ligadas no interior da membrana.
(b) Tanto proteínas como lipídeos apresentam difusão transversa (*flip-flop*) do interior para o exterior da membrana.
(c) Algumas proteínas e lipídeos apresentam difusão lateral ao longo das superfícies interna e externa da membrana.

21.84 Sugira a razão pela qual as membranas da célula bacteriana que crescem a 20 °C apresentam uma tendência de possuir uma maior proporção de ácidos graxos insaturados que as membranas das bactérias da mesma espécie que crescem a 37 °C. Em outras palavras, bactérias crescidas a 37 °C têm uma maior proporção de ácidos graxos saturados em suas membranas celulares.

**Combinando conceitos**

21.85 Tanto os lipídeos como os carboidratos são veículos para o armazenamento de energia. De que forma eles são similares em termos de estrutura molecular e de que forma são diferentes?

21.86 De que forma os lipídeos e carboidratos desempenham funções estruturais nos organismos vivos? Essas funções são diferentes em plantas e animais?

21.87 Que substâncias são essencialmente constituídas de carboidratos e quais são essencialmente compostas de lipídeos: óleos de oliva, manteiga, algodão, algodão de açúcar?

21.88 Em que extensão você esperaria encontrar os seguintes grupos funcionais em lipídeos e carboidratos: grupos aldeídos, grupos de ácidos carboxílicos, ligações de ésteres, grupos hidroxila?

**Antecipando**

21.89 Bebidas energéticas apresentam uma tendência de conter uma grande quantidade de açúcares, e algumas contêm taurina em pequenas quantidades. O efeito desses energéticos é causado por carboidratos ou pela função da taurina (quebra das moléculas de gorduras)?

21.90 Quais dos seguintes alimentos são compostos essencialmente de carboidratos e quais são constituídos essencialmente de gorduras: refrigerantes normais (não os *diets*), molho de salada, frutas em calda, creme de queijo?

21.91 A ligação éster nos lipídeos não formam macromoléculas, mas as ligações amidas o fazem nas proteínas. Comente sobre a razão dessa diferença.

21.92 Com base nas diferenças entre esteroides e outros tipos de lipídeos, a síntese de esteroides nos organismos vivos é diferente da síntese dos outros lipídeos?

**Desafios**

21.93 Algumas das moléculas de lipídeos que ocorrem em membranas são maiores que as outras. Podemos encontrar as moléculas maiores no lado citoplasmático da membrana celular ou no lado exposto ao exterior da célula?

21.94 Quais são as funções da membrana celular? Quanto uma bicamada composta exclusivamente de lipídeos é capaz de executar essas funções?

21.95 Glicerofosfolipídeos apresentam uma tendência de ter tanto uma carga positiva como uma carga negativa nas suas porções hidrofílicas. Esse fato contribui para a acomodação de lipídeos na membrana ou dificulta esse processo? Por quê?

21.96 Os leucotrienos diferem das prostaglandinas e dos tromboxanos, pois os primeiros não apresentam um processo de fechamento de anel. Eles também diferem das prostaglandinas e dos tromboxanos (e de todos os outros lipídeos) por causa de outro aspecto em sua estrutura. Qual é esse aspecto estrutural particular? (*Dica*: Esse aspecto está relacionado com a posição de suas duplas ligações.)

# Proteínas

## 22

A teia das aranhas é uma proteína fibrosa que apresenta força e resistência sem paralelo.

## 22.1 Quais são as várias funções das proteínas?

As **proteínas** são indubitavelmente os compostos biológicos mais importantes. A palavra "proteína" é derivada do grego *proteios*, que significa "de primeira importância", e o cientista que nomeou esses compostos há mais de 100 anos não poderia ter escolhido nome mais adequado. Existem vários tipos de proteína que realizam uma variedade de funções, incluindo as apresentadas a seguir:

1. **Estrutura** Na Seção 20.5, vimos que a principal matéria estrutural das plantas é a celulose. Para os animais, as proteínas estruturais são os principais constituintes da pele, dos ossos, do cabelo e das unhas. Duas proteínas estruturais importantes são colágeno e queratina.
2. **Catálise** Virtualmente todas as reações que ocorrem nos organismos vivos são catalisadas por proteínas chamadas enzimas. Sem as enzimas, as reações ocorreriam tão vagarosamente que seriam inúteis. Vamos abordar de modo detalhado as enzimas no Capítulo 23.
3. **Movimento** Toda vez que estalamos os dedos, subimos escadas ou piscamos um olho, usamos nossos músculos. A expansão e contração musculares estão envolvidas em cada movimento nosso. Os músculos são feitos de proteínas chamadas miosina e actina.

### Questões-chave

**22.1** Quais são as várias funções das proteínas?
**22.2** O que são aminoácidos?
**22.3** O que são zwitteríons?
**22.4** O que determina as características dos aminoácidos?
**22.5** O que são aminoácidos incomuns?
**22.6** Como os aminoácidos se combinam para formar as proteínas?
**22.7** Quais são as propriedades das proteínas?
**22.8** O que é a estrutura primária das proteínas?
**22.9** O que é a estrutura secundária das proteínas?
**22.10** O que é a estrutura terciária das proteínas?
**22.11** O que é a estrutura quaternária das proteínas?
**22.12** Como são as proteínas desnaturadas?

**Proteína** Molécula biológica grande, geralmente uma macromolécula, constituída de vários aminoácidos ligados através de ligações amida.

4. **Transporte** Um grande número de proteínas realiza tarefas de transporte. Por exemplo, a hemoglobina, uma proteína contida no sangue, leva oxigênio dos pulmões para as células onde ele será utilizado e dióxido de carbono das células para os pulmões. Outras proteínas transportam moléculas através das membranas celulares.
5. **Hormônios** Vários hormônios são proteínas, incluindo a insulina, a eritropoietina e o hormônio do crescimento humano.
6. **Proteção** Quando uma proteína de uma fonte externa ou alguma outra substância estranha (chamada antígeno) entra em nosso corpo, o organismo produz a sua própria proteína (denominada anticorpo) para contrabalancear a proteína estranha. Essa produção de anticorpos é um dos maiores mecanismos que o corpo utiliza para combater as doenças. A coagulação do sangue é outra função de proteção realizada por uma proteína, chamada fibrinogênio. Sem a coagulação do sangue, sangraríamos até a morte mesmo a partir de um pequeno ferimento.
7. **Armazenamento** Algumas proteínas armazenam materiais da mesma forma que o glicogênio e amido armazenam energia. Por exemplo, a caseína no leite e a ovalbumina nos ovos armazenam nutrientes para os mamíferos recém-nascidos e para os pássaros. A ferritina, uma proteína encontrada no fígado, armazena ferro.
8. **Regulação** Algumas proteínas não só controlam a expressão dos genes e, desse modo, regulam o tipo de proteína sintetizada em uma célula particular, mas também decidem quando a síntese será realizada.

Essas não são as únicas funções das proteínas, mas elas estão entre as mais importantes. Claramente, cada necessidade individual requer várias proteínas para conduzir essas funções tão variadas. Uma célula típica contém cerca de 9 mil tipos diferentes de proteína, e o corpo humano inteiro tem cerca de 100 mil tipos diferentes.

Podemos classificar proteínas em dois tipos principais: **proteínas fibrosas**, que são insolúveis em água e usadas principalmente para funções estruturais, e **proteínas globulares**, que são mais ou menos solúveis em água e utilizadas principalmente para proposições não estruturais.

## 22.2 O que são aminoácidos?

**Aminoácido alfa (α)** Um aminoácido em que o grupo amina está ligado ao mesmo átomo de carbono em que se encontra ligado o grupo —COOH.

Embora exista uma ampla variedade de proteínas, todas elas apresentam basicamente a mesma estrutura: são cadeias de aminoácidos. Como o nome indica, um **aminoácido** é um composto orgânico que contém um grupo amina e um grupo carboxila. Os químicos orgânicos podem sintetizar vários milhares de aminoácidos, mas a natureza é muito mais restrita e emprega 20 aminoácidos comuns para montar as proteínas. Além disso, todos os 20 aminoácidos, com exceção de um, seguem a fórmula geral:

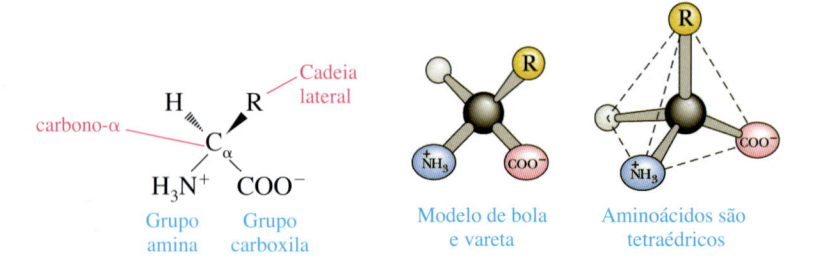

Mesmo o aminoácido que não segue essa fórmula geral (prolina) tem uma estrutura muito próxima: ele se diferencia apenas por ter uma ligação entre o grupo R e o N. Os 20 aminoácidos comumente encontrados nas proteínas são chamados **alfa-aminoácidos** ou **aminoácidos alfa**. Eles são apresentados na Tabela 22.1, que também apresenta as abreviações de uma e três letras que os químicos e bioquímicos utilizam para cada um deles.

O aspecto mais importante dos grupos R é a sua polaridade. Com base nessa propriedade, classificamos os aminoácidos em quatro grupos, como mostrado na Figura 22.1:

TABELA 22.1 Os 20 aminoácidos mais comuns encontrados nas proteínas

| Nome | Abreviação de 3 letras | Abreviação de 1 letra | Ponto isoelétrico |
|---|---|---|---|
| Alanina | Ala | A | 6,01 |
| Arginina | Arg | R | 10,76 |
| Asparagina | Asn | N | 5,41 |
| Ácido aspártico | Asp | D | 2,77 |
| Cisteína | Cys | C | 5,07 |
| Ácido glutâmico | Glu | E | 3,22 |
| Glutamina | Gln | Q | 5,65 |
| Glicina | Gly | G | 5,97 |
| Histidina | His | H | 7,59 |
| Isoleucina | Ile | I | 6,02 |
| Leucina | Leu | L | 5,98 |
| Lisina | Lys | K | 9,74 |
| Metionina | Met | M | 5,74 |
| Fenilalanina | Phe | F | 5,48 |
| Prolina | Pro | P | 6,48 |
| Serina | Ser | S | 5,68 |
| Treonina | Thr | T | 5,87 |
| Triptofano | Trp | W | 5,88 |
| Tirosina | Tyr | Y | 5,66 |
| Valina | Val | V | 5,97 |

apolares, polares neutros, ácidos e básicos. Note que as cadeias laterais apolares são *hidrofóbicas* (repelem a água), enquanto as cadeias laterais dos polares neutros, ácidos e básicos são *hidrofílicas* (atraídas pela água). Esse aspecto dos grupos R é muito importante na determinação tanto da estrutura como das funções de cada molécula de proteína.

Quando olhamos a fórmula geral dos 20 aminoácidos, percebemos imediatamente que todos eles (exceto a glicina, em que R = H) são quirais com estereocentros (carbono), já que R, H, COOH e $NH_2$ são quatro grupos diferentes. Portanto, cada um dos aminoácidos com um estereocentro existe como dois enantiômeros. Como é usual para esse tipo de exemplo, a natureza elabora apenas um dos dois possíveis enantiômeros para cada aminoácido, que é sempre o L-isômero. Com exceção da glicina, que é aquiral, todos os aminoácidos em todas as proteínas em nosso organismo correspondem ao L-isômero. Os D-aminoácidos são extremamente raros na natureza; alguns são encontrados, por exemplo, nas paredes celulares de uns poucos tipos de bactéria.

Na Seção 20.1C, aprendemos sobre o uso do sistema D,L. Nessa seção, usamos o gliceraldeído como um ponto de referência para a atribuição da configuração relativa. Aqui, o gliceraldeído será novamente utilizado como um ponto de referência para os aminoácidos, como mostrado na Figura 22.2. A relação espacial dos grupos funcionais ao redor do estereocentro de carbono nos L-aminoácidos, como na L-alanina, pode ser comparada à do L-gliceraldeído. Quando colocamos os grupos carbonila de ambos os compostos na mesma posição (acima), o —OH do L-gliceraldeído e o $NH_3^+$ da L-alanina residem à esquerda do estereocentro de carbono.

(a) Apolares (hidrofóbicos)

Leucina (Leu, L)

Prolina (Pro, P)

Alanina (Ala, A)

Valina (Val, V)

(b) Polares neutros (sem carga)

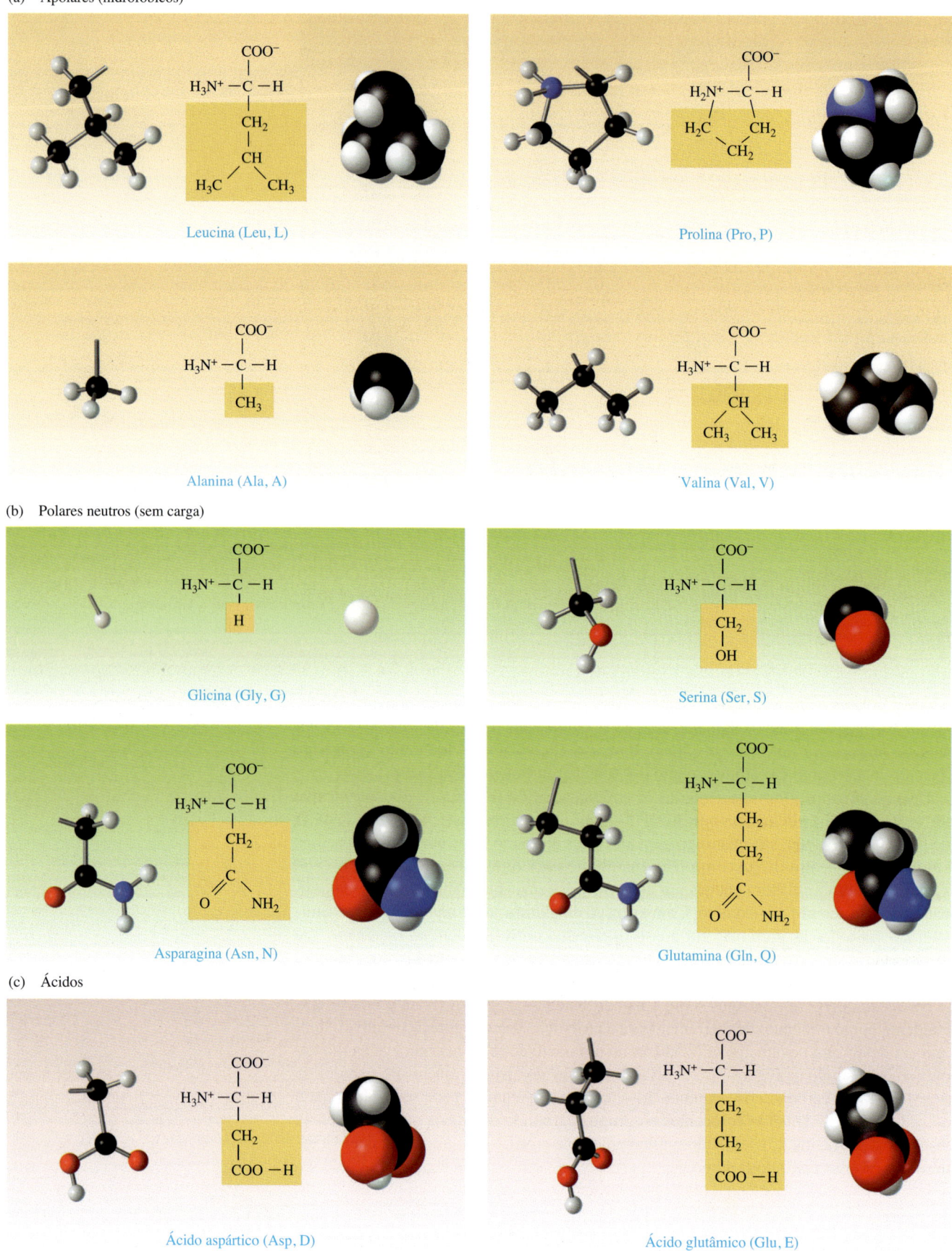

Glicina (Gly, G)

Serina (Ser, S)

Asparagina (Asn, N)

Glutamina (Gln, Q)

(c) Ácidos

Ácido aspártico (Asp, D)

Ácido glutâmico (Glu, E)

**FIGURA 22.1** Os 20 aminoácidos que são os blocos constituintes das proteínas podem ser classificados como (a) apolares (hidrofóbicos), (b) polares neutros, (c) ácidos ou (d) básicos. Também são mostrados aqui os códigos de uma e três letras usados para denotar os aminoácidos. Para cada aminoácido, os modelos de vareta e bola (esquerda) e de preenchimento de espaço (direita) mostram apenas a cadeia lateral. (Irving Geis)

Metionina (Met, M)

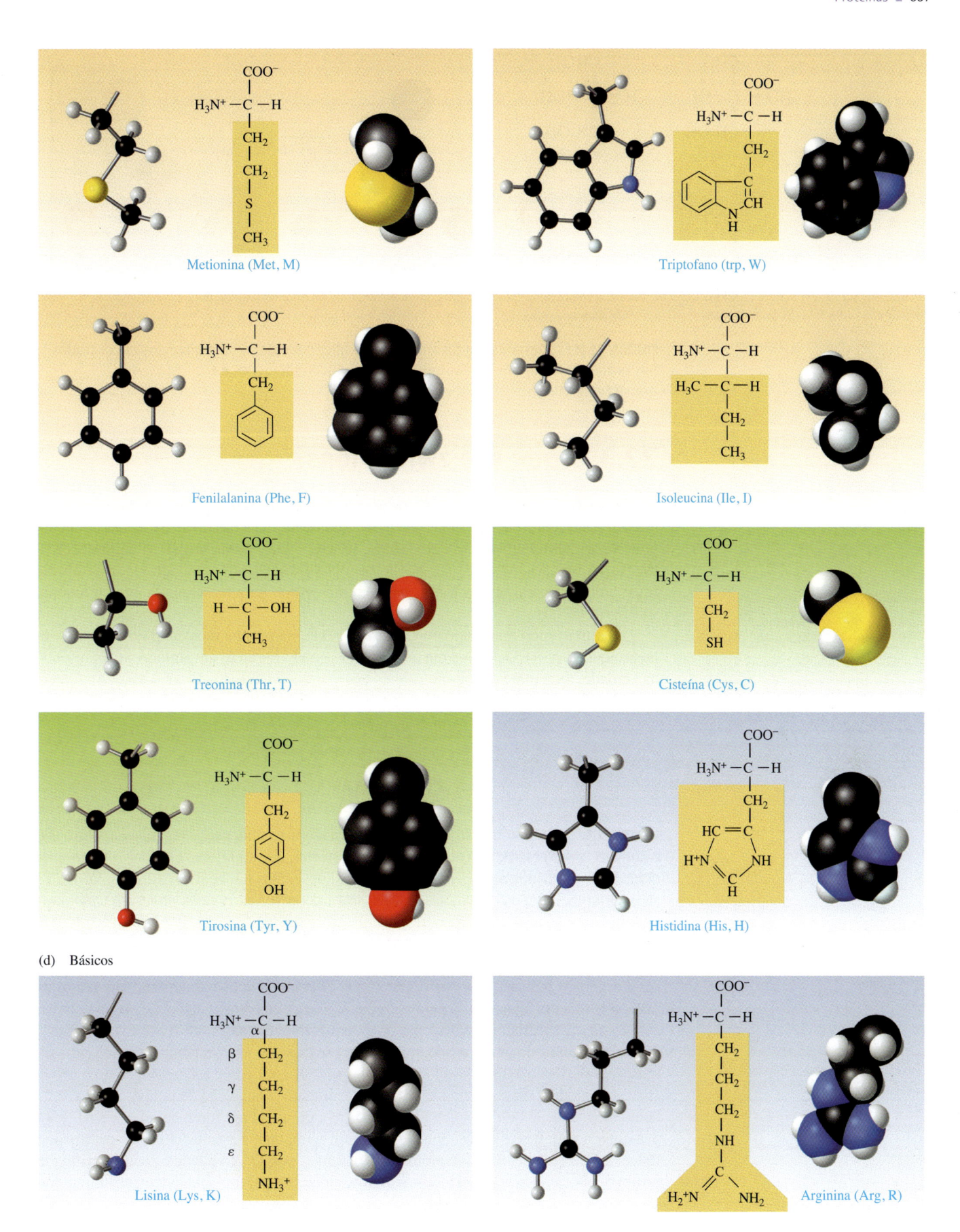

Triptofano (trp, W)

Fenilalanina (Phe, F)

Isoleucina (Ile, I)

Treonina (Thr, T)

Cisteína (Cys, C)

Tirosina (Tyr, Y)

Histidina (His, H)

(d) Básicos

Lisina (Lys, K)

Arginina (Arg, R)

**FIGURA 22.1** Continuação

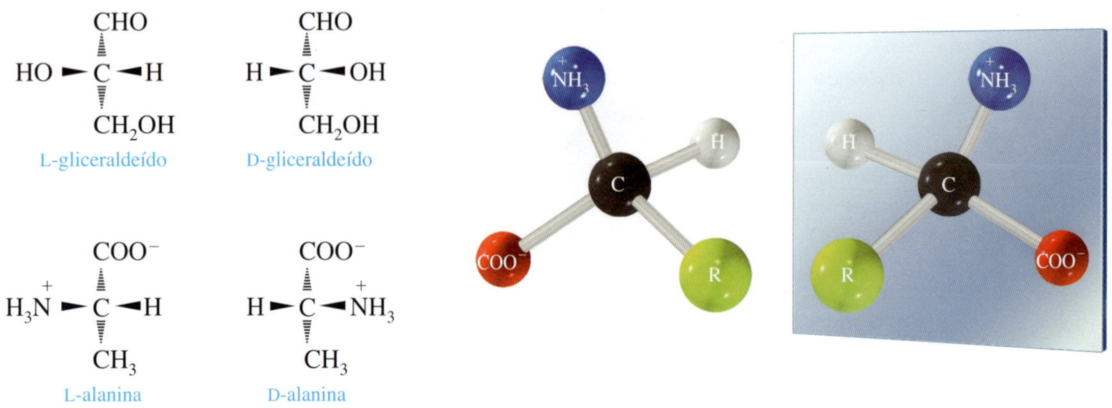

FIGURA 22.2 Estereoquímica da alanina e do gliceraldeído. Os aminoácidos encontrados nas proteínas têm a mesma quiralidade do L-gliceraldeído, que é oposta à do D-gliceraldeído.

## 22.3 O que são zwitteríons?

Na Seção 18.5B, aprendemos que os ácidos carboxílicos, RCOOH, não podem existir nessa forma na presença de uma base moderadamente fraca (como a $NH_3$). Eles doam um próton para tornarem-se íons carboxilato, $RCOO^-$. Da mesma forma, as aminas, $RNH_2$ (Seção 16.5), não podem existir nessa forma na presença de um ácido moderadamente fraco (como o ácido acético). Elas ganham um próton para tornarem-se um íon amônio substituído, $RNH_3^+$.

Um aminoácido tem grupos —COOH e —$NH_2$ na mesma molécula. Por isso, em solução aquosa, o —COOH doa um próton para —$NH_2$, portanto um aminoácido apresenta, na verdade, a seguinte estrutura:

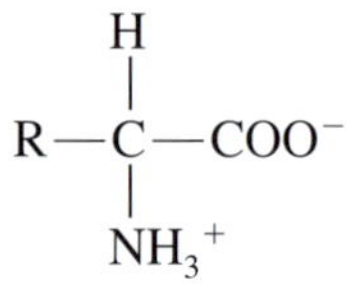

$$R-\overset{H}{\underset{NH_3^+}{C}}-COO^-$$

Compostos que têm uma carga positiva em um átomo e uma carga negativa em outro são chamados **zwitteríons**, que deriva do alemão *zwitter*, que significa "híbrido". Os aminoácidos são zwitteríons não apenas em solução aquosa, mas também em estado sólido. Eles são, portanto, compostos iônicos – isto é, sais internos. *Na verdade, moléculas não ionizadas $RCH(NH_2)COOH$ não existem em qualquer forma.*

O fato de os aminoácidos serem zwitteríons explica as suas propriedades físicas. Todos eles são sólidos com altos pontos de fusão (por exemplo, glicina funde a 262 °C), como seria esperado para um composto iônico. Os 20 aminoácidos comuns são também bastante solúveis em água, como geralmente o são os compostos iônicos. Se eles não tivessem cargas, esperaríamos que apenas os menores fossem solúveis.

Se colocamos um aminoácido em água, ele se dissolve apresentando a mesma característica zwitteriônica que tinha no estado sólido. Vamos ver o que acontece quando o pH da solução é modificado, o que pode ser feito facilmente pela adição de uma fonte de $H_3O^+$, como uma solução de HCl (para diminuir o pH), ou uma base forte, como o NaOH (para aumentar o pH). Pelo fato de o íon $H_3O^+$ ser um ácido mais forte que um ácido carboxílico típico (Seção 18.1), ele doa um próton para o grupo —$COO^-$, tornando o zwitteríon um íon positivo. Isso acontecerá com todos os aminoácidos se o pH for suficientemente diminuído – digamos, para zero.

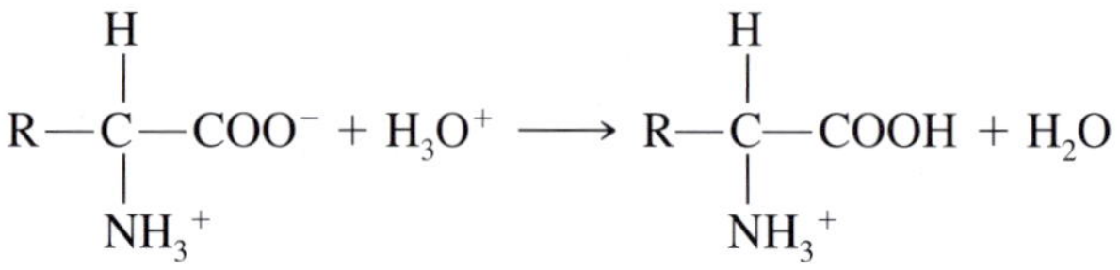

$$R-\overset{H}{\underset{NH_3^+}{C}}-COO^- + H_3O^+ \longrightarrow R-\overset{H}{\underset{NH_3^+}{C}}-COOH + H_2O$$

A adição de OH⁻ no zwitteríon permite que —NH₃⁺ doe o seu próton para OH⁻, o que torna o zwitteríon um íon negativo. Isso acontecerá com todos os aminoácidos se o pH for suficientemente aumentado – digamos, para 14.

$$\begin{array}{c} H \\ | \\ R-C-COO^- \\ | \\ NH_3^+ \end{array} + OH^- \longrightarrow \begin{array}{c} H \\ | \\ R-C-COO^- \\ | \\ NH_2 \end{array} + H_2O$$

Em ambos os casos, o aminoácido ainda é um íon, logo, ainda é solúvel em água. Não existe um pH no qual um aminoácido não apresente determinado caráter iônico. Se um aminoácido é um íon positivo em um pH baixo e um íon negativo em um pH alto, deve existir um pH no qual todas as moléculas tenham cargas positivas e negativas iguais. Esse pH é chamado **ponto isoelétrico (pI)**.

Cada aminoácido tem um ponto isoelétrico diferente, embora a maioria não seja muito diferente (ver valores na Tabela 22.1). Quinze dos 20 aminoácidos têm pontos isoelétricos próximos de 6. Entretanto, os três aminoácidos básicos têm pontos isoelétricos maiores, e os dois aminoácidos ácidos, valores menores.

No ponto isoelétrico ou próximo dele, os aminoácidos existem em solução aquosa predominantemente ou completamente como zwitteríons. Como foi visto, eles reagem tanto com um ácido forte, pela aquisição de um próton (o —COO⁻ se torna —COOH), como com uma base forte, pela doação de um próton (o —NH₃⁺ se torna —NH₂). Em suma:

**Ponto isoelétrico (pI)** Um pH no qual uma amostra de aminoácidos ou proteínas tem um igual número de cargas positivas e negativas.

$$\begin{array}{c} H \\ | \\ R-C-COOH \\ | \\ NH_3^+ \end{array} \underset{H_3O^+}{\overset{OH^-}{\rightleftharpoons}} \begin{array}{c} H \\ | \\ R-C-COO^- \\ | \\ NH_3^+ \end{array} \underset{H_3O^+}{\overset{OH^-}{\rightleftharpoons}} \begin{array}{c} H \\ | \\ R-C-COO^- \\ | \\ NH_2 \end{array}$$

Na Seção 8.3, aprendemos que um composto que é tanto um ácido como uma base é chamado *anfiprótico*. Na Seção 8.10, vimos que uma solução que neutraliza tanto ácidos como bases é uma solução-tampão. Portanto, os aminoácidos são compostos *anfipróticos*, e suas soluções aquosas são *soluções-tampões*.

## 22.4 O que determina as características dos aminoácidos?

Uma vez que as cadeias laterais são as únicas diferenças entre os aminoácidos, as funções dos aminoácidos e seus polímeros, as proteínas, são determinadas por essas cadeias laterais. Por exemplo, um dos 20 aminoácidos apresentados na Tabela 22.1 tem uma propriedade química que não é compartilhada com nenhum outro. Esse aminoácido, a cisteína, pode facilmente dimerizar por vários agentes oxidantes moderados.

$$2HS-CH_2-\underset{\underset{NH_3^+}{|}}{CH}-COO^- \underset{[H]}{\overset{[O]}{\rightleftharpoons}} {}^-OOC-\underset{\underset{NH_3^+}{|}}{CH}-CH_2-S-S-CH_2-\underset{\underset{NH_3^+}{|}}{CH}-COO^-$$

Cisteína — Ligação dissulfeto — Cistina

O dímero da cisteína, que é chamado **cistina**, pode, por sua vez, ser facilmente reduzido e originar duas moléculas de cisteína. Como veremos, a presença de cistina tem consequências importantes para a estrutura química e forma das proteínas das quais elas fazem parte. A ligação (em azul) é também chamada **ligação de dissulfeto** (Seção 14.4D).

Vários aminoácidos têm propriedades ácidas ou básicas. Dois aminoácidos – ácidos glutâmico e aspártico – têm grupos carboxila nas suas cadeias laterais, além daquele que se encontra presente em todos os aminoácidos. Um grupo carboxila pode perder um próton, formando o correspondente ânion carboxilato, no caso desses dois aminoácidos – glutamato e aspartato, respectivamente. Por causa da presença do carboxilato, as cadeias laterais desses dois aminoácidos estão carregadas negativamente em pH neutro. Três aminoácidos – histidina, lisina e arginina – têm cadeias laterais básicas. As cadeias laterais da lisina e arginina são positivamente carregadas em pH neutro ou próximo do pH neutro. Na lisina, o grupo amina da cadeia lateral está ligado a uma cadeia hidrocarbônica alifática. Na arginina, o grupo básico da cadeia lateral, o grupo guanidino, é mais complexo estruturalmente que o grupo amina, mas também está ligado a uma cadeia hidrocarbônica alifática. Na histidina livre, o $pK_a$ do grupo imidazol da cadeia lateral é 6,0, o que não está longe do pH fisiológico. Os valores dos $pK_a$ para os aminoácidos dependem do ambiente e podem mudar significativamente quando eles se encontram nas proteínas. A histidina pode ser encontrada na forma protonada ou desprotonada nas proteínas, e as propriedades de várias proteínas dependem de os resíduos individuais de histidina estarem carregados ou não. Os aminoácidos carregados são frequentemente encontrados nos sítios ativos das enzimas, as quais serão estudadas no Capítulo 23.

Os aminoácidos fenilalanina, triptofano e tirosina têm anéis aromáticos em suas cadeias laterais. Eles são importantes por várias razões. Por uma questão de praticidade, esses aminoácidos nos permitem identificar e quantificar proteínas porque anéis aromáticos absorvem intensamente em 280 nm e podem ser detectados por um espectrofotômetro. Esses aminoácidos também são muito importantes fisiologicamente porque são precursores de neurotransmissores (substâncias envolvidas na transmissão de impulsos nervosos). O triptofano é convertido em serotonina, mais propriamente chamada 5-hidroxitriptamina, a qual tem um efeito calmante. Níveis muito baixos de serotonina estão associados com depressão, enquanto níveis muito altos levam a um estado maníaco. A esquizofrenia maníaco-depressiva (também chamada de disfunção bipolar) pode ser controlada pelos níveis de serotonina e seus metabólitos posteriores.

A tirosina, que é normalmente obtida no organismo tendo como molécula precursora a fenilalanina, é convertida em uma classe de neurotransmissores chamada catecolaminas, que incluem a epinefrina, comumente conhecida como adrenalina.

A L-diidroxifenilalanina (L-Dopa) é um elemento intermediário na conversão da tirosina. Níveis mais baixos que os normais de L-Dopa estão relacionados com a doença de Parkinson. Suplementos de tirosina e fenilalanina podem aumentar os níveis de dopamina, embora a L-Dopa seja usualmente prescrita porque ela passa pelo cérebro mais rapidamente através da barreira sanguínea.

A tirosina e a fenilalanina são precursoras para a formação de norepinefrina e epinefrina, ambas substâncias estimulantes. A epinefrina é conhecida como o hormônio do "voe ou lute". Ela provoca a liberação de glicose e outros nutrientes no sangue e estimula a função cerebral.

Há indícios de que a tirosina e a fenilalanina podem ter efeitos inesperados em algumas pessoas. Por exemplo, um número crescente de evidências indica que algumas pessoas apresentam dores de cabeça pela ingestão de aspartame (um adoçante artificial encontrado em refrigerantes do tipo *diet*) que contém fenilalanina. Algumas pessoas são enfáticas em afirmar que suplementos de tirosina contribuem para um bom despertar pela manhã e que o triptofano as ajuda a dormir à noite. As proteínas do leite têm altos níveis de triptofano – acredita-se que um copo de leite morno antes de dormir pode beneficiar a indução do sono.

## 22.5 O que são aminoácidos incomuns?

Além dos aminoácidos listados na Tabela 22.1, também são conhecidos muitos outros. Eles ocorrem em algumas proteínas, mas isso não significa que todos são encontrados em proteínas. A Figura 22.3 apresenta exemplos de algumas possibilidades. Esses aminoácidos incomuns são derivados dos aminoácidos comuns e produzidos pela modificação dos aminoácidos comuns após a proteína ter sido sintetizada pelo organismo em um processo chamado modificação pós-traducional (Capítulo 26). A hidroxiprolina e hidroxilisina diferem de seus aminoácidos correlatos porque apresentam uma hidroxila em suas cadeias laterais. Elas são encontradas somente nas proteínas de alguns tecidos conjuntivos, como no colágeno. A tiroxina difere da tirosina por ter um grupo aromático que contém um iodo na cadeia lateral. Esse aminoácido é encontrado apenas na glândula tiroide, onde é formado pela modificação pós-traducional de resíduos de tirosina na proteína tiroglobulina. A tiroxina é então liberada como um hormônio pela proteólise da tiroglobulina. A tiroxina é prescrita tanto para animais como para humanos que apresentam metabolismo lento com o intuito de acelerar o seu metabolismo.

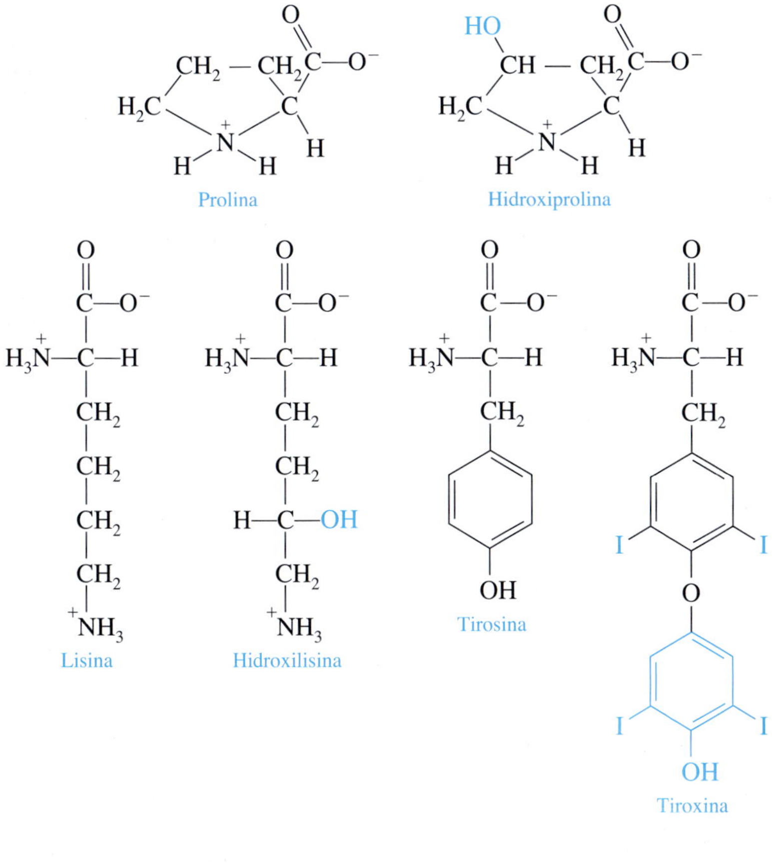

**FIGURA 22.3** Estruturas da hidroxiprolina, hidroxilisina e tiroxina. As estruturas dos aminoácidos correlatos – prolina para a hidroxiprolina, lisina para a hidroxilisina e tirosina para a tiroxina – são mostradas para efeito de comparação. Todos os aminoácidos estão na sua forma iônica predominante em pH 7.

## 22.6 Como os aminoácidos se combinam para formar as proteínas?

Cada aminoácido apresenta um grupo carboxila e um grupo amina. No Capítulo 19, vimos que um ácido carboxílico e uma amina podem ser combinados para formar uma amida:

$$R-\overset{O}{\underset{\|}{C}}-O^- + R'-NH_3^+ \longrightarrow R-\overset{O}{\underset{\|}{C}}-\underset{H}{N}-R' + H_2O$$

Da mesma maneira, o grupo —COO⁻ de uma molécula de aminoácido, como a glicina, pode se combinar com o grupo —NH₃⁺ de outra molécula de aminoácido, como a alanina:

$$H_3\overset{+}{N}-CH_2-\overset{O}{\underset{\|}{C}}-O^- + H_3\overset{+}{N}-\underset{CH_3}{\underset{|}{CH}}-\overset{O}{\underset{\|}{C}}-O^- \longrightarrow H_3\overset{+}{N}-CH_2-\overset{O}{\underset{\|}{C}}-\underset{H}{N}-\underset{CH_3}{\underset{|}{CH}}-\overset{O}{\underset{\|}{C}}-O^- + H_2O$$

Glicina  Alanina  Glicilalanina (Gly-Ala)

**Ligação peptídica** Uma ligação de amida que se une dois aminoácidos.

Essa reação ocorre nas células por um mecanismo que será estudado na Seção 26.5. O produto é uma amida. Os dois aminoácidos são unidos pela **ligação peptídica** (também conhecida como **união peptídica**). O produto é um **dipeptídeo**.

É importante compreender que a glicina e a alanina podem também ser unidas de outra forma:

$$H_3\overset{+}{N}-\underset{CH_3}{\underset{|}{CH}}-\overset{O}{\underset{\|}{C}}-O^- + H_3\overset{+}{N}-CH_2-\overset{O}{\underset{\|}{C}}-O^- \longrightarrow H_3\overset{+}{N}-\underset{CH_3}{\underset{|}{CH}}-\overset{O}{\underset{\|}{C}}-\underset{H}{N}-CH_2-\overset{O}{\underset{\|}{C}}-O^- + H_2O$$

Alanina  Glicina  Alanilglicina (Ala-Gly)

Nesse caso, obtemos um dipeptídeo *diferente*. Os dois dipeptídeos são isômeros constitucionais, é claro: eles são compostos diferentes em todos os aspectos, com diferentes propriedades. A frase "Faça muito, fale pouco" tem as mesmas palavras de "Faça pouco, fale muito", mas o significado é completamente diferente. Da mesma forma, a ordem dos aminoácidos em um peptídeo ou em uma proteína é crítica tanto na estrutura como na função.

**Exemplo 22.1** Formação de peptídeos

Mostre como se forma o dipeptídeo aspartilserina (Asp—Ser).

### Estratégia

Desenhe os dois aminoácidos. Organize-os de forma que sejam lidos (da esquerda para a direita) o grupo amina, o carbono alfa e o grupo carboxila. Desenhe então a reação entre o primeiro grupo carboxila do primeiro aminoácido e o grupo amina do segundo aminoácido, que resultará na ligação peptídica.

### Solução

O nome do dipeptídeo implica que o composto é feito de dois aminoácidos: ácido aspártico (Asp) e serina (Ser). A amida deve ser formada entre o grupo α-carboxila do ácido aspártico e o grupo α-amina da serina. Portanto, escrevemos a fórmula do ácido aspártico com o grupo amina do lado esquerdo. A seguir, colocamos a fórmula da serina à direita, com o grupo amina de frente para o grupo α-carboxila do ácido aspártico. Finalmente, eliminamos uma molécula de água entre os grupos —COO⁻ e —NH₃⁺, que estão próximos um do outro, formando a ligação peptídica:

$$H_3\overset{+}{N}-CH-\underset{\underset{COO^-}{\underset{|}{CH_2}}}{\overset{|}{C}}-O^- + H_3\overset{+}{N}-CH-\underset{\underset{}{\overset{|}{CH_2OH}}}{\overset{\overset{O}{\|}}{C}}-O^-$$

     Asp       Ser

$$\longrightarrow H_3\overset{+}{N}-CH-\underset{\underset{COO^-}{\underset{|}{CH_2}}}{\overset{\overset{O}{\|}}{C}}-\underset{H}{N}-CH-\underset{\underset{}{\overset{|}{CH_2OH}}}{\overset{\overset{O}{\|}}{C}}-O^- + H_2O$$

            Asp—Ser

## Problema 22.1

Mostre como se forma o dipeptídeo valilfenilalanina (Val—Phe).

---

Dois aminoácidos, independentemente de serem os mesmos ou diferentes, podem ser unidos para formar dipeptídeos de forma similar. Mas as possibilidades não terminam aqui. Cada dipeptídeo ainda apresenta um grupo —COO⁻ e um grupo —NH₃⁺.

[1] Um *pound* (também abreviado lb) equivale a 2,2 kg. Portanto, um consumo de 45,45 kg de açúcar. (NRT)

## Conexões químicas 22A

### Aspartame, o peptídeo doce

O dipeptídeo L-aspartil-L-fenilalanina é de considerável importância econômica. O resíduo aspartil tem um grupo α-amino que corresponde ao nitrogênio terminal (N-terminal) da molécula, um resíduo fenilalanil que apresenta um grupo carboxila livre, o carbono terminal (C-terminal) da molécula. Esse dipeptídeo é cerca de 200 vezes mais doce que o açúcar comum. O derivado de metil éster desse peptídeo é mais importante comercialmente que o dipeptídeo em si. Esse derivado apresenta um grupo metila no C-terminal, formando uma ligação éster com o grupo carboxila. O derivado de metil éster é chamado *aspartame* e é um substituto do açúcar comercializado sob o nome NutraSweet.

Nos Estados Unidos, o consumo de açúcar comum é cerca de 100 *pounds*[1] por pessoa, por ano. Para perderem peso, várias pessoas reduzem a ingestão de açúcar. Outras limitam a ingestão de açúcar por causa do diabetes. Para isso, ingerem refrigerantes do tipo *diet*. A indústria dos refrigerantes é um dos principais mercados para a utilização do aspartame. O uso desse adoçante foi aprovado pela FDA em 1981, após ter sido testado intensamente, embora ainda exista controvérsia sobre eventuais efeitos prejudiciais na sua utilização. Refrigerantes adoçados com aspartame apresentam avisos da presença de fenilalanina. Essa informação é de vital importância para as pessoas que têm fenilcetonúria, uma doença genética do metabolismo da fenilalanina. Note que ambos os aminoácidos têm a configuração L. Se um D-aminoácido é substituído tanto para um como para os dois aminoácidos do aspartame, o composto resultante é amargo em vez de doce.

L-aspartil-L-fenilalanina (metil éster)

Portanto, podemos adicionar um terceiro aminoácido à alanilglicina, como a lisina: o produto é um **tripeptídeo**. Como ele ainda contém grupos —COO⁻ e —NH₃⁺, podemos prosseguir nesse processo e obter um tetrapeptídeo, um pentapeptídeo e assim por diante, até obtermos uma cadeia contendo centenas e mesmo milhares de aminoácidos. Essas cadeias de aminoácidos são as proteínas que servem a muitas funções importantes nos seres vivos.

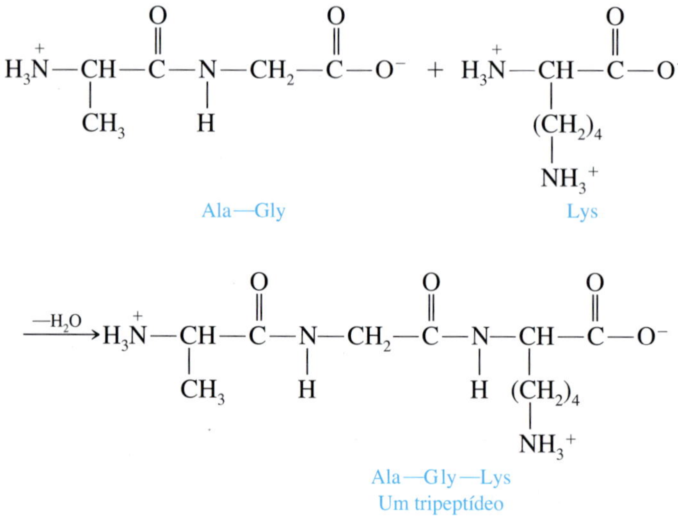

$$H_3\overset{+}{N}-CH(CH_3)-C(=O)-N(H)-CH_2-C(=O)-O^- \; + \; H_3\overset{+}{N}-CH((CH_2)_4NH_3^+)-C(=O)-O^-$$

Ala—Gly                                   Lys

$$\xrightarrow{-H_2O} \; H_3\overset{+}{N}-CH(CH_3)-C(=O)-N(H)-CH_2-C(=O)-N(H)-CH((CH_2)_4NH_3^+)-C(=O)-O^-$$

Ala—Gly—Lys
Um tripeptídeo

**C-terminal** O aminoácido no fim de um peptídeo que tem um grupo α-carboxila livre.

**N-terminal** O aminoácido no fim de um peptídeo que tem um grupo α-amino livre.

Alguns aspectos da terminologia empregada para descrever esses compostos são a seguir mencionados. As cadeias curtas são frequente e simplesmente chamadas **peptídeos**, as mais longas, **polipeptídeos**, e as ainda maiores, **proteínas**, mas os químicos determinam uma demarcação entre essas designações. Muitos químicos usam os termos "polipeptídeo" e "proteína" quase que de forma intercambiável. Neste livro, consideraremos uma proteína como uma cadeia de polipeptídeo que contém um mínimo de 30 e no máximo 50 aminoácidos. Os aminoácidos na cadeia são frequentemente denominados **resíduos**. É habitual usar tanto a abreviação de uma como a de três letras mostrada na Tabela 22.1 para representar peptídeos e proteínas. Por exemplo, o tripeptídeo alanil-glicil-lisina é AGK ou Ala—Gly—Lys. O **aminoácido C-terminal** ou simplesmente **C-terminal** é o resíduo com o grupo α-COO⁻ livre (a lisina em Ala—Gly—Lys), e o **aminoácido N-terminal** ou simplesmente **N-terminal** é o resíduo com o grupo α-NH₃⁺ livre (a alanina em Ala—Gly—Lys). Internacionalmente, escreve-se uma cadeia de peptídeo ou proteína com o resíduo N-terminal à esquerda. Não se trata de uma decisão arbitrária. Lemos da esquerda para a direita, e as proteínas são sintetizadas do N-terminal para o C-terminal, como será visto no Capítulo 26.

## 22.7 Quais são as propriedades das proteínas?

As propriedades das proteínas são baseadas nas propriedades da cadeia peptídica e das cadeias laterais. A cadeia peptídica (esqueleto peptídico) é composta pela estrutura repetitiva, mostrada pela linha horizontal de átomos na Figura 22.4. Os átomos ao longo da cadeia estão ligados N—C—C—N—C—C— e assim por diante. Por convenção, os peptídeos são mostrados com o N-terminal à esquerda. À medida que a cadeia polipeptídica acaba, muito da estrutura de uma proteína é decorrente das interações dos átomos na cadeia sem considerar a natureza dos grupos R nas cadeias laterais.

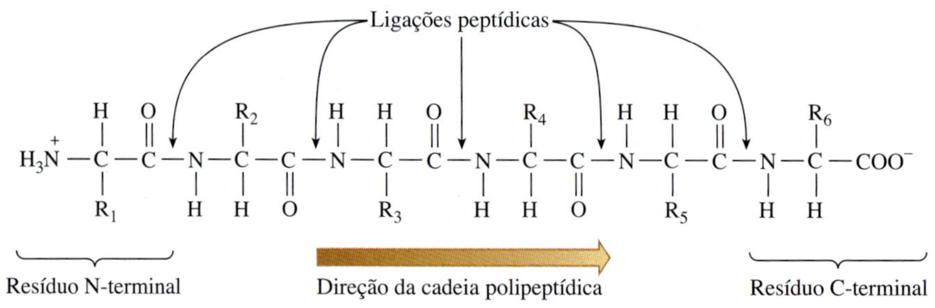

**FIGURA 22.4** Um peptídeo pequeno mostrando a direção de orientação da cadeia peptídica (N-terminal para o C-terminal).

Embora a ligação peptídica seja tipicamente escrita como um grupo carboxila ligado a um grupo N—H, como visto na Seção 17.5, essas ligações podem apresentar tautomerismo cetoenólico. A ligação carbono-nitrogênio tem aproximadamente 40% de caráter de dupla ligação, como mostrado na Figura 22.5. Como resultado, o grupo peptídico que forma a ligação entre dois aminoácidos é planar.

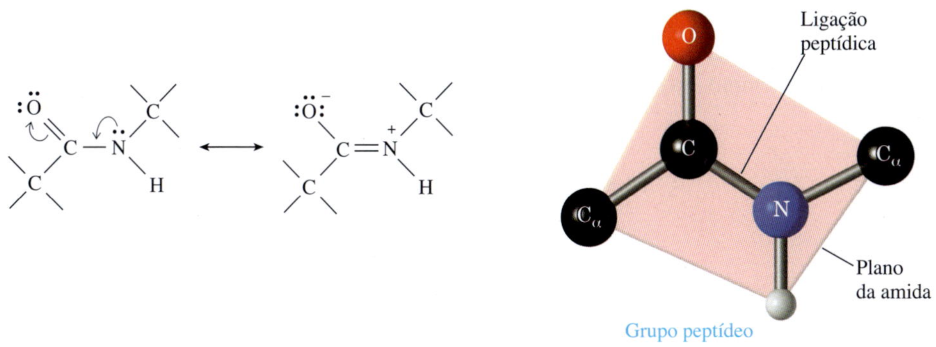

**FIGURA 22.5** As estruturas de ressonância de uma ligação peptídica resultam em um grupo planar.

Esse grupamento é chamado plano da amida (ou amídico) e tem grande influência na estrutura da proteína. Existe liberdade de rotação nas duas ligações do carbono alfa, mas não há rotação nas ligações carbono-nitrogênio. Uma cadeia de aminoácidos ligada através de ligações peptídicas pode ser idealizada como uma série de cartas de baralho unidas por um pino giratório em seus cantos, como mostra a Figura 22.6. A rigidez do plano da amida limita as possíveis orientações do peptídeo.

As cadeias laterais dos 20 aminoácidos comuns apresentam diferenças que determinam o restante das propriedades físicas e químicas das proteínas. Entre essas propriedades, o comportamento ácido-base é um dos mais importantes. Como os aminoácidos (Seção 22.3), as proteínas comportam-se como zwitteríons. As cadeias laterais dos ácidos glutâmico e aspártico fornecem grupos ácidos, enquanto a lisina e a arginina fornecem grupos básicos

## Conexões químicas 22B

### AGE e envelhecimento

Uma reação que pode ocorrer entre uma amina primária e um aldeído ou cetona, unindo as duas moléculas, é (mostrada aqui para um aldeído):

$$R-\overset{O}{\underset{\|}{C}}-H + H_2N-R' \longrightarrow R-CH=N-R' + H_2O$$

Uma imina

Como existem grupos $NH_2$ nas proteínas e grupos aldeído ou cetona nos carboidratos, eles podem sofrer essa reação, estabelecendo uma ligação entre o açúcar e a molécula de proteína. Quando essa reação não é catalisada por enzimas, ela é chamada de *glicação* de proteínas. O processo, entretanto, não para nesse ponto. Quando esses produtos são aquecidos em um tubo de ensaio, formam-se produtos complexos de alta massa molecular, insolúveis em água de cor marrom. Esses complexos são denominados **produtos finais da glicação avançada** (*advanced glycation end-products* – **AGE**). No corpo, eles não podem ser aquecidos, mas o mesmo resultado ocorre em longos períodos.

Quanto mais vivemos e quanto maior a concentração de açúcar no sangue, mais produtos AGE se acumulam no organismo. Esses AGE podem alterar a função das proteínas. Essas mudanças AGE-dependentes provocam problemas de circulação, articulação e visão em pessoas com diabetes. Os diabéticos têm altas concentrações de açúcar no sangue por causa da falta de transporte de glicose do sangue para as células. Os AGE mostram-se elevados em todos os órgãos atingidos pelo diabetes: lentes oculares (cataratas), vasos capilares sanguíneos da retina (retinopatia diabética) e glomérulos dos rins (falência renal). Os AGE têm sido associados à arteriosclerose, como células modificadas por AGE que se ligam às células endoteliais dos vasos sanguíneos. O colágeno modificado por AGE causa perfuração das artérias.

Em pessoas não diabéticas, essas modificações prejudiciais das proteínas provocam sintomas apenas em indivíduos de idade avançada. Nas pessoas jovens, as funções metabólicas funcionam adequadamente, e os produtos AGE se decompõem e são eliminados do organismo. Nas pessoas idosas, o metabolismo é mais lento e os produtos AGE se acumulam. Aos produtos AGE também é atribuído o aumento dos danos oxidativos.

Os cientistas pesquisam formas de combater os efeitos nocivos dos AGE. Um enfoque tem sido o uso de antioxidantes, incluindo a vitamina B, a tiamina. Outras poucas drogas anti-AGE têm sido desenvolvidas, incluindo aminoguanidina e metformina. Ambas têm sido estudadas em modelos animais, mas ainda não foram usadas em larga escala em humanos. Outro enfoque em estudo relacionado a vários problemas metabólicos, incluindo o envelhecimento normal, é a restrição calórica. Uma quantidade vasta de evidências, tanto em modelos animais como em humanos, indica que a expectativa de vida pode ser ampliada por uma vida saudável. Há evidências de que o estilo de vida pode reduzir os níveis de AGE.

(da mesma forma como ocorre com a histidina, mas a sua cadeia lateral é menos básica que os outros dois aminoácidos). (Ver a estrutura desses aminoácidos na Figura 22.1.)

O ponto isoelétrico de uma proteína ocorre no pH no qual há o mesmo número de cargas positivas e negativas (a proteína não tem uma carga *bruta*). Em qualquer pH acima do ponto isoelétrico, as proteínas apresentam uma carga bruta positiva. Algumas proteínas, como a hemoglobina, têm praticamente o mesmo número de grupos ácidos e básicos; o ponto isoelétrico da hemoglobina ocorre em pH 6,8. Outras, como a albumina sérica, têm mais grupos ácidos que básicos, e o ponto isoelétrico dessa proteína ocorre em pH 4,9. Em cada caso, entretanto, em razão de seu comportamento zwitteriônico, elas agem como tampões, por exemplo, no sangue (Figura 22.7).

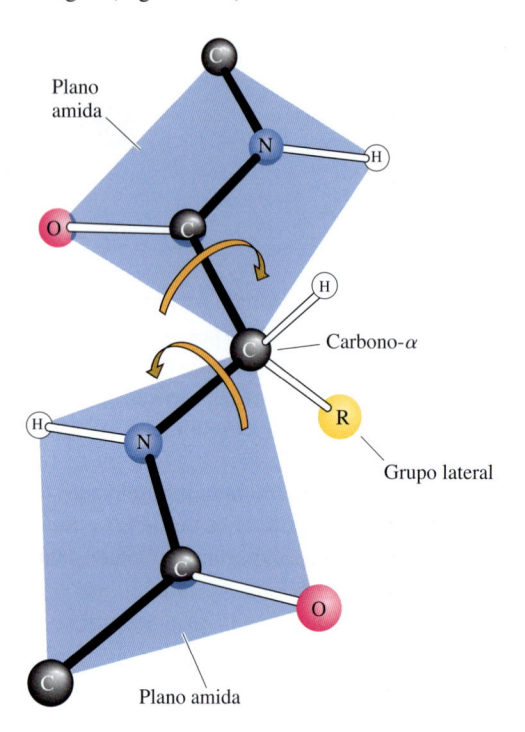

**FIGURA 22.6** Aspecto planar da ligação peptídica. Os grupos peptídicos planares rígidos (denominados "cartas de baralho" no texto) estão sombreados. (Ilustração de Irving Geis. Direitos reservados ao Howard Hughes Institute. Reprodução proibida sem permissão.)

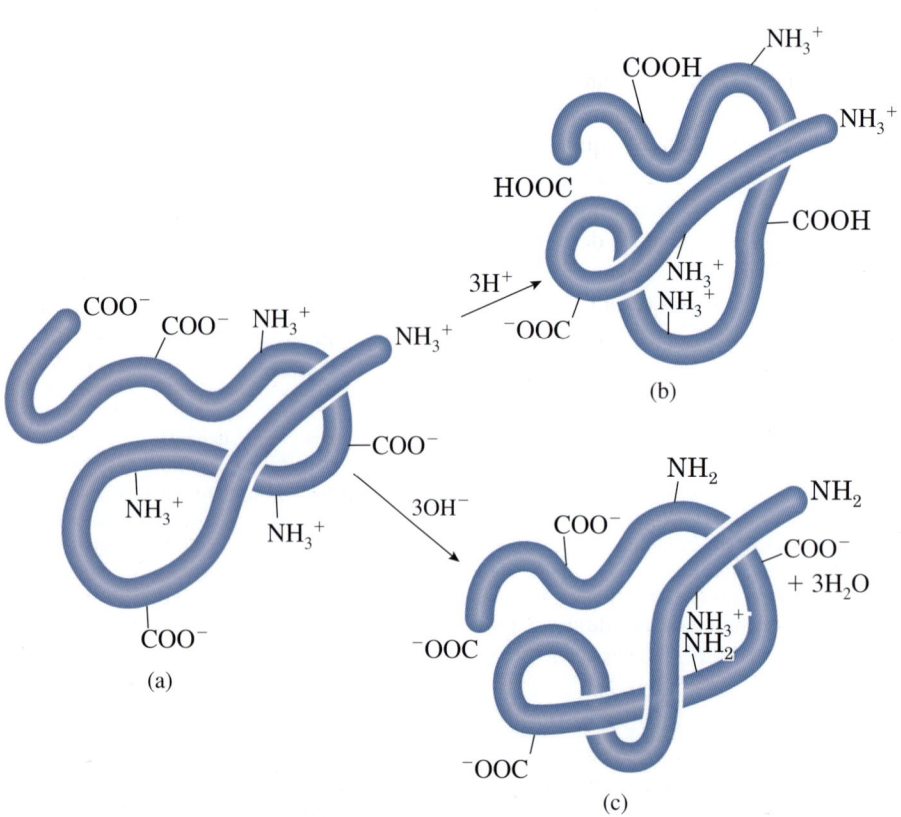

**FIGURA 22.7** Diagrama esquemático de uma proteína (a) em seu ponto isoelétrico e sua ação tampão quando (b) H⁺ ou (c) íons OH⁻ são adicionados.

A solubilidade de moléculas grandes como as proteínas depende frequentemente das forças repulsivas entre cargas iguais na superfície das moléculas. Quando as moléculas de proteínas estão em um pH e apresentam uma carga bruta positiva ou negativa, a presença dessas cargas de mesmo sinal provocam repulsão eletrostática entre as moléculas de proteína. Essas forças repulsivas são menores no ponto isoelétrico, quando a carga bruta é zero. Quando não há forças de repulsão, as moléculas de proteína se agrupam para formar agregados de duas ou mais moléculas, reduzindo a sua solubilidade. Como consequência, as proteínas *são menos solúveis em água nos seus pontos isoelétricos e podem precipitar a partir de suas soluções*.

Como indicamos na Seção 22.1, as proteínas têm muitas funções. Para entender essas funções, é necessário conhecer os quatro níveis de organização que elas podem assumir em sua estrutura. A *estrutura primária* descreve a sequência de aminoácidos na cadeia polipeptídica. A *estrutura secundária* se refere a certos padrões de repetição, tais como a conformação de $\alpha$-hélice ou a de folha pregueada (Seção 22.9), ou a ausência de um padrão de repetição, como na espiral aleatória (Seção 22.9). A *estrutura terciária* descreve a conformação global da cadeia polipeptídica (Seção 22.10). A *estrutura quaternária* (Seção 22.11) se aplica principalmente para proteínas que contêm mais que uma cadeia polipeptídica (subunidade) e trata da maneira como as cadeias diferentes estão relacionadas entre si.

## 22.8 O que é a estrutura primária das proteínas?

De forma muito simplificada, a **estrutura primária** de uma proteína consiste na sequência de aminoácidos que forma a cadeia. Cada uma das moléculas de peptídeos e proteínas, entre o grande número existente nos organismos vivos, tem uma sequência diferente de aminoácidos que permite que a proteína realize a sua função, seja ela qual for.

**Estrutura primária** A sequência de aminoácidos na proteína.

Como um grande número de proteínas diferentes pode surgir de sequências diferentes de 20 aminoácidos? Quantos dipeptídeos diferentes podem ser feitos a partir de 20 aminoácidos? Existem 20 possibilidades para o aminoácido N-terminal e, para cada uma delas, há 20 possibilidades para o aminoácido C-terminal. Isso significa que existem $20 \times 20 = 400$ dipeptídeos diferentes possíveis para os 20 aminoácidos. E quanto aos tripeptídeos? Podemos formar um tripeptídeo tomando qualquer um dos 400 dipeptídeos e adicionando um dos 20 aminoácidos. Então, existem $20 \times 20 \times 20 = 8.000$ tripeptídeos, todos diferentes. É fácil ver que podemos calcular o número possível de peptídeos ou proteínas para uma cadeia de *n* aminoácidos simplesmente elevando 20 à *n-ésima* potência ($20^n$).

Tomando uma proteína pequena típica com 60 resíduos de aminoácidos, o número de proteínas que pode ser feito a partir dos 20 aminoácidos é $20^{60} = 10^{78}$. Esse número é enorme, possivelmente maior que o número total de átomos no universo. Claramente, apenas uma pequeníssima fração de todas as proteínas possíveis foi produzida pelos organismos biológicos.

Cada peptídeo ou proteína no organismo tem a sua própria e única sequência de aminoácidos. Da mesma forma que a utilizada para nomear peptídeos, a *atribuição das posições dos aminoácidos na sequência começa na terminação do N-terminal*. Então, na Figura 22.8, a glicina está na posição número 1 da cadeia A, e a fenilalanina, na posição 1 da cadeia B. Como já mencionado, as proteínas também têm estruturas secundárias, terciárias e, em alguns casos, quaternárias. Abordaremos essas estruturas nas seções 22.9, 22.10 e 22.11, mas aqui podemos dizer que *a estrutura primária de uma proteína determina, em grande parte, as estruturas nativas (mais frequentemente encontradas) secundárias e terciárias*.

Isso significa que uma sequência particular de aminoácidos na cadeia permite que a cadeia inteira se dobre e se enrole de tal maneira que ela assuma sua forma final. Como veremos na Seção 22.12, sem essa forma tridimensional, uma proteína não pode funcionar.

Quão importante é a sequência exata de aminoácidos na função de uma proteína? Uma proteína poderá realizar a mesma função se a sua sequência de aminoácidos for ligeiramente diferente? A mudança na sequência de aminoácidos pode ser ou não um problema, o que vai depender do tipo de mudança que ocorre. Considere, por exemplo, o citocromo c, que é uma proteína dos vertebrados terrestres. Sua cadeia é composta de 104 resíduos de aminoácidos. Ele faz a mesma função (transporte de elétrons) em humanos, chimpanzés, ovelhas e outros animais. Enquanto humanos e chimpanzés têm a mesma sequência de aminoácidos em suas proteínas, o citocromo c das ovelhas difere em 10 posições entre as 104 existentes. (Você encontrará mais informações sobre evolução bioquímica em "Conexões químicas 26F".)

Outro exemplo é o hormônio insulina. A insulina humana é composta de duas cadeias com um total de 51 aminoácidos. As duas cadeias estão unidas por uma ligação dissulfeto. A Figura 22.8 mostra a sequência de aminoácidos. A insulina é necessária para a utilização correta dos carboidratos (Seção 28.1), e as pessoas com diabetes severo ("Conexões químicas 22C") precisam tomar injeções. A quantidade de insulina humana disponível para tratamento é muito pequena, então a insulina bovina, suína ou ovina é utilizada. A insulina dessas fontes é similar, mas não idêntica, à insulina humana. As diferenças estão presentes nas posições 8, 9 e 10 da cadeia A e na posição C-terminal (30) da cadeia B, como mostrado na Tabela 22.2. O restante da molécula é a mesma nas quatro variedades de insulina. Apesar das ligeiras diferenças na estrutura, todas as insulinas desempenham a mesma função e podem ser usadas por humanos. Entretanto, nenhuma das três é tão eficiente em humanos como a insulina humana. Por isso, as técnicas de DNA recombinante estão sendo usadas para produzir insulina humana a partir das bactérias (Seção 26.8 e "Conexões químicas 22C").

Outro fato que mostra o efeito da substituição de um aminoácido por outro é que, às vezes, os pacientes se tornam alérgicos, por exemplo, à insulina bovina, mas podem mudar para a insulina suína ou ovina sem apresentar reações alérgicas.

Em contraste aos exemplos previamente apresentados, algumas mudanças pequenas na sequência de aminoácidos fazem uma grande diferença. Consideremos dois hormônios peptídicos: vasopressina e oxitocina (Figura 22.9). Esses nonapeptídeos têm estruturas idênticas, incluindo a ligação dissulfeto, exceto por apresentarem aminoácidos diferentes nas posições 2 e 7. A sua função biológica, entretanto, é completamente diferente. A vasopressina é um hormônio antidiurético que aumenta a quantidade de água reabsorvida pelos rins e eleva a pressão sanguínea. A oxitocina não tem efeito na reabsorção de água nos rins e apenas diminui ligeiramente a pressão sanguínea. Sua principal função é afetar as contrações do útero no parto e dos músculos nos seios, o que auxilia na secreção do leite.

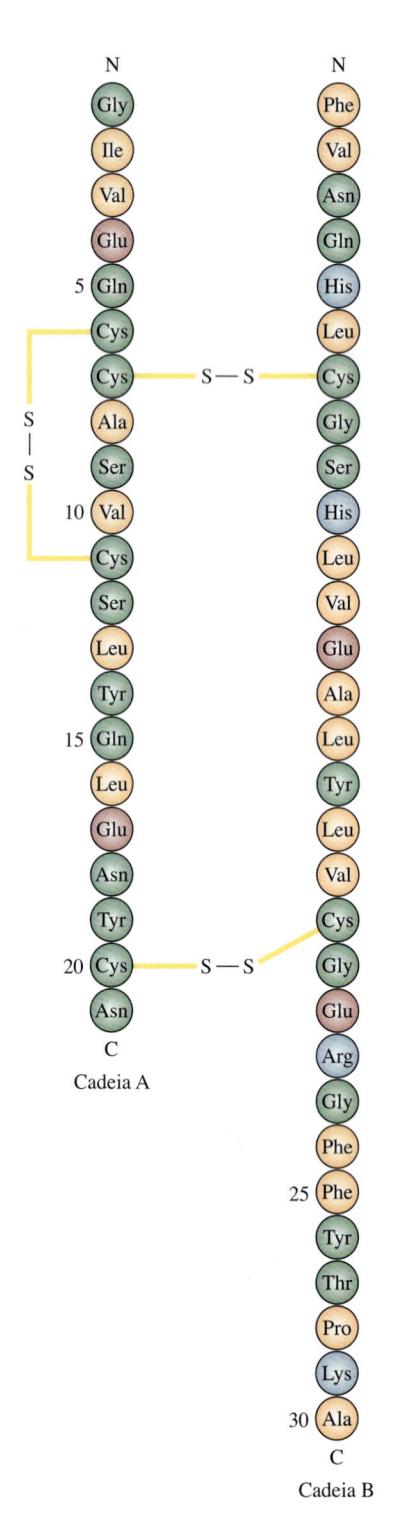

**FIGURA 22.8** O hormônio insulina é composto de duas cadeias de polipeptídio, A e B, unidas por uma ponte de dissulfeto. A sequência mostrada é da insulina bovina.

**TABELA 22.2** Diferenças na sequência de aminoácidos entre as insulinas humana, bovina, suína e ovina

|  | Cadeia A | | | Cadeia B |
|---|---|---|---|---|
|  | 8 | 9 | 10 | 30 |
| Humana | —Thr | —Ser | —Ile | —Thr |
| Bovina | —Ala | —Ser | —Val | —Ala |
| Suína | —Thr | —Ser | —Ile | —Ala |
| Ovina | —Ala | —Gly | —Val | —Ala |

A vasopressina também estimula as contrações uterinas, embora em uma extensão muito mais branda que a oxitocina.

Em outra situação, uma mudança mínima pode provocar uma grande diferença na proteína do sangue, a hemoglobina. Uma mudança em apenas um aminoácido na cadeia de 146 é suficiente para originar uma doença fatal conhecida como anemia falciforme ("Conexões químicas 22D").

Em alguns casos, pequenas mudanças na sequência de aminoácidos fazem pequena ou nenhuma diferença no funcionamento de peptídeos e proteínas, mas, na maioria das vezes, a sequência é muito importante. As sequências de dezenas de milhares de proteínas e peptídeos foram determinadas. Os métodos para determinar tais sequências são complicados e não serão abordados neste livro.

## Conexões químicas 22C

### O uso da insulina humana

Embora a insulina humana fabricada pelas técnicas de DNA recombinante (ver Seção 26.8) já esteja disponível no mercado, várias pessoas diabéticas continuam a usar a insulina suína ou a ovina porque elas são mais baratas. A mudança da insulina animal para a humana cria um problema ocasional para os diabéticos. Todos os diabéticos sentem uma reação da insulina (hipoglicemia) quando o nível de insulina no sangue é muito alto comparativamente ao nível de açúcar. A hipoglicemia é precedida de sintomas como fome, sudorese e falta de coordenação. Esses sintomas, denominados consciência hipoglicêmica, sinalizam para o paciente que a onda de hipoglicemia está chegando e que ela precisa ser revertida, então o paciente precisa comer açúcar.

Alguns diabéticos que substituíram a insulina animal pela humana relatam que a consciência hipoglicêmica não é tão intensa como a sentida quando a insulina animal é administrada. Essa falta de reconhecimento de que uma onda hipoglicêmica está por vir pode originar alguns riscos, e essa diferença é devida provavelmente às velocidades de absorção pelo organismo. As instruções fornecidas com a insulina humana agora incluem advertências de que a consciência hipoglicêmica pode ser alterada.

```
   9           4     3    2    1
  Cys—S—S—Cys—Pro—Arg—Gly—NH₂
  8 |         |
  Tyr         Asn  5
   |         /
  Phe—Gln
   7    6
```
**Vasopressina**

```
   9           4     3    2    1
  Cys—S—S—Cys—Pro—Leu—Gly—NH₂
  8 |         |
  Tyr         Asn  5
   |         /
  Ile—Gln
   7    6
```
**Oxitocina**

**FIGURA 22.9** As estruturas da vasopressina e oxitocina. As diferenças são mostradas nos aminoácidos realçados com cor.

## Conexões químicas 22D

### Anemia falciforme

A hemoglobina humana adulta normal (Hb) tem duas cadeias alfa e duas cadeias beta (ver Figura 22.17). Algumas pessoas, entretanto, têm um tipo de hemoglobina ligeiramente diferente em seu sangue. Essa hemoglobina (denominada HbS) difere da normal apenas na posição de um aminoácido nas duas cadeias beta: o ácido glutâmico na sexta posição da Hb normal é substituído por um resíduo de valina na HbS.

|                | 4   | 5   | 6   | 7   | 8   | 9   |
|----------------|-----|-----|-----|-----|-----|-----|
| Hb normal      | —Thr | —Pro | —Glu | —Glu | —Lys | —Ala— |
| Hb falciforme  | —Thr | —Pro | —Val | —Glu | —Lys | —Ala— |

Essa mudança afeta somente duas posições em uma molécula que contém 574 resíduos de aminoácidos, o que já é suficiente para produzir uma doença muito séria, a **anemia falciforme**.

As células vermelhas do sangue com HbS comportam-se normalmente quando existe um amplo fornecimento de oxigênio. Quando a pressão de oxigênio diminui, as células vermelhas do sangue adquirem forma de foice. Essa forma irregular ocorre nos capilares sanguíneos. Como resultado dessa mudança na forma, as células podem obstruir os capilares. As defesas do organismo destroem as células obstrutoras, o que pode provocar perda de células sanguíneas e consequentemente causar anemia.

Essa mudança em uma única posição da cadeia composta de 146 aminoácidos é suficientemente severa para causar uma alta taxa de mortalidade. Uma criança que herda dois genes programados para produzir células com hemoglobina falciforme (um homozigoto) tem uma probabilidade de chegar à idade adulta 80% menor que uma criança que herdou apenas um desses genes (um heterozigoto) ou uma criança com os dois genes normais. Apesar da alta mortalidade dos homozigotos, o perfil genético se perpetua. Na África Central, 40% da população em áreas de incidência de malária tem o gene das células falciformes, e 4% são homozigotos. Parece que os genes das células falciformes ajudam a obter imunidade contra a malária no início da infância, portanto, nas áreas atingidas por essa doença, a transmissão desses genes é vantajosa.

Não existe cura conhecida para a anemia falciforme. Recentemente a *Food and Drug Administration* (FDA) aprovou o uso de hidroxiureia para o tratamento e controle dos sintomas dessa doença.

$$H_2NCN \begin{matrix} O \\ \parallel \end{matrix} \begin{matrix} H \\ OH \end{matrix}$$

**Hidroxiureia**

A hidroxiureia permite que a medula óssea fabrique hemoglobina fetal (HbF), que não apresenta cadeias beta com essa mutação. Então, as células vermelhas do sangue que contêm HbF não têm forma de foice e não obstruem os capilares. Com a terapia da hidroxiureia, a medula óssea ainda fabrica HbS mutante, porém a presença das células com a HbF dilui a concentração das células em foice, o que alivia os sintomas da doença.

## 22.9 O que é a estrutura secundária das proteínas?

**Estrutura secundária** Uma repetição conformacional da cadeia proteica.

As proteínas podem se dobrar ou se alinhar de tal forma que certos padrões se repetem por si. Esse padrão de repetição é denominado **estrutura secundária**. As duas estruturas secundárias mais comuns encontradas nas proteínas são a α-hélice[2] e a folha-β pregueada[3] (Figura 22.10), que foram propostas por Linus Pauling e Robert Corey na década de 1940. Em contraste, as proteínas que não apresentam esse padrão de repetição são chamadas de espiral aleatória (Figura 22.11).

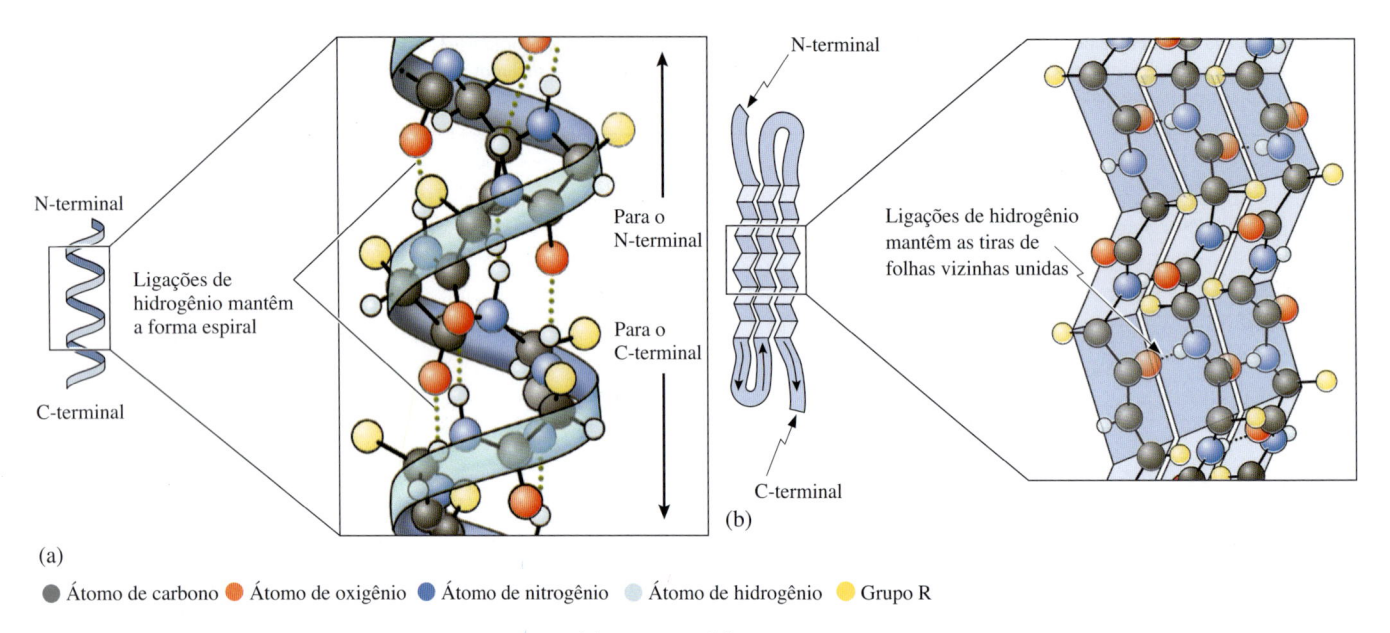

● Átomo de carbono ● Átomo de oxigênio ● Átomo de nitrogênio ● Átomo de hidrogênio ● Grupo R

**FIGURA 22.10** (a) α-hélice. (b) folhas-β.

[2] Também conhecida como estrutura de pregueamento ou conformação-β, ou ainda simplesmente folhas-β. (NT)

[3] A denominação mais correta em português é hélice-α, entretanto, ao longo deste texto será usada a denominação mais difundida "α-hélice". Esta última denominação, apesar de não ser a mais correta, tornou-se, entre outros fatores, a mais difundida devido à dupla hélice do DNA, que também é uma estrutura do tipo β e foi popularizada como α-hélice, embora a determinação da estrutura do DNA tenha sido feita posteriormente a das proteínas. (NT)

**Alfa (α)-hélice** Uma estrutura secundária em que a proteína se dobra em uma espiral mantida por ligações de hidrogênio paralelas ao eixo da espiral.

**Folha-beta (β) pregueada (folha-β)** Uma estrutura secundária da proteína em que o esqueleto (cadeia principal) de duas cadeias de proteína na mesma molécula ou em moléculas diferentes é mantido unido por ligações de hidrogênio.

Na conformação de **α-hélice**, uma cadeia única de proteína se torce de tal maneira que sua forma se assemelha à de uma mola – ou seja, assume uma estrutura helicoidal. A forma de hélice é mantida através de várias **ligações de hidrogênio intramoleculares** que se estabelecem entre os grupos —C=O e H—N— da cadeia. Como mostrado na Figura 22.10, existe uma ligação de hidrogênio entre o átomo de oxigênio do grupo —C=O de cada união peptídica e o átomo de hidrogênio do grupo —N—H de um aminoácido que se encontra na sequência da cadeia e que está à frente de outros quatro resíduos de aminoácidos. Essas ligações de hidrogênio estão em uma posição correta de tal maneira que a molécula (ou uma parte da molécula) mantém a forma helicoidal. Cada ponto —N—H acima e cada ponto C=O abaixo são aproximadamente paralelos ao eixo da hélice.

A outra estrutura ordenada importante nas proteínas é a de **folhas-β pregueadas (folhas-β)**. Nesse caso, o alinhamento ordenado das cadeias de proteína é mantido por **ligações de hidrogênio intermoleculares** ou **intramoleculares**. A estrutura de folha-β pode ocorrer entre moléculas quando as cadeias de polipeptídios correm paralelas (todas as finalizações N-terminais de um mesmo lado) ou antiparalelas (finalizações N-terminais em lados opostos). As folhas-β também podem ocorrer intramolecularmente quando a cadeia polipeptídica se dobra em U, formando uma estrutura de grampo, e a folha é antiparalela (Figura 22.10).

Em todas as estruturas secundárias, a ligação de hidrogênio ocorre entre os grupos —C=O e H—N— da cadeia principal (esqueleto), uma característica que distingue a estrutura secundária da terciária. Nestas últimas, como veremos, as ligações de hidrogênio ocorrem entre os grupos R das cadeias laterais.

Poucas proteínas apresentam predominantemente estruturas de α-hélice ou de folhas-β. A maioria das proteínas, especialmente as globulares, tem apenas certa parte de sua estrutura nessas conformações. O resto da molécula é composto de **espirais aleatórias**. Várias proteínas globulares contêm todos os tipos de estruturas secundárias em partes diferentes de suas moléculas: α-hélice, folhas-β e espiral aleatória. A Figura 22.12 mostra uma representação de tal estrutura.

A queratina, uma proteína fibrosa do cabelo, das unhas, dos chifres e da lã, é uma proteína que tem predominantemente uma estrutura de α-hélice. A seda é constituída de fibroína, outra proteína fibrosa, que existe principalmente na forma de folhas-β. A seda do bicho-da-seda e especialmente a teia de aranha mostram uma combinação de força e resistência que não é igualada pelas fibras sintéticas de alto desempenho. Na sua estrutura primária, a seda contém seções compostas apenas de alanina (25%) e glicina (42%). A formação de folhas-β, principalmente pelas seções que contêm alanina, permite que os microcristais se auto-orientem ao longo do eixo da fibra, o que confere a força tensional superior desse material.

Outro padrão de repetição classificado como estrutura secundária é a **hélice estendida** do colágeno (Figura 22.13). Ela é bem diferente da α-hélice. O colágeno é a proteína estrutural dos tecidos conjuntivos (osso, cartilagem, tendão, vasos sanguíneos, pele), onde ele confere força e elasticidade para essas células. O colágeno corresponde à proteína mais abundante nos humanos e a cerca de 30% em peso de todas as proteínas do corpo. A estrutura em hélice estendida é possível no colágeno por causa de sua estrutura primária. Cada tira de colágeno é composta de unidades repetitivas que podem ser simbolizadas como Gly—X—Y, isto é, de cada três aminoácidos na cadeia, um é a glicina. A glicina, é claro, apresenta a menor cadeia lateral (—H) de todos os aminoácidos. Cerca de um terço do aminoácido X é a prolina, e Y frequentemente é a hidroxiprolina.

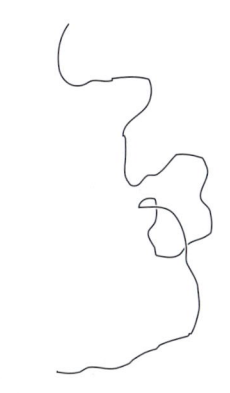

**FIGURA 22.11** Uma espiral aleatória.

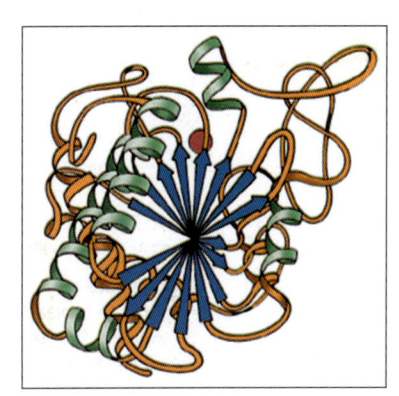

## 22.10 O que é a estrutura terciária das proteínas?

A **estrutura terciária** de uma proteína é o arranjo tridimensional de cada átomo na molécula. Diferentemente da estrutura secundária, ela inclui interações entre as cadeias laterais, e não somente as interações da cadeia peptídica principal. Em geral, as estruturas terciárias são estabilizadas de cinco maneiras:

1. **Ligações covalentes** A ligação covalente mais frequentemente envolvida na estabilização da estrutura terciária das proteínas é a ligação dissulfeto. Na Seção 22.4, vimos que o aminoácido cisteína é facilmente convertido em dímero cistina. Quando um resíduo de cisteína está em uma cadeia e outro resíduo de cisteína está em outra cadeia (ou em outra parte da mesma cadeia), a formação da ligação dissulfeto fornece uma ligação covalente que liga as duas cadeias ou duas partes da mesma cadeia:

$$\{-SH \; HS-\} \xrightarrow{[O]} \{-S-S-\}$$

Exemplos de ambos os tipos são encontrados na estrutura da insulina (Figura 22.8).

2. **Ligação de hidrogênio** Na Seção 22.9, vimos que as estruturas secundárias são estabilizadas por ligações de hidrogênio entre os grupos —C=O e —N—H da cadeia principal. As estruturas terciárias são estabilizadas pelas ligações de hidrogênio entre os grupos polares das cadeias laterais ou entre as cadeias laterais e a cadeia peptídica principal (Figura 22.14(a)).

3. **Pontes salinas** Também chamadas atrações eletrostáticas, ocorrem entre dois aminoácidos ionizados das cadeias laterais, isto é, entre um aminoácido ácido (—COO⁻) e um aminoácido básico (—NH$_3^+$ ou =NH$_2^+$) das cadeias laterais. Esses aminoácidos são unidos pela simples atração eletrostática íon-íon (Figura 22.14(b)).

4. **Interações hidrofóbicas** Em solução aquosa, as proteínas globulares usualmente voltam seus grupos polares para o exterior, em direção ao solvente aquoso, e os seus grupos apolares para o interior, afastando-se das moléculas de água. Os grupos apolares preferem interagir entre si, excluindo a água dessas regiões. O resultado é uma série de interações hidrofóbicas (ver Seção 21.1) (Figura 22.14(c)). Embora essas interações sejam mais fracas que as ligações de hidrogênio ou as pontes salinas, elas atuam sobre grandes áreas de superfície, o que significa que as interações são, de forma coletiva, fortes o suficiente para estabilizar um *loop* ou a formação de algumas outras estruturas terciárias.

**FIGURA 22.12** Estrutura esquemática da enzima carboxipeptidase. A parte de folhas-β são mostradas em azul, as estruturas verdes são α-hélices, e as cordas laranja são as áreas de espirais aleatórias.

**Estrutura terciária** O arranjo tridimensional completo dos átomos em uma proteína.

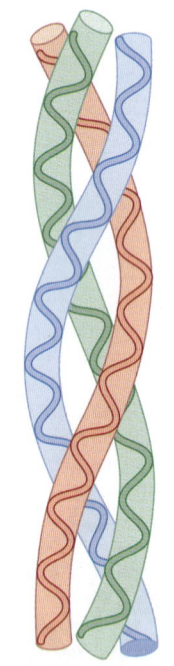

**FIGURA 22.13** A hélice tripla do colágeno.

5. **Coordenação a um íon metálico** Duas cadeias laterais com a mesma carga normalmente se repelem, mas elas podem também estar ligadas através de um íon metálico. Por exemplo, duas cadeias de ácido glutâmico (—COO⁻) poderiam estar unidas através de um íon ($Mg^{2+}$), formando uma ponte. Essa é uma razão pela qual o corpo humano precisa de certos minerais traços – eles são componentes necessários das proteínas.

**Exemplo 22.2** Interações dos aminoácidos

Que tipo de interação não covalente ocorre entre as cadeias laterais da serina e da glutamina?

### Estratégia

Analise os tipos de grupos funcionais nas cadeias laterais e então verifique as possíveis interações.

### Solução

A cadeia lateral da serina termina com um grupo —OH; a da glutamina termina em uma amida, o grupo CO—$NH_2$. Esses grupos podem formar ligações de hidrogênio.

### Problema 22.2

Que tipo de interação não covalente ocorre entre as cadeias laterais da arginina e do ácido glutâmico?

---

Na Seção 22.8, mostramos que a estrutura primária de uma proteína determina fortemente as estruturas secundárias e terciárias. Agora podemos entender a razão para essa relação. Quando grupos R particulares estão nas posições adequadas, todas as ligações de hidrogênio, pontes salinas, ligações dissulfeto e interações hidrofóbicas que estabilizam a estrutura tridimensional da molécula se formam. A Figura 22.15 ilustra a possível combinação de forças que conduz à estrutura terciária.

As cadeias laterais de algumas proteínas permitem que elas se dobrem (para formar uma estrutura terciária) de uma maneira única; outras proteínas, especialmente aquelas com longas cadeias polipeptídicas, podem dobrar-se de diversas maneiras.

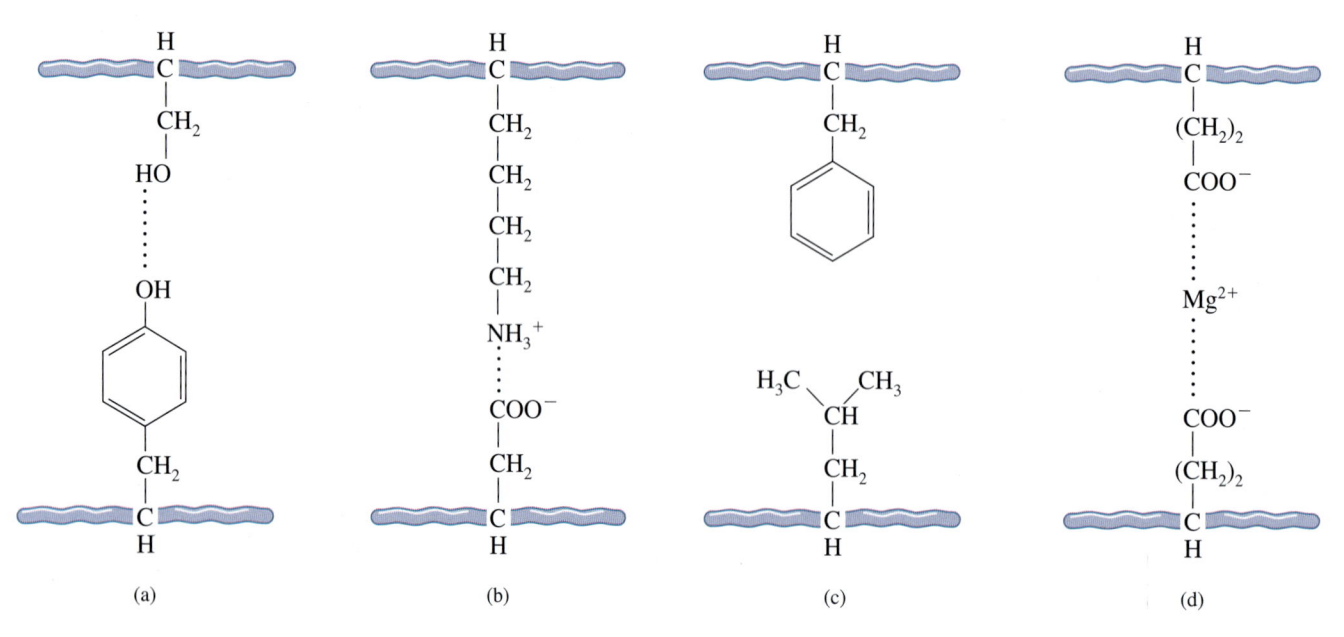

**FIGURA 22.14** Interações não covalentes que estabilizam as estruturas terciárias e quaternárias das proteínas: (a) ligação de hidrogênio, (b) pontes salinas, (c) interações hidrofóbicas e (d) coordenação a um íon metálico.

## Conexões químicas 22E

### Doenças dependentes da conformação de proteína/peptídeo

Em várias doenças, uma proteína ou um peptídeo normal torna-se patológico quando ocorre mudança em sua conformação. Um aspecto comum nessas proteínas é a propriedade de se auto-organizar em uma folha-$\beta$, formando uma placa amiloide (parecida com o amido). Essas estruturas amiloides aparecem em várias doenças.

Um exemplo desse processo envolve a proteína príon, e a descoberta dessa proteína levou Stanley Prusiner, da Universidade da Califórnia, São Francisco, ao Prêmio Nobel de 1997. Príons são proteínas pequenas encontradas no tecido nervoso, embora sua exata função no organismo ainda seja um mistério. Quando os príons mudam a sua conformação, eles podem causar doenças como a doença da vaca louca e perda de pelos em ovelhas. Durante a mudança conformacional, a $\alpha$-hélice do príon normal se desenrola e se reorganiza na forma de folha-$\beta$. Essa nova forma da proteína tem o potencial de induzir mais mudanças nos príons normais. Em humanos, ela causa a encefalite espongiforme, e a doença de Creutzfeld-Jakob é uma das variantes que atingem principalmente pessoas mais velhas. Embora a transmissão dessa infecção das vacas doentes para os humanos seja rara, o receio dessa transmissão causou a matança de gado na Grã-Bretanha em 1998 e um embargo à importação de carne bovina na maior parte da Europa e na América. As placas $\beta$-amiloides também aparecem no cérebro dos pacientes com a doença de Alzheimer (ver "Conexões químicas 24C").

O *modus operandi* das doenças de príons deixou os cientistas perplexos por muitos anos. Por um lado, a encefalopatia espongiforme humana se comporta como as doenças hereditárias que podem ser rastreadas entre as famílias. Por outro lado, ela se comporta como as doenças infecciosas que podem ser adquiridas de qualquer um. Agora se acredita que o mecanismo de disseminação seja uma combinação dos dois modos de adquirir a doença. Existe um componente genético em que a pessoa poderia ter 100% da proteína príon do tipo selvagem que não adotaria a forma alternativa ($\beta$-amiloide). Várias mutações que conduzem ao príon anormal têm sido identificadas. Entretanto, parece ser necessário também um evento que induza um acionamento (gatilho). Essa característica foi observada em estudos com ovelhas na Nova Zelândia, onde grupos isolados tinham as mutações corretas para o estabelecimento da doença do príon, mas nenhuma delas adquiriu a doença, geração após geração, porque elas nunca foram infectadas por um príon mutante.

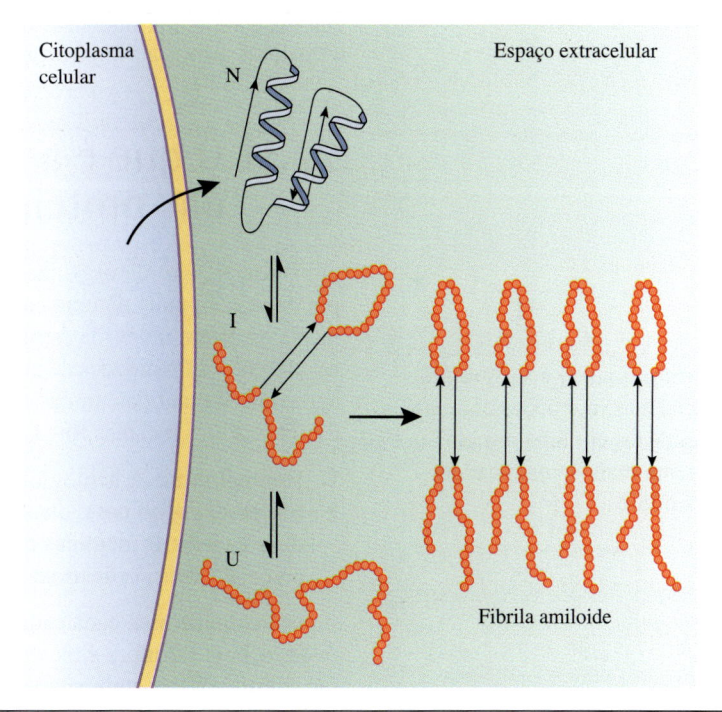

Representação esquemática do possível mecanismo de formação da fibrilação amiloide. Após a síntese, a proteína assume a forma nativa enrolada (N) auxiliada por chaperonas. Sob certas condições, a estrutura nativa pode se desenrolar parcialmente (I) e formar folhas de fibrilas amiloides ou mesmo se desenrolar completamente (U) como uma espiral aleatória.

Certas proteínas, chamadas **chaperonas**, ajudam uma cadeia de polipeptídeo recém-sintetizada a assumir as estruturas secundárias e terciárias necessárias para o funcionamento da molécula e prevenir dobras que resultariam em moléculas biologicamente inativas.

**Chaperona** Uma proteína que auxilia outras proteínas a se enrolar na conformação nativa e permite que proteínas desnaturadas recuperem a sua conformação biológica ativa.

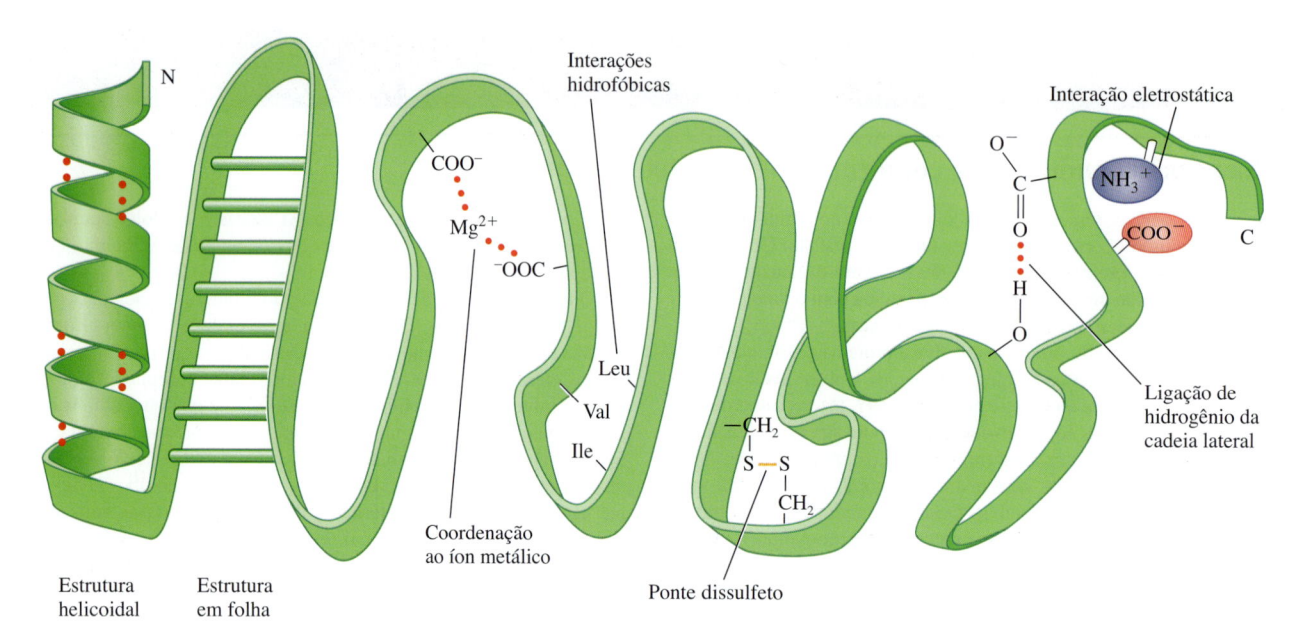

FIGURA 22.15 Forças que estabilizam as estruturas terciárias das proteínas. Note que a estrutura helicoidal e a estrutura em folha são dois tipos de estruturas principais mantidas por ligações de hidrogênio. Embora as estruturas principais que são mantidas por ligações de hidrogênio sejam parte da estrutura secundária, a conformação das estruturas principais impõem restrições para as possíveis orientações das cadeias laterais.

## 22.11 O que é a estrutura quaternária das proteínas?

O nível mais alto da organização proteica é a **estrutura quaternária**, que se aplica às proteínas com mais de uma cadeia polipeptídica. A Figura 22.16 sumariza esquematicamente os quatro níveis da estrutura das proteínas. A estrutura quaternária determina como as diferentes subunidades da proteína se ajustam na estrutura global. As subunidades estão agrupadas e mantidas unidas por ligações de hidrogênio, pontes salinas e interações hidrofóbicas – as mesmas forças que atuam nas estruturas terciárias.

**Estrutura quaternária** A relação espacial e as interações entre as subunidades em uma proteína que apresenta mais de uma cadeia polipeptídica.

As designações $\alpha$ e $\beta$ com respeito à hemoglobina não estão relacionadas com as mesmas designações para a $\alpha$-hélice e folha-$\beta$ pregueada.

1. **Hemoglobina** A hemoglobina em humanos adultos é constituída de quatro cadeias (chamadas globinas): duas cadeias $\alpha$ idênticas com 141 resíduos de aminoácidos e duas cadeias $\beta$ idênticas com 146 resíduos de aminoácidos. A Figura 22.17 mostra como as quatro cadeias se ajustam.

   Na hemoglobina, cada cadeia de globina envolve um grupo heme que contém um íon de ferro, cuja estrutura é mostrada na Figura 22.18. Proteínas que contêm partes que não são constituídas de aminoácidos são chamadas **proteínas conjugadas**. A parte da proteína conjugada que não é constituída por aminoácidos é denominada **grupo prostético**. Na hemoglobina, as globinas são as partes formadas pelos aminoácidos e as unidades de heme são os grupos prostéticos.

   Hemoglobina contendo duas cadeias alfa e duas cadeias beta não é a única forma de hemoglobina existente no corpo humano. No estágio inicial do desenvolvimento do feto, a hemoglobina contém duas cadeias alfa e duas cadeias gama. A hemoglobina fetal apresenta uma maior afinidade pelo oxigênio que a hemoglobina adulta. Dessa forma, as células vermelhas do sangue da mãe podem levar o oxigênio ao feto. A hemoglobina fetal também reduz alguns dos sintomas da anemia falciforme (ver "Conexões químicas 22D").

2. **Colágeno** Outro exemplo de estrutura quaternária e de organização superior das subunidades pode ser vista no colágeno. As unidades de hélice tripla, chamadas *tropocolágeno*, constituem a forma solúvel do colágeno; elas são estabilizadas por ligações de hidrogênio entre as cadeias principais de cada uma das três cadeias.

## Conexões químicas 22F

### Proteômica, Uau!

As proteínas no corpo estão em um estado de fluxo dinâmico. Suas funções múltiplas necessitam que elas mudem constantemente: algumas são rapidamente sintetizadas, outras têm sua síntese inibida; algumas são degradadas, outras são modificadas. O complemento de proteínas expressadas por um genoma é chamado **proteoma**. Hoje, esforços conjuntos estão sendo feitos para catalogar todas as proteínas nas suas várias formas em uma célula ou tecido em particular. O nome desse empreendimento é *proteômica*, um termo cunhado em analogia a *genômica* (ver "Conexões químicas 25D"), no qual todos os genes de um organismo e a sua localização nos cromossomas são determinados. Os aproximadamente 30 mil genes que foram definidos pelo Projeto do Genoma Humano se traduzem em 300 mil a 1 milhão de proteínas quando o *splicing* alternado e as modificações pós-traducional são considerados (Capítulo 26).

Enquanto um genoma permanece inalterado em grande parte, as proteínas de uma célula particular mudam significativamente à medida que os genes são acionados ou desativados em resposta a seu meio ambiente. Na proteômica, todas as proteínas e peptídeos de uma célula ou tecido são separados e então estudados por vários procedimentos, incluindo algumas novas tecnologias muito recentes. O primeiro procedimento é a separação de uma proteína da outra. A forma mais importante de obter essa separação é através da eletroforese em gel de poliacrilamida bidimensional (*two-dimensional polyacrilamide gel electophoresis* – 2-D PAGE; ver Capítulo 25 para saber mais sobre eletroforese). A 2-D PAGE possibilita a separação de milhares de proteínas diferentes em apenas uma placa de gel. A 2-D PAGE de alta resolução pode resolver até cerca de 10 mil proteínas por gel. Em uma dimensão, as proteínas são separadas por carga (ponto isoelétrico; Seção 22.3); na segunda dimensão, elas são separadas por massa. O ponto de foco isoelétrico corresponde à migração das proteínas em um gradiente de pH até o pH em que elas não apresentam uma carga bruta. Mais comumente, as proteínas são separadas pelo seu tamanho na direção vertical e pelo ponto isoelétrico na direção horizontal.

A espectrometria de massa é usada para a determinação da massa de compostos e também pode ser adaptada para a identificação de proteínas. Um espectrômetro de massa separa as proteínas de acordo com a sua razão massa-carga (*m/Z*). A molécula é ionizada por uma das várias técnicas de ionização, e o íon formado é impulsionado para dentro do analisador de massa por um campo elétrico que resolve cada íon de acordo com a sua razão *m/Z*. O detector passa então as informações que serão analisadas computacionalmente.

Uma nova tecnologia que traz muita esperança na análise de proteínas é chamada **microarrays de proteínas**. Os *microarrays* podem ser utilizados para purificar as proteínas e traçar os perfis de expressão ou interação delas.

Várias substâncias podem ser ligadas aos *arrays* de proteínas, incluindo anticorpos, receptores, ácidos nucleicos, carboidratos ou superfícies cromatográficas (catiônicas, aniônicas, hidrofóbicas, hidrofílicas). Algumas superfícies têm especificidade ampla e ligam classes inteiras de proteínas indistintamente; outras são altamente específicas e ligam apenas poucas proteínas de uma amostra complexa. Alguns *arrays* de proteínas contêm anticorpos (Capítulo 31) que são imobilizados covalentemente na superfície do *array* e capturam os correspondentes antígenos de uma mistura complexa. Várias análises podem ser feitas a partir dessa ligação. Outras proteínas de interesse podem também ser imobilizadas no *array*. Receptores ligados ao *array* podem indicar a existência de ligantes, e é possível detectar os domínios de ligação para as interações proteína-proteína.

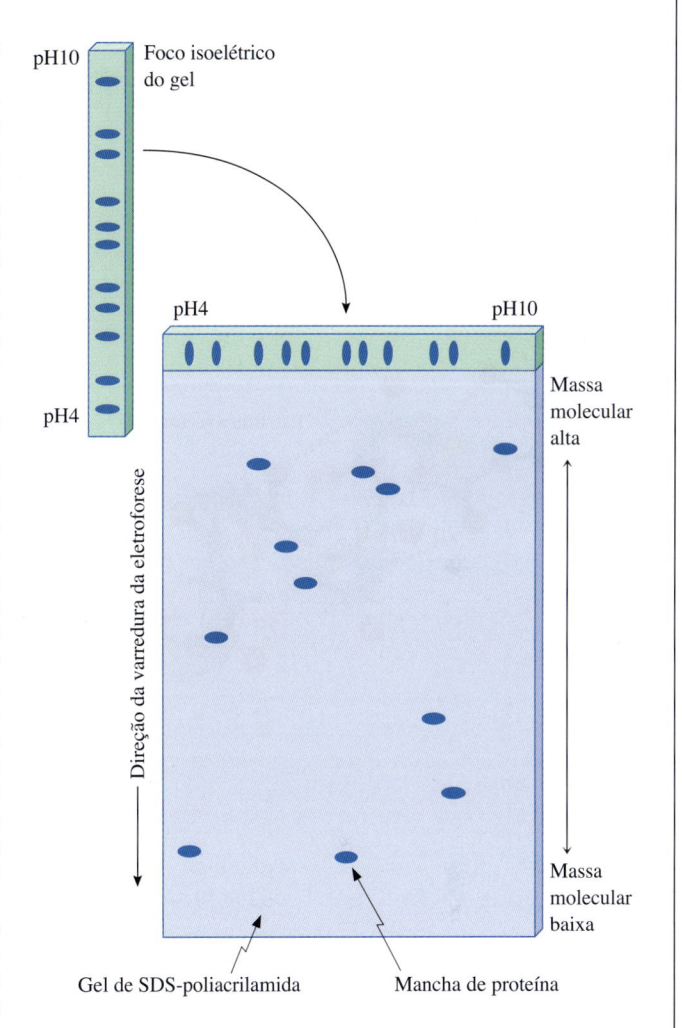

O objetivo dessas técnicas é obter informações sobre os estados dinâmicos de um grande número de proteínas e o *status* de uma célula ou tecido, e assim verificar se a proteína se encontra em suas funções normais ou se ocorre a manifestação de alguma patologia.

---

O colágeno é composto de várias unidades de tropocolágeno, que é encontrado somente em tecidos conjuntivos fetais ou jovens. Com o envelhecimento, as hélices triplas (Figura 22.13) que se auto-organizam em fibrilas fazem ligações cruzadas, formando o colágeno insolúvel em água. No colágeno, a **ligação cruzada** é composta de ligações covalentes que unem dois resíduos de lisina em cadeias adjacentes da hélice. A ligação cruzada do colágeno é um exemplo de estrutura terciária que estabiliza a conformação tridimensional das moléculas de proteínas.

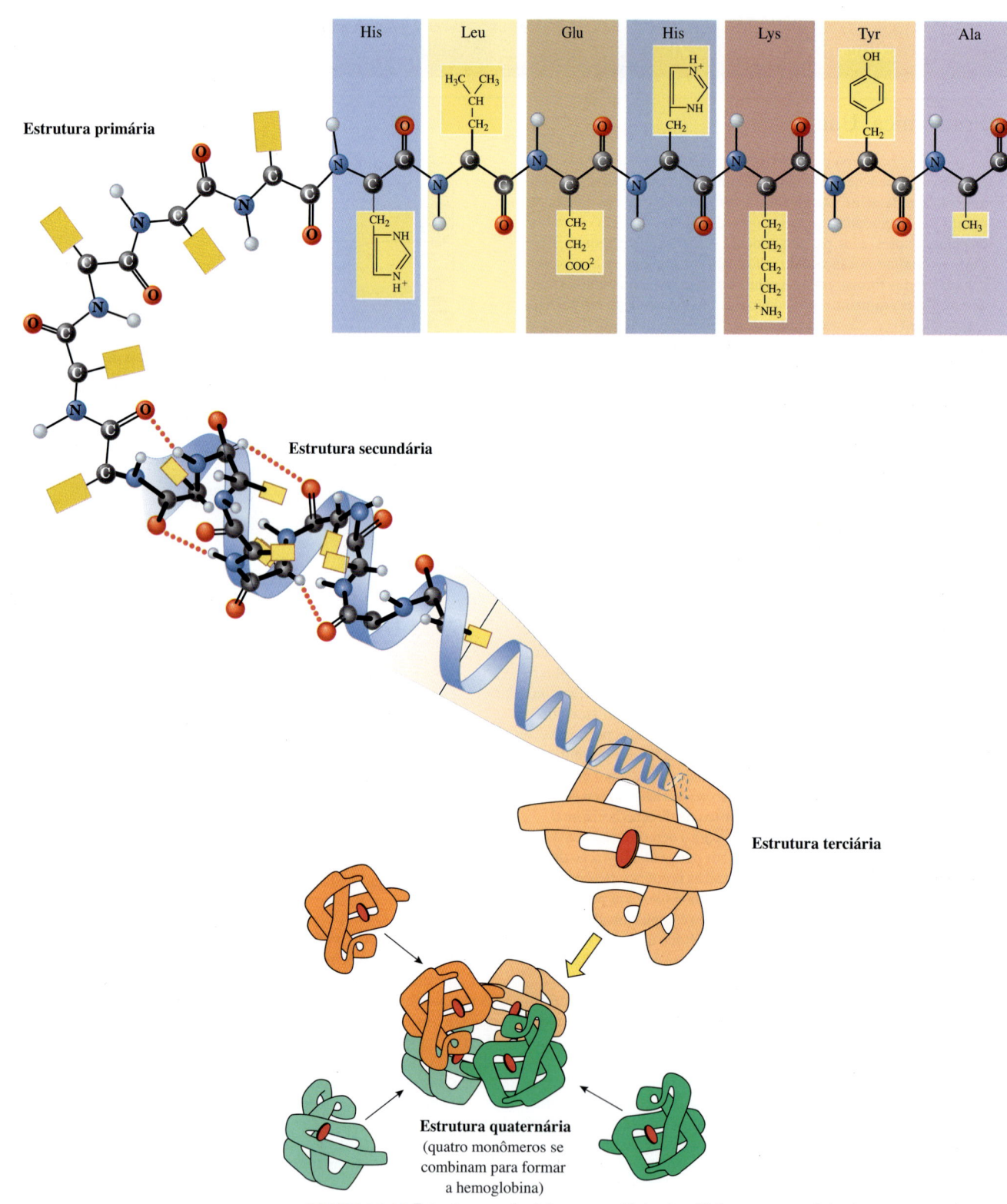

**FIGURA 22.16** Estruturas primária, secundária, terciária e quaternária de uma proteína.

3. **Proteínas integrantes da membrana** Essas proteínas atravessam a bicamada da membrana parcial ou completamente (ver Figura 21.2). Uma estimativa indica que um terço das proteínas é composto de proteínas integrantes da membrana. Para manter a proteína estável no ambiente apolar da bicamada lipídica, a proteína precisa formar estruturas quaternárias em que a superfície seja altamente apolar e interaja com a bicamada lipídica. Portanto, a maioria dos grupos polares da proteína precisa se voltar para o interior da estrutura proteica. Duas dessas estruturas quaternárias existen-

tes nas proteínas integrantes das membranas são: (1) de 6 a 10 α-hélices que atravessam a membrana e (2) barris-β constituídos de 8, 12, 16 ou 18 folhas-β antiparalelas (figuras 22.19 e 22.20).

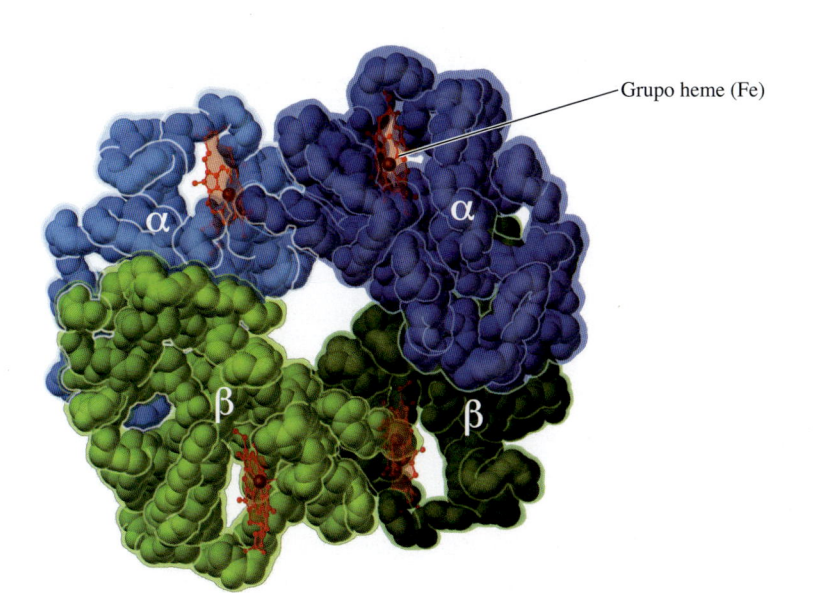

**FIGURA 22.17** Estrutura quaternária da hemoglobina.

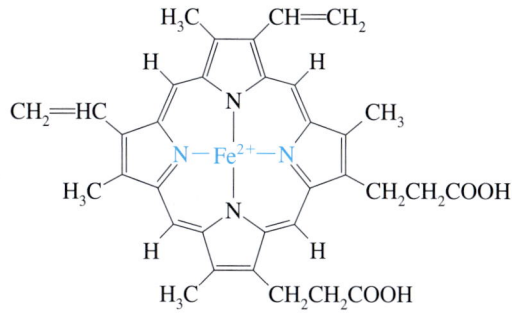

**FIGURA 22.18** Estrutura do heme.

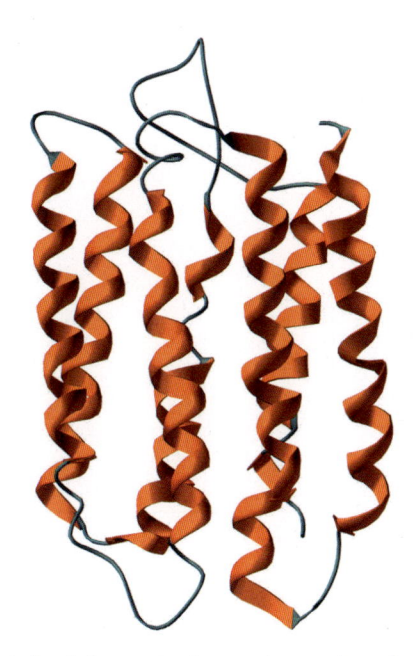

**FIGURA 22.19** Proteína integrante da membrana da rodopsina, constituída de α-hélices.

**FIGURA 22.20** Uma proteína integrante da membrana de uma membrana mitocondrial externa que forma barril-β a partir de oito folhas-β.

## 22.12 Como são as proteínas desnaturadas?

As conformações das proteínas são estabilizadas nos seus estados nativos pelas estruturas secundárias e terciárias e pela agregação de subunidades através da estrutura quaternária. Qualquer agente físico ou químico que destrói essas estruturas de estabilização muda a conformação da proteína (Tabela 22.3). Denomina-se esse processo de **desnaturação**.

**Desnaturação** A perda das estruturas secundária, terciária e quaternária de uma proteína ocasionada por um agente químico ou físico, mas que não altera a estrutura primária deixando-a intacta.

Por exemplo, o aquecimento cliva as ligações de hidrogênio, portanto, ao levar à ebulição uma solução de proteína, ocorre a destruição das estruturas de α-hélice e folha-β. No colágeno, a hélice tripla desaparece sob ebulição, e a molécula apresenta uma conformação helicoidal aleatória no estado desnaturado, que corresponde à gelatina. Em outras proteínas, especialmente nas globulares, o aquecimento faz com que as cadeias de polipeptídios se desenrolem, o que permite que as proteínas precipitem ou coagulem por causa das novas interações intermoleculares proteína-proteína. Isso é o que acontece quando cozinhamos um ovo.

TABELA 22.3 Modos de desnaturação da proteína (destruição das estruturas secundárias e altas)

| Agente desnaturante | Região afetada |
|---|---|
| Calor | Ligações de hidrogênio |
| 6 M de ureia | Ligações de hidrogênio |
| Detergentes | Regiões hidrofóbicas |
| Ácidos, bases | Pontes salinas, ligações de hidrogênio |
| Sais | Pontes salinas |
| Agentes redutores | Pontes dissulfeto |
| Metais pesados | Pontes dissulfeto |
| Álcool | Camadas de hidratação |

## Conexões químicas 22G

### A estrutura quaternária de proteínas alostéricas

A estrutura quaternária é uma propriedade das proteínas compostas de mais de uma cadeia polipeptídica. Cada cadeia é chamada subunidade. O número de cadeias pode variar de duas até mais que uma dezena, e as cadeias podem ser iguais ou diferentes. As cadeias interagem não covalentemente umas com as outras via atrações eletrostáticas, ligações de hidrogênio e interações hidrofóbicas. Como resultado dessas interações não covalentes, mudanças sutis na estrutura de um sítio de uma molécula de proteína podem causar mudanças drásticas nas propriedades em sítios distantes. Proteínas que apresentam essa propriedade são chamadas **proteínas alostéricas**. Nem todas as proteínas com múltiplas subunidades exibem efeitos alostéricos.

Um exemplo clássico da estrutura quaternária de proteínas e o seu efeito nas propriedades é uma comparação entre a hemoglobina, uma proteína alostérica, e a mioglobina, composta de apenas uma cadeia polipeptídica. Tanto a hemoglobina como a mioglobina ligam o oxigênio via interação com o grupo heme (Figura 22.18). Como já visto neste capítulo, a hemoglobina é um **tetrâmero**, uma molécula composta de quatro cadeias polipeptídicas: duas cadeias α e duas cadeias β. As duas cadeias α da hemoglobina são idênticas, assim como o são as duas cadeias β. A estrutura global da hemoglobina é $\alpha_2\beta_2$ na notação de letras gregas. Tanto a cadeia α como a β da hemoglobina são muito similares à cadeia da mioglobina.

As cadeias α e β contêm, respectivamente, 141 e 146 resíduos de aminoácidos. Para efeito de comparação, a cadeia de mioglobina contém 153 resíduos de aminoácidos. Vários dos aminoácidos da cadeia α, da cadeia β e da mioglobina são **homólogos**, isto é, são os mesmos aminoácidos que ocupam as mesmas posições nessas cadeias.

O grupo heme é o mesmo tanto na mioglobina como na hemoglobina. Uma molécula de oxigênio se liga a uma molécula de mioglobina. Quatro moléculas de oxigênio podem se ligar a uma molécula de hemoglobina. A mioglobina e a hemoglobina se ligam ao oxigênio reversivelmente, mas a hemoglobina apresenta **cooperatividade positiva**,

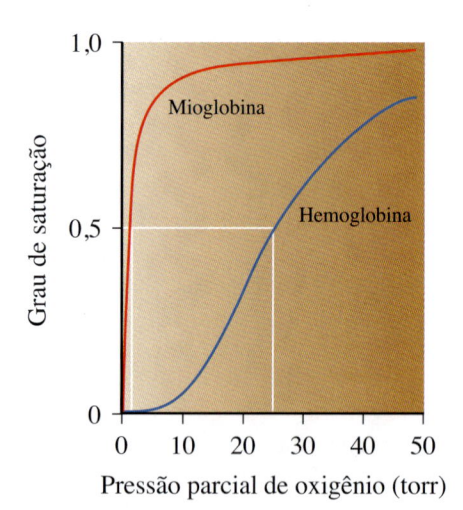

Uma comparação do comportamento de ligação ao oxigênio da mioglobina e da hemoglobina. A curva de ligação de oxigênio da mioglobina é hiperbólica, enquanto a da hemoglobina é sigmoidal. A mioglobina está 50% saturada com uma pressão parcial de oxigênio de 1 torr; a hemoglobina não atinge 50% de saturação até uma pressão parcial de oxigênio de 26 torr.

uma propriedade não observada para a mioglobina. Cooperatividade positiva significa que, a partir da ligação da primeira molécula de oxigênio, se torna mais fácil a ligação da próxima molécula. Um gráfico com as propriedades de ligação do oxigênio da hemoglobina e da mioglobina é uma das melhores maneiras de ilustrar esse ponto.

Quando o grau de saturação da mioglobina com oxigênio é plotado contra a pressão parcial de oxigênio, uma subida abrupta é observada até a saturação completa, e então a curva se estabiliza em um

## Conexões químicas 22G (continuação)

platô. A curva de ligação de oxigênio da mioglobina é uma função do tipo **hiperbólica**. Em contraste, a curva de ligação de oxigênio da hemoglobina é uma função do tipo **sigmoidal**. Esse formato indica que a ligação do primeiro oxigênio facilita a ligação do segundo oxigênio, que facilita a ligação do terceiro oxigênio, que, por sua vez, facilita a entrada da quarta molécula de oxigênio. É isso precisamente o que significa a expressão "ligação cooperativa".

Esses dois tipos de comportamento estão relacionados às funções destas proteínas. A mioglobina apresenta a função de *armazenar oxigênio* nos músculos. Ela deve ligar fortemente o oxigênio a pressões muito baixas e estar 50% saturada na pressão parcial de oxigênio de 1 torr (Seção 6.2). A função da hemoglobina é o transporte de oxigênio, e ela precisa ser capaz de ligar oxigênio fortemente e liberá-lo facilmente, dependendo das condições. Nos alvéolos dos pulmões (onde a hemoglobina precisa se ligar ao oxigênio para então transportá-lo para os tecidos), a pressão de oxigênio é de 100 torr. Nessa pressão, a hemoglobina está 100% saturada com oxigênio. Nos capilares sanguíneos, à medida que se dirige através dos músculos, a pressão parcial de oxigênio é de 20 torr, o que corresponde a menos de 50% de saturação da hemoglobina, que ocorre em pressão de 26 torr. Em outras palavras, a hemoglobina fornece oxigênio facilmente nos capilares, onde a necessidade de oxigênio é maior.

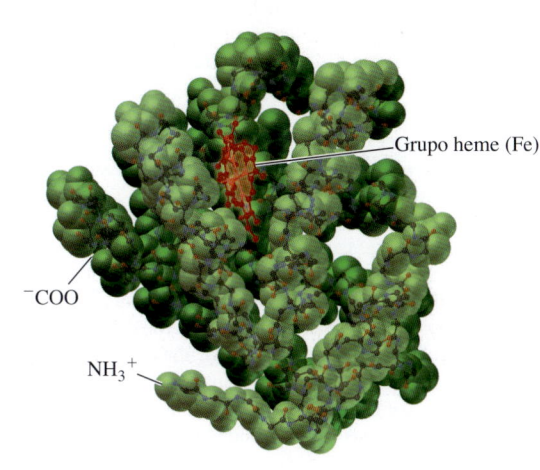

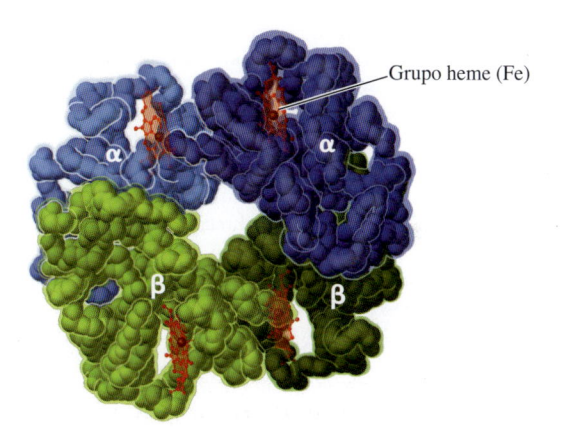

Estrutura da mioglobina

Estrutura da hemoglobina

Mudanças conformacionais similares podem ser conduzidas pela adição de agentes químicos desnaturantes. Soluções como ureia aquosa 6 $M$, $H_2N$—CO—$NH_2$, quebram as ligações de hidrogênio e causam um desenrolamento das proteínas globulares. Agentes superficiais ativos (detergentes) mudam a conformação da proteína pela abertura das regiões hidrofóbicas, enquanto ácidos, bases e sais afetam tanto as pontes salinas como as ligações de hidrogênio.

Agentes redutores, tais como 2-mercaptoetanol ($OHCH_2CH_2SH$), podem quebrar as pontes dissulfeto —S—S— reduzindo-as a grupos —SH. O processo de alisamento de cabelos crespos é um exemplo desse efeito. A proteína queratina, que é um constituinte do cabelo humano, contém uma alta porcentagem de pontes dissulfeto. Essas ligações são as principais responsáveis pela forma do cabelo, se ele é liso ou crespo. No alisamento permanente ou na formação de cachos (cabelos ondulados), o cabelo é inicialmente tratado com um agente redutor que quebra algumas das ligações —S—S—. Esse tratamento permite que as moléculas percam a sua orientação rígida e tornem-se mais flexíveis. O cabelo é então moldado, utilizando rolos plásticos (bobes) ou sendo esticado, e um agente oxidante é aplicado. O agente oxidante reverte a reação anterior, formando novas ligações dissulfeto, que agora mantêm as moléculas na posição desejada.

Íons metálicos pesados (por exemplo, $Pb^{2+}$, $Hg^{2+}$ e $Cd^{2+}$) também desnaturam as proteínas pelo ataque aos grupos —SH. Eles formam pontes salinas, como —$S^-$ $Hg^{2+}$ $^-S$—. Esse tipo de associação entre os metais pesados e as proteínas torna a clara de ovo e o leite antídotos para envenenamento por metais pesados. As proteínas da clara de ovo e do leite são desnaturadas pelos íons metálicos, formando precipitados insolúveis no estômago que podem ser sugados ou removidos. Por meio do vômito, os íons metálicos venenosos são removidos do corpo. Se o antídoto não for removido do estômago, as enzimas digestivas poderão degradar as proteínas e liberar os metais pesados venenosos, os quais então serão absorvidos pela corrente sanguínea.

## Conexões químicas 22H

### Cirurgias a *laser* e desnaturação de proteínas

As proteínas podem ser desnaturadas por meios físicos, mais notadamente pelo aquecimento. Por exemplo, bactérias são mortas e instrumentos cirúrgicos são esterilizados pelo calor. Um método especial de desnaturação térmica que tem tido uma crescente utilização na medicina é baseado no uso de *lasers*. Um feixe de *laser* (um feixe coerente de luz de um único comprimento de onda) é absorvido pelos tecidos, e a sua energia é convertida em energia térmica. Esse processo pode ser usado para cauterizar incisões, portanto uma quantidade mínima de sangue é perdida durante uma operação.

Feixes de *laser* podem ser levados por um instrumento chamado **fibroscópio**. O feixe de *laser* é guiado através de fibras finas, e milhares dessas fibras cabem em um tubo de apenas 1 mm de diâmetro. Dessa forma, o *laser* conduz energia para a desnaturação somente na região em que ela é necessária. Ela pode, por exemplo, fechar feridas ou juntar vasos sanguíneos sem a necessidade de cortes através dos tecidos saudáveis. Os fibroscópios têm sido utilizados também com sucesso no diagnóstico e tratamento de úlceras hemorrágicas no estômago, nos intestinos e no cólon.

Uma nova utilização de fibroscópios a *laser* está relacionada com o tratamento de tumores que são de difícil remoção através de técnicas cirúrgicas. Uma droga chamada Photofrin, que é ativada pela luz, é administrada de forma intravenosa aos pacientes. A droga nessa forma é inativa e inofensiva. O paciente então aguarda por 24 a 48 horas, período em que a droga se acumula no tumor, mas é removida e excretada pelos tecidos saudáveis. Um fibroscópio a *laser* com luz vermelha de comprimento de onda 630 nm é então direcionada ao tumor. Uma exposição de 10 a 30 minutos é aplicada. A energia do feixe de *laser* ativa o Photofrin, que destrói o tumor.[4]

Essa técnica não oferece uma cura completa, porque o tumor pode crescer novamente ou ter se disseminado antes do tratamento. Esse tratamento apresenta apenas um efeito colateral: os pacientes continuam sensíveis à exposição de luz forte por aproximadamente 30 dias (portanto, a exposição direta à luz solar deve ser evitada). Claro que esse inconveniente é muito menor que dor, náusea, perda de cabelos e outros efeitos colaterais que acompanham os métodos de radiação e quimioterapia de tumores.

Nos Estados Unidos, o Photofrin é aprovado apenas para o câncer esofágico. Na Europa, no Japão e no Canadá, ele também é usado para o tratamento dos cânceres de pulmão, bexiga, gástrico e cervical. A luz que ativa o Photofrin penetra apenas alguns milímetros, mas as novas drogas que estão em desenvolvimento podem utilizar radiação na região do espectro próximo do infravermelho, que pode penetrar em tumores em até alguns centímetros.

O uso mais comum da tecnologia de *lasers* em cirurgia é na sua aplicação da correção da miopia e astigmatismo. Em um processo auxiliado por meios computacionais de cirurgia a *laser*, a curvatura da córnea é alterada. Usando a energia do feixe de *laser*, os médicos removem parte da córnea. Em um processo chamado queratectomia fotorrefrativa (PRK), as camadas exteriores da córnea são desnaturradas, isto é, são queimadas e eliminadas. No procedimento Lasik (*laser in situ keratomileusis*), o cirurgião cria uma abertura ou uma dobra nas camadas externas da córnea e então, com o feixe de *laser*, queima uma quantidade programada pelo computador abaixo da abertura para mudar o formato da córnea. Após 5 a 10 minutos, o procedimento está completo, a abertura é fechada e cicatriza sem a necessidade de pontos cirúrgicos. Nas cirurgias bem-sucedidas, os pacientes recuperam a boa visão em um dia após a cirurgia e não precisam mais utilizar lentes.

---

[4] Nesse caso, a destruição do tumor não é em razão de um efeito térmico direto, mas sim a um processo que se inicia com uma reação entre o Photofrin e o oxigênio contido nas células. Essa área é conhecida como terapia fotodinâmica (TFD) (*photodynamic therapy* – PDT). Na TFD, a luz é utilizada para excitar a droga. A droga excitada transfere energia para o oxigênio e altera a sua estrutura eletrônica, formando uma espécie ativa de oxigênio, o oxigênio singlete. O oxigênio singlete gerado *in situ* no tumor reage com os componentes celulares, o que provoca a destruição do tumor. (NRT)

A clara de ovo é um antídoto para o envenenamento por metais pesados.

Outros agentes químicos, como o álcool, também desnaturam proteínas, coagulando-as. Esse processo é utilizado para esterilizar a pele antes de se aplicar uma injeção. Em concentrações de etanol a 70%, o etanol penetra nas bactérias e as mata por coagulação de suas proteínas, enquanto o álcool a 95% desnatura somente as proteínas superficiais.

A desnaturação muda as estruturas secundária, terciária e quaternária. Ela não afeta as estruturas primárias (isto é, a sequência de aminoácidos que forma a cadeia principal do polipeptídio). Se essas mudanças ocorrem em uma extensão pequena, a desnaturação pode ser revertida. Por exemplo, quando removemos uma proteína desnaturada de uma solução de ureia e a colocamos novamente em água, ela normalmente reassume as suas estruturas secundárias e terciárias. Esse processo é chamado desnaturação reversível. Nas células, alguma desnaturação térmica pode ser revertida pelas chaperonas. Essas proteínas ajudam uma proteína parcialmente desnaturada pelo calor a regenerar suas estruturas nativas secundárias, terciárias e quaternárias. Algumas desnaturações, entretanto, são irreversíveis. Não podemos, por exemplo, modificar um ovo que foi fervido.

## Resumo das questões-chave

**Seção 22.1 Quais são as várias funções das proteínas?**

- **Proteínas** são moléculas gigantes constituídas por aminoácidos unidos pelas **ligações peptídicas**.
- Proteínas têm várias funções: estrutural (colágeno), enzimática, carreadora (hemoglobina), armazenamento (caseína), proteção (imunoglobulina) e hormonal (insulina).

**Seção 22.2 O que são aminoácidos?**

- **Aminoácidos** são compostos orgânicos que contêm um grupo amina e um grupo carboxila.
- Os 20 aminoácidos encontrados nas proteínas são classificados de acordo com as características de suas cadeias laterais: apolares, polares neutros, ácidos e básicos.
- Todos os aminoácidos nos tecidos humanos são L-aminoácidos.

**Seção 22.3 O que são zwitteríons?**

- Os aminoácidos tanto no estado sólido como em água possuem cargas positivas e negativas, e são chamados **zwitteríons**.
- O pH no qual o número de cargas positivas é igual ao número de cargas negativas é o **ponto isoelétrico** de um aminoácido ou proteína.

**Seção 22.4 O que determina as características dos aminoácidos?**

- Os aminoácidos são praticamente idênticos em vários aspectos, exceto pelos grupos (R—) que constituem as suas cadeias laterais.
- É a natureza particular da cadeia lateral que confere aos aminoácidos as suas propriedades particulares.
- Alguns aminoácidos têm cadeias laterais carregadas (Glu, Asp, Lys, Arg, His).
- A cisteína é um aminoácido especial porque a sua cadeia lateral (—SH) pode formar pontes dissulfeto com outra cisteína.
- Os aminoácidos aromáticos (Phe, Tyr, Trp) são importantes fisiologicamente porque são precursores de neurotransmissores. Eles também absorvem luz ultravioleta, o que facilita a sua identificação e quantificação.

**Seção 22.5 O que são aminoácidos incomuns?**

- Além dos 20 aminoácidos comuns encontrados nas proteínas, outros são conhecidos.
- Esses aminoácidos são normalmente produzidos após um aminoácido comum ter sido incorporado em uma proteína.
- Exemplos incluem hidroxiprolina (colágeno), hidroxilisina e tiroxina.

**Seção 22.6 Como os aminoácidos se combinam para formar as proteínas?**

- Quando um grupo amina de um aminoácido reage com o grupo carboxila de outro aminoácido, uma ligação amida (peptídeo) é formada, com a eliminação de uma molécula de água.
- Dois aminoácidos formam um dipeptídeo. Três aminoácidos formam um tripeptídeo.
- Vários aminoácidos formam uma **cadeia de polipeptídeo**. As proteínas são constituídas de uma ou mais cadeias de polipeptídeos.

**Seção 22.7 Quais são as propriedades das proteínas?**

- As propriedades das proteínas são baseadas nas propriedades da cadeia peptídica e das cadeias laterais.
- Embora a ligação peptídica seja tipicamente escrita com o grupo carbonila ligado ao grupo N—H, essa ligação exibe tautomerismo cetoenólico. Como resultado, a ligação peptídica que une dois aminoácidos é planar.
- A natureza planar da ligação peptídica limita as possíveis orientações que peptídeos e proteínas podem assumir.
- A natureza da cadeia lateral de aminoácidos determina a maioria das características da proteína.
- Alguns aminoácidos têm cadeias laterais ácidas ou básicas. O ponto isoelétrico da proteína é o pH em que o total das cargas negativas é igual ao total das cargas positivas e, como resultado, a carga bruta da proteína é zero.

**Seção 22.8 O que é a estrutura primária das proteínas?**

- A sequência linear de aminoácidos (cadeia principal) é a **estrutura primária** da proteína.
- A estrutura primária é amplamente responsável pelas eventuais estruturas de ordem superior das proteínas.

**Seção 22.9 O que é a estrutura secundária das proteínas?**

- As conformações de repetição de curto alcance (**α-hélice, folha-β, hélice entendida do colágeno** e **hélice aleatória**) são as estruturas secundárias das proteínas.
- As estruturas secundárias se referem às estruturas repetitivas que são mantidas somente através das ligações de hidrogênio entre os grupos da cadeia peptídica.

**Seção 22.10 O que é a estrutura terciária das proteínas?**

- A **estrutura terciária** é a conformação tridimensional da molécula de proteína.
- As estruturas terciárias são mantidas por ligações covalentes como as **ligações dissulfeto** e por outros tipos de ligação como **pontes salinas, ligações de hidrogênio, coordenação ao íon metálico** e **interações hidrofóbicas** entre as cadeias laterais.

**Seção 22.11 O que é a estrutura quaternária das proteínas?**

- O ajuste preciso das subunidades em um agregado é chamado **estrutura quaternária**.
- Nem todas as proteínas têm uma estrutura quaternária – somente aquelas que apresentam subunidades.
- A hemoglobina é um exemplo de proteína que exibe uma estrutura quaternária.

## Seção 22.12 Como são as proteínas desnaturadas?

- As estruturas secundária e terciária estabilizam a conformação nativa das proteínas.
- Agentes químicos e físicos, tais como ureia e calor, destroem essas estruturas e **desnaturam** a proteína.
- As funções das proteínas dependem de sua conformação nativa; quando uma proteína é desnaturada, ela não pode mais executar suas funções.
- Algumas (mas não todas) desnaturações podem ser reversíveis; em alguns casos, moléculas de **chaperona** podem reverter a desnaturação.

## Problemas

### Seção 22.1 Quais são as várias funções das proteínas?

22.3 Quais são as funções da (a) ovalbumina e (b) miosina?

22.4 Os membros de que família de proteínas são insolúveis em água e podem servir como materiais estruturais?

22.5 Qual é a função da imunoglobulina?

22.6 Quais são os dois tipos básicos de proteínas?

### Seção 22.2 O que são aminoácidos?

22.7 Qual é diferença estrutural entre a tirosina e a fenilalanina?

22.8 Classifique os seguintes aminoácidos como apolar, polar mas neutro, ácido ou básico.
(a) Arginina (b) Leucina
(c) Ácido glutâmico (d) Asparagina
(e) Tirosina (f) Fenilalanina
(g) Glicina

22.9 Qual aminoácido tem a maior porcentagem de nitrogênio (g N/100 g aminoácido)?

22.10 Por que a glicina não apresenta a forma D ou L?

22.11 Desenhe a estrutura da prolina. A que classe de composto heterocíclico essa molécula pertence? (Ver Seção 16.1).

22.12 Que aminoácido é também um tiol?

22.13 Por que as proteínas são necessárias em nossa dieta?

22.14 Que aminoácido da Tabela 22.1 tem mais de um estereocentro?

22.15 Quais são as similaridades e diferenças entre a estrutura da alanina e a da fenilalanina?

22.16 Desenhe as estruturas da L- e da D-valina.

### Seção 22.3 O que são zwitteríons?

22.17 Por que todos os aminoácidos são sólidos em temperatura ambiente?

22.18 Mostre como a alanina, em solução em seu ponto isoelétrico, atua como um tampão (escreva as equações e mostre por que o pH não muda muito se é adicionado um ácido ou uma base).

22.19 Explique por que um aminoácido não pode existir em uma forma não ionizada, independentemente do pH em que ele se encontra.

22.20 Desenhe a estrutura da valina em pH 1 e pH 12.

22.21 Desenhe a forma predominante do ácido aspártico no seu ponto isoelétrico.

22.22 Desenhe a forma predominante da histidina no seu ponto isoelétrico.

22.23 Desenhe a forma predominante da lisina no seu ponto isoelétrico.

22.24 Desenhe a transição sequencial do ácido glutâmico à medida que ele passa de sua forma completamente protonada para a sua forma completamente desprotonada conforme ocorre um aumento do pH.

### Seção 22.4 O que determina as características dos aminoácidos?

22.25 Qual dos três grupos funcionais da histidina corresponde ao mais particular?

22.26 Qual é a relação entre aminoácidos aromáticos e neurotransmissores?

22.27 Por que a histidina é considerada um aminoácido básico se o $pK_a$ de sua cadeia lateral é 6,0?

22.28 Quais são os aminoácidos ácidos?

22.29 Quais são os aminoácidos básicos?

22.30 Por que a prolina não absorve luz de 280 nm?

### Seção 22.5 O que são aminoácidos incomuns?

22.31 Dois dos aminoácidos listados na Tabela 22.1 podem ser obtidos por hidroxilação de outros aminoácidos. Quais são esses dois aminoácidos e quais são os seus precursores?

22.32 Quando uma proteína contém hidroxiprolina, em que ponto da formação da proteína a prolina é hidroxilada?

22.33 Qual é o efeito da tiroxina no metabolismo?

22.34 Como a tiroxina é produzida?

### Seção 22.6 Como os aminoácidos se combinam para formar as proteínas?

22.35 Mostre através de equações químicas como alanina e glutamina podem ser combinadas para formar dois dipeptídeos diferentes.

22.36 Um tetrapeptídeo é abreviado como DPKH. Qual é o aminoácido N-terminal e qual é o C-terminal?

22.37 Desenhe a estrutura do tripeptídeo constituído de treonina, arginina e metionina.

22.38 (a) Use a abreviação de três letras para escrever a representação do seguinte tripepetídeo:

$$H_3N^+-CH-\overset{O}{\underset{\|}{C}}-N-CH-\overset{O}{\underset{\|}{C}}-N-CH-\overset{O}{\underset{\|}{C}}-O^-$$

com cadeias laterais:
- $CH_2-CH_2-S-CH_3$
- H
- $CH_2-CH-CH_3$ com $CH_3$
- H
- $CH_2-COOH$

(b) Qual é o aminoácido C-terminal e qual é o N-terminal?

22.39 Uma cadeia polipeptídica é constituída de resíduos alternados de valina e fenilalanina. Qual é a parte do polipeptídeo que é polar (hidrofílica)?

### Seção 22.7 Quais são as propriedades das proteínas?

22.40 (a) Quantos átomos de uma ligação de peptídeo residem no mesmo plano?
(b) Quais são esses átomos?

22.41 (a) Desenhe a fórmula estrutural do tripeptídeo met—ser—cys.
(b) Desenhe as diferentes estruturas iônicas desse tripeptídeo nos pH 2,0, 7,0 e 10,0.

22.42 Como uma proteína pode funcionar como um tampão?

22.43 Proteínas são menos solúveis em seus pontos isoelétricos. O que aconteceria se a uma proteína precipitada em seu ponto isoelétrico fossem adicionadas algumas gotas de HCl diluído?

### Seção 22.8 O que é a estrutura primária das proteínas?

22.44 Quantos tripeptídeos diferentes podem ser feitos (a) usando um, dois ou três resíduos cada de leucina, treonina e valina, e (b) usando todos os 20 aminoácidos?

22.45 Quantos tetrapeptídeos diferentes podem ser feitos (a) se os peptídeos contêm os resíduos de asparagina, prolina, serina e metionina, e (b) se todos os 20 aminoácidos forem usados?

22.46 Quantos resíduos de aminoácidos na cadeia A da insulina são iguais na insulina humana, bovina, suína e ovina?

22.47 Com base em seu conhecimento das propriedades químicas dos aminoácidos, sugira uma substituição para a leucina na estrutura primária de uma proteína que não resulte em uma mudança apreciável das características dessa proteína.

### Seção 22.9 O que é a estrutura secundária das proteínas?

22.48 Uma espiral aleatória é uma estrutura (a) primária, (b) secundária, (c) terciária ou (d) quaternária? Explique.

22.49 Indique se as seguintes estruturas que existem no colágeno são primárias, secundárias, terciárias ou quaternárias.
(a) Tropocolágeno
(b) Fibrila de colágeno
(c) Fibra de colágeno
(d) A sequência repetitiva prolina—hidroxiprolina——glicina

22.50 A prolina é frequentemente chamada de finalizador de $\alpha$-hélice, isto é, ela usualmente está na estrutura secundária de espiral aleatória logo após uma porção de $\alpha$-hélice de uma cadeia de proteína. Por que a prolina não se adapta facilmente à estrutura de $\alpha$-hélice?

### Seção 22.10 O que é a estrutura terciária das proteínas?

22.51 Ácido poliglutâmico (uma cadeia polipeptídica constituída somente de resíduos de ácido glutâmico) tem uma conformação de $\alpha$-hélice abaixo de pH 6,0 e uma conformação de espiral aleatória acima de pH 6,0. Qual é a razão dessas mudanças conformacionais?

22.52 Distinga a ligação de hidrogênio intermolecular e intramolecular entre os grupos da cadeia principal polipeptídica. Onde elas são encontradas na estrutura das proteínas?

22.53 Identifique as estruturas primária, secundária, terciária e quaternária nos quadros numerados da figura (na página seguinte).

### Seção 22.11 O que é a estrutura quaternária das proteínas?

22.54 Se ambos os resíduos de cisteína da cadeia B da insulina forem substituídos por alanina, como isso afetará a estrutura quaternária da insulina?

22.55 (a) Qual é a diferença da estrutura quaternária da hemoglobina fetal e da hemoglobina adulta?
(b) Qual delas transporta mais oxigênio?
(c) Como seria a curva de saturação de oxigênio da hemoglobina fetal comparada com a curva de saturação de oxigênio da mioglobina e da hemoglobina normal adulta?

22.56 Onde estão localizadas as cadeias laterais apolares das proteínas integrantes das membranas?

22.57 A proteína do citocromo c é importante na produção de energia a partir dos alimentos. Ela apresenta um grupo heme envolto por uma cadeia polipeptídica. Que tipo de estrutura formam essas duas subunidades? A que grupo de proteínas pertence o citocromo c?

22.58 A hemoglobina é uma proteína importante por várias razões e apresenta características físicas interessantes. Como você classificaria a hemoglobina?

### Seção 22.12 Como são as proteínas desnaturadas?

22.59 Em certa solução de ureia 6 $M$, uma proteína que continha principalmente folhas-$\beta$ antiparalelas torna-se uma espiral aleatória. Que grupos e ligações foram afetados pela ureia?

22.60 Que mudanças são necessárias para transformar uma proteína que tem predominantemente estruturas de $\alpha$-hélice em uma outra que tem estruturas de folhas-$\beta$?

22.61 Qual cadeia lateral dos aminoácidos é mais frequentemente envolvida na desnaturação por redução?

22.62 Qual é o papel do agente redutor no alisamento dos cabelos crespos?

22.63 Nitrato de prata é, às vezes, colocado nos olhos dos recém-nascidos como uma medida preventiva contra gonorreia. A prata é um metal pesado. Explique como esse tratamento pode funcionar contra as bactérias.

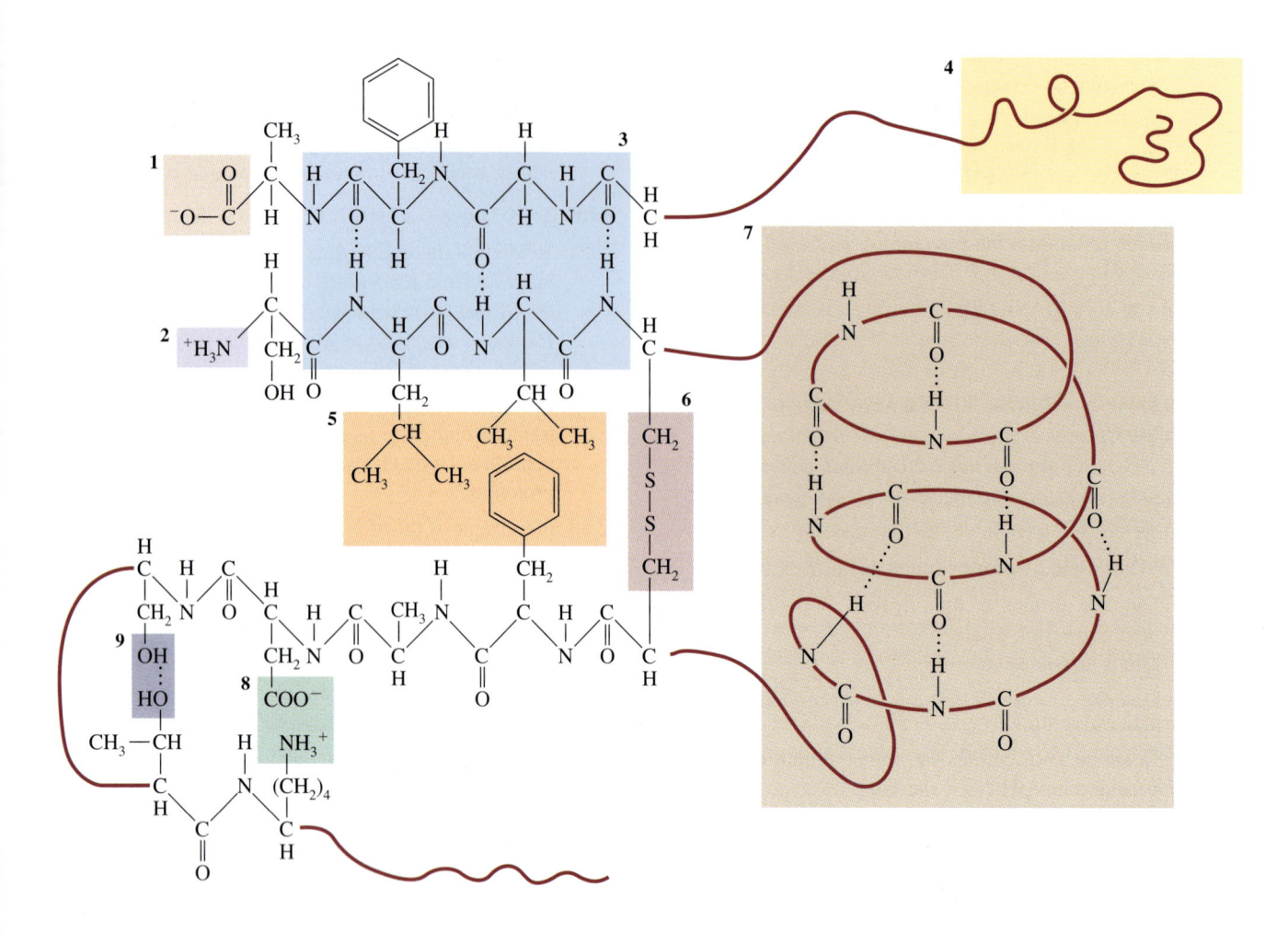

**22.64** Por que as enfermeiras e os médicos usam álcool 70% para limpar a pele antes de aplicar uma injeção?

## Conexões químicas

**22.65** (Conexões químicas 22A) Por que algumas pessoas evitam beber refrigerantes do tipo *diet* que contêm o adoçante Nutrasweet?

**22.66** (Conexões químicas 22B) Os produtos AGE se tornam prejudiciais somente em pessoas mais velhas, embora eles se formem também nas pessoas mais jovens. Por que eles não causam danos nas pessoas jovens?

**22.67** (Conexões químicas 22C) Defina *consciência hipoglicêmica*.

**22.68** (Conexões químicas 22D) Como a terapia com hidroxiureia ameniza os sintomas da anemia falciforme?

**22.69** (Conexões químicas 22E) Qual é a diferença conformacional entre uma proteína príon normal e uma príon amiloide que causa a doença da vaca louca?

**22.70** (Conexões químicas 22F) Qual é o objetivo da proteômica?

**22.71** (Conexões químicas 22G) Explique a diferença no comportamento de ligação do oxigênio na hemoglobina e mioglobina.

**22.72** (Conexões químicas 22H) Como o fibroscópio auxilia na cura de úlceras?

## Problemas adicionais

**22.73** Quais doenças estão associadas com a existência de placas amiloides?

**22.74** Quantos dipeptídeos diferentes podem ser feitos (a) usando apenas alanina, triptofano, ácido glutâmico e arginina, e (b) usando todos os 20 aminoácidos?

**22.75** A desnaturação é normalmente associada com transições das estruturas helicoidais para as estruturas de espiral aleatórias. Se em um processo hipotético a queratina de seu cabelo fosse transformada de $\alpha$-hélice em folhas-$\beta$, como você chamaria esse processo de desnaturação? Explique.

**22.76** Desenhe as estruturas da lisina (a) acima, (b) abaixo e (c) em seu ponto isoelétrico.

**22.77** No colágeno, algumas das cadeias das hélices triplas no tropocolágeno estão ligadas covalentemente por ligações cruzadas entre dois resíduos de lisina. Que tipo de estrutura é formado por essas ligações cruzadas? Explique.

**22.78** Considerando o vasto número de espécies animais e vegetais na Terra (incluindo aquelas já extintas) e a grande variedade de moléculas de proteínas em cada organismo, você acha que todas as possíveis moléculas de proteína já foram utilizadas por essas espécies? Explique.

22.79 Que tipo de interações não covalentes ocorre entre os seguintes aminoácidos?
(a) Valina e isoleucina
(b) Ácido glutâmico e lisina
(c) Tirosina e treonina
(d) Alanina e alanina

22.80 Quantos decapeptídeos (peptídeos contendo 10 aminoácidos cada) diferentes podem ser formados a partir dos 20 aminoácidos?

22.81 Qual é o aminoácido que não gira o plano da luz polarizada?

22.82 Escreva os produtos esperados para hidrólise ácida do seguinte tetrapeptídeo:

$$H_3\overset{+}{N}-CH-C(=O)-N(H)-CH-C(=O)-N(H)-CH-C(=O)-N(H)-CH-C(=O)-O^-$$

(com cadeias laterais: $CH(CH_3)_2$; $CH_2$-fenil; $CH_2$-indol; $CH_2-C(=O)-NH_2$)

22.83 Quais são as cargas presentes no ácido aspártico em pH 2,0?

22.84 De quantas maneiras você pode ligar dois aminoácidos, lisina e valina, em um dipeptídeo? Quais dessas ligações peptídicas você encontrará em proteínas?

### Antecipando

22.85 Enzimas são catalisadores biológicos e usualmente proteínas. Elas catalisam reações orgânicas usuais. Por que aminoácidos, tais como a histidina, ácido aspártico e serina, são encontrados mais próximos do sítio de reação que aminoácidos como a leucina e a valina?

22.86 Hormônios são moléculas liberadas de um tecido, entretanto, o efeito deles se manifesta em outro tecido. Dê um exemplo de um hormônio indicado neste capítulo que seria ineficiente se fosse administrado por via oral. Exemplifique um que seria eficaz se tomado oralmente.

22.87 Com base em seu conhecimento sobre a desnaturação de proteínas, por que você deve manter a temperatura corpórea em uma faixa estreita de temperatura?

22.88 Qual é a diferença entre genoma e proteoma?

22.89 Embora conheçamos o genoma completo de um organismo, por que isso não necessariamente nos fornece informações sobre a natureza de todas as proteínas no organismo?

22.90 Por que o colágeno não é uma fonte muito adequada para o suprimento de proteínas em nossa dieta?

22.91 Um suplemento alimentar diz que ele repara nossos músculos enquanto permite que você queime gorduras porque o produto contém proteínas de colágeno. Avalie essa afirmação.

# Enzimas

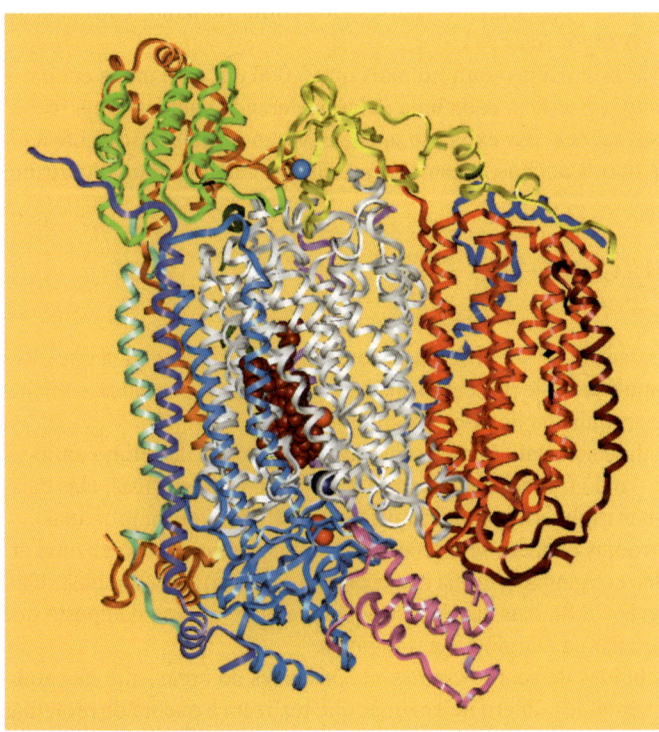

Diagrama de fita do citocromo c oxidase, a enzima que usa diretamente o oxigênio durante a respiração.

## Questões-chave

**23.1** O que são enzimas?
**23.2** Qual é a nomenclatura das enzimas e como elas são classificadas?
**23.3** Qual é a terminologia utilizada com as enzimas?
**23.4** Quais são os fatores que influenciam na atividade enzimática?
**23.5** Quais são os mecanismos da ação enzimática?
**23.6** Como as enzimas são reguladas?
**23.7** Como as enzimas são usadas na medicina?
**23.8** O que são análogos do estado de transição e enzimas elaboradas?

## 23.1 O que são enzimas?

As células em nosso corpo são como fábricas. Somente uns poucos compostos necessários para o funcionamento do organismo humano são obtidos de nossa alimentação. Na verdade, a maioria dessas substâncias é sintetizada nas células, o que significa que centenas de reações químicas acontecem em nossas células a cada segundo de nossa vida.

Praticamente todas essas reações são catalisadas por **enzimas**, que são moléculas grandes que aumentam as velocidades das reações químicas sem que elas mesmas sofram nenhuma mudança.[1] Sem a atuação das enzimas como catalisadores biológicos, a vida como nós a conhecemos não seria possível.

A vasta maioria de todas as enzimas conhecidas são proteínas globulares, e devotaremos a maior parte de nosso estudo às enzimas com base em proteínas. Entretanto, as proteínas não são os únicos catalisadores biológicos. **Ribozimas** são enzimas constituídas de ácidos ribonucleicos. Elas catalisam a autoclivagem de certas partes de suas próprias moléculas e estão envolvidas nas reações que formam ligações peptídicas (Capítulo 22). Muitos bioquímicos acreditam que, durante a evolução, os catalisadores com base no RNA surgiram primeiro, e que as enzimas baseadas em proteínas surgiram depois. (Vamos aprender mais sobre catalisadores com base no RNA na Seção 25.4).

---

[1] Não se observam alterações na enzima quando se consideram os estados iniciais e finais do processo da reação catalisada. (NT)

**Especificidade pelo substrato**
A restrição de uma enzima para catalisar reações específicas com substratos específicos.

Como todos os catalisadores, as enzimas não alteram a posição do equilíbrio. Isso significa que uma reação que não ocorre não pode ser possível por causa da presença da enzima. Na verdade, elas apenas aumentam a velocidade da reação: fazem com que uma reação ocorra mais rapidamente pela diminuição da energia de ativação (reveja esses termos no Capítulo 7). Como catalisadores, as enzimas são notáveis em dois aspectos:

1. Elas são extremamente eficientes, aumentando a velocidade de reação em $10^9$ a $10^{20}$ vezes.
2. A maioria é extremamente **específica**.

Como um exemplo da sua eficiência, considere a oxidação da glicose. Um torrão de glicose ou mesmo uma solução de glicose exposta ao oxigênio sob condições estéreis não vai apresentar mudanças apreciáveis durante meses. No corpo humano, entretanto, a mesma glicose é oxidada em segundos.

Cada organismo tem várias enzimas – muito mais que 3.000 em uma única célula. A maioria das enzimas é muito específica, cada uma delas acelerando somente uma reação particular ou uma classe de reações. Por exemplo, a enzima urease catalisa somente a hidrólise da ureia e não a de outras amidas, mesmo as proximamente relacionadas estruturalmente com a ureia.

$$(NH_2)_2C\!=\!\!O + H_2O \xrightarrow{\text{urease}} 2\,NH_3 + CO_2$$
Ureia

Outro tipo de especificidade pode ser observado com a tripsina, uma enzima que cliva as ligações peptídicas das moléculas de proteína – mas não toda ligação peptídica, somente as dos resíduos de lisina e arginina na porção da carbonila (Figura 23.1).

A enzima carboxipeptidase só catalisa especificamente a hidrólise do último aminoácido na cadeia de proteína – o do C-terminal. As lipases são menos específicas: elas catalisam a hidrólise de qualquer triglicerídeo, mas não afetam carboidratos ou proteínas.

A especificidade das enzimas também se estende à estereoespecificidade. A enzima arginase hidrolisa o aminoácido L-arginina (a forma que ocorre na natureza) a um composto chamado L-ornitina e ureia (Seção 28.8), mas não exerce nenhuma influência no composto que corresponde à imagem especular da L-arginina, a D-arginina.

As enzimas estão distribuídas de acordo com as necessidades do organismo de catalisar reações específicas. Um grande número de enzimas que realizam a quebra de proteínas estão no sangue, prontas para promover a coagulação. Enzimas digestivas que catalisam a oxidação de compostos que são parte do ciclo do ácido cítrico (Seção 27.4) estão localizadas na mitocôndria, por exemplo, e organelas especiais como os lisossomos contêm uma enzima (lisozima) que catalisa a dissolução das paredes celulares das bactérias.

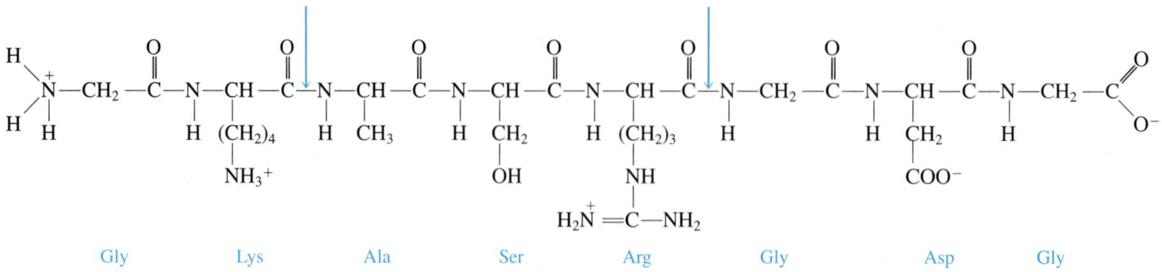

**FIGURA 23.1** Uma sequência típica de aminoácidos. A enzima tripsina catalisa a hidrólise dessa cadeia somente nos pontos assinalados com as flechas (a carboxila do lado de resíduos de lisina e arginina).

## Conexões químicas 23A

### Relaxantes musculares e especificidade enzimática

No corpo, os nervos transmitem sinais para os músculos. A acetilcolina é um neurotransmissor (Seção 24.1) que funciona entre os terminais nervosos e os músculos. Eles se ligam a um receptor específico nas placas terminais dos músculos. Essa ligação transmite um sinal para o músculo se contrair; rapidamente depois, o músculo relaxa. Uma enzima específica, a acetilcolinesterase, catalisa então a hidrólise da acetilcolina, removendo-a do sítio receptor, preparando o receptor para o próximo sinal de transmissão – isto é, a próxima contração.

A succinilcolina é suficientemente similar à acetilcolina para se ligar ao receptor da placa terminal do músculo. Entretanto, a acetilcolinesterase hidrolisa a succinilcolina muito lentamente. Enquanto a succinilcolina permanecer ligada ao receptor, nenhum sinal novo poderá chegar ao músculo para que ele se contraia novamente. Então, o músculo permanece relaxado por um longo tempo.

Esse aspecto faz da succinilcolina um bom relaxante muscular para as cirurgias de curta duração, especialmente no caso em que um tubo precisa ser inserido nos brônquios (bronquioscopia). Por exemplo, após administração intravenosa de 50 mg de succinilcolina, observam-se paralisia e retenção da respiração depois de 30 segundos. Enquanto a respiração é realizada artificialmente, a bronquioscopia pode ser realizada em poucos minutos.

## 23.2 Qual é a nomenclatura das enzimas e como elas são classificadas?

As enzimas recebem nomes derivados da reação que elas catalisam e/ou do composto ou tipo de composto em que atuam. Por exemplo, lactato desidrogenase acelera a remoção de hidrogênio do lactato (uma reação de oxidação). A fosfatase ácida catalisa a hidrólise de éster-fosfato sob condições ácidas. Como podemos ver desses exemplos, o nome da maior parte das enzimas termina com "-ase". Algumas enzimas, entretanto, têm nomes mais antigos que foram atribuídos antes de sua função ter sido claramente entendida. Entre essas enzimas, temos a pepsina, tripsina e quimotripsina – todas enzimas do trato digestivo.

As enzimas podem ser classificadas em seis grupos principais de acordo com o tipo de reação que elas catalisam (ver também Tabela 23.1):

1. **Oxidorredutases** catalisam oxidações e reduções.
2. **Transferases** catalisam a transferência de grupos de átomos, tais como de uma molécula para outra.
3. **Hidrolases** catalisam reações de hidrólise.
4. **Liases** catalisam a adição de dois grupos à dupla ligação ou a remoção de dois grupos de átomos adjacentes para formar uma dupla ligação.
5. **Isomerases** catalisam reações de isomerização.
6. **Ligases** ou sintetases catalisam a ligação de duas moléculas.

**TABELA 23.1** Classificação das enzimas

| Classe | Exemplo típico | Reação catalisada | Número da seção neste livro |
|---|---|---|---|
| 1. Oxidorredutases | Lactato desidrogenase | $CH_3-CH(OH)-COO^- \longrightarrow CH_3-C(=O)-COO^-$<br>L-(+)-Lactato → Piruvato | 28.2 |
| 2. Transferases | Aspartato aminotransferase ou aspartato transaminase | Aspartato + α-cetoglutarato ⟶ Oxaloacetato + Glutamato | 28.8 |
| 3. Hidrolases | Acetilcolinesterase | $CH_3-C(=O)-OCH_2CH_2\overset{+}{N}(CH_3)_3 + H_2O$<br>Acetilcolina<br>$\longrightarrow CH_3COOH + HOCH_2CH_2\overset{+}{N}(CH_3)_3$<br>Ácido acético + Colina | 24.3 |
| 4. Liases | Aconitase | cis-aconitato + $H_2O$ ⟶ Isocitrato | 27.4 |
| 5. Isomerases | Fosfoexose isomerase | Glicose 6-fosfato ⟶ Frutose 6-fosfato | 28.2 |
| 6. Ligases | Tirosina-tRNA sintetase | ATP + L-tirosina + tRNA ⟶ L-tirosiltRNA + AMP + $PP_i$ | 26.6 |

## 23.3 Qual é a terminologia utilizada com as enzimas?

Algumas enzimas, como a pepsina e a tripsina, são compostas apenas de cadeias de polipeptídeos. Outras enzimas contêm partes não proteicas chamadas **cofatores**. A parte proteica da enzima é denominada **apoenzima**.

Os cofatores podem ser íons metálicos, como o $Zn^{2+}$ ou $Mg^{2+}$, ou compostos orgânicos. Cofatores orgânicos são chamados **coenzimas**. Um importante grupo de coenzimas são as vitaminas B, que são essenciais para a atividade de várias enzimas (Seção 27.3). Outra coenzima importante é a heme (Figura 22.16), que faz parte de várias oxidorredutases, além de ser uma constituinte da hemoglobina. Em qualquer caso, uma apoenzima não pode catalisar a reação sem seu cofator, nem o cofator pode funcionar sem a apoenzima. Quando um íon metálico é um cofator, pode se ligar diretamente à proteína ou à coenzima, se a enzima contiver uma delas.

O composto com o qual a enzima opera, e cuja reação é acelerada, é chamado **substrato**. O substrato usualmente se liga à superfície da enzima enquanto reage. Este se liga a uma parte específica da enzima durante a reação, chamada **sítio ativo**. Se a enzima tem coenzimas, elas estão localizadas no sítio ativo. Portanto, o substrato está simultaneamente envolto por partes da apoenzima, por coenzima e pelo íon metálico cofator (se ele estiver presente na enzima), como mostrado na Figura 23.2.

**Ativação** é qualquer processo que inicia ou aumenta a ação de uma enzima. A ativação pode ser a simples adição de um cofator a uma apoenzima ou a clivagem de uma cadeia de polipeptídeo de uma proenzima (Seção 23.6B).

**Inibição** é o oposto – qualquer processo que torna uma enzima menos ativa ou inativa (Seção 23.5). Inibidores são compostos que realizam essa tarefa, e existem muitos tipos de inibição de enzima. **Inibidores competitivos** se ligam à superfície do sítio ativo da enzima e impedem a ligação do substrato. **Inibidores não competitivos** se ligam a alguma outra parte da superfície da enzima e alteram de tal forma a estrutura terciária da enzima, que a eficiência catalítica desta é diminuída ou eliminada. Isto é, a enzima não consegue catalisar enquanto o inibidor estiver ligado. Tanto a inibição competitiva como a não competitiva são *reversíveis*, mas alguns compostos alteram a estrutura da enzima *permanentemente* e, então, a tornam inativa de *forma irreversível*.

## 23.4 Quais são os fatores que influenciam na atividade enzimática?

**Atividade enzimática** é a medida de quanto as velocidades de reação são aumentadas. Nesta seção, vamos examinar os efeitos de concentração, temperatura e pH na atividade da enzima.

### A. Concentração da enzima e do substrato

Se mantemos a concentração do substrato constante e aumentamos a concentração da enzima, a velocidade aumenta linearmente (Figura 23.3). Isto é, se a concentração da enzima é duas vezes maior, a velocidade também é duplicada; se a concentração da enzima é três vezes maior, a velocidade também triplica. Essa é a situação em praticamente todas as reações enzimáticas, porque a concentração molar da enzima é, na maioria das vezes, muito menor que a do substrato (isto é, muito mais moléculas do substrato estão presentes em comparação com as moléculas da enzima).

Entretanto, se mantemos a concentração da enzima constante e aumentamos a concentração do substrato, obtemos um tipo de curva completamente diferente, chamada curva de saturação (Figura 23.4).

Nesse caso, a velocidade não aumenta continuamente. Em vez desse comportamento, após determinado ponto ser atingido, a velocidade permanece constante mesmo com um aumento da concentração do substrato. Isso acontece porque, no ponto de saturação, as moléculas do substrato estão ligadas em todos os sítios disponíveis das enzimas. Pelo fato de as reações ocorrerem nos sítios ativos, uma vez que eles se encontram ocupados, a reação já está ocorrendo com a sua máxima velocidade. Aumentar a concentração de substrato não resulta em um aumento adicional da velocidade porque o excesso de substrato não encontra nenhum sítio ao qual ele possa se ligar.

### B. Temperatura

A temperatura afeta a atividade das enzimas porque ela muda a conformação da enzima. Nas reações não catalisadas, a velocidade usualmente aumenta com a elevação da tempe-

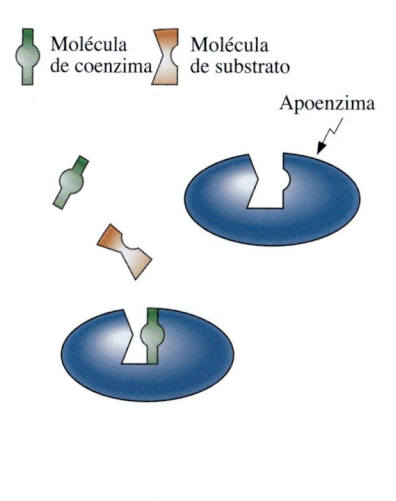

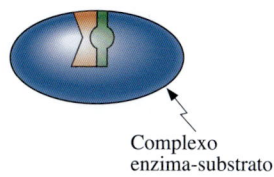

**FIGURA 23.2** Diagrama esquemático do sítio ativo de uma enzima e de seus componentes constituintes.

**Cofator** A parte não proteica da enzima necessária para sua função catalítica.

**Coenzima** Uma molécula orgânica não proteica, frequentemente a vitamina B, que atua como cofator.

**Sítio ativo** Uma cavidade tridimensional da enzima com propriedades químicas específicas que viabilizam a acomodação do substrato.

**Inibidor** Um composto que se liga a uma enzima e diminui a sua atividade.

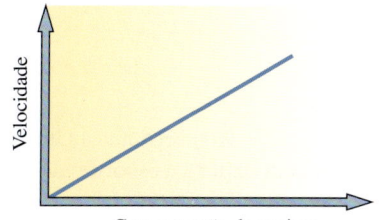

**FIGURA 23.3** O efeito da concentração da enzima na velocidade de uma reação catalisada por enzima. Concentração do substrato, temperatura e pH são constantes.

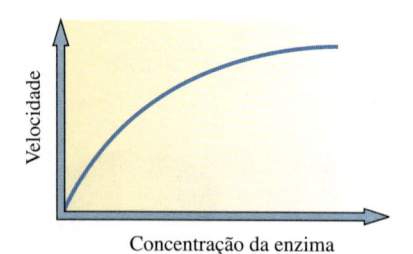

**FIGURA 23.4** O efeito da concentração do substrato na velocidade de reação catalisada por enzima. Concentração da enzima, temperatura e pH são constantes.

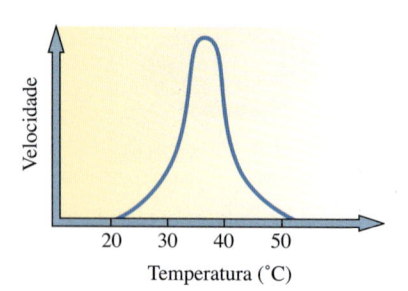

**FIGURA 23.5** O efeito da temperatura na velocidade de reação catalisada por enzima. Concentração da enzima e do substrato e pH são constantes.

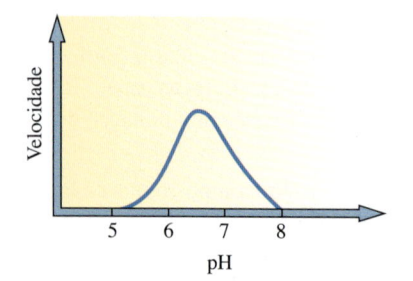

**FIGURA 23.6** O efeito do pH na velocidade de reação catalisada por enzima. Concentração da enzima e do substrato e temperatura são constantes.

**Modelo da chave-fechadura** Um modelo que explica a especificidade da ação enzimática pela comparação do sítio ativo a uma fechadura e do substrato a uma chave.

ratura (Seção 8.4). A mudança da temperatura tem um efeito diferente nas reações catalisadas por enzimas. Quando iniciamos com baixa temperatura (Figura 23.5), um aumento desta causa primeiro um aumento da velocidade. Entretanto, as conformações das proteínas são muito sensíveis às mudanças de temperatura. Nesse caso, o substrato pode não se ligar adequadamente na superfície da enzima com outra conformação, então a velocidade de reação, na verdade, *diminui*.

Após um *pequeno* aumento na temperatura acima da temperatura ótima, a velocidade que agora diminui pode ser restabelecida por uma diminuição da temperatura porque, em uma faixa estreita de variação de temperatura, mudanças conformacionais são reversíveis. Entretanto, em algumas temperaturas altas, acima da temperatura ótima, atingimos um ponto no qual a proteína desnatura (Seção 22.12), a conformação é então alterada irreversivelmente, e a cadeia de polipeptídeo não pode se reorganizar em sua conformação nativa. Nesse ponto, a enzima se encontra completamente inativa. A inativação da enzima a baixas temperaturas é usada para a preservação de alimentos por refrigeração.

A maioria das enzimas das bactérias e dos organismos superiores tem uma temperatura ótima de cerca de 37 °C. Entretanto, as enzimas dos organismos que vivem no fundo dos oceanos têm uma temperatura ótima na faixa próxima de 2 °C, uma vez que é esta a temperatura ambiente no fundo dos oceanos. Outros organismos vivem em falhas oceânicas sob condições extremas, e suas enzimas têm condições ótimas em faixas de 90 °C a 105 °C. As enzimas desses organismos hipertermófilos também apresentam outras necessidades extremas, como suportar pressões de até 100 atm, e alguns têm um pH ideal no intervalo de 1 a 4. As enzimas desses hipertermófilos, especialmente as polimerases que catalisam a polimerização do DNA (Seção 25.6), têm obtido importância comercial.

### C. pH

Como a conformação de uma proteína também muda com as alterações do pH (Seção 22.12), é esperado que os efeitos pH dependentes se pareçam com aqueles observados para as mudanças de temperatura. Cada enzima funciona melhor em determinado pH (Figura 23.6). Mais uma vez, em uma faixa estreita de pH, mudanças na atividade da enzima são reversíveis. Entretanto, se valores de pH extremos (tanto ácidos como básicos) são produzidos, a enzima desnatura irreversivelmente, e a atividade enzimática não pode ser restabelecida pela volta do pH ótimo.

## 23.5 Quais são os mecanismos da ação enzimática?

Vimos que a ação das enzimas é altamente específica para um substrato. Que tipo de mecanismo pode ser o responsável por tal especificidade? Cerca de 100 anos atrás, Arrhenius sugeriu que catalisadores aumentavam a velocidade das reações pela combinação com o substrato para formar algum tipo de composto intermediário. Em uma reação catalisada por enzima, esse intermediário é denominado **complexo enzima-substrato**.

### A. Modelo da chave-fechadura

Considerando a alta especificidade da maioria das reações catalisadas por enzimas, vários modelos têm sido propostos. O modelo mais simples e mais frequentemente mencionado é o **modelo chave-fechadura** (Figura 23.7). Esse modelo assume que a enzima é um corpo tridimensional rígido. A superfície que contém o sítio ativo tem uma abertura restrita na qual apenas um tipo de substrato pode se ajustar, e somente a chave adequada pode se encaixar na fechadura e então girá-la para conseguir a abertura.

De acordo com o modelo da chave-fechadura, uma molécula de enzima tem a sua forma particular porque esse formato é necessário para manter o sítio ativo em uma conformação exata necessária para uma reação particular. Uma molécula de enzima é muito grande (tipicamente composta de 100 a 200 resíduos de aminoácidos), mas o sítio ativo é usualmente composto de somente dois ou uns poucos resíduos de aminoácidos, os quais podem estar localizados em diferentes lugares da cadeia. Os outros aminoácidos – aqueles que não fazem parte do sítio ativo – estão localizados na sequência da cadeia que confere à molécula globalmente a conformação exata necessária para executar a sua função. Esse arranjo enfatiza que a forma e os grupos funcionais na superfície do sítio ativo são muito importantes no reconhecimento do substrato.

O modelo da chave-fechadura foi o primeiro a explicar a ação das enzimas. Para a maioria das enzimas, no entanto, esse modelo é muito restrito. Moléculas de enzima estão em um estado dinâmico, não em um estado estático. Por haver constantes movimentos entre elas, o sítio ativo tem alguma flexibilidade. Embora o modelo chave-fechadura realiza um bom trabalho explicando por que a enzima liga-se ao substrato, se o ajuste é tão perfeito, não há razão para a reação ocorrer, pois o complexo enzima-substrato é muito estável.

### B. Modelo do ajuste induzido

Pela difração de raios X, sabemos que o tamanho e a forma da cavidade do sítio ativo mudam quando ocorre a entrada do substrato. Para explicar esse fenômeno, um bioquímico norte-americano, Daniel Koshland, introduziu o **modelo do ajuste induzido** (Figura 23.8). Com esse modelo, Koshland comparou as mudanças que ocorrem na forma da cavidade ocasionadas pela ligação do substrato com as mudanças na forma de uma luva quando uma mão se insere nela. Isso significa que a enzima modifica a forma do sítio ativo para acomodar o substrato. Experimentos recentes realizados durante a catálise demonstraram que não só o sítio ativo muda sua forma com a ligação do substrato, mas, mesmo no estado ligado (substrato-enzima), a cadeia principal e as cadeias laterais da enzima estão em constante movimento.

Tanto o modelo da chave-fechadura como o do ajuste induzido explicam o fenômeno da inibição competitiva (Seção 23.3). A molécula do inibidor se ajusta ao sítio ativo da mesma forma que o substrato (Figura 23.9), o que evita a entrada deste. O resultado desse processo é o seguinte: qualquer reação que ocorreria com o substrato não acontece.

Muitos casos de inibição não competitiva podem também ser explicados pelo modelo do ajuste induzido. Nesse caso, o inibidor não se liga ao sítio ativo, mas sim a outra parte da enzima. Contudo, a ligação causa uma mudança na forma tridimensional da molécula de enzima, que então altera a forma do sítio ativo a que o substrato estaria ligado, e não ocorre a catálise (Figura 23.10).

Se compararmos a atividade enzimática na presença e na ausência de um inibidor, podemos dizer se está ocorrendo uma inibição competitiva ou não competitiva (Figura 23.11). A velocidade máxima de reação é a mesma na ausência ou na presença de um inibidor e na presença de um inibidor competitivo.

A única diferença é que a velocidade máxima é obtida a uma baixa concentração de substrato sem inibidor, mas uma alta concentração de substrato é necessária quando o inibidor está presente. Essa é a característica da inibição competitiva, porque, nessa situação, o substrato e o inibidor estão competindo pelo mesmo sítio ativo. Se a concentração de substrato for suficientemente elevada, o inibidor será deslocado do sítio ativo pelo princípio de Le Chatelier.

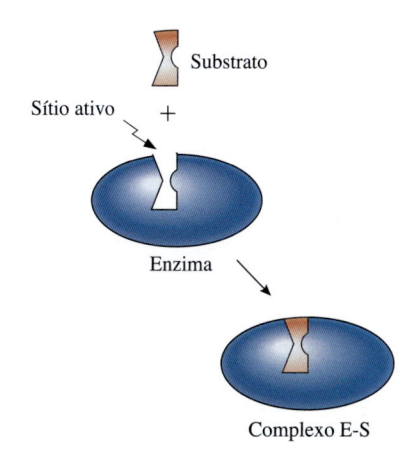

**FIGURA 23.7** Modelo chave-fechadura do mecanismo enzimático

Modelo do ajuste induzido Um modelo que explica a especificidade da ação enzimática pela comparação do sítio ativo a uma luva e do substrato a uma mão.

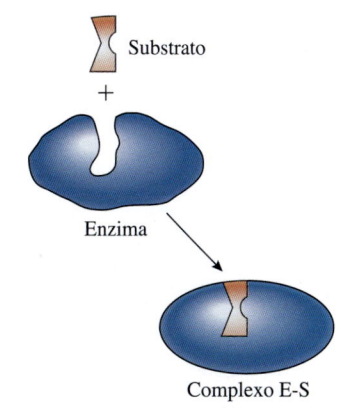

**FIGURA 23.8** Modelo do ajuste induzido do mecanismo enzimático.

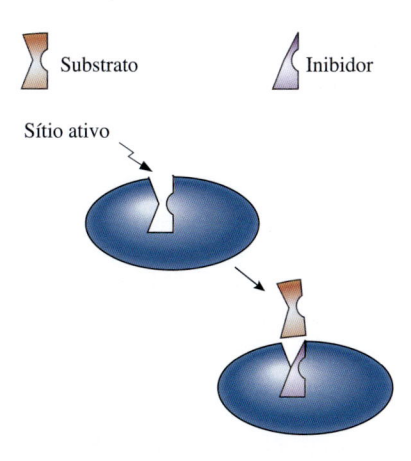

**FIGURA 23.9** Mecanismo da inibição competitiva. Quando um inibidor competitivo entra no sítio ativo, o substrato fica de fora.

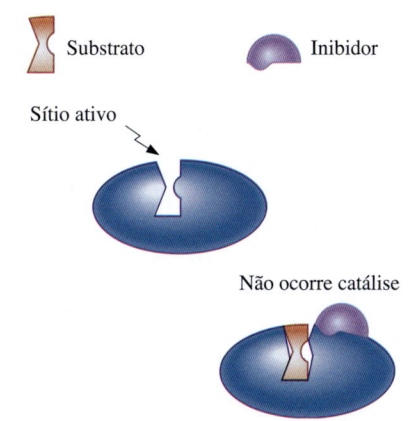

**FIGURA 23.10** Mecanismo da inibição não competitiva. O inibidor se liga a um sítio diferente do sítio ativo (alosterismo), o que muda a conformação do sítio ativo. O substrato ainda se liga à enzima (sítio ativo), mas não existe catálise.

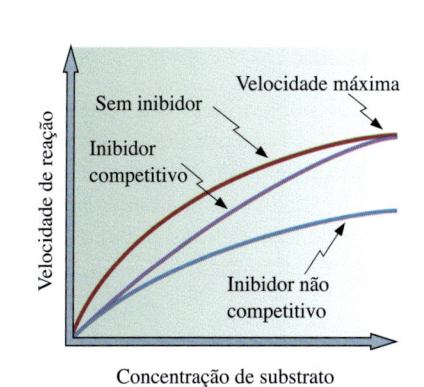

**FIGURA 23.11** Cinética enzimática na presença e na ausência de inibidores.

Se o inibidor é não competitivo, ele não pode ser deslocado pela adição do excesso de substrato porque está ligado em um sítio diferente. Nesse caso, a enzima não pode ser restabelecida à sua máxima atividade, e a velocidade máxima de reação é menor do que seria na ausência do inibidor. Com um inibidor não competitivo, parece sempre que uma menor quantidade de enzima está disponível. Inibição competitiva e não competitiva são duas das mais comuns inibições extremas que sofrem as enzimas. Muitos outros tipos de inibidores reversíveis existem, mas estão além dos objetivos deste livro.

As enzimas podem também ser inibidas irreversivelmente se um composto está ligado covalente e permanentemente no ou próximo do sítio ativo. Tal inibição ocorre com a penicilina, que inibe a enzima transpeptidase, que é necessária para as ligações cruzadas da parede celular das bactérias. Sem as ligações cruzadas, o citoplasma da bactéria transborda, e a bactéria morre ("Conexões químicas 19B"). Em "Conexões químicas 23D", descrevem-se duas aplicações médicas de inibidores.

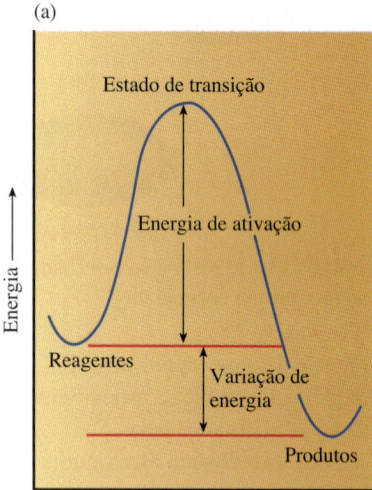

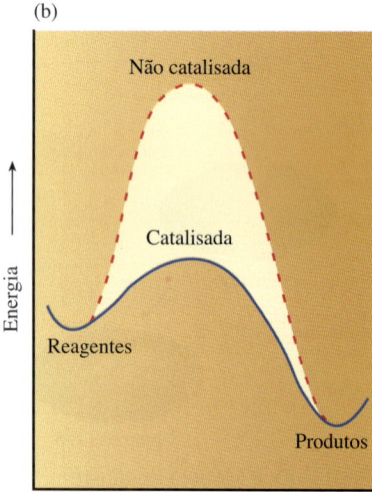

## C. Poder catalítico das enzimas

Tanto o modelo da chave-fechadura como o modelo do ajuste induzido enfatizam a forma do sítio. Entretanto, a química que se desenvolve no sítio ativo é, na verdade, o fator mais importante. Um exame do que é conhecido do sítio ativo das enzimas mostra que cinco aminoácidos participam dos sítios ativos em mais de 65% de todos os casos. Eles são, em ordem de ocorrência, His > Cys > Asp > Arg > Glu. Uma "espiada" na Tabela 22.1 revela que a maior parte desses aminoácidos tem ou cadeias laterais com grupos ácidos ou grupos básicos. Portanto, a química ácido-base frequentemente determina o modo de catálise. O exemplo dado em "Conexões químicas 23C" confirma essa correlação. Dos 11 aminoácidos no sítio catalítico, dois são Arg, um é Asp, e dois são relacionados com Asn.

Dissemos que as enzimas não podem mudar a termodinâmica entre os substratos e os produtos de reação, mas elas aceleram as reações. Como elas realmente conseguem realizar essa tarefa? Se observarmos o diagrama de energia de uma reação hipotética, constataremos que existem reagentes, de um lado, e produtos, do outro. A relação termodinâmica é descrita pela diferença de altura entre os dois, como mostrado na Figura 23.12(a). Em qualquer reação que pode ser escrita como segue:

$$A + B \rightleftharpoons C + D$$

antes de A e B tornarem-se C e D, eles precisam passar pelo **estado de transição** entre estes dois estados. Essa situação é frequentemente pensada como uma "barreira de energia" (ou ainda uma "colina de energia") que precisa ser escalada. A energia requerida para subir essa colina é a energia de ativação, como mostrado na Figura 23.12(b). As enzimas são catalisadores eficazes porque diminuem a colina de energia, como mostrado na Figura 23.12(b). Elas reduzem a energia de ativação.

Como a enzima reduz a energia de ativação é um aspecto específico para a enzima e a reação que está sendo catalisada. Como já notamos, no entanto, uns poucos aminoácidos aparecem mais na maioria dos sítios ativos. O aminoácido específico no sítio ativo e sua exata orientação permitem que o(s) substrato(s) se ligue(m) ao sítio ativo e então reaja(m) para formar os produtos. Por exemplo, a papaína é uma protease, uma enzima que cliva ligações peptídicas, como no caso da tripsina. Dois aminoácidos críticos estão no sítio ativo da papaína (Figura 23.13). A histidina (mostrada em azul) ajuda a atrair o peptídeo e segurá-lo na orientação correta via ligações de hidrogênio (mostradas como pontilhados vermelhos). O enxofre da cadeia lateral de cisteína realiza um tipo de reação, denominado **ataque nucleofílico**, no carbono carbonílico da ligação peptídica, e a ligação C—N é quebrada. Esse ataque nucleofílico aparece na vasta maioria dos mecanismos enzimáticos e ocorre por causa do arranjo preciso das cadeias laterais de aminoácidos que podem participar nesse tipo de reação orgânica.

**FIGURA 23.12** Perfis de energia de ativação. (a) O perfil da energia de ativação de uma reação típica. (b) Uma comparação dos perfis de energia de ativação para uma reação catalisada e uma não catalisada.

**Ataque nucleofílico** Uma reação química em que um átomo elétron excedente, como o oxigênio ou o enxofre, liga-se a um átomo com deficiência de elétrons, como o carbono carbonílico.

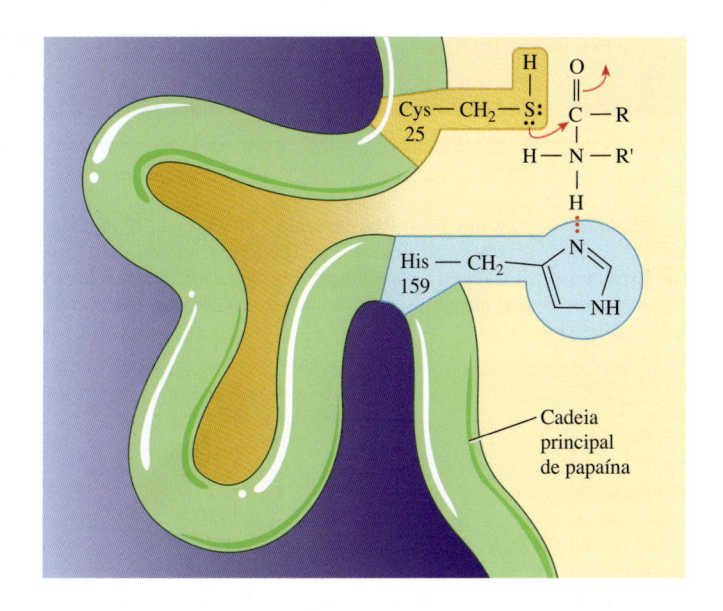

**FIGURA 23.13** Papaína é uma protease de cisteína. Um resíduo de cisteína que apresenta uma função primordial está envolvido no ataque nucleofílico, na ligação peptídica que ela hidrolisa.

## 23.6 Como as enzimas são reguladas?

### A. Controle por retroação (*feedback*)

As enzimas são normalmente reguladas pelas condições ambientais. O **controle por retroação** (*feedback*) é um processo de regulação no qual a formação de um produto inibe uma reação anterior em determinada sequência de reações enzimáticas. O produto de reação de uma enzima pode controlar a atividade de outra enzima, particularmente em um sistema complexo em que enzimas trabalham cooperativamente. Por exemplo, em um sistema desse tipo, cada etapa é catalisada por uma enzima diferente:

$$A \xrightarrow{E_1} B \xrightarrow{E_2} C \xrightarrow{E_3} D$$

Uma representação esquemática de um caminho mostrando a inibição por retroação

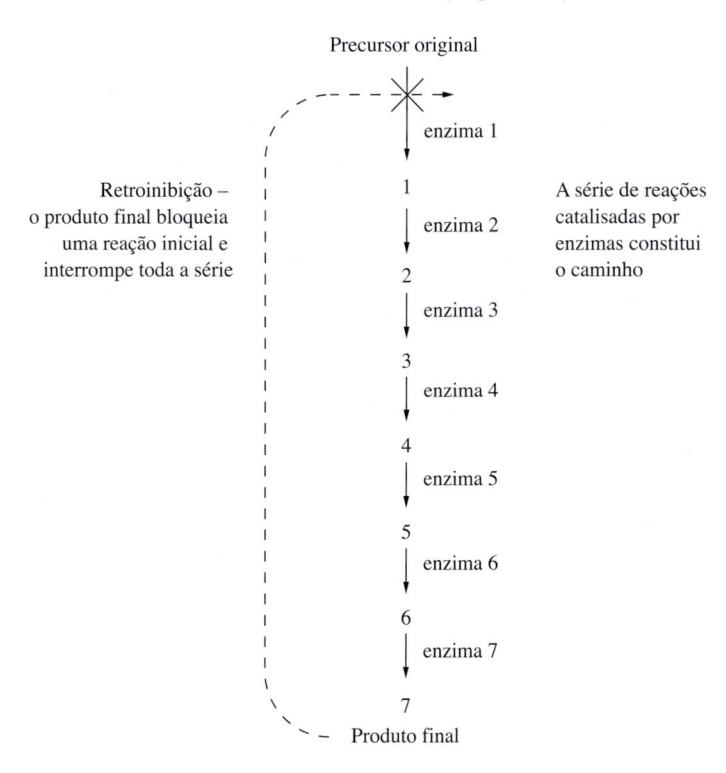

Precursor original

Retroinibição – o produto final bloqueia uma reação inicial e interrompe toda a série

↓ enzima 1
1
↓ enzima 2
2
↓ enzima 3
3
↓ enzima 4
4
↓ enzima 5
5
↓ enzima 6
6
↓ enzima 7
7
Produto final

A série de reações catalisadas por enzimas constitui o caminho

## Conexões químicas 23B

### Enzimas e memória

Existem milhares de enzimas diferentes em uma célula, e estudaremos algumas delas nos capítulos subsequentes. Novas informações sobre a importância das enzimas são publicadas toda semana na literatura científica. A enzima mais importante em uma série de processos metabólicos é a **quinase** (um tipo de transferase; ver Tabela 23.1). Uma quinase, chamada proteína quinase Mζ (PMKζ) (ζ é a letra grega correspondente a z), tem sido relacionada com a manutenção da memória de longo termo. Os cientistas criaram uma droga chamada ZIP que bloqueia essa enzima. Em experimentos, eles deram aos ratos água adocicada com sacarina e então induziram náusea logo após os ratos terem bebido água açucarada. Esses ratos (ratos-controle) apresentaram então aversão à água açucarada por várias semanas. Os humanos têm o mesmo tipo de resposta: normalmente uma pessoa que vomita após comer um tipo específico de comida se lembrará da experiência e não vai querer consumir a mesma comida. Os pesquisadores injetaram ZIP no córtex cerebral dos ratos-controle e constataram, em duas horas após a aplicação da droga, que eles haviam perdido a aversão à água adocicada. Portanto, quando se bloqueia a PMKζ, ocorre uma eliminação de memória, e essa é a primeira evidência de que uma enzima específica é necessária para a retenção da memória de longo termo. O próximo passo será determinar se a droga ZIP elimina todo o aprendizado do passado ou se ela poderia ser usada seletivamente. O intuito dessas pesquisas é procurar maneiras de bloquear seletivamente algumas memórias, como as memórias dolorosas de eventos traumáticos.

**Molécula de memória.** A PMKζ mantém memórias de longo termo no córtex cerebral de ratos.

---

**Proenzima (zimogênios)** Uma proteína que se torna uma enzima ativa após passar por uma transformação química.

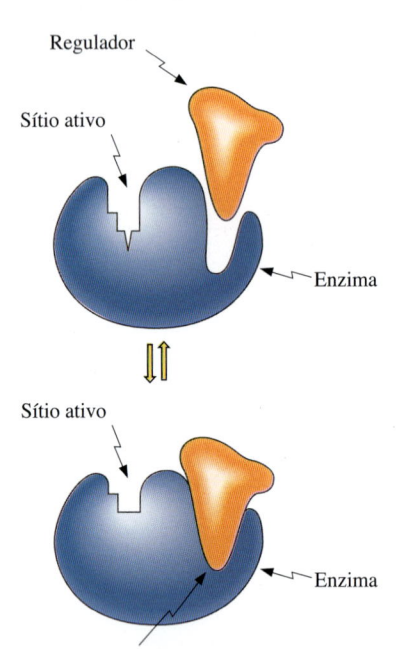

**FIGURA 23.14** Efeito alostérico. Ligação de um regulador em um sítio diferente do sítio ativo que resulta na mudança da forma do sítio ativo.

**Enzima alostérica** Uma enzima em que a ligação de um regulador em um sítio da enzima modifica a capacidade de ligação do substrato no sítio ativo da enzima.

O produto final da cadeia de reações enzimáticas pode inibir a atividade da primeira enzima (por inibição competitiva, não competitiva ou qualquer outro tipo de inibição). Quando a concentração do produto final é baixa, todas as reações ocorrem rapidamente. À medida que a concentração aumenta, entretanto, a ação da enzima 1 se torna inibida e eventualmente para. Dessa maneira, a cumulação do produto final serve como uma mensagem que diz à enzima 1 interromper sua atividade porque a célula já tem o produto final em quantidade suficiente para as suas necessidades presentes. Quando se interrompe a enzima 1, todo o processo para.

### B. Proenzimas

Algumas enzimas são produzidas pelo organismo em uma forma inativa. Para torná-las ativas, uma pequena parte da sua cadeia polipeptídica precisa ser removida. Essas formas inativas das enzimas são chamadas **proenzimas** ou **zimogênios**. Após o excesso da cadeia de polipeptídeo ser removido, a enzima torna-se ativa.

Por exemplo, a tripsina é produzida no pâncreas como uma molécula inativa de tripsinogênio (um zimogênio). Quando um fragmento que contém seis aminoácidos é removido da extremidade N-terminal, a molécula adquire a atividade total da molécula de tripsina. A remoção do fragmento não apenas diminui a cadeia, mas também muda a conformação tridimensional (a estrutura terciária), o que permite que a molécula obtenha a sua forma ativa.

Por que ocorre esse tipo de problema no organismo? A razão é muito simples. A tripsina é uma protease – ela catalisa a hidrólise de ligações peptídicas (Figura 23.1) – e é, por isso, um importante catalisador para a digestão das proteínas que comemos. Porém não seria bom se ela clivasse as próprias proteínas de nosso corpo! Portanto, o pâncreas produz a tripsina em uma forma inativa; somente após a tripsina entrar no trato digestivo, ela se torna ativa.

### C. Alosterismo

Algumas vezes, a regulação ocorre por intermédio de um evento que ocorre em sítio diferente do sítio ativo, mas que eventualmente afeta o sítio ativo. Esse tipo de interação é chamado **alosterismo**, e qualquer enzima regulada dessa forma é denominada **enzima alostérica**. Se uma substância se liga não covalente e reversivelmente a um sítio *que não é o ativo*, ela pode afetar a enzima de duas maneiras: pode inibir a ação da enzima (**modulação negativa**) ou estimular a ação da enzima (**modulação positiva**).

## Conexões químicas 23C

### Sítios ativos

A percepção de um sítio ativo como uma cavidade rígida (modelo da chave-fechadura) ou como um molde parcialmente rígido (modelo do ajuste induzido) é muito simplificada. Não apenas a geometria do sítio ativo é importante, mas também as interações específicas que podem ocorrer entre a superfície da enzima e o substrato. Para ilustrar, veremos, com mais detalhes, o sítio ativo da piruvato quinase. Essa enzima catalisa a transferência de um grupo fosfato do fosfoenol piruvato (PEP) para ADP, uma etapa importante na glicólise (Seção 28.2)

$$CH_2=C(OPO_3^{2-})-COO^- + R-O-P(O)(O^-)-O-P(O)(O^-)-O^- \longrightarrow CH_3-C(=O)-COO^- + R-O-P(O)(O^-)-O-P(O)(O^-)-O-P(O)(O^-)-O^-$$

Fosfoenol piruvato    ADP    Piruvato    ATP

O sítio ativo da enzima liga os substratos PEP e ADP (ver figura a seguir, à esquerda). O músculo dos coelhos tem dois cofatores na piruvato quinase: $K^+$ e $Mn^{2+}$ ou $Mg^{2+}$. O cátion divalente está coordenado aos carboxilatos do piruvato (substrato) e dos resíduos de glutamato 271 e aspartato 295 da enzima. (Os números indicam a posição do aminoácido na sequência.) O grupo apolar $=CH_2$ reside em um bolso hidrofóbico formado por resíduos de alanina 292, glicina 294 e treonina 327. O $K^+$ localizado do outro lado do sítio ativo está coordenado com o fosfato do substrato e os resíduos de serina 76 e asparagina 74 da enzima. A lisina 269 e a arginina 72 também fazem parte do sistema catalítico, ancorando a molécula de ADP. Esse arranjo do sítio ativo ilustra que uma dobra específica nas estruturas secundária e terciária é necessária para reunir grupos funcionais importantes. Os resíduos de aminoácidos que participam do sítio ativo estão, algumas vezes, próximos na sequência (asparagina 74 e serina 76), mas a maioria permanece distante (glutamato 271 e aspartato 295). A figura apresentada a seguir, à direita, ilustra as estruturas secundária e terciária que resultam em um sítio ativo estável.

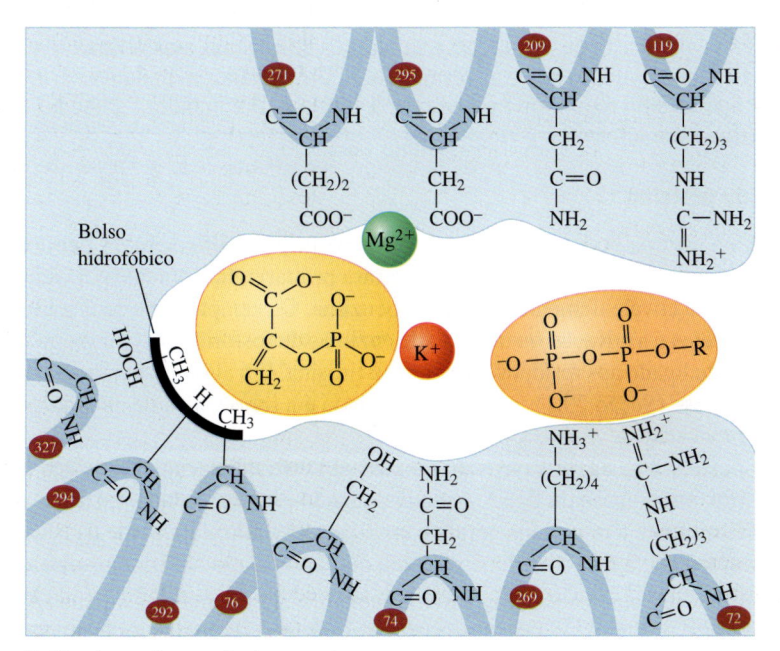

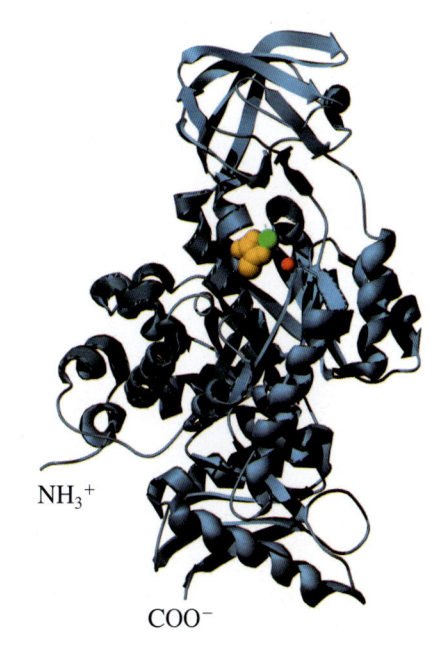

O sítio ativo e substratos da piruvato quinase.

Desenho de fita da piruvato quinase. Piruvato, $Mg^{2+}$ e $K^+$ são representados como modelos de preenchimento.

---

A substância que se liga à enzima alostérica é chamada **regulador**, e o sítio em que ele se liga é chamado **sítio regulatório**. Na maioria dos casos, as enzimas alostéricas contêm mais de uma cadeia polipeptídica (subunidades), o sítio regulatório está em uma cadeia polipeptídica, e o sítio ativo está em outra.

Reguladores específicos podem se ligar reversivelmente aos sítios regulatórios. Por exemplo, a enzima descrita na Figura 23.14 é uma enzima alostérica. Nesse caso, a enzima tem apenas uma cadeia polipeptídica, portanto ela contém tanto o sítio regulatório como o sítio ativo em pontos diferentes da mesma cadeia. O regulador se liga reversivelmente ao sítio regulatório. Enquanto o regulador permanecer ligado ao sítio regulatório, o complexo total enzima-regulador permanecerá inativo. Quando o regulador é removido do sítio regulatório, a enzima se torna ativa. Dessa maneira, o regulador controla a ação da enzima alostérica.

Os conceitos que descrevem as enzimas alostéricas incluem um modelo de uma enzima que tem duas formas. Uma delas é mais adequada para ligar o substrato e gerar o produto que a outra. A forma mais ativa é referida como a **forma R**, em que "R" significa *relaxada*.

A forma menos ativa é referida como **forma T**, em que "T" significa *tensionada* (Figura 23.15). Existe um equilíbrio entre as formas R e T. Quando a enzima está na forma R, ela liga bem o substrato e catalisa a reação. Reguladores alostéricos funcionam ligando-se às enzimas e favorecendo uma forma em relação à outra.

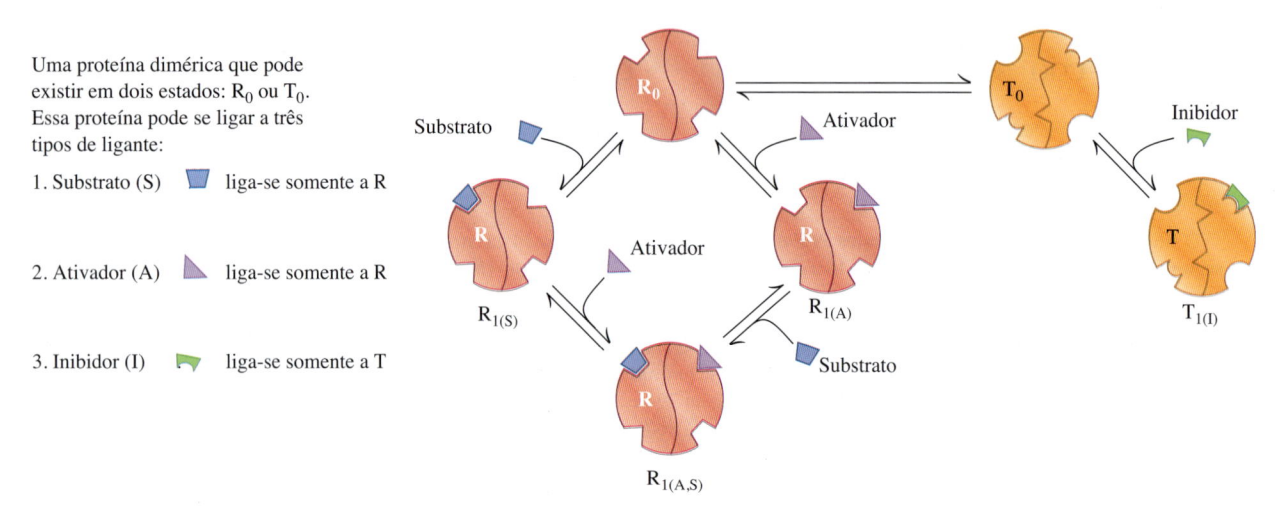

**FIGURA 23.15** Efeitos da ligação de ativadores e inibidores de enzimas alostéricas. A enzima apresenta um equilíbrio entre as formas T e R. Um ativador é qualquer molécula que se liga ao sítio regulatório e favorece a forma R. Um inibidor liga-se ao sítio regulador e favorece a forma T.

### D. Modificação da proteína

A atividade de uma enzima pode também ser controlada pela **modificação da proteína**. A modificação é usualmente uma mudança na estrutura primária, tipicamente pela adição de um grupo funcional covalentemente ligado à apoenzima. O exemplo mais conhecido de modificação da proteína é a ativação ou inibição de enzimas de fosforilação. Um grupo fosfato é frequentemente ligado aos resíduos de serina ou tirosina. Em algumas enzimas, como a glicogênio fosforilase (Seção 29.1), a forma fosforilada é a forma ativa da enzima. Sem isso, a enzima é menos ativa.

O exemplo oposto é o da enzima piruvato quinase (PK, abordada em "Conexões químicas 23C"). A piruvato quinase do fígado é inativa quando está fosforilada. Enzimas que catalisam tais fosforilações têm o nome geral de *quinases*. Quando a atividade da PK não é necessária, é fosforilada (à PKP) por uma proteína quinase usando ATP como substrato, assim como fonte de energia (Seção 27.3). Quando o sistema quer regenerar a atividade da PK, o grupo fosfato, $P_i$, é removido por outra enzima, fosfatase, que torna a PK ativa.

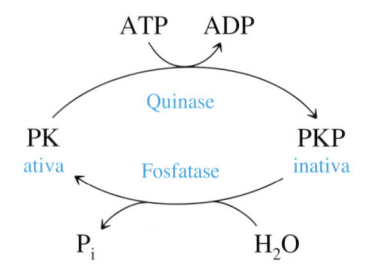

## Conexões químicas 23D

### Usos medicinais dos inibidores

Uma estratégia-chave no tratamento da síndrome da imunodeficiência adquirida (*acquired immunodeficiency syndrome* – Aids) tem sido o desenvolvimento de inibidores específicos que seletivamente bloqueiam a ação de enzimas exclusivas do vírus da imunodeficiência humana (*human immunodeficiency virus* – HIV), que causa a Aids. Muitos laboratórios estão trabalhando nesse enfoque para o desenvolvimento de agentes terapêuticos.

Um dos alvos mais importantes é a HIV protease, uma enzima essencial para a produção de novas partículas de vírus em células infectadas. A HIV protease é exclusiva desse vírus. Ela catalisa o processamento de proteínas virais em uma célula infectada. Sem essas proteínas, partículas viáveis de vírus não podem ser liberadas e causar uma infecção posterior. A estrutura da protease, incluindo seu sítio ativo, foi elucidada por cristalografia de raios X. Com base nessa estrutura, os cientistas têm projetado e sintetizado inibidores competitivos para a ligação no sítio ativo. Melhorias foram feitas na elaboração das drogas, e obteve-se a estrutura de uma série de inibidores ligados ao sítio ativo da HIV protease. Essas estruturas (do inibidor ligado no sítio ativo) foram também elucidadas por cristalografia de raios X. Esses estudos conduziram a possíveis inibidores da HIV protease: saquinavir da Hoffmann-LaRoche, ritonavir da Abbott, indinavir da Merck, viracept da Agouron Pharmaceuticals e amprenavir da Vertex Pharmaceuticals. (Essas empresas mantêm *home pages* altamente informativas.)

O tratamento da Aids é mais eficiente quando uma combinação de drogas é usada, e inibidores da HIV protease desempenham um papel importante. Resultados especialmente promissores (como a diminuição dos níveis do vírus na corrente sanguínea) são obtidos quando inibidores da HIV protease fazem parte do conjunto de drogas para a Aids.

Algumas vezes, a pesquisa por um inibidor conduz a resultados inesperados. Os cientistas têm investigado por muito tempo drogas melhores para combater *angina* (dores do peito causadas pelo baixo fluxo sanguíneo no coração) e *hipertensão* (alta pressão sanguínea), uma doença comum em nossos dias. O fluxo sanguíneo aumenta quando a musculatura lisa dos vasos sanguíneos relaxa. Essa relaxação é em razão de um decréscimo do $Ca^{2+}$ intracelular que, por sua vez, é acionado por um aumento na concentração de GMP (cGMP, ver Capítulo 25). O GMP cíclico é degradado por enzimas denominadas fosfodiesterases. De acordo com os cientistas, se fosse possível projetar um inibidor dessas fosfodiesterases, o cGMP duraria mais, e os vasos sanguíneos permaneceriam abertos por mais tempo, e a pressão sanguínea diminuiria. Os cientistas desenvolveram, então, uma droga para mimetizar o cGMP com o objetivo de inibir as fosfodiesterases. O nome da droga é sildenafil citrato, mas a Pfizer o comercializa com o nome de Viagra.

Infelizmente, o Viagra não mostrou benefícios significativos na redução da dor da angina ou no decréscimo da pressão sanguínea. No entanto, alguns homens, nos testes clínicos da droga, notaram a ereção peniana. Aparentemente, a droga funcionou na inibição das fosfodiesterases no tecido vascular do pênis, levando a uma relaxação da musculatura lisa e aumentando o fluxo sanguíneo. Apesar de a droga não realizar a finalidade para a qual foi projetada, sua inibição competitiva viabilizou um grande sucesso para a empresa que a produziu.

Estrutura do amprenavir (VX-478), um inibidor da HIV protease.

cGMP

Viagra

Note a similaridade estrutural entre cGMP (à esquerda) e o Viagra.

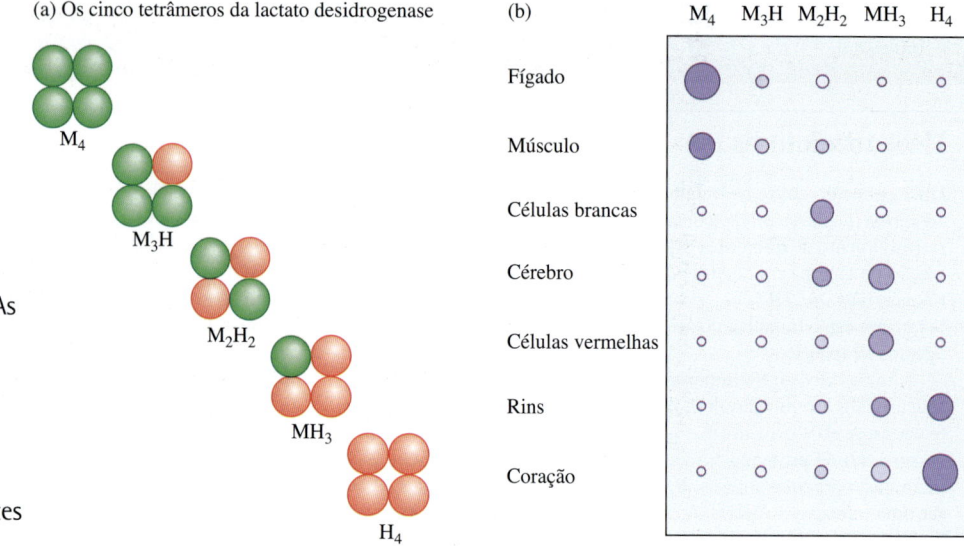

**FIGURA 23.16** As isozimas da lactato desidrogenase (LDH). (a) As cinco combinações possíveis misturando-se dois tipos de subunidades, H e M, em todas as permutações para formar um tetrâmero. (b) A descrição de um gel de eletroforese dos tipos de isozima encontrados nos diferentes tecidos.

**Isozimas (Isoenzimas)** Enzimas que realizam a mesma função, mas têm diferentes combinações das suas subunidades e, portanto, estruturas quaternárias diferentes.

### E. Isoenzimas

Outro tipo de regulação da atividade enzimática ocorre quando a mesma enzima aparece de diversas formas em diferentes tecidos. A lactato desidrogenase (LDH) catalisa a oxidação de lactato a piruvato e vice-versa (Figura 28.3, etapa 11). A enzima tem quatro subunidades (tetrâmero). Existem dois tipos de subunidades, chamadas H e M. A enzima que prevalece no coração é uma enzima $H_4$, que significa que todas as quatro subunidades são do tipo H, embora algumas subunidades do tipo M também estejam presentes. No fígado e nos músculos esqueléticos, o tipo M predomina. Outros tipos de combinações dos tetrâmeros existem em diferentes tecidos: $H_3M$, $H_2M_2$ e $HM_3$. Essas diferentes formas da mesma enzima são chamadas **isozimas** ou **isoenzimas**.

As diferentes subunidades conferem diferenças sutis, porém importantes, à função da enzima em relação ao tecido. O coração é um órgão puramente aeróbico, exceto durante um ataque cardíaco. A LDH é usada para converter lactato em piruvato no coração. A enzima $H_4$ é alostericamente inibida por altos níveis de piruvato (seu produto) e tem uma maior afinidade por lactato (seu substrato) que a enzima $M_4$, que é otimizada para executar as reações opostas. A isozima $M_4$ favorece a produção de lactato.

A distribuição de isozimas LDH pode ser vista pela técnica de eletroforese em gel, em que as amostras são separadas em um gel por meio de um campo elétrico. Além das suas diferenças cinéticas, as duas subunidades da LDH possuem diferentes cargas. Portanto, cada combinação de subunidades atravessa o campo elétrico com uma diferente velocidade (Figura 23.16).

## 23.7 Como as enzimas são usadas na medicina?

A maior parte das enzimas está confinada no interior das células. No entanto, pequenas quantidades podem também ser encontradas nos fluidos corpóreos como o sangue, a urina e o fluido cerebroespinhal. O nível de atividade enzimática nesses fluidos pode ser monitorado facilmente. Esta informação pode ser extremamente útil: uma atividade anormal (tanto alta como baixa) de uma enzima em particular nos vários fluidos sinaliza tanto o aparecimento de certas doenças como a sua progressão. A Tabela 23.2 lista algumas enzimas usadas no diagnóstico médico e sua atividade nos fluidos corpóreos.

Por exemplo, várias enzimas são medidas durante o enfarte do miocárdio para a diagnose da severidade do ataque cardíaco. As células mortas do coração despejam seu conteúdo enzimático no plasma. Como consequência, o nível de creatina fosfoquinase (CPK) no plasma aumenta rapidamente, atingindo um máximo em dois dias. Esse aumento é seguido por uma elevação dos níveis de aspartato aminotransferase (AST; antes chamada glutamato-oxaloacetato transaminase, ou GOT). Esta segunda enzima atinge um máximo dois ou três dias depois do ataque cardíaco. Adicionalmente à CPK e AST, os níveis de lactato desidrogenase (LDH) são monitorados; seu máximo surge após cinco ou seis dias. Na he-

TABELA 23.2 Análise de enzimas úteis no diagnóstico médico

| Enzima | Atividade normal | Fluido corpóreo | Doença diagnosticável |
|---|---|---|---|
| Alanina aminotransferase (ALT) | 3-17 U/L* | Serum | Hepatite |
| Fosfatase ácida | 2,5-12 U/L | Serum | Câncer de próstata |
| Fosfatase alcalina (ALP) | 13-38 U/L | Serum | Doenças do fígado ou dos ossos |
| Amilase | 19-80 U/L | Serum | Doença pancreática ou caxumba |
| Aspartato aminotransferase (AST) | 7-19 U/L | Serum | Ataque cardíaco ou hepatite |
| | 7-49 U/L | Fluido cerebroespinhal | |
| Lactato desidrogenase (LDH) | 100-350 WU/mL | Serum | Ataque cardíaco |
| Creatina fosfoquinase (CPK) | 7-60 U/L | Serum | |
| Fosfoexose isomerase (PHI) | 15-75 U/L | Serum | |

*U/L = Unidades internacionais por litro; WU/mL = unidades Wrobleski por mililitro.

patite infecciosa, o nível de alanina aminotransferase (ALT; antes denominada glutamato-piruvato transaminase, ou GPT) pode aumentar 10 vezes em relação ao normal. Existe também um aumento simultâneo na atividade AST no plasma.

Em alguns casos, a administração de uma enzima é parte da terapia. Após operações de úlceras duodenais ou estomacais, por exemplo, são prescritos tabletes contendo enzimas digestivas aos pacientes, uma vez que, após a cirurgia, a disponibilidade dessas enzimas diminui no estômago. Tais preparações de enzimas contêm lipases, tanto sozinhas como combinadas com enzimas proteolíticas.

## 23.8 O que são análogos do estado de transição e enzimas elaboradas?

Como foi visto na Seção 23.5C, uma enzima diminui a energia de ativação de determinada reação, o que gera um estado de transição mais favorável. Isso é possível por a enzima ter um sítio ativo que, na verdade, se ajusta melhor ao estado de transição que ao substrato ou aos produtos. Esse aspecto tem sido demonstrado pela utilização de **análogos do estado de transição**, ou seja, moléculas com uma forma que mimetiza o estado de transição do substrato.

A prolina racemase, por exemplo, catalisa a reação que converte L-prolina em D-prolina. Durante essa reação, o carbono-$\alpha$ precisa mudar de um arranjo tetraédrico para uma forma planar e, então, retornar para a forma tetraédrica, mas com a orientação de duas ligações revertidas (Figura 23.17). Um inibidor da reação é pirrol-2-carboxilato, uma substância estruturalmente similar ao que a prolina seria em seu estado de transição porque ela é sempre planar nos carbonos equivalentes. Esse inibidor se liga à prolina racemase 160 vezes mais forte que a própria prolina. Análogos do estado de transição têm sido usados com várias enzimas para ajudar a verificar a proposição de um mecanismo e a estrutura do estado de transição, assim como para inibir uma enzima seletivamente. Eles agora estão sendo usados como modelos na elaboração de fármacos com o objetivo de inibição específica de enzimas que causam doenças.

Em 1969, William Jencks propôs que um imunogênico (uma molécula que elicita a resposta de um anticorpo) elicitaria anticorpos (Capítulo 31) com atividade catalítica se o imunogênico simulasse o estado de transição da reação. Richard Lerner e Peter Schultz, que criaram o primeiro anticorpo catalítico, confirmaram essa hipótese em 1986.

**Análogo do estado de transição**
Uma molécula que mimetiza o estado de transição do substrato em uma reação química enzimática e que é usada como inibidora da enzima.

## Conexões químicas 23E

### Glicogênio fosforilase: um modelo para a regulação de enzimas

Um excelente exemplo da sutil elegância da regulação enzimática pode ser visto na enzima glicogênio fosforilase, uma enzima que fragmenta o glicogênio (Capítulo 20) em glicose quando o corpo humano precisa de energia. A glicogênio fosforilase é um dímero controlado pela modificação e por alosterismo.

Existem duas formas de fosforilase chamadas fosforilase *b* e fosforilase *a*, como mostrado na figura. A fosforilase *a* tem um fosfato ligado em cada subunidade, que foram colocados lá pela enzima fosforilase quinase. A fosforilase *b* não tem esses fosfatos. A quinase é ativada por um sinal hormonal que indica a necessidade para o fornecimento de energia de forma rápida ou a necessidade de mais glicose no sangue, dependendo do tecido.

A fosforilase também é controlada alostericamente por uma variedade de reguladores. A forma *b* é convertida em uma forma mais ativa na presença de AMP. Glicose-6-fosfato, glicose e cafeína convertem a forma *b* na forma menos ativa. A forma *a* é também convertida na forma menos ativa pela glicose e cafeína. Em geral, o equilíbrio pende mais para o lado da forma ativa com a fosforilase *a* que com a fosforilase *b*.

Essa combinação de regulação é muito benéfica porque conduz tanto a mudanças rápidas como para aquelas de longo termo. Quando você precisa de uma ação rápida para uma resposta de "lute ou fuja", as primeiras contrações musculares causam a quebra do ATP. A AMP aumenta em menos de 1 segundo, convertendo alguma fosforilase na forma ativa (estado R). Ao mesmo tempo, você experimenta um ímpeto de adrenalina que causa a ativação da fosforilase quinase e a subsequente fosforilação da glicogênio fosforilase da forma *b* para a forma *a*. Essa conversão então permite que mais fosforilase passe para a forma ativa R (ver lado direito da figura, a flecha apontada para baixo). A resposta hormonal é um pouco mais lenta, levando de segundos a minutos para ter efeito, mas ela é mais de longo termo porque o equilíbrio permanece deslocado para a forma R até outra enzima (fosfatase) remover os fosfatos. Então, a combinação dos controles alostérico e covalente nos dá o melhor de duas situações.

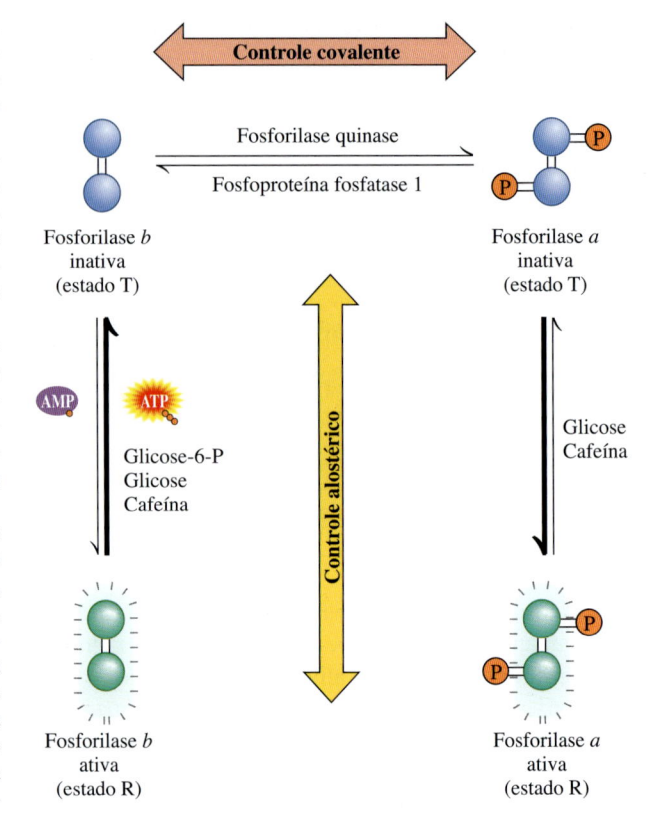

A atividade da glicogênio fosforilase está sujeita ao controle alostérico e a modificações covalentes via fosforilação. A forma fosforilada é mais ativa. A enzima que coloca um grupo fosfato na fosforilase é chamada fosforilase quinase.

**FIGURA 23.17** A reação da prolina racemase. Pirrol-2-carboxilato mimetiza o estado de transição planar da reação.

Pelo fato de um anticorpo ser uma proteína que tem a capacidade de se ligar a moléculas específicas no imunogênico, o anticorpo será, em essência, um sítio ativo falso. Por exemplo, a reação de piridoxal fosfato e um aminoácido para formar o correspondente α-cetoácido e piridoxamina fosfato é uma reação muito importante no metabolismo de ami-

## Conexões químicas 23F

### Uma enzima, duas funções

A enzima chamada prostaglandina enderoperoxidase sintase (PGHS) catalisa a conversão de ácido araquidônico em PGH$_2$ (Seção 21.12) em duas etapas:

Ácido araquidônico

→ (Ciclo-oxigenase) → PGG$_2$

→ (Peroxidase) → PGH$_2$

No processo, a PGHS insere duas moléculas de oxigênio no ácido araquidônico.

A enzima em si é uma molécula de proteína única (não apresenta subunidades), está associada à membrana celular e tem uma coenzima, o grupo heme. Ela apresenta duas funções distintas. A primeira delas é a função de enzima com *atividade ciclo-oxigenase*: fechar um anel de ciclopentano substituído. A outra é a função de enzima com *atividade peroxida*, que resulta no derivado 15-hidróxi da prostaglandina, o PGH$_2$.

Os analgésicos comerciais agem de duas maneiras ao inibirem a formação de prostaglandina PGH$_2$. Primeiro, a atividade de ciclo-oxigenase da PGHS é inibida pela aspirina e está relacionada com Aines ("Conexões químicas 21H"). A aspirina inibe PGHS pela acetilação da serina do sítio ativo. Como resultado, o sítio ativo não tem mais a capacidade de acomodar o ácido araquidônico. Outros Aines também inibem a atividade de ciclo-oxigenase, mas não afetam a atividade de peroxidase. Segundo, outra classe de inibidor tem uma atividade antioxidante. Por exemplo, o acetaminofeno (Tylenol) atua como analgésico pela inibição da atividade de peroxidase da PGHS.

---

noácidos. A molécula $N^\alpha$-(5'-fosfopiridoxil)-L-lisina serve como um estado de transição análogo para essa reação. Quando essa molécula de antígeno foi usada para elicitar anticorpos, esses anticorpos, ou **abzimas**, apresentaram atividade catalítica (Figura 23.18).

**Abzima** Um anticorpo que apresenta atividade catalítica porque foi criado pela utilização de um análogo do estado de transição como um agente imunogênico.

**FIGURA 23.18** Abzimas. (a) A porção de $N^\alpha$-(5'-fosfopiridoxil)-L-lisina é um análogo do de estado transição para a reação com piridixal 5'-fosfato. Quando essa porção está ligada à proteína e é injetada em um hospedeiro, ela age como um antígeno e o hóspede produz anticorpos que têm atividade catalítica (abzimas). (b) A abzima é então usada para catalisar a reação.

Portanto, além de ajudarem a verificar a natureza do estado de transição ou produzirem um inibidor, os análogos do estado de transição agora oferecem a possibilidade da criação de enzimas elaboradas para catalisar uma ampla variedade de reações.

## Conexões químicas 23G

### Anticorpos catalíticos contra a cocaína

Muitas drogas que viciam, incluindo a heroína, operam pela ligação a um receptor particular nos neurônios, imitando a ação de um neurotransmissor. Quando uma pessoa é dependente de uma droga desse tipo, uma tentativa comum de tratar o vício é usar um composto que bloqueia o receptor, evitando o acesso da droga. O vício por cocaína tem sido difícil de tratar sobretudo por causa de seu modo único de atuação. Como mostrado a seguir, a cocaína bloqueia a reabsorção do neurotransmissor dopamina. Como resultado, a dopamina permanece no sistema por mais tempo, superestimulando os neurônios e conduzindo ao cérebro os sinais da recompensa (a superestimulação) que levam ao vício. Fazer uso de determinada droga para bloquear o receptor não daria resultado com a cocaína e provavelmente só tornaria a remoção da dopamina ainda mais improvável.

A cocaína (Seção 16.2) pode ser degradada por uma esterase específica, uma enzima que hidrolisa uma ligação éster que faz parte da estrutura da droga. No processo dessa hidrólise, a cocaína deve passar por um estado de transição que muda sua forma. Anticorpos catalíticos para o estado de transição da cocaína estão agora sendo criados. Quando administrados aos pacientes dependentes, os anticorpos hidrolisam com sucesso a cocaína em dois produtos inofensivos: ácido benzoico e ecgonina metil éster. Quando degradada, a cocaína não pode bloquear a retomada de dopamina. Não ocorre o prolongamento do estímulo neuronal, e o efeito do vício desaparece com o tempo.

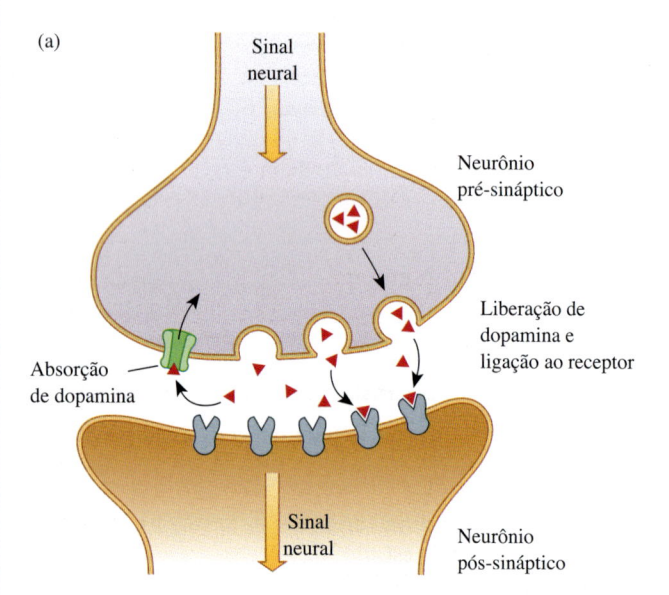

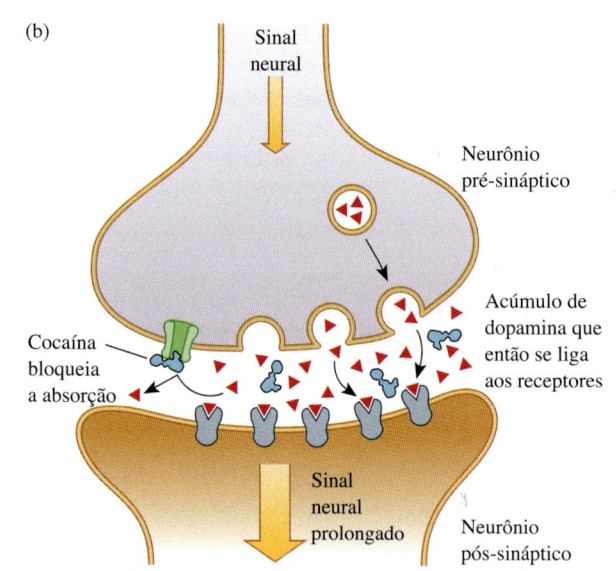

Mecanismo de ação da cocaína. (a) A dopamina age como um neurotransmissor. Ela é liberada de um neurônio pré-sináptico, movimenta-se através da sinapse e se liga ao receptor de dopamina no neurônio pós-sináptico. Ela é posteriormente liberada e absorvida nas vesículas do neurônio pré-sináptico. (b) A cocaína prolonga o tempo em que a dopamina fica disponível aos receptores de dopamina, bloqueando a sua absorção. (Adaptado de: Landry, D. W. Immunotherapy for cocaine addiction. *Scientific American*, p. 42-5, fev. 1997.)

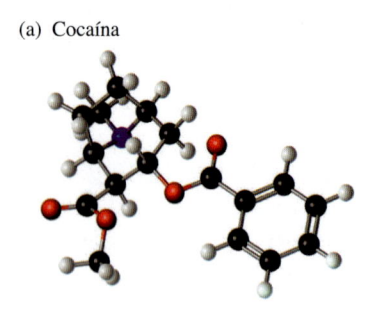

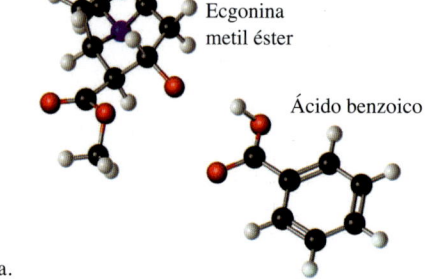

Degradação de cocaína por esterases ou anticorpos catalíticos. A cocaína (a) passa por um estado de transição (b) e, dessa forma, é hidrolisada em ácido benzoico e ecgonina metil éster (c). Análogos do estado de transição são usados para gerar anticorpos catalíticos para essa reação. (Adaptado de: Landry, D. W. Immunotherapy for cocaine addiction. *Scientific American*, p. 42-5, fev. 1997.)

## Resumo das questões-chave

**Seção 23.1 O que são enzimas?**

- **Enzimas** são macromoléculas que catalisam reações químicas nos organismos. A maioria das enzimas é muito específica – elas catalisam apenas uma reação particular.
- O composto cuja reação é catalisada por uma enzima é chamado **substrato**.
- A grande maioria das enzimas são proteínas, embora algumas sejam constituídas de RNA.

**Seção 23.2 Qual é a nomenclatura das enzimas e como elas são classificadas?**

- As enzimas são classificadas em seis grupos principais de acordo com o tipo de reação que elas catalisam.
- As enzimas são normalmente denominadas de acordo com o substrato e o tipo de reação que elas catalisam pela adição da terminação "-ase".

**Seção 23.3 Qual é a terminologia utilizada com as enzimas?**

- Algumas enzimas são constituídas apenas de cadeias polipeptídicas. Outras têm, além da cadeia polipeptídica (**apoenzima**), **cofatores** não proteicos, os quais podem ser compostos orgânicos (**coenzimas**) ou íons metálicos.
- Somente uma pequena parte da superfície, chamada **sítio ativo**, participa da catálise de uma reação química. Cofatores, se presentes na enzima, são parte do sítio ativo.
- Compostos que tornam lenta a ação da enzima são chamados **inibidores**.
- Um **inibidor competitivo** se liga ao sítio ativo. Um **inibidor não competitivo** liga-se a outra parte da superfície da enzima.

**Seção 23.4 Quais são os fatores que influenciam na atividade enzimática?**

- Quanto maiores forem as concentrações da enzima e do substrato, maior será a atividade enzimática. A uma concentração suficientemente alta do substrato, um ponto de saturação é atingido. Após esse ponto, quando se eleva a concentração do substrato, não há um aumento da velocidade de reação.
- Cada enzima tem um nível ótimo de pH e temperatura em que ela apresenta sua maior atividade.

**Seção 23.5 Quais são os mecanismos da ação enzimática?**

- Dois mecanismos proximamente relacionados que procuram explicar a atividade enzimática são o **modelo da chave-fechadura** e o **modelo do ajuste induzido**.
- As enzimas diminuem a **energia de ativação** necessária para que uma reação bioquímica ocorra.

**Seção 23.6 Como as enzimas são reguladas?**

- A atividade enzimática é regulada por cinco mecanismos.
- No **controle por retroação**, a concentração dos produtos influencia a velocidade de reação.
- Algumas enzimas, chamadas **proenzimas** ou **zimogênios**, precisam ser ativadas pela remoção de uma pequena parte da cadeia polipeptídica.
- No **alosterismo**, uma interação ocorre em uma posição diferente do sítio catalítico, mas que afeta o sítio catalítico, tanto positiva como negativamente.
- As enzimas podem ser ativadas ou inibidas pela **modificação da proteína**.
- A atividade enzimática também é regulada por **isozimas** (isoenzimas), que são diferentes formas de uma mesma enzima.

**Seção 23.7 Como as enzimas são usadas na medicina?**

- A atividade anormal das enzimas pode ser usada para diagnosticar certas doenças.

**Seção 23.8 O que são análogos do estado de transição e enzimas elaboradas?**

- O sítio ativo de uma enzima favorece a formação de um **estado de transição**.
- Moléculas que simulam o estado de transição são chamadas **análogos do estado de transição**, e essas moléculas são inibidores enzimáticos eficazes.

## Problemas

**Seção 23.1 O que são enzimas?**

23.1 Qual é a diferença entre um *catalisador* e uma *enzima*?

23.2 Do que as ribozimas são constituídas?

23.3 Uma lipase poderia hidrolisar dois triglicerídeos, um contendo apenas ácido oleico e o outro contendo apenas ácido palmítico, com a mesma facilidade?

23.4 Compare a energia de ativação de uma reação não catalisada e de uma reação catalisada.

23.5 Por que o corpo precisa de tantas enzimas diferentes?

23.6 A tripsina cliva cadeias polipeptídicas na carboxila de um resíduo de lisina ou arginina (Figura 23.1). A quimiotripsina cliva cadeias de polipeptídeos na carboxila de resíduos de um aminoácido aromático ou qualquer outro grupo apolar volumoso da cadeia lateral. Qual dessas enzimas é mais específica?

**Seção 23.2 Qual é a nomenclatura das enzimas e como elas são classificadas?**

23.7 Tanto a liases como as hidrolases catalisam reações envolvendo moléculas de água. Qual é a diferença entre esses dois tipos de reação que essas enzimas catalisam?

23.8 Monoamino oxidases são importantes enzimas que atuam no cérebro. A julgar pelo nome, qual(is) dos seguintes compostos seriam substratos adequados para essa classe de enzimas?

(a) HO—C$_6$H$_4$—CH(OH)—CH$_2$NH$_2$

(b) CH$_3$—C(=O)—N(CH$_3$)$_2$

(c) C$_6$H$_5$—NO$_2$

23.9 Com base nas informações apresentadas na Seção 23.2, indique a classificação de cada uma das seguintes enzimas:

(a) Fosfogliceromutase

$^-$OOC—CH(OH)—CH$_2$—OPO$_3^{2-}$
3-fosfoglicerato

⇌ $^-$OOC—CH(OPO$_3^{2-}$)—CH$_2$—OH
2-fosfoglicerato

(b) Urease

H$_2$N—C(=O)—NH$_2$ + H$_2$O ⇌ 2NH$_3$ + CO$_2$
Ureia

(c) Succinato desidrogenase

$^-$OOC—CH$_2$—CH$_2$—COO$^-$ + FAD
Succinato    Coenzima (forma oxidada)

⇌ (H)(COO$^-$)C=C($^-$OOC)(H) + FADH$_2$
Fumarato    Coenzima (forma reduzida)

(d) Aspartase

(H)(COO$^-$)C=C($^-$OOC)(H) + NH$_4^+$
Fumarato

⇌ $^-$OOC—CH$_2$—CH(NH$_3^+$)—COO$^-$
L-aspartato

23.10 Que tipo de reação cada uma das seguintes enzimas catalisa?
(a) Desaminase        (b) Hidrolase
(c) Desidrogenase     (d) Isomerase

### Seção 23.3 Qual é a terminologia utilizada com as enzimas?

23.11 Qual é a diferença entre uma *coenzima* e um *cofator*?

23.12 No ciclo do ácido cítrico, uma enzima converte succinato em fumarato (ver a reação no Problema 23.9c). A enzima é composta de uma parte de proteína e uma molécula orgânica chamada FAD. Quais termos você utiliza para se referir à (a) parte de proteína e (b) molécula orgânica?

23.13 Qual é a diferença entre inibição não competitiva reversível e irreversível?

### Seção 23.4 Quais são os fatores que influenciam na atividade enzimática?

23.14 Na maioria das reações catalisadas por enzimas, a velocidade de reação atinge um valor constante com o aumento da concentração do substrato. Essa correlação está descrita no diagrama da curva de saturação (Figura 23.4). Se a concentração da enzima, em molaridade, fosse duas vezes o máximo da concentração do substrato, você obteria uma curva de saturação?

23.15 A uma concentração muito baixa de certa substância, constatamos que a velocidade da reação catalisada por enzima também duplica. Você esperaria o mesmo comportamento com uma concentração muito alta do substrato? Explique.

23.16 Se queremos duplicar a velocidade de uma reação catalisada por enzima, podemos fazer isso aumentando a temperatura em 10 °C? Explique.

23.17 Uma bactéria de uma enzima tem a seguinte atividade dependente da temperatura.

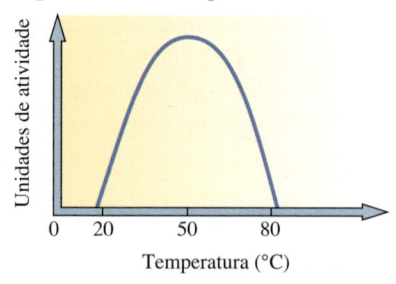

(a) Essa enzima apresenta maior ou menor atividade na temperatura normal do corpo se comparada com a temperatura de uma pessoa com febre?
(b) O que acontece com a atividade dessa enzima se a temperatura é diminuída a 35 °C?

23.18 A temperatura ótima para a ação da lactato desidrogenase é de 36 °C. Ela é irreversivelmente inativada a 85 °C, mas um fermento que contém essa enzima pode sobreviver por meses a −10 °C. Explique como isso acontece.

23.19 A atividade da pepsina foi medida em vários valores de pH. Quando a temperatura e a concentração de pepsina e substrato foram mantidas constantes, obtiveram-se as seguintes atividades:

| pH | Atividade |
|---|---|
| 1,0 | 0,5 |
| 1,5 | 2,6 |
| 2,0 | 4,8 |
| 3,0 | 2,0 |
| 4,0 | 0,4 |
| 5,0 | 0,0 |

(a) Construa o gráfico da atividade da pepsina em função do pH.
(b) Qual é o pH ótimo?
(c) Qual é a atividade da pepsina no sangue a pH 7,4?

23.20 Como o perfil de pH de uma enzima pode nos indicar o possível mecanismo se conhecemos os aminoácidos do sítio ativo?

### Seção 23.5 Quais são os mecanismos da ação enzimática?

23.21 A urease pode catalisar a hidrólise da ureia, mas não hidrolisa dietilureia. Explique por que a dietilureia não é hidrolisada.

$$H_2N-\overset{O}{\underset{\|}{C}}-NH_2 \qquad CH_3CH_2-NH-\overset{O}{\underset{\|}{C}}-NH-CH_2CH_3$$
Ureia                    Dietilureia

23.22 A seguinte reação pode ser representada pelos desenhos:

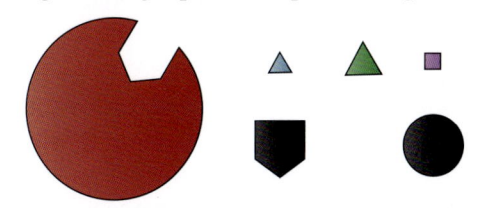

Glicose + ATP ⇌ glicose 6-fosfato + ADP

Nessa reação catalisada por enzima, $Mg^{2+}$ é um cofator; fluoroglicose, um inibidor competitivo; e $Cd^{2+}$, um inibidor não competitivo. Identifique cada componente da reação pelos desenhos e os reúna para mostrar (a) a reação normal da enzima, (b) uma inibição competitiva e (c) uma inibição não competitiva.

23.23 Quais são os aminoácidos mais frequentes encontrados no sítio ativo das enzimas?

23.24 Que tipo de reação química ocorre com maior frequência nos sítios ativos?

23.25 Das seguintes afirmações que descrevem o modelo do ajuste induzido das enzimas, qual é verdadeira? Os substratos se ajustam no sítio ativo.
(a) porque ambos são exatamente do mesmo formato e tamanho.
(b) pela mudança dos tamanhos e das formas para coincidirem com os do sítio ativo.
(c) pela mudança do tamanho e da forma do sítio ativo quando ocorre a ligação.

23.26 Que velocidade máxima pode ser obtida na inibição competitiva comparada com a inibição não competitiva?

23.27 Enzimas são constituídas por cadeias longas de proteína, usualmente contendo mais que 100 aminoácidos. Entretanto, o sítio ativo contém apenas uns poucos aminoácidos. Explique por que os outros aminoácidos da cadeia estão presentes e o que aconteceria com a atividade enzimática se a estrutura da enzima fosse alterada significativamente.

23.28 A sacarose (açúcar de mesa) é hidrolisada a glicose e frutose. A reação é catalisada pela enzima invertase. Usando os dados apresentados a seguir, determine se a inibição por ureia (2M) é competitiva ou não competitiva.

| Concentração de sacarose (M) | Velocidade (unidades arbitrárias) | Velocidade + inibidor |
|---|---|---|
| 0,0292 | 0,182 | 0,083 |
| 0,0584 | 0,265 | 0,119 |
| 0,0876 | 0,311 | 0,154 |
| 0,117 | 0,330 | 0,167 |
| 0,175 | 0,372 | 0,192 |

### Seção 23.6 Como as enzimas são reguladas?

23.29 A hidrólise de glicogênio que resulta em glicose é catalisada pela enzima fosforilase. A cafeína, que não é um carboidrato nem um substrato da enzima, inibe a fosforilase. Que tipo de mecanismo regulatório está em ação?

23.30 O produto da reação que é parte da sequência pode atuar como um inibidor para outra reação na sequência? Explique.

23.31 Qual é a diferença entre *zimogênio* e *proenzima*?

23.32 A enzima tripsina é sintetizada pelo corpo na forma de um cadeia longa de polipeptídeo contendo 235 aminoácidos (tripsinogênio), do qual um pedaço precisa ser cortado antes que a tripsina possa estar ativa. Por que o corpo não sintetiza tripsina diretamente?

23.33 Indique a estrutura do resíduo de tirosil de uma enzima modificada por uma proteína quinase.

23.34 O que é uma *isozima*?

23.35 A enzima glicogênio fosforilase inicia a fosforólise de glicogênio para formar glicose 1-fosfato. Isso ocorre em duas formas: a fosforilase *b* é menos ativa, e a fosforilase *a* é mais ativa. A diferença entre as formas *a* e *b* está na modificação da apoenzima. A fosforilase *a* tem dois grupos fosfato adicionados na cadeia polipeptídica. Analogamente à piruvato quinase abordada no texto, forneça um esquema indicando a transição entre as formas *a* e *b*. Quais enzimas e cofatores controlam essa reação?

22.36 Como podemos saber se uma enzima é alostérica plotanto a velocidade *versus* a concentração do substrato?

23.37 Explique a natureza dos dois tipos de controle da glicogênio fosforilase. Qual é a vantagem de ter ambos os tipos de controle?

23.38 Qual tipo de regulação discutida na Seção 23.6 é a menos reversível? Explique.

23.39 A enzima fosfofrutoquinase (PFK) (Capítulo 28) apresenta dois tipos de subunidades, M e L, para o músculo e para o fígado, respectivamente. Essas subunidades se combinam para formar um tetrâmero. Quantas isozimas de PFK existem? Quais são as suas designações?

23.40 Ao separar PFK usando eletroforese, como as isozimas migrariam sabendo que a subunidade M tem um menor pI que a subunidade L?

## Seção 23.7 Como as enzimas são usadas na medicina?

23.41 Após um ataque cardíaco, os níveis de certas enzimas no plasma aumentam. Quais enzimas seriam monitoradas em um intervalo de 24 horas depois de uma suspeita de ataque cardíaco?

23.42 A enzima antes conhecida como GTP (glutamato-piruvato transaminase) agora tem outro nome: ALT (alanina aminotransferase). Com base na equação da Seção 28.9, o que é catalisado por essa enzima que resultou nessa mudança de nome?

23.43 Se o exame de um paciente indicou elevados níveis de AST, mas níveis normais de ALT, qual seria um possível diagnóstico?

23.44 Qual isozima LDH é monitorada em caso de ataque cardíaco?

23.45 Os químicos que são expostos durante anos a vapores orgânicos apresentam valores acima dos normais para o teste da atividade da enzima fosfatase alcalina. Que órgão no corpo é afetado pelos vapores orgânicos?

23.46 Que preparação enzimática é dada aos pacientes após uma cirurgia de úlcera duodenal?

23.47 A quimotripsina é secretada pelo pâncreas e passa pelo intestino. O pH ótimo para essa enzima é 7,8. Se o pâncreas de um paciente não pode produzir quimotripsina, seria possível administrá-lo oralmente? O que acontece com a atividade da quimotripsina durante a sua passagem através do trato gastrointestinal?

## Seção 23.8 O que são análogos do estado de transição e enzimas elaboradas?

23.48 Explique por que análogos do estado de transição são inibidores potentes.

23.49 Como os análogos do estado de transição estão correlacionados com o modelo de ajuste induzido de enzimas?

23.50 Explique a relação entre análogos do estado de transição e abzimas.

## Conexões químicas

23.51 (Conexões químicas 23A) A acetilcolina causa a contração muscular. A succinicolina, uma "parente" próxima, é um relaxante muscular. Explique os efeitos diferentes desses dois compostos similares.

23.52 (Conexões químicas 23A) A succilcolina é usualmente administrada antes da realização de uma bronquioscopia. O que se obtém com esse procedimento?

23.53 (Conexões químicas 23B) O PKMζ é um tipo de enzima chamada quinase. As quinases são muito importantes no metabolismo. Consulte os capítulos 27 e 28 sobre metabolismo e localize dois exemplos de quinases. Que tipo de reação é catalisado pelas quinases?

23.54 (Conexões químicas 23B) Explique como os pesquisadores usaram o fármaco ZIP para testar os efeitos de memória de longo termo. Como eles souberam que a aversão por comida era um fenômeno de memória de longo termo?

23.55 (Conexões químicas 23B) Por que os pesquisadores gostariam de ser capazes de bloquear seletivamente a memória de longo termo?

23.56 (Conexões químicas 23C) Qual é o papel desempenhado pelo $Mn^{2+}$ no ancoramento de um substrato no sítio ativo de uma proteína quinase?

23.57 (Conexões químicas 23C) Quais aminoácidos do sítio ativo interagem com o grupo $=CH_2$ do fosfoenol piruvato? Esses aminoácidos fornecem o mesmo ambiente na superfície? Qual é a natureza da interação?

23.58 (Conexões químicas 23D) Qual é a estratégia usada no planejamento de fármacos projetados para combater a Aids?

23.59 (Conexões químicas 23D) Por que os cientistas querem criar um fármaco que iniba a cGMP diesterase?

23.60 (Conexões químicas 23E) Explique a diferença entre fosforilase $a$ e fosforilase $b$. Qual é a mais ativa e por quê?

23.61 (Conexões químicas 23E) Qual é a relação entre modificação da proteína e controle alostérico da glicogênio fosforilase?

23.62 (Conexões químicas 23F) Qual atividade da prostaglandina endoperoxidase sintase (PGHS) é inibida pelo Tylenol e qual é inibida pela aspirina?

23.63 (Conexões químicas 23G) Explique como os anticorpos catalíticos são produzidos para combater o vício em cocaína.

23.64 (Conexões químicas 23G) Por que inibidores não podem ser usados para bloquear os receptores da cocaína como é frequentemente feito para outras drogas?

23.65 (Conexões químicas 23G) Qual é o mecanismo de ação da cocaína como droga?

## Problemas adicionais

23.66 Onde podemos encontrar enzimas que são estáveis e ativas a 90 °C?

23.67 Alimentos podem ser preservados pela inativação de enzimas que causam deterioração – por exemplo, por refrigeração. Mostre um exemplo de preservação de alimentos no qual as enzimas são inativadas (a) por aquecimento e (b) pela diminuição do pH.

23.68 Por que a atividade enzimática de pacientes durante o infarto do miocárdio é medida no plasma e não na urina?

23.69 Qual é a característica comum dos aminoácidos dos quais os grupos carboxila das ligações peptídicas podem ser hidrolisados por tripsina?

23.70 Várias enzimas são ativas somente na presença de $Zn^{2+}$. Que termo comum é usado para íons como o $Zn^{2+}$ quando é discutida a atividade enzimática?

23.71 Uma enzima tem a seguinte dependência do pH:

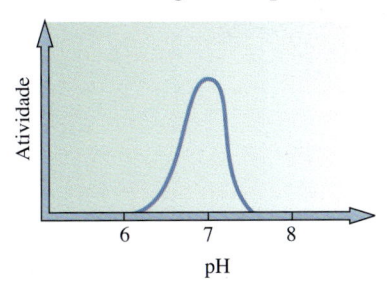

Em que pH essa enzima funciona melhor?

23.72 Que enzima é monitorada no diagnóstico da infecção da hepatite?

23.73 A enzima quimotripsina catalisa o seguinte tipo de reação:

$$R-CH(CH_2C_6H_5)-C(=O)-NH-CH(CH_3)-R + H_2O$$

$$\longrightarrow R-CH(CH_2C_6H_5)-C(=O)-O^- + H_3\overset{+}{N}-CH(CH_3)-R$$

Com base na classificação dada na Seção 23.2, a que grupo de enzima a quimotripsina pertence?

23.74 Agentes nervosos[2] atuam formando ligações covalentes no sítio ativo da colinesterase. Esse é um exemplo de inibição competitiva? Moléculas dos agentes nervosos podem ser removidas pela simples adição de maior quantidade de substrato (acetilcolina) para a enzima?

23.75 Qual seria o nome apropriado para uma enzima que catalisa cada uma das seguintes reações?

(a) $CH_3CH_2OH \longrightarrow CH_3C(=O)-H$

(b) $CH_3C(=O)-O-CH_2CH_3 + H_2O$
$\longrightarrow CH_3C(=O)-OH + CH_3CH_2OH$

23.76 Na Seção 29.5, é mostrada uma reação entre piruvato e glutamato para formar alanina e α-cetoglutarato. Como você classificaria a enzima que catalisa essa reação?

23.77 Uma enzima do fígado é feita de quatro subunidades: 2A e 2B. A mesma enzima, quando isolada do cérebro, tem as seguintes subunidades: 3A e 1B. Como você denominaria essa enzima?

23.78 Qual é a função de um ribossomo?

23.79 Pode uma enzima catalisar a reação em uma direção, mas não catalisar no sentido oposto (reação reversa) para o(s) par(es) substrato-produto? Explique.

### Antecipando

23.80 A cafeína é um estimulante ingerido por muitas pessoas na forma de café, chá, chocolate e bebidas à base de cola.[3] Ela também é usada por muitos atletas. A cafeína tem vários efeitos, incluindo a estimulação das lipases. Conhecendo seu efeito nas lipases e na glicogênio fosforilase, você pode prever se ela seria mais eficiente na ajuda a um corredor que participa de uma corrida de 10 km ou de 1,6 km?

23.81 A cafeína é também um diurético, o que significa que ela aumenta o movimento de água através dos rins para a urina. Por que essa potencial compensação ajudaria um atleta de longa distância?

23.82 Até a descoberta das bactérias termófilas que vivem em condições extremas de calor e pressão, era impossível ter um sistema automatizado de síntese de DNA. Explique por que isso acontece, sabendo que esse processo funciona em temperaturas em torno de 90 °C para separar as fitas do DNA.

23.83 Que características do RNA conferem a ele uma provável atividade catalítica? Por que o DNA tem uma menor probabilidade de apresentar atividade catalítica?

---

[2] Recebem esse nome porque agem no sistema nervoso. Esses agentes são utilizados como armas químicas, por exemplo, o gás sarin. Alguns desses agentes são chamados gases dos nervos. (NT)

[3] Aqui, faz-se referência à substância cola, obtida da noz da planta *Cola acuminatada*, da família Malvaceae. (NRT)

# Comunicação química: neurotransmissores e hormônios

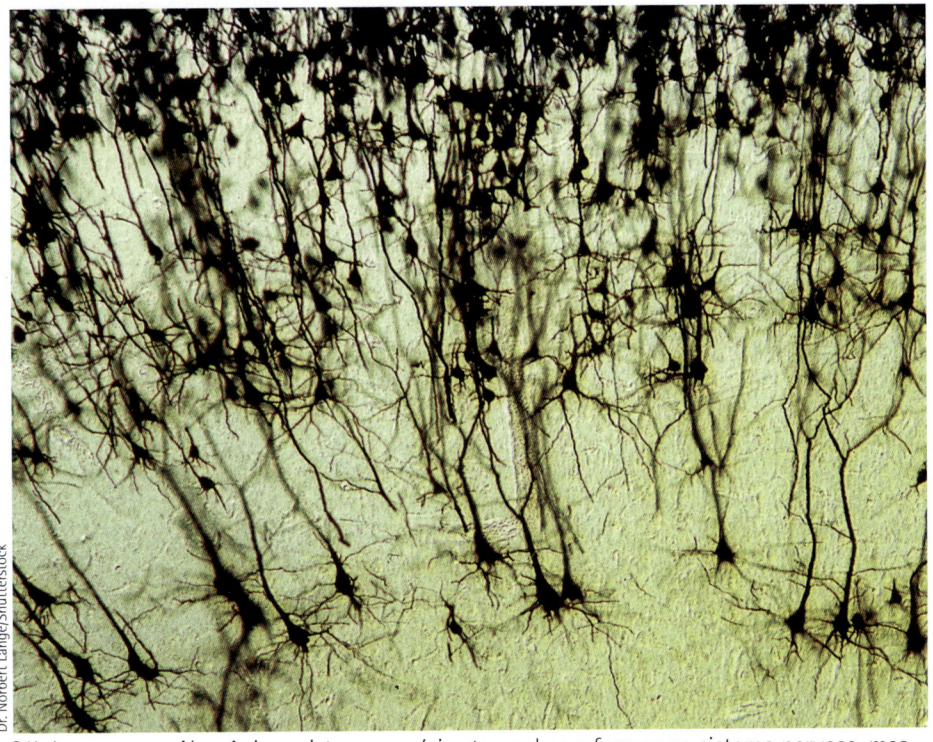

## 24

Células nervosas. Neurônios existem em vários tamanhos e formas no sistema nervoso, mas todos têm uma estrutura básica: um corpo central celular grande onde está o núcleo e projeções de dois tipos: um axônio único (uma fibra nervosa) e um ou mais dendritos, projeções pequenas que atuam como receptores sensoriais.

### Questões-chave

**24.1** Que moléculas estão envolvidas na comunicação química?

**24.2** Como os mensageiros químicos são classificados em neurotransmissores e hormônios?

**24.3** De que forma a acetilcolina age como um mensageiro?

**24.4** Quais aminoácidos agem como neurotransmissores?

**24.5** O que são mensageiros adrenérgicos?

**24.6** Qual é a função dos peptídeos na comunicação química?

**24.7** De que forma os hormônios esteroides agem como mensageiros?

## 24.1 Que moléculas estão envolvidas na comunicação química?

Para ter uma ideia da importância da comunicação química na saúde, consulte a Tabela 24.1, que apresenta uma pequena amostra das substâncias concernentes a este capítulo, as quais são fundamentais para a manutenção de uma vida saudável. Na verdade, um grande número de fármacos encontrados na farmacopeia atua de uma maneira ou de outra influenciando a comunicação química.

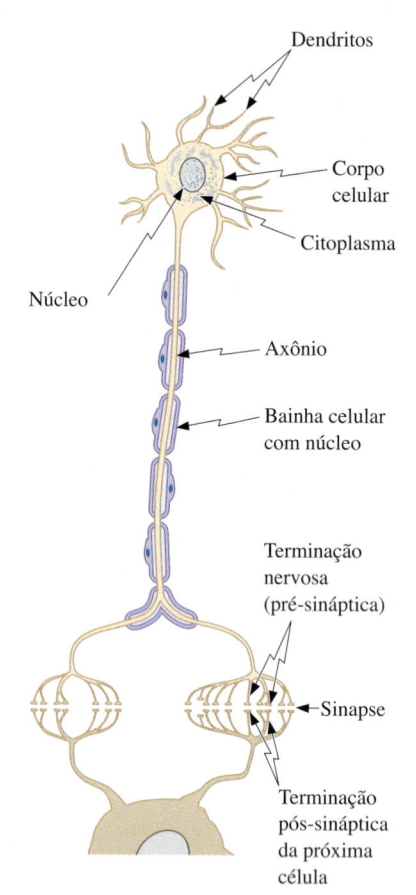

**FIGURA 24.1** Neurônio e sinapse.

**Neurotransmissor** Um mensageiro químico entre um neurônio e outra célula-alvo: neurônio, célula muscular ou célula glandular.

**Hormônio** Um mensageiro químico liberado por uma glândula endócrina na corrente sanguínea e transportado para atingir uma célula-alvo.

No corpo, cada célula é uma entidade isolada envolvida em sua própria membrana. Além disso, no interior de cada célula dos organismos superiores, as organelas, como o núcleo ou a mitocôndria, estão envoltas em suas membranas, separando-as do restante da célula. Se as células não pudessem se comunicar entre si, as milhares de reações em cada célula seriam descoordenadas. O mesmo é verdade para as organelas contidas nas células. Tal comunicação permite que a atividade de uma célula em determinada parte do corpo seja coordenada com a atividade da célula em uma diferente parte do corpo. Existem três tipos principais de moléculas para a comunicação:

- **Receptore**s são moléculas de proteína que se unem a ligantes e realizam algum tipo de mudança. Eles podem estar na superfície das células, embebidos na membrana das organelas, ou livres em solução. A maioria dos receptores que vamos estudar está ligada à membrana.
- **Mensageiros químicos**, também chamados ligantes, interagem com os receptores. (Os mensageiros químicos se ajustam aos sítios do receptor de uma maneira reminiscente ao do modelo da chave-fechadura mencionado na Seção 23.5.)
- **Mensageiros secundários** levam, em vários casos, a mensagem de um receptor para o interior da célula e amplificam a mensagem.

Se sua casa está em chamas e o fogo ameaça a sua vida, sinais externos, como luz, fumaça e calor, registram um alarme em receptores específicos em seus olhos, nariz e pele. A partir deles, os sinais são transmitidos por compostos específicos para as células nervosas ou **neurônios**. As células nervosas estão presentes por todo o corpo e, com o cérebro, constituem o sistema nervoso. Nos neurônios, os sinais viajam como impulsos elétricos ao longo dos axônios (Figura 24.1). Quando eles atingem o fim do neurônio, os sinais são transmitidos para neurônios adjacentes por compostos específicos denominados **neurotransmissores**. A comunicação entre os olhos e o cérebro, por exemplo, é feita pela transmissão neural.

Assim que os sinais de perigo são processados no cérebro, outros neurônios levam mensagens para os músculos e as glândulas endócrinas. A mensagem para os músculos é a de fugir ou tomar alguma outra ação em resposta ao incêndio (salvar o bebê ou correr para o extintor de incêndio, por exemplo). Para fazer isso, os músculos precisam ser ativados. Novamente, os neurotransmissores levam as mensagens necessárias dos neurônios para as células dos músculos e glândulas endócrinas. As glândulas endócrinas são estimuladas, e um sinal químico diferente, chamado **hormônio**, é secretado na corrente sanguínea. "A adrenalina começa a fluir." A adrenalina é um hormônio que se liga a um receptor específico no músculo e nas células do fígado. Uma vez ligada, ela aciona a produção de um segundo mensageiro (mensageiro secundário), o AMP cíclico (cAMP). O mensageiro secundário conduz a uma série de modificações em enzimas envolvidas no metabolismo de carboidratos. O resultado imediato é que as células produzem energia rapidamente, de forma que os músculos possam ser acionados de modo rápido e frequente, permitindo ao organismo usar sua força e velocidade nos momentos de crise. Vamos revisitar os mensageiros secundários na Seção 24.6.

Sem esses comunicadores químicos, o organismo inteiro – você – não sobreviveria porque existe uma constante necessidade de esforços coordenados para enfrentar as situações do mundo exterior. A comunicação química entre células e órgãos diferentes desempenha um papel no próprio funcionamento de nosso corpo. Sua importância é ilustrada pelo fato de que *uma grande porcentagem de fármacos que encontramos na aplicação médica tenta influenciar essa comunicação*. O alcance dessas drogas abrange todos os campos – da prescrição contra a hipertensão às doenças do coração, aos antidepressivos, aos analgésicos, somente para mencionar alguns. Existem várias maneiras de esses fármacos agirem no organismo. A substância pode afetar o mensageiro, o receptor, o mensageiro secundário ou cada uma das enzimas específficas que são ativadas e inibidas como parte da via metabólica (ver Capítulo 23).

1. Uma droga **antagonista** bloqueia o receptor e previne a estimulação.
2. Uma droga **agonista** compete com o mensageiro natural pelo sítio receptor. Uma vez ligado, ele estimula o receptor.
3. Outras drogas diminuem a concentração do mensageiro controlando a sua liberação de onde ele se encontra armazenado.

Tabela 24.1 Substâncias que afetam a transmissão de sinais nervosos

| Mensageiro | Drogas que afetam sítios receptores | | Drogas que afetam a concentração disponível do neurotransmissor ou sua remoção dos sítios receptores | |
|---|---|---|---|---|
| | Agonistas (ativam sítios receptores) | Antagonistas (bloqueiam sítios receptores) | Aumentam a concentração | Diminuem a concentração |
| Acetilcolina (colinérgica) | Nicotina Succinilcolina | Curare Atropina | Malation Gases dos nervos Succinilcolina Donepezil | Toxina da *Clostridium botulinum* |
| Íon cálcio | | Nifedipina Diltiazen | Digitoxina | |
| Epinefrina (α-adrenérgico) | Terazosin | | | |
| Norepinefrina (β-adrenérgico) | Fenilefrina Epinefrina (Adrenalina) | Propanolol | Anfetaminas | Reserpina Metildopa Metirosina |
| Dopamina (adrenérgico) | | Clozapina | Entacapon | |
| Serotonina (adrenérgico) | | Ondansetron | Antidepressivo Fluoxetina | |
| Histamina (adrenárgico) | 2-Metil-histamina | Fexofenadina Difenhidramina Ranitidina Cimetidina | Histamina | Hidrazino-histidina |
| Ácido Glutâmico (aminoácido) | N-Metil-D-aspartato | Fenilciclidina | | |
| Enquefalin (peptidérgico) | Opiato Morfina Heroína Meperidina | | Naloxona | |

4. Outras drogas aumentam a concentração do mensageiro inibindo a sua remoção dos receptores.
5. Outros, ainda, atuam na ativação ou inibição de enzimas específicas no interior das células.

A Tabela 24.1 apresenta algumas substâncias e seus modos de ação que afetam a neurotransmissão. Veremos mais detalhadamente a relação entre comunicação química e controle enzimático mais adiante.

## 24.2 Como os mensageiros químicos são classificados em neurotransmissores e hormônios?

Como mencionado antes, neurotransmissores são compostos que fazem a comunicação entre duas células nervosas ou entre uma célula nervosa e outra célula (tal como uma célula muscular). Uma célula nervosa (Figura 24.1) é composta de um corpo celular principal do qual se projeta uma parte semelhante a uma fibra, chamada **axônio**. Na outra parte do corpo principal da célula, há estruturas parecidas com fios de cabelo denominadas **dendritos**.

Tipicamente, neurônios não se tocam. Entre a terminação de um axônio de um neurônio e o corpo celular ou terminação dendrítica do neurônio seguinte, existe um espaço preenchido com um fluido aquoso, chamado **sinapse**. Se os sinais químicos "viajam" do axônio para o dendrito, chamamos as terminações nervosas no axônio de sítio **pré-sináptico**. Os neurotransmissores são armazenados no sítio pré-sináptico em **vesículas**, que são pequenos pacotes inclusos na membrana. Os receptores estão localizados no sítio **pós-sináptico** do corpo celular ou do dendrito.

**Sinapse** Um pequeno espaço aquoso entre a extremidade de um neurônio e a célula-alvo.

Os **hormônios** são compostos secretados por tecidos específicos (as glândulas endócrinas), liberados na corrente sanguínea e então absorvidos em um sítio de um receptor específico, normalmente em um lugar distante de onde foi secretado. (Essa é a definição fisiológica de um hormônio.) A Tabela 24.2 lista alguns dos hormônios principais. A Figura 24.2 mostra os órgãos-alvo do hormônio secretado pela glândula hipófise.

A distinção entre hormônios e neurotransmissores é fisiológica, não química. Um neurotransmissor atua em uma curta distância através da sinapse ($2 \times 10^{-6}$ cm). Entretanto, se o composto atua em longas distâncias (20 cm) da glândula secretória através da corrente sanguínea para a célula-alvo, trata-se de um hormônio. Por exemplo, epinefrina e norepinefrina são neurotransmissores e hormônios.

Tabela 24.2 Os hormônios principais e suas funções

| Glândula | Hormônio | Ação | Etruturas mostradas na |
|---|---|---|---|
| Paratireoide | Hormônio da paratireoide | Aumentar a quantidade de cálcio no sangue<br>Excreção de fosfato pelo rim | Seção 22.5 |
| Tireoide | Tiroxina ($T_4$)<br>Tri-iodotironina ($T_3$) | Crescimento, maturação e velocidade metabólica<br>Metamorfose | |
| Ilhotas pancreáticas Células Beta | Insulina | Fator hipoglicêmico<br>Regulação de carboidratos, gorduras e proteínas | Seção 22.8<br>Conexões químicas 24G |
| Células alfa<br>Medula adrenal | Glucagon<br>Epinefrina<br>Norepinefrina | Glicogenólise no fígado<br>Glicogênese no fígado e nos músculos | Seção 24.5 |
| Córtex adrenal | Cortisol<br>Aldosterona<br>Androgênios adrenais | Metabolismo de carboidratos<br>Metabolismo de minerais<br>(especialmente em fêmeas) | Seção 21.10<br>Seção 21.10 |
| Rim | Renina | Hidrólise da proteína precursora do sangue para formar angiotensina | |
| Hipófise anterior | Hormônio luteinizante<br>Hormônio estimulante de células intersticiais<br>Prolactina<br>Mamotropina | Causa ovulação<br>Formação de testosterona e progesterona em células intersticiais<br>Crescimento da glândula mamária<br>Lactação<br>Função dos *corpus luteum* | |
| Hipófise posterior | Vasopressina<br>Oxitocina | Contração dos vasos sanguíneos<br>Reabsorção de água nos rins<br>Estimula contração uterina e a ejeção de leite | Seção 22.8<br>Seção 22.8 |
| Ovários | Estradiol<br>Progesterona | Regula ciclo estral<br>Características sexuais femininas | Seção 21.10<br>Seção 21.10 |
| Testículos | Testosterona<br>Androgênios | Características sexuais masculinas<br>Espermatogênese | Seção 21.10 |

Existem, mencionando de forma ampla, cinco classes de mensageiros químicos: *colinérgicos, aminoácidos, adrenérgicos, peptidérgicos* e *esteroides*. Essa classificação é baseada na natureza química do mensageiro em cada grupo. Os neurotransmissores podem pertencer a todas as cinco classes, e os hormônios pertencem às três últimas classes.

Os mensageiros podem também ser classificados de acordo com a sua função. Alguns deles – epinefrina, por exemplo – *ativam enzimas*. Outros afetam a *síntese de enzimas e proteínas* pela ativação dos genes que as produzem (Seção 26.2). Hormônios esteroides (Seção 21.10) funcionam dessa maneira. Finalmente, alguns afetam a *permeabilidade de membranas*; acetilcolina e insulina pertencem a essa classe.

Há ainda outra maneira de classificar os mensageiros: de acordo com o seu potencial de *atuar diretamente* ou como um *mensageiro secundário*. Os hormônios esteroides atuam diretamente. Eles podem penetrar a membrana celular e passar através da membrana do núcleo. Por exemplo, o estradiol estimula o crescimento uterino.

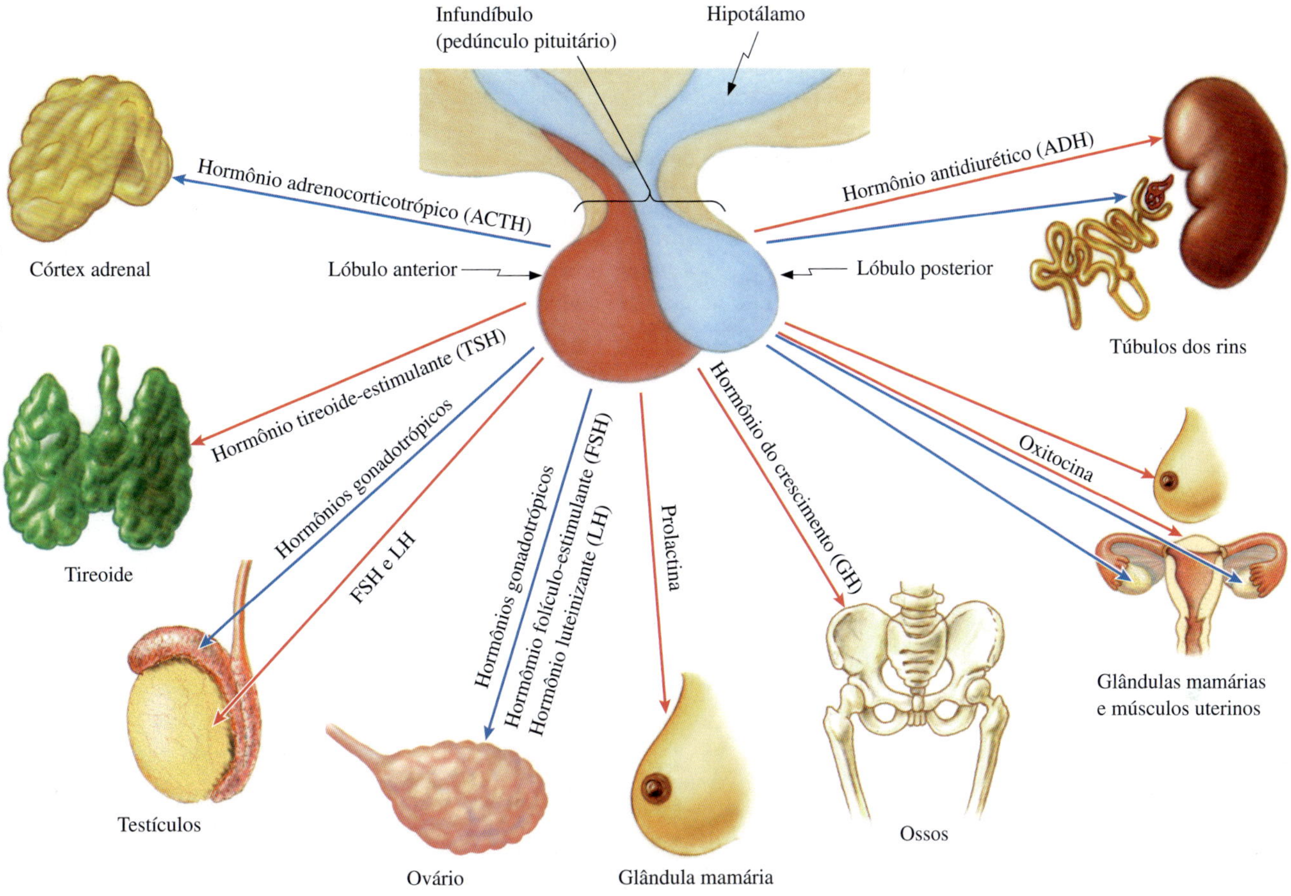

Comunicação química: neurotransmissores e hormônios ■ 595

**Figura 24.2** A glândula hipófise fica ligada ao hipotálamo por um pedúnculo de tecido neural. A figura mostra os hormônios que são secretados pelos lóbulos anterior e posterior da glândula hipófise e os tecidos alvo em que eles atuam.

Outros mensageiros químicos atuam através de mensageiros secundários. Por exemplo, epinefrina, glucagon, hormônio luteinizante, norepinefrina e vasopressina usam cAMP como um mensageiro secundário (mais detalhes na Seção 24.5C).

Nas seções seguintes, escolheremos exemplos do modo de comunicação entre cada uma das cinco categorias de mensageiros.

## 24.3 De que forma a acetilcolina age como um mensageiro?

O principal **neurotransmissor colinérgico** é a acetilcolina:

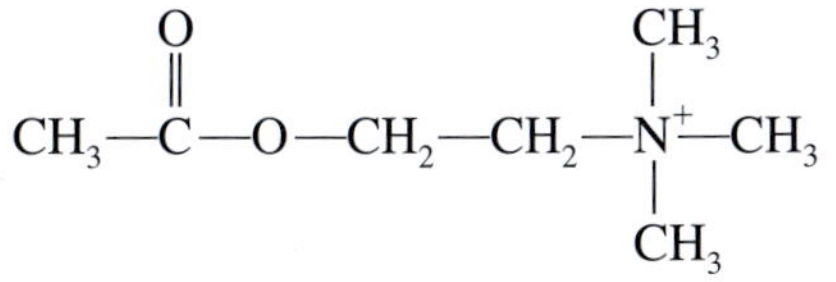

$$CH_3-\overset{O}{\underset{\|}{C}}-O-CH_2-CH_2-\overset{CH_3}{\underset{CH_3}{\overset{|}{N^+}}}-CH_3$$

Acetilcolina

### A. Receptores colinérgicos

Existem dois tipos de receptores para esse mensageiro. Veremos um que há nos músculos esqueléticos ou no gânglio simpático. As células nervosas que trazem a mensagem contêm acetilcolina armazenada nas vesículas dos seus axônios. O receptor nas células dos músculos ou neurônios é também conhecido como receptor nicotínico porque a nicotina (ver "Conexões químicas 16B") inibe a neurotransmissão desses nervos. O receptor por si é uma *pro-*

*teína de transmembrânica* (Figura 21.2) constituída de cinco subunidades diferentes. A parte central do receptor é um canal de íons através do qual, quando aberto, os íons Na⁺ e K⁺ podem passar (Figura 24.3). Quando os canais de íons estão fechados, a concentração de K⁺ é maior no interior da célula que fora; o inverso é verdadeiro para a concentração de Na⁺.

### B. Armazenamento de mensageiros

Um evento se inicia quando uma mensagem é transmitida de um neurônio para os próximos neurotransmissores. A mensagem é iniciada por íons cálcio (ver "Conexões químicas 24A"). Quando a concentração no neurônio atinge determinado nível (mais que 0,1 $\mu M$), a vesícula que contém a acetilcolina se funde com a membrana pré-sináptica da célula nervosa. Então, ela descarrega os neurotransmissores na sinapse. As moléculas mensageiras viajam através da sinapse e são absorvidas em sítios de receptores específicos.

O receptor de acetilcolina (AChR) liga duas moléculas de acetilcolina (ACh), uma para cada subunidade.

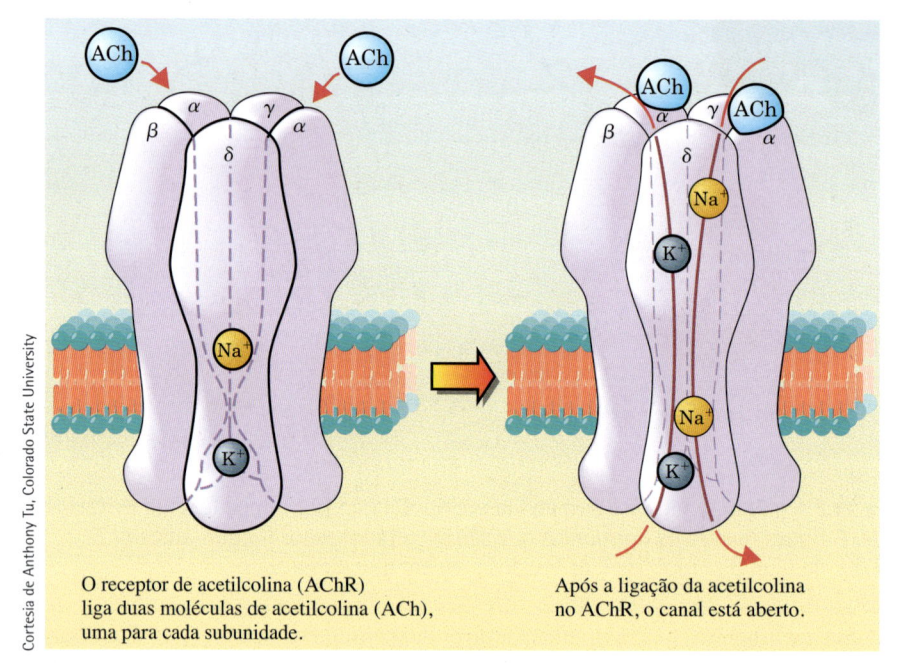

Após a ligação da acetilcolina no AChR, o canal está aberto.

**FIGURA 24.3** Acetilcolina em ação. O receptor proteico tem cinco subunidades. Quando duas moléculas de acetilcolina se ligam a duas subunidades $\alpha$, um canal se abre para permitir a passagem de íons Na⁺ e K⁺ por transporte facilitado ("Conexões químicas 21C").

## Conexões químicas 24A

### A atuação do cálcio como um agente sinalizador (mensageiro secundário)

A mensagem levada aos receptores na membrana das células pelos neurotransmissores ou hormônios deve ser entregue intracelularmente em vários locais no interior da célula. O mais universal e o mais versátil agente de sinalização é o cátion $Ca^{2+}$.

Íons cálcio nas células vêm tanto de fontes extracelulares ou de armazenamento intracelular como do retículo endoplasmático. Se os íons vêm de fora da célula, eles entram através de canais específicos de cálcio. Íons de cálcio controlam nossas batidas do coração, nossos movimentos pela ação dos músculos esqueléticos e, através da liberação de neurotransmissores em nossos neurônios, os processos de aprendizado e memória. Eles também estão envolvidos na sinalização tanto no início da vida na fertilização como no fim com a morte. A sinalização dos íons de cálcio controla essas funções através de dois mecanismos: (1) aumento de concentração e (2) duração dos sinais.

No estado de descanso do neurônio, a concentração de $Ca^{2+}$ é de cerca 0,1 $\mu M$. Quando os neurônios são estimulados, esse nível pode aumentar para 0,5 $\mu M$. Entretanto, para obter a fusão entre as vesículas sinápticas e a membrana do plasma do neurônio, concentrações muito maiores precisam ser atingidas (10-25 $\mu M$).

Um aumento na concentração de íons cálcio tem efeito similar a uma "faísca". A fonte de íons cálcio pode ser externa (afluxo de cálcio causado por sinais elétricos da transmissão nervosa) ou interna (liberação de cálcio armazenado no retículo endoplasmático). Ao receber o sinal de uma "faísca" de cálcio, as vesículas que armazenam acetilcolina viajam para a fenda pré-sináptica da membrana, onde ocorre a fusão com a membrana por meio da liberação do seu conteúdo na sinapse.

Os íons cálcio podem também controlar a sinalização pelo gerenciamento da duração do sinal. O sinal na musculatura lisa arterial dura de 0,1 a 0,5 s. A onda de $Ca^{2+}$ no fígado dura de 10 a 60 s. A onda de cálcio no óvulo humano permanece de 1 a 35 minutos após a fertilização. Portanto, combinando a concentração, localização e duração

## Conexões químicas 24A (continuação)

do sinal, os íons cálcio podem levar mensagens para realizar uma variedade de funções.

Os efeitos do $Ca^{2+}$ são modulados através de proteínas específicas que ligam cálcio. Em todas as células não musculares e na musculatura lisa, a calmodulina atua como uma proteína para ligar o cálcio. A calmodulina ligada ao cálcio ativa uma enzima, a proteína quinase II, a qual então fosforila um substrato de proteína adequado. Dessa forma, o sinal é traduzido em atividade metabólica.

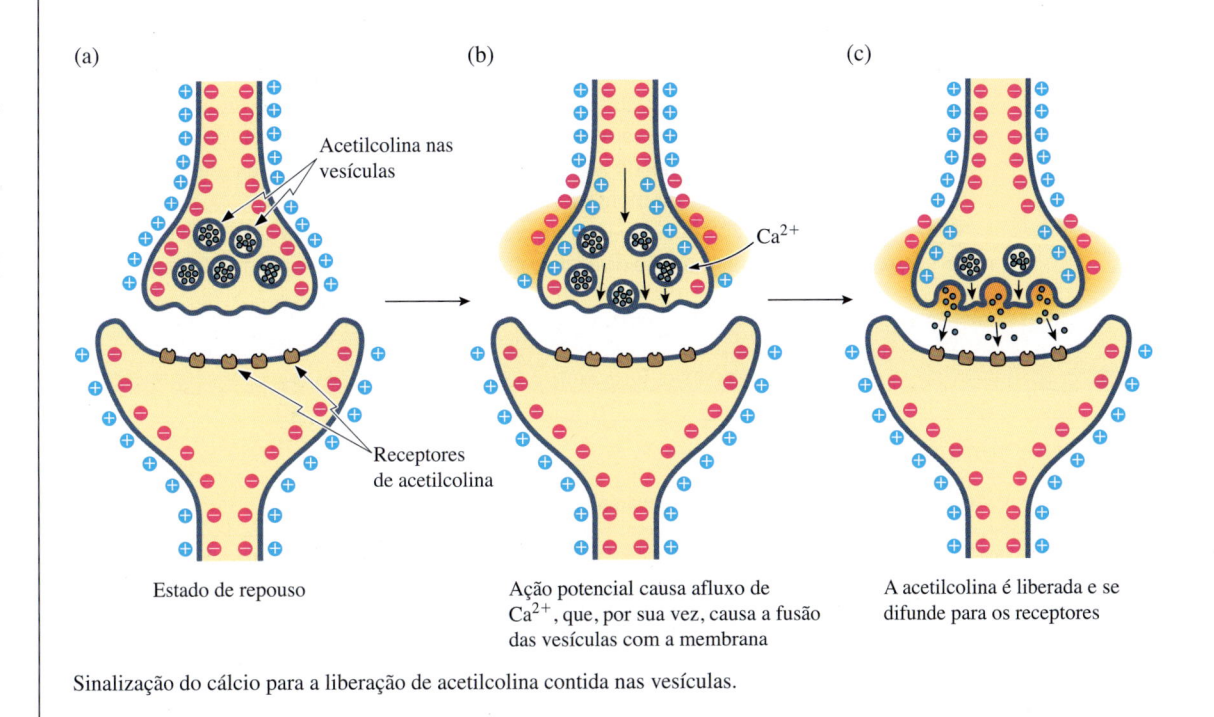

(a) Estado de repouso

(b) Ação potencial causa afluxo de $Ca^{2+}$, que, por sua vez, causa a fusão das vesículas com a membrana

(c) A acetilcolina é liberada e se difunde para os receptores

Sinalização do cálcio para a liberação de acetilcolina contida nas vesículas.

## Conexões químicas 24B

### O botulismo e a liberação de acetilcolina

Quando carne ou peixes são indevidamente cozidos ou preservados, pode ocorrer o aparecimento de um veneno mortal denominado botulismo. A responsável por isso é a bactéria *Chlostridium botulinum*, que produz uma toxina que impede a liberação de acetilcolina das vesículas pré-sinápticas. Portanto, nenhum neurotransmissor atinge os receptores na superfície das células dos músculos, e então os músculos não reagem nem se contraem. Sem tratamento, a pessoa doente pode morrer.

Surpreendentemente, a toxina botulínica tem uma utilização médica importante: é usada no tratamento dos espasmos musculares involuntários. Os tiques são causados pela liberação descontrolada de acetilcolina. A administração controlada da toxina, quando aplicada localmente nos músculos faciais, cessa as contrações descontroladas e alivia as distorções faciais.

A "distorção facial" tem múltiplos significados na indústria cosmética. Os sinais faciais e as rugas podem ser removidos pela paralisação temporária dos músculos faciais. A FDA aprovou o Botox (toxina botulínica) para uso cosmético. Sua utilização está se difundindo rapidamente. O Botox foi usado indiscriminadamente para esse tipo de aplicação por vários anos, particularmente em Hollywood. Na verdade, muitos diretores de cinema têm reclamado que alguns atores têm usado muito Botox, de forma que eles já não mostram uma diversidade de expressões faciais, o que compromete a sua atuação.

### C. A ação dos mensageiros

A presença de moléculas de acetilcolina nos receptores pós-sinápticos aciona uma mudança conformacional (Seção 22.10) na proteína receptora. Essa mudança abre o *canal de íons* e permite que eles atravessem a membrana livremente. Os íons $Na^+$ estão em maior concentração fora do neurônio que os íons $K^+$, portanto mais $Na^+$ entra na célula que $K^+$ sai. Por envolver íons, os quais transportam cargas elétricas, esse processo é traduzido em um sinal elétrico. Após poucos milissegundos, o canal se fecha novamente. A acetilcolina ainda ocupa o receptor. Para o canal ser reaberto e transmitir um novo sinal, a acetilcolina deve ser removida, e o neurônio, reativado.

### D. Remoção dos mensageiros

A acetilcolina é removida rapidamente do sítio receptor pela enzima *acetilcolinesterase*, que o hidrolisa.

$$CH_3-\overset{O}{\underset{\|}{C}}-O-CH_2-CH_2-\overset{CH_3}{\underset{CH_3}{\underset{|}{N^+}}}-CH_3 + H_2O \xrightarrow{\text{Acetilcolinesterase}} CH_3-\overset{O}{\underset{\|}{C}}-O^- + HO-CH_2-CH_2-\overset{CH_3}{\underset{CH_3}{\underset{|}{N^+}}}-CH_3 + H^+$$

Acetilcolina · Acetato · Colina

Essa remoção rápida permite aos nervos transmitir mais que 100 sinais por segundo. Dessa maneira, a mensagem se move de neurônio a neurônio até que ela é finalmente transmitida, de novo por moléculas de acetilcolina, para os músculos ou as glândulas endócrinas que são os alvos finais da mensagem.

A ação da enzima acetilcolinesterase é essencial para o processo como um todo. Quando essa enzima é inibida, a remoção da acetilcolina é incompleta, e a transmissão nervosa cessa.

[1] No Brasil, estima-se que haja 700 mil pessoas com o mal de Alzheimer. (NT)

## Conexões químicas 24C

### Doença de Alzheimer e comunicação química

A doença de Alzheimer (ou mal de Alzheimer) é o nome dado para os sintomas de perda de memória grave e outros comportamentos senis que afligem cerca de 1,5 milhão de pessoas nos Estados Unidos.[1]

Pessoas com a doença de Alzheimer se esquecem especialmente de fatos recentes. À medida que a doença avança, elas se tornam confusas e, em casos severos, perdem a sua habilidade de fala; em certo ponto, precisam de cuidados totais. Ainda não existe cura para essa doença. A identificação *post-mortem* dessa doença é focada em duas características no cérebro: (1) crescimento dos depósitos de proteína conhecidos como placas β-amiloides, localizadas externamente às células nervosas e (2) emaranhados neurofibrilares compostos por proteínas tau. Há controvérsias sobre qual dessas características é a causa primária da neurodegeneração observada na doença de Alzheimer. Cada uma delas tem seus defensores.

As proteínas tau se ligam aos microtúbulos, uma das principais proteínas do citoesqueleto. Mutação genética da proteína tau ou fatores ambientais, como hiperfosforilação, podem alterar a habilidade de a tau se ligar aos microtúbulos. Essas proteínas tau alteradas formam emaranhados no citoplasma dos neurônios. Emaranhados neurofibrilares têm sido encontrados nos cérebros de pacientes com a doença de Alzheimer na ausência de placas, sugerindo que a anormalidade tau pode ser suficiente para causar a neurodegeneração.

Na maioria dos cérebros afetados pela doença de Alzheimer, o aspecto predominante são as placas compostas de proteínas fibrosas, algumas com 7-10 nm de espessura, que estão misturadas com peptídeos pequenos chamados peptídeos β-amiloides. Esses peptídeos se originam de um precursor aquossolúvel, a proteína amiloide precursora (APP). Essa proteína transmembrânica tem uma função desconhecida. Certas enzimas chamadas presenilinas cortam os peptídeos que contêm 38, 40 e 42 aminoácidos da região transmembrânica da APP. Em indivíduos com Alzheimer, mutações das proteínas APP causam uma acumulação preferencial do peptídeo de 42 aminoácidos que forma folhas-β. Esses aminoácidos precipitam e criam placas.

Na doença de Alzheimer, as células dos nervos no córtex cerebral morrem, o cérebro torna-se menor, e parte do córtex atrofia. A depressão entre as dobras da superfície cerebral torna-se mais profunda.

Embora vários pesquisadores concentrem suas atenções nas placas β-amiloides e nas proteínas tau, ainda não está claro se esses dois fatores são os reais responsáveis pela morte dos neurônios. Outro mensageiro químico, o $Ca^{2+}$, pode também estar envolvido. De acordo com pesquisas em curso, há evidências de que o fluxo de cálcio para os neurônios é interrompido nos indivíduos com Alzheimer. Acredita-se que as proteínas β-amiloides formam canais na membrana externa do neurônio, conduzindo a níveis maiores que os normais de cálcio intracelular. As presenilinas podem também desempenhar um papel na forma em que o íon cálcio é liberado das reservas intracelulares, essencialmente do retículo endoplasmático (RE). Presenilinas mutantes de indivíduos com Alzheimer originam um vazamento do RE no citosol, assim como possivelmente afeta a proteína denominada Serca, que pode ser a responsável pelo sequestro de $Ca^{2+}$ presente no citosol. Embora as proteínas β-amiloides e tau sejam as características mais notáveis e óbvias no tecido do cérebro nessa doença, há indícios de que um excesso de íons cálcio possa causar a morte celular. Indivíduos com Alzheimer também apresentam uma menor atividade da enzima acetilcolina transferase no cérebro. Essa enzima sintetiza acetilcolina pela transferência de grupos acetila da acetil-CoA para a colina:

$$CH_3\overset{O}{\underset{\|}{C}}-S-CoA + HO-CH_2CH_2\overset{CH_3}{\underset{CH_3}{\underset{|}{\overset{|}{N^+}}}}CH_3$$

Acetil-CoA · Colina

$$\longrightarrow CH_3\overset{O}{\underset{\|}{C}}-O-CH_2CH_2\overset{CH_3}{\underset{CH_3}{\underset{|}{\overset{|}{N^+}}}}CH_3 + CoA-SH$$

Acetilcolina · Coenzima A

A menor concentração de acetilcolina pode ser parcialmente compensada pela inibição da enzima acetilcolinesterase, a qual decompõe a acetilcolina. Certos fármacos que atuam como inibidores da acetilcolinesterase têm mostrado uma melhora na memória e em outras funções cognitivas nas pessoas com essa doença. Fármacos como donepezil, rivastigmina e galantamina pertencem a essa categoria, e todos atenuam os sintomas da doença de Alzheimer. O alcaloide huperzina A, um ingrediente ativo da erva do chá chinês que tem sido usada há séculos para melhorar a memória, é também um potente inibidor da acetilcolinesterase.

### E. Controle da neurotransmissão

A acetilcolinesterase é inibida reversivelmente pela succinilcolina ("Conexões químicas 23A") e pelo brometo de decametônio.

$$\overset{Br^-}{\phantom{x}} \quad CH_3-\underset{\underset{CH_3}{|}}{\overset{\overset{CH_3}{|}}{N^+}}-CH_2(CH_2)_8CH_2-\underset{\underset{CH_3}{|}}{\overset{\overset{CH_3}{|}}{N^+}}-CH_3 \quad \overset{Br^-}{\phantom{x}}$$

Brometo de decametônio

A succinilcolina e o brometo de decametônio são parecidos com a terminação da colina da acetilcolina e, por isso, atuam como inibidores competitivos da acetilcolinesterase. Em pequenas doses, esses inibidores reversíveis relaxam os músculos temporariamente, fazendo então deles relaxantes musculares em procedimentos cirúrgicos. Em doses altas, eles são mortais.

A inibição da acetilcolinesterase é uma forma de controlar a neurotransmissão colinérgica. Outra maneira é modular a ação do receptor. Pelo fato de a acetilcolina permitir a abertura dos canais de íons e pela propagação do sinal, esse modo de ação é denominado *canais iônicos acionados por ligante*. A conexão do ligante ao receptor é crítica na sinalização. A nicotina administrada em doses baixas é um estimulante, pois trata-se de um agonista que prolonga a resposta bioquímica do receptor. Quando administrada em altas doses, torna-se, entretanto, um antagonista que bloqueia a ação no receptor. Desse modo, ela pode causar convulsões e paralisia respiratória. A succinilcolina, além de ser um inibidor reversível da acetilcolinesterase, também tem esse efeito agonista/antagonista dependente da concentração nos sítios receptores. Um forte antagonista que bloqueia completamente o receptor pode interromper a comunicação entre o neurônio e a célula muscular. O veneno de várias cobras, como a cobratoxina, exerce uma influência mortal dessa forma. O extrato vegetal curare, que foi usado nas flechas pelos índios da Amazônia como um veneno, funciona dessa forma. Em doses pequenas, o curare é usado como um relaxante muscular.

Finalmente, o fornecimento de mensageiros de acetilcolina pode influenciar a transmissão nervosa adequada. Se mensageiros de acetilcolina não são liberados de seus estoques celulares como no botulismo ("Conexões químicas 24B") ou se sua síntese é prejudicada, como na doença de Alzheimer ("Conexões químicas 24C"), há redução da concentração de acetilcolina e da transmissão nervosa.

## 24.4 Quais aminoácidos agem como neurotransmissores?

### A. Mensageiros

Os aminoácidos estão distribuídos ao longo dos neurônios individualmente ou constituindo peptídeos e proteínas. Eles também podem funcionar como neurotransmissores. Alguns deles, como o ácido glutâmico, o ácido aspártico e a cisteína, agem como **neurotransmissores excitatórios** similares à acetilcolina e norepinefrina. Outros, como glicina, β-alanina, taurina (Seção 21.11) e principalmente ácido γ-aminobutírico (Gaba), são **neurotransmissores inibitórios** que reduzem a neurotransmissão. Note que alguns desses aminoácidos não são encontrados em proteínas.

$^+H_3NCH_2CH_2SO_3^-$   $^+H_3NCH_2CH_2COO^-$   $^+H_3NCH_2CH_2CH_2COO^-$
Taurina                   β-alanina                ácido γ-aminobutírico (Gaba)
                                                  (Nome Iupac: ácido
                                                  4-aminobutanoico)

### B. Receptores

Cada um desses aminoácidos tem seu próprio receptor. Na verdade, o ácido glutâmico tem ao menos cinco classes de receptores. O mais conhecido é o receptor *N*-metil-D-

-aspartato (NMDA). Esse canal iônico acionado por ligante é similar ao receptor colinérgico nicotínico discutido na Seção 24.3:

$$\begin{array}{c} CH_3 \\ | \\ NH_2^+ \\ | \\ CHCH_2-COO^- \\ | \\ COO^- \end{array}$$

*N*-metil-D-aspartato

Quando o ácido glutâmico se liga a esse receptor, o canal de íons se abre, $Na^+$ e $Ca^{2+}$ fluem para o neurônio, e $K^+$ sai do neurônio. Isso também ocorre quando o NMDA, um antagonista, estimula o receptor. O portão desse canal é fechado por um íon $Mg^{2+}$.

A fenciclidina (PCD), um antagonista do NMDA, provoca alucinações. A PCD, conhecida por "*angel dust*", é uma substância controlada que produz um comportamento psicótico e problemas psicológicos de longo termo.

### C. Remoção do mensageiro

Em contraste com o comportamento da acetilcolina, não há uma enzima que degrade o ácido glutâmico removendo-o de seu receptor a partir da ocorrência da sinalização. O ácido glutâmico é removido por **transportadores**, que o devolvem para a membrana pré-sináptica no neurônio. Esse processo é chamado **reassimilação**.

**Transportador** Uma molécula de proteína que leva uma molécula pequena, como a glicose ou o ácido glutâmico, através da membrana.

## 24.5 O que são mensageiros adrenérgicos?

### A. Mensageiros monoaminas

A terceira classe de neurotransmissores/hormônios, os mensageiros adrenérgicos, incluem monoaminas como a epinefrina, serotonina, dopamina e histamina. (As estruturas desses compostos podem ser encontradas mais adiante nesta seção e nas "Conexões químicas 24D".)

Essas monoaminas transmitem sinais por um mecanismo em que o início do processo é similar à ação da acetilcolina, isto é, elas são absorvidas em um receptor.

### B. Transdução de sinal

Uma vez que o hormônio ou neurotransmissor se liga ao receptor, algum mecanismo deve propagar o sinal para a célula. O processo pelo qual o sinal inicial é estendido e amplificado através das células é chamado transdução de sinal. Esse processo envolve compostos intermediários que passam o sinal para os alvos finais. Eventualmente, enzimas são modificadas para alterar sua atividade ou canais de membrana são abertos e fechados. A expressão "transdução de sinal" e muito da pesquisa pioneira nessa área vêm do trabalho desenvolvido por Martin Rodbell (1925-1998) do National Institute of Health, ganhador do Prêmio Nobel de 1994 em Fisiologia e Medicina.

**Transdução de sinal** Uma cascata de eventos através dos quais o sinal de um neurotransmissor ou hormônio levado a seu receptor é realizado no interior da célula-alvo e amplificado em muitos sinais que podem causar modificações em proteínas, ativação enzimática, e na abertura de canais de membrana

A ação dos neurotransmissores de monoamina é um exemplo excelente. Uma vez que o neurotransmissor/hormônio de monoamina (por exemplo, norepinefrina) é absorvido no sítio receptor, o sinal será amplificado no interior da célula. No exemplo mostrado na Figura 24.4, o receptor apresenta uma proteína associada chamada proteína-G. Essa proteína é a chave para a cascata que produz vários sinais no interior da célula (amplificação). A proteína-G ativa apresenta um nucleotídeo associado, a guanosina trifosfato (GTP). Esse nucleotídeo é um análogo da adenosina trifosfato (ATP), na qual a base aromática adenina é substituída pela guanosina (Seção 25.2). A proteína-G se torna inativa quando o nucleotídeo associado é hidrolisado à guanosina difosfato (GDP). A transdução de sinal começa com a proteína-G ativa, que ativa a enzima adenilato ciclase.

A proteína-G também participa em outra transdução de sinal em cascata, que envolve compostos baseados no inositol (Seção 21.6) como moléculas de sinalização. Fosfatidilinositol difosfato ($PIP_2$) media a ação de hormônios e neurotransmissores. Esses mensageiros podem estimular a fosforilação de enzimas de forma similar à cascata de cAMP. Eles também desempenham uma importante função na liberação de íons de suas áreas de armazenamento no retículo endoplasmático (RE) ou no retículo sarcoplásmico (RS).

## C. Mensageiros secundários

A adenilato ciclase produz um mensageiro secundário no interior da célula, o AMP cíclico (cAMP). A produção do cAMP ativa o processo que resulta na transmissão de um sinal elétrico. O cAMP é produzido pela adenilato ciclase usando ATP:

Adenosina trifosfato (ATP) → (adenilato ciclase) → Adenosina monofosfato cíclica (cAMP) + Pirofosfato (PPi)

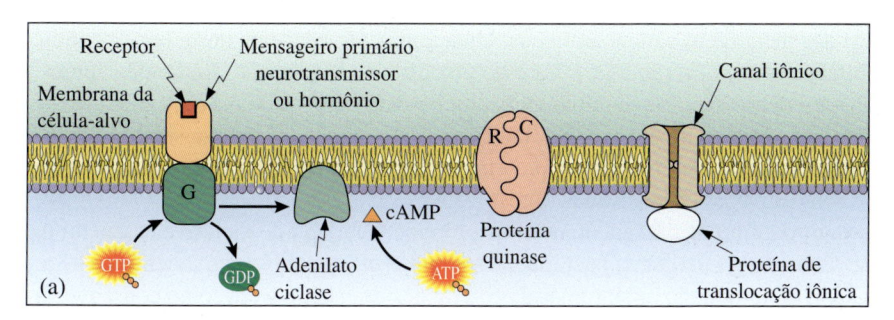

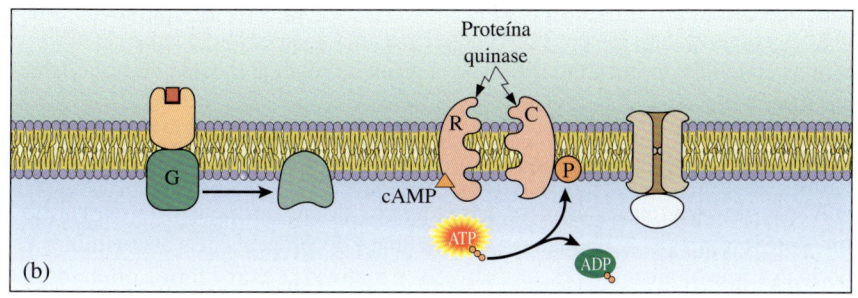

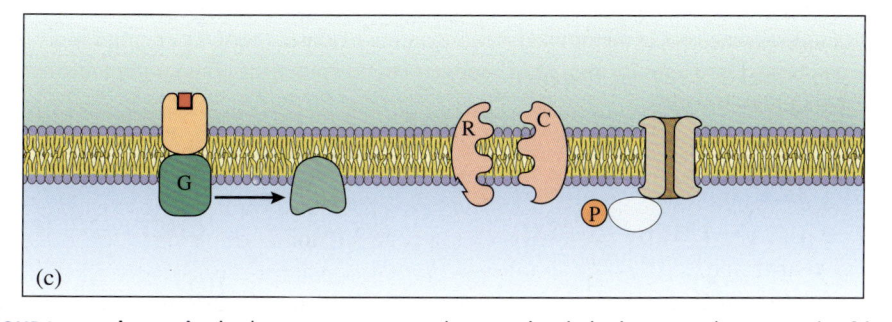

**FIGURA 24.4** A sequência de eventos na membrana pós-sináptica quando a norepinefrina é absorvida no sítio receptor. (a) A proteína-G ativa hidrolisa GTP. A energia da hidrólise de GTP à GDP ativa a enzima adenilato ciclase. A molécula de cAMP é formada quando a adenilato ciclase divide ATP em cAMP e pirofosfato. (b) O AMP cíclico ativa a proteína quinase pela dissociação da unidade regulatória (R) da unidade catalítica (C). Uma segunda molécula de ATP, mostrada em (b), fosforilou a unidade catalítica e foi convertida em ADP. (c) A unidade catalítica fosforila a proteína de translocação iônica que bloqueou o canal de fluxo de íons. A proteína de translocação iônica fosforilada muda a sua forma e posição, abrindo o portão do canal de íons.

A ativação da adenilato ciclase cumpre dois objetivos importantes:

1. Converte um evento que ocorre do lado externo da superfície da célula-alvo (adsorção no sítio receptor) em uma mudança no interior da célula-alvo (formação de cAMP). Portanto, um mensageiro primário (neurotransmissor ou hormônio) não precisa atravessar a membrana.
2. Amplifica o sinal. Uma molécula adsorvida no receptor estimula a adenilato ciclase a produzir várias moléculas de cAMP. Dessa forma, o sinal é amplificado milhares de vezes.

### D. Remoção do sinal

Como o sinal de amplificação cessa? Quando o neurotransmissor ou hormônio se dissocia do receptor, a adenilato ciclase suspende a produção de cAMP. O cAMP que já foi produzido é destruído pela enzima fosfodiesterase, que catalisa a hidrólise da ligação de éster fosfórico, produzindo então AMP.

A amplificação através do mensageiro secundário (cAMP) é um processo relativamente lento. Ele pode durar de 0,1 s a poucos minutos. Portanto, nos casos em que a transmissão de sinais deve ser rápida (de milissegundos a segundos), o neurotransmissor tal qual a acetilcolina atua na permeabilidade de membrana diretamente sem a mediação de um mensageiro secundário.

### E. Controle da neurotransmissão

Na transdução da sinalização, a cascata de eventos proteína-G–adenilato ciclase não é limitada aos mensageiros monoamínicos. Uma ampla variedade de hormônios peptídicos e neurotransmissores (Seção 24.6) usa esse processo de sinalização. Entre eles, temos glucagon, vasodepressina, hormônio luteinizante, encefalinas e proteína-P. A abertura dos canais iônicos, descrita na Figura 24.4, também não é o único alvo dessa sinalização. Várias enzimas podem ser fosforiladas por proteínas quinase, e a fosforilação controla se essas enzimas serão ativadas ou inativadas (Seção 23.6).

O controle fino da cascata de eventos proteína-G–adenilato ciclase é essencial para a saúde. Considere a toxina da bactéria *Vibrio cholerae*, que ativa permanentemente a proteína-G. O resultado são os sintomas da cólera: desidratação severa como consequência da diarreia. Esse problema surge porque a proteína-G produz excesso de cAMP. Esse excesso, por sua vez, abre os canais iônicos que conduzem a uma saída de íons acompanhada de água das células epiteliais do intestino. Por isso, a primeira medida tomada no tratamento das vítimas da cólera é repor a água e os sais perdidos.

### F. Remoção dos neurotransmissores

A inativação dos neurotransmissores adrenérgicos difere um pouco da inativação dos transmissores colinérgicos. Enquanto a acetilcolina é decomposta pela acetilcolinesterase, a maioria dos neurotransmissores adrenérgicos é inativada de uma forma diferente. *O organismo inativa as monoaminas pela oxidação destas, formando aldeídos.* Enzimas que catalisam essas reações são denominadas monoamina oxidases (MAOs), enzimas muito comuns no corpo. Por exemplo, uma MAO converte tanto epinefrina como norepinefrina nos correspondentes aldeídos:

Várias drogas utilizadas como antidepressivos e anti-hipertensivos são inibidores da MAO, como Marplan e Nardil. Eles previnem as MAOs pela conversão das monoaminas em aldeídos, o que aumenta a concentração dos neurotransmissores adrenérgicos ativos.

Existe também uma maneira alternativa de remover os neurotransmissores adrenérgicos. Logo após a adsorção na membrana pós-sináptica, o neurotransmissor sai do receptor e é reabsorvido através da membrana pré-sináptica e armazenado novamente nas vesículas.

## Conexões químicas 24D

### Doença de Parkinson: redução de dopamina

A doença de Parkinson é caracterizada por movimentos convulsivos das pálpebras e tremores rítmicos das mãos e de outras partes do corpo, frequentemente quando o paciente está em repouso. A postura dos pacientes muda para uma posição inclinada para a frente, o caminhar torna-se lento, com passos arrastados. A causa dessa doença degenerativa dos nervos é desconhecida, mas há evidências de que fatores genéticos e ambientais, tal como a exposição a pesticidas ou altas concentrações de metais como o íon $Mn^{2+}$, sejam os principais responsáveis.

Os neurônios afetados empregam, sob condições normais, principalmente dopamina como agente neurotransmissor. Pessoas com a doença de Parkinson têm quantidades reduzidas de dopamina em seus cérebros, porém os receptores de dopamina não são afetados. Portanto, a primeira ação é *aumentar a concentração de dopamina*. Esta não pode ser administrada diretamente porque ela não pode penetrar na barreira sanguíneo-cerebral e, por isso, não atinge os tecidos nas quais sua ação é necessária. A L-dopa, em contraste, é transportada através das paredes das artérias e convertida em dopamina no cérebro:

(S)-3,4-Di-hidroxifenilalanina
(L-dopa)

descarboxilação catalisada por enzima → Dopamina + $CO_2$

Quando a L-dopa é administrada, muitos pacientes com a doença de Parkinson são capazes de sintetizar dopamina e restabelecem a transmissão nervosa normal. Nesses indivíduos, a L-dopa reverte os sintomas da doença, embora a melhora seja apenas temporária. Em outros pacientes, a administração de L-dopa resulta em melhoras pouco substanciais.

Outra maneira de aumentar a concentração de dopamina é *prevenindo a sua eliminação metabólica*. O fármaco denominado entacapon (Comtan) inibe a enzima que retira a dopamina do cérebro. A enzima (catecol-O-metil transferase, Comt) converte dopamina em 3-metoxi-4-hidróxi-L-fenilalanina, a qual é então eliminada. Entacapon é normalmente administrado conjuntamente com L-dopa. Outro fármaco, (R)-selegilina (L-Deprenyl), é um inibidor da monoamina oxidase (MAO). O L-Deprenyl, que também é administrado conjuntamente com L-dopa, pode reduzir os sintomas da doença de Parkinson e aumentar a sobrevida dos pacientes. Essas drogas aumentam os níveis de dopamina, *prevenindo a sua oxidação pelas MAOs*.

Outras drogas podem tratar os sintomas da doença de Parkinson: os movimentos convulsivos e os tremores. Essas drogas, tal como a benztropina, são similares à atropina e atuam nos receptores colinérgicos, portanto prevenindo o espasmo muscular.

A cura da doença de Parkinson pode estar no transplante de neurônios humanos embrionários de dopamina. Em estudos preliminares, esses implantes tiveram a produção de dopamina funcionalmente integrada nos cérebros dos pacientes. Na maioria dos casos, os pacientes foram capazes de reassumir a vida de forma normal e independente após o transplante.

Certas drogas projetadas para atingir um neurotransmissor podem também afetar um outro. Um exemplo é a droga metilfenidato (Ritalin). Em altas doses, essa droga aumenta a concentração de dopamina no cérebro e funciona como um estimulante. Em doses pequenas, ela é prescrita para acalmar crianças hiperativas ou minimizar disfunção do déficit de atenção (DDA). Há indícios de que, em doses pequenas, o Ritalin aumenta a concentração de serotonina. Esse neurotransmissor diminui a hiperatividade sem afetar os níveis de dopamina no cérebro.

Serotonina

A estreita ligação entre dois neurotransmissores monoamínicos, dopamina e serotonina, é também evidente nas suas funções de controle de náusea e vômito que frequentemente ocorrem na anestesia geral e quimioterapia. Bloqueadores dos receptores de dopamina no cérebro, como a prometazina (Fenergan), podem aliviar os sintomas após a anestesia. Um bloqueador dos receptores de serotonina no cérebro e nos terminais dos nervos no estômago, como ondansetrona (Zofran), é a droga de escolha para a prevenção do vômito induzido pela quimioterapia.

A síntese e a degradação de dopamina não são as únicas maneiras de o cérebro manter a concentração de dopamina no estado estacionário (equilíbrio). A concentração é também controlada por proteínas específicas, chamadas *transportadoras*, que levam a dopamina usada do receptor de volta à sinapse no neurônio original para reabsorção. O vício em cocaína se dá por intermédio dessas transportadoras. A cocaína se liga aos transportadores de dopamina, como um inibidor reversível, e impede a reabsorção desta. Como consequência, a dopamina não é transportada de volta ao neurônio original e permanece na sinapse, aumentando o acionamento de sinais, que se traduz no efeito psicoestimulatório associado à cocaína.

## Conexões químicas 24E

### A atuação do óxido nítrico como um mensageiro secundário

Os efeitos tóxicos da molécula gasosa NO são conhecidos há muito tempo (ver "Conexões químicas 3C"). Por causa disso, foi uma grande surpresa a descoberta de que esse composto desempenha um papel primordial nas comunicações químicas. Essa molécula simples é sintetizada nas células pela transformação de arginina em citrulina (esses dois compostos aparecem no ciclo da ureia; ver Seção 28.8). O óxido nítrico é uma molécula relativamente apolar. Logo após ser produzido na célula nervosa, ele rapidamente se difunde através da bicamada lipídica da membrana. Durante a sua curta meia-vida (4-6 s), ele pode atingir a célula vizinha. Pelo fato de o NO atravessar membranas, ele não precisa de receptores extracelulares para entregar a sua mensagem. O NO é muito instável, logo não existe a necessidade de um mecanismo especial para conduzir a sua destruição.

O NO atua como um mensageiro intercelular entre as células endoteliais, envolvendo os vasos sanguíneos e a musculatura lisa que as cobre. Ele relaxa as células musculares e dilata os vasos sanguíneos. O fluxo sanguíneo fica menos restrito e a pressão sanguínea diminui. Essa reação também explica por que a nitroglicerina ("Conexões químicas 13D") funciona contra ataques de angina: ela produz NO no organismo.

Outra função do NO na dilatação dos vasos sanguíneos está associada com a impotência. A droga da atenuação da impotência, Viagra, aumenta a atividade do NO pela inibição da enzima (fosfodiesterase) que, caso contrário, reduziria o efeito na musculatura lisa.

Quando a concentração de NO é suficientemente alta, os vasos sanguíneos dilatam, permitindo que uma quantidade suficiente de sangue flua e resulte na ereção. Na maior parte dos casos, isso ocorre uma hora após o indivíduo ingerir a pílula.

Algumas vezes, a dilatação dos vasos sanguíneos não é benéfica. Dores de cabeça são causadas pela dilatação das artérias da cabeça. Compostos que produzem NO nos alimentos – nitritos em carnes defumadas ou curadas e glutamato de sódio em temperos – podem causar essas dores de cabeça.

Óxido nítrico é tóxico, como discutido em "Conexões químicas 3C". Essa toxicidade é empregada pelo nosso sistema imune (Seção 31.2B) para combater infecções causadas por viroses.

O efeito tóxico do NO é também evidente nos derrames cerebrais. Em um derrame, uma artéria bloqueada restringe o fluxo sanguíneo em certas partes do cérebro; os neurônios privados de oxigênio morrem. A seguir, os neurônios em uma área próxima, dez vezes maior que o local do ataque inicial, liberam ácido glutâmico, que estimula as outras células. Estas, por sua vez, liberam NO, que mata as células nessa área. Portanto, o dano no cérebro é aumentado em dez vezes. Está sob investigação intensa a procura por inibidores da enzima produtora de NO, a óxido nítrico sintase, que podem ser usados como drogas antiderrame. Pela descoberta do NO e por seu papel no controle da pressão arterial, três farmacologistas – Robert Furchgott, Louis Ignarro e Ferid Murad – receberam o Prêmio Nobel de Fisiologia de 1998.

### G. Histaminas

O neurotransmissor histamina se encontra no cérebro dos mamíferos e é sintetizado do aminoácido histidina por descarboxilação:

$$\text{Histidina} \xrightarrow{H^+} \text{Histamina} + CO_2$$

A ação da histamina como um neurotransmissor é muito similar à de outras monoaminas. Existem dois tipos de receptores para histamina. Um receptor, $H_1$, pode ser bloqueado por anti-histamínicos como o dimenidrinato (Dramamina) e difenidramina (Benadryl). Os outros receptores, $H_2$, podem ser bloqueados por ranitidina (Zantac) e cimetidina (Tagamet).

Os receptores $H_1$ são encontrados no trato respiratório e afetam as mudanças vasculares, musculares e secretórias associadas com a rinite alérgica e a asma. Portanto, anti-histamínicos que bloqueiam receptores $H_1$ aliviam esses sintomas. Os receptores $H_2$ são encontrados principalmente no estômago e afetam a secreção de HCl. A cimetidina e ranitidina, ambas bloqueadores de $H_2$, reduzem a secreção ácida e, por isso, atuam como fármacos eficientes em pacientes com úlceras. A maior culpada na formação da maioria das úlceras, entretanto, é uma bactéria, a *Heliobacter pilori*. *Sir* James W. Black do Reino Unido recebeu o Prêmio Nobel em Medicina de 1988 pela invenção da cimetidina e de outras drogas como o propanolol, que eliminam as bactérias causadoras das úlceras (Tabela 24.1).

> **Exemplo 24.1** Identificando enzimas na via adrenérgica
>
> Três enzimas na via de neurotransmissão adrenérgica afetam a transdução de sinal. Identifique-as e descreva como elas afetam a neurotransmissão.
>
> **Solução**
>
> A adenilato ciclase amplifica o sinal pela produção de cAMP, um mensageiro secundário. A fosfatase finaliza o sinal hidrolisando cAMP. A monoamina oxidase (MAO) reduz a frequência dos sinais oxidando os neurotransmissores monoamínicos aos correspondentes aldeídos.

### Problema 24.1

Qual é a diferença funcional entre a proteína-G e GTP?

## 24.6 Qual é a função dos peptídeos na comunicação química?

### A. Mensageiros

Vários dos hormônios mais importantes que afetam o metabolismo pertencem ao grupo dos mensageiros peptidérgicos. Entre eles, estão a insulina (Seção 22.8 e "Conexões químicas 24F") e o glucagon, hormônios das ilhotas pancreáticas, e a vasopressina e oxitocina (Seção 22.8), que são produtos da glândula hipófise posterior.

Nos últimos anos, os cientistas isolaram vários peptídeos do cérebro que têm afinidade por certos receptores e, portanto, atuam como se fossem neurotransmissores. São conhecidos 25 ou 30 peptídeos que têm esse comportamento.

Os primeiros peptídeos do cérebro isolados foram as **encefalinas**. Esses pentapeptídeos estão presentes em certos terminais de células nervosas, ligam-se aos receptores de dor específicos e parecem controlar a percepção de dor. Pelo fato de se ligarem ao sítio receptor que também liga o analgésico alcaloide morfina, acredita-se que o N-terminal do pentapeptídeo se ajuste ao receptor (Figura 24.5).

Mesmo sendo a morfina considerada o agente mais eficiente contra a dor, o seu uso clínico é limitado por causa dos efeitos colaterais, como depressão respiratória e constipação. Além disso, a morfina vicia. O uso clínico das encefalinas apresenta apenas resultados modestos no alívio à dor. O desafio é o desenvolvimento de drogas que não envolvam receptores opioides no cérebro.

Outro peptídeo do cérebro, o **neuropeptídeo Y**, afeta o hipotálamo, a região que integra o corpo hormonal e o sistema nervoso.

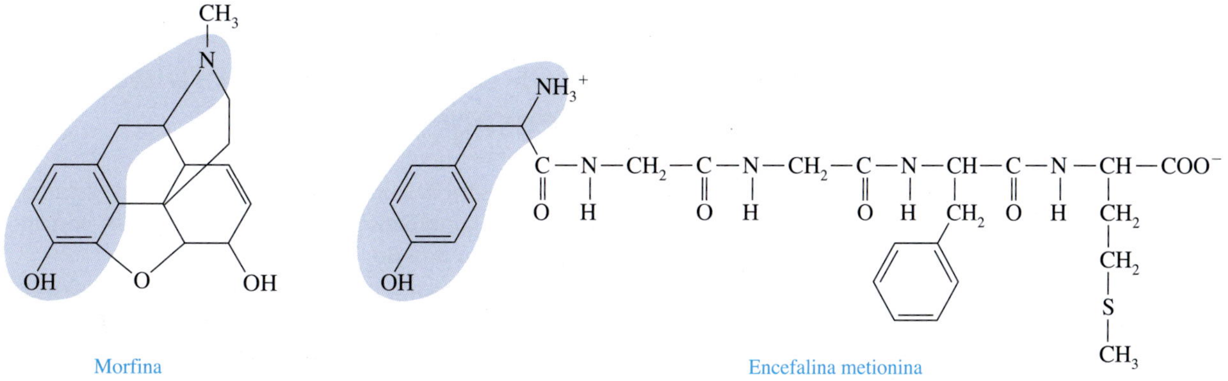

**FIGURA 24.5** Similaridades entre as estruturas da morfina e do regulador de dor do próprio cérebro, as encefalinas.

O neuropeptídeo Y é um potente agente oréxico (estimulante do apetite). Quando os seus receptores são bloqueados (por exemplo, pela leptina, a proteína "magra"), o apetite é suprimido. A leptina, portanto, é um agente da anorexia.

Outro neurotransmissor neuropeptidérgico é a **substância P** (*P* de *pain*, que em inglês é dor). Esse peptídeo de 11 aminoácidos está envolvido na transmissão de sinais de dor. Quando há ferimento ou inflamação, as fibras sensoriais dos nervos transmitem sinais do sistema nervoso periférico (onde ocorreu o ferimento) para o cordão espinhal, que então processa o sinal correspondente de dor. Os neurônios periféricos sintetizam e liberam a substância P, que se liga aos receptores na superfície do cordão espinhal. A substância P, por sua vez, remove o magnésio que bloqueia o receptor de *N*-metil-D-aspartato (NMDA). O ácido glutâmico, um aminoácido excitatório, pode então se ligar a esse receptor. Dessa forma, ele amplifica o sinal de dor que vai ao cérebro.

### B. Mensageiros secundários e controle do metabolismo

Todos os mensageiros peptidérgicos, hormônios e neurotransmissores atuam através de mensageiros secundários. Glucagon, hormônio luteinizante, hormônio antidiurético, angiotensina, encafalina e a substância P usam a cascata de eventos proteína-G-adenilato ciclase vistos nas seções precedentes.

O glucacon é um hormônio peptídico crucial na manutenção dos níveis de glicose. Quando o pâncreas sente que a glicose sanguínea está diminuindo, ele libera glucagon. Quando o glucagon é liberado, liga-se aos receptores nas células do fígado e atua através de uma série de reações para aumentar a glicose na corrente sanguínea. Esse processo, entretanto, está longe de ser simples. Quando o glucagon está ligado ao seu receptor e ativa a cascata de eventos da proteína-G, um segundo mensageiro, cAMP, ativa a proteína quinase, uma enzima que fosforila várias enzimas-alvo. Como mostrado na Figura 24.6, a proteína quinase fosforila duas enzimas-chave do metabolismo de carboidratos, a frutose bisfosfatase 2 (FBP-2) e fosfofrutoquinase 2 (PFK-2). Ao fosforilar essas duas enzimas, ocorrem efeitos opostos. A quinase é inativada e a fosfatase é ativada. Isso provoca uma diminuição da concentração intracelular de frutose 2,6-bisfosfato, que é um regulador metabólico de grande importância. O nível reduzido do regulador aumenta o nível da via chamada **gliconeogênese** (Capítulo 29) e reduz o nível da via chamada **glicólise** (Capítulo 28). A gliconeogênese produz glicose, e a glicólise o utliza no processo metabólico. Então pelo acionamento da gliconeogênese e pelo desligamento da glicólise, o fígado produz mais glicose para a corrente sanguínea.

Insulina é outro hormônio peptídico produzido pelo pâncreas, mas seu efeito global é aproximadamente o oposto do realizado pelo glucagon. A insulina se liga aos seus receptores no fígado e nas células musculares, como mostrado na Figura 24.7. O receptor é um exemplo de uma proteína chamada tirosina quinase. Um resíduo específico de tirosina torna-se fosforilado no receptor, iniciando a *atividade* de quinase. Uma proteína-alvo denominada substância receptora de insulina (*insulin receptor substance* – IRS) é então fosforilada pela tirosina quinase ativa.

A IRS fosforilada age como um mensageiro secundário. Isso leva à fosforilação de várias enzimas-alvo na célula. O efeito é reduzir o nível de glicose no sangue pelo aumento da velocidade da via que usa glicose e diminuição da velocidade da via que produz glicose.

## 24.7 De que forma os hormônios esteroides agem como mensageiros?

Na Seção 21.10, vimos que um grande número de hormônios apresenta anéis de estrutura esteroide. Esses hormônios, que incluem os hormônios sexuais, são hidrofóbicos, portanto podem atravessar a membrana das células por difusão.

Não existe necessidade para receptores especiais embebidos na membrana para esses hormônios. Entretanto, foi mostrado que os **hormônios esteroides** interagem com receptores no interior das células. A maioria desses receptores está localizada no núcleo das células, mas pequenas quantidades também existem no citoplasma. Quando eles interagem com os esteroides, facilitam a migração deles através do meio aquoso do citoplasma; as proteínas que realizam esta função têm características hidrofóbicas.

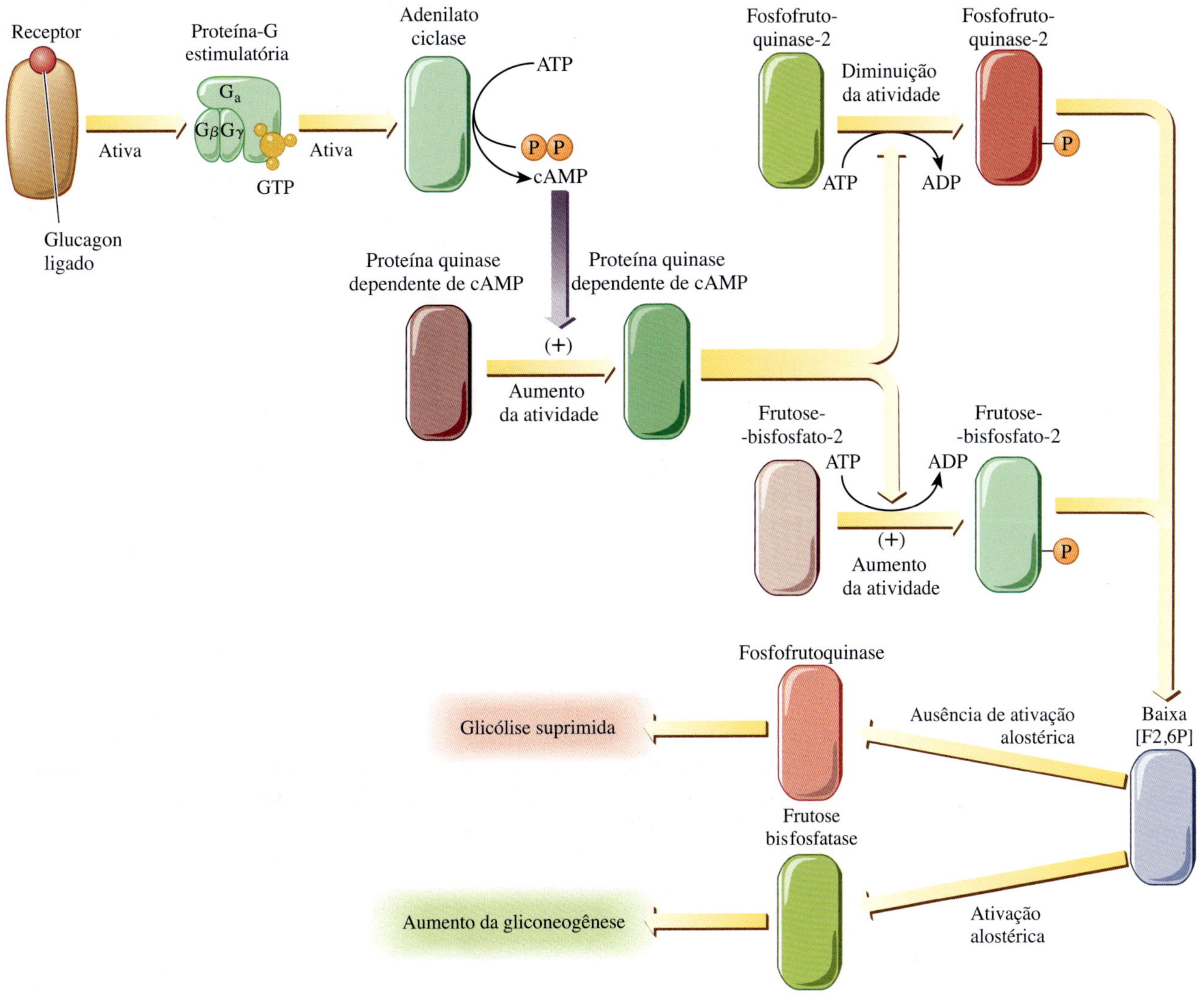

**Figura 24.6** Ação do glucagon. A ligação do glucagon a seus receptores desliga a cadeia de eventos que leva à ativação da proteína quinase dependente de cAMP. As enzimas fosforiladas neste caso são a fosfofrutoquinase-2, a qual é inativada, e a frutose-bisfosfato-2, que é ativada. O resultado combinado da fosforilação destas duas enzimas é a diminuição da concentração da frutose-2,6-bisfosfato (F2,6P). Uma baixa concentração de F2,6P conduz a falta de ativação alostérica da fosfofrutoquinase 1 e diminuição da glicólise que também leva a ativação da frutose bisfosfatase 1 e aumento da gliconeogênese.

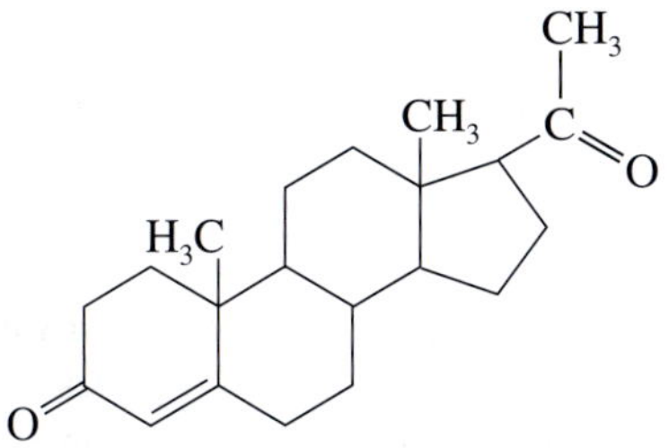

Progesterona

Uma vez no interior do núcleo, o complexo formado pelo esteroide-receptor pode tanto se ligar diretamente ao DNA como se combinar com o **fator de transcrição**, uma proteína que se liga ao DNA e altera a expressão de um gene (Seção 26.2), influenciando a síntese de certas proteínas-chave. Os hormônios da tireoide, que também apresentam domínios hi-

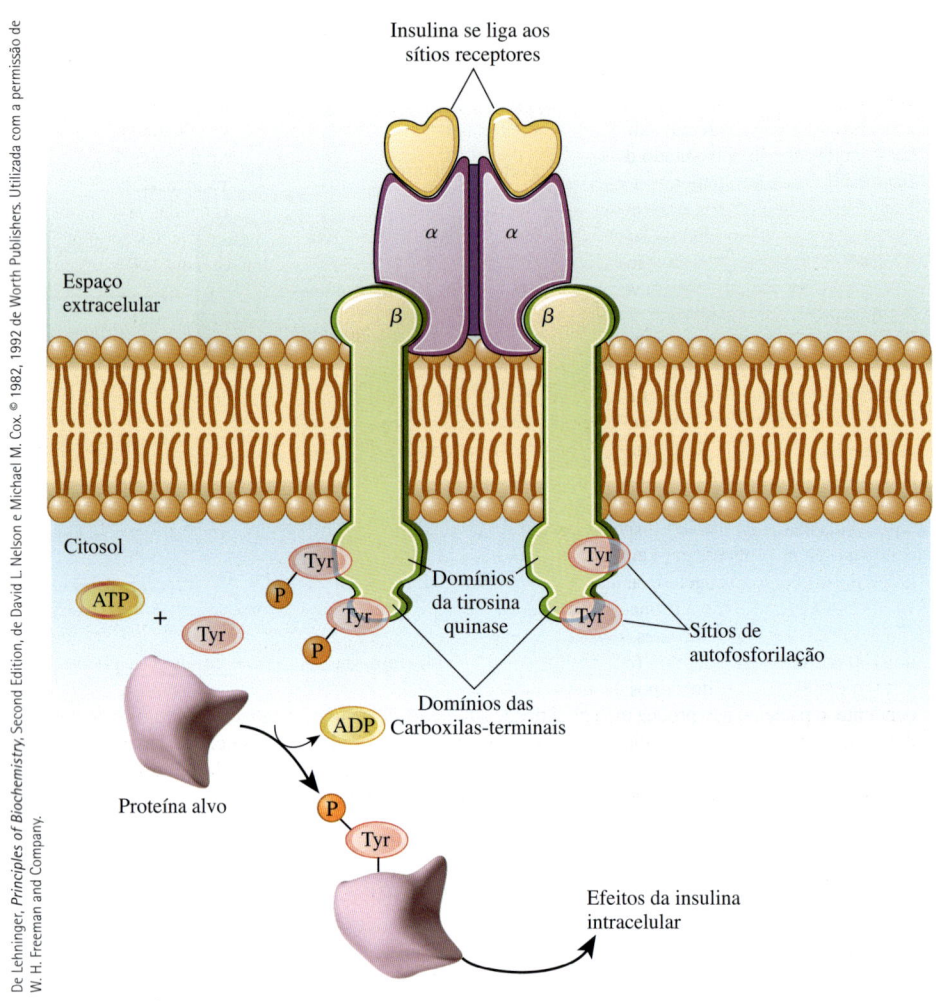

**Figura 24.7** O receptor de insulina tem dois tipos de subunidades, $\alpha$ e $\beta$. A subunidade está no lado extracelular da membrana, e ele liga insulina. A subunidade $\beta$ se estende ao longo da membrana. Quando a insulina se liga à subunidade $\alpha$, a subunidade $\beta$ se autofosforila no resíduo de tirosina. Esta proteína, por sua vez, fosforila proteínas alvo chamadas substrato receptor de insulina (IRS). As IRS atuam como mensageiros secundários nas células.

drofóbicos volumosos, da mesma forma apresentam proteínas receptoras que facilitam o seu transporte através do meio aquoso.

A resposta aos hormônios esteroides através da síntese de proteínas não é rápida. Na verdade, ela leva horas para ocorrer. Os esteroides podem também atuar na membrana celular, influenciando os canais iônicos acionados por ligantes. Essa resposta leva apenas segundos. Um exemplo dessa resposta rápida ocorre na fertilização. A cabeça do esperma contém enzimas proteolíticas que atuam no óvulo para facilitar a sua penetração. Essas enzimas são armazenadas nos acrossomas, organelas encontradas na cabeça do esperma. Durante a fertilização, a progesterona originada das células foliculares ao redor do óvulo atua na membrana externa do acrossoma, que se desintegra em poucos segundos e libera as enzimas proteolíticas.

Os mesmos hormônios esteroides descritos na Figura 21.5 atuam também como neurotransmissores. Esses neuroesteroides são sintetizados no cérebro tanto nos neurônios como na glia e afetam os receptores – principalmente receptores NMDA e Gaba (Seção 24.4). A progesterona e os metabólitos da progesterona nas células do cérebro podem induzir o sono, têm efeitos analgésicos e anticonvulsivos e podem servir como anestésicos naturais.

## Conexões químicas 24F

### Diabetes

O diabetes afeta mais de 20 milhões de pessoas nos Estados Unidos.[2] Em uma pessoa normal, o pâncreas, uma glândula grande localizada atrás do estômago, secreta insulina e vários outros hormônios. O diabetes normalmente é resultado de uma baixa secreção de insulina. A insulina é necessária para que a glicose penetre nas células, como as do cérebro, dos músculos, e nas células de gordura, onde ela será usada. Ela realiza essa tarefa sendo adsorvida por receptores nas células-alvo. Essa adsorção aciona a produção de GMP cíclico (não o cAMP); esse mensageiro secundário, por sua vez, aumenta o transporte de moléculas de glicose nas células-alvo.

Na cascata de eventos resultante, a primeira etapa é a autofosforilação da molécula receptora, no lado citoplasmático. O receptor de insulina fosforilado ativa enzimas e proteínas regulatórias pela fosforilação destas últimas. Como consequência, moléculas transportadoras de glicose (GLUT4) que estão armazenadas no interior das células migram para a membrana plasmática. Uma vez lá, elas facilitam o movimento da glicose através da membrana. Esse transporte reduz o acúmulo de glicose no plasma sanguíneo e a disponibiliza para a atividade metabólica dentro da célula. A glicose pode então ser usada como uma fonte de energia, estocada como glicogênio, ou mesmo ser redirecionada para outras vias biossintéticas, como a formação de gordura.

Nos pacientes com diabetes, o nível de glicose aumenta para 600 mg/100 mL de sangue ou mais (o nível normal se situa na faixa de 80 a 100 mg/100 mL). Há dois tipos de diabetes. No diabetes insulinodependente, o paciente não produz uma quantidade suficiente desse hormônio no pâncreas. Essa modalidade da doença chamada, tipo 1, que se desenvolve mais precocemente, antes dos 20 anos de idade, precisa ser tratada com injeções diárias de insulina. Nesse tipo, mesmo com injeções diárias de insulina, o nível de açúcar no sangue flutua, o que pode causar outras disfunções, como cataratas, distrofia retinal que leva à cegueira, doenças dos rins, ataques cardíacos e doenças nervosas.

Uma maneira de responder a essas flutuações é monitorar o açúcar no sangue e, à medida que o nível aumenta, administrar insulina. Esse monitoramento requer que o dedo seja furado seis vezes ao dia, um processo invasivo que poucos diabéticos seguem fielmente. Recentemente, técnicas de monitoramento não invasivo têm sido desenvolvidas. Uma das mais promissoras emprega lentes de contato. O aumento e a diminuição do açúcar são mimetizados pelo conteúdo de açúcar nas lágrimas. Um sensor fluorescente nas lentes de contato monitora essas flutuações de glicose, e os dados podem ser lidos por meio de um fluorímetro portátil. Portanto, os padrões de flutuação de glicose podem ser obtidos de forma não invasiva e, se os níveis atingem a zona de perigo, é administrada insulina para contrabalancear o aumento de glicose.

Há grandes avanços na administração de insulina. As injeções e bombas de insulina ainda estão amplamente em uso, mas novos métodos de liberação por via oral ou nasal estão disponíveis.

No diabetes do tipo 2 (não é dependente de insulina), os pacientes têm insulina suficiente no sangue, mas não a utilizam corretamente porque as células-alvo apresentam um número insuficiente de receptores. Esses pacientes geralmente desenvolvem a doença após os 40 anos e é provável que sejam obesos. Pessoas com sobrepeso usualmente têm um número abaixo do normal de receptores de insulina nas células adiposas (de gordura).

Fármacos de administração oral podem ajudar os pacientes com diabetes do tipo 2 de várias maneiras. Por exemplo, compostos de sulfonil ureia, como a tolbutamida, aumentam a secreção de insulina. Como consequência, a concentração de insulina no sangue aumenta pela sua liberação das células-$\beta$ das ilhotas pancreáticas. A droga repaglidina bloqueia os canais de $K^+$-ATP das células-$\beta$, facilitando a entrada de $Ca^{2+}$, que induz a liberação de insulina das células.

As drogas de administração oral parecem controlar os sintomas do diabetes, mas flutuações de insulina podem oscilar de altas concentrações (hiperglicemia) a baixas concentrações (hipoglicemia), as quais são igualmente perigosas. Outras drogas para o diabetes do tipo 2 que não necessitam de cuidados com a hipoglicemia tentam o controle do nível de glicose na sua origem. O miglitol, uma droga anti-glicosidase, inibe a enzima que converte o glicogênio ou amido em glicose. A droga metformina diminui a produção de glicose no fígado, absorção de carboidratos nos intestinos e tomada de glicose pelas células de gordura.

Tolbutamida
(Orinase)

Metformina
(Glucophage é o hidroclorido de metformina)

---
[2] No Brasil, estima-se que haja cerca de 10 milhões de pessoas afetadas por diabetes. (NT)

## Conexões químicas 24G

### Hormônios e poluentes biológicos

Os hormônios são algumas das substâncias mais poderosas quando consideramos seus efeitos no desenvolvimento e metabolismo e suas baixas concentrações: eles atuam em faixas de concentração de partes por bilhão. Nos últimos 20 anos, as pessoas começaram a se preocupar com a existência de vários poluentes biológicos que podem afetar o seu desenvolvimento. Por exemplo, várias pessoas preferem comer frangos desenvolvidos por metodologias orgânicas para evitar pesticidas dos correspondentes animais que são criados em fazendas tradicionais. Elas também preferem consumir carne vermelha e de frango livre de hormônios, receosas com os efeitos dos hormônios em suas crianças. É sabido que a idade com que se atinge a puberdade vem caindo nos últimos 30 anos, e muitos acreditam que essa queda é em

## Conexões químicas 24G (continuação)

razão dos efeitos de poluentes biológicos que imitam os hormônios humanos.

Uma dessas substâncias é chamada bisfenol A (BPA).

O BPA é um composto similar ao estrogênio empregado na fabricação de utensílios de policarbonato, como mamadeiras, revestimentos de embalagens de alimentos e Tupperware. Quantidades pequenas de BPA podem se infiltrar nos alimentos e detectou-se esse composto no sangue de várias pessoas, embora os níveis encontrados estivessem abaixo da dose máxima de segurança. Em 1997, um biólogo especializado em reprodução descobriu que níveis muito baixos de BPA administrados em fêmeas grávidas de camundongos causaram um aumento da próstata dos machos da prole. Outros estudos constataram um aumento de cromossomos anormais nos óvulos de camundongos que estiveram em gaiolas plásticas com BPA. Estudos também têm associado problemas de saúde em humanos ao BPA, como câncer de mama e puberdade precoce. Nos Estados Unidos, o Programa Nacional de Toxicologia (National Toxicology Program – NTP) formou uma comissão para estudar os efeitos do BPA, mas até agora os resultados não são conclusivos. Ao mesmo tempo que chegaram à conclusão de que os riscos causados pelo BPA são insignificantes, eles têm algumas preocupações quanto aos possíveis riscos que podem ocorrer em fetos e crianças. O Dr. John Vandenbergh, um dos membros do NTP, afirmou o seguinte: "Creio que exista um risco para os humanos. O que estamos tentando fazer aqui nesta comissão é definir o risco".

O BPA pode ser perfeitamente inofensivo ou representar um sério risco à saúde. Uma busca pela internet mostra vários *websites* dedicados à discussão dos possíveis perigos do BPA. Entretanto, uma coisa é certa: os hormônios são críticos na fisiologia humana e mesmo perturbações minúsculas nos seus níveis podem afetar a nossa saúde.

## Resumo das questões-chave

### Seção 24.1 Que moléculas estão envolvidas na comunicação química?

- A comunicação entre as células é conduzida por três tipos de moléculas.
- **Receptores** são moléculas de proteínas embebidas nas membranas das células.
- Os **mensageiros químicos**, ou ligantes, interagem com os receptores.
- Os **mensageiros secundários** levam e amplificam os sinais do receptor para o interior das células.

### Seção 24.2 Como os mensageiros químicos são classificados em neurotransmissores e hormônios?

- Os **neurotransmissores** enviam mensagens químicas em distâncias curtas – a **sinapse** entre dois neurônios ou entre um neurônio e uma célula muscular ou glândula endócrina. Essa comunicação ocorre em milissegundos.
- Os **hormônios** transmitem os seus sinais mais vagarosamente e em distâncias mais longas, da fonte da sua secreção (glândula endócrina), através da corrente sanguínea, para a célula-alvo.
- Os **antagonistas** bloqueiam os receptores, e os **agonistas** estimulam os receptores.
- Existem cinco tipos de mensageiros químicos: **colinérgicos, aminoácidos, adrenérgicos, peptidérgicos** e **esteroides**. Os neurotransmissores podem pertencer às cinco classes de compostos, enquanto os hormônios, às três últimas classes. A acetilcolina é colinérgica, ácido glutâmico é um aminoácido, epinefrina (adrenalina) e norepinefrina são adrenérgicos, encefalinas são peptidérgicos, e progesterona é um esteroide.

### Seção 24.3 De que forma a acetilcolina age como um mensageiro?

- A transmissão nervosa começa com os neurotransmissores, como a acetilcolina armazenada nas **vesículas** na **terminação pré-sináptica** dos neurônios.
- Quando os neurotransmissores são liberados, eles atravessam a membrana e a sinapse e são adsorvidos nos sítios receptores nas membranas **pós-sinápticas**. Essa adsorção nos sítios receptores aciona uma resposta elétrica.
- Alguns neurotransmissores atuam diretamente, enquanto outros agem através de um mensageiro secundário, o **AMP cíclico**.
- Após o sinal elétrico ter sido acionado, as moléculas do neurotransmissor precisam ser removidas da terminação pós-sináptica. No caso da acetilcolina, essa remoção é em razão de uma enzima chamada acetilcolinesterase.

### Seção 24.4 Quais aminoácidos agem como neurotransmissores?

- Os aminoácidos, muitos dos quais diferem dos normalmente encontrados nas proteínas, se ligam aos seus receptores, que são canais iônicos acionados por ligantes.
- A remoção de aminoácidos mensageiros ocorre por **reabsorção** através da membrana pré-sináptica, em vez de hidrólise.

### Seção 24.5 O que são mensageiros adrenérgicos?

- O modo de ação das monoaminas como a epinefrina, serotonina, dopamina e histamina é similar ao da acetilcolina, no sentido de que eles iniciam com a ligação ao receptor.
- O AMP cíclico é um mensageiro secundário importante. O modo de remoção das monoaminas é diferente da hidrólise

da acetilcolina. No caso das monoaminas, as enzimas (MAOs) as oxidam, originando aldeídos.

### Seção 24.6 Qual é a função dos peptídeos na comunicação química?

- Os peptídeos e as proteínas se ligam aos receptores nas membranas das células-alvo e usam mensageiros secundários para proceder à transmissão do sinal.
- **Transdução do sinal** é o processo que ocorre após a conexão do ligante ao seu receptor. Nesse processo, o sinal é conduzido para o interior da célula e então amplificado.

### Seção 24.7 De que forma os hormônios esteroides agem como mensageiros?

- Os esteroides penetram na membrana celular, e os seus receptores se encontram no citoplasma. Com seus receptores, eles penetram no núcleo celular.
- Os hormônios esteroides podem agir de três formas: (1) ativam enzimas, (2) afetam a transcrição de genes de uma enzima ou proteína e (3) afetam a permeabilidade da membrana.
- Os mesmos esteroides podem atuar como neurotransmissores quando são sintetizados nos neurônios.

## Problemas

### Seção 24.1 Que moléculas estão envolvidas na comunicação química?

24.2 Que tipo de sinal viaja ao longo do axônio de um neurônio?

24.3 Qual é a diferença entre um *mensageiro químico* e um *mensageiro secundário*?

### Seção 24.2 Como os mensageiros químicos são classificados em neurotransmissores e hormônios?

24.4 Defina os seguintes termos:
(a) Sinapse
(b) Receptor
(c) Pré-sináptico
(d) Pós-sináptico
(e) Vesícula

24.5 Qual é a função do $Ca^{2+}$ na liberação de neurotransmissores na sinapse?

24.6 Que sinal é mais longo: (a) de um neurotransmissor ou (b) de um hormônio? Explique.

24.7 Que glândula controla a lactação?

24.8 Estes hormônios pertencem a qual dos três grupos de mensageiros químicos?
(a) Norepinefrina
(b) Tiroxina
(c) Oxitocina
(d) Progesterona

### Seção 24.3 De que forma a acetilcolina age como um mensageiro?

24.9 Como a acetilcolina transmite um sinal elétrico de um neurônio a outro?

24.10 Que terminação da molécula de acetilcolina se ajusta ao sítio receptor?

24.11 O veneno de cobra e a toxina botulínica são mortais, mas afetam de forma diferente a neurotransmissão colinérgica. Como cada um deles causa paralisia?

24.12 Diferentes concentrações de íons ao longo da membrana geram um potencial (voltagem). Uma membrana com essas características é chamada polarizada. O que acontece quando a acetilcolina é adsorvida em seus receptores?

### Seção 24.4 Quais aminoácidos agem como neurotransmissores?

24.13 Apresente duas características que diferenciem a taurina dos aminoácidos encontrados nas proteínas.

24.14 Como o ácido glutâmico é removido de seus receptores?

24.15 O que é exclusivo na estrutura do Gaba que o distingue de outros aminoácidos encontrados nas proteínas?

24.16 Qual é a diferença estrutural entre NMDA, um agonista do receptor de ácido glutâmico, e o ácido L-aspártico?

### Seção 24.5 O que são mensageiros adrenérgicos?

24.17 (a) Identifique dois neurotransmissores monoamínicos na Tabela 24.1.
(b) Explique como eles funcionam.
(c) Que remédio controla as doenças causadas pela falta de neurotransmissores monoamínicos?

24.18 Que ligação é hidrolisada e que ligação é formada na síntese do cAMP?

24.19 Como é a unidade catalítica da proteína quinase ativada na neurotransmissão?

24.20 A formação de AMP cíclico é descrita na Seção 24.5. Mostre por analogia como GMP cíclico é formado a partir de GTP.

24.21 Por analogia da ação da MAO na epinefrina, escreva a fórmula estrutural do produto da correspondente oxidação da dopamina.

24.22 A ação da proteína quinase se desenvolve perto do fim da cascata de eventos da transdução de sinal da proteína-G-adenilato ciclase. Que efeitos podem ser obtidos da fosforilação realizada por essa enzima?

24.23 Explique como a transmissão adrenérgica é afetada por (a) anfetaminas e (b) reserpina. (Ver Tabela 24.1.)

24.24 Nos eventos descritos na Figura 24.3, que etapa resulta em um sinal elétrico?

24.25 Que tipo de produto resulta da oxidação da epinefrina catalisada por MAO?

24.26 Como a histamina é removida de seu sítio receptor?

24.27 O AMP cíclico afeta a permeabilidade das membranas para o fluxo iônico.

(a) O que bloqueia o canal iônico?
(b) Como o bloqueio é removido?
(c) Qual é a função direta do cAMP nesse processo?

24.28 Dramamina e cimetidina são anti-histamínicos. Você esperaria que a dramamina curasse úlceras e a cimetidina aliviasse os sintomas da asma? Explique.

### Seção 24.6 Qual é a função dos peptídeos na comunicação química?

24.29 Qual é a natureza química das encefalinas?

24.30 Qual é o modo de ação analgésica da Meperidina? (Ver Tabela 24.1.)

24.31 Que enzima catalisa a formação de inositol-1,4,5-trifosfato partindo de inositol-1,4-difosfato? Mostre a estrutura do reagente e do produto.

24.32 Como o mensageiro secundário inositol-1,4,5-trifosfato é inativado?

24.33 Qual é o mensageiro secundário formado como resposta à ligação do glucagon em seu receptor?

24.34 Que órgão produz glucagon e por quê?

24.35 Qual é o alvo direto de um mensageiro secundário produzido quando o glucagon se liga ao seu receptor?

24.36 Na rota do efeito do glucagon, o que faz a proteína quinase A?

24.37 Por que o glucagon conduz a ativação da gliconeogênese e a inibição da glicólise?

24.38 De que maneira a frutose 2,6-bisfosfato está envolvida no metabolismo da glicose?

24.39 Descreva a via de sinalização que envolve a insulina.

24.40 A insulina usa a proteína-G na sua via de sinalização? Qual é a natureza do receptor de insulina?

### Seção 24.7 De que forma os hormônios esteroides agem como mensageiros?

24.41 Onde estão localizados os receptores dos hormônios esteroides – na superfície ou em outro lugar na célula?

24.42 Os hormônios esteroides afetam a síntese de proteínas? Se sim, esse efeito tem alguma implicação para que o tempo de resposta hormonal possa ser acionado?

24.43 Os hormônios esteroides podem agir como neurotransmissores?

### Conexões químicas

24.44 (Conexões químicas 24A) Qual é a diferença entre "faíscas" de cálcio e ondas de cálcio?

24.45 (Conexões químicas 24A) Qual é o papel da calmodulina na sinalização dos íons $Ca^{2+}$?

24.46 (Conexões químicas 24A) Para obter a fusão entre a vesícula sináptica e a membrana plasmática, é necessário um aumento na concentração de cálcio. Em quantas vezes a concentração de cálcio precisa aumentar para que isso ocorra?

24.47 (Conexões químicas 24B) Qual é o modo de ação da toxina botulínica?

24.48 (Conexões químicas 24B) Como a toxina botulínica, que é fatal, pode contribuir para a beleza facial?

24.49 (Conexões químicas 24C) Do que são feitos os emaranhados neurofibrilares nos cérebros dos pacientes com Alzheimer? Como eles afetam a estrutura celular?

24.50 (Conexões químicas 24C) Do que são feitas as placas encontradas nos cérebros dos pacientes com Alzheimer?

24.51 (Conexões químicas 24C) A doença de Alzheimer causa perda de memória. Que tipos de droga podem atenuar esse quadro? Como eles atuam?

24.52 (Conexões químicas 24C) Como as proteínas $\beta$-amiloides e as presenilinas estão envolvidas com o fluxo de cálcio nas células cerebrais?

24.53 (Conexões químicas 24D) Por que uma pílula de dopamina seria ineficaz no tratamento da doença de Parkinson?

24.54 (Conexões químicas 24D) Qual é o mecanismo pelo qual a cocaína estimula o acionamento contínuo dos sinais entre os neurônios?

24.55 (Conexões químicas 24D) A doença de Parkinson é decorrente da escassez de dopamina nos neurônios, embora os seus sintomas sejam atenuados por drogas que bloqueiam os receptores colinérgicos. Explique.

24.56 (Conexões químicas 24D) Em certos casos, neurônios embrionários transplantados no cérebro de pacientes com a doença de Parkinson em estado avançado resultaram em remissão completa. Explique esse resultado.

24.57 (Conexões químicas 24E) Como dores de cabeça podem ser originadas pelo NO?

24.58 (Conexões químicas 24E) Como o NO é sintetizado nas células?

24.59 (Conexões químicas 24E) Como a toxicidade do NO é prejudicial nos derrames?

24.60 (Conexões químicas 24F) A tolbutamida é um composto de sulfonil ureia. Identifique a parte correspondente de sulfonil ureia na estrutura dessa droga.

24.61 (Conexões químicas 24F) Qual é a diferença entre diabetes insulinodependente e diabetes não dependente de insulina?

24.62 (Conexões químicas 24F) Como a insulina facilita a absorção de glicose do plasma sanguíneo para os adipócitos (células de gordura)?

24.63 (Conexões químicas 24F) Pacientes com diabetes devem monitorar frequentemente as flutuações dos níveis de glicose no sangue. Qual é a vantagem da técnica mais moderna que monitora o conteúdo de glicose nas lágrimas em relação à técnica mais antiga que usa amostras de sangue?

24.64 (Conexões químicas 24G) Que tipo de composto é o bisfenol A e de onde ele vem?

24.65 (Conexões químicas 24G) Quais são os possíveis efeitos biológicos da ingestão de bisfenol A?

24.66 (Conexões químicas 24G) Quanto aos efeitos do bisfenol A, que evidências experimentais têm preocupado os cientistas?

## Problemas adicionais

24.67 Considerando a natureza química da aldesterona (Seção 21.10), como ela afeta o metabolismo de elementos minerais (Tabela 24.2)?

24.68 Qual é a função da proteína de translocação iônica na neurotransmissão adrenérgica?

24.69 O decametônio age como um relaxante muscular. No caso de uma *overdose* de decametônio, a paralisia pode ser prevenida pela administração de altas doses de acetilcolina? Explique.

24.70 A endorfina é um potente analgésico e um peptídeo que contém 22 aminoácidos; entre eles, estão os mesmos cinco aminoácidos N-terminais encontrados nas encefalinas. Isso explica a ação analgésica das encefalinas?

24.71 Qual é a diferença estrutural entre a alanina e a beta-alanina?

24.72 Onde a proteína-G está localizada na neurotransmissão adrenérgica?

24.73 (Conexões químicas 24E) Enumere os efeitos causados quando o NO, ao atuar como um mensageiro secundário, relaxa a musculatura lisa.

24.74 (a) Em termos de sua ação, o que o hormônio vasopressina e o neurotransmissor da dopamina têm em comum?
(b) Qual é a diferença em seus modos de ação?

24.75 Quais são as diferenças nos modos de ação entre a acetilcolinesterase e acetilcolina transferase?

24.76 Como a toxina da cólera exerce o seu efeito?

24.77 Dê as fórmulas para a seguinte reação:
$$GTP + H_2O \rightleftharpoons GDP + P_i$$

24.78 A insulina é um hormônio que, quando se liga ao receptor, permite que a molécula de glicose entre na célula e seja metabolizada. Se você tem uma droga que é um agonista, como seria o nível de glicose no plasma sanguíneo sob administração dessa droga?

24.79 (Conexões químicas 24D) A ritalina é usada para atenuar a hiperatividade na disfunção do déficit de atenção de crianças. Como essa droga funciona?

24.80. A glândula hipófise libera hormônio luteinizante (LH), o qual aumenta a produção de progesterona no útero. Classifique esses dois mensageiros e indique como cada um conduz a sua mensagem.

## Ligando os pontos

24.81 Por que as proteínas são receptores em vez de qualquer outro tipo de molécula?

24.82 Por que é útil para os organismos ter diferentes classes de neurotransmissores e hormônios?

24.83 Que relação os mensageiros adrenérgicos têm com aminoácidos mensageiros, e o que essa relação nos diz a respeito da origem bioquímica dos mensageiros adrenérgicos?

24.84 Quais grupos funcionais são encontrados na estrutura dos mensageiros químicos? O que esses aspectos estruturais pressupõem sobre o sítio ativo das enzimas que processam essas mensagens?

## Antecipando

24.85 Por que a insulina não é administrada oralmente no tratamento do diabetes insulinodependente?

24.86 Um dos desafios no tratamento da cólera é prevenir a desidratação. O que torna isso um desafio duplo? (*Dica*: Ver Capítulo 30; a cólera é uma doença disseminada pela água.)

24.87 Algum mensageiro químico tem um efeito *direto* na síntese de ácidos nucleicos?

24.88 O papel dos mensageiros químicos tem alguma relação nas necessidades de energia do organismo?

## Desafios

24.89 Todos os mensageiros químicos precisam do mesmo tempo para induzir uma resposta? Se existem diferenças, como o mecanismo básico de resposta difere?

24.90 Vários pesticidas são inibidores da acetilcolinesterase. Por que o uso requer um controle cuidadoso?

24.91 Quais são as vantagens para um organismo ter duas enzimas diferentes para a síntese e quebra da acetilcolina – acetilcolina transferase e acetilcolinesterase, respectivamente?

24.92 Qual seria a melhor terapia para o vício em cocaína: um inibidor do transportador de dopamina ou uma substância que degrade a cocaína?

# Nucleotídeos, ácidos nucleicos e hereditariedade

## 25

Esses dois cães parecem ser mãe e filhote normais. O filhote, entretanto, é o primeiro cão clonado, que recebeu o nome de Snuppy. O cão maior na foto, na verdade, é um cão macho da raça galgo afegão, do qual o DNA foi usado para criar o clone.

### Questões-chave

**25.1** Quais são as moléculas da hereditariedade?

**25.2** Do que são feitos os ácidos nucleicos?

**25.3** Qual é a estrutura do DNA e RNA?

**25.4** Quais são as diferentes classes do RNA?

**25.5** O que são genes?

**25.6** Como o DNA é replicado?

**25.7** Como o DNA é reparado?

**25.8** Como se amplifica o DNA?

## 25.1 Quais são as moléculas da hereditariedade?

Cada célula de nosso corpo possui milhares de proteínas diferentes. No Capítulo 22, vimos que essas proteínas são feitas dos mesmos 20 aminoácidos, diferindo apenas na sequência em que estão arranjados. Explicitamente, o hormônio da insulina tem uma sequência de aminoácidos diferente da sequência da globina encontrada nas células vermelhas. Até a mesma proteína – por exemplo, insulina – tem uma sequência diferente em espécies diferentes (Seção 22.8). Nas mesmas espécies, podem ocorrer algumas diferenças nas proteínas dos indivíduos, embora essas diferenças sejam muito menos acentuadas que as observadas em espécies diferentes. Essa variação é mais óbvia nos casos em que os indivíduos apresentam particularidades como hemofilia, albinismo ou deficiência da visualização das cores porque eles não têm certas proteínas que as pessoas "normais" possuem ou porque a sequência dos aminoácidos difere ligeiramente (ver "Conexões químicas 22D").

Os cientistas pesquisaram inicialmente as diferenças encontradas na sequência de aminoácidos e, em seguida, verificaram como as células sabem que proteínas elas devem sintetizar entre o grande número possível de sequências de aminoácidos. Constatou-se que um indivíduo obtém a informação de seus pais através da *hereditariedade*, que é a transferência de características anatômicas e bioquímicas entre as gerações. Sabemos que um porco dá à luz um porco e que um rato dá à luz um rato.

Foi fácil determinar que a informação é obtida dos pais, mas qual é a forma dessa informação? Durante os últimos 60 anos, desenvolvimentos revolucionários permitiram responder a essa questão: a transmissão da hereditariedade ocorre molecularmente.

No fim do século XIX, os biólogos suspeitavam que a transmissão da informação hereditária de uma geração para outra ocorria no núcleo celular. Mais precisamente, eles acreditavam que estruturas dentro do núcleo, chamadas **cromossomos**, estavam relacionadas com a hereditariedade. Diferentes espécies têm diferentes números de cromossomos no núcleo. A informação que determina as características externas (cabelos vermelhos, olhos azuis) e internas (grupo sanguíneo, doenças hereditárias) está relacionada com os **genes** localizados nos cromossomos.

**Gene** A unidade da hereditariedade; um segmento de DNA que contém o código para a produção de uma proteína ou certo tipo de RNA.

A análise química dos núcleos mostrou que os genes são predominantemente constituídos de proteínas básicas chamadas *histonas* e de um tipo de composto denominado *ácidos nucleicos*. Pelos idos de 1940, ficou claro, pelo trabalho de Oswald Avery (1877-1955), que, de todo o material existente no núcleo, somente um ácido nucleico, chamado ácido desoxirribonucleico (DNA), contém a informação hereditária, isto é, os genes estão situados no DNA. Nessa mesma época, outro trabalho realizado por George Beadle (1903-1989) e Edward Tatum (1909-1975) demonstrou que cada gene controla a produção de uma proteína e que as características externas e internas são expressas através desse gene. Portanto, a expressão do gene (DNA) em termos de uma enzima (proteína) conduz ao estudo da síntese da proteína e seu controle. *A informação que diz para a célula quais são as proteínas que devem ser produzidas é conduzida nas moléculas de DNA*. Agora é conhecido que nem todos os genes levam à produção de proteína, mas todos os genes levam à produção de outro tipo de ácido nucleico, denominado ácido ribonucleico (RNA).

## 25.2 Do que são feitos os ácidos nucleicos?

[1] Neste capítulo, serão mantidas as abreviações dos nomes em inglês *ribonucleic acid* (RNA) e *deoxyribonucleic acid* (DNA), pela grande difusão destas em texto de língua portuguesa de natureza científica ou não. As abreviações correspondentes em português são ARN (ácido ribonucleico) e ADN (ácido desoxirribonucleico). (NT)

Dois tipos de ácidos nucleicos são encontrados nas células: **ácido ribonucleico (RNA)**[1] e **ácido desoxirribonucleico (DNA)**. Cada um deles apresenta seu próprio papel na transmissão da informação hereditária. Como já mencionado, o DNA está presente nos cromossomos do núcleo das células eucarióticas. O RNA, por sua vez, não é encontrado nos cromossomos, mas em qualquer parte do núcleo e mesmo fora do núcleo, no citoplasma. Como veremos na Seção 25.4, existem seis tipos de RNA, cada um deles com estrutura e funções específicas.

Tanto o DNA como o RNA são polímeros. Da mesma forma que as proteínas e os polissacarídeos formam cadeias, isso também ocorre com os ácidos nucleicos. As unidades de formação (monômeros) das cadeias de ácidos nucleicos são os *nucleotídeos*, que, por sua vez, são constituídos de três unidades: base, monossacarídeo e fosfato. A seguir, veremos cada um desses constituintes dos nucleotídeos.

### A. Bases

**Bases** Purinas e pirimidinas, componentes dos nucleotídeos, DNA e RNA.

As **bases** encontradas no DNA e RNA são principalmente as mostradas na Figura 25.1. Todas elas são básicas porque são aminas aromáticas heterocíclicas (Seção 16.1). Duas dessas bases, a adenina (A) e a guanina (G), são purinas; as outras três, citosina (C), timina (T) e uracila (U), são pirimidinas.

As duas purinas (A e G) e uma das pirimidinas (C) são encontradas tanto no DNA como no RNA, enquanto a uracila (U) é encontrada apenas no RNA, e a timina (T), apenas no DNA. Note que a timina difere da uracila somente pela existência de um grupo metila na posição 5. Portanto, o DNA e o RNA contêm quatro bases: duas pirimidinas e duas purinas. As bases A, G, C e T estão presentes no DNA; e as bases A, G, C e U, no RNA.

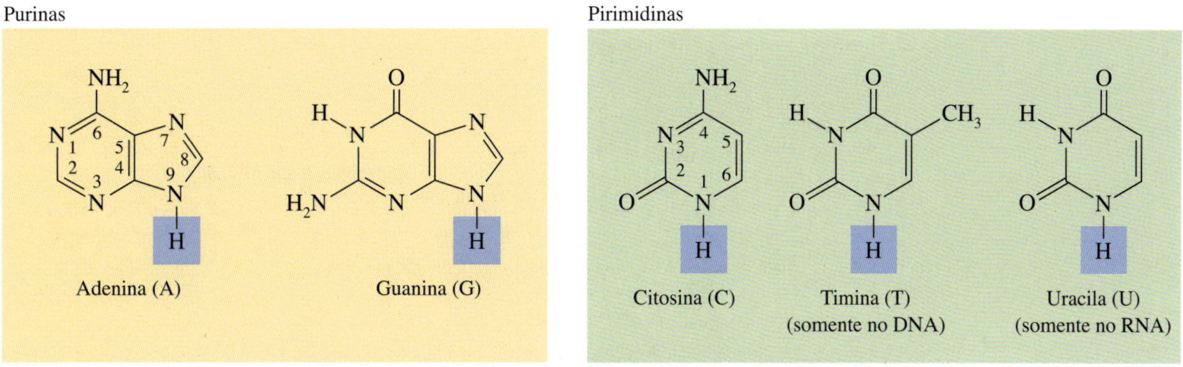

**FIGURA 25.1** As cinco bases principais do DNA e RNA. Note como os anéis são numerados. Os hidrogênios realçados em azul são eliminados quando as bases se ligam aos monossacarídeos.

## B. Açúcares

O açúcar constituinte do RNA é a D-ribose (Seção 20.1C). No DNA, o açúcar constituinte é a 2-desóxi-D-ribose (disso deriva o nome ácido desoxirribonucleico).

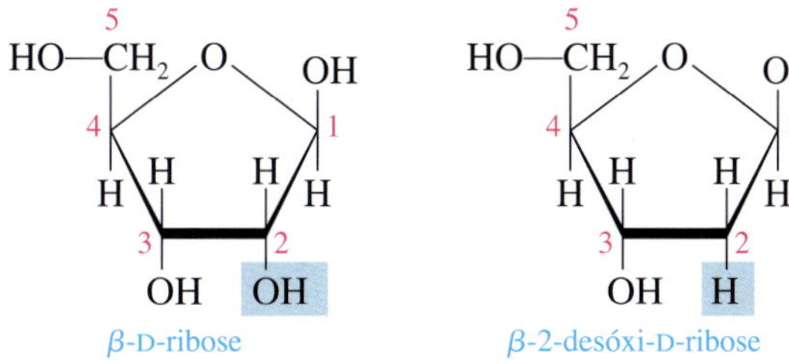

O nome completo da β-D-ribose é β-D-ribofuranose, e o da β-2-desóxi-D-ribose, β-2-desóxi-D-ribofuranose (ver Seção 20.2A).

O composto constituído pelo açúcar e pela base é denominado **nucleosídeo**. As bases de purina estão ligadas através do seu nitrogênio N-9 ao carbono C-1 do monossacarídeo por uma ligação β-N-glicosídica.

**Nucleosídeo** Um composto constituído de ribose ou desoxirribose e uma base.

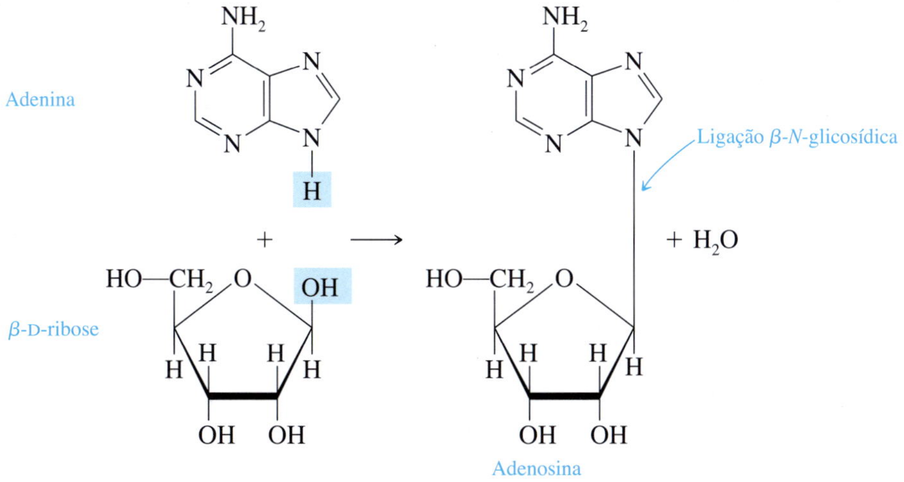

O nucleosídeo constituído de guanina e ribose é chamado **guanosina**. A Tabela 25.1 mostra o nome dos outros nucleosídeos.

As bases de pirimidina estão ligadas através do seu nitrogênio N-1 ao carbono C-1 do monossacarídeo por uma ligação β-N-glicosídica.

## C. Fosfato

O terceiro componente dos ácidos nucleicos é o ácido fosfórico. Quando esse ácido forma uma ligação éster de fosfato (Seção 19.5) com um nucleosídeo, o composto resultante é chamado **nucleotídeo**. Por exemplo, a adenosina se combina com fosfato para formar o nucleotídeo adenosina 5′-monofosfato (AMP):

**Nucleotídeo** É um nucleosídeo ao qual estão ligados um, dois ou três grupos fosfato.

O símbolo ′ na adenosina 5′-monofosfato[2] é usado para distinguir a posição da ligação do fosfato na molécula. Números sem plica referem-se às posições das bases de purina ou pirimidina. Os números com plica denotam ligação no açúcar.

A Tabela 25.1 contém os nomes dos outros nucleotídeos. Alguns desses nucleotídeos desempenham funções importantes no metabolismo. Eles fazem parte da estrutura de coenzimas, cofatores e ativadores (seções 27.3 e 29.2). Notavelmente, a adenosina 5′-trifosfato (ATP) é uma molécula que converte e armazena a energia obtida dos alimentos. A molécula de ATP corresponde a uma molécula de AMP à qual foram adicionados dois grupos fosfato através da formação de ligações de anidrido (Seção 19.5). Por sua vez, a adenosina 5′-difosfato (ADP) corresponde a uma molécula de AMP à qual foi adicionado mais um grupo fosfato. Todos os outros nucleotídeos têm formas multifosforiladas importantes. Por exemplo, a guanosina ocorre como GMP, GDP e GTP.

---

[2] Lê-se: cinco "linha" monofosfato. (NT)

Tabela 25.1 Os oito nucleosídeos e oito nucleotídeos no DNA e RNA

| Base | Nucleosídeo | Nucleotídeo |
|---|---|---|
| | | **DNA** |
| Adenina (A) | Desoxiadenosina | Desoxiadenosina 5'-monofosfato (dAMP)* |
| Guanina (G) | Desoxiguanosina | Desoxiguanosina 5'-monofosfato (dGMP)* |
| Timina (T) | Desoxitimidina | Desoxitimidina 5'-monofosfato (dTMP)* |
| Citosina (C) | Desoxicitidina | Desoxicitidina 5'-monofosfato (dCMP)* |
| | | **RNA** |
| Adenina (A) | Adenosina | Adenosina 5'-monofosfato (AMP) |
| Guanina (G) | Guanosina | Guanosina 5'-monofosfato (GMP) |
| Uracila (U) | Uridina | Uridina 5'-monofosfato (UMP) |
| Citosina (C) | Citidina | Citidina 5'-monofosfato (CMP) |

* O d indica que o açúcar é a desoxirribose.

Na Seção 25.3, veremos como o DNA e o RNA formam cadeias de nucleotídeos. Em suma, temos:

Um nucleosídeo = Base + Açúcar
Um nucleotídeo = Base + Açúcar + Fosfato
Um ácido nucleico = Uma cadeia de nucleotídeos

**Exemplo 25.1** Estrutura dos nucleotídeos

A guanosina trifosfato (GTP) é uma molécula importante no armazenamento de energia. Desenhe a estrutura da GTP.

## Estratégia

Quando desenhamos nucleotídeos, devemos: (1) determinar se o açúcar é uma ribose ou desoxirribose, (2) adicionar a base correta à posição C-1 do açúcar e (3) colocar o número correto de fosfatos.

## Solução

A base guanina está ligada à unidade de ribose por uma ligação $\beta$-N-glicosídica. O trifosfato está ligado na posição C-5' da ribose por uma ligação do tipo éster.

## Problema 25.1

Desenhe a estrutura do UMP.

## Conexões químicas 25A

### Drogas anticâncer

A principal diferença entre as células cancerosas e a maioria das células normais é que as células cancerosas se dividem muito mais rapidamente. Células que se dividem mais rapidamente precisam de um suprimento constante de DNA. Um componente do DNA é o nucleosídeo desoxitimidina, o qual é sintetizado na célula pela metilação da base uracila.

Fluorouracila

Se a fluorouracila é administrada em um paciente com câncer como parte da quimioterapia, o corpo a converte em fluorouridina, um composto que inibe irreversivelmente a enzima que fabrica timidina a partir de uridina, diminuindo assim consideravelmente a síntese do DNA. Pelo fato de essa inibição afetar mais as células cancerosas que as células normais, o crescimento do tumor e a sua propagação são detidos. Infelizmente, a quimioterapia com fluorouracila e outros compostos anticâncer debilita o organismo, porque essas substâncias também interferem nas células normais.

A quimioterapia é aplicada alternadamente para viabilizar a recuperação do organismo dos efeitos colaterais da droga. Durante o período que se segue à quimioterapia, precauções especiais devem ser tomadas para que infecções bacterianas não debilitem o organismo que já se encontra enfraquecido pelo tratamento contra o tumor.

## 25.3 Qual é a estrutura do DNA e RNA?

No Capítulo 22, vimos que as proteínas têm estruturas primárias, secundárias e de ordem superior. Os ácidos nucleicos, que são cadeias de monômeros, também apresentam estruturas primárias, secundárias e de ordem superior.

### A. Estrutura primária

**Ácido nucleico** Um polímero constituído de nucleotídeos.

Os **ácidos nucleicos** são polímeros de nucleotídeos, como mostrado esquematicamente na Figura 25.2. A sequência de nucleotídeos corresponde à estrutura primária. Note que a estrutura primária pode ser dividida em duas partes: (1) a cadeia principal (o esqueleto da molécula) e (2) as bases que são os grupos laterais. A cadeia principal no DNA é composta de grupos desoxirribose e fosfato alternados. Cada grupo fosfato está ligado ao carbono 3' de uma unidade de desoxirribose e simultaneamente ao carbono 5' da unidade de desoxirribose seguinte (Figura 25.3). Similarmente, cada unidade de monossacarídeo forma um éster fosfato na posição 3' e outro na posição 5'. A estrutura primária do RNA é a mesma, exceto que cada açúcar é uma ribose (portanto um grupo —OH está presente na posição 2') em vez da desoxirribose, e U está presente em vez de T.

Portanto, a cadeia principal do DNA e do RNA apresenta duas terminações: 3'—OH e 5'—OH. Essas duas terminações têm papéis similares às terminações C-terminal e N-terminal nas proteínas. A cadeia principal fornece a estabilidade estrutural para as moléculas de DNA e RNA.

Como já mencionado, as bases que se encontram ligadas a cada unidade de açúcar são as cadeias laterais, que trazem toda a informação necessária para a síntese de proteínas. Com base na análise da composição das moléculas de DNA de várias espécies diferentes, Erwin Chargaff (1905-2002) mostrou que a quantidade de adenina (em mols) é sempre aproximadamente igual à quantidade de timina, e a quantidade de guanina é sempre aproximadamente igual à quantidade de citosina, embora a razão adenina/guanina varie amplamente de espécie para espécie (ver Tabela 25.2). Essa informação importante ajudou a estabelecer a estrutura secundária do DNA, como veremos adiante neste capítulo.

Da mesma forma que a ordem dos resíduos de aminoácidos das proteínas determina a estrutura primária (por exemplo, —Ala—Gly—Glu—Met—), a ordem das bases do DNA (por exemplo, —ATTGAC—) fornece a sua estrutura primária. Como no caso das proteínas, é necessária uma convenção para nos dizer por qual terminação começamos a escrever a sequência de bases. Para os ácidos nucleicos, a convenção é começar a sequência com o nucleotídeo que se posiciona na terminação livre 5'. Portanto, a sequência AGT significa que a adenina é a base posicionada na terminação 5' e que a timina é a base posicionada na terminação 3'.

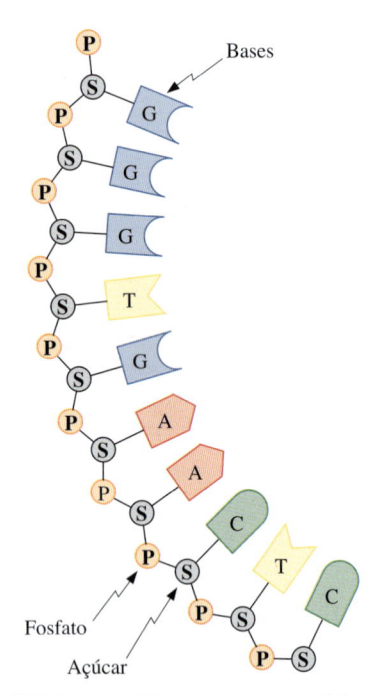

**FIGURA 25.2** Diagrama esquemático de uma molécula de ácido nucleico. As quatro bases de cada ácido nucleico estão arranjadas em várias sequências específicas.

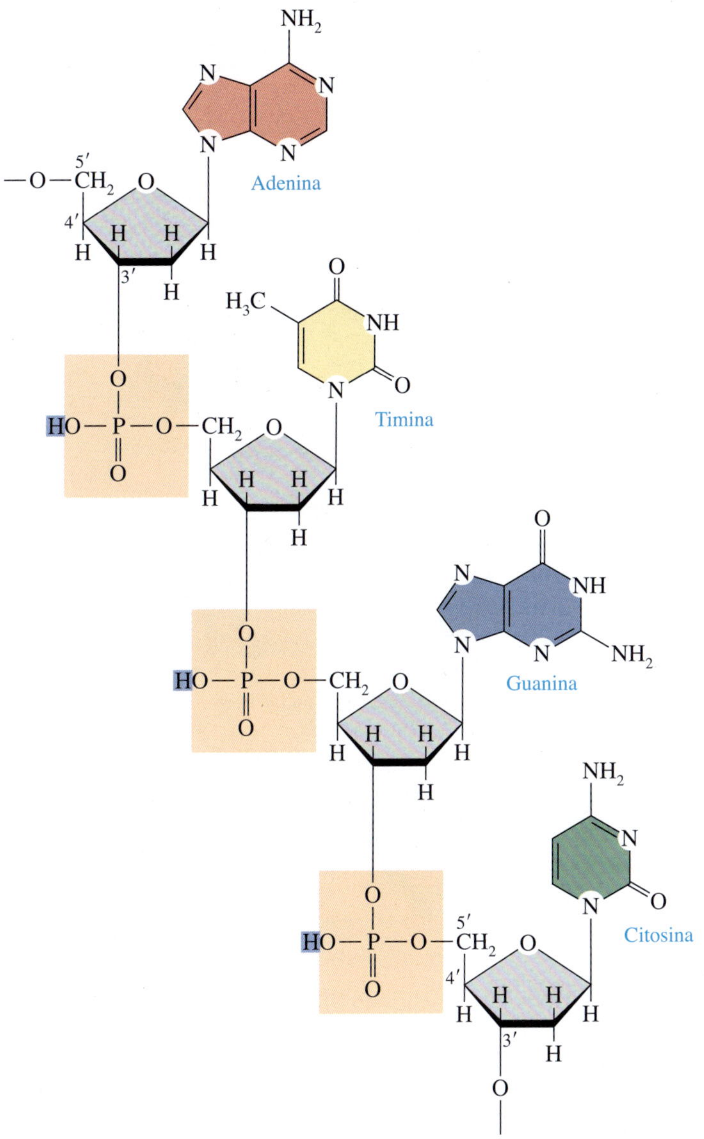

**FIGURA 25.3** A estrutura da cadeia principal do DNA. Os hidrogênios realçados em azul são os responsáveis pela acidez dos ácidos nucleicos. No organismo, em um pH neutro, os grupos fosfato contêm a carga −1 e os hidrogênios são substituídos por $Na^+$ e $K^+$.

**TABELA 25.2** Composição das bases e razão entre as bases de duas espécies

| Organismo | Composição de bases (% em mols) | | | | Razão entre as bases | |
|---|---|---|---|---|---|---|
| | A | G | C | T | A/T | G/C |
| Humanos | 30,9 | 19,9 | 19,8 | 29,4 | 1,05 | 1,01 |
| Trigo | 27,3 | 22,7 | 22,8 | 27,1 | 1,01 | 1,00 |

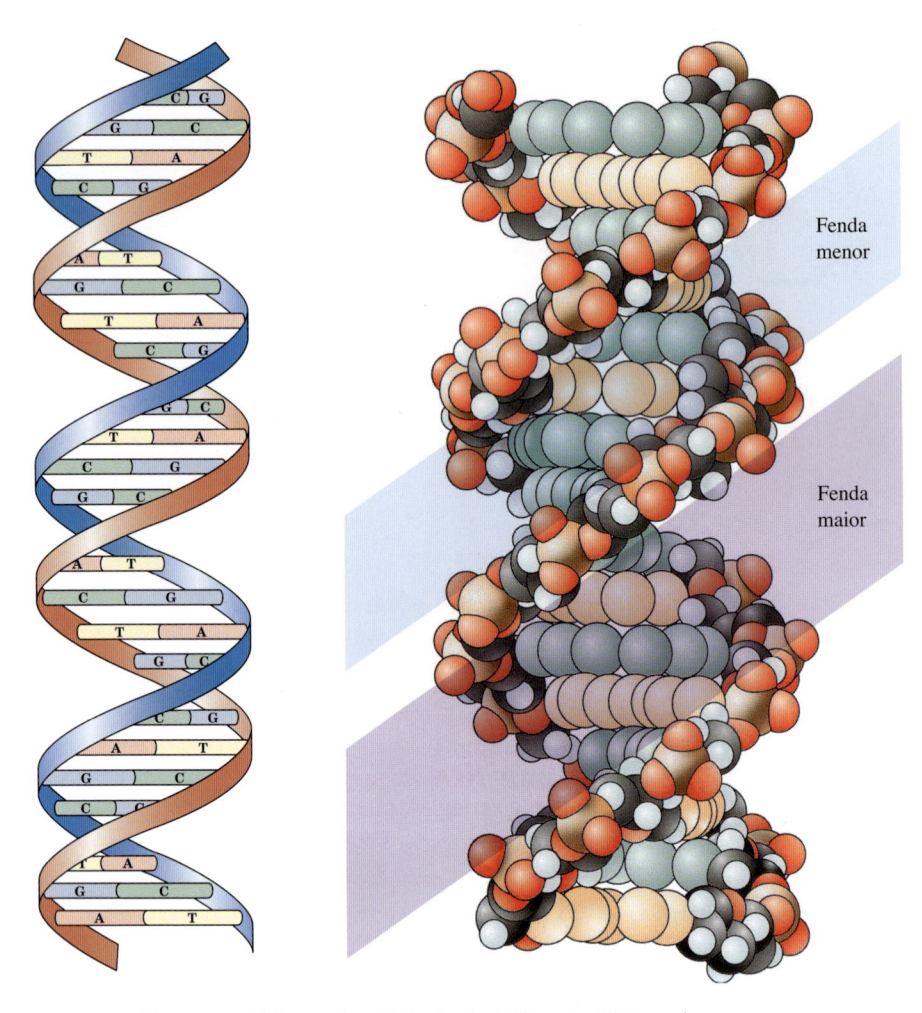

FIGURA 25.4 Estrutura tridimensional da dupla hélice do DNA.

## B. Estrutura secundária do DNA

Em 1953, James Watson (1928-) e Francis Crick (1916-2004) determinaram a estrutura tridimensional do DNA. O trabalho desses dois pesquisadores representa um marco na história da bioquímica. O modelo do DNA desenvolvido por Watson e Crick foi baseado em dois "pedaços" de informação obtidos por outros pesquisadores: (1) a regra de Chargaff de que (A e T) e (G e C) estão presentes em quantidades equimolares e (2) os resultados de difração de raios X obtidos por Rosalind Franklin (1920-1958) e Maurice Wilkins (1916-2004). Pela utilização brilhante dessas informações, Watson e Crick concluíram que o DNA é composto de duas cadeias (fitas) enroladas uma na outra, formando uma **dupla hélice**, como mostrado na Figura 25.4.

Na estrutura de dupla hélice do DNA, as duas cadeias de polinucleotídeos se posicionam em direções opostas (o que é chamado antiparalelo). Isso significa que a cada terminação da dupla hélice, há uma terminação 5′—OH (de uma das fitas) e uma terminação 3′—OH (da outra fita). O esqueleto de açúcar-fosfato está posicionado para o lado de fora, exposto ao ambiente aquoso, e as bases se direcionam para o interior da hélice. As bases são hidrofóbicas, logo, elas tentam evitar o contato com a água. Através de suas interações hidrofóbicas, elas estabilizam a dupla hélice. As bases formam pares de acordo com a regra de Chargaff: para cada adenina em uma cadeia (fita), uma timina é alinhada de forma oposta na outra cadeia; cada guanina em uma das cadeias tem uma citosina alinhada a ela na outra cadeia. *As bases pareadas formam ligações de hidrogênio entre si, duas ligações para o par A—T e três ligações para o par G—C, o que estabiliza a dupla hélice* (Figura 25.5). Os pares A—T e G—C são **pares de bases complementares**.

O fato importante que Watson e Crick compreenderam é que somente a adenina poderia se ajustar à timina e somente a guanina se ajustaria à citosina no pareamento. Vamos agora considerar as outras possibilidades. Podem duas purinas (AA, GG ou AG) se ajustar uma com a outra?

**Dupla hélice** O arranjo no qual duas fitas de DNA estão entrelaçadas uma com a outra de forma espiralada.

Watson, Crick e Wilkins foram agraciados com o Prêmio Nobel em Medicina de 1962 pelas suas descobertas. Franklin morreu em 1958. O Comitê Nobel não concede o prêmio postumamente.

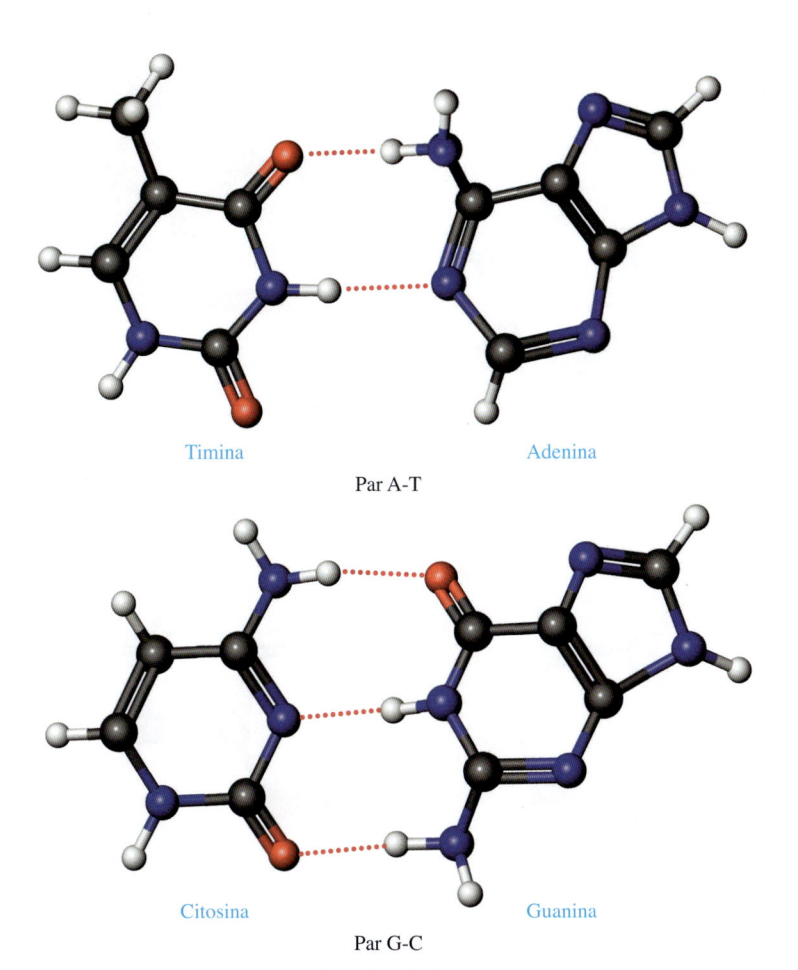

**FIGURA 25.5** Par A-T formando duas ligações de hidrogênio; par G-C formando três ligações de hidrogênio.

A Figura 25.6 mostra que essas bases até se sobreporiam. E o que acontece no caso das duas pirimidinas (TT, CC, CT) nessa situação? Como mostrado na Figura 25.6, elas ficariam muito afastadas. *Portanto, é necessário que uma pirimidina se encontre oposta a uma purina*. Ainda considerando as possibilidades de interação entre as bases, poderia A se ajustar a C ou G se ajustar a T, considerando, nos dois casos, uma orientação oposta das bases? A Figura 25.7 nos auxilia na resposta e mostra que essas combinações resultariam em ligações de hidrogênio muito mais fracas.

A ação completa do DNA – e o mecanismo da hereditariedade – depende do seguinte fator: *no local em que ocorrer uma adenina em uma fita da hélice, ocorrerá uma timina na outra fita, pois é a única base que se ajusta e adicionalmente estabelece ligações de hidrogênio fortes com a adenina. De forma similar, isso é válido para G e C*. O mecanismo de hereditariedade se baseia nesse alinhamento de ligações de hidrogênio (Figura 25.5), como será mais bem discutido na Seção 25.6.

A forma da dupla hélice do DNA mostrada na Figura 25.4 é chamada B-DNA, que é a forma mais comum e mais estável do DNA. Há outras formas possíveis se a hélice fica mais apertada ou mais larga e ainda se as voltas da hélice se dão na direção oposta. Com a forma B-DNA, ocorre um aspecto diferencial, que é a existência das **fendas (ou sulcos) maior e menor**, porque as duas fitas não são igualmente espaçadas ao longo da hélice. As interações de proteínas e drogas nas fendas maior e menor do DNA é uma área de grande interesse científico, por causa de suas várias implicações metabólicas e terapêuticas.

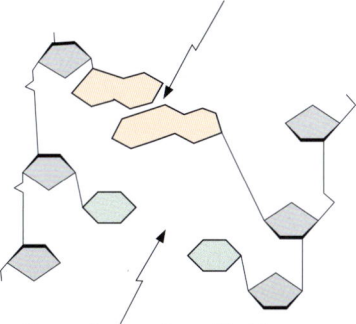

**FIGURA 25.6** As bases do DNA não podem se empilhar adequadamente na dupla hélice se uma purina se encontra oposta a outra purina ou se pirimidina se encontra oposta a outra pirimidina.

## C. Estruturas de ordem superior

Se a molécula de DNA humano fosse completamente esticada, seu comprimento seria de talvez 1 m. Entretanto, as moléculas de DNA no núcleo não estão esticadas, mais propriamente elas se encontram enroladas em torno de moléculas de proteínas básicas cha-

Não ocorre formação de ligações de hidrogênio

Timina — Guanina

Citosina — Adenina

Não ocorre formação de ligações de hidrogênio

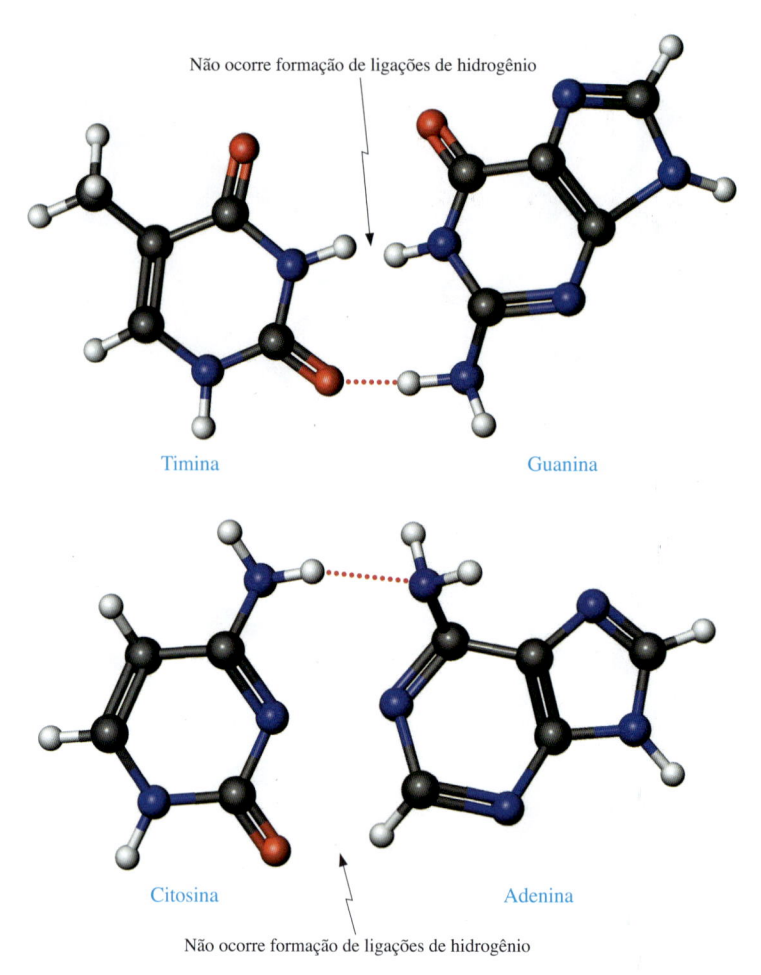

**FIGURA 25.7** Somente uma ligação de hidrogênio é possível para TG e CA. Essas combinações não são encontradas no DNA. Compare esta figura com a Figura 25.5.

**Cromatina** O DNA complexado com a proteína de histona e outras proteínas que existe nas células eucarióticas entre a divisão celular.

**Solenoide** Um fio enrolado na forma de uma hélice.

madas **histonas**. O DNA, que é ácido, e as histonas, que são básicas, se atraem por intermédio de forças eletrostáticas (iônicas), combinando-se para formar unidades chamadas **nucleossomas**. Em um nucleossoma, oito moléculas de histona formam um centro, ao redor do qual se enlaçam 147 pares de bases do DNA. Os nucleossomas são posteriormente condensados na **cromatina** quando ocorre a formação de uma fibra de 30 nm na qual os nucleossomas estão enrolados na forma de **solenoide**, com unidades repetitivas de seis nucleossomas (Figura 25.8). As fibras de cromatina estão adicionalmente organizadas em laços, os quais estão arranjados em bandas que fornecem a superestrutura dos cromossomos. A beleza do estabelecimento da estrutura tridimensional do DNA foi que ela imediatamente levou à explicação da transmissão da hereditariedade – como os genes transmitem os traços de uma geração a outra. Antes de olharmos o mecanismo da replicação do DNA (na Seção 25.6), vamos sumarizar as três diferenças estruturais entre o DNA e o RNA:

1. O DNA tem quatro bases: A, G, C e T. O RNA tem três dessas bases – A, G e C –, mas a sua quarta base é U e não T.
2. No DNA, o açúcar é a 2-desoxi-D-ribose. No RNA, é a D-ribose.
3. O DNA é quase sempre uma dupla fita, com a estrutura helicoidal mostrada na Figura 25.4.

Existem vários tipos de RNA (como será visto na Seção 25.4), e nenhum deles com a dupla fita repetitiva do DNA, embora o pareamento das bases possa ocorrer na cadeia (ver, por exemplo, a Figura 25.10). Quando isso ocorre, a adenina pareia com a uracila porque a timina não está presente. Outras combinações de bases unidas por ligações de hidrogênio também são possíveis fora do estabelecimento de uma dupla hélice, e então a regra de Chargaff não se aplica.

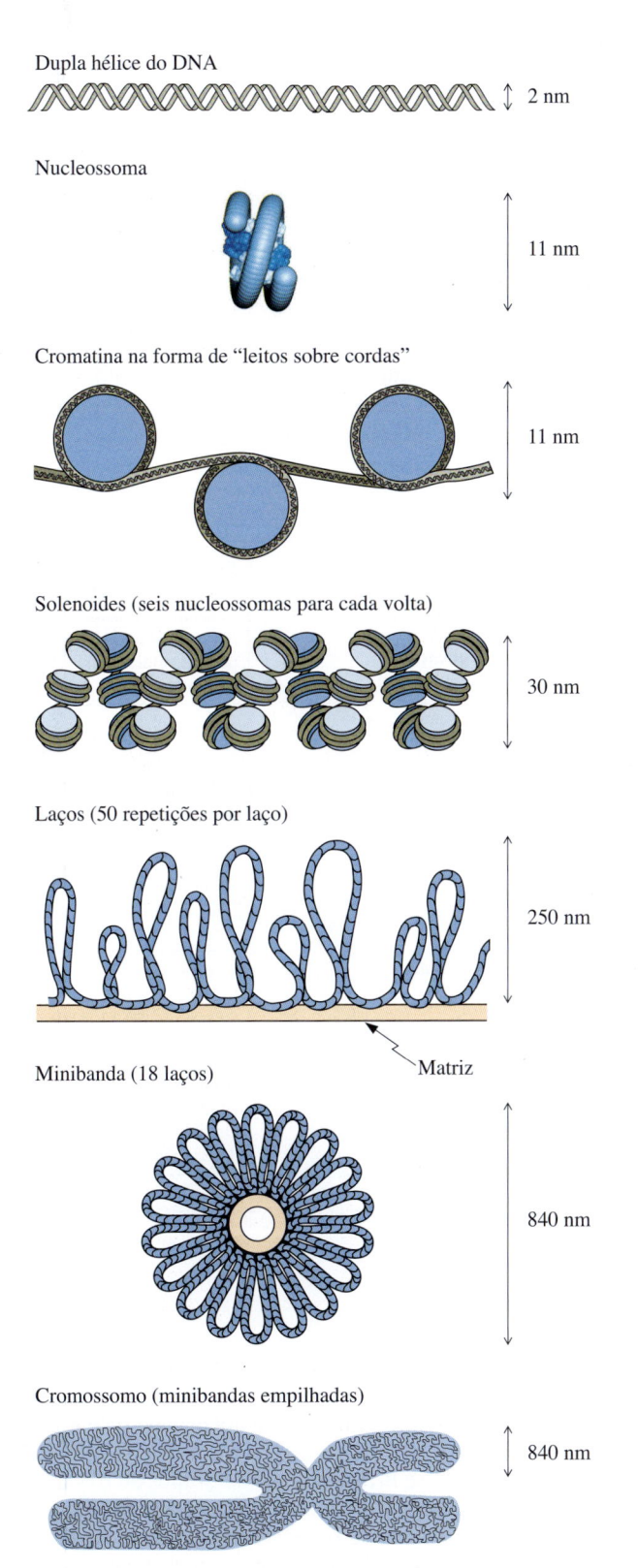

**FIGURA 25.8** Superestrutura dos cromossomos. Nos nucleossomas, a dupla hélice do DNA que se apresenta na forma de banda se enrola em volta de centros constituídos de oito histonas. Os solenoides de nucleossomas formam filamentos de 30 nm. Laços e minibandas são os outros tipos de estruturas.

## 25.4 Quais são as diferentes classes do RNA?

Existem seis tipos de RNA:

**RNA mensageiro (mRNA)** O RNA que conduz a informação genética do DNA para o ribossomo e atua como um molde para a síntese de proteínas.

1. **RNA mensageiro (mRNA)** Moléculas de mRNA são produzidas em um processo chamado **transcrição** e conduzem a informação genética do DNA no núcleo diretamente para o citoplasma, onde a maior parte das proteínas é sintetizada. O RNA mensageiro é composto de uma cadeia de nucleotídeos cuja sequência é exatamente complementar à de uma das fitas do DNA. Esse tipo de RNA, entretanto, não apresenta uma longa duração. Ele é sintetizado quando necessário e então degradado, e a sua concentração a qualquer instante é baixa. O tamanho do mRNA varia muito, sendo a média de uma unidade padrão constituída por cerca de 750 nucleotídeos. A Figura 25.9 mostra o fluxo da informação genética e os principais tipos de RNA.

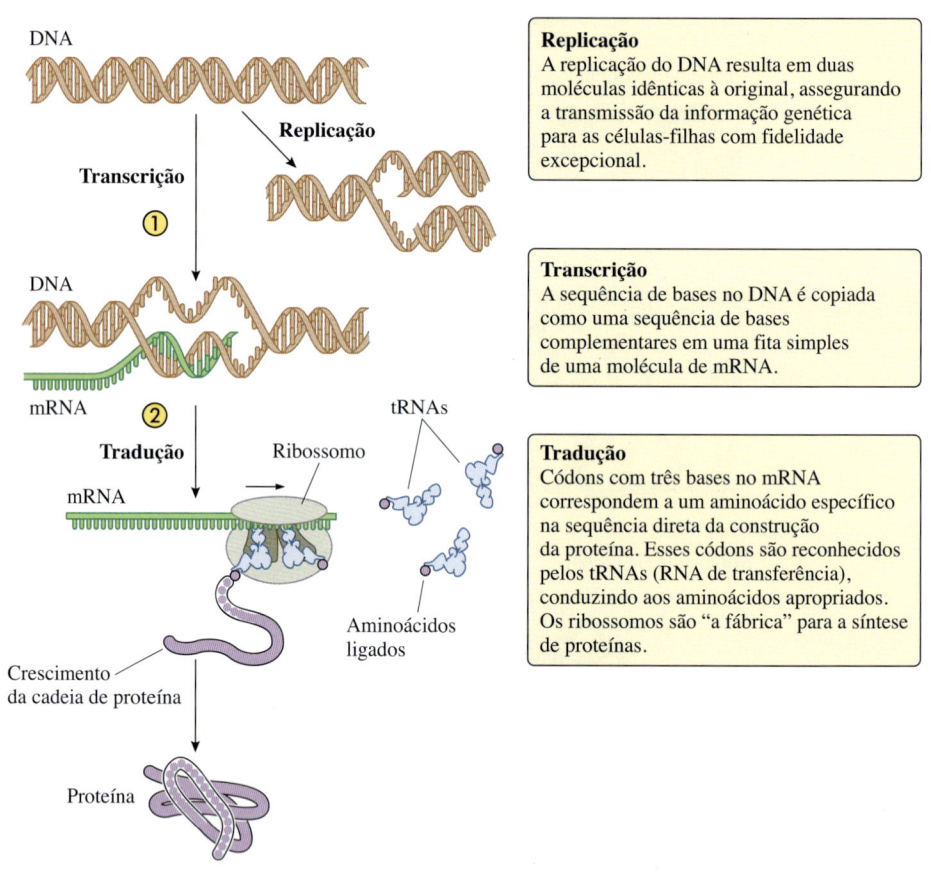

**FIGURA 25.9** Processo fundamental da transferência de informação nas células.
(1) A informação codificada nos nucleotídeos na sequência de DNA é transcrita através da síntese de uma molécula de RNA cuja sequência é ditada pela sequência do DNA.
(2) À medida que a sequência desse RNA é lida (como grupos de três nucleotídeos consecutivos) pelo sistema de síntese de proteínas, ela é traduzida na sequência de aminoácidos da proteína. Esse sistema de transferência de informação está encapsulado no que é conhecido como o dogma central da biologia molecular:
DNA ⟶ RNA ⟶ proteína.

2. **RNA de transferência (tRNA)** Contendo de 73 a 93 nucleotídeos por cadeia, os tRNAs são moléculas relativamente pequenas. Existe ao menos uma molécula de tRNA para cada um dos 20 aminoácidos que o corpo produz para a elaboração das proteínas. A estrutura tridimensional das moléculas de tRNA apresenta uma forma em L, mas normalmente são representadas como um "trevo de três folhas" em duas dimensões. A Figura 25.10 mostra uma estrutura típica. As moléculas de tRNA contêm não apenas citosina, guanina,

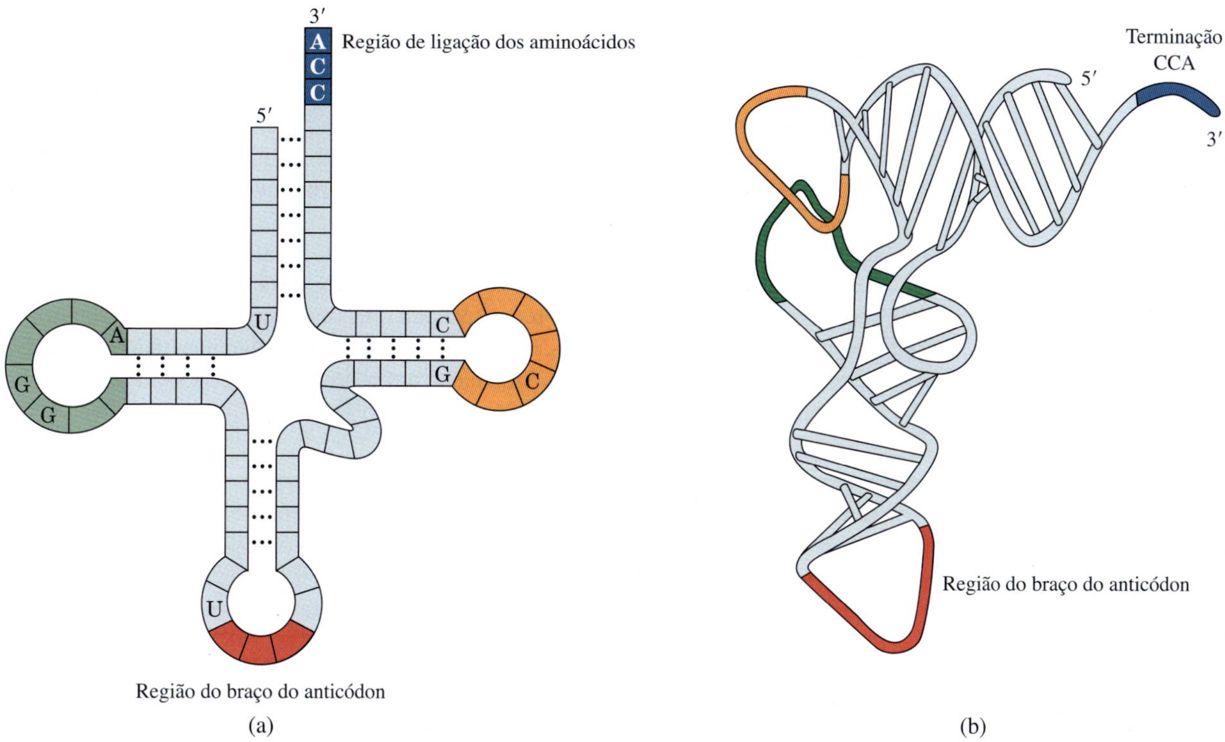

**FIGURA 25.10** Estrutura do tRNA. (a) Estrutura bidimensional simplificada. (b) Estrutura tridimensional.

adenina e uracila, mas também vários outros nucleotídeos modificados, como a 1-metil-guanosina.

1-metilguanosina

**RNA de transferência (tRNA)** O RNA que transporta aminoácidos para o sítio da síntese de proteínas nos ribossomos.

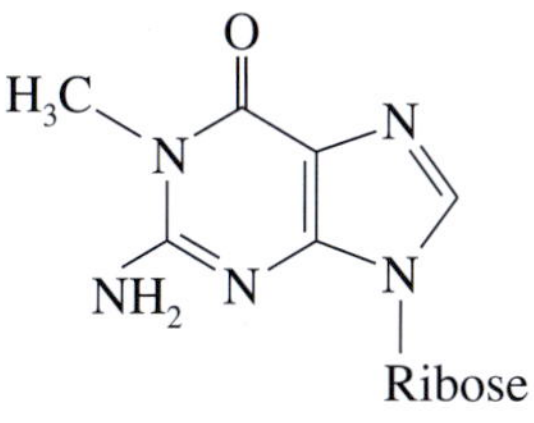

3. **RNA ribossomal (rRNA)** Os **ribossomos** – corpos esféricos pequenos localizados fora do núcleo das células – contêm rRNA e são compostos de aproximadamente 35% de proteína e 65% de RNA ribossomal (rRNA). As moléculas de rRNA são moléculas grandes com massas molares de até 1 milhão. A síntese de proteínas ocorre nos ribossomos (Seção 25.5).

A dissociação dos ribossomos em seus componentes tem provado ser uma maneira útil de estudar sua estrutura e propriedades. Particularmente importante tem sido a determinação tanto do número como do tipo de moléculas de RNA e proteína que constituem os ribossomos. Esse enfoque ajudou a elucidar a função dos ribossomos na síntese de proteínas. Tanto nos procariotos como nos eucariotos, um ribossomo é composto de duas subunidades, uma delas maior que a outra. Por sua vez, a subunidade menor é composta de uma molécula grande de RNA e aproximadamente 20 proteínas diferentes, e a subunidade maior é composta de duas moléculas de RNA nos procariotos (três nos eucariotos) e cerca de 35 proteínas diferentes nos procariotos (cerca de 50 nos eucariotos) (Figura 25.11). Em laboratório, a dissociação das subunidades pode ser realizada facilmente pela diminuição da concentração de $Mg^{2+}$ do meio. Aumentando a concentração de $Mg^{2+}$ ao nível original, o processo é revertido e os ribossomos ativos podem ser reconstituídos por esse método.

**RNA ribossomal (rRNA)** O RNA complexado com proteínas nos ribossomos.

**Ribossomos** Unidades esféricas pequenas das células, constituídas de proteínas e RNA; é o local onde ocorre a síntese de proteínas.

*Splicing* A remoção de um segmento interno de RNA e a união das terminações que sobraram após a remoção da parte interna.

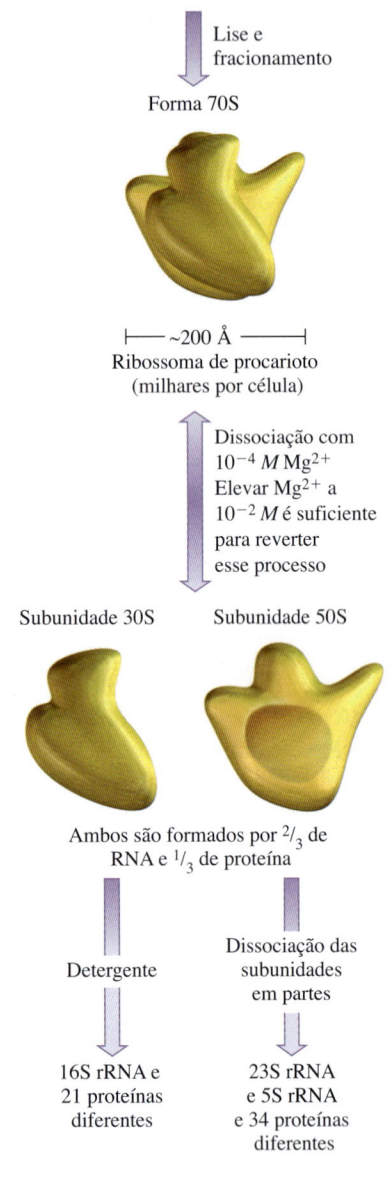

**FIGURA 25.11** Estrutura típica de um ribossomo procariótico. Os componentes individuais podem ser misturados, produzindo subunidades funcionais. A reassociação das subunidades leva a um ribossomo intacto. A designação S se refere a Svedberg, uma unidade relativa de tamanho determinada quando as moléculas são separadas por centrifugação.

4. **RNA nuclear pequeno (snRNA)**[3] Uma molécula de RNA recentemente descoberta é o snRNA, o qual é encontrado, como o nome implica, no núcleo das células eucarióticas. Esse tipo de RNA é pequeno, com aproximadamente 100 a 200 nucleotídeos, mas não é nem uma molécula de tRNA nem uma pequena subunidade de rRNA. Na célula, ele se encontra complexado com proteínas, formando **partículas de ribonucleoproteína nuclear pequenas, snRNPs**. Sua função é ajudar no processamento inicial do mRNA transcrito a partir do DNA em uma forma madura que está pronta para sair do núcleo. Esse processo é normalmente conhecido como *splicing* e tem atraído grande interesse científico. Ao estudarem o *splicing*,[4] os pesquisadores perceberam que parte da reação dele envolvia um processo catalisado pelo RNA das snRNP e que não era causada pela porção de proteína. O reconhecimento desse processo catalítico conduziu à descoberta das **ribozimas**, que são enzimas baseadas no RNA, e não em proteínas. Por esses estudos, Thomas Cech foi agraciado com o Prêmio Nobel. O *splicing* será discutido posteriormente no Capítulo 26.

5. **Micro RNA (miRNA)** Uma descoberta muito recente se refere a um outro tipo de RNA pequeno, o miRNA. Esses RNAs são constituídos de apenas 20-22 nucleotídeos, mas são importantes no tempo do desenvolvimento de determinado organismo. Eles desempenham funções importantes no processo de câncer, resposta ao estresse e infecções virais. Eles inibem tradução do mRNA em proteínas e promovem a degradação do mRNA. Descobriu-se recentemente, entretanto, que esses RNAs versáteis podem também estimular a produção de proteínas nas células quando o ciclo celular é interrompido.

6. **RNA interferente[5] pequeno (siRNA)** O processo denominado RNA de interferência foi noticiado como o descobrimento de maior avanço do ano de 2002 pela revista *Science*. Descobriu-se que pequenos pedaços de RNA (20-30 nucleotídeos), chamados RNA interferente pequeno, têm um enorme controle sobre a expressão gênica. Esse processo serve como um mecanismo de proteção em várias espécies, com os siRNAs sendo usados para eliminar a expressão de um gene indesejado, tal qual o que causa o crescimento descontrolado da célula ou um proveniente de um vírus. O siRNA conduz à degradação específica do mRNA. Os cientistas que estudam a expressão genética usam esses RNAs pequenos. Com o desenvolvimento de novos procedimentos de biotecnologia, surgiram várias empresas com o propósito de produzir siRNAs capazes de "nocautear" centenas de genes conhecidos. A finalidade é, em primeira instância, direcionada às aplicações médicas, uma vez que, dessa forma, já foi possível proteger o fígado da hepatite e restabelecer as células infectadas por essa doença em experimentos realizados com camundongos.

A Tabela 25.3 apresenta um resumo dos tipos básicos do RNA.

**Tabela 25.3** Os papéis dos diferentes tipos de RNA

| Tipo de RNA | Tamanho | Função |
|---|---|---|
| RNA de transferência | Pequeno | Transporta aminoácidos ao sítio da síntese de proteínas |
| RNA ribossomal | Vários tipos – vários tamanhos | Combina-se com proteínas para formar os ribossomos, que são os sítios da síntese de proteínas |
| RNA mensageiro | Variável | Direciona a sequência de aminoácidos nas proteínas |
| RNA nuclear pequeno | Pequeno | Processa o mRNA inicialmente produzido para a sua forma madura nos eucariotos |
| Micro RNA | Pequeno | Afeta a expressão gênica; importante no crescimento e desenvolvimento |
| RNA interferente pequeno | Pequeno | Afeta a expressão gênica; usado pelos cientistas para bloquear um gene que está sendo estudado |

---

[3] Também denominado RNA de baixa massa molar. (NT)
[4] Também denominado RNA de *interferência*. (NT)
[5] O *splicing* também é denominado "mecanismo de corte e junção". Utilizaremos aqui, simplesmente *splicing* para nos referirmos ao processo de corte e junção. (NT)

## 25.5 O que são genes?

Um gene é determinado segmento de DNA que contém algumas centenas de nucleotídeos, que conduzem uma mensagem particular – por exemplo, "faça a molécula de globina" ou "faça a molécula de tRNA". Uma molécula de DNA pode ter entre 1 milhão a 100 milhões de bases. Por isso, vários genes estão presentes em uma molécula de DNA. Nas bactérias, essa mensagem é contínua, o que não ocorre em organismos superiores. Isto é, trechos de DNA que dizem especificamente (codificam) qual é a sequência de aminoácidos (que formará a proteína) são interrompidos por trechos longos que aparentemente não codificam nada. As sequências que codificam são chamadas **éxons**, uma abreviação para "sequências expressadas" (*expressed sequences*), e os trechos não codificados são denominados **íntrons**, uma abreviação para "sequências de intervenção" (*intervening sequences*).

Por exemplo, o gene da globina tem três éxons interrompidos por dois íntrons. Pelo fato de o DNA conter tanto éxons como íntrons, o mRNA transcrito do DNA também os contém. Os íntrons são excluídos no processo de *splicing* pelos ribossomos, e os éxons são mantidos no *splicing* antes que o mRNA seja usado para sintetizar a proteína. Em outras palavras, os íntrons funcionam como espaçadores e, em casos raros, atuam como enzimas, catalisando o *splicing* dos éxons e gerando o mRNA maduro. A Figura 25.12 mostra a diferença entre a produção de proteínas nos procariotos e eucariotos.

Nos procariotos, os genes em um trecho do DNA estão próximos um do outro. Eles são transformados em uma sequência do mRNA e traduzidos pelos ribossomos para fabricar as proteínas; tudo isso ocorre de forma simultânea. Nos eucariotos, os genes são separados pelos íntrons, e o processo ocorre em diferentes compartimentos. O DNA é transformado em RNA no núcleo, mas o mRNA inicial contém íntrons. Esse mRNA é transportado para o citosol, onde os éxons sofrem o processo de *splicing*. O processo da obtenção do RNA e das proteínas é o tema do Capítulo 26.

Nos humanos, somente 3% do DNA codifica para proteínas ou RNA com funções bem estabelecidas. Entretanto, os íntrons não são as únicas sequências de DNA que não codificam. Os **satélites** são moléculas de DNA em que sequências curtas são repetidas centenas ou milhares de vezes. Trechos de satélites grandes aparecem nas terminações e nos centros dos cromossomos, e conferem estabilidade ao cromossomo.

Sequências repetitivas pequenas são chamadas **minissatélites** ou **microssatélites** e estão associadas ao câncer durante a mutação.

> **Éxon** Uma sequência de nucleotídeos no DNA ou mRNA que codifica certa proteína.
>
> **Íntron** Uma sequência de nucleotídeos no DNA ou mRNA que não codifica certa proteína.

## 25.6 Como o DNA é replicado?

Nos cromossomos, o DNA tem duas funções: (1) reproduzir a si mesmo e (2) fornecer a informação necessária para fazer todo o RNA e as proteínas do organismo, incluindo as enzimas. A segunda função é discutida no Capítulo 26. Aqui veremos a primeira função, a **replicação**.

Cada gene é uma Seção da molécula do DNA que contém uma sequência específica de bases, A, G, T e C, tipicamente apresentando de 1.000 a 2.000 nucleotídeos. A sequência de bases do gene contém a informação necessária para produzir uma molécula de proteína. Caso a sequência seja mudada (por exemplo, se um A é substituído por um G ou se um T extra é inserido), uma proteína diferente é produzida, que pode apresentar uma função prejudicial, como nas células da anemia falciforme ("Conexões químicas 22D").

Considere a monumental tarefa que deve ser realizada pelo organismo. Quando um indivíduo é concebido, o óvulo e as células de esperma se unem para formar um zigoto. Essa célula contém somente uma pequena quantidade do DNA, mas fornece toda a informação genética do indivíduo.

Em uma célula humana, 3 bilhões de pares de bases precisam ser duplicados a cada ciclo celular, e um humano pode conter mais que 1 trilhão de células. Cada célula contém a mesma quantidade de DNA da única célula original. Além disso, as células estão constantemente morrendo e sendo substituídas. Portanto, deve ser um mecanismo pelo qual as moléculas de DNA possam ser copiadas repetidas vezes sem erros. Na Seção 25.7, será visto que esses erros algumas vezes ocorrem e podem ter sérias consequências. Aqui, entretanto, vamos examinar o mecanismo notável que ocorre todo dia em bilhões de organismos, dos

> **Replicação** O processo pelo qual cópias do DNA são feitas durante a divisão celular.

**Procariotos:**

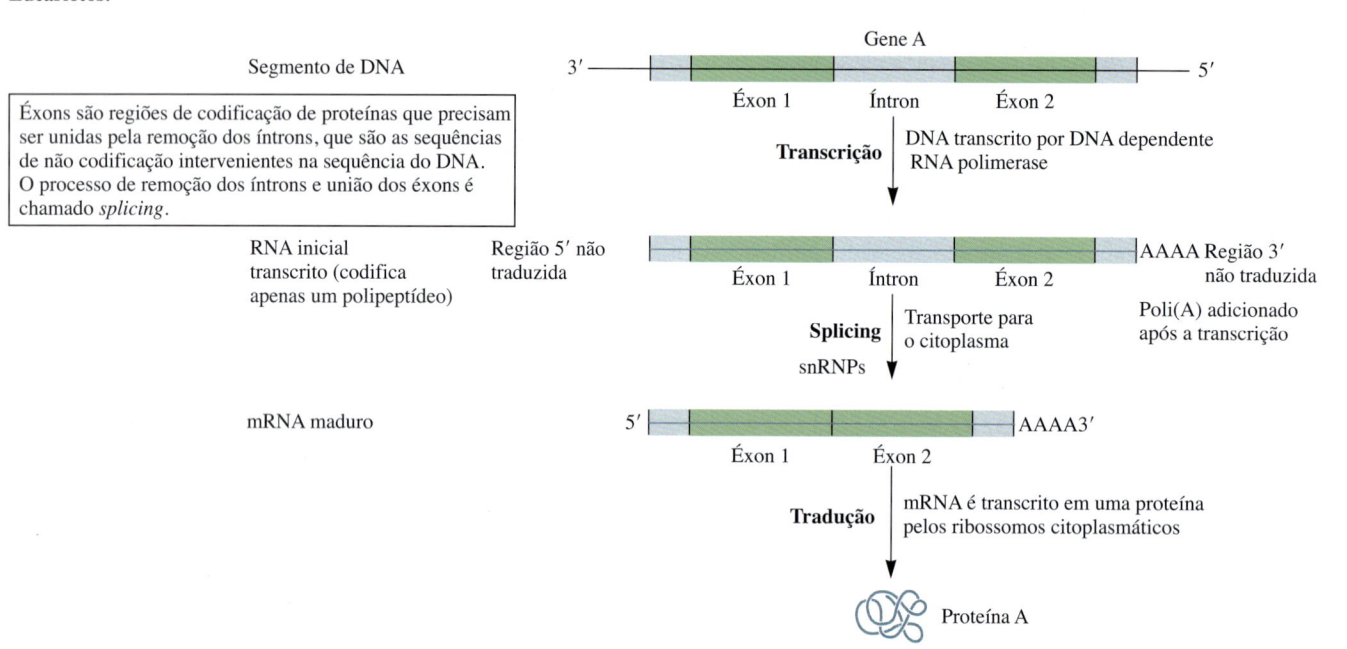

**Figura 25.12** Propriedades das moléculas de mRNA nas células dos procariotos *versus* eucariotos durante a transcrição e a tradução.

micróbios às baleias, e que está ocorrendo há bilhões de anos com uma porcentagem de erros ínfima.

A replicação começa em um ponto do DNA chamado **origem da replicação**. Nas células humanas, os cromossomos têm em média várias centenas de origens de replicação em que a cópia ocorre simultaneamente. A dupla hélice do DNA tem duas fitas que estão pareadas em direções opostas. O ponto no DNA em que a replicação ocorre é chamado **forquilha de replicação** (ver Figura 25.13).

Se o desenrolamento do DNA se inicia pela parte central, a síntese de novas moléculas de DNA, nos antigos moldes, continua nas duas direções até que toda a molécula seja duplicada. Além disso, o desenrolamento pode começar em uma extremidade e avançar até o total desenrolamento da dupla hélice.

A replicação é bidirecional e ocorre na mesma velocidade, nas duas direções. Um detalhe interessante da replicação do DNA é que duas fitas-filhas são sintetizadas de maneiras diferentes. Uma das sínteses é contínua no sentido 3′ para 5′ da fita (ver Figura 25.13). Essa fita é chamada **cadeia contínua** ou **condutora** (*leading*). Ao longo da outra fita na direção de 5′ para 3′, a síntese é descontínua. Essa fita é denominada **cadeia descontínua** (*lagging*).

O processo de replicação é chamado **semiconservativo** porque cada molécula filha apresenta uma fita (cadeia) parental conservada e uma nova que é sintetizada.

## Conexões químicas 25B

### Telômeros, telomerase e imortalidade

Cada pessoa tem uma composição genética composta de cerca de 3 bilhões de pares de nucleotídeos, distribuídos em 46 cromossomos. Os telômeros são estruturas especializadas encontradas no fim dos cromossomos. Nos vertebrados, telômeros são sequências TTAGGG que são repetidas de centenas a milhares de vezes. Nas **células somáticas** normais que se dividem de forma cíclica ao longo da vida do organismo (via mitose), os cromossomos perdem cerca de 50 a 200 nucleotídeos de seus telômeros a cada divisão celular.

A DNA polimerase, a enzima que liga os fragmentos, não opera no fim do DNA linear. Esse fato resulta no encurtamento dos telômeros em cada replicação. O encurtamento dos telômeros funciona como um relógio pelo qual as células contam o número de vezes que ela foi dividida. Após certo número de divisões, a célula para de se dividir, chegando ao limite do processo de envelhecimento.

Em contraste a esse comportamento nas células somáticas, todas as células imortais (células embrionárias nas células-tronco proliferativas, células fetais normais e células cancerosas) possuem uma enzima, a telomerase, que pode estender os telômeros que foram encurtados pela síntese de novas terminações dos cromossomos. A telomerase é uma ribonucleoproteína, ou seja, é constituída de RNA e proteína. A atividade dessa enzima parece conferir imortalidade para a célula.

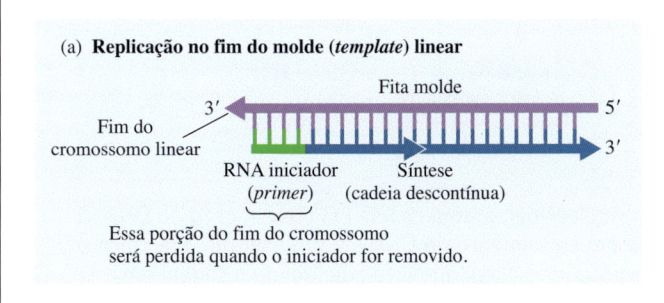

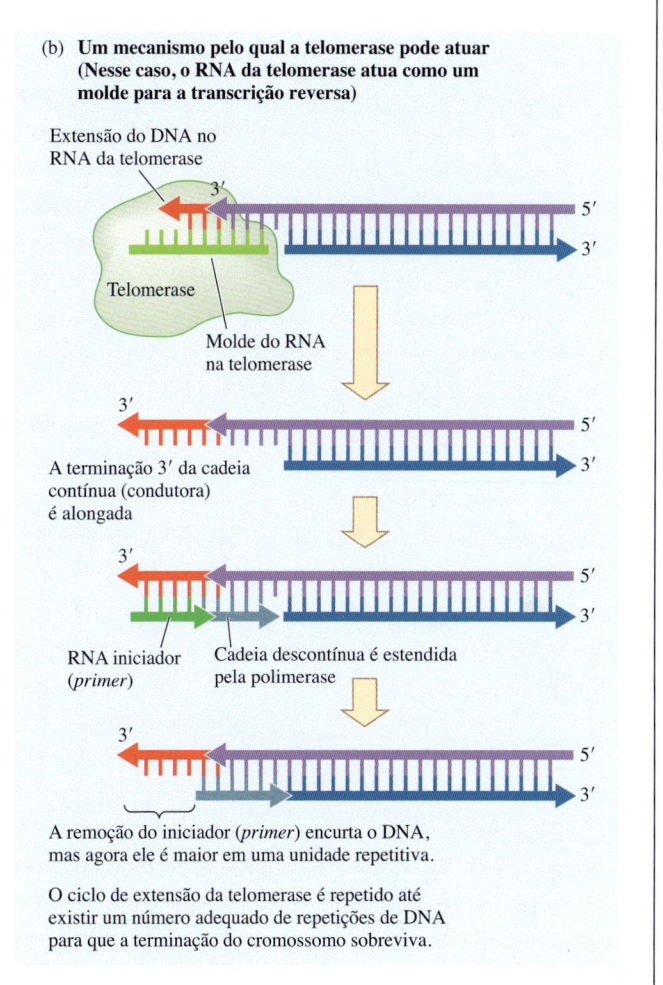

(a) **Replicação no fim do molde (*template*) linear**

(b) **Um mecanismo pelo qual a telomerase pode atuar** (Nesse caso, o RNA da telomerase atua como um molde para a transcrição reversa)

A replicação sempre ocorre na direção 5' para a 3' da perspectiva da cadeia que está sendo sintetizada. A reação efetiva que ocorre é um ataque nucleofílico pela hidroxila 3' da desoxirribose de um nucleotídeo ao primeiro fostato no carbono 5' do nucleosídeo trifosfato que será adicionado, como mostrado na Figura 25.14.

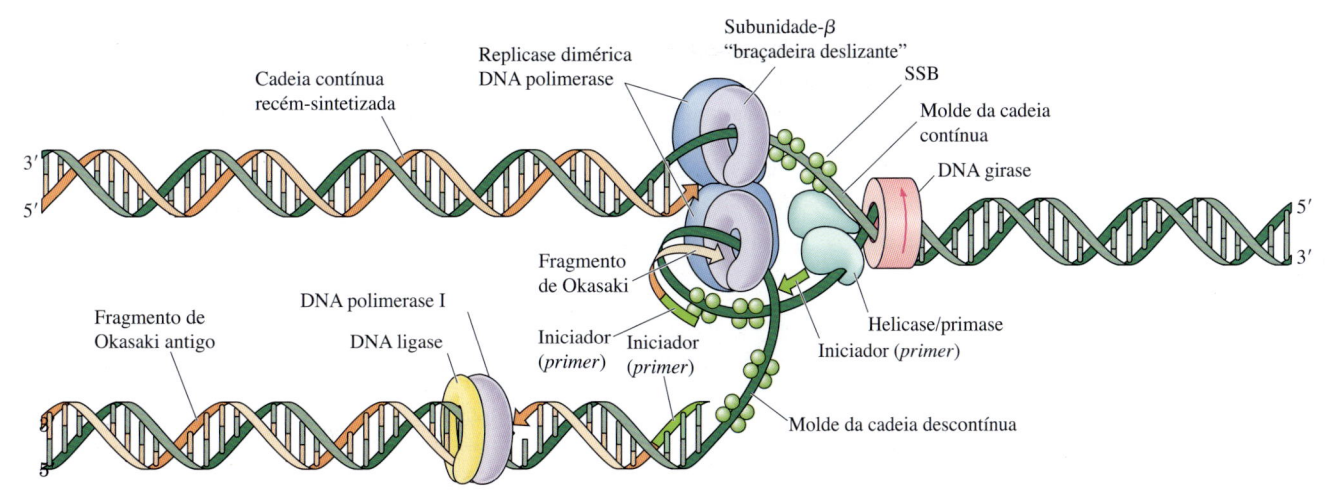

**FIGURA 25.13** Aspectos gerais da replicação do DNA. As duas cadeias da dupla hélice do DNA são mostradas separadamente na forquilha de replicação.

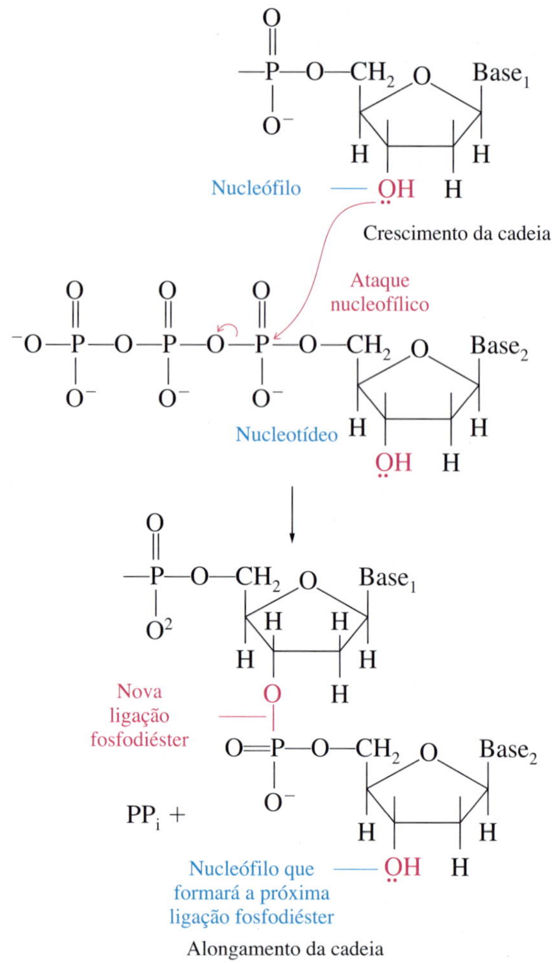

**Figura 25.14** A adição de um nucleotídeo a uma cadeia em crescimento do DNA. A hidroxila 3' no fim da cadeia em crescimento do DNA é um nucleófilo. Ela ataca o fósforo adjacente ao açúcar do nucleotídeo, que será adicionado à cadeia em crescimento.

Um dos mais interessantes aspectos da replicação do DNA é que a reação essencial da sua síntese sempre requer uma cadeia com um nucleotídeo que tenha uma hidroxila 3' livre para fazer o ataque nucleofílico.

**TABELA 25.4** Componentes dos replissomas e suas funções

| Componente | Função |
| --- | --- |
| Helicase | Desenrolar a dupla hélice do DNA. |
| Primase | Sintetizar oligonucleotídeos pequeno (*primers*). |
| Proteína "grampo" | Permite que a cadeia contínua seja inserida. |
| DNA polimerase | Liga sequências de nucleotídeos. |
| Ligase | Liga os fragmentos de Okasaki na cadeia descontínua. |

A replicação do DNA não pode começar sem essa cadeia preexistente de "engate", a qual é denominada **iniciador** ou *primer*. Em todas as formas de replicação, o *primer* é constituído de RNA, e não de DNA.

A replicação é um processo muito complexo que envolve um grande número de enzimas e proteínas de ligação. Um grande número de evidências indica que essas enzimas organizam seus produtos em "fábricas" através das quais o DNA se modifica. Essas fábricas podem estar ligadas na membrana, no caso das bactérias. Nos organismos superiores, as fábricas de replicação não são estruturas permanentes. Em vez disso, elas podem ser desmontadas e suas partes, remontadas em fábricas ainda maiores. Essas enzimas que atuam nas "fábricas" são denominadas **replissomas** e incluem enzimas fundamentais, como polimerases, helicases e primases (Tabela 25.4). As primases não são fixas e podem ir aos replissomas e voltar deles. Outras proteínas como as proteínas grampo e de preenchimento, através das quais os *primers* recém-sintetizados são inseridos, também são parte dos replissomas.

A replicação do DNA ocorre em várias etapas distintas. Alguns aspectos mais significativos são aqui enumerados:

1. **Abrindo a superestrutura** Durante a replicação, as superestruturas muito condensadas dos cromossomos precisam ser abertas para que se tornem acessíveis às enzimas e a outras proteínas. Uma etapa notável da transdução de sinal é a acetilação e desacetilação de um resíduo de lisina das histonas. Quando a enzima histona acetilase insere grupos acetila nos resíduos adequados de lisina, algumas cargas positivas são eliminadas e a força da interação DNA-histona é enfraquecida.

$$\text{Histona}-(CH_2)_4-NH_3^+ + CH_3-COO^- \underset{\text{desacetilação}}{\overset{\text{acetilação}}{\rightleftharpoons}} \text{Histona}-(CH_2)_4-\underset{\underset{H}{|}}{N}-\underset{\underset{O}{\|}}{C}-CH_3 + H_2O$$

Esse processo permite a abertura de regiões-chave na molécula de DNA. Quando outra enzima, a histona desacetilase, remove esse grupo acetila, as cargas são restabelecidas, o que facilita a retomada da estrutura altamente condensada da **cromatina**.

2. **Relaxação das estruturas de ordem superior do DNA** As topoisomerases (também denominadas girases) são enzimas que facilitam a relaxação do DNA super-helicoidizado. Elas fazem isso durante a replicação pela quebra temporária tanto da fita simples como da dupla. A quebra transitória forma uma ligação fosfodiéster entre o resíduo de tirosina da enzima e qualquer outro resíduo da terminação 5′ ou 3′ de um fosfato no DNA. Uma vez que a super-helicoidização é relaxada, as fitas quebradas são unidas, e a topoisomerase difunde do local da forquilha de replicação. As topoisomerases também estão envolvidas no desnovelamento dos cromossomos replicados, antes da divisão celular.

3. **Desenrolando a dupla hélice do DNA** A replicação das moléculas do DNA começa com o desenrolamento da dupla hélice, que pode ocorrer tanto nas terminações como na região central (ao longo da dupla hélice). Proteínas especiais de desenrolamento chamadas **helicases** se ligam a uma das fitas do DNA (Figura 25.13) e causam a separação da dupla hélice. As helicases dos eucariotos são constituídas de seis subunidades diferentes de proteínas. As subunidades formam um anel com o centro oco, em que a fita simples de DNA se insere. As helicases hidrolisam ATP à medida que a fita de DNA se move através dela. A energia proveniente da hidrólise é usada para a movimentação da fita.

4. **Iniciadores (*primers*)/primases** Os *primers* são nucleotídeos curtos contendo de 4 a 15 nucleotídeos – eles são oligonucleotídeos de RNA sintetizados a partir dos ribonucleosídeos trifosfato. Eles são necessários para iniciar a síntese das fitas-filhas. A enzima que catalisa essa síntese é chamada primase. As primases formam complexos com a DNA polimerase nos eucariotos. Os *primers* são colocados a cada 50 nucleotídeos da cadeia descontínua durante a síntese dessa fita.

5. **DNA polimerase** As enzimas-chave na replicação do DNA são as DNA polimerases. Uma vez que as duas fitas estão separadas na forquilha de replicação, os nucleotídeos do DNA precisam ser alinhados. Todos os quatro tipos de nucleotídeos de DNA livres (ainda não ligados em cadeia) estão presentes na vizinhança da forquilha de replicação. Esses nucleotídeos se movem constantemente e tentam se ajustar formando novas cadeias. A chave para o processo é que, como foi visto na Seção 25.3, *somente a timina se ajusta com uma adenina oposta, e somente a citosina pode se ajustar a uma guanina oposta*. Por exemplo, onde estiver uma citosina na porção de uma cadeia desenrolada, todos os quatro nucleotídeos podem se aproximar, porém três deles vão embora porque não se ajustam à citosina. O único dos quatro que se ajusta é a guanina.

## Conexões químicas 25C

### Obtendo as impressões digitais do DNA – testes de DNA (DNA *fingerprinting*)

A sequência de bases no núcleo de cada uma de nossas bilhões de células é idêntica. Entretanto, exceto para os gêmeos idênticos, a sequência de bases no DNA total de uma pessoa é diferente do de outra pessoa. Essa propriedade única torna possível identificar suspeitos em casos de crimes com apenas um pouco de pele ou um traço de sangue deixado no local do crime, assim como identificar a paternidade de uma criança.

Para essa realização, são obtidas células da coleta do material das evidências criminais, e o núcleo dessas células é extraído. O DNA é amplificado por técnicas de PCR (ver Seção 25.8). Com o auxílio de enzimas de restrição, as moléculas de DNA são cortadas em pontos específicos. Os fragmentos de DNA resultantes são então analisados por meio da técnica de **eletroforese** em gel. Nesse processo, os fragmentos de DNA movem-se com diferentes velocidades; os fragmentos menores com maior velocidade que os maiores, que se movem mais lentamente. Após o tempo necessário, os fragmentos se separam. Quando eles se tornam distinguíveis, é possível discernir bandas nas regiões em que foram aplicados nas placas (raias) de eletroforese. Essa sequência é chamada **teste de DNA (DNA *fingerprint*)**.

Quando o teste de DNA realizado com as amostras obtidas de suspeitos coincide com as obtidas na cena do crime, a polícia tem uma identificação positiva. A figura mostra testes de DNA obtidos usando uma enzima de restrição particular. Aqui, um total de nove raias pode ser observado. Três delas são raias de controle (1, 5 e 9) e contêm DNA de um vírus, usando uma enzima de restrição particular.

As outras três raias (2, 3 e 4) foram empregadas em um teste de paternidade: elas contêm o teste de DNA da mãe, da criança e do suposto pai. O teste de DNA para a criança (raia 3) resulta em seis bandas. O teste de DNA da mãe (raia 4) tem cinco bandas, cada uma delas se igualando com as da criança. O teste de DNA do suposto pai (raia 2) também contém seis bandas, três das quais são equivalentes às da criança. Trata-se de uma identificação positiva. Em tais casos, não se pode esperar uma equivalência perfeita das bandas mesmo se o homem for realmente o pai, porque a criança apresenta uma hereditariedade em que apenas metade dos seus genes é proveniente do pai. Cada banda no DNA da criança teve de vir de um dos pais. Se a criança tem uma banda e a mãe não, essa banda deve ser representada por alguma banda do suposto pai; caso contrário, ele não é pai da criança. No caso descrito, o teste de paternidade foi confirmado com base na equivalência das bandas observadas no teste. Entretanto, esse teste de eletroforese em gel por si só não é conclusivo, pois a maioria das bandas é coincidente entre a mãe e a criança. O teste de paternidade é muito mais diretamente usado para excluir um pai em potencial do que para provar que uma pessoa é o pai. Para isso, é necessário realizar várias experimentos de eletroforese em gel em que se empregam várias enzimas diferentes para conseguir uma amostragem de resultados suficiente para uma conclusão positiva.

Na área esquerda do radiograma, existem mais três raias (6, 7 e 8). Esses testes de DNA foram usados na tentativa de identificar um estuprador. As raias 7 e 8 mostram os testes de DNA do sêmen obtido da vítima de violação. A raia 6 é do teste do suspeito. O teste de DNA do sêmen não bate com aquele do suspeito. Esse é um resultado negativo e exclui o suspeito do caso. Quando uma identificação positiva ocorre, a *probabilidade* de que ela seja apenas uma casualidade na coincidência das bandas corresponde a uma chance de 1 em 100 bilhões. Portanto, enquanto a identidade não é absolutamente provada, a lei das probabilidades diz que não existem pessoas suficientes no planeta para que duas delas tenham o mesmo padrão de DNA.

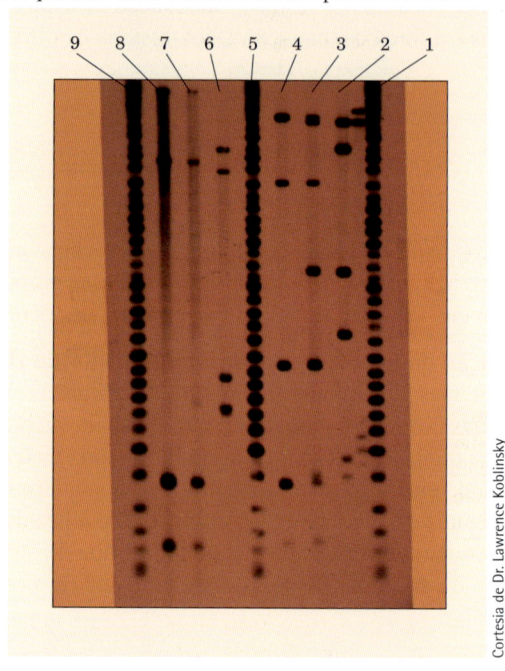

DNA *fingerprint*.

Os testes de DNA agora são rotineiramente aceitos nos tribunais. Muitas decisões são baseadas em tais evidências e, um aspecto relevante, muitos presos foram libertados quando o teste de DNA provou que eles eram inocentes. Em um caso bizarro, um condenado de estupro solicitou um teste de DNA. Os resultados mostraram conclusivamente que ele não era culpado de estupro pelo qual havia sido sentenciado à prisão. Com base no resultado do teste, ele foi libertado. Entretanto, a polícia que agora possuía o teste de DNA desse prisioneiro fez uma comparação com testes de DNA coletados no conjunto de evidências de outros crimes que não haviam sido solucionados. Como consequência, esse prisioneiro que havia sido libertado foi preso uma semana depois por três estupros que ele tinha previamente cometido.

---

**Fragmento de Okasaki** Um fragmento pequeno de DNA constituído por cerca de 200 nucleotídeos nos organismos superiores (eucariotos) e 2.000 nucleotídeos nos procariotos.

Na ausência de uma enzima, esse alinhamento é extremamente lento. A velocidade e a especificidade são devidas à ação da DNA polimerase. O sítio ativo dessa enzima é bem pequeno e envolve o fim do molde de DNA, criando uma região com forma adequada para o nucleotídeo que está ingressando para formar a cadeia complementar. Fornecendo esse contato próximo, a energia de ativação é diminuída e a polimerase possibilita o pareamento das bases complementares com alta especificidade a uma velocidade de 100 vezes por segundo. Enquanto as bases dos nucleotídeos recém-chegados são arranjados pelas ligações de hidrogênio aos seus "parceiros", a polimerase une a cadeia principal da fita.

Ao longo da cadeia descontínua 3′ ⟶ 5′, as enzimas podem sintetizar apenas fragmentos pequenos porque a única maneira de elas funcionarem é de 5′ para 3′. Es-

## Conexões químicas 25D

### O Projeto do Genoma Humano: tesouro ou a caixa de Pandora?

O Projeto do Genoma Humano (Human Genome Project, HGP) foi um esforço em massa para sequenciar completamente o genoma humano: cerca de 3,3 bilhões de pares de bases espalhados nos 23 pares de cromossomos. Esse projeto que começou formalmente em 1990 é um esforço conjunto que foi levado avante por dois grupos: a empresa Celebra Genomics – cujos resultados preliminares foram publicados na revista *Science*, em fevereiro de 2001 – e um fundo público de pesquisadores do International Human Genome Sequencing Consortium – cujos resultados preliminares foram publicados na revista *Nature*, em fevereiro de 2001). Os pesquisadores ficaram surpresos ao constatarem que existiam somente cerca de 30.000 genes no genoma humano. Esse panorama declinou mais tarde para 25.000. Esse resultado é similar a outros eucariotos, incluindo alguns tão simples como o nematelminto (um verme) *Caenorhabditis elegans*.

Qual é o significado da obtenção de um genona? Com ele, poderemos finalmente ser capazes de identificar todos os genes humanos e determinar quais genes são provavelmente os responsáveis por todos os traços genéticos, incluindo as doenças com bases genéticas. Existe uma interação elaborada entre os genes, o que significa que nunca poderemos afirmar com exatidão que uma anomalia em determinado gene é a responsável pelo desenvolvimento de uma doença particular. Todavia, alguma forma de triagem genética certamente se tornará rotineira como parte da avaliação médica no futuro. Ela será benéfica, por exemplo, se alguém mais suscetível a ataques cardíacos que a média tiver essa informação ainda na juventude. Essa pessoa poderá então decidir como ajustar seu estilo de vida e sua dieta para evitar o desenvolvimento das causas que levam aos ataques cardíacos.

Com o desenvolvimento tecnológico, em 2007 ocorreu o nascimento de uma nova indústria: genômica pessoal. Hoje um indivíduo pode ter o seu DNA completamente sequenciado por uma "bagatela" de US$ 350.000. Entretanto, várias empresas oferecem um panorama parcial ao fazerem uma varredura de até 1 milhão de marcadores de DNA conhecidos. O custo dessa "genômica recreacional" é muito mais baixo e custa de US$ 1.000 a 2.500 e, no teste, utiliza-se apenas um pouco de saliva.

Há, ainda, o receio de que a informação genética possa gerar discriminação. Por essa razão, no HGP, porcentagens definidas da ajuda financeira e do trabalho de pesquisa são destinadas aos aspectos éticos e legais e às implicações sociais da pesquisa. A questão é frequentemente colocada da seguinte forma: "Quem tem o direito de conhecer a sua informação genética?", "Você?", "Seu médico?", "Sua futura esposa ou patrão?", "Uma companhia de seguros?". Essas perguntas não foram respondidas definitivamente. O filme *Gattaca – Experiência genética*, de 1997, descreve uma sociedade na qual a classe social e econômica de um indivíduo é estabelecida no nascimento com base no genoma dele. Vários cidadãos têm expressado a sua preocupação de que uma avaliação genética poderia levar a um novo tipo de preconceito e intolerância fundamentado na genética das pessoas.

Muitas pessoas têm sugerido que não há fundamentação na avaliação de genes potencialmente desastrosos se não existe uma terapia significativa para as doenças que eles podem "causar". Entretanto, os casais com frequência querem saber antecipadamente se podem ser responsáveis pela transmissão de uma doença letal a seus filhos.

Dois exemplos específicos são pertinentes:

1. Não existe vantagem no teste para o gene do câncer de mama se a mulher não é de uma família com alto risco dessa doença. A presença de um gene normal em indivíduo de baixo risco não nos diz nada sobre a possibilidade de uma mutação ocorrer no futuro. O risco do câncer de mama não é mudado se uma pessoa de baixo risco tem um gene normal, portanto mamografia e autoexame dos seios (com as mãos) são suficientes.

2. A presença de um gene nem sempre pode predizer o desenvolvimento de uma doença. Alguns indivíduos portadores do gene da doença de Huntington têm vivido até idades avançadas sem desenvolver a doença. Alguns homens funcionalmente estéreis têm fibrose cística, o que conduz ao efeito colateral da esterilidade por causa da função indevida dos canais de cloreto, que é uma dos aspectos dessa doença. Eles tomam conhecimento disso quando vão a uma clínica para averiguar a natureza de seu problema de infertilidade, mesmo considerando que nunca mostraram os reais sintomas da doença na infância, a não ser uma alta ocorrência de problemas respiratórios.

Outra área que traz preocupação em relação ao HGP é a possibilidade da terapia gênica, que muitas pessoas temem que venha a ser um "brincar de Deus". Algumas pessoas visualizam uma era em que os bebês serão projetados, na tentativa da criação do humano "perfeito". Uma visão mais moderada tem sido a de que a terapia genética pode ser útil na correção de doenças que prejudicam a qualidade de vida ou são fatais. Testes com humanos estão em curso para a fibrose cística, um tipo de deficiência imune, e algumas outras doenças. As normas em vigência nos Estados Unidos permitem a terapia gênica das células somáticas, mas ela não permite a modificação genética que possa ser transmitida às próximas gerações.

---

ses fragmentos curtos são compostos de cerca de 200 nucleotídeos e são chamados **fragmentos de Okasaki**, em homenagem ao seu descobridor.

6. **Ligação** Os fragmentos de Okasaki e outros cortes remanescentes são eventualmente unidos por outra enzima, a DNA ligase. No fim do processo, existem duas fitas de moléculas de DNA, cada uma delas exatamente igual à sua original pelo fato de que somente a timina se ajusta à adenina e somente a guanina se ajusta à citosina no sítio ativo da polimerase.

## 25.7 Como o DNA é reparado?

A viabilidade das células depende das enzimas de reparo do DNA que podem detectar, reconhecer e remover mutações do DNA. Tais mutações podem ter origem interna ou externa. Externamente, a radiação UV ou agentes oxidantes altamente reativos, como o superóxido,[6] podem danificar as bases. Erros na cópia ou reações químicas internas, como a desaminação de uma base, podem criar um dano internamente. A desaminação da base citosina a trans-

---

[6] Embora superóxidos sejam produzidos pelo homem, dificilmente atuam como agentes "externos" que provocam mutações, pois são extremamente instáveis e, em contato com a água, se decompõem. A ação prejudicial do superóxido como uma espécie ativa de oxigênio é "interna" quando ele é produzido nas células como subproduto ou falhas nas cadeia respiratória. (NT)

## Conexões químicas 25E

### Farmacogenômica: adequando a medicação às características individuais

A sequência completa do DNA de um organismo é denominada **genoma**. O genoma de um humano contém aproximadamente 3 bilhões de pares de bases, distribuídos em 22 pares de cromossomos mais os 2 cromossomos do sexo. Cada cromossomo é composto de uma única molécula de DNA. Dos 3 bilhões de pares de bases, aproximadamente 90 milhões representam os 30.000 genes. A tarefa do Projeto do Genoma Humano foi determinar a sequência completa do genoma e, nesse processo, identificar a sequência e a localização dos genes. O Projeto do Genoma Humano foi concluído em 2000. Muitos outros genomas estão estabelecidos, abrangendo de bactérias como a *Escherichia coli* (5 milhões de pares de bases) ao rato (3 bilhões de pares de bases).

É sabido que a herança genética desempenha um papel nas doenças e na eficácia das drogas. Em 510 a.C., Pitágoras escreveu que alguns indivíduos, ao comerem favas, desenvolviam a anemia hemolítica, enquanto outros não. Reações adversas a drogas é a sexta causa de morte nos Estados Unidos (o que significa 100.000 mortes por ano). Problemas causados pela ineficácia das drogas são ainda mais numerosos. Com o novo conhecimento adquirido pela composição da genética individual, fica, em princípio, possível prescrever drogas (medicamentos) na dosagem que melhor se ajusta ao indivíduo e que minimize as reações adversas ou a sua ineficácia. A **farmacogenômica** é o estudo de como as variações genéticas influenciam as respostas individuais para determinada droga ou classe de drogas.

Um caso ilustrativo é CYP2D6, um gene de determinado membro das enzimas da classe do citocromo P-450. Essa enzima destoxifica o organismo de drogas pela incorporação de um grupo —OH, tornando-a mais solúvel em água e facilitando assim a sua eliminação pela urina. O tipo normal ou selvagem dessa enzima está correlacionado com o metabolismo extensivo (e*xtensive* m*etabolism* – EM) de drogas. Uma mutação, na qual a guanina é trocada pela adenina no gene CYP2D6, existe em aproximadamente 25% da população. A presença dessa mutação torna o indivíduo um metabolizador pobre (ou deficiente) (p*oor* m*etabolizer* – PM). Portanto, a dosagem de uma droga prescrita permanecerá muito mais tempo no organismo que o normal no corpo do indivíduo com essa composição genética, o que poderá provocar efeitos tóxicos. Outra mutação, na qual uma base de adenina é cancelada no gene CYP2D6, existe em aproximadamente 3% da população. Essa mutação está associada com um metabolismo muito rápido, denominado metabolismo ultraextensivo (u*ltra-*e*xtensive* m*etabolism* – UEM). Nos indivíduos com essa mutação, a droga pode ser eliminada do organismo antes que faça efeito.

As classes EM, PM e UEM são conhecidas há algum tempo e podem ser monitoradas pela realização de um exame de sangue durante seis semanas ao longo da terapia com a droga. Com os avanços do Projeto do Genoma Humano, entretanto, um indivíduo pode ser testado *antes* – e não mais durante – da administração da droga. Essa estratégia significa que a dosagem pode ser ajustada de acordo com as necessidades individuais. As empresas farmacêuticas têm desenvolvido *chips* de DNA que podem ler a predisposição de um paciente a uma droga, usando o DNA do indivíduo obtido em um simples teste de sangue.

A predisposição genética é somente um fator entre vários que determinam a resposta total do organismo a uma droga específica. Contudo, o conhecimento da composição genética pode minimizar os efeitos adversos ou a ineficácia, mas não solucionar completamente tais problemas.

---

forma em uracila (Figura 25.1), o que cria uma falha de pareamento. O par C—G torna-se um par U—G, que precisa ser eliminado.

O reparo pode ser efetuado de diversas maneiras. Um dos mais comuns é chamado reparo por excisão de bases (*base excision repair* – BER) (Figura 25.15). Esse processo é constituído de duas partes:

1. Uma DNA glicolase específica reconhece a base danificada (1). Ela é hidrolisada na ligação β-glicosídica N—C′ entre a base de uracila e a desoxirribose, então ocorre a liberação da base danificada, completando a excisão.

    A cadeia principal de açúcar-fosfato ainda se encontra intacta. No **sítio AP** (sítio *ap*urínico ou *ap*irimidínico) criado dessa maneira, a cadeia principal é clivada por uma segunda enzima, a endonuclease (2). Uma terceira enzima, a exonuclease (3), libera a unidade de açúcar-fosfato do sítio danificado.

2. Na etapa de síntese, a enzima DNA polimerase (4) insere o nucleotídeo correto, a citosina, e a enzima DNA ligase fecha (5) a cadeia principal para completar o reparo.

Um segundo mecanismo de reparo remove não apenas um erro pontual, mas um conjunto de erros – como 25 a 32 resíduos de oligonucleotídeos. Conhecido como reparo por excisão de nucleotídeos (*nucleotide excision repair* – NER), ele similarmente envolve várias enzimas de reparação.

Qualquer defeito no mecanismo de reparo pode levar a mutações prejudiciais e mesmo mutações mortais. Por exemplo, indivíduos com xeroderma pigmentoso hereditário, uma doença na qual uma ou mais enzimas de reparo NER não são produzidas ou operam com defeito, têm um risco 1.000 vezes maior de desenvolver câncer de pele que os indivíduos normais.

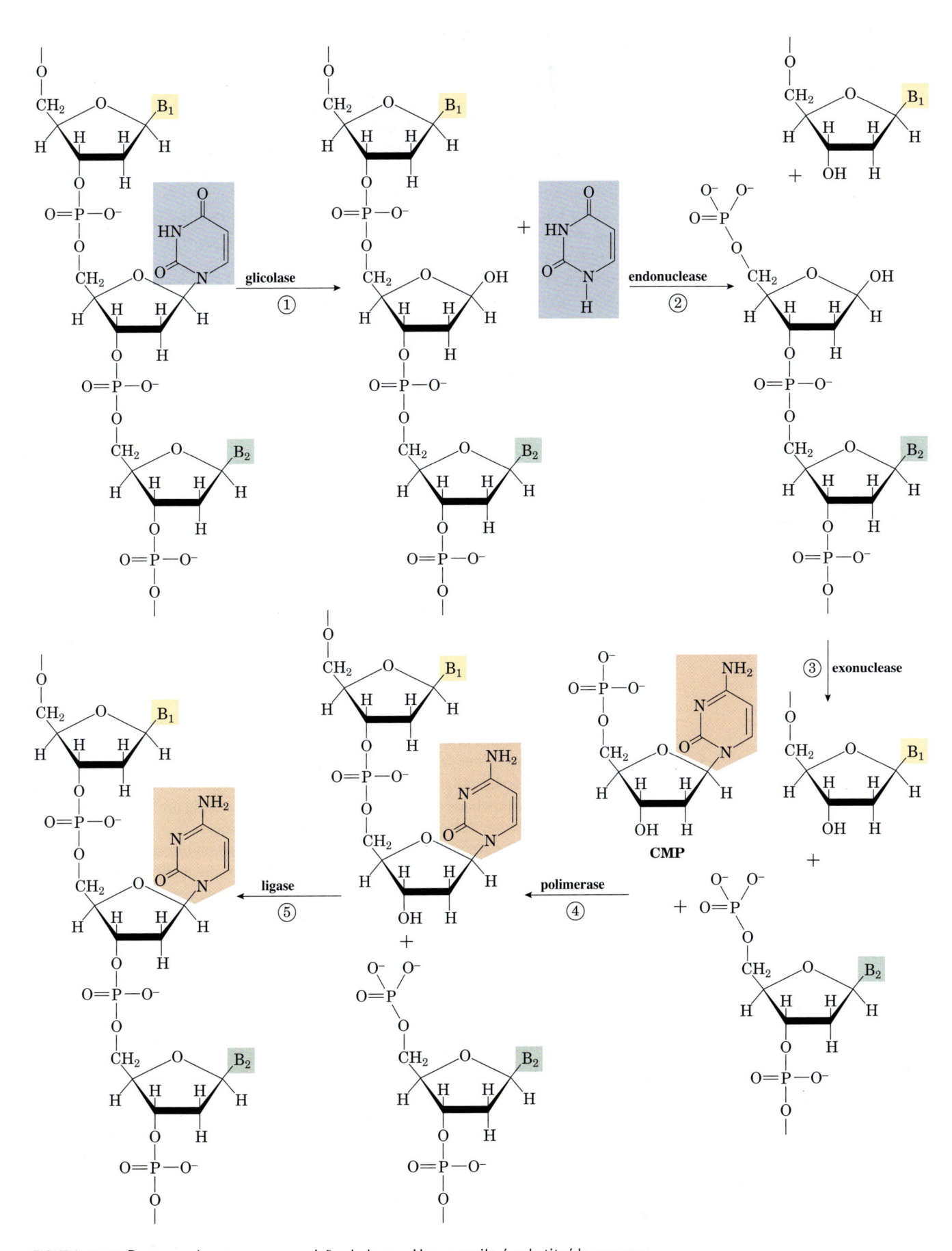

FIGURA 25.15 Processo do reparo por excisão de bases. Uma uracila é substituída por uma citosina.

## 25.8 Como se amplifica o DNA?

Para estudar o DNA com proposições científicas básicas ou aplicadas, precisamos ter uma quantidade suficiente de material para que possamos desenvolver esses estudos. Existem várias maneiras de amplificar o DNA. Uma maneira é permitir que um organismo que cresce rapidamente, como uma bactéria, replique o DNA para nós. Esse processo é usualmente referido como **clonagem** e será discutido posteriormente no Capítulo 26. Milhões de cópias de fragmentos de DNA selecionados podem ser feitos em poucas horas com grande precisão por uma técnica chamada **reação em cadeia da polimerase** (*polymerase chain reaction* – PCR), que foi descoberta por Kary B. Mullis (1944-), que dividiu o Prêmio Nobel em Química de 1993 por sua realização.

A técnica PCR pode ser usada se a sequência de um gene a ser copiada é conhecida ou, pelo menos, se uma sequência próxima da desejada é conhecida. Em tal caso, podem-se sintetizar dois *primers* que são complementares às terminações do gene ou do DNA limítrofe do desejado. Os *primers* são polinucleotídeos compostos de 12 a 26 nucleotídeos. Quando são adicionados a um segmento de DNA-alvo, eles hibridizam com a terminação de cada fita do gene.

> 5'CATAGGACAGC—OH    *Primer*
> ||||||||||||
> 3'TACGTATCCTGTCGTAGG—    *Gene*

**Hibridização** Processo em que duas fitas de ácidos nucleicos ou segmentos de fitas de ácido nucleico formam uma estrutura de fita dupla através de ligações de pares de hidrogênio de bases complementares

No ciclo 1 (Figura 25.16), a polimerase prolonga os *primers* em cada direção da mesma forma que os nucleotídeos individuais são organizados e conectados no molde do DNA. Dessa maneira, duas cópias novas são criadas. O processo de duas etapas é repetido (ciclo 2) quando os *primers* são **hibridizados** com as novas fitas e novamente prolongados. Nesse ponto, quatro novas cópias foram criadas. O processo continua e, em 25 ciclos, $2^{25}$, algo como 33 milhões de cópias podem ser feitas. Na prática, somente poucos milhões são produzidos, o que é suficiente para o isolamento do gene.

Esse processo rápido é prático devido à descoberta de uma polimerase resistente ao calor isolada de uma bactéria que vive em fossas termais no fundo dos oceanos (Seção 23.4B). Esse tipo de enzima é um pré-requisito importante para essa técnica porque uma temperatura de 95 °C é necessária para que a dupla hélice possa ser desenrolada para hibridizar o *primer* ao DNA-alvo. Uma vez que a fita simples fica exposta, a mistura é esfriada a 70 °C. Os *primers* são hibridizados e os prolongamentos subsequentes ocorrem. Os ciclos de 95 °C e 70 °C são repetidos continuamente. Não se faz necessária uma nova enzima durante esses ciclos porque a enzima é estável nas duas temperaturas.

A técnica de PCR é rotineiramente usada quando um gene ou um segmento de DNA precisa ser amplificado a partir de poucas moléculas. Ele é usado no estudo dos genomas ("Conexões químicas 25E"), na obtenção de evidências em uma cena de crime ("Conexões químicas 25C") e mesmo para a obtenção de genes de espécies fossilizadas encontradas em âmbar.[7]

---

[7] Lembrar também do filme *Parque dos dinossauros*, em que o DNA dos dinossauros era extraído do sangue contido nos mosquitos pré-históricos (que haviam picado os dinossauros) aprisionados em âmbar. (NT)

---

### Resumo das questões-chave

**Seção 25.1 Quais são as moléculas da hereditariedade?**

- A hereditariedade é baseada nos genes localizados nos cromossomos.
- Os genes são seções do DNA que codificam moléculas específicas de RNA.

**Seção 25.2 Do que são feitos os ácidos nucleicos?**

- **Ácidos nucleicos** são compostos de açúcares, fosfatos e bases orgânicas.
- Existem dois tipos de ácidos nucleicos: **ribonucleico (RNA)** e **desoxirribonucleico (DNA)**.
- No DNA, o açúcar é um monossacarídeo, a 2-desóxi-D-ribose; no RNA, é a D-ribose.
- No DNA, as bases amínicas heterocíclicas são adenina (A), guanina (G), citosina (C) e timina (T).
- No RNA, elas são A, G, C e uracila (U).
- Os ácidos nucleicos são moléculas gigantes com cadeias principais (esqueleto) constituídas de unidades alternadas

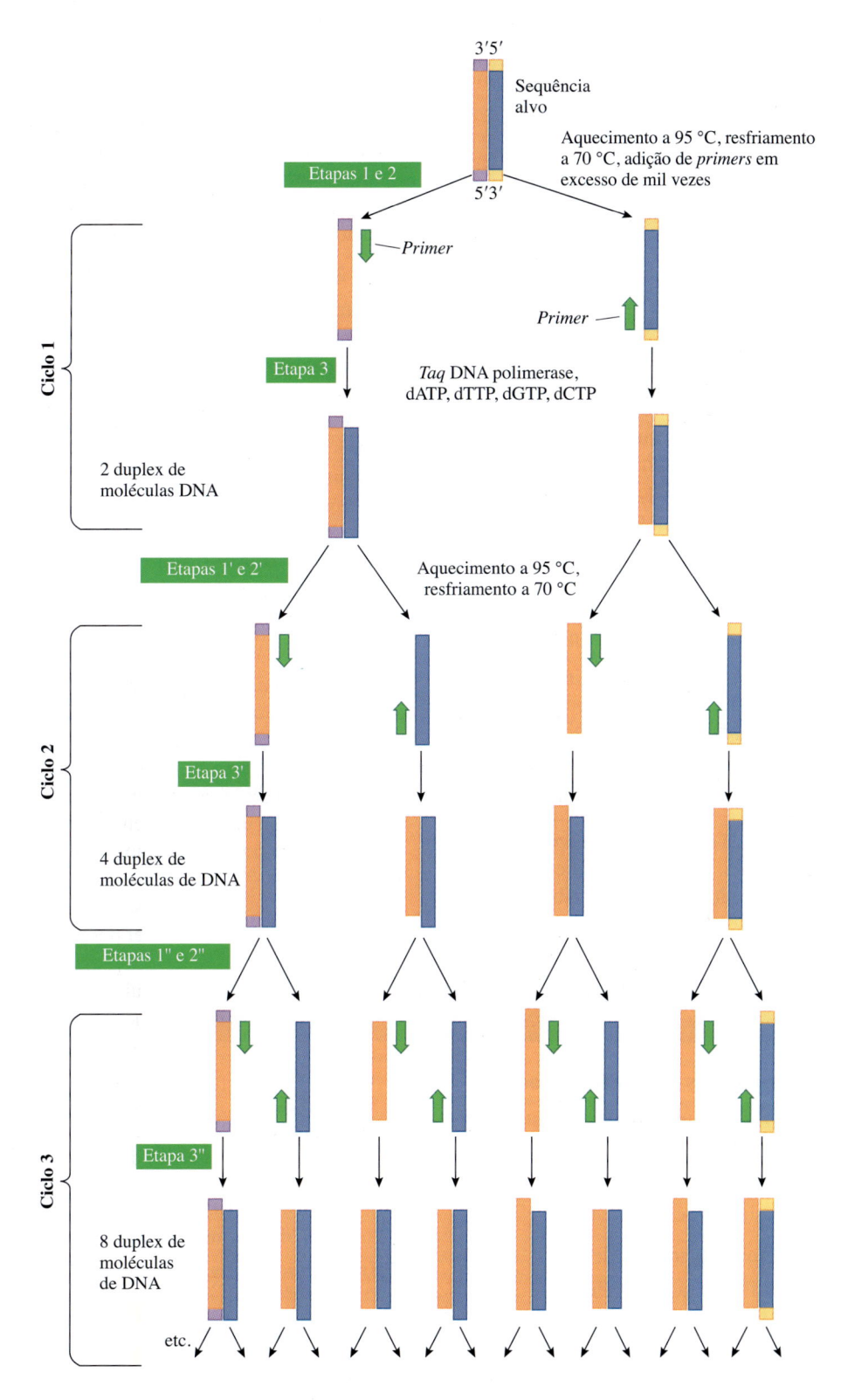

Figura 25.16 Reação em cadeia da polimerase (PCR). Oligonucleotídeos complementares de uma determinada sequência de DNA iniciam a síntese de somente aquela sequência. A enzima termoestável *Taq* DNA polimerase sobrevive a vários ciclos de aquecimento. Teoricamente, a quantidade de uma sequência iniciada é duplicada a cada ciclo.

de açúcar e fosfato. As bases são as cadeias laterais unidas às unidades de açúcar da cadeia principal por ligações β-N-glicosídicas.

### Seção 25.3 Qual é a estrutura do DNA e RNA?

- O DNA é constituído por duas cadeias (fitas) que formam a dupla hélice. A cadeia principal de açúcar e fosfato se propaga no exterior da dupla hélice, e as bases se direcionam para a parte de dentro.
- O **pareamento complementar** das bases ocorre na dupla hélice, de tal forma que cada A em uma fita é ligado através de ligações de hidrogênio a um T da outra fita, e cada G é ligado através de ligações de hidrogênio a um C. Outras combinações não se ajustam de forma adequada.
- O DNA se encontra enrolado ao redor de proteínas básicas chamadas **histonas**. Formam-se os **nucleossomas** que são posteriormente condensados na cromatina.
- As moléculas de DNA levam, na sequência de suas bases, toda a informação necessária para a manutenção da vida. Quando a divisão celular ocorre e a informação é passada das células parentais para as células-filhas, a sequência do DNA parental é copiada.

### Seção 25.4 Quais são as diferentes classes do RNA?

- Existem seis tipos de RNA: **RNA mensageiro (mRNA)**, **RNA de transferência (tRNA)**, **RNA ribossomal (rRNA)**, **RNA nuclear pequeno (snRNA)**, **micro RNA (miRNA)** e **RNA interferente pequeno (siRNA)**.
- O mRNA, tRNA e rRNA estão envolvidos na síntese de todas as proteínas.
- O RNA nuclear pequeno está envolvido nas reações de *splicing* e tem, em alguns casos, atividade catalítica.
- O RNA com atividade catalítica é chamado **ribozima**.

### Seção 25.5 O que são genes?

- Determinado **gene** é um segmento da molécula de DNA que leva a sequência de bases, que encaminha a síntese de uma proteína particular ou molécula de RNA.
- O DNA nos organismos superiores contém sequências chamadas **íntrons**, que não codificam a síntese de proteínas.
- As sequências que codificam a síntese de proteínas são chamadas **éxons**.

### Seção 25.6 Como o DNA é replicado?

- A replicação do DNA ocorre em uma série de etapas distintas.
- A superestrutura dos cromossomos é inicialmente desfeita pela acetilação das histonas. As **topoisomerases** relaxam as estruturas de ordem superior. As **helicases** separam as duas fitas do DNA na forquilha de replicação.
- Os *primers* (iniciadores) de RNA e as primases são necessários para iniciar a síntese das fitas-filhas. A **cadeia contínua** é sintetizada continuamente pela **DNA polimerase**. A **cadeia descontínua** é sintetizada descontinuamente usando **fragmentos de Okasaki**.
- A **DNA ligase** une os fragmentos dispersos e os fragmentos de Okasaki.

### Seção 25.7 Como o DNA é reparado?

- O reparo por excisão de bases (BER) é um mecanismo importante de **reparo do DNA**.

### Seção 25.8 Como se amplifica o DNA?

- A **reação em cadeia da polimerase (PCR)** é a técnica que faz milhões de cópias com alta precisão em poucas horas.

## Problemas

### Seção 25.1 Quais são as moléculas da hereditariedade?

25.2 Que estruturas da célula, visíveis ao microscópio, contêm a informação da hereditariedade?

25.3 Dê o nome de uma doença hereditária.

25.4 Qual é a unidade básica da hereditariedade?

### Seção 25.2 Do que são feitos os ácidos nucleicos?

25.5 (a) Onde o DNA está localizado na célula?
(b) Onde o RNA está localizado na célula?

25.6 Quais são os componentes de (a) um nucleotídeo e (b) um nucleosídeo?

25.7 Quais são as diferenças entre o DNA e o RNA?

25.8 Desenhe as estruturas do ADP e GDP. Essas estruturas fazem parte dos ácidos nucleicos?

25.9 Qual é a diferença estrutural entre a timina e a uracila?

25.10 Quais bases do RNA e DNA contêm um grupo carbonila?

25.11 Desenhe as estruturas da (a) citidina e (b) desoxicitidina.

25.12 Quais bases do DNA e RNA são primárias?

25.13 Qual é a diferença estrutural entre a D-ribose e a 2-desoxirribose?

25.14 Qual é a diferença entre um nucleosídeo e um nucleotídeo?

25.15 O RNA e DNA referem-se a *ácidos* nucleicos. Qual parte dessas moléculas é ácida?

25.16 Que tipo de ligação existe entre a ribose e o fosfato no AMP?

25.17 Que tipo de ligação existe entre os dois fosfatos no ADP?

25.18 Que tipo de ligação conecta a base à ribose no GTP?

### Seção 25.3 Qual é a estrutura do DNA e RNA?

25.19 Considerando o RNA, quais carbonos da ribose estão ligados respectivamente ao grupo fosfato e à base?

25.20 Como a cadeia principal (esqueleto) do DNA é constituída?

25.21 Desenhe as estruturas de (a) UDP e (b) dAMP.

25.22 No DNA, quais átomos de carbono da 2-desoxirribose estão ligados aos grupos fosfato?

25.23 A sequência de um fragmento pequeno de DNA é ATGGCAATAC.
(a) Que nome damos às duas terminações da molécula de DNA?
(b) Nesse segmento, indique as terminações.
(c) Qual é a sequência da fita complementar?

25.24 Chargaff mostrou que, em amostras de DNA obtidas de diferentes espécies, a quantidade molar de A é sempre aproximadamente igual à de T, o que é também verdadeiro para C e G. Como essa informação ajudou a estabelecer a estrutura do DNA?

25.25 Quantas ligações de hidrogênio podem se formar entre uracila e adenina?

25.26 Quantas histonas estão presentes nos nucleossomas?

25.27 Qual é a natureza da interação entre histonas e DNA nos nucleossomas?

25.28 Do que as fibras de cromatina são feitas?

25.29 O que constitui as superestruturas dos cromossomos?

25.30 O que é a estrutura primária do DNA?

25.31 O que é a estrutura secundária do DNA?

25.32 O que é a fenda maior da hélice do DNA?

25.33 O que são as estruturas de ordem superior do DNA que eventualmente constituem um cromossomo?

### Seção 25.4 Quais são as diferentes classes do RNA?

25.34 Que tipo de RNA tem uma atividade enzimática? Onde ele executa sua função prioritariamente?

25.35 Qual deles possui as cadeias mais longas: tRNA, mRNA ou rRNA?

25.36 Que tipo de RNA contém nucleotídeos modificados?

25.37 Que tipo de RNA tem uma sequência exatamente complementar à do DNA?

25.38 Onde o rRNA está localizado na célula?

25.39 Que tipo de funções executam, em geral, as ribozimas?

25.40 Quais tipos de RNA estão sempre envolvidos na síntese de proteínas?

25.41 Qual é a função do RNA nuclear pequeno?

25.42 Qual é a função do siRNA?

25.43 Qual é a diferença entre miRNA e siRNA?

### Seção 25.5 O que são genes?

25.44 Defina:
(a) Íntron
(b) Éxon

25.45 O RNA também tem íntrons e éxons? Explique.

25.46 (a) Qual é a porcentagem do DNA humano que codifica as proteínas?
(b) Qual é a função do resto do DNA?

25.47 As porções satélites apresentam alguma função de codificação para proteínas?

25.48 Todos os genes codificam para a síntese de proteínas? Se não, o que eles codificam?

### Seção 25.6 Como o DNA é replicado?

25.49 Uma molécula de DNA normalmente se replica milhões de vezes, praticamente sem erros. Que aspecto único de sua estrutura é o principal responsável pela fidelidade na replicação?

25.50 Que grupos funcionais nas bases estabelecem ligações de hidrogênio na dupla hélice do DNA?

25.51 Desenhe as estruturas da adenina e timina e mostre com um diagrama as duas ligações de hidrogênio que estabilizam o pareamento A-T no DNA.

25.52 Desenhe as estruturas da citosina e guanina, e mostre com um diagrama as três ligações de hidrogênio que estabilizam o pareamento C-G no ácidos nucleicos.

25.53 Quantas bases diferentes estão presentes na dupla hélice do DNA?

25.54 O que é a forquilha de replicação? Quantas forquilhas de replicação existem simultaneamente em média nos cromossomos humanos?

25.55 Por que a replicação é chamada semiconservativa?

25.56 Como a remoção de algumas cargas positivas das histonas viabiliza a abertura das superestruturas cromossômicas?

25.57 Escreva a reação química da desacetilação da acetil-histona.

25.58 Qual é a estrutura quaternária das helicases nos eucariotos?

25.59 O que são helicases? Qual é a função que executam?

25.60 O dATP pode servir como fonte para um *primer*?

25.61 Quais são os subprodutos da ação das primases na formação dos *primers*?

25.62 Como são denominadas as enzimas que unem os nucleotídeos nas fitas do DNA?

25.63 Em que direção a molécula de DNA é sintetizada continuamente?

25.64 Que tipo de ligação as polimerases catalisam?

25.65 Que enzimas catalisam a junção dos fragmentos de Okasaki?

25.66 Qual é a natureza da reação química que une os nucleotídeos?

25.67 Da perspectiva das cadeias sendo sintetizadas, em qual direção ocorre a síntese do DNA?

### Seção 25.7 Como o DNA é reparado?

25.68 Como resultado de determinado dano, alguns poucos resíduos de guanina em um gene foram metilados. Que tipo de mecanismo poderia ser usado na reparação do dano?

25.69 Qual é a função das endonucleases no mecanismo de reparo BER?

25.70 Quando a citosina é desaminada, forma-se a uracila. A uracila é uma base que ocorre naturalmente. Por que a célula a removeria pela reparação de excisão de base?

25.71 Que ligações são clivadas pela glicolase?

25.72 O que são sítios AP? Que enzima os contém?

25.73 Por que os pacientes de xeroderma pigmentoso são 1.000 vezes mais propensos a desenvolver câncer de pele que os indivíduos normais?

### Seção 25.8 Como se amplifica o DNA?

25.74 Qual é a vantagem de usar a DNA polimerase da bactéria termofílica que vive nas falhas termais em PCR?

25.75 Que iniciador de 12 nucleotídeos você usaria na técnica de PCR para amplificar um gene cuja terminação é a seguinte: 3'TACCGTCATCCGGTG5'?

### Conexões químicas

25.76 (Conexões químicas 25A) Desenhe a estrutura do nucleosídeo de fluorouridina que inibe a síntese do DNA.

25.77 (Conexões químicas 25A) Dê um exemplo de como as drogas anticâncer funcionam na quimioterapia.

25.78 (Conexões químicas 25B) Que sequência de nucleotídeos é repetida várias vezes nos telômeros?

25.79 (Conexões químicas 25B) Por que cerca de 200 nucleotídeos são perdidos a cada replicação?

25.80 (Conexões químicas 25B) Como a telomerase torna uma célula de câncer "imortal"?

25.81 (Conexões químicas 25B) Por que a perda de DNA com a replicação não é um problema para as bactérias? (*Dica*: Bactérias têm um genoma circular.)

25.82 (Conexões químicas 25C) Após serem cortados pelas enzimas de restrição, como os fragmentos de DNA são separados uns dos outros?

25.83 (Conexões químicas 25C) Como o teste de DNA é usado nos casos de averiguação de paternidade?

25.84 (Conexões químicas 25C) Por que é mais fácil excluir alguém de um teste de DNA do que provar que ele ou ela corresponde à pessoa que está sendo testada?

25.85 (Conexões químicas 25C) Qual é o princípio atrás do confronto de DNA via o teste de DNA?

25.86 (Conexões químicas 25D) Quais seriam as vantagens de uma pessoa ter o próprio genoma sequenciado?

25.87 (Conexões químicas 25D) Como as informações sobre o seu genoma poderiam ser usadas contra você no caso hipotético de cair em "mão erradas"?

25.88 (Conexões químicas 25D) Por que uma pessoa poderia fazer melhores escolhas sobre o seu estilo de vida se ela tivesse conhecimento do próprio genoma?

25.89 (Conexões químicas 25E) Qual é a função do citocromo P-450?

25.90 (Conexões químicas 25E) Como o conhecimento do genoma humano permite que os pacientes sejam examinados para verificar a sua tolerância individual aos medicamentos?

### Problemas adicionais

25.91 Qual é o sítio-ativo da ribosima?

25.92 Por que é importante que a molécula de DNA seja capaz de se replicar milhões de vezes sem erro?

25.93 Desenhe as estruturas da (a) uracila e (b) uridina.

25.94 Como você classificaria os grupos funcionais que unem os três diferentes componentes que formam um nucleotídeo?

25.95 Qual é a maior molécula do ácido nucleico?

25.96 Que ligações são quebradas durante a replicação? A estrutura primária do DNA muda durante a replicação?

25.97 No DNA de ovelha, a porcentagem molar de adenina (A) é de 29,3%. Com base na regra de Chargaff, qual seria a porcentagem molar aproximada de G, C e T?

### Antecipando

25.98 O DNA corresponde ao projeto da célula, mas nem todos os genes do DNA levam à síntese de proteínas. A expressão do gene é o estudo de que genes são usados para fazer os seus produtos específicos. Quais são alguns exemplos de produtos dos genes que não levam à síntese de proteínas?

25.99 Em um processo similar à replicação do DNA, o RNA é produzido via um processo denominado transcrição. A enzima usada é a RNA polimerase. Quando o RNA é sintetizado, qual é a direção da reação de síntese?

25.100 O Projeto do Genoma Humano mostrou que o DNA humano não é consideravelmente maior que o dos organismos mais simples, com cerca de 30.000 genes. Entretanto, os humanos produzem mais de 100.000 proteínas diferentes. Como isso é possível? (*Dica*: Considere o *splicing*.)

25.101 Uma das grandes diferenças entre a replicação do DNA e a transcrição é que a RNA polimerase não requer um *primer*. Como esse fato se relaciona à teoria de que a vida primordial foi baseada no RNA e não no DNA?

25.102 Como a vida pode evoluir se o DNA conduz ao RNA que leva às proteínas, mas que necessita de várias proteínas para replicar o DNA e transcrever o DNA em RNA?

25.103 Quando o DNA é aquecido suficientemente, as fitas se separam. A energia que é necessária para separar o DNA está relacionada com a quantidade de guanina e citosina. Explique.

25.104 Se você quisesse amplificar o DNA usando uma técnica similar ao PCR, mas não tivesse uma DNA polimerase estável ao aquecimento, o que você teria de fazer para conseguir a amplificação?

25.105 Por que a síntese de DNA evoluiu depois de tantas revisões e mecanismos de reparo, enquanto, para a síntese do RNA, isso foi menos intensivo?

# Expressão gênica e síntese de proteínas

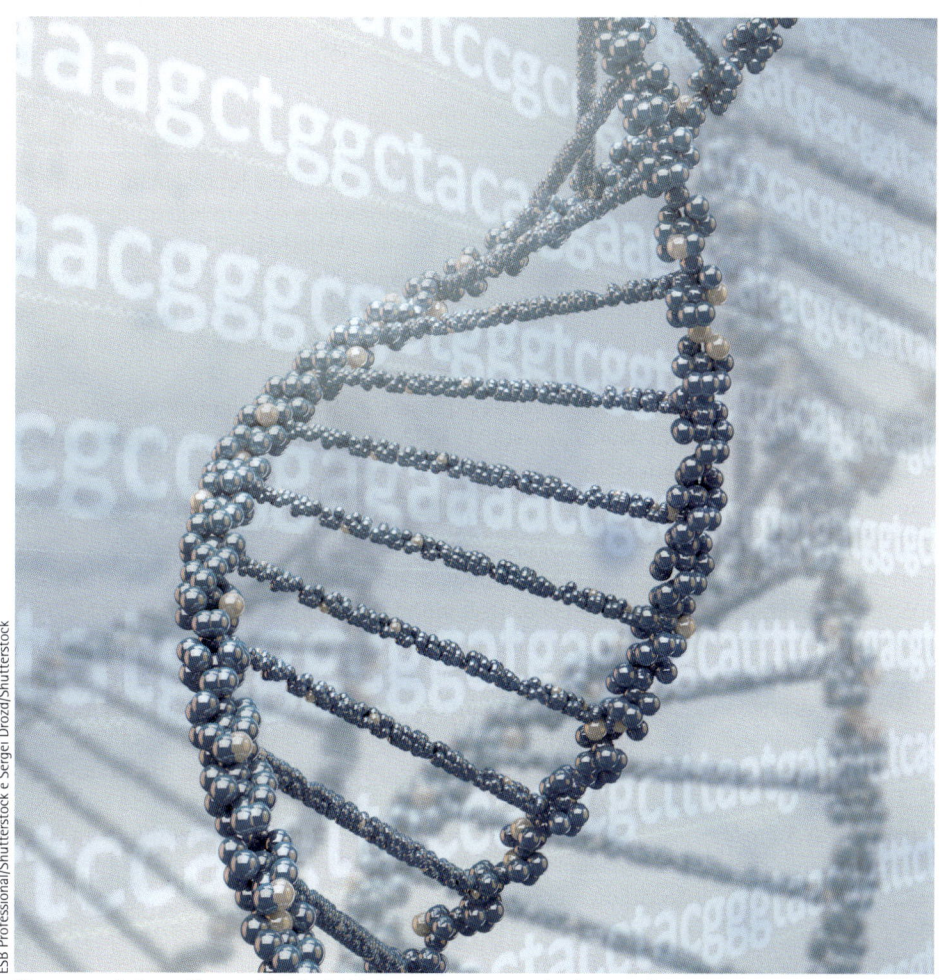

## 26

**Questões-chave**

**26.1** Como o DNA conduz ao RNA e às proteínas?

**26.2** Como o DNA é transcrito no RNA?

**26.3** Qual é o papel do RNA na tradução?

**26.4** O que é o código genético?

**26.5** Como as proteínas são sintetizadas?

**26.6** Como os genes são regulados?

**26.7** O que são mutações?

**26.8** Como e por que se manipula o DNA?

**26.9** O que é terapia gênica?

Na transcrição, a fita molde de DNA é usada para produzir uma fita complementar de RNA. A transcrição é o processo mais controlado e mais bem entendido da regulação gênica.

## 26.1 Como o DNA conduz ao RNA e às proteínas?

Vimos que o DNA é um depósito de informação e podemos compará-lo a um fichário culinário, em que cada página contém uma receita. As páginas são os genes. Para preparar as refeições, usamos várias receitas. Similarmente, para fornecer um traço herdável, vários genes (Capítulo 25) – segmentos de DNA – são necessários.

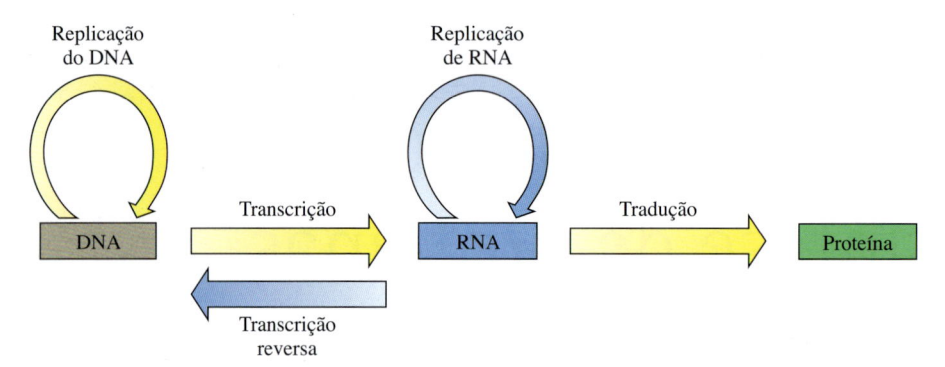

**FIGURA 26.1** O dogma central da biologia molecular. As setas amarelas representam os casos gerais, e as azuis, os casos especiais das viroses de RNA.

**Expressão gênica** A ativação de um gene que produz determinada proteína; este processo envolve tanto a transcrição como a tradução.

É claro que a receita não é a refeição. A informação na receita precisa ser expressa na combinação adequada dos ingredientes. Similarmente, a informação armazenada no DNA precisa ser expressa na combinação adequada de aminoácidos que representam uma proteína particular. A maneira como essa expressão funciona é agora bem entendida e é chamada **dogma central da biologia molecular**. O dogma estabelece que *a informação contida nas moléculas de DNA é transferida para as moléculas de RNA e, então, das moléculas de RNA, a informação é expressa na estrutura das proteínas*. A **expressão gênica** corresponde à ativação do gene, ou seja, um processo que "aciona" o gene. A transmissão da informação ocorre em duas etapas: transcrição e tradução.

A Figura 26.1 mostra o dogma central da expressão gênica. Em algumas viroses (mostradas em azul), a expressão gênica procede de RNA para RNA. Nas retroviroses, o RNA é reversamente transcrito em DNA.

### Transcrição

**Transcrição** O processo no qual a informação codificada na molécula de DNA é copiada na molécula de mRNA.

Pelo fato de a informação (isto é, o DNA) estar no núcleo das células eucarióticas e os aminoácidos serem utilizados fora do núcleo, essa informação deve ser levada para fora do núcleo. Essa etapa é análoga ao ato de copiar uma receita do fichário de cozinha. Todas as informações são copiadas, embora em um formato ligeiramente diferente, como se estivéssemos convertendo a página impressa em um texto manuscrito. No nível molecular, essa tarefa é realizada pela transcrição da informação da molécula do DNA em uma molécula de RNA mensageiro, assim denominado porque ele leva a mensagem do núcleo ao sítio onde ocorre a síntese de proteínas. Os outros RNAs são também transcritos de forma similar. O rRNA é necessário para formar os ribossomos, e o tRNA é requerido para conduzir a tradução em uma "linguagem de proteína". A informação transcrita em diferentes moléculas de RNA é então conduzida para fora do núcleo.

### Tradução

**Tradução** O processo pelo qual a informação codificada em uma molécula de mRNA é usada para sintetizar determinada proteína.

O mRNA serve como um molde no qual os aminoácidos são montados em uma sequência adequada. Para completar a montagem, a informação que está escrita na linguagem dos nucleotídeos precisa ser traduzida na linguagem dos aminoácidos. A tradução é feita por outro tipo de RNA, o RNA de transferência (Seção 25.4). Uma tradução exata palavra por palavra ocorre. Cada aminoácido na linguagem da proteína tem uma palavra correspondente na linguagem do RNA. Cada palavra na linguagem do RNA é uma sequência de três bases. Essa correspondência de três bases e um aminoácido é chamada código genético (esse código será discutido na Seção 26.4).

Nos organismos superiores (eucariotos), a transcrição e tradução ocorrem sequencialmente. A transcrição ocorre no núcleo. A tradução ocorre no citoplasma após o RNA deixar o núcleo e migrar para o citoplasma. Nos organismos inferiores (procariotos), a transcrição e a tradução ocorrem simultaneamente no citoplasma, uma vez que esses organismos não têm núcleo. Essa forma estendida do dogma central foi desafiada em 2001, quando foi descoberto que, mesmo nos eucariotos, aproximadamente 15% das proteínas são produzidas no próprio núcleo. Obviamente, alguma transcrição e tradução simultânea devem ocorrer mesmo nos organismos superiores.

Sabemos mais sobre a transcrição e tradução bacterianas porque elas são processos mais simples que aqueles existentes nos organismos superiores e pelo fato de serem estudadas há mais tempo. Contudo, concentraremos nossos estudos na expressão gênica e na síntese de proteínas dos eucariotos porque eles são mais relevantes aos aspectos relacionados com a saúde humana.

## 26.2 Como o DNA é transcrito no RNA?

A transcrição inicia quando a dupla hélice do DNA começa a se desenrolar em um ponto próximo do gene que será transcrito (Figura 26.2). Como vimos na Seção 25.3C, os nucleossomas formam a cromatina e as estruturas altamente condensadas nos cromossomos. Para tornar o DNA disponível para a transcrição, essas superestruturas mudam constantemente. **Proteínas de ligação** específicas juntam-se aos nucleossomas, tornando o DNA menos denso e mais acessível. Somente então a enzima **helicase**, que é um complexo na forma de anel constituído por seis proteínas, pode desenrolar a dupla hélice.

Somente uma fita (cadeia) da molécula de DNA é transcrita. A fita que serve como molde para a formação de RNA tem vários nomes, como **fita molde**, **fita (−)** (**fita negativa**) e **fita antissenso**. A outra fita, embora não seja usada como um molde, na verdade tem uma sequência que se ajusta ao RNA que será produzido. Essa fita é chamada **fita de codificação**, **fita (+)** (**fita positiva**) e **fita senso**. As denominações fita de codificação e fita molde são as mais comumente usadas.

Os ribonucleotídeos se organizam ao longo da fita de DNA desenrolada, obedecendo à sequência complementar. Em oposição a cada C no DNA, existe um G no RNA em construção; as outras bases complementares seguem o padrão G ⟶ C, A ⟶ U e T ⟶ A. Os ribonucleotídeos, quando alinhados dessa forma, são então ligados para formar o RNA apropriado.

Nos eucariotos, três tipos de **polimerases** catalisam a transcrição. A RNA polimerase I (pol I) catalisa a formação de rRNA; pol II, a formação de mRNA; e pol III, a formação de tRNA, assim como uma subunidade ribossomal e outros tipos de RNA pequenos regulatórios, como o snRNA. Cada enzima é um complexo de 10 ou mais subunidades. Algumas subunidades são exclusivas para cada tipo de polimerase, enquanto outras subunidades fazem parte de todas as três polimerases. A Figura 26.3 mostra a arquitetura da RNA polimerase II de levedura.

**Fita molde** A fita de DNA que serve como molde durante a síntese do RNA.

**Fita de codificação** A fita de DNA com uma sequência que se ajusta ao RNA produzido durante a transcrição.

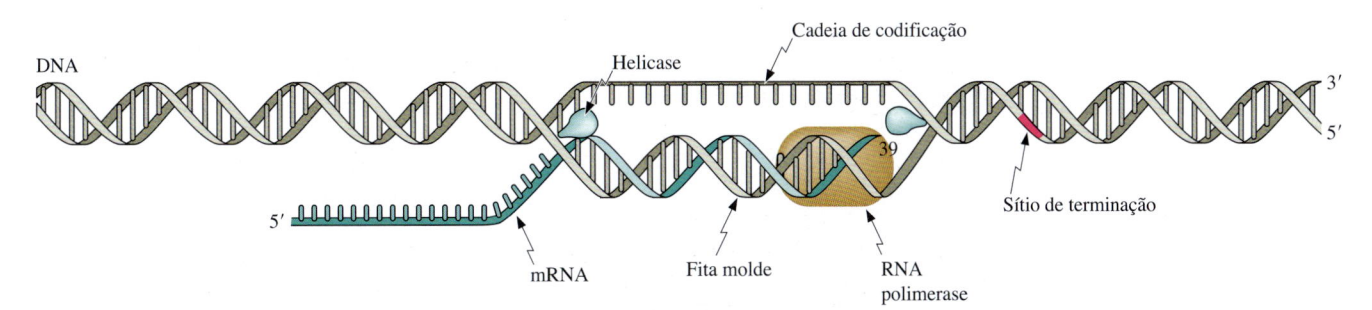

**FIGURA 26.2** Transcrição de um gene. A informação em uma fita de DNA é transcrita para uma fita de RNA. O sítio de terminação é o local do fim da transcrição.

O gene eucariótico tem duas partes principais: o **gene estrutural**, que é transcrito no RNA, e a porção **regulatória**, que controla a transcrição. O gene estrutural é feito de éxons e íntrons (Figura 26.4). A porção regulatória não é transcrita, mas apresenta elementos de controle.

Um desses controles é um **promotor**. Na fita de DNA, sempre existe uma sequência de bases que a polimerase reconhece como um **sinal de iniciação**, que diz em essência: "Comece aqui". Existe um promotor exclusivo para cada gene. Além de uma sequência exclusiva de nucleotídeos, os promotores contêm **sequências de consenso**, tais como a TATA *box* ("caixa" TATA), que recebe esse nome pelo começo de sua sequência, que é TATAAT. Uma TATA *box* é formada por 26 pares de bases antes do começo do processo de transcrição (ver Figura 26.4). Por convenção, todas as sequências de DNA empregadas para des-

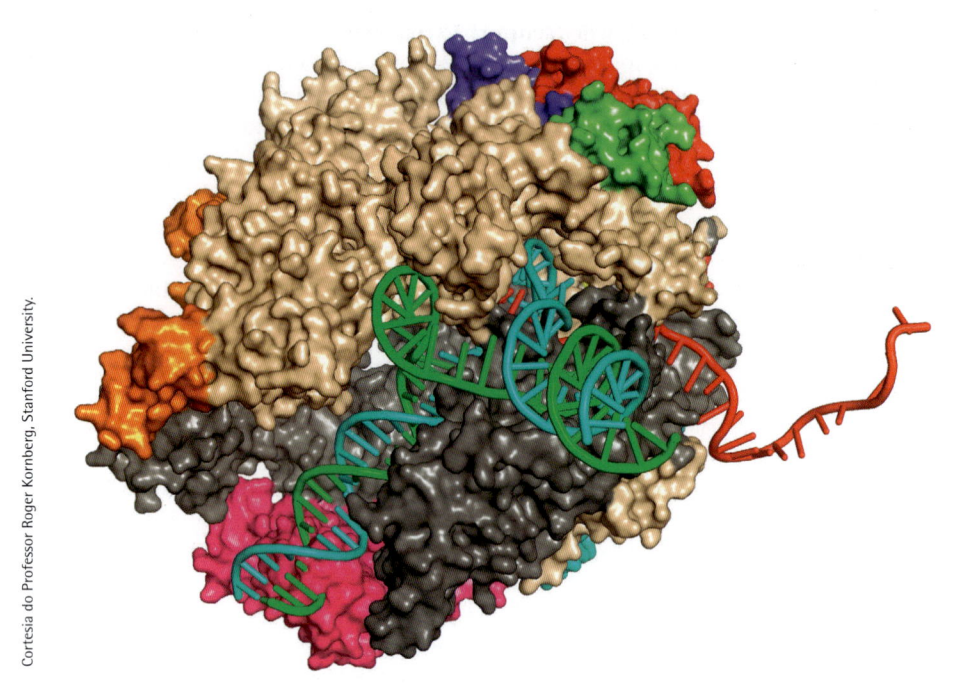

**FIGURA 26.3** Arquitetura da RNA polimerase II de levedura. A transcrição do DNA (estrutura em hélice) em RNA (vermelho) é mostrada. A fita molde do DNA é mostrada em azul e a fita de codificação em verde. A transcrição ocorre na região do grampo do sítio ativo mostrado no centro-direita. As garras que mantêm o DNA no sítio ativo são mostradas na parte inferior-esquerda.

crever a transcrição são dadas pela fita de codificação. Caixas TATA são comuns para todos os eucariotos. Todas as três RNA polimerases interagem com regiões promotoras via **fatores de transcrição**, que são proteínas de ligação.

Outro tipo de elemento de controle é um amplificador, uma sequência de DNA que pode ser mais tarde removida da região do promotor. Esses amplificadores também se ligam aos fatores de transcrição, aumentando a transcrição acima do nível basal que seria obtido sem esse tipo de ligação. Os amplificadores serão discutidos na Seção 26.6.

Após a iniciação, a RNA polimerase une as bases complementares pela formação de ligações éster de fosfato (Seção 19.5) entre cada ribose e o grupo fosfato seguinte. Esse processo é chamado **elongação**.

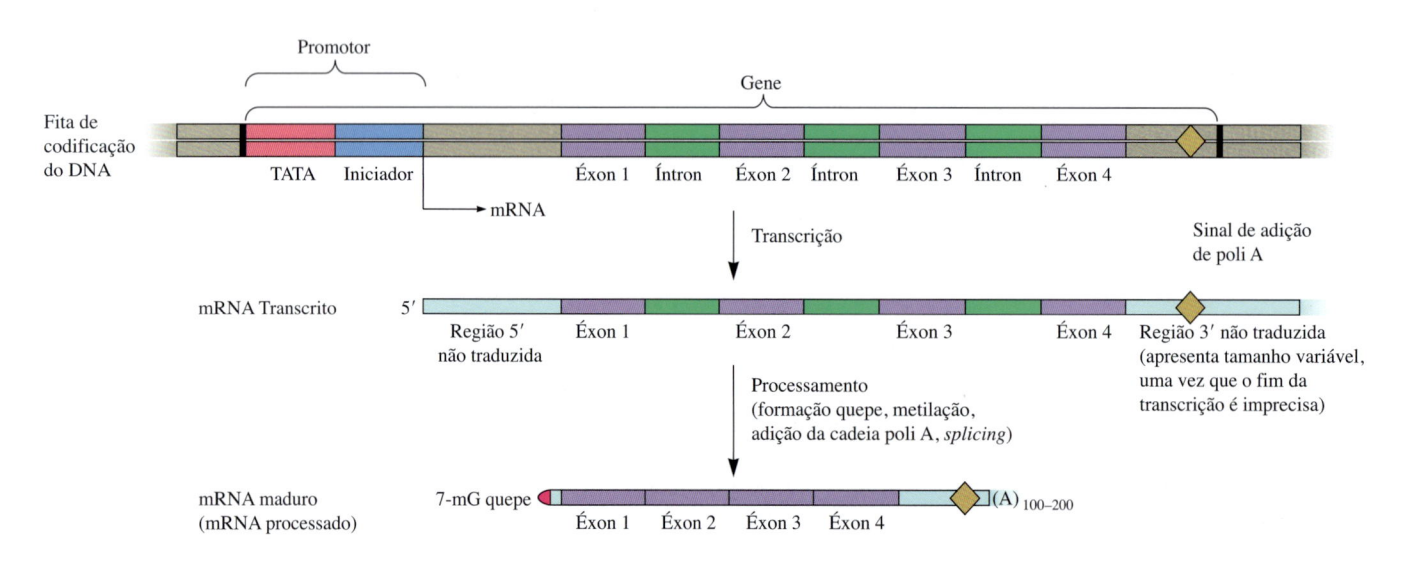

**FIGURA 26.4** Organização e transcrição de um gene eucariótico isolado.

No fim do gene, há a **sequência de terminação** (ou finalização) que diz para a enzima: "Pare a transcrição". A enzima pol II apresenta duas formas diferentes. No domínio C-terminal, a pol II tem serina e treonina que podem ser fosforiladas. Quando a pol II começa a iniciação, a enzima está em sua forma não fosforilada. Após a fosforilação, ela realiza o processo de elongação. Após a finalização da transcrição, a pol II é desfosforilada pela fosfatase. Dessa maneira, a pol II está sendo constantemente reciclada entre as funções de iniciação e elongação.

A enzima sintetiza a molécula de mRNA indo de 5' para a terminação 3'. Entretanto, pelo fato de as cadeias dos nucleotídeos complementares (RNA e DNA) seguirem em direções opostas, a enzima se move no molde de DNA na direção 3' ⟶ 5' (Figura 26.2). À medida que o RNA é sintetizado, ele se afasta do molde de DNA, que então se enrola novamente na forma de dupla hélice original. Os RNAs de transferência e ribossomal também são sintetizados dessa maneira.

Os produtos de transcrição do RNA não são necessariamente os RNAs funcionais. Previamente, vimos que, em organismos superiores, o mRNA contém éxons e íntrons (Seção 25.5). Para assegurar que o mRNA seja funcional, o produto transcrito é modificado[1] nas duas extremidades. A terminação 5' adquire uma guanina metilada (7-mG cap) e, na terminação 3', é incorporada uma cadeia de poli A que pode conter de 100 a 200 resíduos de adenina. Uma vez que as duas terminações se encontram protegidas, os íntrons são reunidos no **processo pós-transcricional** (através do *splicing*) (Figura 26.4). Similarmente, um tRNA transcrito precisa ser arranjado e protegido, e alguns de seus nucleotídeos precisam ser metilados antes que ele se torne um tRNA funcional. O rRNA também sofre metilação pós-transcricional.

**Exemplo 26.1** DNA polimerase

A polimerase II inicia a transcrição e realiza a elongação. Quais são as duas formas da enzima nesse processo? Que transformações ocorrem nas ligações químicas na conversão entre essas duas formas?

### Solução

A forma fosforilada da pol II realiza a elongação, e a forma não fosforilada inicia a transcrição. A ligação química formada na fosforilação é a de um éster fosfórico entre o —OH da serina e treonina da enzima e o ácido fosfórico.

### Problema 26.1

O DNA se encontra altamente condensado nos cromossomos. Qual é a sequência de eventos que permite o início da transcrição do gene?

## 26.3 Qual é o papel do RNA na tradução?

A tradução é o processo pelo qual a informação genética contida no DNA é transcrita no mRNA e convertida para a linguagem das proteínas, isto é, a sequência de aminoácidos. Três tipos de RNA (mRNA, rRNA e tRNA) participam desse processo.

A síntese de proteínas ocorre nos ribossomos (Seção 25.4). Essas esferas dissociam-se em duas partes, um corpo maior e um menor. Cada um desses corpos contém rRNA e algumas cadeias de polipeptídeos que atuam como enzimas, acelerando a síntese. Nos organismos superiores, incluindo os humanos, o corpo ribossomal maior é chamado ribossomo 60S, e o menor é denominado ribossomo 40S. A designação "S" se refere a *Svedberg*, uma medida de densidade usada em centrifugação. Nos procariotos, essas subunidades ribossomais são chamadas, respectivamente, 50S e 30S. O RNA mensageiro está ligado ao corpo ribossomal menor e posteriormente se junta ao corpo maior. Juntos eles formam uma unidade em que o mRNA fica estendido. Conjuntos de três bases[2] no mRNA são chamados **códons**. Após o RNA ser incorporado ao ribossomo dessa forma, os 20 aminoácidos possíveis são trazidos a um sítio específico no ribossomo. Cada aminoácido é conduzido ao sítio por sua molécula de tRNA particular.

Os segmentos mais importantes da molécula de tRNA são (1) o sítio ao qual a enzima liga os aminoácidos e (2) o sítio de reconhecimento. A Figura 26.5 mostra que a termina-

---

[1] Essas modificações, denominadas em inglês *cap*, são conhecidas como estruturas "quepe" ou "capuz". Cada terminação apresenta um tipo de modificação, porém o significado geral é que as terminações ficam "protegidas". (NT)

[2] Esses grupos de três bases que formam os códons também são chamados *trios* ou *tripletos*. (NT)

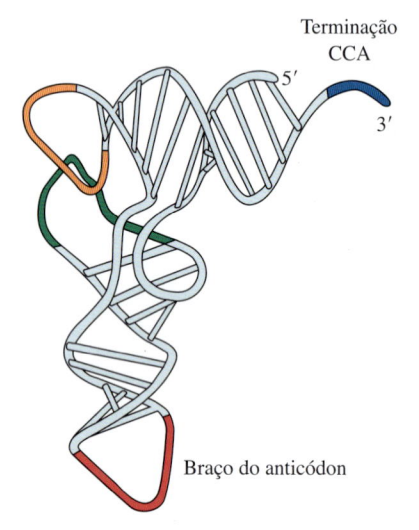

**FIGURA 26.5** Estrutura tridimensional do RNA.

**Códon** A sequência de três nucleotídeos no RNA mensageiro que codifica um aminoácido específico.

**Anticódon** Uma sequência de três nucleotídeos no tRNA que são complementares ao códon no mRNA.

**Código genético** A sequência de três nucleotídeos (códons) que determina a sequência de aminoácidos na proteína.

ção 3′ da molécula de tRNA não se encontra pareada com outras bases, formando um trecho de fita simples; é essa terminação não pareada que conduz os aminoácidos.

Como já mencionado, cada tRNA é específico para somente um aminoácido. Como o organismo tem certeza de que, por exemplo, a alanina se liga apenas à molécula de tRNA que é específica para ela? A resposta é que cada célula possui enzimas específicas para essa função. Essas **aminoacil-tRNA sintetases** reconhecem moléculas específicas de tRNA e aminoácidos. A enzima liga o aminoácido ao grupo terminal do tRNA, formando uma ligação éster.

O segundo segmento importante da molécula de tRNA conduz o **sítio de reconhecimento de códon**, que é uma sequência de três bases chamada **anticódon** localizada na terminação oposta da molécula, na estrutura tridimensional do tRNA (ver Figura 26.5). Esse trio de bases é complementar à sequência do códon e permite ao tRNA se alinhar ao mRNA. Portanto, o mRNA e o tRNA são antiparalelos no ponto de contato.

## 26.4 O que é o código genético?

Em 1961, era evidente que a ordem das bases no DNA correspondia à ordem dos aminoácidos em determinada proteína, mas o código era desconhecido. Obviamente, o código não poderia ser uma correspondência de um para um. Existem apenas quatro bases, portanto, se A codificasse para glicina, G para alanina, C para valina e T para serina, existiriam ainda 16 aminoácidos que não poderiam ser codificados.

Nesse mesmo ano, Marshall Nirenberg (1927-) e seus colaboradores tentaram quebrar o código de uma forma muito engenhosa. Eles sintetizaram uma molécula de mRNA que era constituída apenas de bases uracila, colocaram essa molécula em uma célula da qual havia sido retirado o sistema de fabricação de proteínas e então forneceram os 20 aminoácidos. O único polipeptídeo produzido foi uma cadeia constituída unicamente de fenilalanina. Esse experimento mostrou que o código para fenilalanina deve ser UUU ou algum outro múltiplo de U.

Uma série de experimentos similares realizados por Nirenberg e outros pesquisadores se seguiram e, em 1967, o código inteiro havia sido quebrado (entendido). *Cada aminoácido é codificado por uma sequência de três bases*, chamada *códon*. A Tabela 26.1 mostra o código completo.

O primeiro aspecto importante do **código genético** é que ele é praticamente universal. Em praticamente cada organismo, de uma bactéria a um elefante, de um elefante ao homem, a mesma sequência de três bases codifica o mesmo aminoácido. A universalidade do código genético implica que toda matéria viva na Terra surgiu dos mesmos organismos primordiais. Essa descoberta é talvez a evidência de suporte mais forte para a teoria de evolução de Darwin.

Algumas exceções para o código genético apresentado na Tabela 26.1 ocorrem no DNA mitocondrial. Há evidências de que a mitocôndria pode ter sido uma entidade de vida independente. Durante a evolução, ela desenvolveu uma relação simbiótica com as células eucarióticas. Por exemplo, algumas das enzimas respiratórias localizadas na crista da mitocôndria (ver Seção 27.2) são codificadas no DNA mitocondrial, e outros membros da mesma cadeia respiratória são codificados no núcleo das células eucarióticas.

Existem 20 aminoácidos nas proteínas, mas 64 combinações de quatro bases formando tripletos. Todos os 64 códons (tripletos) foram decifrados. Três deles – UAA, UAG e UGA – são "sinais de pare". Eles finalizam a síntese das proteínas. Os 61 códons restantes codificam os aminoácidos. Pelo fato de serem apenas 20 aminoácidos, existe mais de um códon para cada aminoácido. Na verdade, alguns aminoácidos chegam a ter seis códons. A leucina, por exemplo, é codificada por UUA, UUG, CUU, CUC, CUA e CUG.

Da mesma forma que existem três sinais de "pare" no código, há também sinais de inicialização. O sinal de inicialização é AUG, que também é o código para o aminoácido metionina. Isso significa que, em todas as sínteses de proteína, o primeiro aminoácido a ser colocado na proteína será sempre a metionina, que também pode ser colocada no meio da cadeia.

Embora toda síntese de proteínas comece com uma metionina, a maioria das proteínas no organismo não apresenta um resíduo de metionina N-terminal da cadeia. Na maioria dos casos, a metionina inicial é removida por uma enzima antes de a cadeia polipeptídica estar pronta. O código no mRNA é sempre lido na direção 5′ ⟶ 3′, e o primeiro aminoá-

Tabela 26.1 O código genético

| Primeira posição (extremidade 5') | Segunda posição | | | | | | | | Terceira posição (extremidade 3') |
|---|---|---|---|---|---|---|---|---|---|
| | U | | C | | A | | G | | |
| U | UUU | Phe | UCU | Ser | UAU | Tyr | UGU | Cys | U |
| | UUC | Phe | UCC | Ser | UAC | Tyr | UGC | Cys | C |
| | UUA | Leu | UCA | Ser | UAA | Stop | UGA | Stop | A |
| | UUG | Leu | UCG | Ser | UAG | Stop | UGG | Trp | G |
| C | CUU | Leu | CCU | Pro | CAU | His | CGU | Arg | U |
| | CUU | Leu | CCC | Pro | CAC | His | CGC | Arg | C |
| | CUA | Leu | CCA | Pro | CAA | Gln | CGA | Arg | A |
| | CUG | Leu | CCG | Pro | CAG | Gln | CGG | Arg | G |
| A | AUU | Ile | ACU | Thr | AAU | Asn | AGU | Ser | U |
| | AUC | Ile | ACC | Thr | AAC | Asn | AGC | Ser | C |
| | AUA | Ile | ACA | Thr | AAA | Lys | AGA | Arg | A |
| | AUG* | Met | ACG | Thr | AAG | Lys | AGG | Arg | G |
| G | GUU | Val | GCU | Ala | GAU | Asp | GGU | Gly | U |
| | GUC | Val | GCC | Ala | GAC | Asp | GGC | Gly | C |
| | GUA | Val | GCA | Ala | GAA | Glu | GGA | Gly | A |
| | GUG | Val | GCG | Ala | GAG | Glu | GGG | Gly | G |

*AUG também serve como códon de iniciação principal

cido a ser ligado à metionina é o aminoácido N-terminal da cadeia de polipeptídeo que foi traduzida.

O código genético é referido como contínuo e não pontuado. Se o mRNA é AUGGGC-CAA, então a sequência AUG é um códon e especifica o primeiro aminoácido. A sequência GGC é o segundo códon e especifica o segundo aminoácido. A sequência CCA é o terceiro códon e especifica o terceiro aminoácido. Não existe sobreposição dos códons e não há nucleotídeos intercalados.

**Exemplo 26.2** O código genético

Que aminoácido é representado pelo códon CGU? Qual é o seu anticódon?

### Solução

Na Tabela 26.1, constatamos que CGU corresponde à arginina; o anticódon é GCA (leia de 3' para 5' para mostrar como o códon e o anticódon se correspondem).

### *Problema 26.2*

Quais são os códons para a histidina? Quais são os anticódons?

## 26.5 Como as proteínas são sintetizadas?

Até aqui vimos as moléculas que participam da síntese de proteínas (Seção 26.3) e o dicionário de tradução, ou seja, o código genético. Agora vamos ver o mecanismo pelo qual a cadeia de polipeptídio é formada.

Existem quatro etapas principais na síntese de proteínas: ativação, iniciação, elongação e terminação. Em cada etapa, várias moléculas participam do processo (Tabela 26.2). Veremos especificamente a tradução procariótica porque ela foi estudada por mais tempo, e temos uma maior quantidade de informação desse processo nesse tipo de organismo. Entretanto, os detalhes da tradução nos eucariotos são muito similares.

### A. Ativação

Cada aminoácido é primeiro ativado por meio de uma reação com uma molécula de ATP:

$$\text{Adenosina}-O-\overset{\overset{O}{\|}}{\underset{\underset{O^-}{|}}{P}}-O-\overset{\overset{O}{\|}}{\underset{\underset{O^-}{|}}{P}}-O-\overset{\overset{O}{\|}}{\underset{\underset{O^-}{|}}{P}}-O^- + {}^-O-\overset{\overset{O}{\|}}{\underset{\underset{R}{|}}{C}}-CH-NH_3^+ \longrightarrow$$

ATP           Um aminoácido

$$\text{Adenosina}-O-\overset{\overset{O}{\|}}{\underset{\underset{O^-}{|}}{P}}-O-\overset{\overset{O}{\|}}{\underset{\underset{R}{|}}{C}}-CH-NH_3^+ + {}^-O-\overset{\overset{O}{\|}}{\underset{\underset{O^-}{|}}{P}}-O-\overset{\overset{O}{\|}}{\underset{\underset{O^-}{|}}{P}}-O^-$$

Um aminoácido-AMP           Pirofosfato

**TABELA 26.2** Componentes moleculares de reação nas quatro etapas da síntese de proteínas

| Etapa | Componentes moleculares |
|---|---|
| Ativação | Aminoácidos, ATP, tRNAs, aminoacil-tRNA sintetases |
| Iniciação | fMet-tRNA$^{fMet}$, ribossomo 30S, fatores de iniciação, mRNA com sequência Shine-Dalgarno, ribossomo 50S, GTP |
| Elongação | Ribossomos 30S e 50S, aminoacil-tRNAs, fatores de elongação, mRNA, GTP |
| Terminação | Fatores de liberação, GTP |

O aminoácido ativado é então ligado à sua molécula de tRNA específica com o auxílio de uma enzima (sintase) que também é específica tanto para o aminoácido como para a molécula de tRNA:

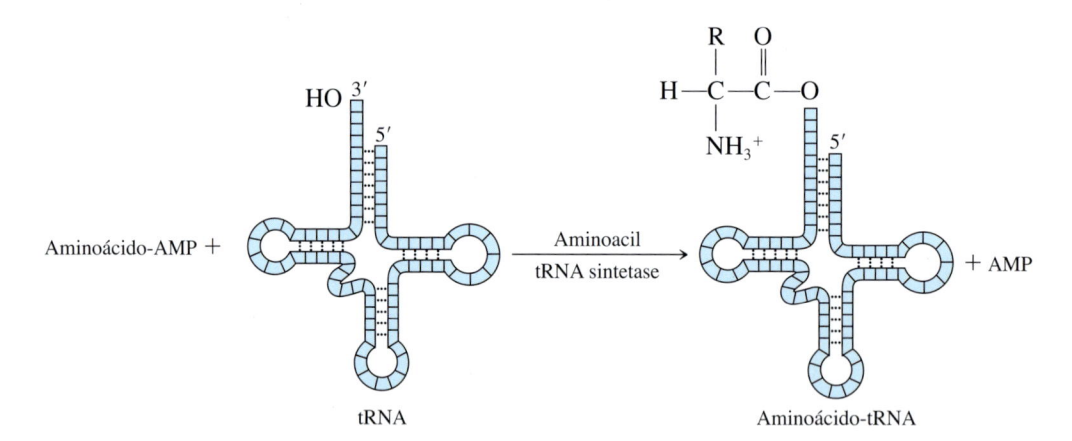

Cada uma das sintetases reconhece os seus substratos por trechos da sequência de nucleotídeos no tRNA. O reconhecimento pela enzima aminoacil-tRNA sintetase, do seu tRNA adequado e do correspondente aminoácido, é frequentemente chamado **segundo código genético**. Essa etapa é muito importante porque, uma vez que o aminoácido está no tRNA, não há outra oportunidade de verificar o pareamento correto. Em outras palavras, o anticódon do tRNA se ajustará ao seu códon no mRNA, independentemente de carregar o aminoácido correto ou não. Portanto, a aminoacil-tRNA tem de executar sua tarefa corretamente.

### B. Iniciação

O processo de iniciação é composto de três etapas:

1. **Formação do complexo de pré-iniciação** Para iniciar a síntese de proteínas, utiliza-se um único tRNA, que é designado por **tRNA$^{fMet}$**. Esse tRNA conduz um resíduo de metionina formilada (fMet), mas ele é usado apenas para a etapa de iniciação. Esse resíduo está ligado ao corpo ribossomal 30S e origina um complexo de pré-iniciação, juntamente com GTP [(Figura 26.6)(1)]. Da mesma forma que na transcrição, cada

etapa na tradução é auxiliada por vários cofatores; essas proteínas são chamadas **fatores de iniciação**.

2. **Migração ao mRNA** Os complexos de pré-iniciação se ligam ao mRNA (2). O ribossomo é alinhado ao mRNA pelo reconhecimento de uma sequência especial de RNA chamada sequência de **Shine-Dalgarno**, que é complementar à sequência na subunidade ribossomal 30S. O anticódon UAC do fMet-tRNA$^{fMet}$ se alinha com o códon de iniciação AUG.

3. **Formação do complexo ribossomal completo** O corpo ribossomal 50S se une ao complexo ribossomal 30S (3). O ribossomo completo possui três sítios. O mostrado no cen-

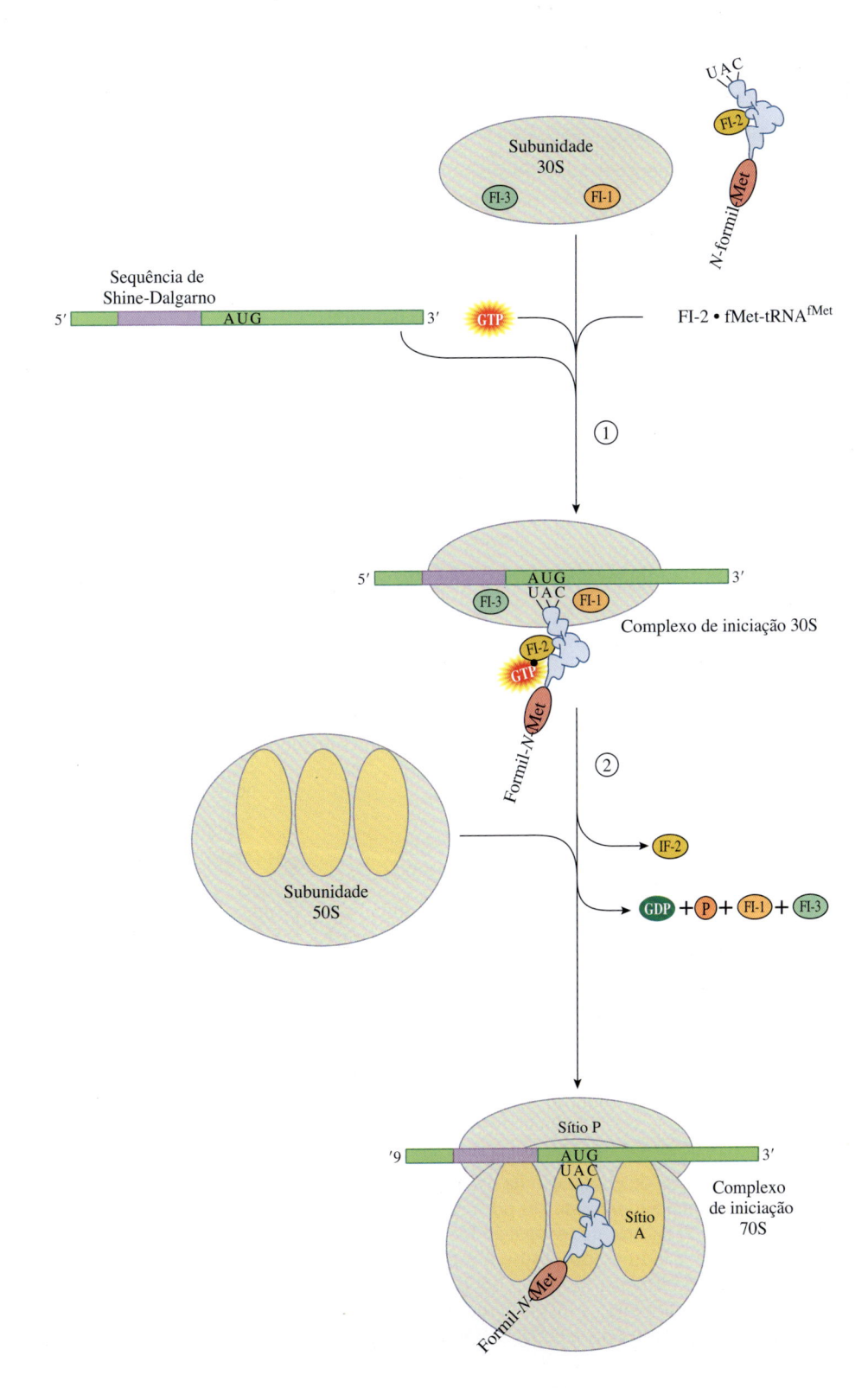

**FIGURA 26.6** Formação do complexo de iniciação. A subunidade ribossomal 30S se liga ao mRNA e fMet-tRNA$^{fMet}$ na presença de GTP e três fatores de iniciação (FI), formando o complexo de iniciação 30S (etapa 1). A subunidade ribossomal 50S é adicionada, formando o complexo de iniciação completo (etapa 2).

tro da Figura 26.6 é chamado **sítio P** porque a cadeia em crescimento dos peptídeos se inicia nesse local. O sítio localizado à direita é chamado **sítio A (aceptor)** porque ele recebe o tRNA que traz o aminoácido seguinte. À medida que o complexo de iniciação está completo, os fatores de iniciação se dissociam e o GTP é hidrolisado à GDP.

### C. Elongação

1. **Ligação ao sítio A** Nesse ponto do processo, o sítio A está vazio, e cada uma das moléculas de aminoacil-tRNA pode tentar se ajustar a ele. Entretanto, somente um dos tRNAs tem um anticódon que corresponde ao próximo códon no mRNA. Na Figura 26.6, há uma alanina no tRNA. A ligação desse tRNA ao sítio A ocorre com o auxílio de proteínas chamadas **fatores de elongação** e GTP [Figura 26.7 (2)].

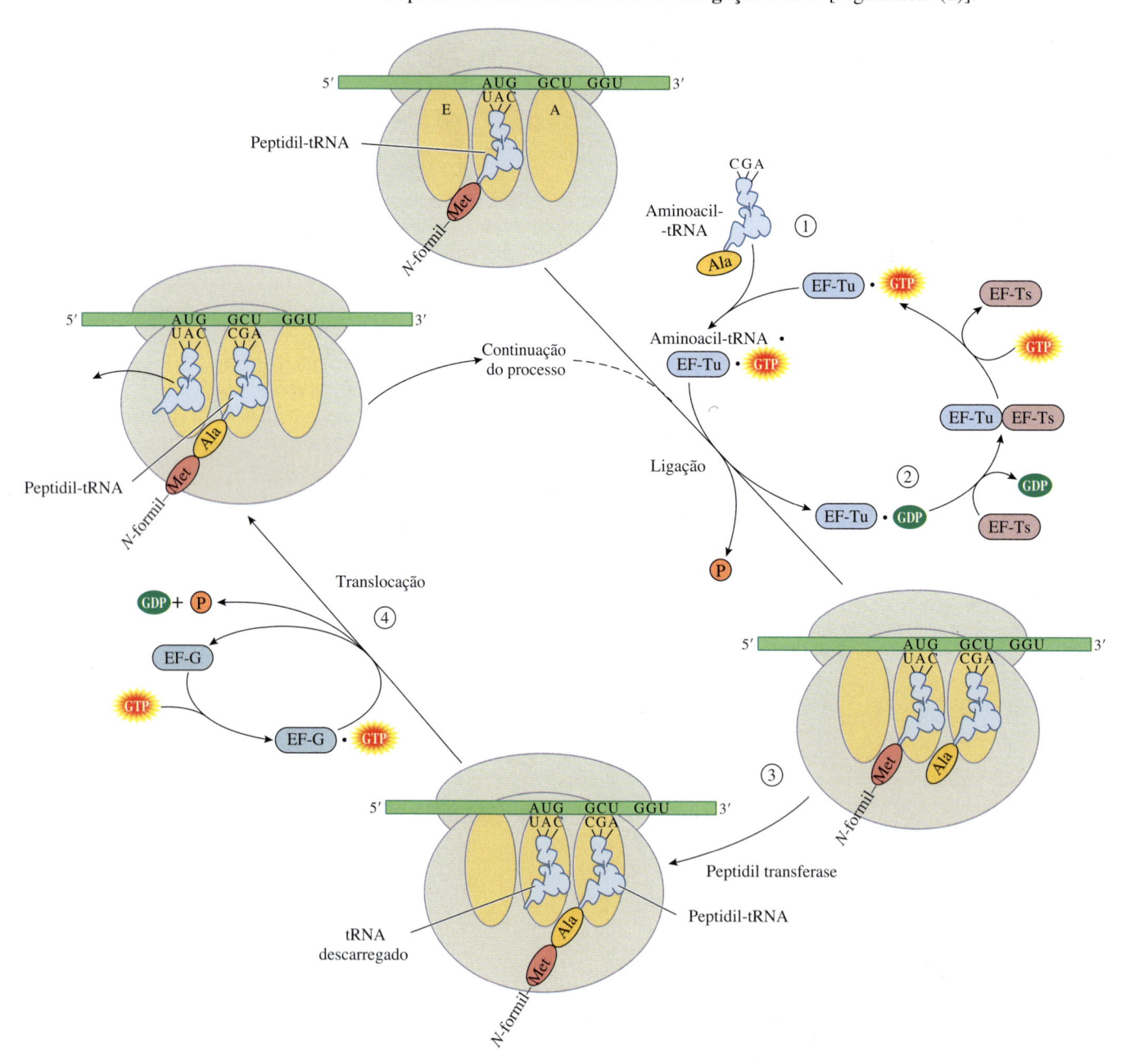

**FIGURA 26.7** As etapas da elongação da cadeia. (1) Um aminoacil-tRNA é ligado a um sítio A no ribossomo. São necessários fatores de elongação e GTP. O sítio P no ribossomo já está ocupado. (2) Fatores de elongação são reciclados para preparar a chegada de outro tRNA, e GTP é hidrolisado. O sítio A está agora sobre o próximo códon. (3) A ligação peptídica é formada, deixando um tRNA descarregado no sítio P. (4) Na etapa de translocação (deslocamento), o tRNA descarregado é direcionado para o sítio E e mais GTP é hidrolisado. O sítio A está agora sobre o próximo códon no mRNA.

2. **Formação da primeira ligação peptídica** No sítio A, o novo aminoácido, a alanina (Ala), está ligada ao fMet por uma ligação peptídica realizada pela enzima **peptidil transferase**. O tRNA vazio permanece no sítio P [Figura 26.7 (3)].
3. **Translocação** (deslocamento) Na próxima fase da elongação, todo o ribossomo se move ao próximo códon do mRNA. Simultaneamente com esse movimento, o dipeptídeo é **translocado** do sítio A para o sítio P (4). O tRNA vazio é movido para o sítio E. Quando esse ciclo ocorrer novamente, o tRNA será ejetado e voltará para o reservatório de tRNA, que está disponível para a sua ativação com mais aminoácidos.
4. **Formação da segunda ligação peptídica** Após a translocação, o sítio A está associado com o próximo códon no mRNA, que é o 5′ GGU 3′ na Figura 26.7. Mais uma vez, cada tRNA pode tentar se ajustar, mas somente aquele com um anticódon que é 5′ ACC 3′ pode se alinhar a GGU. O tRNA, que carrega a glicina (Gly), agora entra no sítio. A transferase estabelece uma nova ligação peptídica entre Gly e Ala, movendo o dipeptídeo do sítio P para o sítio A formando um tripeptídeo. Essas etapas de elongação são repetidas até o último aminoácido ser adicionado.

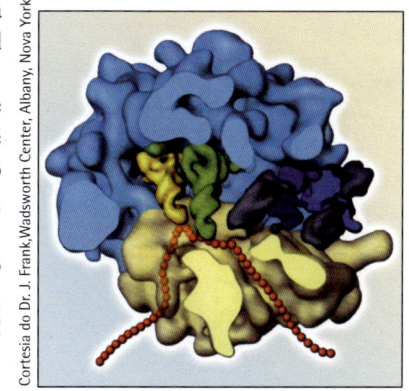

**FIGURA 26.8** Ribossomo em ação. A metade inferior amarela representa o ribossomo 30S, e a porção azul representa o ribossomo 50S. Os cones amarelos e verdes são tRNAs, e cadeias são mRNA. Os fatores de elongação são representados em azul-escuro.

A Figura 26.8 mostra um modelo tridimensional de um processo traducional, que foi construído com base em estudos recentes de microscopia crioeletrônica e difração de raios X. Esse modelo mostra como proteínas dos fatores de elongação (em azul-escuro) se ajustam na fenda entre os corpos 50S (azul) e 30S (amarelo-claro) dos ribossomos procarióticos. Os tRNAs nos sítios P (verde) e A (amarelo) ocupam a cavidade central no complexo ribossomal. As estruturas em laranja representam o mRNA.

O mecanismo de formação da ligação peptídica corresponde a um ataque nucleofílico do grupo amino do aminoácido do sítio A à carbonila do aminoácido do sítio P, como mostrado na Figura 26.9. Enquanto os pesquisadores estudavam detalhadamente esse mecanismo, descobriram um fenômeno fascinante: nas proximidades em que ocorre o ataque nucleofílico, não há nenhuma proteína que possa catalisar essa reação. Os únicos grupos próximos que poderiam catalisar a reação estão em uma purina do RNA ribossomal. Portanto, o ribossomo é uma ribozima. Previamente, o RNA catalítico foi encontrado somente em algumas reações de *splicing*, mas aqui a situação na qual o RNA se apresenta como catalisador corresponde a uma das principais reações da manutenção da vida.

## D. Terminação

Após o final da translocação, o próximo códon lê "pare" (UAA, UGA ou UAG). Nesse ponto, aminoácidos não podem ser mais adicionados. Fatores de liberação então clivam a cadeia de polipeptídeo do último tRNA via um mecanismo que requer GTP, que ainda não é totalmente entendido. O tRNA é liberado do sítio P sem ajuda enzimática. No final, todo o mRNA é liberado do ribossomo. Esse processo é mostrado na Figura 26.10. Enquanto o mRNA é ligado aos ribossomos, várias cadeias polipeptídicas são sintetizadas nele simultaneamente.

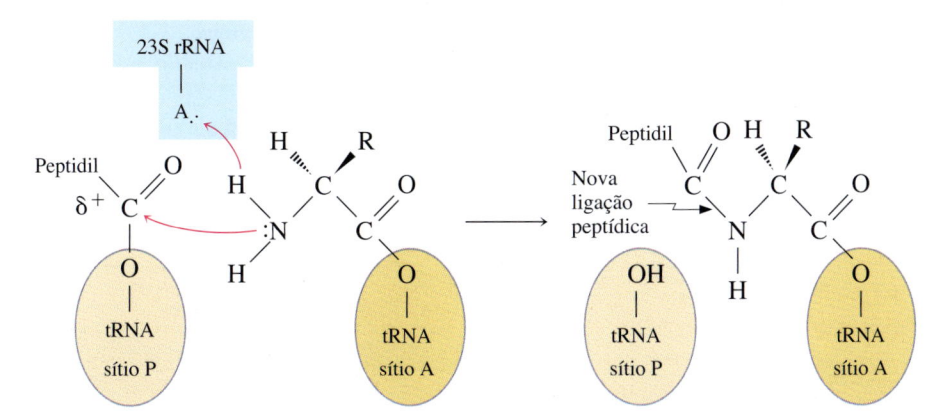

**FIGURA 26.9** Formação da ligação peptídica na síntese de proteínas. O ataque nucleofílico do grupo amino da aminoacil-tRNA localizada no sítio A, no carbono carbonílico do peptidil-tRNA no sítio-P, é facilitado quando uma purina do rRNA abstrai um próton.

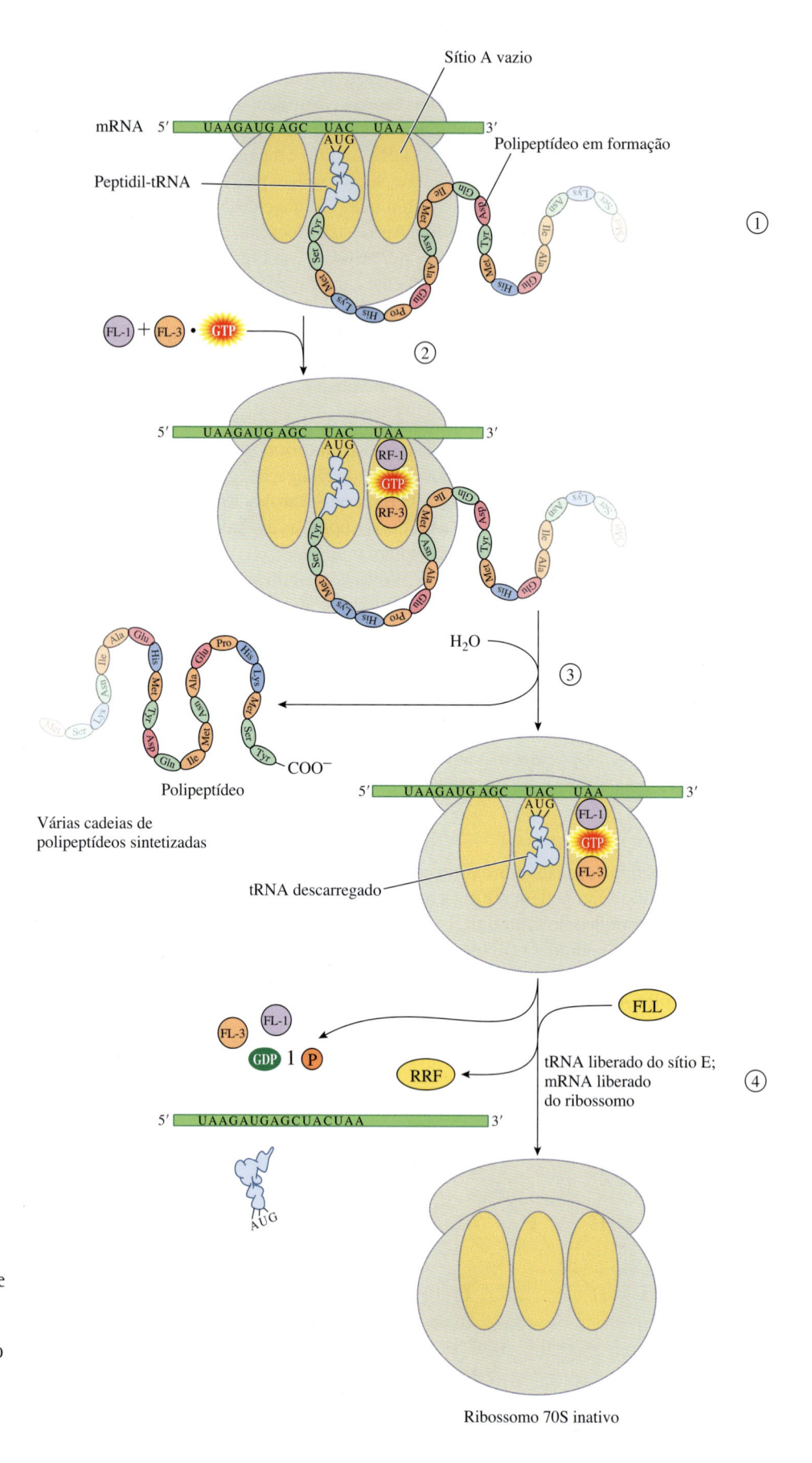

**FIGURA 26.10** As etapas da terminação da cadeia peptídica. À medida que o ribossomo se move pelo mRNA, ele encontra um códon de pare, tal como o códon UAA (etapa 1). Fatores de liberação (FL) e GTP ligam-se ao sítio A (etapa 2). O peptídeo é hidrolisado do tRNA (etapa 3). Finalmente, o complexo se dissocia, e o ribossomo, o mRNA e outros fatores (FLL) podem ser reciclados (etapa 4).

## Conexões químicas 26A

### Quebrando o dogma: o vigésimo primeiro aminoácido

Muitos aminoácidos, como a citrulina e ornitina, encontrados no ciclo da ureia (Capítulo 28) não são constituintes das proteínas. Outros aminoácidos que não são comuns como a hidroxiprolina (Capítulo 22) são formados pela modificação do processo de pós-tradução. Quando discutimos os aminoácidos e a tradução, o número mágico foi sempre 20, isto é, somente 20 aminoácidos padrão foram colocados nas moléculas de tRNA para originar a síntese de proteínas. No fim da década de 1980, outro aminoácido foi encontrado nas proteínas dos eucariotos, incluindo os humanos, e dos procariotos. Trata-se de uma selenocisteína, ou seja, um resíduo de cisteína que tem o seu enxofre substituído por um selênio.

A selenocisteína é formada quando se coloca a serina em uma molécula especial de tRNA chamada tRNA$^{sec}$. Uma vez ligada, o oxigênio na cadeia lateral da serina é substituído pelo selênio. Essa molécula de tRNA tem um anticódon que se ajusta a códon de "pare" UGA.

Em casos especiais, o UAG não é lido como "pare"; em vez disso, a selenocisteína-tRNA$^{sec}$ é carregada no sítio A e a tradução continua. Por essa razão, ela tem sido chamada de o vigésimo primeiro aminoácido. Como as células sabem quando devem colocar a selenocisteína nas proteínas, em vez de ler UGA como um códon de "pare", ainda permanece sob investigação.

$$H-Se-CH_2-\underset{\underset{NH_3^+}{|}}{\overset{\overset{H}{|}}{C}}-COO^-$$

Selenocisteína

---

**Exemplo 26.3** Tradução

Um tRNA tem um anticódon, 5' AAG 3'. Que aminoácido esse tRNA vai conduzir? Quais são as etapas necessárias para o aminoácido se ligar ao tRNA?

### Solução

Como o anticódon é 5' CUU 3', o aminoácido é a leucina. Lembre que a sequência é lida da esquerda para a direita, como 5' ⟶ 3', logo, você precisa virar o anticódon para ver como ele se liga ao códon. A leucina tem que ser ativada pela ATP. Uma enzima específica, leucina-tRNA sintetase, catalisa a formação da ligação carboxil-éster entre o grupo carboxila da leucina e o grupo —OH do tRNA.

### Problema 26.3

Quais são os reagentes na reação que forma a valina-tRNA?

## 26.6 Como os genes são regulados?

Cada embrião formado na reprodução sexual herda seus genes das células do esperma e do óvulo dos pais. Entretanto, os genes no DNA cromossomal não se encontram ativos o tempo todo. Em vez disso, eles são "ligados" e "desligados" durante o desenvolvimento e crescimento do organismo. Logo após a formação do embrião, as células começam a se diferenciar. Algumas células tornam-se neurônios, outras se tornam células musculares, outras, células do fígado e assim por diante. Cada célula é uma unidade especializada que usa somente alguns dos vários genes que ela traz em seu DNA. Portanto, cada célula precisa "ligar" e "desligar" permanente ou temporariamente alguns de seus genes. A maneira como isso é feito é denominada **regulação gênica**.

Conhecemos menos sobre a regulação gênica nos eucariotos do que nos procariotos, que são organismos mais simples. Entretanto, mesmo com nosso conhecimento limitado, podemos dizer que os organismos não apresentam uma simples e única forma de controlar os genes. Várias regulações gênicas ocorrem no **nível transcricional** (DNA ⟶ RNA). Outros, por sua vez, funcionam no **nível da tradução** (mRNA ⟶ proteína). Um pouco desses processos são aqui apresentados como exemplos.

**Regulação gênica** O controle do processo pelo qual a expressão de um gene é acionada ou inibida. Pelo fato de a síntese de RNA ocorrer em uma direção (5' ⟶ 3'), o gene (DNA) a ser transcrito segue na direção 3' ⟶ 5'. Portanto, os sítios de controle estão em frente ou no sentido contrário da terminação 3' da estrutura do gene.

## Conexões químicas 26B

## Viroses

Os ácidos nucleicos são essenciais para a vida. Não existe organismo vivo que possa existir sem o DNA porque essa molécula contém a informação necessária para a síntese de proteína. As menores formas de vida, os vírus, são compostas de apenas uma molécula de ácido nucleico coberta com uma "capa" de moléculas de proteína. Em alguns vírus, o ácido nucleico é o DNA; em outros, o RNA. Nenhum vírus tem os dois ácidos nucleicos. A possibilidade de os vírus serem verdadeiras formas de vida tornou-se um tema de debate nos últimos anos. Em 2002, um grupo de cientistas da Stony Brook, University of New York, relatou que eles haviam sintetizado o vírus da poliomielite em laboratório a partir de fragmentos de DNA. Esse novo vírus "sintético" causava os mesmos sintomas da pólio e morte que os do vírus selvagem.

Pelo fato de suas estruturas serem tão simples, os vírus não podem se reproduzir na ausência de outro organismo. Eles têm DNA ou RNA, mas não possuem nucleotídeos, enzimas, aminoácidos e outras moléculas necessárias para a replicação dos seus ácidos nucleicos (Seção 25.6) ou para sintetizar proteínas (Seção 26.5). Em vez disso, o que eles fazem é invadir as células de outros organismos (os hospedeiros) e induzi-las a realizar esse trabalho para eles. Tipicamente, a cobertura de proteína permanece fora da célula hospedeira, ligada à membrana celular, enquanto o DNA ou RNA é empurrado para dentro. Uma vez que o ácido nucleico viral está no interior da célula, a célula interrompe a replicação de seu próprio DNA e a fabricação de suas próprias proteínas. Em vez disso, ela replica o ácido nucleico viral e sintetiza a proteína viral de acordo com as instruções do ácido nucleico do vírus. Uma célula hospedeira pode fazer várias cópias do vírus.

Em vários casos, a célula explode quando um grande número de novos vírus é sintetizado, liberando então esses novos vírus no material intracelular, de onde eles podem infectar outras células. Esse tipo de processo leva o organismo hospedeiro à doença e eventualmente à morte. Entre as várias doenças causadas por viroses estão o sarampo, a hepatite, a caxumba, a gripe (*influenza*), o resfriado comum, a raiva e a varíola. Não há cura para a maioria das doenças virais. A melhor defesa contra elas tem sido a imunização ("Conexões químicas 31B"),

que, sob as circunstâncias adequadas, pode funcionar muito bem. A varíola, que já foi uma das doenças mais mortais, foi erradicada do planeta por vários anos de vacinação, e programas intensivos de vacinação contra doenças como a pólio e o sarampo têm reduzido grandemente a incidência delas.

Recentemente, vários agentes antivirais têm sido desenvolvidos. Eles interrompem por completo a reprodução dos ácidos nucleicos virais (DNA e RNA) nas células infectadas, sem interferir no DNA das células normais. Uma dessas drogas é chamada vidarabina ou Ara-A, comercializada com o nome de Vira-A.

Vidarabina

Agentes antivirais normalmente agem como as drogas anticâncer e possuem estruturas similares a um dos nucleotídeos necessários para a síntese dos ácidos nucleicos. A vidarabina é igual à adenosina, exceto que o açúcar é a arabinose em vez da ribose. A vidarabina é usada no combate à doença viral da encefalite herpética. Essa droga também é eficaz contra o herpes neonatal e a catapora. Entretanto, como outras drogas anticâncer e antivirais, a vidarabina é tóxica e causa náusea e diarreia. Em alguns casos, são também observados danos nos cromossomos.

### A. Controle no nível da transcrição

Nos eucariotos, a transcrição é regulada por três estruturas: elementos promotores, de elongação e de resposta.

1. Os promotores de um gene estão localizados adjacentes ao sítio de transcrição e são definidos por um iniciador e por sequências conservadas, tais como as TATA *box* (ver também Seção 26.2 e Figura 26.4) ou uma ou mais cópias de outras sequências, tais como a sequência GGGCGG, chamada GC *box*. Nos eucariotos, a enzima RNA polimerase apresenta uma baixa afinidade para se ligar ao DNA. Em seu lugar, diferentes fatores de transcrição, ou proteínas de ligação, se ligam aos diferentes módulos do promotor.

   Existem dois tipos básicos de fatores de transcrição. O primeiro é chamado **fator geral de transcrição** (*general transcription factor* – GTF). Essas proteínas formam um complexo com a RNA polimerase e o DNA e ajudam a posicionar a RNA polimerase corretamente e estimular a iniciação e a transcrição. Para a transcrição dos genes que originarão o mRNA (isto é, transcrição da pol II), há seis GTFs, todos denominados *fator de transcrição* II (*transcription factor* – TF) seguidos de uma letra. Todos esses fatores de transcrição são necessários para estabelecer a iniciação e a transcrição. Como pode ser visto na Figura 26.11, os eventos que ocorrem na iniciação da transcrição da pol II são muito complicados. Seis fatores de transcrição precisam se ligar ao DNA e à RNA polimerase para que se inicie a transcrição. Inicialmente, eles formam o que é conhecido como **complexo de pré-iniciação**. O evento crítico no início da transcrição é a conversão para o **complexo aberto**, que envolve a fosforilação do C-terminal da RNA polimerase. Somente quando o complexo aberto é formado, ocorre a transcrição. Durante a elongação, três fatores de transcrição (B, E e H) são liberados. O fator de transcrição F permanece ligado à pol II com o fator D ligado ao TATA *box*. Somente o fator F continua com a polimerase.

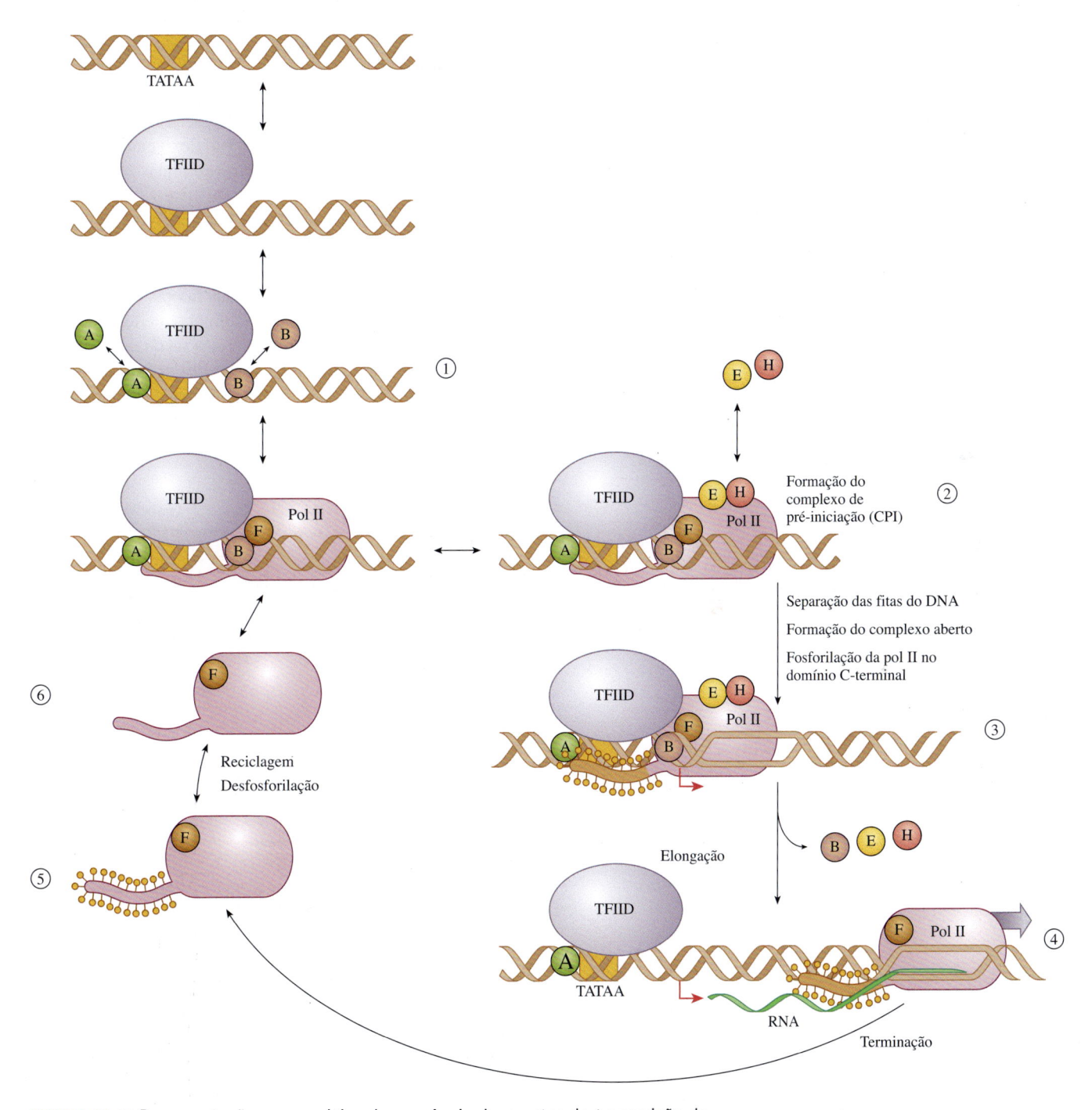

**FIGURA 26.11** Representação esquemática da sequência de eventos da transcrição da pol II. O fator geral de transcrição TFIID liga-se ao TATA box no DNA e aciona TFIIA e TFIIB (etapa 1). A RNA polimerase II que transporta TFIIF liga-se ao DNA, seguido por TFIIE e TFIIH para formar um complexo de pré-iniciação (CPI) (etapa 2). O domínio C-terminal da pol II é então fosforilado, e as fitas de DNA são separadas para formar o complexo aberto (etapa 3). O TFIIB, TFIIE e TFIIH são liberados à medida que a polimerase sintetiza RNA no processo de elongação (etapa 4). A transcrição termina quando o mRNA está completo e, então, a pol II é liberada (etapa 5). A pol II é desfosforilada e está pronta para ser reciclada em outra rodada de transcrição (etapa 6).

Com o auxílio desses fatores de transcrição, as funções de controle da transcrição são mantidas em um nível estável e normal. Os fatores de transcrição podem permitir a síntese do mRNA (e, a partir disso, uma proteína específica), que pode variar por um fator de 1 milhão. Essa ampla possibilidade de mRNAs que podem ser sintetizados é exemplificada pelo gene do α-A-cristalino, que pode ser expressado nas lentes do olho, a uma taxa de milhões de vezes maior que nas células do fígado.

2. Outro grupo de fatores de transcrição tem a função de acelerar o processo de transcrição, ligando sequências de DNA que podem estar localizadas a vários milhares de nucleotídeos à frente do sítio de transcrição. Essas sequências são conhecidas como sequências de elongação ou **amplificadores**. Para estimular a transcrição, um amplificador é trazido para a proximidade do promotor pela formação de uma alça. A Figura 26.12 mostra como o fator de transcrição se liga ao elemento de elongação (amplificador) e forma uma ponte para a unidade de transcrição basal. Esse complexo então permite à RNA polimerase II acelerar a transcrição quando a produção de proteínas acima dos níveis normais se faz necessária.

Outras sequências do DNA ligam fatores de transcrição, mas têm o efeito inverso: elas desaceleram a transcrição. Essas sequências são chamadas **silenciadoras**.

3. O terceiro tipo de controle da transcrição envolve um tipo de elongação chamado **elemento de resposta**. Esses amplificadores são ativados por seus fatores de transcrição em resposta a um estímulo externo. Esse estímulo pode ser um choque térmico, a toxicidade de um metal pesado ou simplesmente um sinal hormonal, tal qual a ligação de um hormônio esteroide ao seu receptor. O elemento de resposta dos esteroides está localizado a 260 pares de bases do ponto inicial da transcrição. Somente o receptor ligado com o hormônio pode interagir com seu elemento de resposta e, desse modo, iniciar a transcrição.

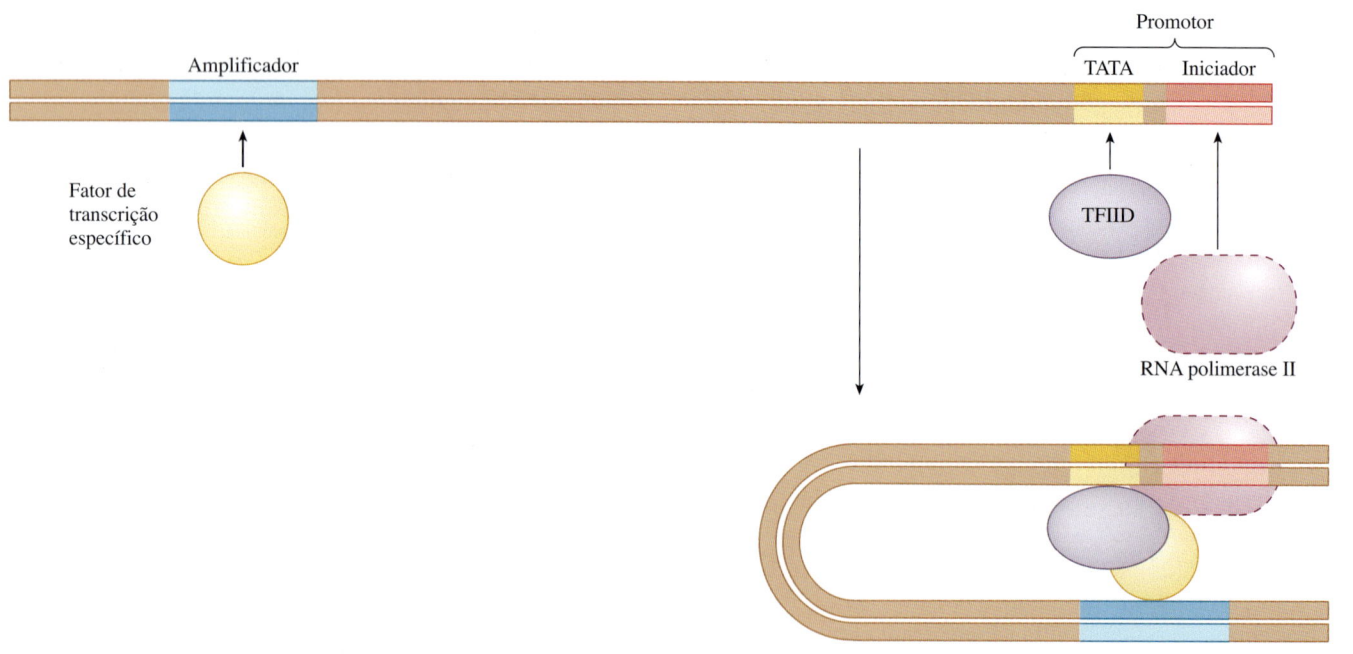

**FIGURA 26.12** Os *loopings* do DNA colocam os amplificadores em contato com os fatores de transcrição e a RNA polimerase.

A diferença entre um elemento de elongação e um elemento de resposta é uma questão fortemente dependente do nosso próprio entendimento do sistema. Chamamos algo de elemento de resposta pelo entendimento do quadro geral de como o controle do gene está relacionado com um padrão de metabolismo. Vários elementos de resposta podem estar controlando um processo particular, e um dado gene pode estar sob controle de mais de um elemento de resposta.

4. A transcrição não ocorre na mesma velocidade ao longo do ciclo de vida da célula. Na verdade, ela é acelerada ou desacelerada em virtude das necessidades. O sinal para acelerar a transcrição pode se originar de um processo externo à célula. Um desses sinais,

na via GTP-adenilato ciclase-cAMP (Seção 24.5B), produz a **proteína quinase fosforilada**. Essa enzima entra no núcleo, onde ela fosforila os fatores de transcrição, os quais auxiliam na cascata de eventos da transcrição.

Como esses fatores de transcrição encontram a sequência do gene de controle na qual se ajustam e como eles se ligam a ela? A interação entre a proteína e o DNA envolve interações não específicas de natureza eletrostática, assim como ligações de hidrogênio específicas. Os fatores de transcrição encontram os seus sítios-alvo ao serpentearem suas cadeias de proteína até que determinada sequência de aminoácidos seja encontrada na superfície. As mudanças conformacionais que permitem o deslocamento para o reconhecimento da sequência de aminoácidos originam-se de **"dedos" de ligação a íons metálicos** (Figura 26.13). Essas estruturas em formato de dedos são criadas por íons, os quais formam ligações covalentes[3] com os aminoácidos das cadeias laterais da proteína.

Os dedos de zinco interagem com sequências específicas de DNA (ou às vezes com RNA). O reconhecimento é realizado por ligações de hidrogênio entre um nucleotídeo (por exemplo, guanina) e a cadeia lateral de um aminoácido específico (por exemplo, arginina). Os dedos de zinco permitem que as proteínas se liguem na fenda maior do DNA, como mostrado na Figura 26.14.

Além da formação dos dedos de ligação com os íons metálicos, ao menos dois outros fatores de transcrição importantes existem: **hélice-rotação-hélice** e **zíper de leucina**.

### B. Controle no nível pós-transcricional

Na primavera de 2000, os cientistas estavam ansiosos esperando o resultado do Projeto do Genoma Humano, particularmente no que se referia ao número preciso de genes no genoma humano. As estimativas eram de que seriam obtidos de 100.000 a 150.000 genes. Os resultados mostraram que os humanos produzem 90.000 proteínas diferentes. O dogma estabeleceu que "um gene produz um mRNA que produz uma proteína". A única exceção a essa regra foi creditada à produção de anticorpos e a outras proteínas baseadas na imunoglobulina. Era conhecido que, nessas proteínas, ocorria um tipo de modificação pós-transcricional chamada *splicing* alternativo, por meio do qual o mRNA primário transcrito podia participar de processos de *splicing* diferentes, originando múltiplos mRNAs maduros e, portanto, múltiplas proteínas.

No entanto, o que mais chocou foi a revelação de que os humanos têm cerca de 30.000 genes, que é aproximadamente o mesmo número de genes de uma minhoca ou dos encontrados na planta do milho. Se 30.000 genes podem gerar 90.000 proteínas, o processo de *splicing* alternativo deve ser muito mais recorrente para justificar o número de proteínas diferentes que são produzidas em nosso organismo. Os cientistas agora acreditam que os diferentes tipos de *splicing* do RNA correspondem a um processo muito importante que leva às diferenças entre as espécies que, sob outra ótica, seriam similares. Por exemplo, chimpanzés e humanos compartilham 99% do seu DNA. Eles também produzem proteínas muito similares. Entretanto, diferenças significantes são encontradas em alguns tecidos, mais notadamente no cérebro, onde certos genes humanos são mais ativos e outros originam proteínas diferentes pelo *splicing* alternativo.

A Figura 26.15 sumariza as várias maneiras em que o *splicing* alternativo pode produzir diversas proteínas diferentes. Éxons podem ser incluídos em todos os produtos ou estar presentes em apenas alguns. Sítios de *splicing* diferentes podem aparecer nos lados 5' ou 3'. Em alguns casos, íntrons podem ser retidos no produto final.

O *splicing* alternativo fornece outra técnica poderosa para controlar a regulação gênica. Na mesma célula ou no mesmo organismo, genes diferentes podem sofrer *splicing* de maneiras diferentes em tempos diferentes, controlando os produtos dos genes.

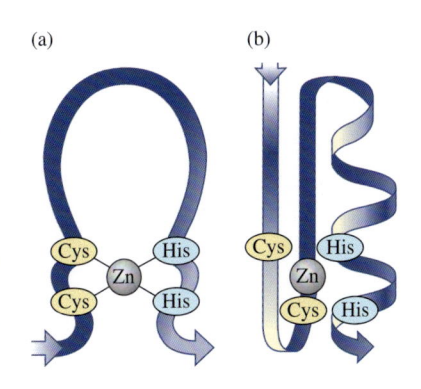

**FIGURA 26.13** Composição do dedo de zinco (*zinc finger*) $Cys_2His_2$. (a) Coordenação entre o íon zinco (II) e os resíduos de cisteína (cys) e histidina (his). (b) Estrutura secundária. (Adaptada com permissão de R. M. Evans e S. M. Hollenberg, *Cell*, v. 52, p. 1, 1988, Figura 1.)

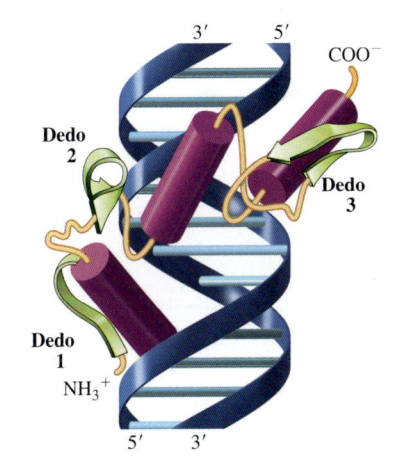

**FIGURA 26.14** Proteínas com dedos de zinco seguem a fenda maior do DNA. (Adaptada com permissão de N. Pavletich e C. O. Pabo, *Science*, v. 252, p. 809, 1991, Figura 2. Copyright © 1991 AAAS.)

---

[3] Essas ligações são mais propriamente ligações de coordenação entre o íon metálico e os aminoácidos, constituindo-se em ligações do tipo ácido-base de Lewi. (NT)

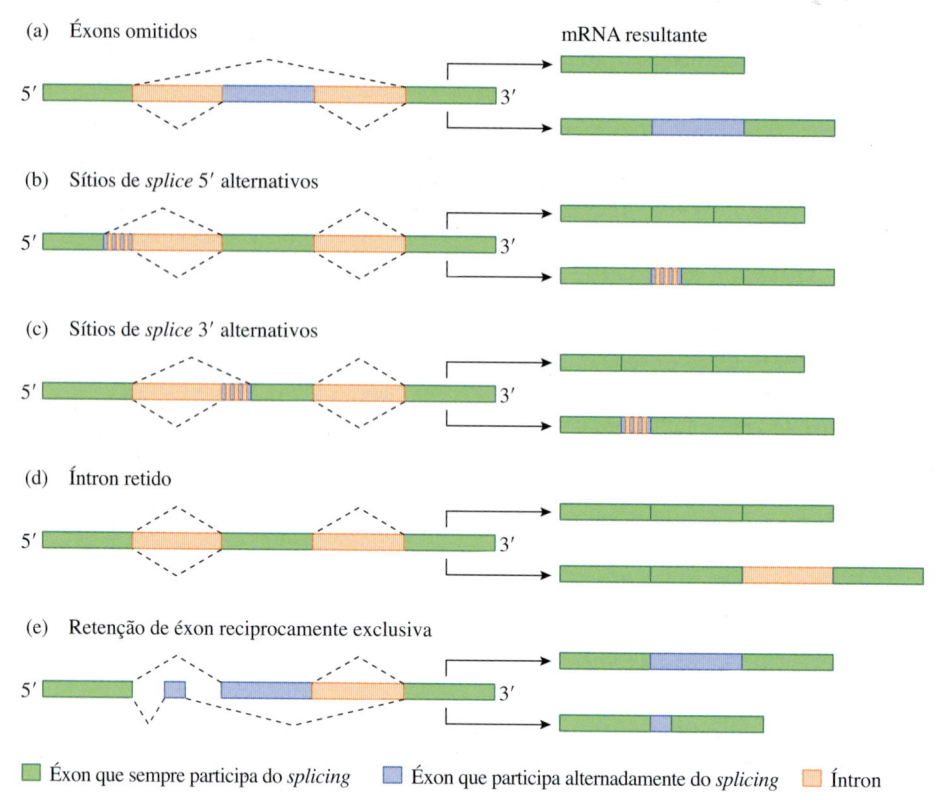

**FIGURA 26.15** *Splicing* alternativo. Um gene primariamente transcrito pode ser editado de várias maneiras onde a atividade de *splicing* está indicada com linhas pontilhadas. Um éxon pode ser deixado de lado (a). O processo de splicing pode reconhecer sítios de *splicing* alternativos 59 para um íntron (b) ou para sítios 39 (c). Um íntron pode ser retido na transcrição final do mRNA (d). Éxons podem ser retidos em um processo reciprocamente exclusivo (e). (*Scientific American*.)

## C. Controle no nível traducional

Durante a tradução, uma série de mecanismos assegura o controle de qualidade desse processo.

1. **A especificidade de um tRNA para o seu aminoácido exclusivo** Inicialmente, deve ser obtida a ligação do aminoácido adequado ao tRNA adequado. A enzima que catalisa essa reação, a aminoacil-tRNA sintetase (AARS), é específica para cada aminoácido. Para os aminoácidos que têm mais de um tipo de tRNA, a mesma sintetase catalisa a reação para todos os tipos de tRNA para aquele aminoácido. As enzimas AARS reconhecem os seus tRNAs por sequências específicas de nucleotídeos. Adicionalmente, o sítio ativo da enzima tem dois **sítios de peneiramento (exclusão)**. Por exemplo, na isoleucil-tRNA sintetase, a primeira peneira exclui qualquer aminoácido maior que a isoleucina. Se um aminoácido similar como a valina, que é menor que a isoleucina, chega ao sítio ativo, a segunda peneira o exclui. O segundo sítio de exclusão, portanto, funciona como um sítio de revisão.

2. **Reconhecimento do códon de terminação (códon de parada)** Outra medida do controle de qualidade é feita na terminação. Os códons de terminação precisam ser reconhecidos por fatores de liberação, que resultam na liberação da cadeia de polipeptídeo e permitem a reciclagem dos ribossomos. De forma contrária, uma cadeia polipeptídica pode ser tóxica. O fator de liberação se combina com GTP e se liga ao sítio A do ribossomo quando esse sítio está ocupado pelo códon de terminação. Tanto o GTP como a ligação éster do peptidil-tRNA são hidrolisados. Essa hidrólise libera a cadeia polipeptídica e o tRNA desacetilado. Finalmente, o ribossomo se dissocia do mRNA. Como já visto em "Conexões químicas 26A", algumas vezes o códon de terminação é usado para continuar a tradução, inserindo um aminoácido raro, tal como a selenocisteína.

3. **Controles pós-traducionais**
   (a) *Remoção da metionina*. Na maioria das proteínas, o resíduo de metionina do N-terminal, que foi adicionado na etapa de iniciação, é removido. Uma enzima especial, a metionina aminopeptidase, cliva a ligação peptídica. No caso dos procariotos, é outra enzima que cliva a grupo formila, supondo a existência da metionina no N-terminal.

(b) *Chaperonas*. A estrutura terciária de uma proteína é grandemente determinada pela sequência de aminoácidos (estrutura primária). As proteínas já começam a se dobrar (pregueamento) quando estão sendo sintetizadas nos ribossomos. Entretanto, a falta da estrutura terciária correta pode ocorrer por causa de uma mutação em um gene, da falta de fidelidade na transcrição ou de erros traducionais. Todos esses erros podem levar à agregação dessas proteínas, com consequências prejudiciais às células, como o encontrado em doenças amiloides, tal qual o mal de Alzheimer ou a doença de Jakob-Creutzfeldt. Certas proteínas nas células, denominadas **chaperonas**, auxiliam as cadeias polipeptídicas recém-sintetizadas a se orientar corretamente. Elas reconhecem as regiões hidrofóbicas expostas nas proteínas com orientações impróprias e se ligam a elas. As chaperonas então as orientam para a forma biologicamente desejada e as conduzem para o seu lugar de destino dentro da célula.

(c) *Degradação das proteínas orientadas impropriamente*. Um terceiro controle pós-traducional ocorre na forma de **proteossomos**. Essas estruturas cilíndricas são formadas por várias subunidades proteicas, exibindo uma função proteolítica no interior do cilindro. Se a função das chaperonas falha, essa protease (proteossomo) pode degradar a proteína orientada erroneamente pela ubiquitinação ("Conexões químicas 28E") e finalmente por proteólise.

## 26.7 O que são mutações?

Na Seção 25.6, vimos que o mecanismo de pareamento de bases fornece uma maneira quase perfeita de copiar uma molécula de DNA durante a replicação. A palavra-chave aqui é "quase". Nenhuma máquina, nem mesmo o mecanismo de cópia do DNA, é totalmente isento de erros. Foi estimado que, na média, um erro ocorre para cada $10^{10}$ bases (isto é, um em 10 bilhões). Um erro na cópia de uma sequência é chamado **mutação**. As mutações podem ocorrer durante a replicação. Bases erradas também podem ser ocasionadas na transcrição (um erro não herdável).

Esses erros podem apresentar consequências amplamente variadas. Por exemplo, o códon para valina no mRNA pode ser GUA, GUG, GUC ou GUU. No DNA, esses códons correspondem a GTA, GTG, GTC e GTT, respectivamente. Assuma que o códon original no DNA seja GTA. Se um erro ocorrer durante a replicação e o GTA for soletrado como GTG na cópia, não vai haver uma mutação prejudicial. Quando a proteína é sintetizada, o GTG aparecerá no mRNA como GUG, que também codifica para valina. Portanto, embora uma mutação tenha ocorrido, a mesma proteína é produzida.

> Todas as sequências no DNA são dadas como uma fita de sequência de codificação. Portanto, o códon, que está no mRNA, tem a mesma sequência da fita de codificação do DNA, exceto que T é substituído por U.

### Conexões químicas 26C

#### Mutações e evolução bioquímica

Podemos traçar uma relação de diferentes espécies através da variabilidade de suas sequências de aminoácidos em diferentes proteínas. Por exemplo, o sangue de todos os mamíferos contém hemoglobina, mas a sequência de aminoácidos das hemoglobinas não é idêntica. Na tabela apresentada a seguir, vemos que os dez primeiros aminoácidos na β-globina dos humanos e dos gorilas são exatamente os mesmos. Na verdade, existe somente um aminoácido diferente na posição 104, entre nós e os símios. A β-globina dos porcos é diferente da nossa em dez posições, das quais 2 estão no decapeptídeo N-terminal. A do cavalo difere da nossa em 26 posições, das quais 4 estão neste decapeptídeo. A β-globina parece ter tido várias mutações durante o processo de evolução, porque 26 dos 146 sítios são invariantes, isto é, exatamente os mesmos em todas as espécies estudadas até agora.

A relação entre as diferentes espécies também pode ser estabelecida pelas similaridades nas estruturas primárias de seus mRNAs. Pelo fato de as mutações ocorrerem na molécula original de DNA e serem perpetuadas na descendência pelo DNA mutante, é importante aprender como um ponto de mutação pode ocorrer em diferentes espécies. Quando se observa a posição 4 da molécula de β-globina, nota-se uma mudança de serina para treonina. O código para serina é AGU ou AGC, enquanto para treonina é ACU ou ACC (Tabela 26.1). Portanto, uma mudança de G para C na segunda posição do códon cria a divergência entre as β-globinas de humanos e cavalos. Os genes de espécies proximamente relacionadas, como os humanos e símios, têm estruturas primárias muito similares, presumivelmente porque essas duas espécies divergiram na árvore evolucionária apenas recentemente. Em contraste, espécies separadas uma da outra divergiram há muito tempo e passaram por mais mutações, que são mostradas nas diferenças de suas estruturas primárias do DNA, mRNA e, consequentemente, de suas proteínas.

O *número* de substituições de aminoácidos é significante no processo evolucionário causado pela mutação, mas o *tipo* de substituição é ainda mais importante. Se a substituição envolve um aminoácido com propriedades físico-químicas similares às do aminoácido antecessor na proteína, a mutação é mais provavelmente viável. Por exemplo, na β-globina humana e do gorila, a posição 4 é ocupada por treonina, mas, no porco e cavalo, essa posição é ocupada por serina. Esses dois aminoácidos contêm uma cadeia lateral com um grupo —OH.

## Conexões químicas 26C (continuação)

| Sequência de aminoácidos do decapeptídeo N-terminal da β-globina em diferentes espécies | | | | | | | | | | |
|---|---|---|---|---|---|---|---|---|---|---|
| | Posição | | | | | | | | | |
| Espécies | 1 | 2 | 3 | 4 | 5 | 6 | 7 | 8 | 9 | 10 |
| Humanos | Val | His | Leu | Thr | Pro | Glu | Glu | Lys | Ser | Ala |
| Gorila | Val | His | Leu | Thr | Pro | Glu | Glu | Lys | Ser | Ala |
| Porco | Val | His | Leu | Ser | Ala | Glu | Glu | Lys | Ser | Ala |
| Cavalo | Val | Glu | Leu | Ser | Gly | Glu | Glu | Lys | Ala | Ala |

## Conexões químicas 26D

### Mutações silenciosas

Uma mutação silenciosa é a que muda o DNA, mas não altera os aminoácidos associados. Por exemplo, se a codificação da fita do DNA tiver um TTC, o mRNA será UUC e codificará para fenilalanina. Se a mutação no DNA mudar a sequência para TTT, o DNA sofrerá uma mutação silenciosa porque, no mRNA resultante, UUU e UUC codificam para o mesmo aminoácido. Ao menos é no que os cientistas acreditam há décadas. Evidências recentes, entretanto, têm mostrado que isso nem sempre é verdadeiro. Pesquisadores do National Cancer Institute estudaram um gene chamado *MDR1*, que é nomeado pela sua associação com a resistência a várias drogas (*multiple drug resistance*) nas células tumorais. Eles tinham sequências desse gene e sabiam que havia algumas mutações silenciosas. Os pesquisadores descobriram que existia uma resposta das mutações silenciosas desse gene que influenciava a resposta dos pacientes a certas drogas. Uma mutação silenciosa que conduzia a uma mudança observável foi uma descoberta impressionante, já que uma mutação silenciosa não deveria apresentar nenhum efeito observável no desempenho final do gene.

Aparentemente, nem todos os códons são traduzidos igualmente. Diferentes códons podem requerer versões alternadas do tRNA para um aminoácido particular. Mesmo que o aminoácido incorporado seja o mesmo, o ritmo utilizado pelo ribossomo para incorporar o aminoácido varia de acordo com códon. Como mostrado na figura, a cinética da tradução pode afetar a forma da proteína final. Se o tipo selvagem de códon é usado, a tradução ocorre normalmente e resulta na conformação normal da proteína. Entretanto, se uma mutação silenciosa muda o ritmo do movimento no ribossomo, diferenças no pregueamento resultam em uma proteína com uma conformação anormal.

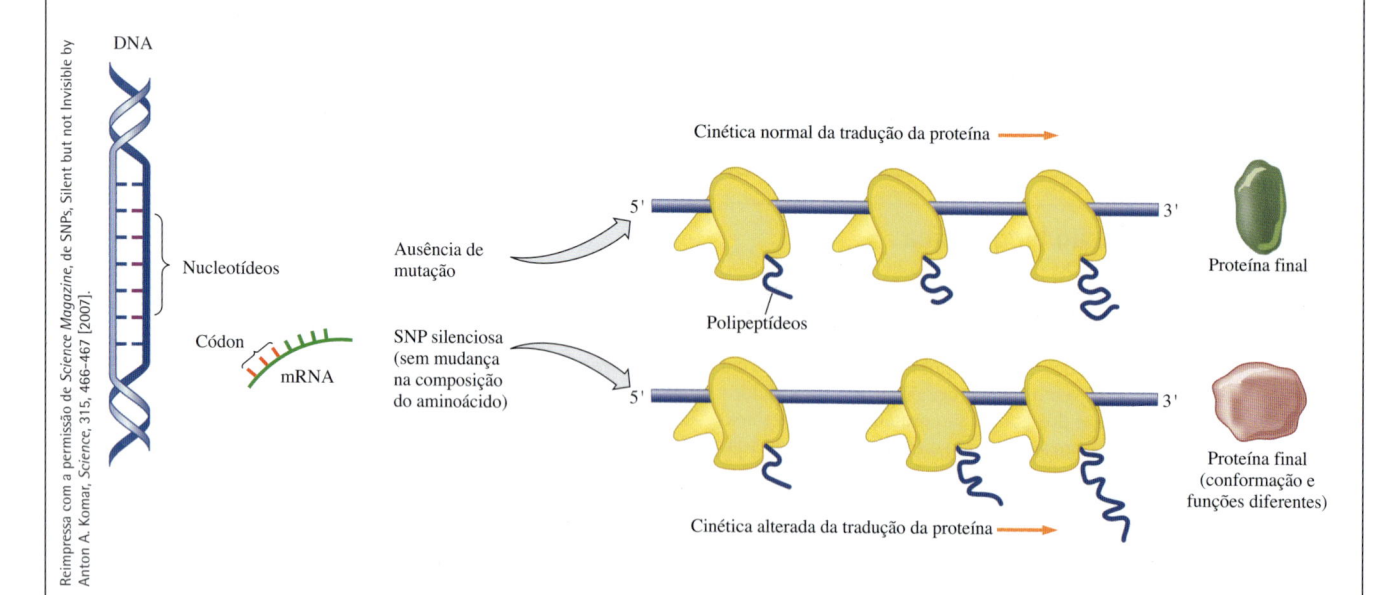

Cinética de tradução e pregueamento da proteína. Uma cinética normal resulta em uma proteína com um pregueamento correto. A cinética anormal, causada pela movimentação mais rápida ou mais lenta do ribossomo através de certas regiões do mRNA, pode produzir uma conformação final diferente na proteína. Uma cinética anormal pode surgir de um polimorfismo de um nucleotídeo individual (*single nucleotide polymorphism* – SNP) em um gene que cria um códon sinônimo ao códon do tipo selvagem. Entretanto, esse códon sinônimo pode levar a uma cinética diferente na tradução do mRNA, consequentemente resultando em uma proteína com uma estrutura e funções finais diferentes.

Agora assuma que a sequência original no gene do DNA seja GAA, que também será GAA no mRNA e codificará para o aminoácido ácido glutâmico. Se a mutação ocorrer durante a replicação e GAA se tornar TAA, uma mutação muito séria ocorrerá. A sequência TAA no DNA será UAA no mRNA, que não codifica para nenhum aminoácido, mas é um sinal de terminação. Portanto, em vez de continuar a construção da cadeia da proteína com o ácido glutâmico, a síntese será interrompida. Uma proteína importante não será produzida, ou será produzida incorretamente, e o organismo pode ficar doente ou mesmo morrer. Como foi visto em "Conexões químicas 22D", a anemia falciforme é causada por uma mutação individual de uma base que faz com que o ácido glutâmico seja substituído por valina.

Radiação ionizante (raios X, luz ultravioleta, raios gama) pode causar mutações. Adicionalmente, um grande número de compostos orgânicos pode levar a mutações por meio da reação com o DNA. Esses compostos são chamados **mutagênicos**. Muitas mudanças causadas pela radiação e pelos mutagênicos não se tornam mutações porque a célula tem mecanismos de reparação, como o reparo por excisão de nucleotídeo (*nucleotide excision repair* – NER), que pode prevenir as mutações cortando as áreas danificadas e sintetizando novamente as sequências eliminadas de forma correta (ver Seção 25.7 para uma descrição dos mecanismos de reparo). Apesar desses mecanismos de defesa, certos erros na cópia resultam em mutações que passam sem reparos. Vários compostos (tanto sintéticos como naturais) são mutagênicos e causam câncer quando introduzidos no organismo. Essas substâncias são chamadas **carcinogênica**s ("Conexões químicas 13B"). Uma das principais tarefas da FDA e da EPA é identificar as substâncias carcinogênicas e eliminá-las dos alimentos, das drogas e do ambiente. Embora a maioria dos carcinogênicos seja mutagênica, o reverso não é verdadeiro.

## Conexões químicas 26E

### p53: uma proteína fundamental na supressão de tumores

Existem 36 **genes de supressão de tumor** conhecidos que produzem proteínas controladoras do crescimento celular. Nenhuma delas é mais importante que uma proteína de massa molar 53.000, simplesmente denominada **p53**. Essa proteína responde a uma variedade de estresses celulares, incluindo danos ao DNA, falta de oxigênio (hipóxia) e ativação aberrante de oncogenes. Em cerca de 40% de todos os casos de câncer, o tumor contém p53 que sofreu mutação. A proteína mutante da p53 pode ser encontrada em 55% dos tumores de pulmão, cerca da metade em todos os cânceres retais e de cólon, aproximadamente 40% dos linfomas e dos cânceres pancreáticos e de estômago. Adicionalmente, em um terço de todos os sarcomas de tecido mole, a p53 está inativa, embora ela não tenha sofrido mutação.

Essas estatísticas indicam que a função normal da proteína p53 é suprimir o crescimento do tumor. Quando é mutante ou não está presente em quantidade suficiente de sua forma ativa, a p53 não é capaz de realizar a sua função protetora, e o câncer se espalha. A proteína p53 se liga a sequências específicas da fita dupla do DNA. Quando raios X ou raios γ danificam o DNA, um aumento da concentração da proteína p53 é observado. O aumento da quantidade de p53 ligada ao DNA detém o ciclo celular pelo balanço entre a divisão celular e a replicação do DNA. O tempo obtido nesse aprisionamento do ciclo celular permite que sejam reparados os erros no DNA. Se isso falha, a proteína p53 aciona a apoptose, a morte programada de células danificadas.

Recentemente, foi relatado que a p53 realiza funções de "controle fino" nas células e suprime o crescimento do tumor. Entretanto, se a p53 é superexpressada (isto é, sua concentração é muito alta), ela contribui para o envelhecimento precoce do organismo. Nessas condições, a p53 aprisiona o ciclo celular não só das células danificadas, mas também das células-tronco. Estas células normalmente se diferenciam em vários tipos (músculos, nervos e assim por diante) e substituem aquelas que morrem pelo envelhecimento. O excesso de p53 diminui essa diferenciação. Camundongos que receberam um excesso de p53 não desenvolveram câncer, porém isso teve um preço: eles perderam peso e musculatura, os ossos tornaram-se quebradiços e os ferimentos demoraram a sarar. A expectativa de vida desses camundongos foi 20% menor em relação aos camundongos normais.

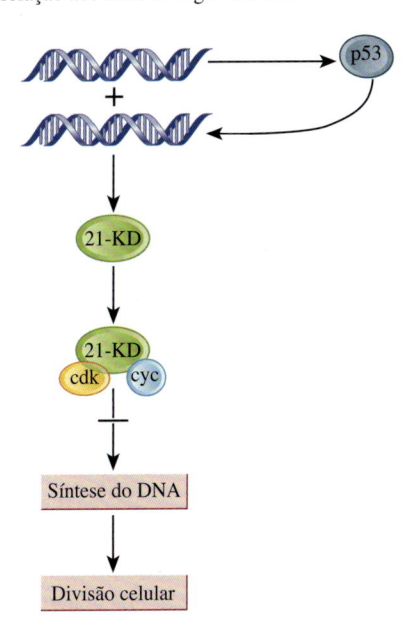

Nem todas as mutações são prejudiciais. Algumas são benéficas porque aumentam a taxa de sobrevivência de uma espécie. Por exemplo, as mutações são usadas para desenvolver novas variedades de plantas que podem resistir às pragas.

Se a mutação é prejudicial, ela resulta em uma doença genética congênita. Essa condição pode ser levada em um gene recessivo de geração para geração, sem nenhuma demonstração dos sintomas da doença. Quando ambos os pais portam os genes recessivos, entretanto, a prole tem 25% de chance de herdar a doença. Se o gene defeituoso for dominante, cada portador vai desenvolver os sintomas da doença.

## Conexões químicas 26F

### Diversidade humana e fatores de transcrição

Pesquisadores do genoma humano mostraram que não existe diversidade suficiente na base estrutural do genoma para explicar as vastas diferenças entre as espécies ou entre os indivíduos de uma mesma espécie. Entretanto, quando consideramos os fatores de transcrição e as sequências de DNA dos amplificadores e silenciadores, temos uma gama muito maior de possíveis diferenças. Um exemplo pode ser visto na população humana. Existe uma proteína particular usualmente encontrada na superfície das células vermelhas chamada Duffy. O DNA que codifica a Duffy é regulado por um amplificador específico. Foi descoberto que quase 100% dos africanos ocidentais não apresentam as proteínas Duffy em suas células vermelhas. A falta da proteína Duffy é causada por uma mutação em um único nucleotídeo, na região do amplificador do gene da Duffy. Acontece que a proteína Duffy é um sítio para a malária, e as células sem a Duffy são resistentes à malária. Esse é um exemplo de evolução humana em progresso. Existe uma pressão evolutiva significante em favor de mutações que interrompam a síntese da proteína Duffy em áreas como a África Ocidental, onde a malária se faz presente.

O genoma humano, assim como o das moscas e dos peixes, também mostra evidências da evolução através de mudanças na amplificação do DNA. Um exemplo é a perda adaptativa da proteína conhecida como Duffy nas células vermelhas da população da África Ocidental que vive em regiões nas quais a malária é endêmica.

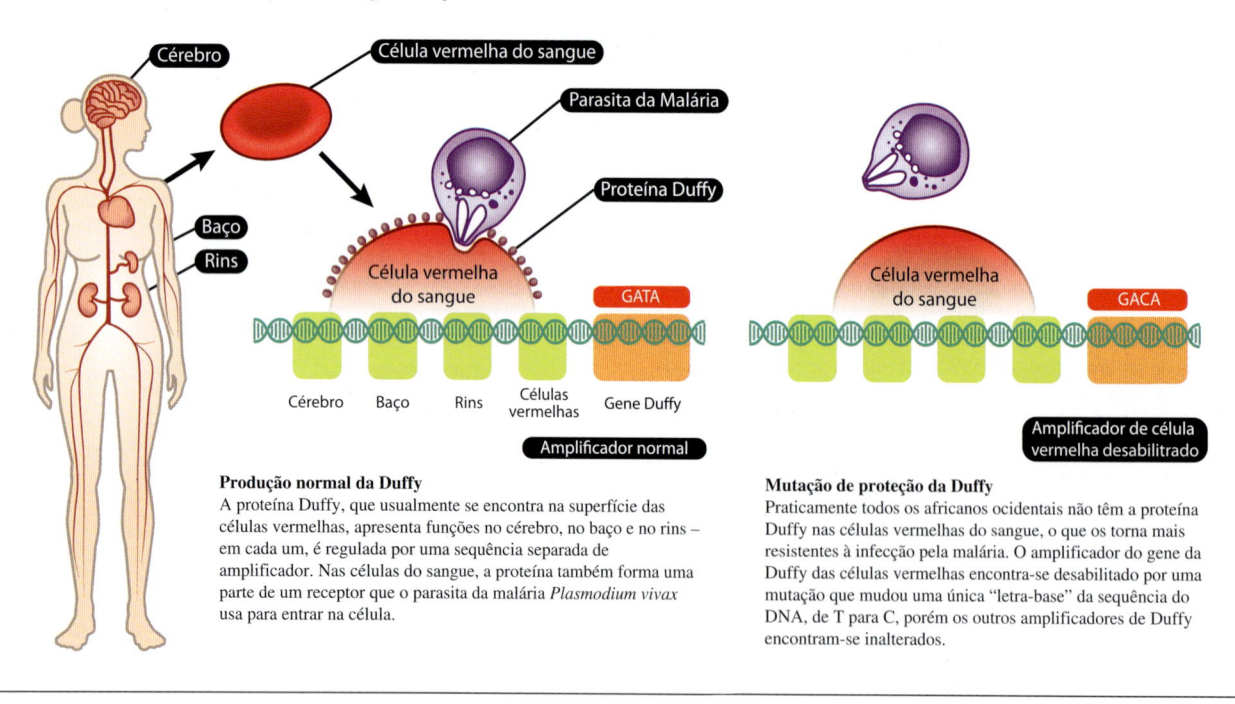

**Produção normal da Duffy**
A proteína Duffy, que usualmente se encontra na superfície das células vermelhas, apresenta funções no cérebro, no baço e no rins – em cada um, é regulada por uma sequência separada de amplificador. Nas células do sangue, a proteína também forma uma parte de um receptor que o parasita da malária *Plasmodium vivax* usa para entrar na célula.

**Mutação de proteção da Duffy**
Praticamente todos os africanos ocidentais não têm a proteína Duffy nas células vermelhas do sangue, o que os torna mais resistentes à infecção pela malária. O amplificador do gene da Duffy das células vermelhas encontra-se desabilitado por uma mutação que mudou uma única "letra-base" da sequência do DNA, de T para C, porém os outros amplificadores de Duffy encontram-se inalterados.

## 26.8 Como e por que se manipula o DNA?

Não existe cura para as doenças genéticas congênitas discutidas na Seção 26.7. O melhor que podemos fazer é detectar os portadores e, por meio de aconselhamento genético dos pais, tentar não perpetuar os genes defeituosos. Entretanto, técnicas de DNA recombinante nos dão alguma esperança para o futuro. No momento, essas técnicas estão sendo usadas principalmente em bactérias, plantas e animais de laboratório (como os camundongos de laboratório), mas elas estão sendo vagarosamente aplicadas em humanos, como será mais bem discutido na Seção 26.9.

Um exemplo das técnicas de DNA recombinante começa com certas moléculas de DNA circulares encontradas na bactéria *Escherichia coli*. Essas moléculas, chamadas **plasmídeos**, são compostas de uma dupla fita de DNA disposta na forma de anel (círculo).

Certas enzimas altamente específicas denominadas endonucleases de restrição clivam as moléculas de DNA em posições específicas (cada enzima atua em uma posição diferente). Por exemplo, uma dessas enzimas pode dividir a fita dupla como exemplificado a seguir:

Usamos "B" para indicar o DNA remanescente no plasmídeo da bactéria.

Usamos "H" para indicar o gene humano.

$$\text{B—GAATTC—B} \atop \text{B—CTTAAG—B} \xrightarrow{\text{enzima de restrição}} \text{B—G} \atop \text{B—CTTAA} + \text{AATTC—B} \atop \text{G—B}$$

A enzima é programada para, sempre que encontrar a sequência de bases específica no DNA, clivá-la como mostrado no esquema. Pelo fato de o plasmídeo ser circular, quando é clivado, produz-se uma cadeia de dupla fita com duas terminações (Figura 26.16). Essas terminações são denominadas "terminações coesivas" porque, em cada fita, encontram-se várias bases disponíveis para originar um pareamento com uma Seção complementar caso ela encontre uma sequência adequada.

A próxima etapa é fornecer as seções complementares. Isso é feito pela adição de um gene de alguma outra espécie. O gene é um pedaço da dupla fita do DNA que contém a sequência de bases características. Por exemplo, podemos colocar o gene humano que produz insulina, que pode ser obtido de duas formas:

1. Ele pode ser sintetizado em laboratório, isto é, os químicos podem combinar os nucleotídeos na sequência adequada para fazer o gene.
2. Podemos cortar um cromossomo humano com a mesma enzima de restrição. Por tratar-se da mesma enzima, ela vai cortar o gene humano para liberar a mesma terminação:

$$\text{H—GAATTC—H} \atop \text{H—CTTAAG—H} \xrightarrow{\text{enzima de restrição}} \text{H—G} \atop \text{H—CTTAA} + \text{AATTC—H} \atop \text{G—H}$$

O gene humano precisa ser cortado em dois lugares de forma que um pedaço de DNA que conduz duas terminações coesivas seja liberado. Para o *splicing* do gene humano no do plasmídeo, os dois são misturados na presença da DNA ligase, e as terminações coesivas se juntam:

$$\text{H—G} \atop \text{H—CTTAA} + \text{AATTC—B} \atop \text{G—B} \xrightarrow{\text{DNA ligase}} \text{H—GAATTC—B} \atop \text{H—CTTAAG—B}$$

Essa reação ocorre nas duas terminações do gene humano, recuperando a forma circular do plasmídeo (Figura 26.16).

O plasmídeo modificado é então colocado de volta na célula da bactéria, onde ele se replica naturalmente cada vez que a célula se divide. As bactérias se multiplicam rapidamente, então logo temos um grande número de bactérias, todas contendo o plasmídeo modificado. Todas essas bactérias agora produzem a insulina humana por transcrição e tradução. Dessa forma, podemos usar as bactérias como uma fábrica de manufatura de certa proteína específica. Essa nova indústria tem um tremendo potencial para a diminuição dos preços dos medicamentos que são presentemente manufaturados pelo isolamento de tecidos humanos ou de animais (por exemplo, o interferon humano, uma molécula que combate infecções). Bactérias e vírus podem ser usados para criar o DNA recombinante (Figura 26.17).

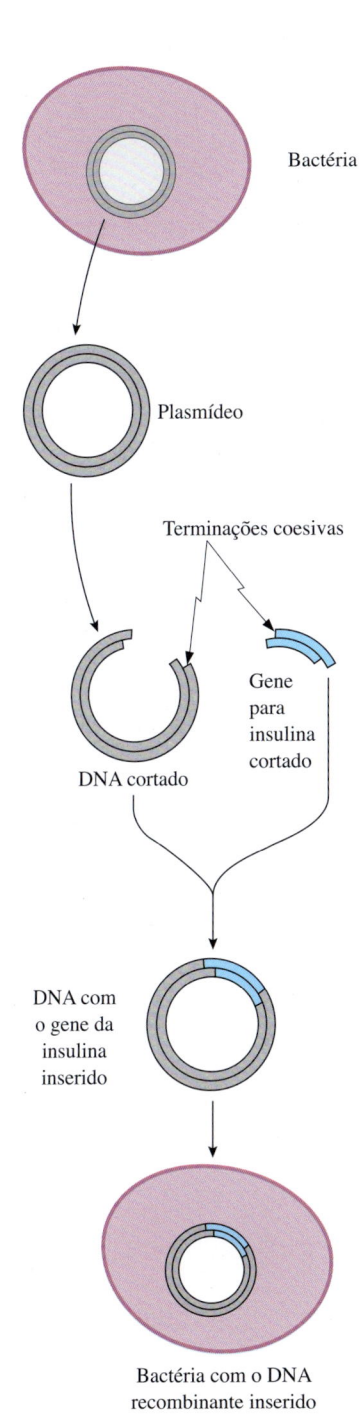

**FIGURA 26.16** A técnica do DNA recombinante pode ser usada para tornar determinada bactéria uma "fábrica" de insulina.

**Exemplo 26.4**  Endonucleases de restrição

Duas endonucleases de restrição diferentes atuam na seguinte sequência de uma fita dupla de DNA:

$$\text{~~~AATGAATTCGAGGC~~~} \atop \text{~~~TTACTTAAGCTCCG~~~}$$

Uma endonuclease, EcoRI, reconhece a sequência GAATTC e corta a sequência entre G e A. A outra endonuclease, TaqI, reconhece a sequência TCGA e corta a sequência entre T e C. Quais são as terminações coesivas que cada uma dessas endonucleases vai criar?

### Solução

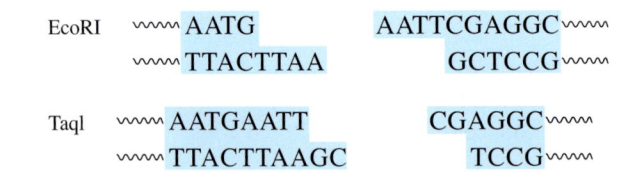

EcoRI  ~~~~AATG          AATTCGAGGC~~~~
       ~~~~TTACTTAA          GCTCCG~~~~

TaqI   ~~~~AATGAATT          CGAGGC~~~~
       ~~~~TTACTTAAGC          TCCG~~~~

### Problema 26.4

Mostre as terminações coesivas para a seguinte sequência da dupla fita do DNA que é cortada pela TaqI:

~~~~CCTCGATTG~~~~
~~~~GGAGCTAAC~~~~

Fago é outra palavra para caracterizar um vírus que infecta uma bactéria.

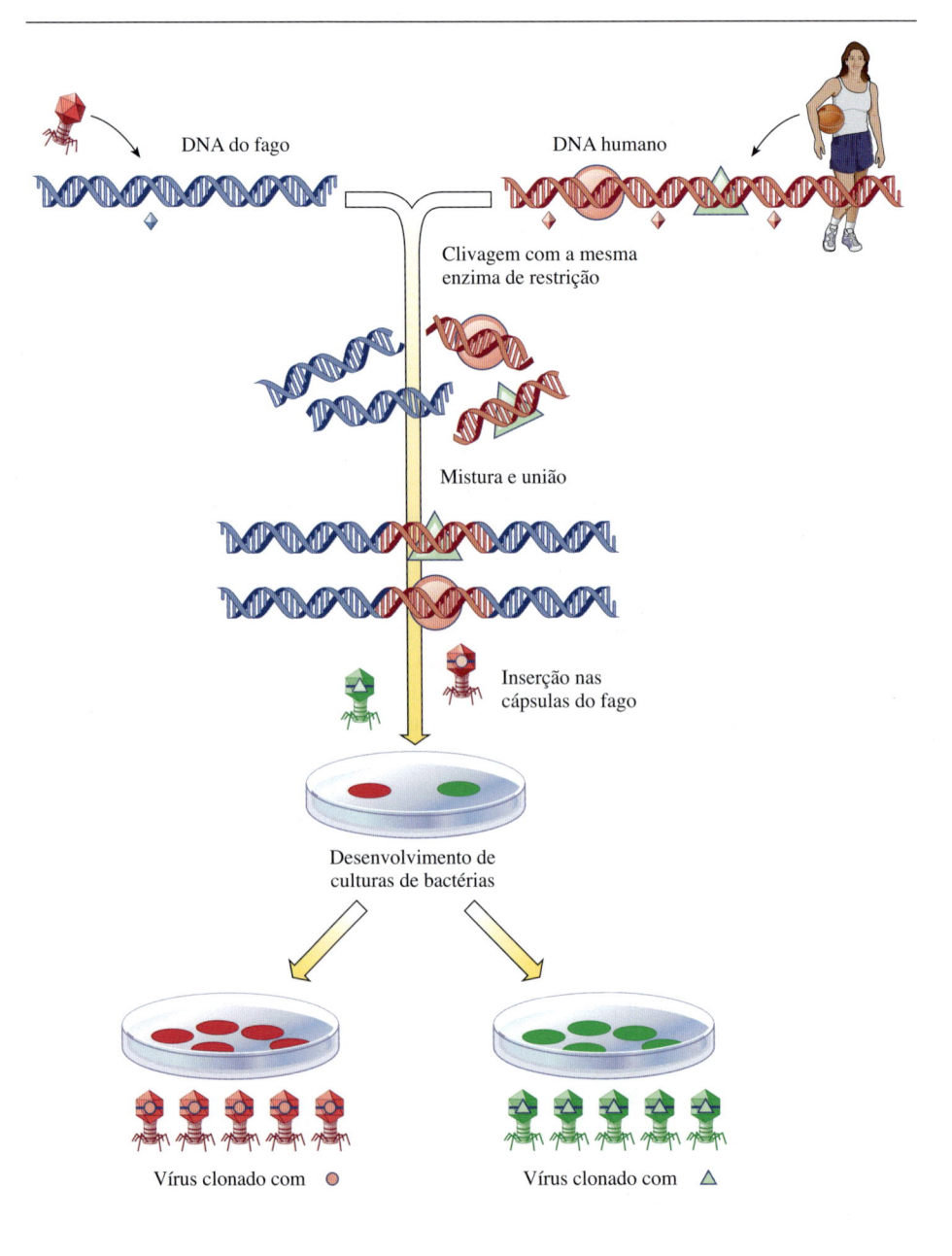

**FIGURA 26.17** Clonagem de fragmentos de DNA humano com um vetor viral. (Adaptada com permissão de Paul Berg e Maxine Singer, *Dealing with genes: the language of heredity*, University Science Books, 1992.)

## 26.9 O que é terapia gênica?

Enquanto os vírus são tradicionalmente vistos como um problema para a humanidade, há agora uma área em que eles estão sendo usados para fins benéficos. Os vírus podem ser usados para alterar células somáticas, nas quais uma doença genética é tratada pela introdução de um gene que expressa uma proteína que se faz necessária. Esse processo é chamado **terapia gênica**.

A mais bem-sucedida forma de terapia gênica até agora se refere ao gene para a **adenosina deaminase (ADA)**, uma enzima que atua no catabolismo (Seção 25.8) da purina. Se não há essa enzima, a concentração de dATP aumenta nos tecidos, inibindo a ação da enzima ribonucleotídeo redutase. O resultado é a deficiência dos outros três desoxirribonucleosídeos trifosfatos (dNTPs). O dATP (em excesso) e os outros três dNTPs (em falta) são precursores da síntese do DNA. Esse desequilíbrio afeta particularmente a síntese de DNA nos linfócitos, dos quais a resposta imune depende de forma significativa (Capítulo 31). Indivíduos que são homozigotos para a deficiência de adenosina desaminase desenvolvem **imunodeficiência combinada severa** (*severe combined immune deficiency* – SCID), a síndrome do "menino da bolha". Esses indivíduos estão propensos a contrair infecções porque seu sistema imune se encontra altamente comprometido. O mais recente objetivo da terapia gênica planejada é obter as células da medula óssea dos indivíduos afetados, introduzir o gene para a adenosina desaminase nas células usando determinado vírus como um vetor e então reintroduzir as células da medula no corpo, na qual elas produzirão a enzima desejada. Os primeiros testes clínicos para a cura da ADA-SCID pela simples substituição de enzima começaram em 1982. Nesses testes, os pacientes receberam injeções de ADA. Mais tarde, experiências clínicas procuraram corrigir o gene em células T maduras. Em 1990, células T transformadas foram administradas por transfusão. Em testes, duas garotas de 4 e 9 anos, no início do tratamento, mostraram melhora a ponto de poderem frequentar a escola e não tiveram mais um número significativo de processos infecciosos. A administração de células-tronco de medula óssea adicionalmente às células T foi a próxima etapa; testes clínicos desse procedimento foram realizados com dois bebês, de 4 e 8 meses, em 2000. Após dez meses, as crianças estavam saudáveis e haviam restabelecido o seu sistema imune.

Existem dois tipos de métodos de transferência na terapia gênica humana. O primeiro, denominado *ex vivo*, é o tipo usado para combater SCID. *Ex vivo* significa que células somáticas são removidas do paciente, alteradas com a terapia gênica e então devolvidas ao paciente. O vetor mais comum para esse procedimento é o **vírus da leucemia murina de Maloney** (*Maloney murine leukemia virus* – MMLV). A Figura 26.18 mostra como o vírus é usado para a terapia gênica. O MMLV é alterado para remover certos genes, resultando em um vírus incapaz de se replicar. Esses genes são substituídos com um **cassete de expressão** que contém o gene administrado, como o gene ADA, juntamente com um promotor adequado. Esse vírus mutante é usado para infectar uma linhagem celular empacotadora. O MMLV normal também é usado para infectar uma linhagem celular empacotadora e não se replicará na linhagem celular empacotadora, mas restabelecerá a habilidade do vírus mutante de se replicar, embora apenas nessa linhagem de células. Esses controles são necessários para garantir que o vírus mutante não escape para outros tecidos. As partículas do vírus mutante são coletadas da linhagem celular empacotadora e usadas para infectar as células-alvo – as células da medula óssea, no caso da SCID. O MMLV é um retrovírus, logo ele infecta a célula-alvo e produz DNA a partir de seu RNA; esse DNA pode então se incorporar no genoma do hospedeiro, conjuntamente com o promotor e o gene ADA. Dessa maneira, as células-alvo que foram coletadas são transformadas e produzirão ADA. Essas células são então mandadas de volta ao paciente.

No segundo método de transferência, chamado *in vivo*, o vírus é usado diretamente para infectar as células do paciente. O vetor mais comum para essa transferência é o vírus do DNA, **adenovírus**. Um vetor particular pode ser achado com base em receptores específicos nos tecidos-alvo. O adenovírus tem receptores nas células do pulmão e do fígado, e tem sido aplicado em testes clínicos para a terapia gênica da fibrose cística e na deficiência da ornitina transcarbamilase.

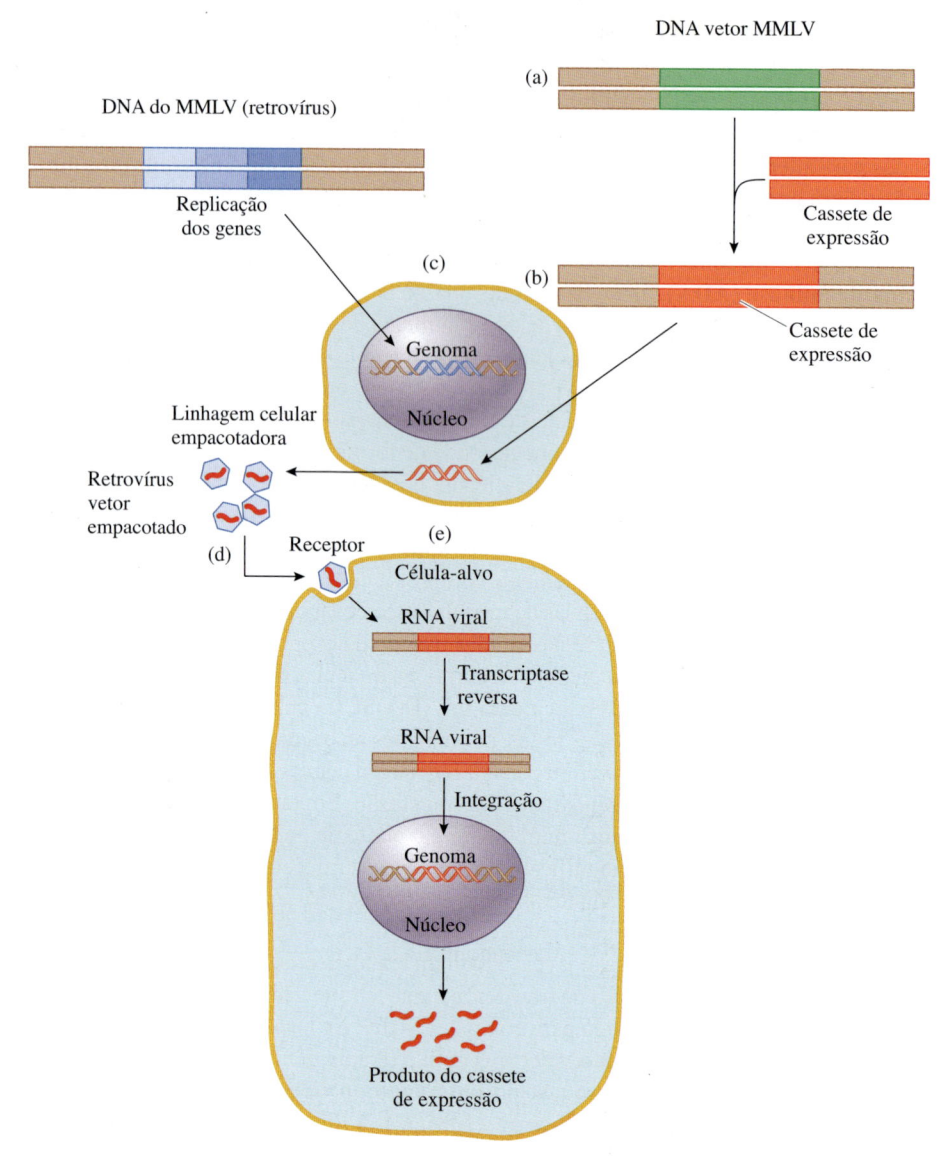

**Figura 26.18** A terapia gênica pela via das retroviroses. O vírus da leucemia murina de Maloney (MMLV) é usado para a terapia gênica *ex vivo*. Os genes de replicação são removidos do vírus e substituídos com um cassete de expressão contendo o gene que será substituído pela terapia gênica. O vírus alterado cresce em uma linhagem de células empacotadoras do hospedeiro. O vírus alterado produz RNA, o qual por sua vez produz DNA através da transcrição reversa. O DNA torna-se integrado no genoma da célula do hospedeiro, e as células produzem a proteína desejada. As células cultivadas retornam ao hospedeiro.

Testes clínicos que usam a terapia gênica para combater a fibrose cística e certos tumores em humanos estão agora em desenvolvimento. A terapia gênica obteve sucesso na cura do diabetes em camundongos.

O campo da terapia gênica é excitante e promissor, mas ainda restam muitos obstáculos para o sucesso dessa terapia em humanos. Existem também muitos riscos, como uma resposta imunológica prejudicial ao vetor que carrega o gene, ou o perigo de o gene ser incorporado no cromossomo hospedeiro em uma posição que ative um gene causador de câncer. Esses dois inconvenientes têm acontecido em um número limitado de pacientes humanos até agora.

A terapia gênica foi aprovada em humanos somente para a manipulação das células somáticas. É ilegal a manipulação de gametas com o objetivo de criar uma mudança hereditária no genoma humano.

## Resumo das questões-chave

### Seção 26.1 Como o DNA conduz ao RNA e às proteínas?

- O **gene** é um segmento da molécula do DNA que leva a sequência de bases, que direciona a síntese de uma molécula de RNA específica. Quando o RNA é o mRNA, ele leva à síntese de uma proteína específica.
- A informação armazenada no DNA é transcrita em RNA e então expressada na síntese de uma molécula de proteína. Esse processo envolve duas etapas: **transcrição** e **tradução**.

### Seção 26.2 Como o DNA é transcrito no RNA?

- Na transcrição, a informação é copiada do DNA em mRNA pelo pareamento complementar das bases.
- A enzima que sintetiza o RNA é chamada RNA polimerase. Nos eucariotos, são usados três tipos de polimerases para os diferentes tipos de RNA.

### Seção 26.3 Qual é o papel do RNA na tradução?

- O mRNA está ligado em torno dos ribossomos.
- O RNA de transferência transporta os aminoácidos individuais, com cada tRNA indo para um sítio específico no mRNA.
- Uma sequência de três bases (um tripleto) no mRNA constitui um **códon**. Ele soletra o aminoácido que o tRNA traz para o sítio.
- Cada tRNA tem um sítio de reconhecimento, o **anticódon**, que pareia com o códon.
- Quando duas moléculas de tRNA se encontram alinhadas em sítios adjacentes, os aminoácidos que elas transportam são ligados por uma enzima, formando uma ligação peptídica.
- O processo de tradução continua até que a proteína seja completamente sintetizada.

### Seção 26.4 O que é o código genético?

- O **código genético** fornece a correspondência existente entre um códon e um aminoácido.
- Na maioria dos casos, existe mais de um códon para cada aminoácido, mas o contrário não é verdadeiro: determinado códon especificará somente um aminoácido.

### Seção 26.5 Como as proteínas são sintetizadas?

- A síntese de proteínas ocorre em quatro estágios: ativação, iniciação, elongação e terminação.
- Várias etapas da tradução requerem uma contribuição energética na forma de GTP.
- Os ribossomos têm três sítios: A, P e E.
- Nenhuma proteína é encontrada na região onde a síntese de peptídeos é catalisada. Logo, o ribossomo é uma ribozima.

### Seção 26.6 Como os genes são regulados?

- A maior parte do DNA humano (de 96% a 98%) não codifica proteínas.
- Vários mecanismos de regulação do gene existem tanto no nível transcricional como no traducional.
- Os **promotores** têm um iniciador e sequências conservadas.
- Os **fatores de transcrição** ligam-se ao promotor e regulam a velocidade de transcrição.
- Os **amplificadores** são sequências de nucleotídeos removidas de posições distantes do sítio de transcrição.
- Alguns fatores de tradução, como os **fatores de liberação**, agem durante a tradução; outros, como as **chaperonas**, atuam após a tradução estar completa.

### Seção 26.7 O que são mutações?

- Uma mudança na sequência de bases é chamada **mutação**.
- As mutações podem ser causadas por um erro interno ou induzidas por substâncias químicas ou radiação. Na verdade, a mudança de apenas uma base pode causar uma mutação.
- Uma mutação pode ser prejudicial ou benéfica, ou ainda não resultar em mudanças na sequência de aminoácidos. Se a mutação é muito prejudicial, pode levar o organismo à morte.
- Substâncias químicas que causam mutações são chamadas **mutagênicas**.
- Substâncias que causam câncer são denominadas **carcinogênicas**. Muitos carcinogênicos são mutagênicos, mas o contrário não é verdadeiro.

### Seção 26.8 Como e por que se manipula o DNA?

- Com a descoberta das enzimas de restrição que podem cortar moléculas de DNA em pontos específicos, os cientistas encontraram formas de realizar o *splicing* de segmentos de DNA de espécies diferentes.
- Um gene humano (por exemplo, o que codifica para a insulina) pode participar do processo de *splicing* no plasmídeo bacteriano. A bactéria, quando se multiplica, pode então transmitir essa nova informação para suas células-filhas, garantindo assim que gerações de bactérias possam manufaturar insulina humana. Esse método eficaz é chamado **técnica do DNA recombinante**.
- A engenharia genética é o processo no qual os genes são inseridos nas células.

### Seção 26.9 O que é terapia gênica?

- A terapia gênica é uma técnica em que um gene ausente ou problemático é substituído por um vetor viral.
- Na terapia gênica *ex vivo*, células são removidas de um paciente, um gene específico é inserido, e então as células são novamente inseridas no paciente.
- Na terapia gênica *in vivo*, o vetor viral é fornecido diretamente ao paciente.

## Problemas

### Seção 26.1 Como o DNA conduz ao RNA e às proteínas?

26.5 *Expressão do gene* se refere à: a) transcrição, b) tradução ou c) transcrição mais tradução?

26.6 Em que parte da célula dos eucariotos ocorre a transcrição?

26.7 Onde ocorre a maior parte da tradução nas células eucarióticas?

### Seção 26.2 Como o DNA é transcrito no RNA?

26.8 Qual é a função da RNA polimerase?

26.9 Qual é a função da helicase na transcrição?

26.10 Onde se localiza um sinal de iniciação?

26.11 Que terminação do DNA contém um sinal de terminação?

26.12 O que aconteceria ao processo de transcrição se uma droga adicionada a uma célula eucariótica inibisse a fosfatase?

26.13 Onde se encontra posicionado o grupo metila no "quepe" de guanina?

26.14 Como os nucleotídeos de adenina se encontram unidos nas cadeias de poli A?

### Seção 26.3 Qual é o papel do RNA na tradução?

26.15 Onde os códons se localizam?

26.16 Onde se encontram os dois sítios mais importantes da molécula de tRNA?

26.17 O que são as subunidades ribossomais de tradução nos eucariotos?

### Seção 26.4 O que é o código genético?

26.18 (a) Se um códon é GCU, qual é o seu anticódon? (b) Que aminoácido esse códon codifica?

26.19 Se um segmento de DNA apresenta 981 unidades, quantos aminoácidos terá a proteína codificada por esse segmento de DNA? (Considere que todo o segmento é usado para codificar a proteína e que não existe metionina na posição N-terminal da proteína.)

26.20 Em que sentido a universalidade do código genético apoia a teoria da evolução?

26.21 Que aminoácidos têm a maioria dos códons possíveis? Quais têm a minoria?

26.22 Com base na primeira coluna da Tabela 26.1, explique por que a mudança da segunda base de um códon é mais desfavorável para uma proteína que a mudança da primeira ou da terceira base.

### Seção 26.5 Como as proteínas são sintetizadas?

26.23 A que terminação do tRNA se liga um aminoácido? De onde vem a energia necessária para formar a ligação tRNA-aminoácido?

26.24 Existem três sítios nos ribossomos, cada um deles participando da tradução. Identifique-os e descreva o processo que ocorre em cada um deles.

26.25 Qual é a função principal do (a) ribossomo 40S e (b) ribossomo 60S?

26.26 Nos procariotos, que subunidades são equivalentes às subunidades ribossomais nos eucariotos?

26.27 Qual é a função das proteínas de elongação?

26.28 Quais são as etapas da síntese de proteínas?

26.29 Explique a função do tRNA usado para iniciar a tradução.

26.30 Explique o que acontece ao fMet que é inicialmente ligado ao N-terminal.

26.31 Explique por que agora os cientistas chamam os ribossomos de ribozimas.

26.32 Por que a ativação de um aminoácido é chamada segundo código genético?

### Seção 26.6 Como os genes são regulados?

26.33 Que moléculas estão envolvidas na regulação gênica no nível transcricional?

26.34 Onde estão localizados os amplificadores? Como eles funcionam?

26.35 Onde estão localizadas as porções que exercem a função de "peneira" das enzimas AARS? Como elas funcionam?

26.36 Quais são os dois tipos de fatores de transcrição e como funcionam?

26.37 Qual é a diferença entre um amplificador e um elemento de resposta?

26.38 Como o *splicing* alternativo resulta na diversidade proteica?

26.39 Qual é a função dos proteossomas no controle de qualidade?

26.40 Que interações existem entre os *fingers* (dedos) de ligação a metais e o DNA?

### Seção 26.7 O que são mutações?

26.41 Usando a Tabela 26.1, dê um exemplo de mutação que (a) não altere nada na molécula de proteína e (b) possa causar uma mudança fatal na proteína.

26.42 Como as células reparam as mutações causadas pelos raios X?

26.43 Pode uma mutação genética que causa doenças persistir de geração em geração sem exibir os sintomas da doença? Explique.

26.44 Todos os mutagênicos são carcinogênicos?

### Seção 26.8 Como e por que se manipula o DNA?

26.45 Como funcionam as endonucleases de restrição?

26.46 O que são terminações coesivas?

26.47 Um novo tipo de milho geneticamente modificado foi aprovado pela FDA. Esse novo tipo de milho mostra uma maior resistência a um inseto destrutivo chamado broca-do-milho. Qual é a diferença, em princípio, entre um milho geneticamente modificado e um que desenvolveu resistência através de mutação (seleção natural)?

26.48 A endonuclease de restrição EcoRI reconhece a sequência GAATTC e a corta entre G e A. Quais serão as terminações coesivas das seguintes sequências de dupla fita quando a EcoRI atuar sobre elas?
CAAAGAATTCG
GTTTCTTAAGC

26.49 Por que pode ser afirmado que a descoberta das enzimas de restrição foi a chave para o início da biologia molecular moderna?

### Conexões químicas

26.50 (Conexões químicas 26A) Por que a selenocisteína é chamada vigésimo primeiro aminoácido? Por que aminoácidos como a hidroxiprolina e hidroxilisina não foram considerados aminoácidos adicionais?

26.51 (Conexões químicas 26B) O que é uma "capa" viral?

26.52 (Conexões químicas 26B) De onde vêm os ingredientes – aminoácidos, enzimas e assim por diante – necessários para sintetizar a capa viral?

26.53 (Conexões químicas 26C) O que é um sítio invariante?

26.54 (Conexões químicas 26D) O que é uma mutação silenciosa?

26.55 (Conexões químicas 26D) Se um códon do mRNA tem uma sequência UCU, pode existir uma mutação na terceira base que não corresponde a uma mutação silenciosa? Explique por que ou por que não.

26.56 (Conexões químicas 26D) Se um códon do mRNA tem a sequência UAU, que mutações da terceira base seriam as piores? Por quê?

26.57 (Conexões químicas 26D) Por que uma mutação silenciosa às vezes conduz a diferentes produtos proteicos?

26.58 (Conexões químicas 26D) Como o estudo do gene MDR1 levou à descoberta de que mutações silenciosas podem também apresentar mudanças observáveis?

26.59 (Conexões químicas 26E) O que é a p53? Como a sua forma mutante está associada ao câncer?

26.60 (Conexões químicas 26E) Como a p53 promove o reparo do DNA?

26.61 (Conexões químicas 26F) O que é a proteína Duffy e por que ela é importante na epidemiologia da malária?

26.62 (Conexões químicas 26F) Qual é natureza da mutação pela qual os africanos ocidentais não produzem a proteína Duffy?

26.63 (Conexões químicas 26F) Considere o gene X que produz a proteína Y. Dê vários exemplos de mutações que poderiam afetar a produção da proteína Y.

26.64 (Conexões químicas 26F) Como a proteína Duffy pode ser relacionada com a questão da evolução humana?

### Problemas adicionais

26.65 Tanto na transcrição como na tradução da síntese de proteínas, várias moléculas diferentes reúnem-se para atuar como um fator unitário. Quais são essas unidades de (a) transcrição e (b) tradução?

26.66 Na estrutura do tRNA, existem trechos onde o pareamento das bases complementares é necessário, e outras áreas onde não há pareamento. Descreva duas áreas funcionais importantes (a) onde o pareamento é predominante e (b) onde não há pareamento.

26.67 Há alguma maneira de prevenir uma doença hereditária? Explique.

26.68 Como a célula garante que um aminoácido específico (por exemplo, valina) se ligue à molécula de tRNA que é específica para valina?

26.69 (a) O que é um plasmídeo?
(b) Como ele difere de um gene?

26.70 Por que chamamos o código genético de *degenerado*?

26.71 Glicina, alanina e valina são classificadas como aminoácidos apolares. Compare os códons desses aminoácidos. Que similaridades e diferenças você encontrou?

26.72 Olhando a multiplicidade (degenerescência) do código genético, você pode ter a impressão de que a terceira base de um códon é irrelevante. Indique que não é assim que ocorre. Nas 16 possíveis combinações da primeira e segunda bases, em quantos casos a terceira base é irrelevante?

26.73 Qual polipeptídeo é codificado pela sequência do mRNA 5'-GCU-GAA-GUC-GAG-GUG-UGG-3'?

26.74 Uma nova endonuclesae foi descoberta. Ela cliva a fita dupla do DNA em cada posição onde C e G estão pareados nas fitas opostas. Essa enzima poderia ser usada para produzir insulina humana pela técnica do DNA recombinante? Explique.

# Bioenergética: como o organismo converte alimento em energia

## 27

As Quedas de Wailua, no Havaí, correspondem a uma demonstração natural de duas vias que terminam no mesmo reservatório.

### Questões-chave

**27.1** O que é metabolismo?

**27.2** O que são mitocôndrias e que função desempenham no metabolismo?

**27.3** Quais são os principais compostos da via metabólica comum?

**27.4** Qual é a relevância do ciclo do ácido cítrico no metabolismo?

**27.5** Como ocorre o transporte de $H^+$ e elétrons?

**27.6** Qual é a função da bomba quimiosmótica na produção de ATP?

**27.7** Qual é o rendimento energético resultante do transporte de $H^+$ e elétrons?

**27.8** Como a energia química é convertida em outras formas de energia?

## 27.1 O que é metabolismo?

As células se encontram em um estado dinâmico, o que significa que substâncias estão sendo constantemente sintetizadas e então fragmentadas em pedaços menores. Milhares de reações diferentes ocorrem ao mesmo tempo. O **metabolismo** é a soma total de todas as reações químicas envolvidas na manutenção do estado dinâmico das células.

Em geral, podemos classificar as reações metabólicas em dois grandes grupos: (1) aquelas nas quais as moléculas são quebradas para fornecer energia necessária para as células e (2) aquelas que sintetizam compostos necessários para as células – tanto os simples como os complexos. O **catabolismo** é o processo de quebra das moléculas para fornecer energia. O processo de síntese (construção) das moléculas é o **anabolismo**. Os mesmos compostos podem ser sintetizados em uma parte da célula e quebrados em uma parte diferente da célula.

Apesar do grande número de reações químicas, apenas umas poucas dominam o metabolismo celular. Neste capítulo e no 28, vamos focar nossa atenção nas vias catabólicas que fornecem energia. Determinada **via bioquímica** é uma série de reações bioquímicas consecutivas. Veremos que, na verdade, são as reações que possibilitam que a energia armazenada nos alimentos seja convertida na energia que usamos a cada minuto em nossas vidas

**Via catabólica comum** Uma série de reações químicas nas quais algumas moléculas dos alimentos são oxidadas, resultando em energia na forma de ATP; a via catabólica comum é composta de (1) ciclo do ácido cítrico (Seção 27.4) e (2) fosforilação oxidativa (seções 27.5 e 27.6).

– para pensar, respirar, usar para caminhar através dos movimentos musculares, escrever, comer e assim por diante. No Capítulo 29, veremos algumas vias sintéticas anabólicas.

Os alimentos que comemos consistem em vários tipos de compostos, principalmente os abordados nos capítulos anteriores: carboidratos, lipídeos e proteínas. Todos eles podem servir como combustível, e obtemos nossa energia a partir deles. Para converter esses compostos em energia, o organismo usa diferentes vias para cada tipo de composto. *Todas essas vias diferentes convergem para uma* **via catabólica comum**, a qual é ilustrada na Figura 27.1. Na figura, as diversas vias são mostradas como diferentes fluxos de alimentos. As moléculas pequenas produzidas das moléculas grandes dos alimentos caem em um funil imaginário que representa a via catabólica comum. No fim do funil, surge a molécula transportadora de energia, a adenosina trifosfato (ATP).

*A finalidade das vias catabólicas é converter a energia química dos alimentos em moléculas de ATP*. Nesse processo, os alimentos também produzem metabólitos intermediários, que o organismo pode usar na síntese de outros compostos. Neste capítulo, vamos tratar da via catabólica comum. No Capítulo 28, vamos ver como os diferentes tipos de alimentos (carboidratos, lipídeos e proteínas) injetam moléculas na via catabólica comum.

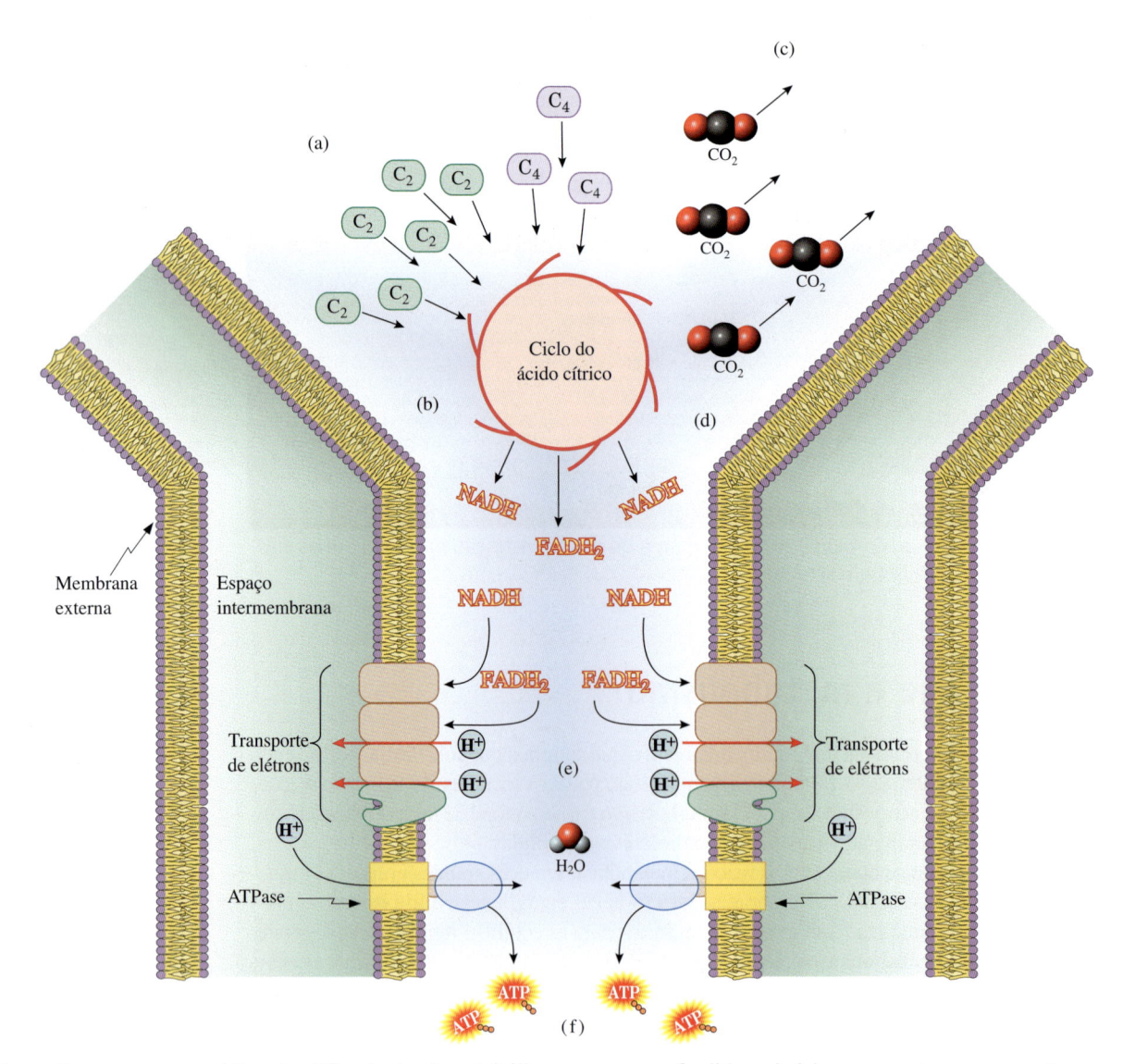

**FIGURA 27.1** Nesse diagrama esquemático simplificado da via catabólica comum, um funil imaginário representa o que acontece na célula. (a) As diversas vias catabólicas despejam seus produtos no funil da via catabólica comum, principalmente na forma de fragmentos $C_2$ (Seção 27.4). (A fonte de fragmentos $C_4$ será mostrada na Seção 28.9.) (b) A roda giratória do ciclo do ácido cítrico quebra essas moléculas. (c) Os átomos de carbono são liberados na forma de $CO_2$, e (d) os átomos de hidrogênio e os elétrons são capturados por compostos especiais como $NAD^+$ e FAD. (e) Então NADH e $FADH_2$ reduzidos descem pelo colo do funil, onde os elétrons são transportados para dentro das paredes do colo do funil, e os íons $H^+$ são expelidos para fora. (f) Ao se moverem de volta para o interior, os íons $H^+$ formam o carreador de energia ATP. Uma vez no interior, eles se combinam com o oxigênio e capturam elétrons para formar água.

## 27.2 O que são mitocôndrias e que função desempenham no metabolismo?

Uma célula animal típica apresenta vários componentes, como mostrado na Figura 27.2. Cada componente celular realiza uma função diferente. Por exemplo, a replicação do DNA (Seção 25.6) ocorre no **núcleo**, os **lisossomos** removem componentes celulares danificados e alguns materiais estranhos indesejados, e os **corpos de Golgi** empacotam e processam proteínas para secreção e as enviam para outros compartimentos celulares. As estruturas especializadas são chamadas **organelas**.

A **mitocôndria** tem duas membranas (Figura 27.3). É nas mitocôndrias dos organismos superiores que ocorre a via catabólica comum. As enzimas que catalisam a via catabólica comum estão localizadas nessas organelas. Pelo fato de essas enzimas serem sintetizadas no citosol, elas precisam ser "importadas" através das duas membranas. Elas atravessam a membrana externa através dos translocadores de membrana externa (*translocator outer membrane* – TOM) e são aceitas no espaço intermembrana por translocadores parecidos com chaperonas denominados translocadores de membrana interna (*translocator inner membrane* – TIM).

Como as enzimas estão localizadas dentro da membrana interna da mitocôndria, os materiais de partida das reações na via comum precisam passar através de duas membranas para que possam entrar na mitocôndria. Da mesma forma, os produtos precisam sair.

A membrana interna da mitocôndria é bastante resistente à penetração de íons e à maioria das moléculas neutras. Entretanto, íons e moléculas são transportados através da membrana por várias moléculas de proteína embebidas na membrana (Figura 21.2). A membrana externa, por sua vez, é bastante permeável a pequenas moléculas e íons e não tem proteínas de transporte.

**Uma célula animal**

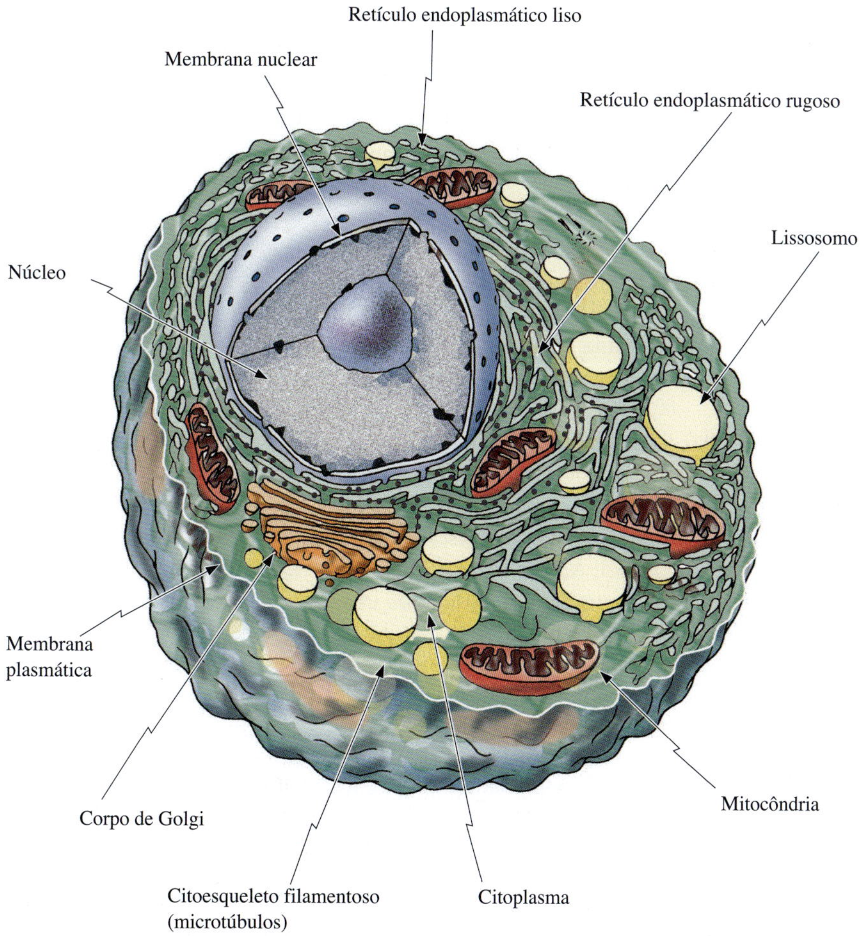

**FIGURA 27.2** Diagrama de uma célula de fígado de rato, uma célula típica dos animais superiores.

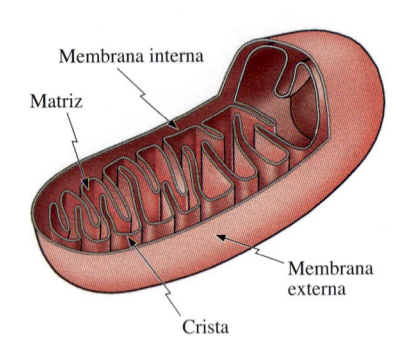

**FIGURA 27.3** Corte esquemático da mitocôndria mostra a organização interna.

A **matriz** é a porção interna não membranosa da mitocôndria (Figura 27.3). A membrana interna é altamente enrugada e dobrada. Com base em estudos de microscopia eletrônica, o biólogo celular romeno George Palade (1912-2008) propôs seu modelo de "labirinto" da mitocôndria em 1952. Os anteparos que formam o labirinto, que são chamados **crista**, projetam-se na matriz como as dobras de um acordeão. As enzimas do ciclo de fosforilação oxidativa estão localizadas na crista. O espaço entre a membrana interna e externa é chamado **espaço intermembrana**. O modelo de labirinto clássico da mitocôndria sofreu algumas mudanças no fim da década de 1990, após a obtenção de imagens tridimensionais através da técnica denominada tomografia por microscopia eletrônica. As imagens 3D indicam que a crista tem conexões tubulares estreitas com a membrana interna. Essas conexões tubulares podem controlar a difusão de metabólitos do interior para o espaço intermembranoso. Adicionalmente, o espaço entre as membranas interna e externa variam durante o metabolismo, possivelmente controlando a velocidade das reações.

As enzimas do ciclo do ácido cítrico estão localizadas na matriz. Em breve, veremos detalhadamente como a sequência específica dessas enzimas causa a cadeia de eventos na via catabólica comum. Além disso, veremos como os nutrientes e produtos de reação se movem para dentro e para fora da mitocôndria.

## 27.3 Quais são os principais compostos da via metabólica comum?

A via catabólica comum tem duas partes: o **ciclo do ácido cítrico** (também chamado ciclo do ácido tricarboxílico ou ciclo de Krebs) e a **cadeia de transporte de elétrons** e a **fosforilação**, que conjuntamente são chamadas **via da fosforilação oxidativa**. Para entender o que acontece nessas reações, precisamos primeiro introduzir os principais compostos que participam da via catabólica comum.

### A. Agentes de armazenamento de energia e transferência de grupos fosfato

Os mais importantes desses agentes são três compostos relativamente complexos: **adenosina monofosfato (AMP), adenosina difosfato (ADP)** e **adenosina trifosfato (ATP)** (figuras 27.4 e 27.5). Todas essas três moléculas contém a amina heterocíclica adenina (Seção 25.2) e o açúcar D-ribose (Seção 20.2) unidos através de uma ligação $\beta$-$N$-glicosídica, formando a adenosina (Seção 25.2).

A AMP, ADP e ATP contêm a adenosina conectada ao grupo fosfato. A única diferença entre as três moléculas é o número de grupos fosfato. Como pode ser observado na Figura 27.5, cada fosfato é unido ao próximo fosfato por uma ligação de anidrido (Seção 19.5A). A ATP contém três fosfatos – uma ligação éster fosfórico e duas ligações de anidrido fosfórico. Nas três moléculas, o primeiro fosfato é unido à ribose por uma ligação de éster fosfórico (Seção 19.5B).

Um anidrido fosfórico contém mais energia química (7,3 kcal/mol) que uma ligação de éster fosfórico (3,4 kcal/mol). Portanto, quando ATP e ADP são hidrolisadas e resultam no íon fosfato (Figura 27.5), elas liberam mais energia por fosfato que a AMP. Quando um grupo fosfato é hidrolisado de cada um desses compostos, a seguinte produção de energia é obtida: AMP = 3,4 kcal/mol; ADP = 7,3 kcal/mol; ATP = 7,3 kcal/mol. (O íon $PO_4^{3-}$ é geralmente chamado fosfato inorgânico.) No sentido inverso, quando o fosfato inorgânico se liga à AMP ou ADP, maiores quantidades de energia são adicionadas às ligações químicas que quando ele se liga à adenosina. A ADP e ATP contêm ligações de anidrido fosfórico de *alta energia*.

A ATP libera a maior e a AMP libera a menor quantidade quando cada uma delas libera um grupo fosfato. Essa propriedade faz da ATP um composto muito útil para o armazenamento e a liberação de energia. A energia obtida na oxidação de alimentos é armazenada na forma de ATP, embora somente por um curto período. Normalmente as moléculas de ATP não duram mais que 1 minuto nas células.

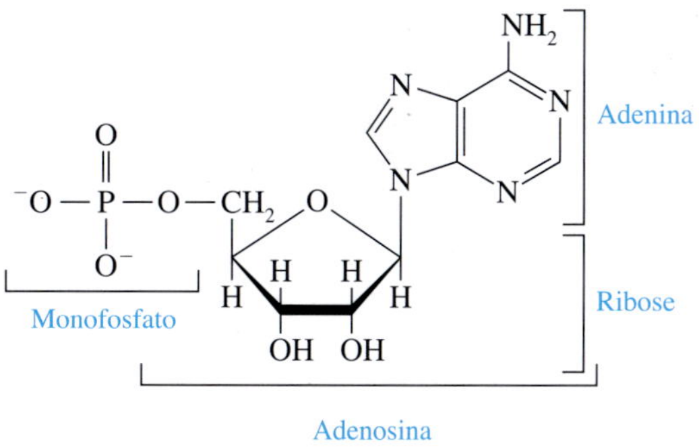

**FIGURA 27.4** Adenosina 5'-monofosfato (AMP).

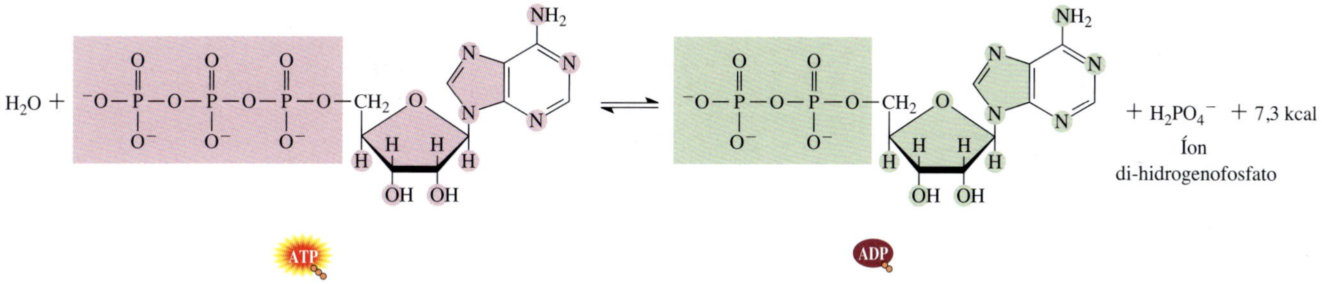

**FIGURA 27.5** A hidrólise da ATP produz ADP mais di-hidrogenofosfato mais energia.

As moléculas de ATP são hidrolisadas à ADP e ao fosfato inorgânico, liberando energia que aciona outros processos, como a contração muscular, o sinal da condução nervosa e os processos de biossíntese. Como consequência, a ATP está constantemente sendo formada e decomposta. Estima-se que um corpo humano manufatura e degrada 40 kg de ATP todo dia. Apesar disso, o corpo é capaz de extrair somente de 40% a 60% do conteúdo calórico dos alimentos.

## B. Agentes para a transferência de elétrons nas reações de oxidação-redução biológicas

Os outros dois "atores" nesse "drama" são as coenzimas (Seção 23.3) $NAD^+$ (nicotinamida adenina dinucleotídeo) e FAD (flavina adenina dinucleotídeo), e ambas apresentam um cerne de ADP (Figura 27.6). (O sinal + em $NAD^+$ refere-se à carga positiva no nitrogênio.) Na molécula de $NAD^+$, a parte operacional da coenzima é a parte de nicotinamida. Na FAD, a parte operacional é a porção de flavina. Em ambas as moléculas, a ADP é a "mão" pela qual a apoenzima segura a coenzima, e a outra terminação da molécula conduz a reação química. Por exemplo, quando a $NAD^+$ é reduzida, a parte de nicotinamida da molécula é reduzida:

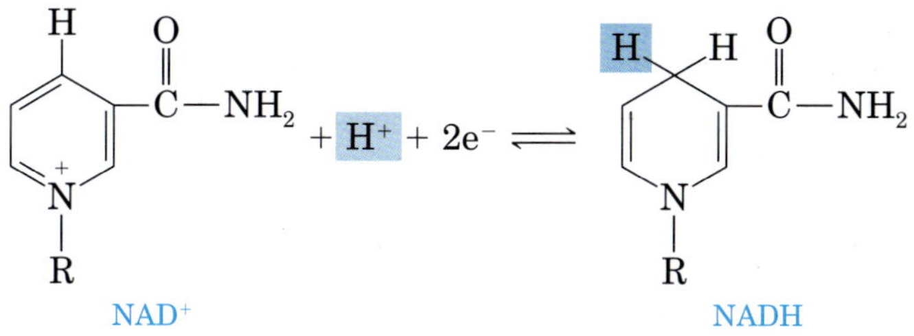

A forma reduzida da $NAD^+$ é chamada NADH. A mesma reação acontece nos dois nitrogênios da porção de flavina da FAD.

A forma reduzida da FAD é chamada FADH$_2$. As coenzimas NAD$^+$ e FAD são consideradas **moléculas transportadoras de elétrons** e de **íons hidrogênio**.

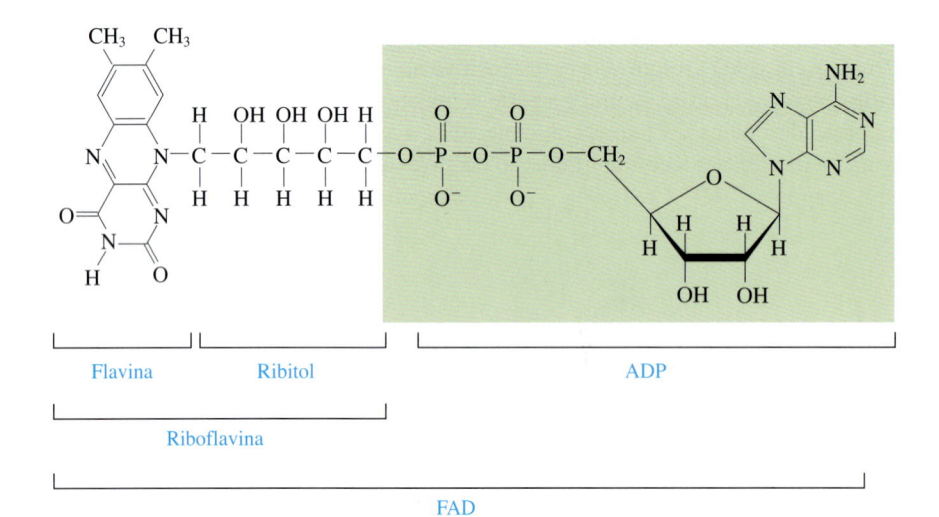

**FIGURA 27.6** As estruturas de NAD$^+$ e FAD.

## C. Agente para a transferência de grupos acetila

O composto final principal na via catabólica comum é a **coenzima A** (CoA; Figura 27.7), que é a molécula **transportadora de grupos acetila (CH$_3$CO—)**. A coenzima A também contém ADP, mas, nesse caso, a outra unidade estrutural presente é o ácido pantotênico, uma das vitaminas do complexo B. Da mesma forma que a ATP pode ser considerada uma molécula de ADP à qual foi adicionado um grupo —$PO_3^{2-}$— através da formação de uma ligação de alta energia, a **acetil coenzima A** pode ser considerada uma molécula de CoA ligada a um grupo acetila por uma ligação tioéster de alta energia, com energia de hidrólise de 7,51 kcal/mol. A parte ativa da coenzima A é a mercaptoetilamina. O grupo acetila da acetil coenzima A está ligado ao grupo SH:

**Grupo (acetil) acetila** O grupo $CH_3CO—$.

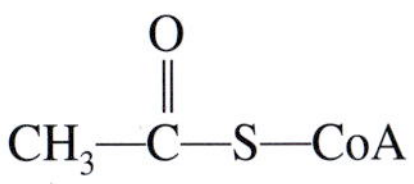

$$CH_3—\overset{O}{\underset{\|}{C}}—S—CoA$$
Acetil coenzima A

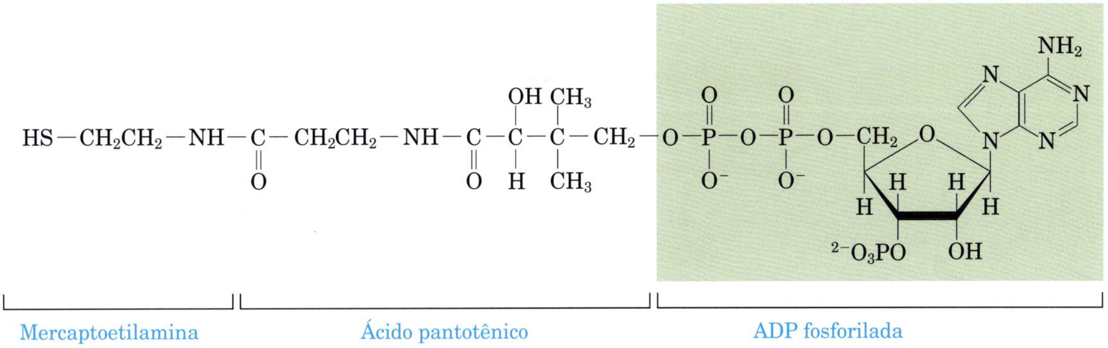

FIGURA 27.7 A estrutura da coenzima A.

## 27.4 Qual é a relevância do ciclo do ácido cítrico no metabolismo?

O catabolismo dos carboidratos e lipídeos começa quando eles são fragmentados em pedaços de dois carbonos. Os fragmentos de dois carbonos são os grupos acetila da acetil coenzima A. A acetila é então fragmentada no ciclo do ácido cítrico.

A Figura 27.8 fornece os detalhes do ciclo do ácido cítrico. Uma boa maneira de compreender o ciclo é usar a Figura 27.8 com o diagrama esquemático mostrado na Figura 27.9, que mostra somente o balanço de carbono.

Agora seguiremos os dois carbonos do grupo acetila através de cada etapa do ciclo do ácido cítrico. Os números encerrados em círculos correspondem aos da Figura 27.8.

**Etapa 1** A acetil coenzima A entra no ciclo pela combinação com um composto de quatro carbonos, $C_4$, chamado oxaloacetato:

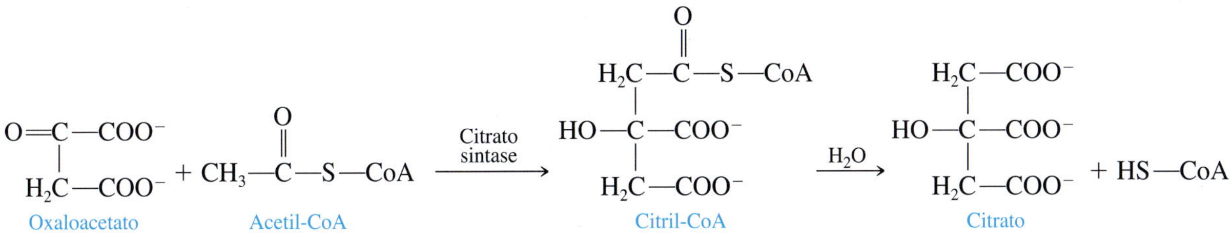

A primeira coisa que acontece é a adição de um grupo —$CH_3$ da acetil-CoA ao C═O do oxaloacetato, catalisado pela enzima citrato sintase. Esse evento é seguido pela hidrólise do tioéster para a formação de um composto $C_6$, o íon citrato, e a CoA. Portanto, a etapa ① é mais um processo de crescimento do que um processo de quebra. Na etapa ⑧, veremos de onde vem o oxaloacetato.

**Etapa 2** O íon citrato é desidratado, originando *cis*-aconitato, que é posteriormente hidratado, porém originando isocitrato em vez de regenerar o citrato:

**680** ■ Introdução à bioquímica

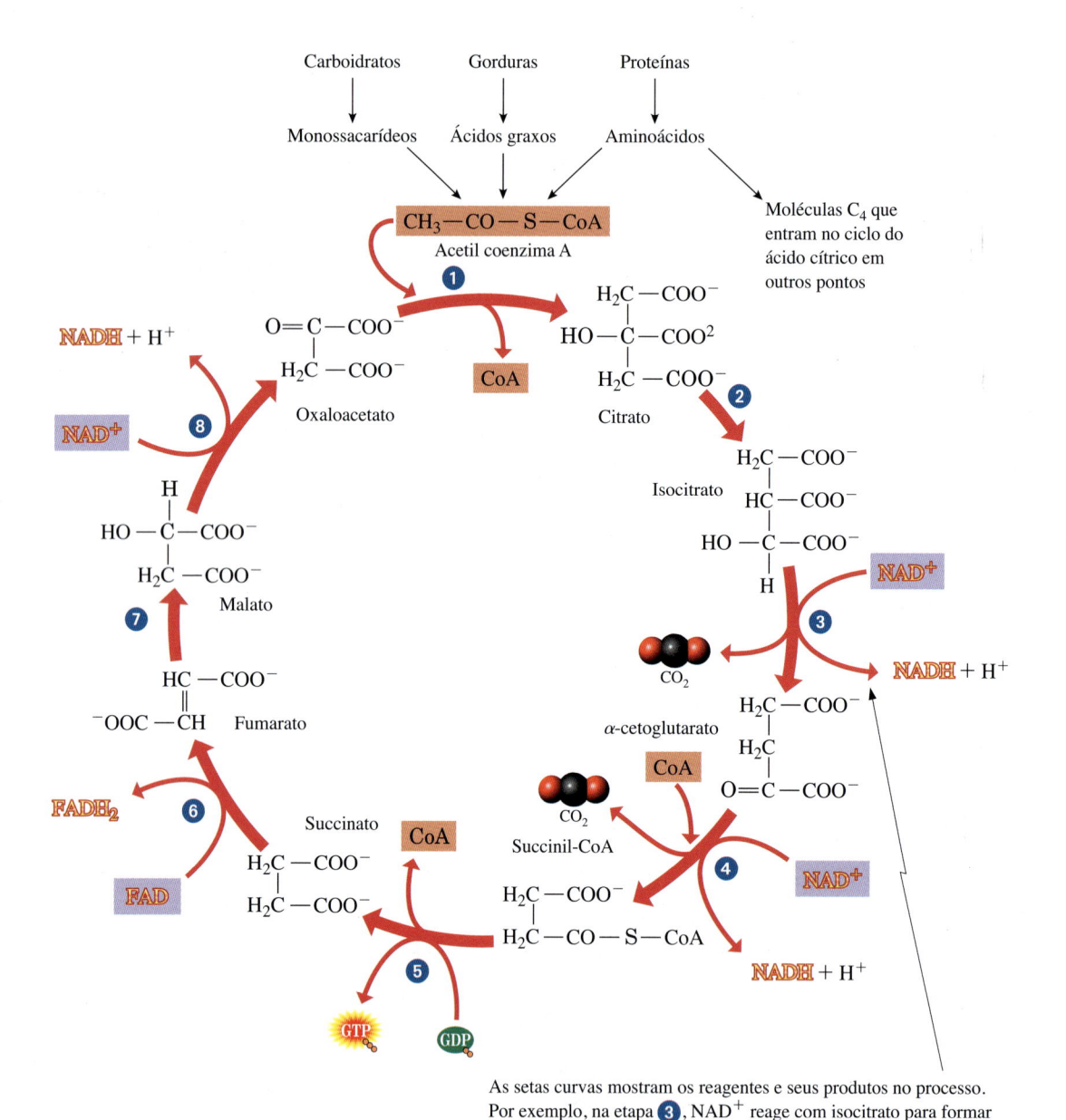

$$\underset{\text{Citrato}}{\begin{array}{c}H_2C-COO^-\\|\\HO-C-COO^-\\|\\H_2C-COO^-\end{array}} \xrightarrow{-H_2O} \underset{cis\text{-aconitato}}{\begin{array}{c}H_2C-COO^-\\|\\C-COO^-\\\|\\C-COO^-\\|\\H\end{array}} \xrightarrow[\text{aconitase}]{H_2O} \underset{\text{Isocitrato}}{\begin{array}{c}H_2C-COO^-\\|\\HC-COO^-\\|\\HO-C-COO^-\\|\\H\end{array}}$$

**FIGURA 27.8** Ciclo (Krebs) do ácido cítrico. As etapas numeradas são explicadas em detalhe no texto. (Hans Krebs (1900-1981), ganhador do Prêmio Nobel em 1953, estabeleceu a relação entre os diferentes componentes do ciclo.)

As setas curvas mostram os reagentes e seus produtos no processo. Por exemplo, na etapa ❸, $NAD^+$ reage com isocitrato para formar α-cetoglutarato, $CO_2$, NADH e $H^+$. Estes dois últimos então deixam o sítio de reação.

**Descarboxilação** O processo que origina a perda de $CO_2$ de um grupo —COOH.

A função álcool do citrato corresponde a um álcool terciário. Aprendemos na Seção 14.2 que um álcool terciário não pode ser oxidado. O álcool no isocitrato é um álcool secundário que, quando oxidado, forma uma cetona.

**Etapa 3** O isocitrato é agora oxidado e **descarboxilado** simultaneamente:

Bioenergética: como o organismo converte alimento em energia ■ 681

**Oxidação:**

$$\text{Isocitrato} + NAD^+ \xrightarrow{\text{Isocitrato desidrogenase}} \text{Oxalossuccinato} + NADH + H^+$$

H$_2$C—COO$^-$
HC—COO$^-$
HO—C—COO$^-$
       |
       H

Isocitrato

H$_2$C—COO$^-$
HC—COO$^-$
O=C—COO$^-$

Oxalossuccinato

**Descarboxilação:**

H$_2$C—COO$^-$
HC—COO$^-$        + H$^+$ ⟶
O=C—COO$^-$

Oxalossuccinato

H$_2$C—COO$^-$
HC—COOH      ⟶
O=C—COO$^-$

H$_2$C—COO$^-$
CH$_2$              + CO$_2$
O=C—COO$^-$

α-cetoglutarato

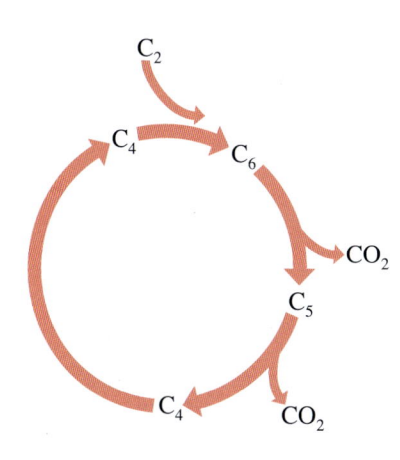

**FIGURA 27.9** Uma visão simplificada do ciclo do ácido carboxílico mostrando apenas o balanço de carbono.

Ao oxidar o álcool secundário à cetona, o agente oxidante NAD$^+$ remove dois hidrogênios. Um dos hidrogênios é adicionado à NAD$^+$ para produzir NADH. (Lembre que NAD$^+$ e NADH são, respectivamente, a forma oxidada e reduzida da nicotinamida adenina dinucleotídeo (Figura 27.6).) O outro hidrogênio substitui o COO$^-$ que vai originar CO$_2$. Note que o CO$_2$ liberado vem do oxaloacetato original e não forma os dois carbonos da acetil-CoA. Esses dois carbonos ainda estão presentes no α-cetoglutarato. Observe também que agora estamos com um composto menor, C$_5$, o α-cetoglutarato.

**Etapas 4 e 5** Na sequência, um sistema complexo remove novamente outro CO$_2$ do oxaloacetato original em vez da acetil-CoA:

H$_2$C—COO$^-$
H$_2$C                + NAD$^+$ + GDP + P$_i$ + H$_2$O $\xrightarrow{\text{Sistema enzimático complexo}}$
O=C—COO$^-$

α-cetoglutarato

H$_2$C—COO$^-$
H$_2$C—COO$^-$       + CO$_2$ + NADH + H$^+$ + GTP

Succinato

(Lembre novamente que NAD$^+$ e NADH são, respectivamente, a forma oxidada e reduzida da nicotinamida adenina dinucleotídeo (Figura 27.6).) Nessa equação, o P$_i$ é a notação usual para fosfato inorgânico.

Estamos agora com um composto C$_4$, o succinato. Essa descarboxilação oxidativa é mais complexa que a primeira. Ela ocorre em várias etapas e necessita de vários cofatores. Para os nossos objetivos, é suficiente saber que, durante essa segunda etapa oxidativa de descarboxilação, um composto de alta energia denominado **guanosina trifosfato (GTP)** também é formado.

A GTP é similar à ATP, exceto que a guanina substitui a adenina. As ligações das bases à ribose e aos fosfatos são exatamente idênticas àquelas que ocorrem na ATP. A função da GTP é também similar à da ATP, isto é, este composto armazena energia na forma de ligações de anidrido fosfórico de alta energia (energia química). A energia da hidrólise da GTP viabiliza várias reações bioquímicas importantes, como o sinal da transdução na neurotransmissão (Seção 24.5).

Uma observação final sobre as etapas de descarboxilação: as moléculas de CO$_2$ liberadas nas etapas ③ e ④ são as que exalamos na respiração.

**Etapa 6** Nessa etapa, o succinato é oxidado pela FAD, a qual remove dois hidrogênios para formar fumarato (que apresenta uma disposição *trans* dos grupos da dupla ligação):

$$\underset{\text{Succinato}}{\begin{array}{c}H_2C-COO^-\\|\\H_2C-COO^-\end{array}} + FAD \xrightarrow{\text{Succinato desidrogenase}} \underset{\text{Fumarato}}{\begin{array}{c}HC-COO^-\\\|\\{}^-OOC-CH\end{array}} + FADH_2$$

Essa reação não pode ser feita em laboratório, mas, com o auxílio de uma enzima (catalisador), o organismo a realiza facilmente. (Lembre que FAD e $FADH_2$ são, respectivamente, as formas oxidadas e reduzidas da flavina adenina dinucleotídeo (Figura 27.6).)

**Etapa 7** O fumarato é então hidratado para originar o íon malato:

$$\underset{\text{Fumarato}}{\begin{array}{c}HC-COO^-\\\|\\{}^-OOC-CH\end{array}} + H_2O \xrightarrow{\text{Fumarase}} \underset{\text{Malato}}{\begin{array}{c}H\\|\\HO-C-COO^-\\|\\H_2C-COO^-\end{array}}$$

**Etapa 8** Na etapa final do ciclo, malato é oxidado para formar oxaloacetato:

$$\underset{\text{Malato}}{\begin{array}{c}H\\|\\HO-C-COO^-\\|\\H_2C-COO^-\end{array}} + NAD^+ \xrightarrow{\text{Malato desidrogenase}} \underset{\text{Oxaloacetato}}{\begin{array}{c}O=C-COO^-\\|\\H_2C-COO^-\end{array}} + NADH + H^+$$

(Lembre que $NAD^+$ e NADH são, respectivamente, a forma oxidada e reduzida da nicotinamida adenina dinucleotídeo (Figura 27.6).) Portanto, o produto final do ciclo de Krebs é o oxaloacetato, que é o composto com o qual a etapa ① foi iniciada.

Nesse processo, os dois carbonos da acetila de acetil-CoA foram adicionados ao oxaloacetato ($C_4$) para produzir uma unidade $C_6$, a qual então perde dois carbonos na forma de $CO_2$ para produzir, ao final do processo, a unidade oxaloacetato $C_4$. O efeito bruto é que um grupo acetil de dois carbonos entra no ciclo e dois dióxidos de carbono saem.

Como o ciclo do ácido cítrico produz energia? Nós já aprendemos que uma etapa no processo produz a molécula de alta energia GTP. Entretanto, a maior parte da energia é produzida na outra etapa que converte $NAD^+$ em NADH e FAD em $FADH_2$. Essas coenzimas reduzidas levam $H^+$ e elétrons que eventualmente fornecerão a energia para a síntese de ATP (que será discutida em detalhes nas seções 27.5 e 27.6).

Essa degradação e oxidação em várias etapas do acetato no ciclo do ácido cítrico resultam na mais eficiente extração de energia. Em vez de ser gerada em uma queima, a energia é liberada em pequenos pacotes que são transportados etapa por etapa na forma de NADH e $FADH_2$.

A natureza cíclica dessa degradação tem outras vantagens além da maximização do rendimento energético:

1. Os componentes do ciclo do ácido cítrico fornecem matérias-primas para a síntese de aminoácidos à medida que surge a necessidade da sua produção (Capítulo 29). Por exemplo, o ácido $\alpha$-cetoglutárico é usado na síntese de ácido glutâmico.
2. O ciclo de vários componentes fornece um método excelente para a regulação da velocidade das reações catabólicas.

A regulação pode ocorrer em várias partes diferentes do ciclo, de tal forma que a regeneração da informação pode ser usada em vários pontos para acelerar ou retardar o processo, se isso for necessário.

A seguinte equação representa as reações globais do ciclo do ácido cítrico:

$$GDP + P_i + CH_3-CO-S-CoA + 2H_2O + 3NAD^+ + FAD$$
$$\longrightarrow CoA + GTP + 2CO_2 + 3NADH + FADH_2 + 3H^+ \quad \text{(Eq. 27.1)}$$

O ciclo do ácido cítrico é controlado por um mecanismo de retroalimentação. Quando os produtos essenciais do ciclo, NADH + H$^+$, e o produto final da via catabólica comum, a ATP, se acumulam, ocorre a inibição de algumas enzimas do ciclo. A citrato sintase (etapa ③), isocitrato desidrogenase (etapa ③) e α-cetoglutarato desidrogenase (parte do sistema enzimático da etapa ④) são inibidas por ATP e/ou por NADH + H$^+$. Essa inibição diminui ou interrompe o ciclo. Contrariamente, quando o material que alimenta o ciclo, acetil-CoA, se encontra em abundância, o ciclo acelera. A enzima isocitrato desidrogenase (etapa ③) é estimulada por ADP e NAD$^+$, que são os reagentes essenciais para a formação dos produtos finais do ciclo.

## 27.5 Como ocorre o transporte de H$^+$ e elétrons?

As coenzimas reduzidas NADH e FADH$_2$ são produtos finais do ciclo do ácido cítrico. Elas transportam íons hidrogênio e elétrons e, portanto, apresentam a capacidade de produzir energia pela reação com oxigênio para formar água:

$$4H^+ + 4e^- + O_2 \longrightarrow 2H_2O + \text{energia}$$

Essa reação exotérmica simples ocorre através de várias etapas. O oxigênio nessa reação é aquele que respiramos.

Várias enzimas estão envolvidas nessa reação. Essas enzimas estão situadas em uma *sequência* definida na membrana, de forma que o produto de uma enzima possa ser passado à próxima enzima, em um tipo de linha de produção. As enzimas estão arranjadas em ordem de afinidade crescente por elétrons, então os elétrons fluem através do sistema enzimático (Figura 27.10).

A sequência do sistema das enzimas transportadoras de elétrons começa com o complexo I. Esse é o maior complexo e contém cerca de 40 subunidades, entre elas uma flavoproteína e vários *clusters* FeS. A **coenzima Q** (CoQ; também denominada ubiquinona) está associada com o complexo I, que oxida a NADH produzida no ciclo do ácido cítrico e reduz a CoQ:

$$\text{NADH} + H^+ + \text{CoQ} \rightarrow \text{NAD}^+ + \text{CoQH}_2$$

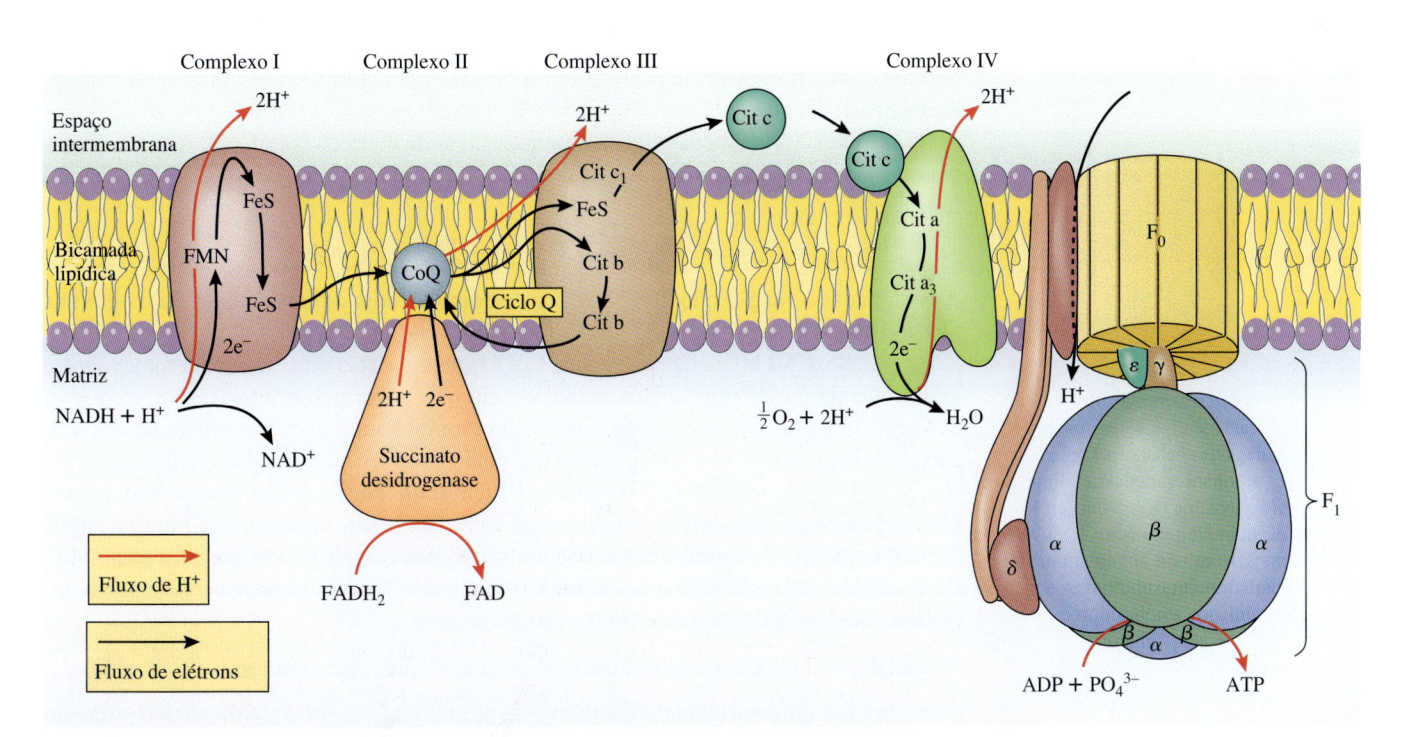

**FIGURA 27.10** Diagrama esquemático da cadeia de transporte de elétrons e H$^+$, e a subsequente fosforilação.

## Conexões químicas 27A

### Desacoplamento e obesidade

As preocupações que cercam o número crescente de pessoas obesas nos países desenvolvidos têm conduzido pesquisas sobre as causas e as formas de atenuar a obesidade. Existem várias drogas para a redução de peso. Algumas delas atuam como desacopladores do transporte de elétrons e da fosforilação oxidativa.

A descoberta do papel dos desacopladores na redução de peso ocorreu mais ou menos por acaso. Durante a Primeira Guerra Mundial, vários trabalhadores foram expostos ao 2,4-dinitrofenol (DNP), um composto usado para preparar o explosivo ácido pícrico, que é estruturalmente relacionado com o explosivo trinitrotolueno (TNT). Foi observado que esses trabalhadores expostos ao DNP perderam peso, e o DNP foi usado como uma droga de redução de peso durante a década de 1920. Infelizmente, o DNP "eliminava" não só a gordura, mas às vezes também o "paciente", e o seu uso como uma pílula de dieta foi descontinuado após 1929.

Hoje é conhecido por que o DNP funciona como um redutor de peso: ele é um eficiente protonóforo – um composto que transporta íons através da membrana celular passivamente, sem o gasto de energia. Como mencionado anteriormente, os íons $H^+$ se acumulam no espaço intermembranoso da mitocôndria e, sob condições normais, direcionam a síntese de ATP, enquanto voltam para o interior da membrana. Esse processo é o princípio quimiostático de Mitchell em ação. Quando o DNP é ingerido, ele transfere facilmente $H^+$ de volta para a mitocôndria e a ATP não é produzida. A energia da separação de elétrons é dissipada como calor e não é associada à energia química na molécula de ATP. A perda desse composto de armazenamento de energia faz com que o alimento seja utilizado de forma menos eficiente, resultando na perda de peso.

Um mecanismo similar fornece calor na hibernação dos ursos. Os ursos têm gordura marrom; sua cor é devida a um grande número de mitocôndrias no tecido gorduroso. A gordura marrom também contém uma proteína desacopladora chamada termogenina, um protonóforo que permite que os íons voltem para a matriz mitocondrial sem produzir ATP. O calor gerado dessa forma mantém o animal vivo durante os dias frios de inverno. De forma similar, uma proteína de desacoplamento é conhecida por estar envolvida na origem da obesidade, mas não se sabe que relação, se houver, existe entre essa proteína e a hibernação. O problema da obesidade humana e a sua prevenção são suficientemente importantes, entretanto, para tornar a proteína desacopladora na gordura marrom um ponto de partida para a pesquisa sobre a obesidade.

Parte dessa energia liberada nessa reação é usada para mover $2H^+$ através da membrana, da matriz para o espaço intermembrana. A CoQ é solúvel em lipídeos e pode se mover lateralmente na membrana. (O número de $2H^+$ transportado através da membrana é o número mínimo que permite a ocorrência do processo global de oxidação. De acordo com alguns pesquisadores, o número de prótons transportados por alguns desses complexos respiratórios deveria ser maior.)

O complexo II também catalisa a transferência de elétrons para CoQ. A fonte desses elétrons é a oxidação do succinato no ciclo do ácido cítrico, produzindo $FADH_2$. A reação final é:

$$FADH_2 + CoQ \longrightarrow FAD + CoQH_2$$

A energia dessa reação não é suficiente para bombear dois prótons através da membrana nem existe um canal apropriado para tal transferência.

O complexo III libera os elétrons da $CoQH_2$ para o **citocromo c**. Esse complexo integral de membrana contém 11 subunidades, incluindo citocromo b, citocromo $c_1$ e *clusters* de FeS. (As letras usadas para designar os citocromos foram dadas na ordem da sua descoberta.) Cada citocromo é uma proteína que contém um ferro-heme (grupo prostético) (Seção 22.11) em sua estrutura. O complexo III tem dois canais através dos quais dois íons $H^+$ são bombeados do $CoQH_2$ para o espaço intermembrana. O processo é muito complicado. Por questão de simplificação, podemos imaginar que ele ocorre em duas etapas distintas, como a da transferência de elétrons. Como cada citocromo c pode aceitar apenas um elétron, duas unidades de citocromo c são necessárias:

$$CoQH_2 + 2 \text{ citocromo c (oxidado)} \longrightarrow CoQ + 2H^+ + 2 \text{ citocromo c (reduzido)}$$

O citocromo c também é um carreador móvel de elétrons – ele pode se mover lateralmente no espaço intermembrana.

O complexo IV, conhecido como citocromo c oxidase, contém 13 subunidades – a mais importante é o citocromo $a_3$, um grupo heme ao qual se encontra associado um centro de cobre. O complexo IV é um complexo proteico integral de membrana. O movimento de elétrons segue do citocromo c para o citocromo a e para o citocromo $a_3$. Então, os elétrons são transferidos para a molécula de oxigênio, e a ligação O—O é quebrada. A forma oxidada da enzima recebe dois íons $H^+$ da matriz para cada átomo de oxigênio. A molécula de água é formada dessa forma e liberada na matriz:

$$\frac{1}{2} O_2 + 2H^+ + 2e^- \longrightarrow H_2O$$

Durante esse processo, dois íons $H^+$ são bombeados para fora da matriz e para dentro do espaço intermembrana. Embora o mecanismo de bombeamento de prótons da matriz não seja conhecido, a energia que viabiliza esse processo é derivada da energia proveniente da formação de água. A injeção final de prótons no espaço intermembrana resulta em um total de seis íons $H^+$ por NADH + $H^+$ e quatro íons $H^+$ por molécula de $FADH_2$.

## 27.6 Qual é a função da bomba quimiosmótica na produção de ATP?

Como o transporte de elétrons e $H^+$ produz a energia química da ATP? Em 1961, Peter Mitchell (1920-1992), um químico inglês, propôs a **teoria quimiostática** para responder a essa questão: a energia na cadeia de transporte de elétrons cria um gradiente de prótons. Um **gradiente de prótons** é uma variação contínua da concentração de $H^+$ em dada região. Nesse caso, existe uma maior concentração de $H^+$ no espaço intermembrana do que dentro da mitocôndria. A força motriz, que resulta no fluxo espontâneo de íons de uma região de alta concentração para uma região de baixa concentração, impulsiona os prótons de volta para a mitocôndria através de um complexo conhecido como **ATPase translocadora de prótons**.

Esse composto está localizado na membrana interna da mitocôndria (Figura 27.10) e é a enzima ativa que catalisa a conversão de ADP e fosfato inorgânico em ATP (a reação reversa da mostrada na Figura 27.5);

$$ADP + P_i \xrightleftharpoons{ATPase} ATP + H_2O$$

Estudos subsequentes confirmaram essa teoria, e Mitchell recebeu o Prêmio Nobel em 1978.

A ATPase translocadora de próton é um complexo que funciona como o "rotor de um motor" constituído de 16 proteínas diferentes. O setor $F_0$, que está embebido na membrana, contém **canais de prótons** (Figura 27.10). As 12 subunidades que formam esse canal rodam cada vez que um próton passa do lado citoplasmático (intermembrana) para o lado da matriz da mitocôndria. Essa rotação é transmitida para um "rotor" na Seção $F_1$, que contém cinco tipos de polipeptídeos. O rotor (subunidades $\gamma$ e $\varepsilon$) é rodeado por uma unidade catalítica (constituída das subunidades $\alpha$ e $\beta$) que sintetiza ATP. A unidade catalítica converte a energia mecânica do rotor em energia na molécula de ATP. A última unidade contém a subunidade $\delta$, que estabiliza todo o conjunto de subunidades. A ATPase translocadora de prótons pode catalisar a reação nos dois sentidos. Quando os prótons que se acumularam do lado externo da mitocôndria fluem para dentro, a enzima produz ATP e armazena a energia elétrica (devida ao fluxo de cargas) na forma de energia química. Na reação inversa, a enzima hidrolisa ATP e, como consequência, bombeia para fora o $H^+$ do interior da mitocôndria. Cada par de prótons translocado é devido à formação da molécula de ATP. A produção de energia só é possível quando as duas partes da ATPase translocadora de prótons ($F_1$ e $F_0$) estão unidas. Quando a interação entre $F_1$ e $F_0$ é rompida, perde-se a transdução de energia.

Os prótons que entram na mitocôndria se combinam com os elétrons transportados através da cadeia de transporte de elétrons e com oxigênio para formar água. O resultado bruto dos dois processos (transporte de elétrons/$H^+$ e formação de ATP) é que o oxigênio que inalamos reage com quatro íons $H^+$ e quatro elétrons provenientes das moléculas de NADH e $FADH_2$ que foram produzidas no ciclo do ácido cítrico. O oxigênio, portanto, apresenta duas funções:

**Teoria quimiostática** A proposição de Mitchell de que o transporte de elétrons é acompanhado por um acúmulo de prótons no espaço intermembrana da mitocôndria, que, por sua, vez cria uma pressão osmótica; os prótons voltam para a mitocôndria e, sob essa pressão, geram ATP.

- Ele oxida $NADH$ a $NAD^+$ e $FADH_2$ a $FAD$, de forma que essas moléculas possam voltar e participar do ciclo do ácido cítrico.
- Ele fornece energia para a conversão de ADP em ATP.

A última função é realizada indiretamente, porém não através da redução de $O_2$ à $H_2O$. A entrada de íons $H^+$ na mitocôndria leva à formação de ATP, mas os íons $H^+$ entram na mitocôndria porque o oxigênio diminuiu a concentração de íons $H^+$ quando ocorreu a formação de água. Esse processo relativamente complexo envolve o transporte de elétrons através de uma série de enzimas (que catalisam todas as reações).

As cadeias de transporte de elétrons e $H^+$ e o subsequente processo de fosforilação são coletivamente conhecidos como fosforilação oxidativa. As seguintes equações representam as reações globais na fosforilação oxidativa:

$$NADP + 3ADP + \frac{1}{2}O_2 + 3Pi + H^+ \longrightarrow NAD^+ + 3ATP + H_2O \quad \text{(Eq. 27.2)}$$

$$FADH_2 + 2ADP + \frac{1}{2}O_2 + 2P_i \longrightarrow FAD + 2ATP + H_2O \quad \text{(Eq. 27.3)}$$

## 27.7 Qual é o rendimento energético resultante do transporte de H⁺ e elétrons?

A energia liberada durante o transporte de elétrons é finalmente capturada na forma de energia química na molécula de ATP. Por essa razão, é instrutivo visualizar o rendimento energético na "moeda" bioquímica universal: o número de moléculas de ATP.

Cada par de prótons que entra na mitocôndria resulta na produção de uma molécula de ATP. Para cada molécula de NADH, três pares de prótons são bombeados no espaço intermembrana, no processo de transporte de elétrons. Portanto, para cada molécula de NADH, obtemos três moléculas de ATP, como pode ser visto na Equação 27.2. Para cada molécula de $FADH_2$, somente quatro prótons são bombeados para fora da mitocôndria. Logo, somente duas moléculas de ATP são produzidas para cada $FADH_2$, como pode ser observado na Equação 27.3. Note que a produção de moléculas de ATP é mostrada o mais próximo possível do número total. O processo é complexo, e esses números representam a maneira menos complicada de lidar com o balanço das reações envolvidas.

Agora é possível avaliar o balanço energético da via catabólica comum completa (ciclo do ácido cítrico e fosforilação oxidativa conjuntamente). Para cada fragmento $C_2$ que entra no ciclo do ácido cítrico, obtemos três NADH e uma $FADH_2$ (Equação 27.1) mais uma GTP, que é equivalente em conteúdo energético à ATP. Logo, o número total de moléculas de ATP produzidas por fragmento de $C_2$ é

$$\begin{aligned} 3\ NADH \times 3\ ATP/NADH &= 9\ ATP \\ 1\ FADH_2 \times 2\ ATP/FADH_2 &= 2\ ATP \\ 1\ GTP &= \underline{1\ ATP} \\ &= 12\ ATP \end{aligned}$$

Cada fragmento de $C_2$ que entra no ciclo produz 12 moléculas de ATP e usa duas moléculas de $O_2$. O efeito global na cadeia de produção de energia das reações discutidas neste capítulo (a via catabólica comum) é a oxidação de um fragmento $C_2$ com duas moléculas de $O_2$ para produzir duas moléculas de $CO_2$ e 12 moléculas de ATP.

$$C_2 + 2O_2 + 12ADP + 12\ P_i \longrightarrow 12ATP + 2CO_2$$

O ponto importante não é o subproduto, $CO_2$, mas as 12 moléculas de ATP. Essas moléculas liberarão energia quando forem convertidas em ADP.

## 27.8 Como a energia química é convertida em outras formas de energia?

Como mencionado na Seção 27.3, o armazenamento de energia química na forma de ATP dura pouco tempo. Usualmente, em um minuto, a ATP é hidrolisada (reação exotérmica), e a energia química, liberada. Como o organismo usa essa energia química? Para responder a essa questão, vamos ver as diferentes formas nas quais a energia se faz necessária no organismo.

## A. Conversão em outras formas de energia química

A atividade de várias enzimas é controlada e regulada pela fosforilação. Por exemplo, a enzima fosforilase, que catalisa a quebra de glicogênio ("Conexões químicas 28B"), existe em uma forma inerte denominada fosforilase *b*.

Filamento grosso (miosina)
Filamento fino (actina)

(a) Músculo relaxado

(b) Músculo contraído

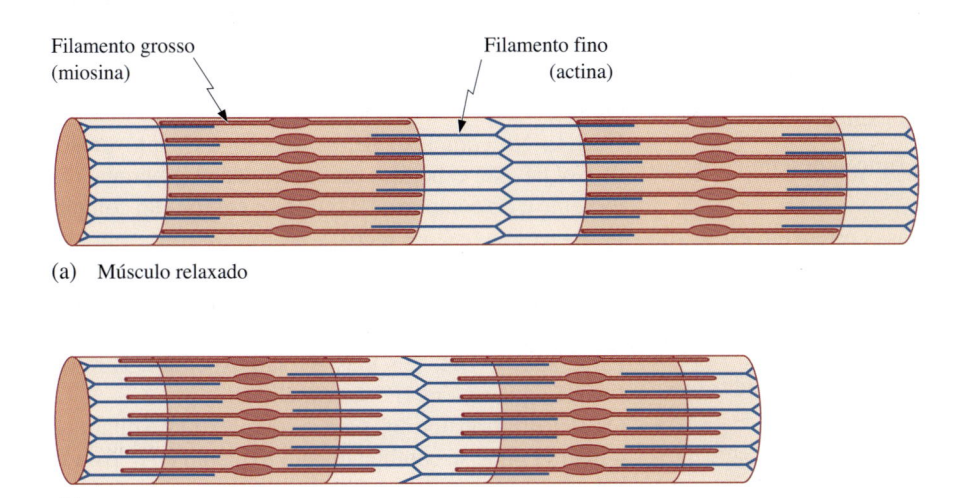

**FIGURA 27.11** Diagrama esquemático da contração muscular.

Quando a ATP transfere um grupo fosfato para um resíduo de serina, a enzima se torna ativa. Portanto, a energia química da ATP é usada na forma de energia química para ativar a fosforilase *b*, e então o glicogênio pode ser utilizado. Veremos outros exemplos dessa conversão de energia nos capítulos 28 e 29.

## B. Energia elétrica

O organismo mantém uma alta concentração de íons $K^+$ dentro das células, embora a concentração fora das células seja baixa. O reverso é válido para $Na^+$. Uma vez que $K^+$ não difunde para fora das células e $Na^+$ não entra nas células, proteínas especiais de transporte na membrana celular constantemente bombeiam $K^+$ para dentro e $Na^+$ para fora das células. Esse bombeamento requer energia, que é fornecida pela hidrólise de ATP em ADP. Por causa do bombeamento, as cargas no interior e no exterior das células não são iguais, o que origina um potencial elétrico. Então, a energia da ATP é transformada em energia elétrica potencial, que atua na neurotransmissão (Seção 24.2).

## C. Energia mecânica

A ATP é a fonte instantânea de energia na contração muscular. Essencialmente, a contração muscular ocorre quando filamentos grossos e finos deslizam uns sobre os outros (Figura 27.11). O filamento grosso é a miosina, uma enzima ATPase (isto é, uma enzima que hidrolisa ATP). O filamento fino, actina, se liga fortemente à miosina no estado contraído. Entretanto, quando a ATP se liga à miosina, o complexo actina-miosina se dissocia, e o músculo relaxa. Quando a miosina hidrolisa a ATP, ela interage novamente com a actina, e uma nova contração ocorre. Dessa forma, a hidrólise de ATP direciona a associação e dissociação alternada da actina e miosina e, consequentemente, a contração e relaxação dos músculos.

## D. Energia na forma de calor

Uma molécula de ATP, ao ser hidrolisada para formar ADP, fornece 7,3 kcal/mol. Parte dessa energia é liberada como calor e usada para manter a temperatura corporal. Se estimarmos que o calor específico do corpo é aproximadamente o mesmo da água, uma pessoa de 60 kg precisará de cerca de 99 mols (aproximadamente 50 kg) de ATP para aumentar a temperatura do corpo da temperatura ambiente, 25 °C, para 37 °C. Nem todo aquecimento do corpo é devido à hidrólise da ATP; algumas outras reações exotérmicas no corpo contribuem para o fornecimento de calor.

## Resumo das questões-chave

### Seção 27.1 O que é metabolismo?

- A soma total de todas as reações químicas envolvidas no estado dinâmico das células é chamada **metabolismo**.
- A fragmentação das moléculas é o **catabolismo**, e a construção (síntese) das moléculas é o **anabolismo**.

### Seção 27.2 O que são mitocôndrias e que função desempenham no metabolismo?

- Várias atividades metabólicas nas células ocorrem em estruturas especializadas chamadas **organelas**.
- As **mitocôndrias** são organelas nas quais ocorrem as reações da **via catabólica comum**.

### Seção 27.3 Quais são os principais compostos da via metabólica comum?

- A via metabólica comum oxida um fragmento de dois carbonos $C_2$ (acetila) proveniente de diferentes alimentos. Os produtos da oxidação são água e dióxido de carbono.
- A energia da oxidação é adicionada na molécula armazenadora de alta energia **ATP**. À medida que os fragmentos de $C_2$ são oxidados, prótons ($H^+$) e elétrons são liberados e passam por carreadores (transportadores).
- Os principais carreadores na via catabólica comum são: ATP (carreia fosfato), **CoA** (carreia fragmentos $C_2$) e **NAD$^+$** e **FAD** (transportam íons hidrogênio (prótons) e elétrons). A ADP é o grupo comum presente em todos esses carreadores. A terminação não ativa desses carreadores funciona como uma alça que se ajusta no sítio ativo das enzimas.

### Seção 27.4 Qual é a relevância do ciclo do ácido cítrico no metabolismo?

- No **ciclo do ácido cítrico**, o fragmento $C_2$ inicialmente se combina com um fragmento $C_4$ (oxaloacetato) para formar um fragmento $C_6$ (citrato). Uma descarboxilação oxidativa origina um fragmento $C_5$. Um $CO_2$ é liberado, e [NADH + $H^+$] é transferido à **cadeia de transporte de elétrons** para ser posteriormente oxidado.
- Outra descarboxilação oxidativa fornece um fragmento $C_4$. Novamente, um $CO_2$ é liberado, e outro [NADH + $H^+$] é transferido para a cadeia de transporte de elétrons.
- As enzimas do ciclo do ácido cítrico estão localizadas na matriz mitocondrial. O controle desse ciclo ocorre por um mecanismo de retroalimentação.

### Seção 27.5 Como ocorre o transporte de H$^+$ e elétrons?

- Os elétrons da NADH entram na cadeia de transporte no complexo I. A coenzima Q (CoQ) desse complexo recebe os elétrons e H$^+$ e transforma-os em CoQH$_2$. A energia dessa reação de redução é usada para expelir dois íons H$^+$ da matriz para o espaço intermembrana.
- O complexo II também tem CoQ. Elétrons e H$^+$ são passados a esse complexo, que catalisa então a transferência de elétrons da FADH$_2$. Entretanto, nessa etapa, íons H$^+$ não são bombeados no espaço intermembrana.
- Os elétrons são transferidos para o complexo III através da CoQH$_2$. No complexo III, os dois íons H$^+$ provenientes da CoQH$_2$ são expelidos no espaço intermembrana. O citocromo c do complexo III transfere elétrons ao complexo IV através de reações redox.
- À medida que os elétrons são transportados do citocromo c ao complexo IV, mais dois íons H$^+$ são expelidos da matriz da mitocôndria para o espaço intermembrana.
- Para cada NADH, seis íons H$^+$ são expelidos. Para cada FADH$_2$, quatro íons H$^+$ são expelidos.
- Os elétrons transferidos para o complexo IV voltam para a matriz, onde se combinam com oxigênio e H$^+$ para formar água.

### Seção 27.6 Qual é a função da bomba quimiosmótica na produção de ATP?

- O ciclo do ácido cítrico e a **fosforilação oxidativa** ocorrem na mitocôndria. As enzimas do ciclo do ácido cítrico se encontram na matriz mitocondrial, enquanto as enzimas da cadeia de transporte de elétrons e da fosforilação oxidativa estão localizadas na membrana interna mitocondrial. Algumas delas se projetam no espaço intermembrana.
- Quando os íons H$^+$ expelidos pela cadeia de transporte de elétrons voltam para o interior da mitocôndria, eles ativam uma enzima complexa chamada **ATPase translocadora de prótons**, que produz uma molécula de ATP para cada dois íons H$^+$ que entram na mitocôndria.
- A ATPase translocadora de prótons é uma molécula complexa que funciona como um "rotor de motor". A parte correspondente ao canal de próton ($F_0$) está embebida na membrana, e a unidade catalítica ($F_1$) converte energia mecânica em energia química na molécula de ATP.

### Seção 27.7 Qual é o rendimento energético resultante do transporte de H$^+$ e elétrons?

- Para cada NADH + H$^+$ que provém do ciclo do ácido cíclico, três moléculas de ATP são formadas. Para cada FADH$_2$, duas moléculas de ATP são formadas. Resultado global: para cada fragmento que entra no ciclo do ácido cíclico, 12 moléculas de ATP são produzidas.

### Seção 27.8 Como a energia química é convertida em outras formas de energia?

- A energia química fica armazenada na ATP somente por um período curto – a ATP é rapidamente hidrolisada, usualmente em um minuto.
- Essa energia química é usada para produzir trabalho químico, mecânico e elétrico no organismo e para manter a temperatura corpórea.

## Problemas

### Seção 27.1 O que é metabolismo?

27.1 Qual é o produto final no qual a energia dos alimentos acaba sendo convertida na via catabólica?

27.2 (a) Quantas etapas existem na via catabólica comum? (b) Dê o nome de cada uma das etapas.

### Seção 27.2 O que são mitocôndrias e que função desempenham no metabolismo?

27.3 (a) Quantas membranas tem a mitocôndria?
(b) Qual membrana é permeável a íons e pequenas moléculas?

27.4 Como as enzimas da via catabólica comum entram na mitocôndria?

27.5 O que são as cristas e como se relacionam com a membrana interna da mitocôndria?

27.6 (a) Onde as enzimas do ciclo do ácido cítrico estão localizadas?
(b) Onde as enzimas da fosforilação oxidativa estão localizadas?

### Seção 27.3 Quais são os principais compostos da via metabólica comum?

27.7 Quantas ligações de fosfato de alta energia existem na molécula de ATP?

27.8 Quais são os produtos da seguinte reação? Complete a equação.

$$AMP + H_2O \xrightarrow{H^+}$$

27.9 O que fornece mais energia: (a) a hidrólise de ATP ou de ADP ou (b) a hidrólise de ADP ou de AMP?

27.10 Qual é a quantidade de ATP necessária para a realização das atividades diárias dos humanos?

27.11 Que tipo de ligação química ocorre entre a ribose e o grupo fosfato na FAD?

27.12 Quando a $NAD^+$ é reduzida, dois elétrons são adicionados com o íon $H^+$. Em que parte da molécula estão localizados os elétrons que foram adicionados na redução?

27.13 Quais átomos da flavina na FAD são reduzidos para formar a $FADH_2$?

27.14 A $NAD^+$ tem duas unidades de ribose na sua estrutura, e a FAD tem uma ribose e um ribitol. Qual é a relação entre essas duas moléculas?

27.15 Na via catabólica comum, várias moléculas importantes agem como carreadores (transportadores, agentes de transferência).
(a) Qual é o carreador de grupos fosfato?
(b) Quais são as enzimas de transferência de íons hidrogênio (prótons) e elétrons?
(c) Que tipos de grupos são conduzidos pela coenzima A?

27.16 O ribitol na FAD está ligado ao fosfato. Qual é o tipo dessa ligação? Com base nas energias das diferentes ligações na ATP, estime quanta energia (em kcal/mol) seria obtida da hidrólise dessa ligação.

27.17 Que tipo de ligação química existe entre o ácido pantotênico e a mercaptoetilamina na CoA?

27.18 Que resíduos de vitamina B fazem parte de (a) $NAD^+$, (b) FAD e (c) coenzima A?

27.19 Na $NAD^+$ e FAD, a porção de vitamina B dessas moléculas corresponde à parte ativa da molécula. Isso também é verdadeiro para a CoA?

27.20 Que tipo de composto é formado quando a coenzima A reage com acetato?

27.21 As gorduras e os carboidratos metabolizados por nossos corpos são eventualmente convertidos em um único composto. Qual é esse composto?

### Seção 27.4 Qual é a relevância do ciclo do ácido cítrico no metabolismo?

27.22 A primeira etapa do ciclo do ácido cítrico pode ser abreviada como

$$C_2 + C_4 = C_6$$

(a) O que significam essas designações?
(b) Quais são os nomes usuais dos três compostos envolvidos nessa reação?

27.23 Qual é o único composto $C_5$ no ciclo do ácido cítrico?

27.24 Identifique, utilizando números, as etapas do ciclo do ácido cítrico que não são reações redox.

27.25 Que substrato no ciclo do ácido cítrico é oxidado pela FAD? Qual é o produto de oxidação?

27.26 Nas etapas ③ e ⑤ do ciclo do ácido cítrico, os compostos são diminuídos em uma unidade de carbono de cada vez. Qual é esse composto de um carbono? O que acontece com ele no nosso organismo?

27.27 De acordo com a Tabela 23.1, a que classe de enzimas pertence a fumarase?

27.28 Liste todas as enzimas ou sistemas enzimáticos do ciclo do ácido cítrico que podem ser classificados como oxirredutases.

27.29 A ATP é produzida durante cada etapa do ciclo do ácido carboxílico? Explique.

27.30 Existem quatro compostos dicarboxílicos, cada um contendo quatro carbonos no ciclo do ácido cítrico. Qual é (a) o menos oxidado e (b) o mais oxidado?

27.31 Por que um processo cíclico de várias etapas é mais eficiente na utilização da energia dos alimentos do que uma única etapa de combustão?

27.32 As duas moléculas de $CO_2$ liberadas de uma vez do ciclo do ácido cítrico são todas provenientes do grupo acetila?

27.33 Que intermediários do ciclo do ácido cítrico contêm ligações duplas C=C?

27.34 O ciclo do ácido cítrico pode ser regulado pelo organismo, isto é, ele pode ser desacelerado ou acelerado. Que mecanismo controla esse processo?

27.35 A oxidação é definida como a perda de elétrons. Quando ocorre a descarboxilação oxidativa, como na etapa ④ do ciclo do ácido cítrico, para onde vão os elétrons do α-cetoglutarato?

**Seção 27.5 Como ocorre o transporte de H⁺ e elétrons?**

27.36 Qual é a principal função da fosforilação oxidativa (a cadeia de transporte de elétrons)?

27.37 O que são os carreadores móveis da fosforilação oxidativa?

27.38 Em cada sistema de transporte de elétrons, a reação redox ocorre principalmente envolvendo íons de Fe.
(a) Identifique os compostos que apresentam íons de Fe.
(b) Identifique os compostos que contêm outros íons diferentes do ferro.

27.39 Que tipo de movimentação ocorre na ATPase translocadora de prótons pela passagem de H⁺ do espaço intermembrana para a matriz?

27.40 A seguinte reação é reversível:
$$NADH \rightleftharpoons NAD^+ + H^+ + 2e^-$$
(a) Onde a reação direta ocorre na via catabólica comum?
(b) Onde ocorre a reação reversa?

27.41 Na fosforilação oxidativa, a água é formada a partir de H⁺, e⁻ e $O_2$. Onde isso ocorre?

27.42 Em que pontos da fosforilação oxidativa os íon H⁺ e elétrons são separados?

27.43 Quantas moléculas de ATP são geradas (a) para cada H⁺ translocado pelo complexo ATPase e (b) para cada fragmento $C_2$ que passa completamente pela via catabólica comum?

27.44 Quando o H⁺ é bombeado no espaço intermembrana, o pH aumenta, diminui ou não muda se comparado com o da matriz?

**Seção 27.6 Qual é a função da bomba quimiosmótica na produção de ATP?**

27.45 O que é o canal através do qual os íons reentram na matriz mitocondrial?

27.46 O gradiente de prótons se acumula na área intermembrana da mitocôndria e aciona a enzima de produção de ATP, a ATPase. Por que Mitchell denominou esse conceito de "teoria quimiostática"?

27.47 Que parte do sistema da ATPase translocadora de prótons corresponde à unidade catalítica? Que reação química ela catalisa?

27.48 Quando a interação entre as duas partes da ATPase translocadora de prótons, $F_0$ e $F_1$, são rompidas, não ocorre produção de energia. Que subunidades mantêm conexões com $F_0$ e $F_1$, e que nomes são atribuídos a essas subunidades?

**Seção 27.7 Qual é o rendimento energético resultante do transporte de H⁺ e elétrons?**

27.49 Se cada mol de ATP rende 7,3 kcal de energia quando é hidrolisado, quantas quilocalorias de energia serão produzidas quando 1 g de $CH_3COO^-$ entrar no ciclo?

27.50 Uma hexose ($C_6$) entra na via catabólica comum na forma de dois fragmentos $C_2$.
(a) Quantas moléculas de ATP são produzidas de uma molécula de hexose?
(b) Quantas moléculas de $O_2$ são usadas nesse processo?

**Seção 27.8 Como a energia química é convertida em outras formas de energia?**

27.51 (a) Como os músculos se contraem?
(b) De onde provêm a energia para a contração muscular?

27.52 Dê um exemplo da conversão da energia química do ATP em energia elétrica.

27.53 Como a enzima fosforilase é ativada?

**Conexões químicas**

27.54 (Conexões químicas 27A) O que é um protonóforo?

27.55 (Conexões químicas 27A) A oligomicina é um antibiótico que permite a continuação do transporte de elétrons. Entretanto, ela interrompe a fosforilação tanto nas bactérias como nos humanos. Você usaria essa droga antibacteriana em pessoas? Explique.

**Problemas adicionais**

27.56 (a) Qual é a diferença entre a estrutura da ATP e da GTP?
(b) Comparada com a ATP, você esperaria que a GTP contivesse uma maior, menor ou aproximadamente a mesma quantidade de energia?

27.57 Quantos gramas de $CH_3COOH$ (da acetil-CoA) precisam ser metabolizados na via metabólica comum para originar 87,6 kcal de energia?

27.58 Qual é a diferença básica entre os grupos funcionais do citrato e do isocitrato?

27.59 A passagem de íons do lado citoplasmático para o interior da matriz gera energia mecânica. Em que parte da ATPase essa energia de movimento se manifesta inicialmente?

27.60 Que tipo de reação ocorre no ciclo do ácido cítrico quando um composto $C_6$ é convertido em um composto $C_5$?

27.61 Que características estruturais têm em comum os ácidos cítrico e málico?

27.62 Dois cetoácidos são importantes no ciclo do ácido cítrico. Identifique-os e indique como são produzidos.

27.63 Que filamento dos músculos é uma enzima que catalisa a reação que converte ATP em ADP?

27.64 Um dos produtos finais do metabolismo dos alimentos é a água. Quantas moléculas de água são formadas a partir das moléculas de (a) NADH + H⁺ e (b) $FADH_2$? (*Dica*: Utilize a Figura 27.10.)

27.65 Quantos estereocentros existem no isocitrato?

27.66 Uma molécula de acetil-CoA foi marcada com um carbono radioativo desta forma: $CH_3$*CO—S—CoA. Esse composto entra no ciclo do ácido cítrico. Caso o ciclo seja conduzido apenas até a etapa do α-cetoglutarato, o $CO_2$ a ser expelido será radioativo?

27.67 Onde está localizado o canal de íons $H^+$ no complexo da ATPase translocadora de prótons?

27.68 A passagem de íons $H^+$ através do canal é convertida diretamente em energia química?

27.69 A energia total usada na síntese de ATP é proveniente da energia mecânica de rotação?

27.70 (a) No ciclo do ácido cítrico, quantas etapas podem ser classificadas como reações de descarboxilação?
(b) Em cada caso, qual é o agente oxidante? (*Dica*: Ver Tabela 23.1.)

27.71 Qual é a função da succinato desidrogenase no ciclo do ácido cítrico?

27.72 Quantos estereocentros existem no malato?

27.73 Qual é a fonte (origem) do dióxido de carbono que exalamos?

27.74 O oxigênio se combina diretamente com compostos de carbono para produzir dióxido de carbono?

27.75 Alguns refrigerantes contêm ácido cítrico para realçar o sabor. O ácido cítrico pode ser considerado um bom nutriente?

27.76 A ATPase mitocondrial é uma proteína integrante de membrana? Explique.

27.77 Todos os complexos da cadeia de transporte de elétrons geram a energia suficiente para a síntese de ATP?

27.78 Por que a ATPase mitocondrial é considerada uma proteína motora?

### Ligando os pontos

27.79 Por que o citrato isomeriza para isocitrato antes de qualquer etapa de oxidação que ocorre no ciclo do ácido cítrico?

27.80 Por que os processos tratados neste capítulo são chamados via catabólica comum, em vez de dar essa denominação a quaisquer outros processos metabólicos?

27.81 Na via de transporte de elétrons, quais são as duas maneiras pela qual o ferro faz parte da estrutura das proteínas?

27.82 Por que é necessário que as proteínas da cadeia de transporte de elétrons sejam proteínas integrais de membrana?

27.83 Por que é necessário ter carreadores de elétrons móveis como parte da cadeia de transporte de elétrons?

27.84 Por que a perda de $CO_2$ torna o ciclo do ácido cítrico irreversível?

### Antecipando

27.85 Por que o ciclo do ácido cítrico corresponde a um processo central das vias biossintéticas e catabólicas?

27.86 Existe uma diferença significativa no rendimento energético da via catabólica central se a FAD, e não a $NAD^+$, é usada como um carreador de elétrons?

27.87 É provável que as vias biossintéticas envolvam oxidação, como na via catabólica comum, ou redução? Por quê?

27.88 É provável que as vias biossintéticas liberem energia, como na via catabólica comum, ou requeiram energia? Por quê?

### Desafios

27.89 Um humano típico apresenta variações de peso muito pequenas durante o curso de um dia. Como essa afirmação é consistente com a estimativa de que o corpo humano produz até 40 kg de ATP a cada dia?

27.90 Quando a via de transporte de elétrons foi inicialmente estudada, os pesquisadores usaram inibidores para bloquear o fluxo de elétrons. Por que é provável que esses inibidores poderiam auxiliar na determinação da ordem dos carreadores?

27.91 O oxigênio não aparece em qualquer reação do ciclo do ácido cítrico, mas é considerado parte do metabolismo aeróbico. Por quê?

27.92 Algumas das moléculas importantes para a transferência de grupos fosfato, elétrons e grupos acetila podem aparecer em outras vias metabólicas que serão abordadas nos próximos capítulos?

# Vias catabólicas específicas: metabolismo de carboidratos, lipídeos e proteínas

## 28

A bailarina obtém energia do catabolismo dos nutrientes.

### Questões-chave

**28.1** Quais são os aspectos gerais das vias catabólicas?

**28.2** Quais são as reações da glicólise?

**28.3** Qual é o rendimento energético do catabolismo da glicose?

**28.4** Como ocorre o catabolismo do glicerol?

**28.5** Quais são as reações da $\beta$-oxidação dos ácidos graxos?

**28.6** Qual é o rendimento energético do catabolismo do ácido esteárico?

**28.7** O que são corpos cetônicos?

**28.8** Como o nitrogênio dos aminoácidos é processado no catabolismo?

**28.9** Como a cadeia carbônica dos aminoácidos é processada no catabolismo?

**28.10** Quais são as reações do catabolismo da heme?

## 28.1 Quais são os aspectos gerais das vias catabólicas?

Os alimentos que comemos servem a dois propósitos principais: (1) suprir as nossas necessidades de energia e (2) fornecer as matérias-primas para a obtenção dos compostos de que nosso organismo precisa. Antes que esses dois processos ocorram, os alimentos – carboidratos, gorduras e proteínas – precisam ser quebrados (fragmentados) em moléculas menores que possam ser absorvidas através das paredes dos intestinos. Vamos estudar a digestão mais detalhadamente no Capítulo 30. Neste capítulo, com o capítulo precedente e o próximo, manteremos o foco principal nos aspectos químicos do metabolismo.

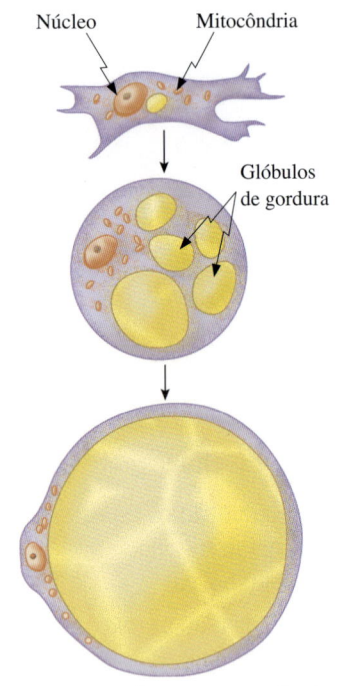

**FIGURA 28.1** Armazenamento de gordura em uma célula adiposa. Quanto mais e mais gotículas de gordura acumulam no citoplasma, elas coalescem para formar um grande glóbulo de gordura. Esse glóbulo pode ocupar a maior parte da célula, empurrando o citoplasma e as organelas para a periferia. (Modificada de C. A. Villee, E. P. Solomon e P. W. Davis, *Biology*, Philadelphia: Saunders College Publishing, 1985.)

**Reservatório de aminoácidos** Aminoácidos livres encontrados fora ou no interior das células ao longo do organismo.

**Glicólise** A via bioquímica que quebra a glicose em piruvato, que fornece energia química na forma de ATP e coenzimas reduzidas.

### A. Carboidratos

Os carboidratos complexos (di e polissacarídeos) da dieta são fragmentados por enzimas e ácidos estomacais que originam os monossacarídeos, e o mais importante é a glicose (Seção 30.3). A glicose também é proveniente da quebra do glicogênio que é armazenado no fígado e nos músculos até que seja necessária a sua utilização. Uma vez que os monossacarídeos são produzidos, eles podem ser usados ou para construir novos oligo e polissacarídeos ou para fornecer energia. A maneira específica pela qual a energia é extraída dos monossacarídeos é chamada glicólise (seções 28.2 e 28.3).

### B. Lipídeos

As gorduras ingeridas são hidrolisadas por lipases, formando glicerol e ácidos graxos ou monoglicerídeos, os quais são absorvidos pelo intestino (Seção 30.4). De forma similar, os lipídeos complexos são hidrolisados em menores unidades antes de sua absorção. Como no caso dos carboidratos, as moléculas menores (ácidos graxos, glicerol e assim por diante) podem ser usadas para construir moléculas complexas que são necessárias nas membranas: elas podem ser oxidadas para fornecer energia ou armazenadas em **depósitos de armazenamento de gordura** (Figura 28.1). As gorduras armazenadas podem ser hidrolisadas a glicerol e ácidos graxos sempre que forem necessárias como combustível.

A via específica pela qual a energia é extraída do glicerol envolve a mesma via da glicólise que é usada para os carboidratos (Seção 28.4). A via específica usada pelas células para obter energia dos ácidos graxos é chamada $\beta$-oxidação (Seção 28.5).

### C. Proteínas

Pelo que você sabe da estrutura das proteínas (Capítulo 22), já é esperado que elas sejam hidrolisadas por HCl no estômago e por enzimas digestivas no estômago (pepsina) e nos intestinos (tripsina, quimotripsina e carboxipeptidase) para fornecer os seus aminoácidos constituintes. Os aminoácidos absorvidos através da parede intestinal entram no **reservatório de aminoácidos** e servem como blocos de construção das proteínas e, em uma menor escala (especialmente durante a inanição), como combustíveis para a produção de energia. No último caso, o nitrogênio dos aminoácidos é catabolizado pela desaminação oxidativa e pelo ciclo da ureia, sendo expelido do organismo como ureia na urina (Seção 28.8). As cadeias carbônicas dos aminoácidos entram na via catabólica comum (Capítulo 27), assim como $\alpha$-cetoácidos (ácidos pirúvicos, oxalacético, $\alpha$-cetoglutárico) ou acetil coenzima A (Seção 28.9).

Em todos os casos, *as vias específicas de carboidratos, triglicérides (gorduras) e do catabolismo de proteínas convergem para a via catabólica comum* (Figura 28.2). Dessa maneira, o organismo precisa de um menor número de enzimas para obter energia dos diversos tipos de alimentos. A eficiência é obtida porque um número mínimo de etapas químicas é requerido e porque a fábrica de produção de energia está localizada na mitocôndria.

## 28.2 Quais são as reações da glicólise?

A **glicólise** é a via específica pela qual o organismo obtém energia dos monossacarídeos. As etapas detalhadas da glicólise são mostradas na Figura 28.3, e os aspectos mais importantes são esquematizados na Figura 28.4.

### A. Glicólise da glicose

Nas primeiras etapas do metabolismo da glicose, a energia é consumida em vez de ser liberada. À custa de duas moléculas de ATP (que são convertidas em ADP), a glicose é fosforilada. Primeiro, a glicose 6-fosfato é formada na etapa ①, então, após isomerização para frutose 6-fosfato na etapa ②, um segundo grupo fosfato é ligado na molécula para formar frutose 1,6-difosfato na etapa ③. Essas etapas podem ser consideradas etapas de ativação.

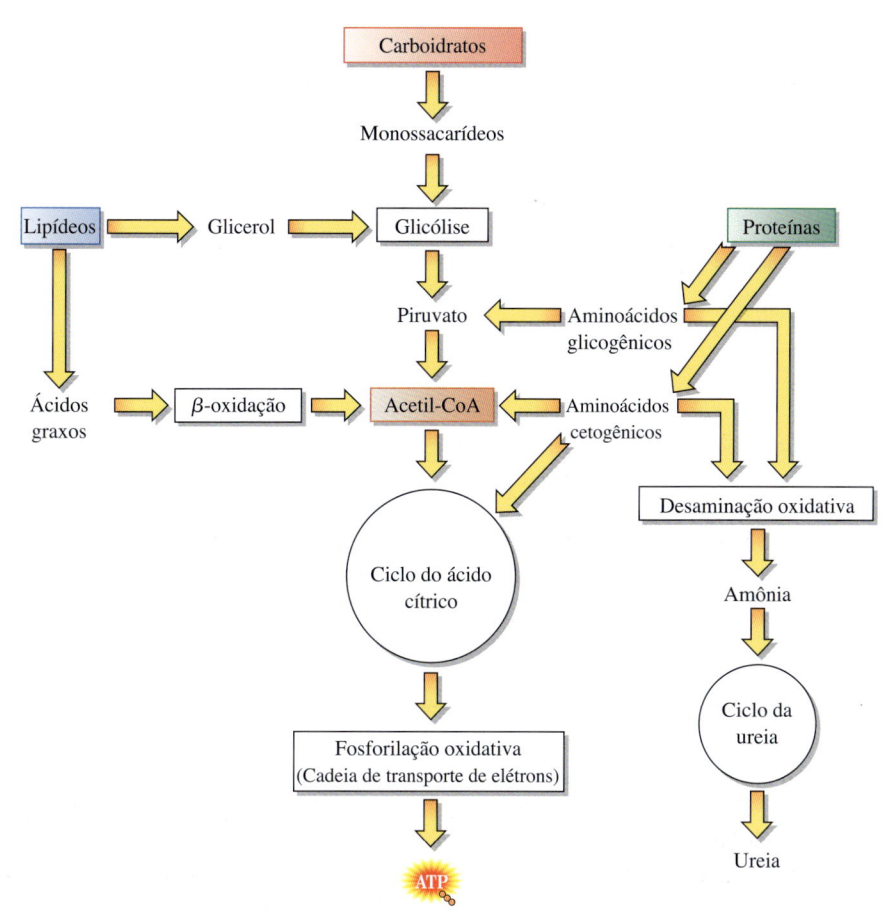

**FIGURA 28.2** A convergência da vias catabólicas específicas de carboidratos, gorduras e proteínas na via catabólica comum que é constituída do ciclo do ácido cítrico e da fosforilação oxidativa.

No segundo estágio, o composto $C_6$, frutose 1,6-difosfato, é quebrado em dois fragmentos $C_3$ na etapa ④. Os dois fragmentos $C_3$, gliceraldeído 3-fosfato e di-hidroxiacetona fosfato, estão em equilíbrio (eles podem ser interconvertidos um no outro). Somente o gliceraldeído 3-fosfato é oxidado na glicólise, mas, à medida que esta espécie é removida da mistura em equilíbrio, o equilíbrio se desloca (ver discussão sobre o princípio de Le Chatelier na Seção 7.7) e a di-hidroxiacetona fosfato é convertida em gliceraldeído 3-fosfato.

No terceiro estágio, o gliceraldeído 3-fosfato é oxidado a 1,3-difosfogliceraldeído na etapa ⑤. O hidrogênio do grupo aldeído é removido pela coenzima $NAD^+$. Na etapa ⑥, o fosfato do grupo carboxila é transferido para a ADP, resultando em ATP e 3-fosfoglicerato. Este último composto, após isomerização na etapa ⑦ e desidratação na etapa ⑧, é convertido em fosfoenolpiruvato, que perde o seu fosfato remanescente na etapa ⑨ e forma piruvato e outra molécula de ATP. (Na etapa ⑨, após a hidrólise do fosfato, o enol resultante do ácido pirúvico tautomeriza para a forma mais estável ceto (Seção 17.5).) A etapa ⑨ é também uma etapa de "desfecho", e as duas moléculas de ATP produzidas aqui (uma de cada fragmento $C_3$) representam o rendimento líquido de ATPs na glicólise. A etapa ⑨ é catalisada por uma enzima, a piruvato quinase, cujo sítio ativo foi descrito em "Conexões químicas 23C". Essa enzima desempenha um papel-chave na regulação da glicólise. Por exemplo, a piruvato quinase é inibida por ATP e ativada por AMP. Portanto, quando existe abundância de ATP, a glicólise é diminuída; quando há escassez de ATP e os níveis de AMP são altos, a glicólise é acelerada.

Todas essas reações da glicólise ocorrem no citoplasma fora da mitocôndria. Como elas ocorrem sem a presença de oxigênio, também são chamadas **via anaeróbica**. Como indicado na Figura 28.4, o produto final da glicólise, o piruvato, não se acumula no organismo.

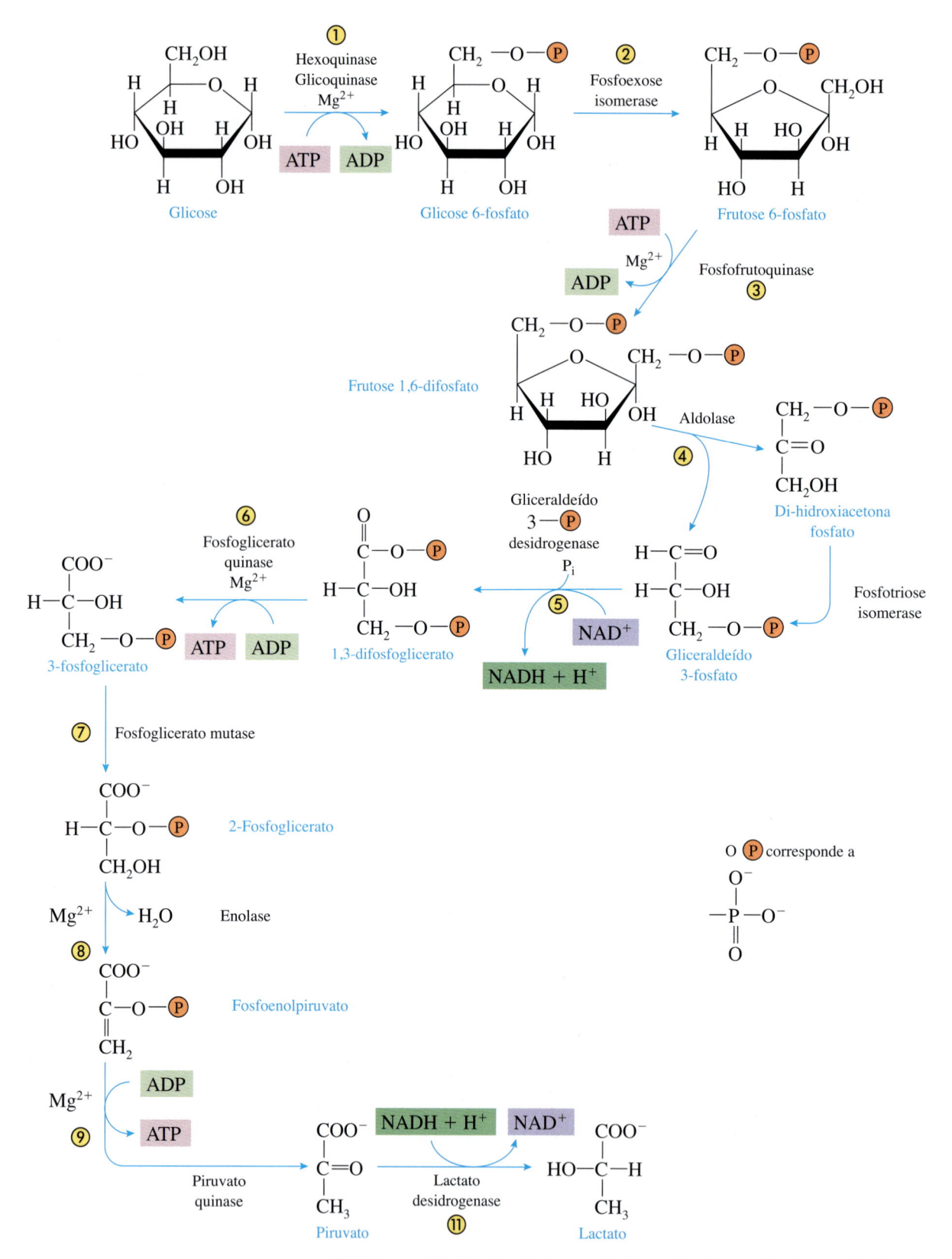

**FIGURA 28.3** Glicólise, a via do metabolismo da glicose. (As etapas ⑩, ⑫ e ⑬ são mostradas na Figura 28.4.) Algumas das etapas são reversíveis, mas as setas de equilíbrio não são mostradas (elas aparecem na Figura 28.4).

Em certas bactérias e leveduras, o piruvato é descarboxilado na etapa ⑩ para produzir etanol. Quando não há oxigênio, em algumas bactérias e mamíferos, o piruvato é reduzido a lactato na etapa ⑪. As reações que produzem etanol nos organismos capazes de realizar a fermentação alcoólica funcionam ao contrário da metabolização de etanol pelos humanos.

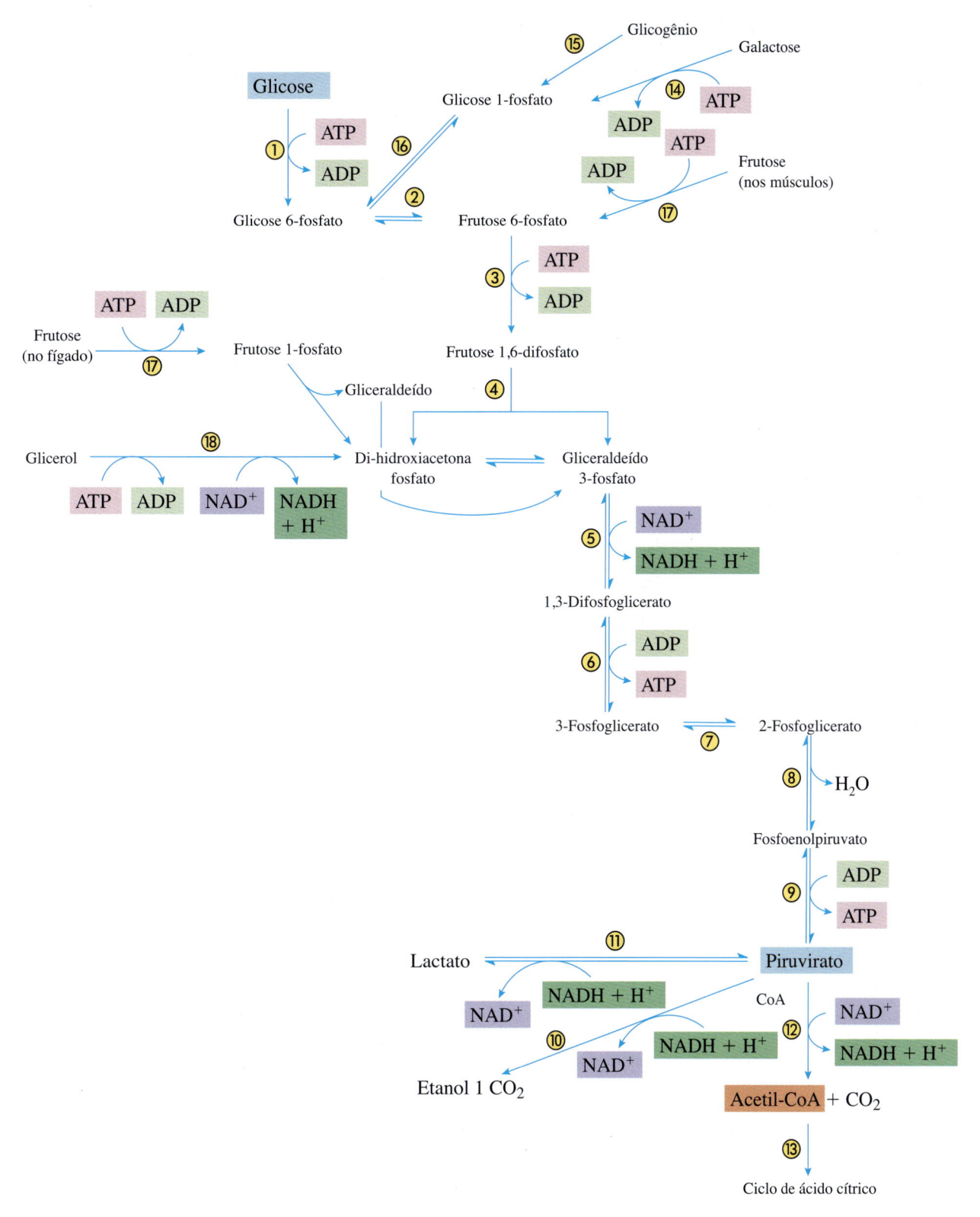

**FIGURA 28.4** Uma visão da glicólise e das entradas e saídas de substâncias. As setas de equilíbrio representam etapas reversíveis. Determinada doença pode afetar as quantidades relativas dos materiais de partida metabolizados pela glicólise ou o destino do piruvato produzido.

O acetaldeído (Seção 17.2), que é o produto de uma dessas reações, é certa substância tóxica responsável por muitos danos na síndrome fetal alcoólica. A transferência de nutrientes e oxigênio para o feto é diminuída, resultando em consequências trágicas.

## Conexões químicas 28A

### Acúmulo de lactato

Vários atletas sofrem de cãibras quando realizam exercícios extenuantes (ver Capítulo 8). Esse problema resulta do deslocamento do catabolismo normal da glicose (glicólise: ciclo do ácido cítrico: fosforilação oxidativa) para a produção de lactato (ver etapa ⑪ na Figura 28.4). Durante a realização dos exercícios, o oxigênio é usado rapidamente, o que diminui a velocidade da via catabólica comum. A demanda por energia faz a glicólise anaeróbica ocorrer a uma velocidade elevada, mas, por causa da via aeróbica (que requer oxigênio) que é desacelerada, nem todo o piruvato produzido na glicólise entra no ciclo do ácido cítrico. O excesso de piruvato termina como lactato, que causa contrações musculares dolorosas.

O mesmo desvio do catabolismo ocorre no músculo cardíaco quando uma trombose coronária leva a uma parada cardíaca. O bloqueio das artérias que vão ao músculo cardíaco suprime o fornecimento de oxigênio. A via catabólica comum e a produção de ATP são consequentemente derrubadas. A glicólise ocorre então de forma acelerada, originando o acúmulo de lactato. O músculo cardíaco contrai, produzindo cãibras. Da mesma forma que na musculatura esquelética, a massagem no músculo cardíaco pode aliviar as cãibras e reiniciar o batimento cardíaco. Mesmo que o batimento cardíaco seja reiniciado em 3 minutos (o tempo em que o cérebro pode sobreviver sem ser danificado), a acidose pode se manifestar como um resultado da parada cardíaca. É por isso que, ao mesmo tempo que os esforços são realizados para restabelecer os batimentos cardíacos por meios químicos, físicos ou elétricos, uma infusão de 8,4% de uma solução de bicarbonato é administrada para combater a acidose.

### B. Entrada no ciclo do ácido cítrico

Piruvato não é o produto final no metabolismo da glicose. O aspecto importante é a sua descarboxilação oxidativa na presença de coenzima A na etapa ⑫ para produzir acetil-CoA:

$$NAD^+ + CH_3-\underset{Piruvato}{\underset{\|}{\overset{O}{C}}}-COO^- + CoA-SH \longrightarrow CH_3-\underset{Acetil\ coenzima\ A}{\underset{\|}{\overset{O}{C}}}-S-CoA + CO_2 + NADH + H^+$$

Essa reação é catalisada por um complexo enzimático, a piruvato desidrogenase, que se situa na membrana interna da mitocôndria. A reação produz acetil-CoA, $CO_2$ e $NADH + H^+$. A acetil-CoA então entra no ciclo do ácido cítrico na etapa ⑬ e segue através da via metabólica comum.

Em suma, após converter carboidratos complexos em glicose, o organismo obtém energia da glicose, convertendo-a em acetil-CoA (pela via do piruvato), e então usa acetil-CoA como uma matéria-prima de partida para a via catabólica comum.

### C. Via das pentoses-fosfato

**Via das pentoses-fosfato** A via bioquímica que produz ribose e NADPH a partir da glicose-6-fosfato ou, alternativamente, libera energia.

Como vimos na Figura 28.4, a glicose 6-fosfato desempenha um papel central em várias etapas da via glicolítica. Entretanto, a glicose 6-fosfato pode também ser usada pelo organismo para outros propósitos, não apenas para a produção de energia na forma de ATP. Mais importante, a glicose 6-fosfato pode ser desviada para a **via das pentoses-fosfato** na etapa ⑲ (Figura 28.5). Essa via tem a capacidade de produzir NADPH e ribose na etapa ⑳, além de energia.

O NADPH é necessário em vários processos biossintéticos, incluindo a síntese de ácidos graxos insaturados (Seção 29.3), colesterol, aminoácidos, assim como na fotossíntese ("Conexões químicas 29A") e na redução da ribose para formar desoxirribose para o DNA.

A ribose é necessária para a síntese de RNA (Seção 25.3). Portanto, quando o organismo precisa desses ingredientes sintéticos mais que a produção de energia, a glicose é usada na via da pentose. Quando a produção de energia se faz necessária, a glicose 6-fosfato permanece na via glicolítica – e mesmo a ribose 5-fosfato pode ser desviada de volta para a glicólise através do gliceraldeído 3-fosfato. Através dessa reação reversível, as células podem também obter ribose diretamente de intermediários glicolíticos. Além disso, o NADPH também pode ser necessário nas células vermelhas como defesa contra danos oxidativos. A glutationa é o agente principal usado para manter a hemoglobina na forma reduzida. A glutationa é regenerada pelo NADPH, logo uma quantidade insuficiente de NADPH (quando usado intensamente no combate aos agentes oxidantes) leva à destruição das células vermelhas, causando uma séria anemia.

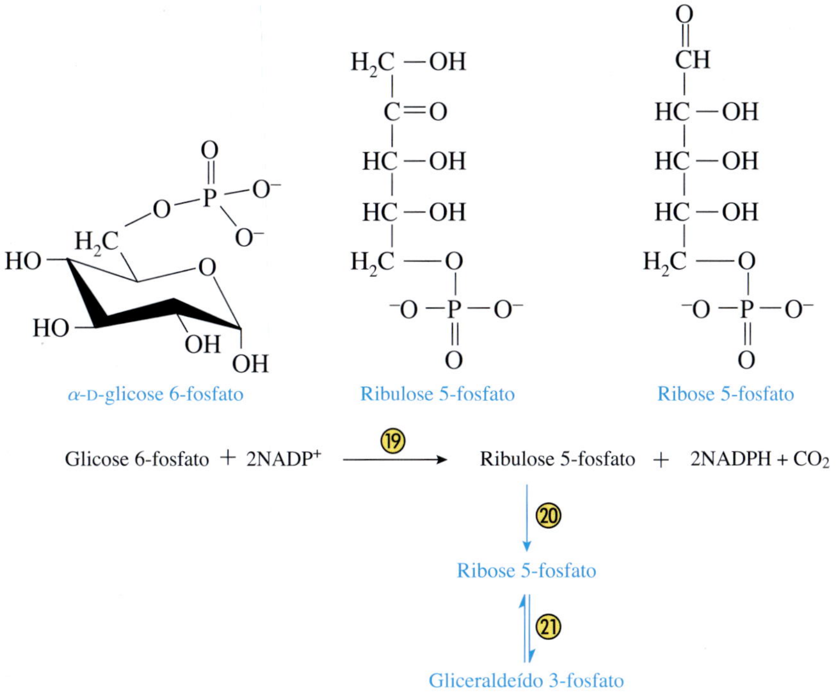

α-D-glicose 6-fosfato    Ribulose 5-fosfato    Ribose 5-fosfato

Glicose 6-fosfato + 2NADP⁺ —⑲→ Ribulose 5-fosfato + 2NADPH + $CO_2$

↓ ⑳

Ribose 5-fosfato

↓ ㉑

Gliceraldeído 3-fosfato

**FIGURA 28.5** Representação esquemática simplificada da via das pentoses-fosfato, também chamada desvio. Nessa figura, as etapas 19 e 21 correspondem às múltiplas etapas na via apresentada.

## 28.3 Qual é o rendimento energético do catabolismo da glicose?

Com base na Figura 28.4, podemos contabilizar a somatória da quantidade de energia que deriva do catabolismo da glicose em termos da produção de ATP. Entretanto, inicialmente precisamos levar em consideração o fato de que a glicólise ocorre no citoplasma, enquanto a fosforilação oxidativa acontece na mitocôndria. Consequentemente, o NADH + H⁺ produzido na glicólise no citoplasma precisa ser convertido em NADH na mitocôndria antes que possa ser usado na fosforilação oxidativa.

A NADH é muito grande para atravessar a membrana mitocondrial. Duas rotas estão disponíveis para obter elétrons na mitocôndria e apresentam diferentes eficiências. No transporte de glicerol 3-fosfato, que funciona nos músculos e nas células nervosas, somente duas moléculas de ATP são produzidas para cada NADH + H⁺. Na outra rota de transporte, que funciona no coração e no fígado, três moléculas de ATP são produzidas para cada NADH + H⁺, como no caso da mitocôndria (Seção 27.7). Pelo fato de a maior parte da produção de energia ocorrer nas células dos músculos esqueléticos, quando construímos uma planilha do balanço energético, usamos duas moléculas de ATP para cada NADH + H⁺ produzido no citoplasma. (Músculos ligados aos ossos são chamados músculos esqueléticos; músculos cardíacos pertencem a uma categoria diferente de tecido muscular.)

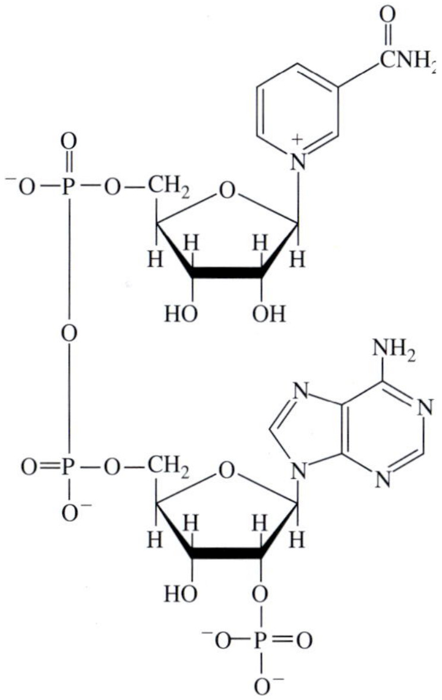

Nicotinamida adenina dinucleotídeo fosfato (NADP⁺)

**TABELA 28.1** Rendimento de ATP no metabolismo completo da glicose

| Número da etapa na Figura 28.4 | Etapas químicas | Número de moléculas de ATP produzidas |
|---|---|---|
| ①②③ | Ativação (glicose ⟶ 1,6-frutose difosfato) | −2 |
| ⑤ | Fosforilação 2 (gliceraldeído 3-fosfato ⟶ 1,3-difosfoglicerato) produzindo 2 (NADH + H⁺) no citosol | 4 |
| ⑥⑨ | Desfosforilação 2 (1,3-difosfoglicerato ⟶ piruvato) | 4 |
| ⑫ | Descarboxilação oxidativa 2 (piruvato ⟶ acetil-CoA), produzindo 2 (NADH + H⁺) na mitocôndria | 6 |
| ⑬ | Oxidação de dois fragmentos $C_2$ no ciclo do ácido cítrico e fosforilação oxidativa da via comum, produzindo 12 ATP para cada fragmento $C_2$ | 24 |
| | Total | 36 |

Com essas informações, estamos prontos para calcular o rendimento energético da glicose em termos das moléculas de ATP produzidas nos músculos esqueléticos. A Tabela 28.1 mostra as contas. No primeiro estágio da glicólise (etapas ①, ② e ③), duas moléculas de ATP são utilizadas, mas essa perda é mais que compensada pela produção de 14 moléculas de ATP nas etapas ⑤, ⑥, ⑨ e ⑫ e na conversão de piruvato em acetil-CoA. O rendimento líquido dessas etapas é de 12 moléculas de ATP. Como foi visto na Seção 27.7, a oxidação de uma molécula de acetil-CoA produz 12 moléculas de ATP, e uma molécula de glicose fornece duas moléculas de acetil-CoA. Portanto, o rendimento total do metabolismo de uma molécula de glicose no músculo esquelético é de 36 moléculas de ATP ou 6 moléculas de ATP por átomo de carbono.

$$C_6H_{12}O_6 + 6O_2 \longrightarrow 6CO_2 + 6H_2O$$

Se a mesma molécula de glicose é metabolizada no coração ou no fígado, os elétrons de duas moléculas de NADH produzidas na glicólise são transportados para a mitocôndria pelo sistema malato-aspartato. Através da via de transporte, duas moléculas de NADH fornecem um total de 6 moléculas de ATP, logo, nesse caso, 38 moléculas de ATP são produzidas para cada molécula de glicose. É instrutivo notar que a maior parte da energia (na forma de ATP) proveniente da glicose é produzida na via metabólica comum. Estudos recentes sugerem que aproximadamente de 30 a 32 moléculas de ATP são, na verdade, produzidas por molécula de glicose (2,5 ATP/NADH e 1,5 ATP/$FADH_2$). Para confirmar esses números, ainda se fazem necessárias novas pesquisas para a elucidação mais detalhada da fosforilação oxidativa. Referimo-nos a essa questão de forma breve no Capítulo 27 quando mencionamos que o rendimento de ATP relatado se refere ao número inteiro mais próximo do real. Aqui podemos ver como a complexidade da fosforilação oxidativa afeta a energia do metabolismo.

A glicose não é o único monossacarídeo que pode ser usado como fonte de energia. Outras hexoses, como a galactose (etapa ⑭) e frutose (etapa ⑰), entram na via glicolítica nos estágios indicados na Figura 28.4. Esses monossacarídeos também fornecem 36 moléculas de ATP por molécula de hexose. Além disso, o glicogênio armazenado no fígado e nos músculos e em outras partes do organismo pode ser convertido por enzimas em glicose 1-fosfato (etapa ⑮). Esse composto, por sua vez, isomeriza em glicose 6-fosfato, fornecendo uma entrada na via glicolítica (etapa ⑯). A via na qual o glicogênio se fragmenta em glicose é chamada **glicogênese**.

Agora que vimos as reações catabólicas dos carboidratos, vamos voltar nossa atenção para outra fonte principal de energia, o catabolismo dos lipídeos. Lembre que, para os triglicerídeos, que são a principal forma de armazenamento de energia dos lipídeos, precisamos considerar duas partes: o glicerol e os ácidos graxos.

> **Glicogênese** A via bioquímica da formação de glicose pela quebra do glicogênio.

## 28.4 Como ocorre o catabolismo do glicerol?

O glicerol proveniente da hidrólise das gorduras ou dos lipídeos complexos (Capítulo 21) pode também ser uma rica fonte de energia. A primeira etapa na utilização do glicerol é uma etapa de ativação. O organismo usa uma molécula de ATP para formar glicerol 1-fosfato, que é igual a glicerol 3-fosfato:

$$\begin{array}{c} CH_2OH \\ | \\ CHOH \\ | \\ CH_2OH \end{array} \xrightarrow{ATP \quad ADP} \begin{array}{c} CH_2O-\text{P} \\ | \\ CHOH \\ | \\ CH_2OH \end{array} \xrightarrow{NAD^+ \quad NADH + H^+} \begin{array}{c} CH_2O-\text{P} \\ | \\ C=O \\ | \\ CH_2OH \end{array}$$

Glicerol → Glicerol 1-fosfato → Di-hidroxiacetona fosfato

O glicerol fosfato é oxidado por $NAD^+$, o que forma di-hidroxiacetona fosfato e $NADH + H^+$. A di-hidroxiacetona fosfato entra então na via glicolítica (etapa ⑱ na Figura 28.4) e é isomerizada a gliceraldeído 3-fosfato. Um rendimento líquido de 20 moléculas de ATP é produzido para cada molécula de glicerol ou 6,7 moléculas de ATP por átomo de carbono.

## 28.5 Quais são as reações da β-oxidação dos ácidos graxos?

Já em 1904, Franz Knoop, trabalhando na Alemanha, propôs que o corpo utiliza ácidos graxos como fonte de energia, pela quebra dessas moléculas em fragmentos. Antes da fragmentação, o carbono-β (o segundo átomo a partir do grupo COOH) é oxidado:

$$-C-C-C-\overset{\beta}{C}-\overset{\alpha}{C}-COOH$$

O nome **β-oxidação** (ou oxidação β) tem sua origem nas previsões de Knoop, que levou cerca de 50 anos para estabelecer o mecanismo pelo qual os ácidos graxos são utilizados como fonte de energia.

A Figura 28.6 descreve o processo global do metabolismo dos ácidos graxos. Como ocorre com os outros alimentos já estudados, a primeira etapa envolve a ativação. No caso geral do catabolismo de lipídeos, a ativação ocorre no citosol, onde a gordura foi previamente hidrolisada em glicerol e ácidos graxos. A ATP é convertida em AMP e fosfato inorgânico (etapa ①), que é equivalente à clivagem de duas ligações de fosfato de alta energia. A energia química derivada da hidrólise da ATP é agregada à molécula de acil-CoA, que se forma quando o ácido graxo se combina com a coenzima A. A oxidação do ácido graxo ocorre dentro da mitocôndria, portanto o grupo acila precisa passar através da membrana mitocondrial. A molécula que realiza o transporte dos grupos acila é a carnitina. O sistema enzimático que catalisa esse processo de transporte é a carnitina aciltransferase.

Uma vez que o ácido graxo está na forma de acil-CoA no interior da mitocôndria, tem início a β-oxidação. Na primeira oxidação (desidrogenação; etapa ②), dois hidrogênios são removidos, criando uma dupla ligação *trans* entre os carbonos alfa e beta da cadeia acila. Os hidrogênios e elétrons são incorporados pela FAD.

Na etapa ③, a dupla ligação é hidratada. Uma enzima coloca especificamente o grupo hidroxila no C-3, o carbono beta. A segunda oxidação (desidrogenação; etapa ④) requer $NAD^+$. Os dois hidrogênios e elétrons removidos são transferidos para $NAD^+$ para formar $NADH + H^+$. Na etapa ⑤, a enzima tiolase cliva o fragmento $C_2$ terminal (uma acetil-CoA) da cadeia, e o resto da molécula é ligado a uma nova molécula de coenzima A.

O ciclo começa então novamente com a acil-CoA remanescente, que é agora dois carbonos mais curta. A cada volta da espiral, uma acetil-CoA é produzida. A maioria dos ácidos graxos contém um número par de átomos de carbono. A espiral cíclica continua até atingir os últimos quatro átomos de carbono. Quando esse fragmento entra no ciclo, duas moléculas de acetil-CoA são produzidas na etapa de fragmentação.

A β-oxidação dos ácidos graxos insaturados ocorre da mesma forma. Uma etapa extra está envolvida, na qual a dupla ligação *cis* é isomerizada para uma ligação *trans*; além disso, a espiral é a mesma.

**β-oxidação** A via bioquímica que degrada ácidos graxos em acetil-CoA pela remoção de dois carbonos de uma vez e pela produção de energia.

### Conexões químicas 28B

#### Efeitos da transdução de sinal no metabolismo

A cascata de eventos "adição do ligante/proteína G/adenilato ciclase", que ativa proteínas por fosforilação, tem amplos efeitos além da abertura e do fechamento dos canais de íons (Figura 24.4). Um exemplo da extensão desses efeitos é a glicogênio fosforilase, que participa da quebra do glicogênio armazenado nos músculos. Essa enzima cliva unidades de glicose 1-fosfato do glicogênio, que entra na via glicolítica e fornece energia instantânea (Seção 28.2). A fosforilase *a* é a forma ativa da enzima que corresponde à forma fosforilada. Quando ela é desfosforilada, origina-se a forma inativa (fosforilase *b*). Quando sinais de perigo da epinefrina chegam a uma célula muscular, a fosforilase é ativada através da cascata de eventos, e energia instantânea é produzida. Dessa maneira, o sinal é convertido em um processo metabólico, permitindo aos músculos a contração rápida de que a pessoa que está em perigo precisa para lutar ou correr.

Nem todas as fosforilações de enzimas resultam em ativação. Considere a glicogênio sintase. Nesse caso, a forma fosforilada da enzima é inativa, e a forma desfosforilada é ativa. Essa enzima participa, na glicogênese, da conversão de glicose em glicogênio. A ação da glicogênio sintase é o oposto da fosforilase. A natureza nos mostra então um belo balanço, visto que o sinal de perigo da epinefrina tem um duplo alvo: ele ativa a fosforilase para obter energia instantânea, mas simultaneamente inativa a glicogênio sintase, portanto a glicose disponível será usada apenas para a energia e não será armazenada na forma de glicogênio.

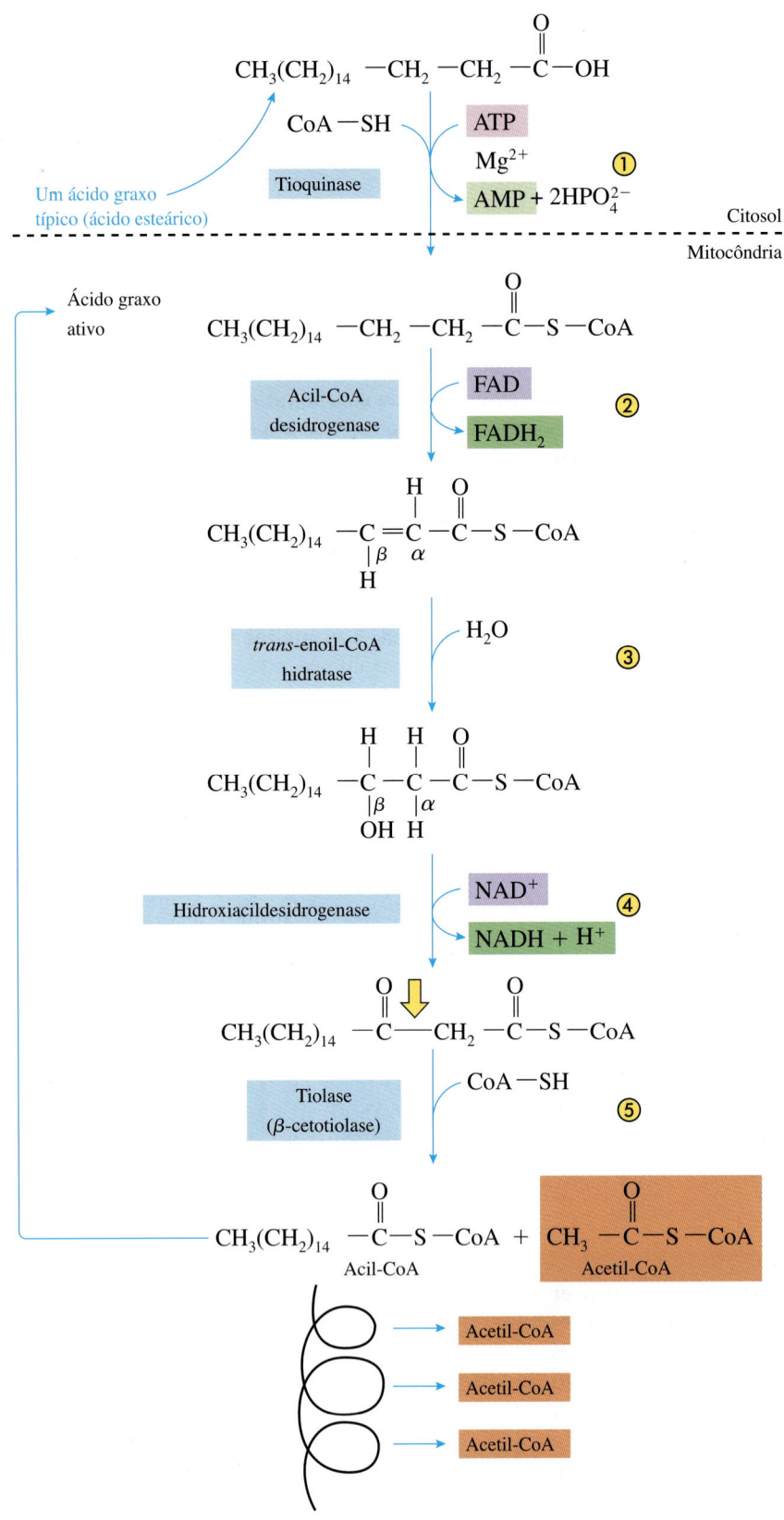

FIGURA 28.6 Espiral da β-oxidação dos ácidos graxos. Cada laço (volta) na espiral contém duas desidrogenações, uma hidratação e uma fragmentação. Ao fim de cada volta, uma molécula de acetil-CoA é liberada.

## 28.6 Qual é o rendimento energético do catabolismo do ácido esteárico?

Para comparar o rendimento de energia dos ácidos graxos com outros alimentos, vamos selecionar um ácido graxo abundante, o ácido esteárico, um ácido graxo $C_{18}$ saturado.

Comecemos pela etapa inicial, na qual a energia é usada em vez de ser produzida. A reação quebra duas ligações de anidrido fosfórico de alta energia:

$$ATP \longrightarrow AMP + 2P_i + energia$$

Essa reação é equivalente à hidrólise de duas moléculas de ATP que origina a ADP. Em cada ciclo da espiral, obtemos uma $FADH_2$, um $NADH + H^+$ e uma acetil-CoA. O ácido esteárico ($C_{18}$) passa por sete ciclos na espiral antes de atingir o estágio final. No último ciclo (o oitavo), uma $FADH_2$, um $NADH + H^+$ e duas moléculas de acetil-CoA são produzidos. Agora podemos calcular a energia. A Tabela 28.2 mostra que, para um ácido graxo $C_{18}$, obtemos um total de 146 moléculas de ATP.

TABELA 28.2 Rendimento de ATP no metabolismo completo da glicose

| Número da etapa na Figura 28.6 | Etapas químicas | Ocorre | Número de moléculas de ATP produzidas |
|---|---|---|---|
| ① | Ativação (ácido esteárico ⟶ estearil-CoA) | Uma vez | −2 |
| ② | Desidrogenação (acil-CoA ⟶ *trans*-enoil-CoA), produção de $FADH_2$ | 8 vezes | 16 |
| ④ | Desidrogenação (hidroxiacil-CoA ⟶ cetoacil-CoA), produzindo $NADH + H^+$ | 8 vezes | 24 |
| | Fragmento $C_2$ (acetil-CoA ⟶ via catabólica comum), produzindo 12 ATP para cada fragmento $C_2$ | 9 vezes | 108 |
| | | Total | 146 |

É instrutivo comparar o rendimento energético das gorduras com o dos carboidratos, já que ambos são constituintes importantes de nossa alimentação. Na Seção 28.2, nós vimos que a glicose produz 36 moléculas de ATP – isto é, 6 moléculas de ATP por cada átomo de carbono. Para o ácido esteárico, são 146 moléculas de ATP e 18 carbonos, ou 146/18 = 8,1 moléculas de ATP por átomo de carbono. A ATP produzida da porção de glicerol ainda adiciona mais moléculas de ATP. Logo, os ácidos graxos têm um maior valor calórico que os carboidratos.

## 28.7 O que são corpos cetônicos?

Apesar do alto conteúdo calórico das gorduras, o organismo preferencialmente utiliza glicose como um fornecedor de energia. Quando um animal está bem alimentado (ingestão abundante de açúcar), a oxidação dos ácidos graxos é inibida, e os ácidos graxos são armazenados na forma de gorduras neutras ou depósitos de gordura. Quando o exercício físico demanda energia, quando o fornecimento de glicose decresce (como no jejum ou inanição) ou ainda quando a glicose não pode ser utilizada (como no caso de diabetes), a via da β-oxidação do metabolismo dos ácidos graxos é ativada. Em algumas condições patológicas, a glicose pode não estar disponível totalmente, o que acrescenta maior importância ao ponto em estudo.

Infelizmente, baixos fornecimentos de glicose também diminuem o ciclo do ácido cítrico. Essa defasagem acontece porque certa quantidade de oxaloacetato é essencial para a continuidade do funcionamento do ciclo do ácido cítrico (Figura 27.8). O oxaloacetato é produzido a partir de malato, mas ele também é produzido pela descarboxilação de fosfoenol-piruvato (*phosphoenol pyruvate* – PEP):

$$CO_2 + \text{PEP} \underset{}{\overset{GDP \; GTP}{\rightleftharpoons}} \text{Oxaloacetato}$$

Se não existe glicose, não há glicólise, o PEP não se forma e, portanto, a produção de oxaloacetato é fortemente reduzida.

Dessa maneira, ainda que os ácidos graxos sejam oxidados, nem todos os fragmentos resultantes (acetil-CoA) podem entrar no ciclo do ácido cítrico porque não existe oxaloacetato suficiente. Como resultado, a acetil-CoA cresce no organismo, com as consequências descritas a seguir.

O fígado é capaz de condensar duas moléculas de acetil-CoA para produzir aceto acetil-CoA:

$$2\,CH_3-\!\!\overset{\overset{\displaystyle O}{\|}}{C}-\!\!SCoA \longrightarrow CH_3-\!\!\overset{\overset{\displaystyle O}{\|}}{C}-\!\!CH_2-\!\!\overset{\overset{\displaystyle O}{\|}}{C}-\!\!SCoA + CoASH$$

Acetil-CoA → Acetatoacetil-CoA

Quando o acetoacetil-CoA é hidrolisado, ele origina acetoacetato que pode ser reduzido para formar β-hidroxibutirato:

[Reação mostrando Acetoacetil-CoA + H₂O → Acetoacetato + CoASH + H⁺; Acetoacetato sendo reduzido (NADH + H⁺ → NAD⁺) a β-hidroxibutirato, e também descarboxilado (H⁺, CO₂) a Acetona]

**Corpos cetônicos** O nome que é dado de forma coletiva à acetona, acetoacetato e hidroxibutirato; são compostos produzidos a partir da acetil-CoA no fígado que são usados como combustíveis para a produção de energia pelas células musculares e neurônios.

Esses dois compostos, com as pequenas quantidades de acetona, são chamados coletivamente de **corpos cetônicos**. Sob condições normais, o fígado envia esses compostos na corrente sanguínea para serem conduzidos aos tecidos e utilizados como fonte de energia pela via catabólica comum. O cérebro, por exemplo, normalmente usa glicose como fonte de energia. Durante períodos de inanição, entretanto, os corpos cetônicos podem servir como a principal fonte de energia do cérebro. Normalmente, a concentração de corpos cetônicos no sangue é baixa. No entanto, na inanição e no diabetes não tratado, corpos cetônicos se acumulam no sangue e podem atingir altas concentrações. Quando se atinge a saturação, o excesso é secretado na urina. Um teste de corpos cetônicos na urina é usado para o diagnóstico do diabetes.

**Exemplo 28.1** Contando ATPs

Corpos cetônicos são uma fonte de energia especialmente durante dietas e na inanição. Se o acetoacetato é metabolizado através da β-oxidação e da via comum, quantas moléculas de ATP são produzidas?

### Estratégia

Primeiro, verifique, com base na Seção 28.7, que duas moléculas de acetil-CoA são produzidas. Então, consulte a Tabela 28.2, etapa final.

## Solução

Na etapa ①, a ativação de acetoacetato para acetoacetil-CoA requer 2 ATPs. A etapa ⑤ forma duas moléculas de acetil-CoA que entram na via catabólica comum, rendendo 12 moléculas de ATP para cada acetil-CoA, totalizando então 24 moléculas de ATP. O rendimento, portanto, é de 22 moléculas de ATP.

### Problema 28.1

Qual dos ácidos graxos fornece mais moléculas de ATP por átomo de carbono: (a) esteárico ou (b) láurico?

## 28.8 Como o nitrogênio dos aminoácidos é processado no catabolismo?

Em nossos alimentos, as proteínas são hidrolisadas na digestão em aminoácidos. Esses aminoácidos são primariamente utilizados para sintetizar novas proteínas. Entretanto, diferentemente dos carboidratos e das gorduras, eles não podem ser armazenados, logo, o excesso de aminoácidos é catabolizado para a produção de energia. A Seção 28.9 explica o que acontece ao esqueleto carbônico dos aminoácidos. Aqui vamos discutir o "destino" catabólico do nitrogênio. A Figura 28.7 apresenta uma visão do processo global do catabolismo das proteínas.

Nos tecidos, os grupos amino (—NH$_2$) livres se movem de um aminoácido ao outro. As enzimas que catalisam essas reações são as transaminases. Essencialmente, o catabolismo do nitrogênio no fígado ocorre em três estágios: transaminação, desaminação oxidativa e ciclo da ureia.

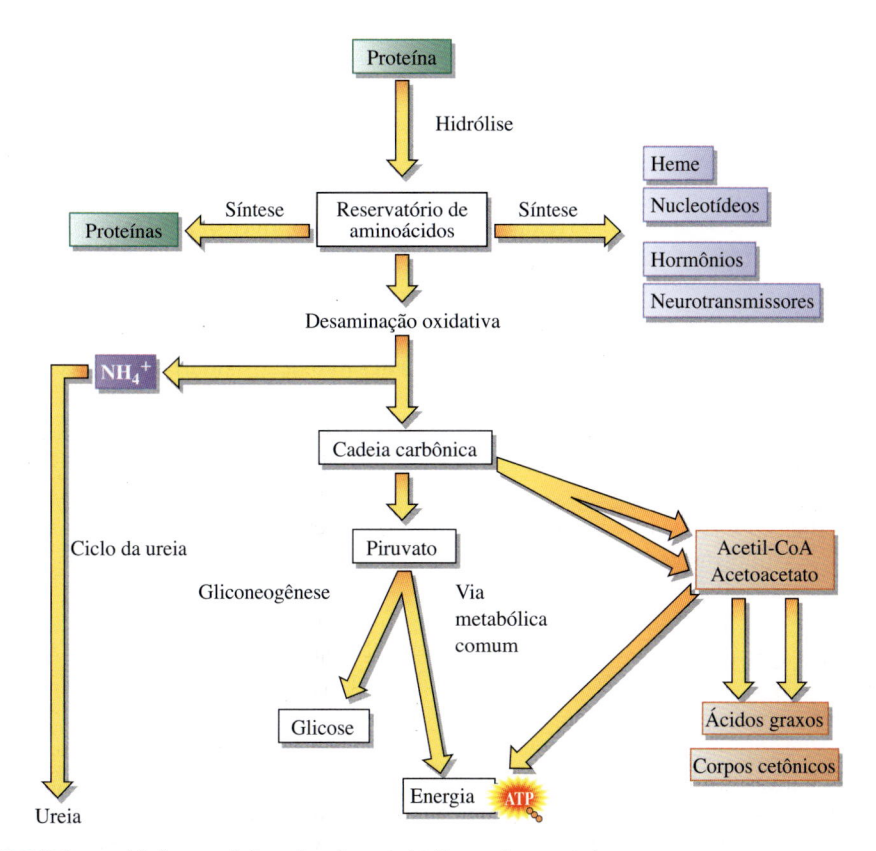

**FIGURA 28.7** Visão geral das vias do catabolismo das proteínas.

### A. Transaminação

No primeiro estágio, a **transaminação**, o aminoácido transfere seu grupo amino para a molécula de α-cetoglutarato:

**Transaminação** A troca de um grupo amina de um aminoácido pelo ceto grupo de um acetoácido.

## Conexões químicas 28C

### Cetoacidose no diabetes

No diabetes não tratado, a concentração de glicose no sangue é alta por causa da falta de insulina que previne a utilização da glicose pelas células. A administração regular de insulina pode remediar essa situação. Entretanto, em algumas condições de estresse, a **cetoacidose** pode ocorrer.

Um caso típico é o do paciente diabético que entra no hospital em um estado de semicoma. Ele mostra sinais de desidratação, sua pele está inelástica e rugosa, sua urina mostra altas concentrações de glicose e corpos cetônicos, seu sangue contém excesso de glicose e tem um pH de 7,0, uma queda de 0,4 unidades de pH em relação ao pH normal, que é um indicativo de uma acidose severa. A urina do paciente também contém a bactéria *Escherichia coli*. Essa indicação de infecção do trato urinário é explicada pelo fato de as doses normais de insulina serem incapazes de prevenir a cetoacidose.

O estresse da infecção pode desarranjar o controle normal do diabetes pela mudança do balanço entre a insulina administrada e outros hormônios produzidos no organismo. Esse desequilíbrio acontece durante a infecção, e o corpo começa a produzir corpos cetônicos em grandes quantidades. Os corpos cetônicos e a glicose aparecem no sangue antes de haver sinais alterados na urina.

A natureza ácida dos corpos cetônicos (ácido acetoacético e ácido $\beta$-hidroxibutírico) diminuem o pH sanguíneo. Uma grande diminuição no pH pode ser prevenida pelo tampão (Seção 9.10) bicarbonato/ácido carbônico, mas mesmo uma queda de 0,3 a 0,5 unidade de pH é suficiente para diminuir a concentração de $Na^+$. Esse decréscimo dos íons $Na^+$ nos fluidos intersticiais retira íons $K^+$ das células, o que prejudica as funções cerebrais e leva ao coma. Durante a secreção dos corpos cetônicos e glicose na urina, muita água é perdida, o corpo se torna desidratado, e o volume de sangue diminui. Como consequência, a pressão sanguínea cai, e a pulsação aumenta para compensar esse efeito. Pequenas quantidades de nutrientes chegam ao cérebro, o que também pode causar o coma.

O tipo de paciente mencionado aqui recebe então infusão com solução salina fisiológica para remediar a desidratação. Doses extras de insulina restabelecem o nível normal de glicose, e antibióticos curam a infecção urinária.

$$R-CH(NH_3^+)-COO^- + \text{$\alpha$-cetoglutarato} \xrightarrow{\text{transaminase}} R-C(=O)-COO^- + \text{Glutamato}$$

$\alpha$-aminoácido (forma zwitteriônica) + $\alpha$-cetoglutarato → $\alpha$-cetoácido + Glutamato

A cadeia carbônica do aminoácido remanesce agora como um $\alpha$-cetoácido. O catabolismo dessa cadeia será discutido na próxima seção.

**Desaminação oxidativa** A reação na qual se remove o grupo amino de um aminoácido e um $\alpha$-cetoácido é formado.

### B. Desaminação oxidativa

O segundo estágio do catabolismo do nitrogênio é a **desaminação oxidativa** do glutamato, que ocorre na mitocôndria:

$$\text{Glutamato} + NAD^+ + H_2O \rightleftharpoons NH_4^+ + \text{$\alpha$-cetoglutarato} + NADH + H^+$$

A desaminação oxidativa forma $NH_4^+$ e regenera $\alpha$-cetoglutarato, que pode participar novamente do primeiro estágio (transaminação). O $NADH + H^+$ produzido no segundo estágio entra na via da fosforilação oxidativa e eventualmente produz três moléculas de ATP. O organismo precisa se desfazer do $NH_4^+$ porque tanto ele como $NH_3$ são tóxicos.

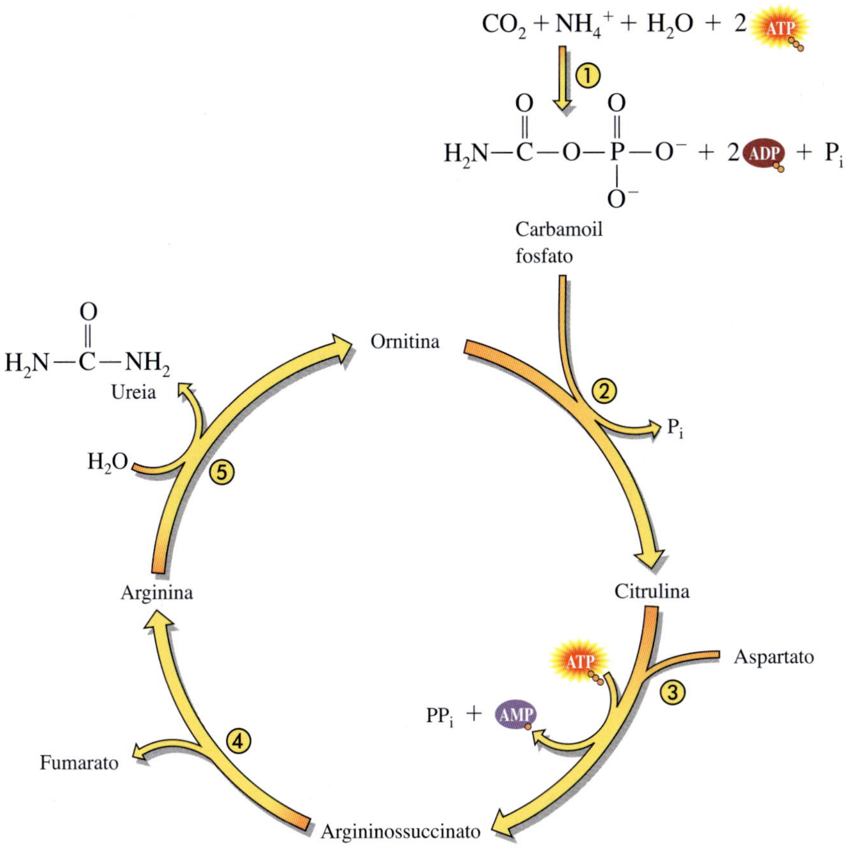

**Figura 28.8** O ciclo da ureia.

## C. Ciclo da ureia

No terceiro estágio, o $NH_4^+$ é convertido em ureia através do **ciclo da ureia** (Figura 28.8). Na etapa ①, o $NH_4^+$ é condensado com $CO_2$ na mitocôndria para formar um composto instável, o carbamoil fosfato. Essa condensação ocorre com o gasto de duas moléculas de ATP. Na etapa ②, o carbamoil fosfato é condensado com ornitina, um aminoácido básico similar estruturalmente à lisina, mas que não ocorre nas proteínas, produzindo citrulina.

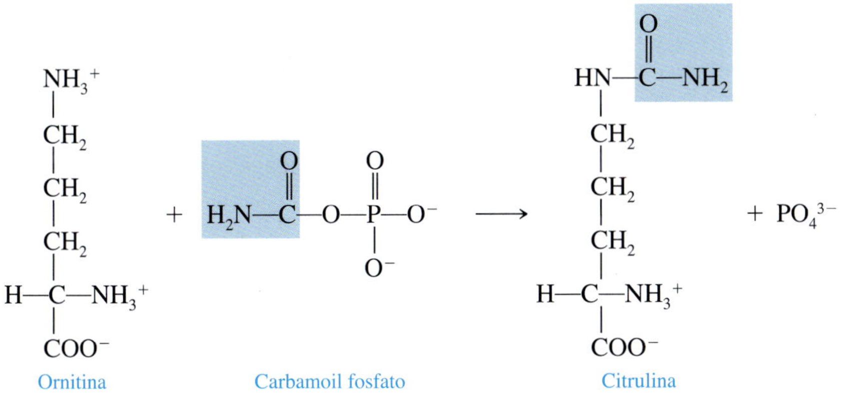

**Ciclo da ureia** Uma via cíclica que produz ureia a partir de amônia e dióxido de carbono.

A citrulina resultante difunde para fora da mitocôndria e vai para o citoplasma.

No citoplasma, ocorre uma segunda reação de condensação entre a citrulina e o aspartame, formando argininossuccinato (etapa ③):

$$\text{ATP} + \underset{\text{Citrulina}}{\begin{array}{c}NH_2\\ \Vert\\ C=O\\ |\\ NH\\ |\\ CH_2\\ |\\ CH_2\\ |\\ CH_2\\ |\\ CH-NH_3^+\\ |\\ COO^-\end{array}} + \underset{\text{Aspartato}}{\begin{array}{c}COO^-\\ |\\ H_3\overset{+}{N}-CH\\ |\\ CH_2\\ |\\ COO^-\end{array}} \longrightarrow \underset{\text{Argininossuccinato}}{\begin{array}{c}NH_2^+\quad COO^-\\ \Vert\qquad |\\ C-NH-CH\\ |\qquad\quad |\\ NH\qquad CH_2\\ |\qquad\quad |\\ CH_2\quad COO^-\\ |\\ CH_2\\ |\\ CH_2\\ |\\ CH-NH_3^+\\ |\\ COO^-\end{array}} + \text{AMP} + \text{PP}_i$$

A energia para essa reação é proveniente da hidrólise de ATP em AMP e pirofosfato (PP$_i$). Na etapa ④, o argininossuccinato é dividido em arginina e fumarato:

$$\underset{\text{Argininossuccinato}}{\begin{array}{c}NH_2^+\quad COO^-\\ \Vert\qquad |\\ C-NH-CH\\ |\qquad\quad |\\ NH\qquad CH_2\\ |\qquad\quad |\\ CH_2\quad COO^-\\ |\\ CH_2\\ |\\ CH_2\\ |\\ CH-NH_3^+\\ |\\ COO^-\end{array}} \longrightarrow \underset{\text{Arginina}}{\begin{array}{c}NH_2^+\\ \Vert\\ C-NH_2\\ |\\ NH\\ |\\ CH_2\\ |\\ CH_2\\ |\\ CH_2\\ |\\ CH-NH_3^+\\ |\\ COO^-\end{array}} + \underset{\text{Fumarato}}{\begin{array}{c}H\qquad COO^-\\ \diagdown\;\;\diagup\\ C\\ \Vert\\ C\\ \diagup\;\;\diagdown\\ ^-OOC\qquad H\end{array}}$$

Na etapa ⑤, a etapa final, a arginina é hidrolisada em ureia e ornitina:

$$\underset{\text{Arginina}}{\begin{array}{c}NH_2^+\\ \Vert\\ C-NH_2\\ |\\ NH\\ |\\ CH_2\\ |\\ CH_2\\ |\\ CH_2\\ |\\ CH-NH_3^+\\ |\\ COO^-\end{array}} \xrightarrow{H_2O} \underset{\text{Ornitina}}{\begin{array}{c}NH_3^+\\ |\\ CH_2\\ |\\ CH_2\\ |\\ CH_2\\ |\\ CH-NH_3^+\\ |\\ COO^-\end{array}} + \underset{\text{Ureia}}{\begin{array}{c}O\\ \Vert\\ H_2N-C-NH_2\end{array}}$$

O produto final desses três estágios é ureia, a qual é excretada na urina dos mamíferos. A ornitina reentra na mitocôndria, completando o ciclo. Ela então está pronta para reagir com outro carbamoil fosfato. Um aspecto importante da função do carbamoil fosfato como uma molécula intermediária é que ele pode ser usado para sintetizar bases nucleotídicas (Capítulo 25). Além disso, o ciclo da ureia está ligado ao ciclo do ácido cítrico, uma vez que o fumarato está envolvido em ambos os ciclos. Na verdade, Hans Krebs, que elucidou o ciclo do ácido cítrico, foi também fundamental no estabelecimento do ciclo da ureia.

Nem todos os organismos se desfazem do nitrogênio metabólico na forma de ureia. Bactérias e peixes, por exemplo, liberam amônia diretamente na água. A amônia é tóxica em altas concentrações, mas a liberação na água faz com que esta seja diluída, não prejudicando os organismos que excretam nitrogênio dessa forma. Pássaros e répteis secretam nitrogênio na forma de ácido úrico, o bem conhecido sólido branco contido nas fezes dos pássaros.

### D. Outras vias do catabolismo do nitrogênio

O ciclo da ureia não é a única via pela qual o corpo se desfaz dos íons amônio ($NH_4^+$) tóxicos. O processo de desaminação oxidativa que produz $NH_4^+$ pela primeira vez é reversível. Portanto, o aumento de glutamato a partir de $\alpha$-cetoglutarato e $NH_4^+$ é sempre possível. Uma terceira possibilidade para a diminuição do $NH_4^+$ é a amidação de glutamato ATP-dependente para produzir glutamina:

$$NH_4^+ + \text{Glutamato} + ATP \xrightarrow{Mg^{2+}} ADP + P_i + \text{Glutamina}$$

## 28.9 Como a cadeia carbônica dos aminoácidos é processada no catabolismo?

Após a transaminação dos aminoácidos (Seção 28.8A) que origina glutamato, o grupo $\alpha$-amino é removido do glutamato por desaminação oxidativa (Seção 28.8B). O esqueleto carbônico (cadeia carbônica) remanescente é utilizado como uma fonte de energia (Figura 28.8). Nem todos os carbonos da cadeia dos aminoácidos são usados como combustível. Alguns podem ser degradados a certo ponto, e o intermediário resultante pode então ser usado para formar uma outra molécula que se faça necessária.

Por exemplo, se a cadeia carbônica de um aminoácido é catabolizada em piruvato, o organismo tem duas possibilidades: (1) usar o piruvato como um suprimento de energia para a via catabólica comum ou (2) usá-lo para sintetizar glicose (Seção 29.1). Os aminoácidos que fornecem uma cadeia carbônica que é degradada em piruvato ou outro intermediário capaz de ser convertido em glicose (como o oxaloacetato) são chamados **glicogênicos**.

Um exemplo é alanina (Figura 28.9). Quando a alanina reage com ácido $\alpha$-cetoglutárico, a transaminação produz piruvato diretamente:

$$\text{Alanina} + \alpha\text{-cetoglutarato} \longrightarrow \text{Piruvato} + \text{Glutamato}$$

Entretanto, vários aminoácidos são degradados em acetil-CoA e ácido acetoacético. Esses compostos não podem formar glicose, mas são capazes de formar corpos cetônicos e, por isso, recebem o nome de **cetogênicos**. A leucina é um exemplo de aminoácido cetogênico. Alguns aminoácidos são tanto glicogênicos como cetogênicos, como é o caso da fenilalanina.

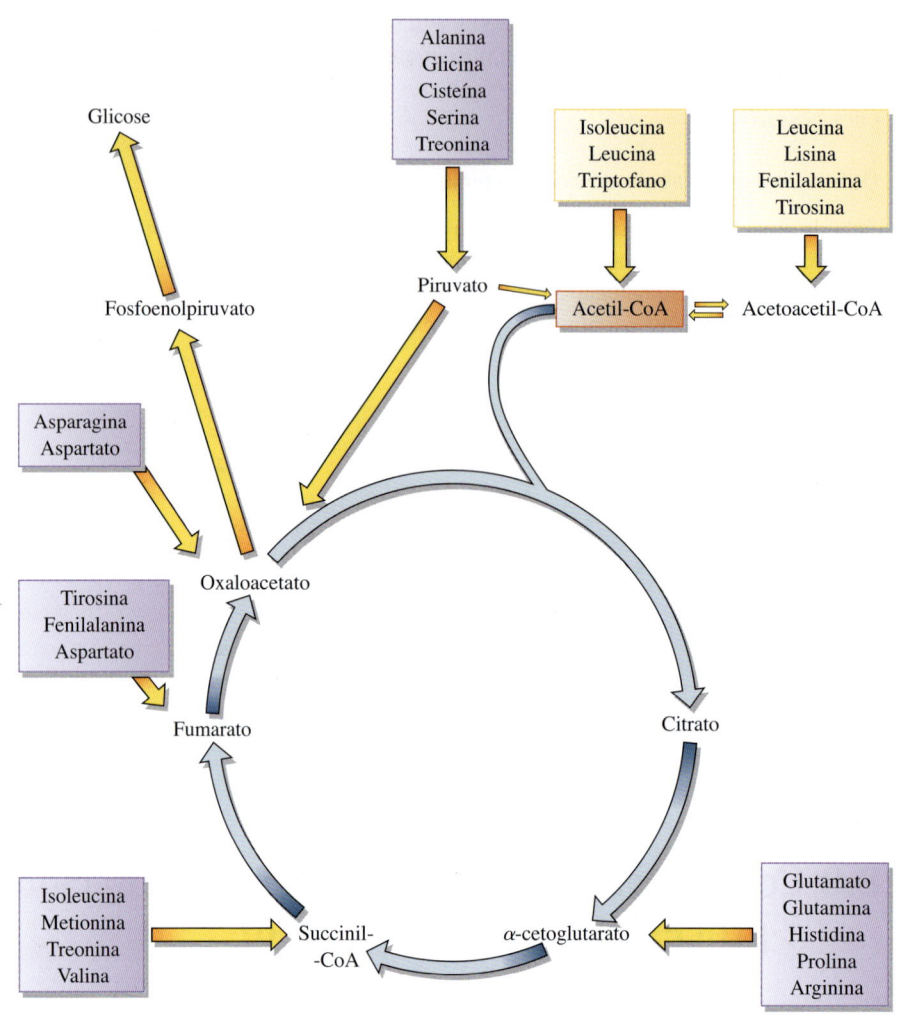

**FIGURA 28.9** Catabolismo da cadeia carbônica dos aminoácidos. Os aminoácidos glicogênicos estão nas caixas lilases; os cetogênicos, nas caixas amarelas.

Aminoácidos glicogênicos e cetogênicos, quando usados como suprimento de energia, entram em algum ponto do ciclo do ácido cítrico (Figura 28.9) e são eventualmente oxidados a $CO_2$ e $H_2O$. O oxaloacetato (um composto $C_4$) produzido dessa maneira entra no ciclo do ácido cítrico e junta-se ao oxaloacetato produzido a partir de PEP do próprio ciclo.

## 28.10 Quais são as reações do catabolismo da heme?

Carboidratos, lipídeos e proteínas são as fontes principais de energia no catabolismo. Outros componentes contribuem muito menos com a produção de energia quando são catabolizados. Entretanto, os seus produtos de fragmentação podem afetar o organismo. Usaremos o catabolismo do grupo heme como exemplo de resultado facilmente visível da degradação de um componente celular.

As células vermelhas estão continuamente sendo produzidas na medula óssea. Seu tempo de vida é relativamente curto, cerca de quatro meses. Células vermelhas velhas são destruídas nas células fagocíticas. (Fagócitos são células vermelhas especializadas que destroem corpos estranhos.) Quando uma célula vermelha é destruída, sua hemoglobina é metabolizada: a globina (Seção 22.11) é hidrolisada em aminoácidos, e a heme é inicialmente oxidada em biliverdina e depois reduzida à bilirrubina (Figura 28.10). A mudança de cor observada nas contusões é um sinal da ocorrência das reações redox do catabolismo da heme: preto e azul são devidos ao sangue coagulado; verde, à formação de biliverdina; e amarelo, à bilirrubina. A bilirrubina vai para o fígado por via sanguínea e é então transferida para a vesícula, onde é armazenada na bile e finalmente excretada no intestino delgado. A cor das fezes é fornecida pela urobilina, um produto de oxidação da bilirrubina.

**FIGURA 28.10** Degradação da heme: heme para biliverdina para bilirrubina.

## Pós-escrito

É útil sumarizar os pontos principais das vias catabólicas mostrando como elas se relacionam. A Figura 28.11 mostra como todas as vias catabólicas levam ao ciclo do ácido cítrico, produzindo ATP pela reoxidação de NADH e FADH$_2$. Vimos a via metabólica comum no Capítulo 27, e aqui vemos como ela se relaciona com todo o catabolismo.

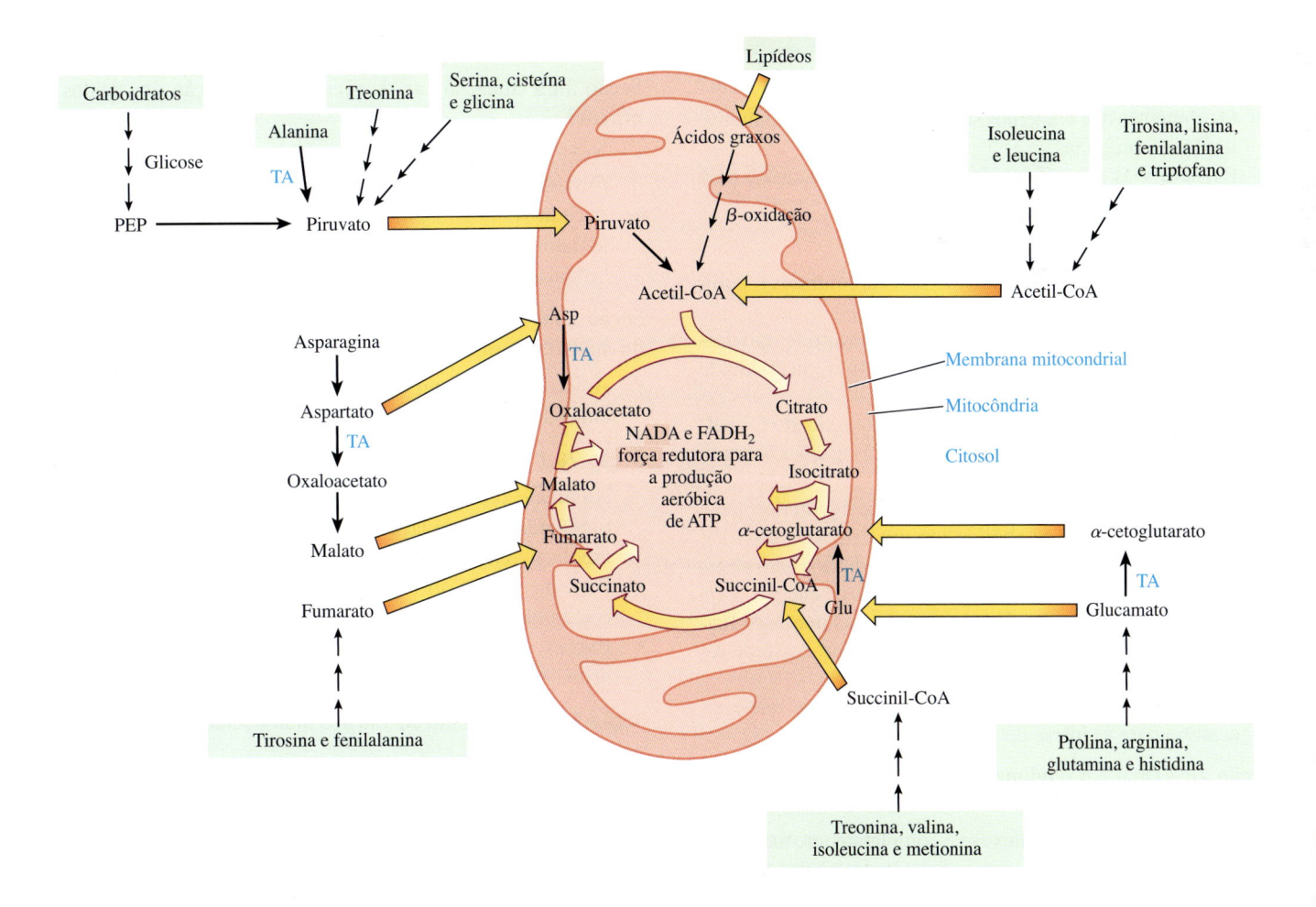

**FIGURA 28.11** Resumo do catabolismo mostrando o papel da via catabólica comum. Note que aparecem todos os produtos finais do catabolismo dos carboidratos, lipídeos e aminoácidos. (TA significa transaminação; → → → equivale a uma via com várias etapas.)

## Conexões químicas 28D

### Defeitos hereditários no catabolismo dos aminoácidos: PKU

Várias doenças hereditárias envolvem a falta ou o funcionamento inadequado de enzimas que catalisam a quebra de aminoácidos. Dessas doenças, a conhecida há mais tempo é a cistinúria, que foi descrita em 1810. Nessa doença, a cistina se apresenta na urina como cristais planos hexagonais. As "pedras" se formam por causa da baixa solubilidade da cistina em água. Esse problema leva ao bloqueio dos rins ou dos ureteres e requer procedimento cirúrgico para a resolução do problema ocasionado pelas pedras de aminoácido. Uma maneira de reduzir a quantidade de cistina secretada é remover a metionina o máximo possível da dieta. Além disso, um aumento de ingestão de fluidos aumenta o volume de urina, o que eleva a solubilidade. Outro fato é que a penicilamina pode prevenir a cistinúria.

Um defeito genético ainda mais grave é a ausência da enzima fenilalanina hidroxilase, que causa a doença chamada fenilcetonúria (*phenylketonuria* – PKU). No catabolismo normal, essa enzima ajuda a degradar a fenilalanina, convertendo-a em tirosina. Se a enzima é defeituosa, a fenilalanina é convertida em fenilpiruvato (ver discussão sobre a conversão da alanina em piruvato na Seção 28.9). O fenilpiruvato (um $\alpha$-cetoácido) se acumula no organismo e inibe a conversão de piruvato em acetil-CoA, privando, desse modo, as células da energia da via catabólica comum. Esse efeito é mais importante no cérebro, que obtém sua energia da utilização de glicose. A PKU provoca retardamento mental.

Essa doença pode ser detectada precocemente porque o ácido fenilpirúvico pode ser verificado em exames de sangue e urina. Quando a PKU é detectada, o retardamento mental pode ser prevenido pela restrição da ingestão de fenilalanina na dieta. Particularmente, pacientes com PKU devem evitar adoçantes artificiais de aspartame que resultam na liberação de fenilalanina quando é hidrolisado no estômago.

## Resumo das questões-chave

### Seção 28.1 Quais são os aspectos gerais das vias catabólicas?

- Os alimentos que comemos são compostos de carboidratos, lipídeos e proteínas.
- Existem vias específicas de quebra (fragmentação) para cada tipo de nutriente.

### Seção 28.2 Quais são as reações da glicólise?

- A via específica do catabolismo dos carboidratos é a **glicólise**.
- Hexoses são ativadas por ATP e então convertidas em dois fragmentos $C_3$: di-hidroxiacetona fosfato e gliceraldeído fosfato.
- O gliceraldeído fosfato é posteriormente oxidado e finalmente termina como piruvato. Todas essas reações ocorrem no citosol.
- Piruvato é convertido em acetil-CoA, que é posteriormente catabolizada na via catabólica comum.
- Quando o organismo precisa de intermediários para sintetizar alguma molécula em vez da produção de energia, a via glicolítica pode ser desviada para a **via das pentoses-fosfato**. A NADPH, que é necessária para o processo de redução, é obtida dessa maneira.
- A via das pentoses-fosfato também produz ribose, que é necessária para a síntese de RNA.

### Seção 28.3 Qual é o rendimento energético do catabolismo da glicose?

- Quando a molécula de hexose é completamente metabolizada, o rendimento de energia é de 36 moléculas de ATP.

### Seção 28.4 Como ocorre o catabolismo do glicerol?

- Gorduras são fragmentadas em glicerol e ácidos graxos.
- Glicerol é catabolizado na via da glicólise e fornece 20 moléculas de ATP.

### Seção 28.5 Quais são as reações da $\beta$-oxidação dos ácidos graxos?

- Ácidos graxos são quebrados em fragmentos na espiral da **$\beta$-oxidação**.
- A cada volta da espiral, uma acetil-CoA é liberada conjuntamente com uma $FADH_2$ e um $NADH + H^+$. Esses produtos vão para a via catabólica comum.

### Seção 28.6 Qual é o rendimento energético do catabolismo do ácido esteárico?

- Ácido esteárico, um composto $C_{18}$, resulta em 146 moléculas de ATP.

### Seção 28.7 O que são corpos cetônicos?

- Na inanição e sob certas patologias, nem toda acetil-CoA produzida na $\beta$-oxidação dos ácidos graxos entra na via catabólica comum.
- Parte da acetil-CoA forma acetoacetato, $\beta$-hidroxibutirato e acetona, comumente chamados **corpos cetônicos**.
- Excessos de corpos cetônicos no sangue são excretados na urina.

### Seção 28.8 Como o nitrogênio dos aminoácidos é processado no catabolismo?

- Proteínas são fragmentadas em aminoácidos. O nitrogênio dos aminoácidos é inicialmente transferido para o glutamato.
- O glutamato é **desaminado oxidativamente** para formar amônia.
- Os mamíferos se livram da amônia, que é tóxica, convertendo-a em ureia no **ciclo da ureia**; a ureia é excretada na urina.

### Seção 28.9 Como a cadeia carbônica dos aminoácidos é processada no catabolismo?

- A cadeia carbônica dos aminoácidos é catabolizada pela via do ciclo do ácido cítrico.
- Alguns aminoácidos, chamados **aminoácidos glicogênicos**, entram como piruvato ou outros intermediários no ciclo do ácido cítrico.
- Outros aminoácidos são incorporados na acetil-CoA ou nos corpos cetônicos e são chamados **aminoácidos cetogênicos**.

### Seção 28.10 Quais são as reações do catabolismo da heme?

- A heme é catabolizada até bilirrubina, que é excretada nas fezes.

## Problemas

**Seção 28.1 Quais são os aspectos gerais das vias catabólicas?**

28.2 Quais são os produtos da hidrólise de gorduras catalisada pela lipase?

28.3 Qual é a principal utilização dos aminoácidos em nosso organismo?

**Seção 28.2 Quais são as reações da glicólise?**

28.4 Embora o catabolismo da glicose produza muita energia, nas primeiras etapas ele consome energia. Explique por que essa etapa é necessária.

28.5 Em uma etapa da via da glicólise, a cadeia é quebrada em dois fragmentos, e somente um deles pode ser posteriormente degradado na via glicolítica. O que acontece com o outro fragmento?

28.6 Quinases são enzimas que catalisam a adição (ou remoção) de um grupo fosfato para (ou de) uma substância. Nesse processo, também existe a participação de ATP. Quantas quinases estão envolvidas na glicólise? Dê o nome de cada uma delas.

28.7 (a) Que etapas na glicólise da glicose necessitam de ATP?
(b) Que etapas da glicólise formam ATP diretamente?

28.8 Em que intermediário da via glicolítica ocorre oxidação e, consequentemente, começa a produção de energia? Em que forma essa energia é produzida?

28.9 Em que ponto da glicólise a ATP pode atuar como um inibidor? Que tipo de enzima de regulação atua nessa inibição?

28.10 O produto final da glicólise, o piruvato, não pode entrar como ele é no ciclo do ácido cítrico. Que processo converte esse composto $C_3$ em um composto $C_2$?

28.11 Que composto essencial é produzido na via das pentoses-fosfato que é necessário para a síntese, assim como para a defesa do organismo contra os danos oxidativos?

28.12 Quais das seguintes etapas produzem energia e quais consomem energia?
(a) Piruvato $\longrightarrow$ lactato
(b) Piruvato $\longrightarrow$ acetil-CoA + $CO_2$

28.13 Quantos mols de lactato são produzidos a partir de 3 mols de glicose?

28.14 Quantos mols líquidos de NADH + $H^+$ são produzidos a partir de 1 mol de glicose até a produção de:
(a) acetil-CoA?
(b) Lactato?

**Seção 28.3 Qual é o rendimento energético do catabolismo da glicose?**

28.15 Das 36 moléculas de ATP produzidas pelo metabolismo completo da glicose, quantas são produzidas diretamente na glicólise, isto é, antes da via catabólica comum?

28.16 Qual é a produção líquida de moléculas de ATP nos músculos esqueléticos para cada molécula de glicose
(a) apenas na glicólise (até o piruvato)?
(b) na conversão de piruvato em acetil-CoA?
(c) na oxidação total da glicose em $CO_2$ e $H_2O$?

28.17 (a) Se a frutose é metabolizada no fígado, quantos mols de ATP líquidos são produzidos para cada mol durante a glicólise?
(b) Quantos mols são produzidos se o mesmo processo ocorre em uma célula muscular?

28.18 Na Figura 28.3, a etapa ⑤ resulta em uma NADH. Na Tabela 28.1, a mesma etapa indica um rendimento de 2 NADH + $H^+$. Existe uma discrepância entre essas duas afirmações? Explique.

**Seção 28.4 Como ocorre o catabolismo do glicerol?**

28.19 Com base nos nomes das enzimas que participam da glicólise, qual seria o nome da enzima que catalisa a ativação do glicerol?

20.20 Que molécula produz mais energia na hidrólise: ATP ou glicerol 1-fosfato? Por quê?

**Seção 28.5 Quais são as reações da β-oxidação dos ácidos graxos?**

28.21 Duas enzimas que participam da β-oxidação têm a palavra "tio" no nome.
(a) Dê o nome das duas enzimas.
(b) A que grupo químico esses nomes se referem?
(c) Qual é a função comum dessas duas enzimas?

28.22 (a) Em que parte das células se encontram as enzimas necessárias para a β-oxidação dos ácidos graxos?
(b) Como os ácidos graxos ativados chegam lá?

28.23 Assuma que o ácido láurico ($C_{12}$) é metabolizado através da β-oxidação. Quais são os produtos da reação após três voltas da espiral?

28.24 A β-oxidação dos ácidos graxos (desconsiderando o subsequente metabolismo dos fragmentos $C_2$ da via metabólica comum) é mais eficiente com ácidos graxos de cadeia curta que com ácidos graxos de cadeia longa? A maior produção de ATP por átomo de carbono ocorre com ácidos graxos de cadeia curta ou com ácidos graxos com cadeia longa durante a β-oxidação?

## Seção 28.6 Qual é o rendimento energético do catabolismo do ácido esteárico?

28.25 Calcule o número de moléculas de ATP obtidas na β-oxidação do ácido mirístico, $CH_3(CH_2)_{12}COOH$.

28.26 Assuma que a isomerização *cis-trans* na β-oxidação de ácidos graxos insaturados não requer energia. Que ácido graxo produzirá a maior quantidade de energia: o saturado (ácido esteárico) ou o monoinsaturado (ácido oleico)? Explique.

28.27 Assumindo que gorduras e carboidratos estão disponíveis, qual deles o organismo usa preferencialmente como fonte de energia?

28.28 Se massas iguais de gorduras e carboidratos são consumidas, qual fornece mais calorias? Explique.

## Seção 28.7 O que são corpos cetônicos?

28.29 O acetoacetato é uma fonte comum de acetona e β-hidroxibutirato. Indique o nome do tipo de reação que forma esses dois corpos cetônicos a partir do acetoacetato.

28.30 Os corpos cetônicos têm valor nutricional?

28.31 O que acontece com o oxaloacetato produzido da descarboxilação do fosfoenolpiruvato?

## Seção 28.8 Como o nitrogênio dos aminoácidos é processado no catabolismo?

28.32 Que tipo de reação é a mostrada a seguir, e qual é a sua função no organismo?

[estrutura química: valina + α-cetoglutarato → α-cetoisovalerato + glutamato]

28.33 Escreva a equação para a desaminação oxidativa da alanina.

28.34 A amônia, $NH_3$, e o íon amônio, $NH_4^+$, são ambos solúveis em água e podem ser facilmente excretados na urina. Por que o organismo os converte em ureia em vez de excretá-los diretamente?

28.35 Quais são as fontes de nitrogênio contidas na ureia?

28.36 Que composto é comum tanto ao ciclo da ureia como ao ciclo do ácido cítrico?

28.37 (a) Qual é o produto tóxico da desaminação oxidativa do glutamato?
(b) Como o organismo se livra dele?

28.38 Se o ciclo da ureia é inibido, de que outra maneira o corpo pode se desfazer dos íons $NH_4^+$?

## Seção 28.9 Como a cadeia carbônica dos aminoácidos é processada no catabolismo?

28.39 O metabolismo do esqueleto carbônico da tirosina produz piruvato. Por que a tirosina é um aminoácido glicogênico?

## Seção 28.10 Quais são as reações do catabolismo da heme?

28.40 Por que uma grande quantidade de bilirrubina no sangue é um indicativo de doenças no fígado?

28.41 Quando a hemoglobina é completamente metabolizada, o que acontece com o ferro nela contido?

28.42 Descreva quais grupos na biliverdina (Figura 28.10) são produtos de oxidação e quais são produtos de redução na degradação da heme.

## Conexões químicas

28.43 (Conexões químicas 28A) O que causa cãibras nos músculos das pessoas fatigadas?

28.44 (Conexões químicas 28B) Como o sinal da epinefrina resulta na diminuição de glicogênio nos músculos?

28.45 (Conexões químicas 28C) Que sistema contrabalança o efeito ácido dos corpos cetônicos no sangue?

28.46 (Conexões químicas 28C) O paciente com um estado como o descrito em "Conexões químicas 28C" foi transferido para um hospital em uma ambulância. Poderia a enfermeira, na ambulância, tentar diagnosticar seu estado de diabetes sem realizar um teste de urina ou de sangue? Explique.

28.47 (Conexões químicas 28D) Desenhe as fórmulas estruturais para cada molécula da reação e complete a seguinte equação:
Fenilalanina ⟶ Fenilpiruvato + ?

## Problemas adicionais

28.48 Se você recebe um resultado laboratorial mostrando a presença de altas concentrações de corpos cetônicos na urina de um paciente, de que doença suspeitaria?

28.49 Que compostos justificam as cores obtidas nas contusões que vão do preto e azul ao verde e amarelo?

28.50 (a) Em que etapa da via glicolítica a $NAD^+$ participa (ver figuras 28.3 e 28.4)?
(b) Em que etapa o $NADH + H^+$ participa?
(c) Como resultado da via global, existe um aumento líquido de $NAD^+$, de $NADH + H^+$ ou de nenhum dos dois?

28.51 Qual é o rendimento líquido de energia em mols de ATP produzido quando leveduras convertem um mol de glicose em etanol?

28.52 A ingestão de alanina, glicina e serina pode minimizar a hipoglicemia causada por inanição? Explique.

28.53 Como a glicose pode ser utilizada para produzir ribose para a síntese de RNA?

28.54 Escreva os produtos da reação de transaminação entre alanina e oxaloacetato:

$$\underset{\underset{CH_3}{|}}{\overset{COO^-}{\underset{|}{CH-NH_3^+}}} + \underset{\underset{COO^-}{|}}{\overset{COO^-}{\underset{|}{\underset{|}{\overset{|}{C=O}}\atop CH_2}}} \longrightarrow$$

**28.55** O fosfoenolpiruvato (PEP) tem uma ligação de fosfato de alta energia que possui maior energia que a ligação de anidrido na ATP. Que etapa na glicólise sugere isso?

**28.56** Suponha que um ácido graxo marcado com o isótopo radioativo cabono-14 seja administrado em um animal de laboratório. Onde você procuraria o sinal da radioatividade no animal?

**28.57** Que grupos funcionais estão presentes no carbamoil fosfato?

**28.58** O ciclo da ureia produz ou consome energia?

**28.59** Que intermediário da via glicolítica pode reabastecer oxaloacetato no ciclo do ácido cítrico?

**28.60** Quantas voltas na espiral existem na $\beta$-oxidação de (a) ácido láurico e (b) ácido palmítico?

## Ligando os pontos

**28.61** As equações da glicólise indicam que existe um ganho líquido de duas moléculas de ATP para cada molécula de glicose processada. Por que é assim se a Tabela 28.1 nos dá um valor de 36 moléculas de ATP?

**28.62** A que reações o piruvato pode ser submetido, uma vez que ele é formado? Essas reações são aeróbicas, anaeróbicas ou ambas?

**28.63** O lactato é um produto final do metabolismo ou ele desempenha um papel de gerar (ou regenerar) outros compostos necessários?

**28.64** Por que os corpos cetônicos ocorrem no sangue de pessoas que estão em regimes severos?

**28.65** Os aminoácidos podem ser catabolizados para produzir energia?

**28.66** Sugira uma razão pela qual a cadeia carbônica e as porções de nitrogênio dos aminoácidos são catabolizadas separadamente.

## Antecipando

**28.67** Coloque as seguintes palavras em dois grupos relacionados: fornece energia, oxidativo, anabolismo, redutivo, requer energia, catabolismo.

**28.68** A biossíntese de proteínas a partir de seus aminoácidos constituintes requer energia ou libera energia? Explique.

**28.69** De que forma a produção de glicose de $CO_2$ e $H_2O$ na fotossíntese pode ser considerada a reação exata reversa do catabolismo aeróbico completo da glicose? De que forma ela é diferente?

**28.70** Por que o ciclo do ácido cítrico é a via central no metabolismo?

## Desafios

**28.71** Com os seus grupos funcionais contendo oxigênio, os açúcares são mais oxidados que as cadeias hidrocarbônicas dos ácidos graxos. Esse fato tem alguma relação com o rendimento de energia dos carboidratos quando comparado com o rendimento dos ácidos graxos?

**28.72** Vários refrigerantes contêm ácido cítrico para conferir sabor. É provável que ele seja um bom nutriente?

**28.73** Os intermediários da glicólise tem grupos fosfato que são carregados (iônicos). Os intermediários do ciclo do ácido cítrico não são fosforilados. Sugira uma razão para essa diferença. (*Dica*: Em que parte das células essas vias ocorrem?)

**28.74** Escutamos ocasionalmente conselhos de que proteínas e carboidratos não devem ser comidos na mesma refeição. Esse conselho faz sentido com base no que é apresentado na Figura 28.11?

**28.75** A produção de ATP não é mostrada explicitamente na Figura 28.11. Que parte dessa figura indica que a produção de ATP ocorre?

**28.76** Várias vias metabólicas, incluindo as do catabolismo, são longas e complexas. Sugira uma razão para essa observação.

# Vias biossintéticas

## 29

Algas em regiões alagadas.

### Questões-chave

**29.1** Quais são os aspectos gerais das vias biossintéticas?

**29.2** Como ocorre a biossíntese dos carboidratos?

**29.3** Como ocorre a biossíntese dos ácidos graxos?

**29.4** Como ocorre a biossíntese dos lipídeos da membrana?

**29.5** Como ocorre a biossíntese dos aminoácidos?

## 29.1 Quais são os aspectos gerais das vias biossintéticas?

No corpo humano e na maior parte dos tecidos dos seres vivos, as vias pelas quais um composto é sintetizado (anabolismo) são normalmente diferentes das vias pelas quais ele é degradado (catabolismo). (As vias anabólicas também são chamadas de vias biossintéticas, e usaremos esses termos de forma intercambiável.) Existem várias razões pelas quais é vantajoso que as vias anabólicas e catabólicas sejam diferentes. A seguir, são apresentadas duas delas:

1. **Flexibilidade** Se a **via biossintética** é bloqueada, o corpo pode usar a via de degradação (lembre que a maior parte das etapas na degradação é reversível), portanto suprindo outra via para obter os compostos necessários.
2. **Superar o efeito do princípio de Le Chatelier** Esse ponto pode ser ilustrado pela clivagem da unidade de glicose do glicogênio, que é um processo em equilíbrio:

$$(\text{Glicose})_n + P_i \xrightleftharpoons{\text{fosforilase}} (\text{Glicose})_{n-1} + \text{Glicose 1-fosfato} \qquad (29.1)$$

Glicogênio → Glicogênio (uma unidade menor)

A fosforilase catalisa não só a degradação do glicogênio (a reação direta), mas também a síntese de glicogênio (reação inversa). Entretanto, o organismo contém um grande excesso de fosfato inorgânico, $P_i$. Esse excesso direcionaria a reação, com base no princípio de Le Chatelier, para a direita (reação direta), que representa a degradação do glicogênio. Para proporcionar um método de síntese de glicogênio mesmo na presença de um excesso de fosfato inorgânico, uma via diferente é necessária, na qual o $P_i$ não é um reagente. Para que isso ocorra, o organismo usa a seguinte via sintética:

$$(\text{Glicose})_{n-1} + \text{UDP-glicose} \longrightarrow (\text{Glicose})_n + \text{UDP} \qquad (29.2)$$

Glicogênio → Glicogênio (uma unidade maior)

As vias sintéticas não apenas diferem das vias catabólicas, como também os requisitos energéticos e os locais onde elas ocorrem são diferentes. A maior parte das reações catabólicas ocorre na mitocôndria, enquanto as reações anabólicas geralmente ocorrem no citoplasma. Não vamos descrever o balanço de energia dos processos biossintéticos em detalhes como foi feito para o catabolismo. Entretanto, tenha em mente que, enquanto a energia (na forma de ATP) é *obtida* nos processos degradativos, os processos de biossíntese *consomem* energia.

## 29.2 Como ocorre a biossíntese dos carboidratos?

Vamos abordar a biossíntese dos carboidratos examinando três exemplos:

- Conversão do $CO_2$ atmosférico em glicose nas plantas.
- Síntese da glicose nos animais e humanos.
- Conversão da glicose em outras moléculas de carboidratos nos animais e humanos.

### A. Conversão do $CO_2$ atmosférico em glicose nas plantas

A biossíntese de carboidratos mais importante ocorre nas plantas, algas verdes e cianobactérias, e estas duas últimas representam uma parte importante da cadeia alimentar marinha. No processo de **fotossíntese**, a energia do sol é convertida nas ligações químicas dos carboidratos. A reação global é:

$$6H_2O + 6CO_2 \xrightarrow[\text{clorofila}]{\text{energia na forma de luz solar}} C_6H_{12}O_6 + 6O_2 \qquad (29.3)$$

Glicose

**Fotossíntese** O processo pelo qual as plantas sintetizam carboidratos a partir de $CO_2$ e $H_2O$ com o auxílio da luz solar e clorofila.

Embora o produto principal da **fotossíntese** seja a glicose, ela é grandemente convertida em outros carboidratos, principalmente celulose e amido. O processo da biossíntese da glicose é muito complicado e ocorre em complexos formados por proteínas e cofatores ("Conexões químicas 29A"). A fotossíntese não será abordada aqui, entretanto vale notar que os carboidratos das plantas – amido, celulose e outros mono e polissacarídeos – servem como a fonte de suprimento de carboidratos de todos os animais, incluindo os humanos.

### B. Síntese da glicose nos animais

**Gliconeogênese** O processo pelo qual a glicose é sintetizada no organismo.

No Capítulo 28, foi visto que, quando o corpo precisa de energia, os carboidratos são quebrados na via glicolítica. Quando a energia não é necessária, a glicose pode ser sintetizada de intermediários das vias glicolítica e do ciclo do ácido cítrico. Esse processo é chamado **gliconeogênese**. Como mostrado na Figura 29.1, um grande número de intermediários – piruvato, lactato, oxaloacetato, malato e vários aminoácidos (os aminoácidos glicogênicos foram vistos na Seção 28.9) – pode servir de compostos de partida. A gliconeogênese ocorre na ordem inversa da glicólise, e várias das enzimas da glicólise também catalisam a gliconeogênese. Em quatro pontos, entretanto, enzimas exclusivas (assinaladas na Figura 29.1) catalisam somente a gliconeogênese e não as reações de quebra da via glicolítica. Essas quatro enzimas fazem da *gliconeogênese uma via distinta da glicólise*. Note que a ATP é consumida na gliconeogênese e produzida na glicólise, outra diferença entre essas duas vias.

Durante períodos de exercícios vigorosos, o corpo precisa repor o seu suprimento de carboidratos. O ciclo de Cori usa o lactato produzido na glicólise (Seção 28.2) como o ponto de partida para a gliconeogênese.

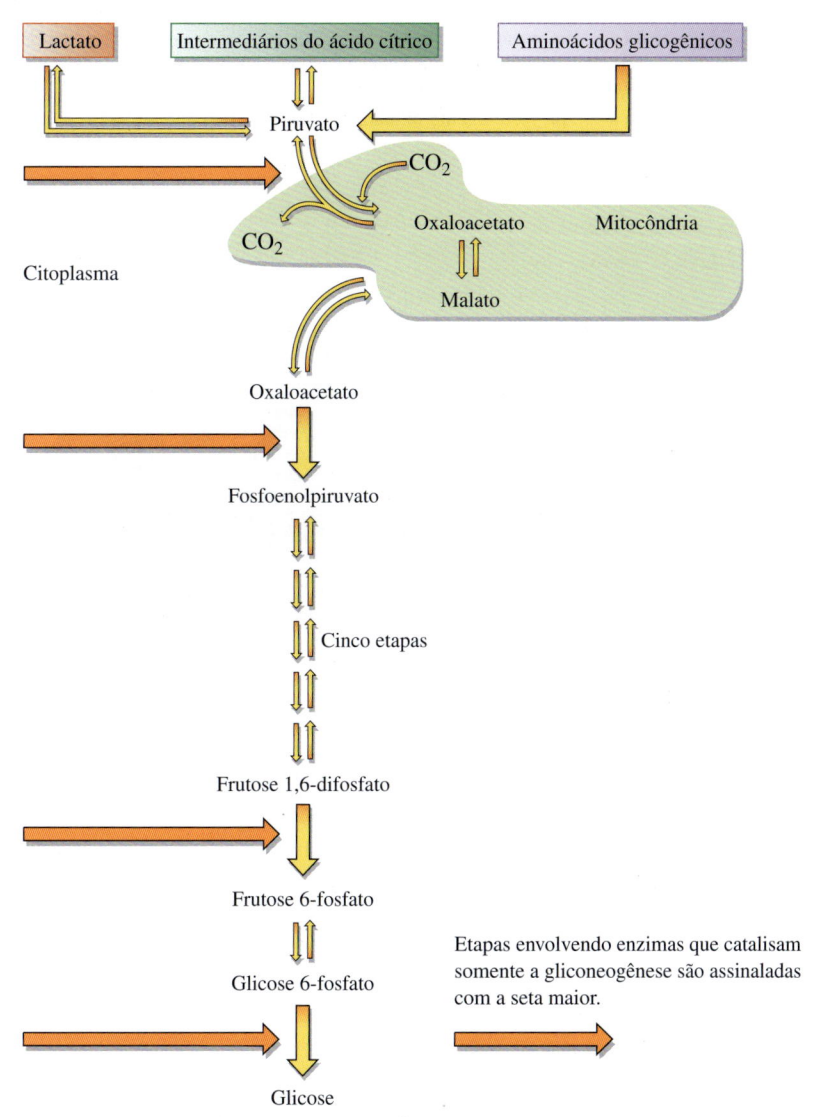

**FIGURA 29.1** Gliconeogênese. Todas as reações ocorrem no citosol, exceto aquelas mostradas na mitocôndria.

O lactato produzido no músculo em estresse é então transportado pela corrente sanguínea até o fígado, onde a gliconeogênese o transforma em glicose (Figura 29.2). A glicose recém-produzida é então transportada de volta ao músculo pelo sangue, onde ela fornece energia para o exercício. Note que as duas vias diferentes, glicólise e gliconeogênese, ocorrem em diferentes órgãos. Essa divisão de trabalho assegura que ambas as vias não são simultaneamente ativas nos mesmos tecidos, o que seria muito ineficiente.

## C. Conversão de glicose em outros carboidratos nos animais

A terceira via biossintética importante para os carboidratos é a conversão de glicose em outras hexoses e derivados das hexoses, assim como a síntese de di, oligo e polissacarídeos.

## Conexões químicas 29A

# Fotossíntese

A fotossíntese requer luz solar, água, $CO_2$ e pigmentos encontrados nas plantas, principalmente a clorofila. A reação global mostrada na Equação 29.3 ocorre em duas etapas distintas. Primeiro, a luz interage com os pigmentos que estão localizados em organelas altamente membranosas das plantas, chamadas **cloroplastos**, que são parecidos com a mitocôndria (Seção 27.2) em vários aspectos: contêm uma cadeia completa de enzimas de oxidação-redução similares aos citocromos e complexos ferro-enxofre das membranas da mitocôndria, e contêm uma ATPase de translocação de prótons. Similarmente à mitocôndria, o gradiente de prótons acumulados na região intermembrana aciona a síntese de ATP nos cloroplastos (ver discussão sobre a bomba quimiostática na Seção 27.6).

A clorofila é a parte central de uma maquinaria complexa chamada fotossistemas I e II. A estrutura detalhada do fotossistema I foi elucidada em 2001. Esse fotossistema é constituído por três unidades monoméricas, que são designadas como I, II e III. Cada monômero contém 12 proteínas diferentes, 96 moléculas de clorofila e 30 cofatores, que incluem *clusters* de ferro, lipídios e íons $Ca^{2+}$. O seu aspecto mais importante está relacionado à existência de um íon $Mg^{2+}$ em uma posição central, que se encontra ligado ao enxofre do resíduo de metionina da proteína circundante. Essa ligação Mg-S torna esse conjunto um forte agente oxidante, o que significa que ele pode prontamente aceitar elétrons.

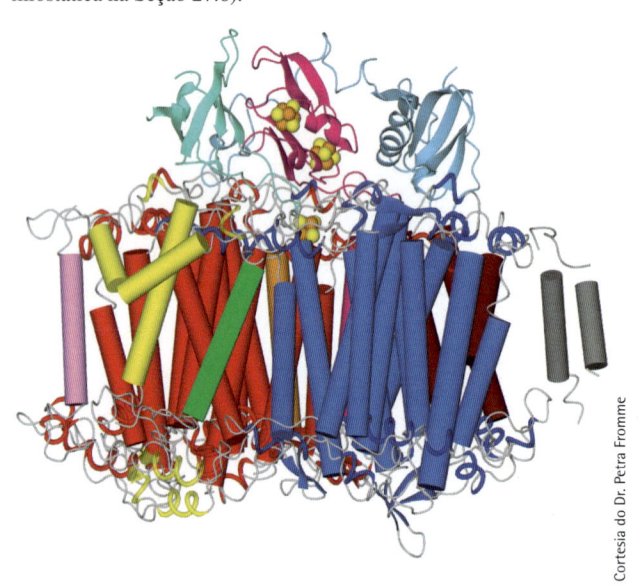

Vista lateral do monômero III do fotossistema I

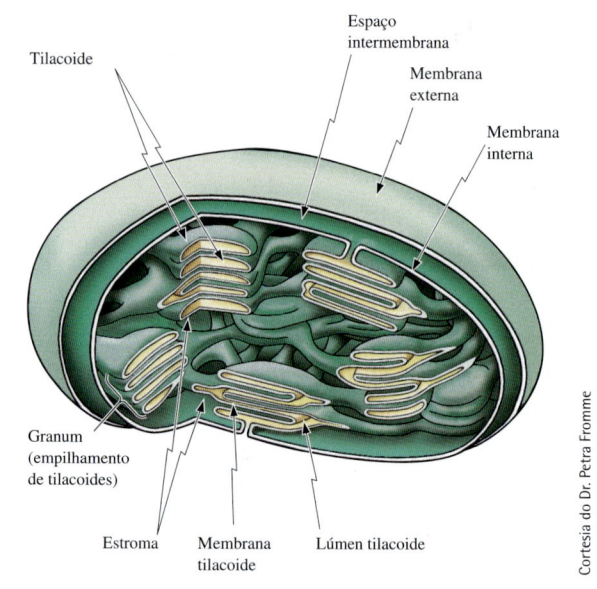

Dentro do cloroplasto

A clorofila, ela própria inserida em uma proteína complexa que atravessa a membrana do cloroplasto, é uma molécula similar ao grupo heme encontrado na hemoglobina (Figura 22.18). Diferentemente do grupo heme, a clorofila contém $Mg^{2+}$ em vez de $Fe^{2+}$.

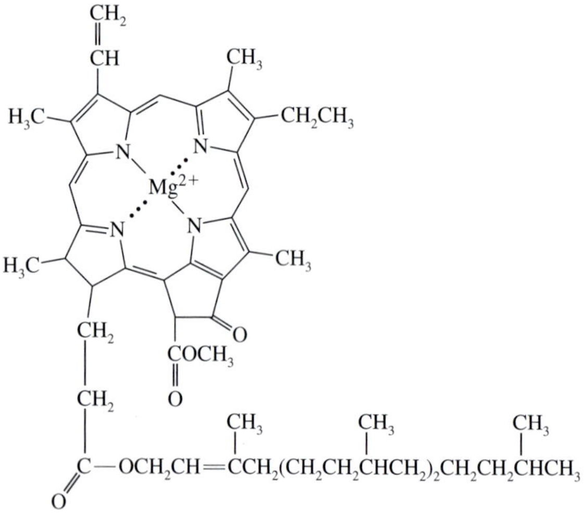

Clorofila a

As reações na fotossíntese, coletivamente denominadas reações da fase luminosa, são aquelas na qual a clorofila captura a energia da luz solar e, com esse auxílio, tira elétrons e prótons da água para formar oxigênio, ATP e NADPH + $H^+$ (ver seção 28.2C):

$$H_2O + ADP + P_i + NADP^+ + \text{luz solar} \longrightarrow \tfrac{1}{2}O_2 + ATP + NADPH + H^+$$

Outro grupo de reações, chamadas reações do escuro (ou da fase escura) porque não necessitam de luz, essencialmente convertem $CO_2$ em carboidratos:

$$CO_2 + ATP + NADPH + H^+ \longrightarrow (CH_2O)_n + ADP + P_i + NADP^+$$
Carboidratos

A energia, agora na forma de ATP, é usada para auxiliar NADPH + $H^+$ a reduzir dióxido de carbono em carboidratos. Portanto, os prótons e elétrons obtidos nas reações da fase luminosa são adicionados ao dióxido de carbono nas reações do escuro. Essas reações ocorrem em processos cíclicos de múltiplas etapas chamadas **ciclo de Calvin**, assim denominadas após a sua descoberta por Melvin Calvin (1911-1997), vencedor do Prêmio Nobel em Química de 1961 por esse trabalho. Nesse ciclo, o $CO_2$ é primeiro ligado a um fragmento $C_5$ que se parte em dois fragmentos $C_3$ (trioses fosfato). Através de uma série de etapas complexas, esses fragmentos são convertidos em um composto $C_6$ e eventualmente em glicose.

$$CO_2 + C_5 = 2C_3 = C_6$$

> ### Conexões químicas 29A (continuação)
>
> A etapa crítica das reações do escuro (ciclo de Calvin) é a ligação do $CO_2$ a ribulose 1,5-difosfato, um composto derivado da ribulose (Tabela 20.2). A enzima que catalisa essa reação, ribulose-1,5-difosfato carboxilato-oxigenase, cujo apelido é RuBisCO, é uma das mais lentas da natureza. Como no trânsito, o veículo mais lento determina o fluxo total, logo a RuBisCO é o principal fator da baixa eficiência do ciclo de Calvin. Por causa da baixa eficiência dessa enzima, a maioria das plantas converte menos de 1% da energia radiante absorvida (luz) em carboidratos. Para suplantar essa ineficiência, as plantas precisam sintetizar grandes quantidades dessa enzima. Mais da metade das proteínas solúveis das folhas das plantas é formada de enzimas RuBisCO, cuja síntese requer grande dispêndio de energia.

A etapa comum em todos esses processos é a ativação de glicose pela uridina trifosfato (UTP) para formar UDP-glicose:

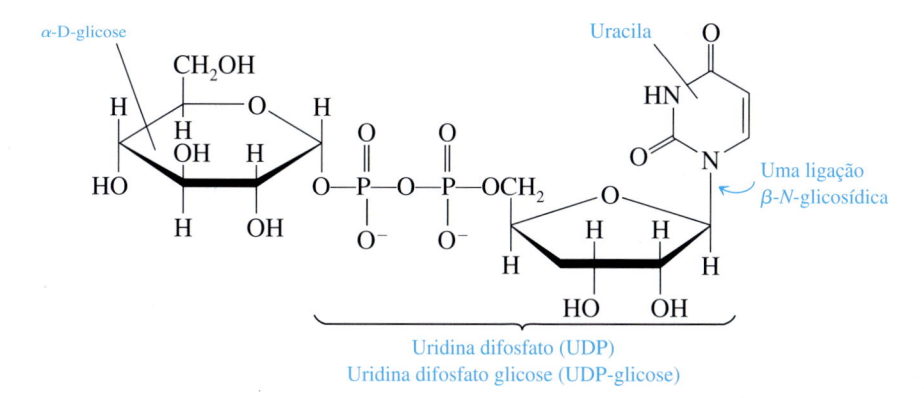

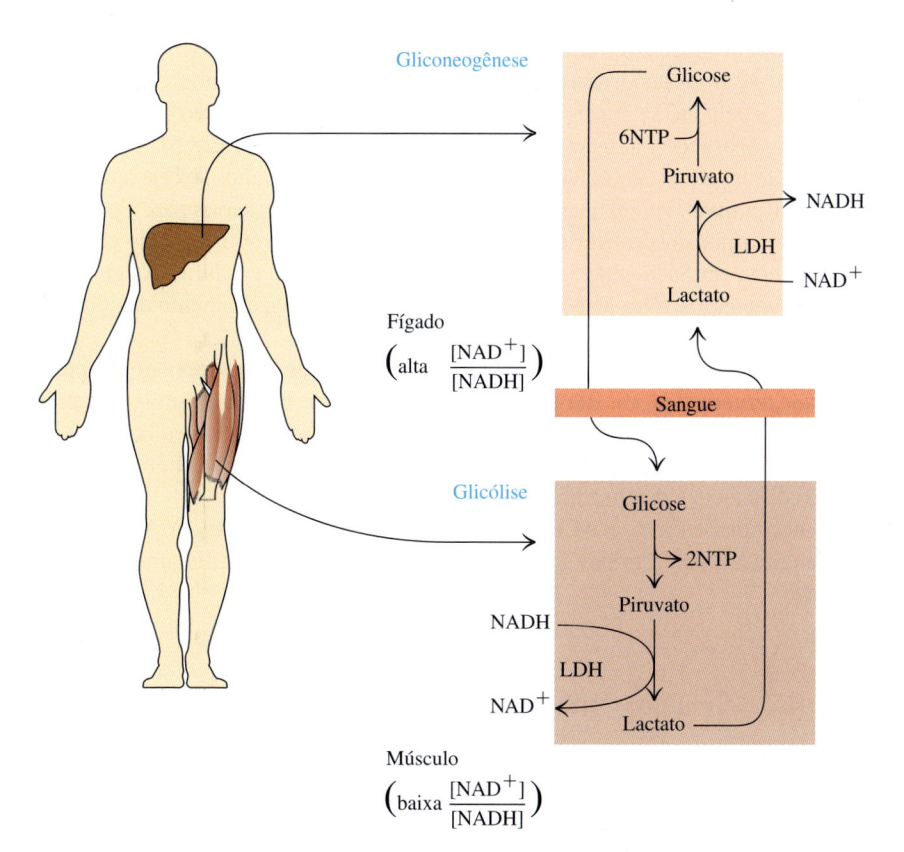

**FIGURA 29.2** O ciclo de Cori é assim denominado por causa das descobertas de Gerty e Carl Cori. Lactato é produzido nos músculos pela glicólise e transportado pelo sangue até o fígado. A gliconeogênese no fígado converte lactato de novo em glicose, que pode então ser levada de volta aos músculos pelo sangue. (NTP corresponde a nucleosídeo trifosfato, e LDH, a lactato desidrogenase.)

**Glicogênese** Conversão de glicose em glicogênio.

A UDP é similar à ADP, exceto pela base que é uracila em vez de adenina. A UTP, um análogo de ATP, contém duas ligações anidrido-fosfato de alta energia. Por exemplo, quando o organismo apresenta excesso de glicose e precisa armazená-lo como glicogênio (processo denominado **glicogênese**), a glicose é inicialmente convertida em glicose 1-fosfato, mas então uma enzima especial catalisa a reação:

$$\text{Glicose 1-fosfato} + \boxed{\text{UTP}} \longrightarrow \text{UDP-glicose} + {}^-\text{O}-\overset{\overset{O}{\|}}{\underset{\underset{O^-}{|}}{P}}-\text{O}-\overset{\overset{O}{\|}}{\underset{\underset{O^-}{|}}{P}}-\text{O}^-$$

$$\text{UDP-glicose} + (\text{glicose})_n \longrightarrow \boxed{\text{UDP}} + (\text{glicose})_{n+1}$$
$$\qquad\qquad\qquad\qquad \text{Glicogênio} \qquad\qquad\qquad \text{Glicogênio}$$
$$\qquad\qquad\qquad\qquad\qquad\qquad\qquad\qquad\qquad (\text{uma unidade maior})$$

A biossíntese de vários outros di e polissacarídeos, assim como de seus derivados, também utiliza a etapa de ativação comum: a formação do composto derivado de UDP adequada.

## 29.3 Como ocorre a biossíntese dos ácidos graxos?

O organismo pode sintetizar todos os ácidos graxos de que ele necessita, exceto os ácidos linoleico e linolênico (ácidos graxos essenciais; ver Seção 21.2). A fonte de carbono nessa síntese é a acetil-CoA. Pelo fato de a acetil-CoA ser também um produto de degradação da espiral da β-oxidação dos ácidos graxos (Seção 28.5), poderíamos esperar que a síntese fosse o oposto da degradação. Porém não é o caso. A razão é que a maior parte da síntese dos ácidos graxos ocorre no citoplasma, enquanto a degradação acontece na mitocôndria. A síntese dos ácidos graxos é catalisada por um sistema multienzimático.

Entretanto, um aspecto é o mesmo da degradação de ácidos graxos: ambos envolvem acetil-CoA, logo, ambos ocorrem em etapas que utilizam dois carbonos. Os ácidos graxos são construídos pela incorporação de dois carbonos por vez, da mesma forma em que eles se degradam, quebrando unidades de dois carbonos por vez (Seção 28.5).

Na maioria das vezes, os ácidos graxos são sintetizados quando excesso de alimento se encontra disponível. Isto é, quando comemos alimentos necessários para a produção de energia, nosso organismo converte o excesso de acetil-CoA (produzido pelo catabolismo dos carboidratos; ver Seção 28.2) em ácidos graxos e então em gorduras. As gorduras são mantidas em depósitos, que são células especializadas no armazenamento de gordura (ver Figura 28.1).

A chave para a síntese de ácidos graxos é uma **proteína de transporte de grupos acila** (*acyl carrier protein* – ACP). Ela pode ser entendida como um carrossel – uma proteína giratória à qual a cadeia em crescimento de ácidos graxos se liga. À medida que a cadeia em crescimento gira com a ACP, ela varre o complexo multienzimático; em cada enzima, uma reação da cadeia é catalisada (Figura 29.3).

No começo desse ciclo, a ACP retira um grupo acetila da acetil-CoA e o leva até a primeira enzima, a ácido graxo sintase, aqui chamada simplesmente sintase, na forma abreviada:

$$\boxed{\underset{\text{Acetil-CoA}}{CH_3\overset{\overset{O}{\|}}{C}-S-CoA}} + HS-ACP \longrightarrow HS-CoA + \underset{\text{Acetil-ACP}}{CH_3\overset{\overset{O}{\|}}{C}-S-ACP}$$

$$CH_3\overset{\overset{O}{\|}}{C}-S-ACP + \text{sintase}-SH \longrightarrow CH_3\overset{\overset{O}{\|}}{C}-S-\text{sintase} + HS-ACP$$

O grupo —SH é o sítio de ligação dos grupos acila na qual ele se liga como um tioéster.

O fragmento $C_2$ na sintase é condensado com um fragmento $C_3$ ligado na ACP, em um processo no qual $CO_2$ é liberado:

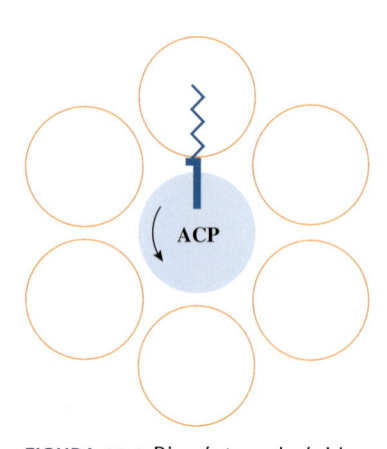

**FIGURA 29.3** Biossíntese de ácidos graxos. A ACP (esfera central azul) apresenta uma longa cadeia lateral (–) que leva a cadeia em crescimento do ácido graxo (⌇). A ACP gira no sentido anti-horário, e sua cadeia lateral varre o sistema multienzimático (esferas vazias). Quando cada ciclo é completado, um fragmento $C_2$ é adicionado na cadeia em crescimento do ácido graxo.

$$\underset{\text{Malonil-ACP}}{\underset{\text{CH}_3\text{C}-\text{S}-\text{sintase}}{\overset{\text{O}}{\|}} + \underset{\text{COO}^-}{\overset{\text{O}}{\underset{|}{\text{CH}_2-\text{C}-\text{S}-\text{ACP}}}}}$$

$$\longrightarrow \underset{\text{Acetoacetil-ACP}}{\text{CH}_3\overset{\text{O}}{\overset{\|}{\text{C}}}-\text{CH}_2-\overset{\text{O}}{\overset{\|}{\text{C}}}-\text{S}-\text{ACP}} + \text{CO}_2 + \text{sintase}-\text{SH}$$

O resultado é um fragmento $C_4$ que é reduzido duas vezes e desidratado antes de se tornar um grupo $C_4$ completamente saturado. Esse processo marca o fim de um ciclo do carrossel. Essas três etapas são o inverso do que foi visto na $\beta$-oxidação dos ácidos graxos (Seção 28.5).

No ciclo seguinte, o fragmento é transferido para a sintase, e adiciona-se outro malonil-ACP (fragmento $C_3$). A cada volta, outro fragmento $C_2$ é adicionado à cadeia em crescimento. Cadeias com até $C_{16}$ (ácido palmítico) podem ser obtidas nesse processo. Se o organismo precisa de ácidos graxos mais longos – por exemplo, ácido esteárico ($C_{18}$) –, outro fragmento é adicionado ao ácido palmítico por um sistema enzimático diferente.

Ácidos graxos insaturados são obtidos dos ácidos graxos saturados por uma etapa de oxidação, na qual o hidrogênio é removido e combinado com $O_2$ para formar água:

$$\text{R}-\text{CH}_2-\text{CH}_2-(\text{CH}_2)_n\text{COOH} + \text{O}_2 + \boxed{\text{NADPH}} + \text{H}^+$$

$$\xrightarrow{\text{enzima}} \underset{\text{R} \quad\quad (\text{CH}_2)_n\text{COOH}}{\overset{\text{H} \quad\quad \text{H}}{\text{C}=\text{C}}} + 2\text{H}_2\text{O} + \boxed{\text{NADP}^+}$$

## Conexões químicas 29B

### As bases biológicas da obesidade

A obesidade tem sido associada com várias doenças conhecidas, como o diabetes e mesmo o câncer, sendo um tópico importante na sociedade moderna. Por meio de pesquisas, geneticistas e enzimologistas obtiveram resultados que podem ser úteis no entendimento e tratamento da obesidade.

Recentemente, pesquisadores identificaram o primeiro gene que mostrou uma evidente relação da tendência que determinada pessoa tem com a obesidade. Esse gene foi rotulado como *FTO*. Embora este gene esteja positivamente correlacionado com a obesidade, ninguém ainda conhece como ele funciona. Um grupo britânico de cientistas estudou amostras de mais de 4 mil indivíduos e identificou o gene FTO, o qual mostrou estar relacionado com o índice de massa corpórea (IMC). Uma variante específica do FTO com uma diferença em apenas um nucleotídeo foi encontrada. Indivíduos que tinham duas cópias do gene variante eram 1,67 vez mais propensos a ser obesos que indivíduos que não tinham nenhuma cópia do gene variante. Embora atualmente não se saiba como esse gene opera, a sua grande correlação com a obesidade tem acelerado as pesquisas para que a atuação dele seja compreendida.

A segunda área de pesquisa em obesidade se relaciona ao controle do intermediário-chave na biossíntese dos ácidos graxos, a malonil--CoA. Esse intermediário tem duas funções muito importantes no metabolismo. Primeiro, ele é convertido em ácidos graxos e não em qualquer outro composto na biossíntese. Segundo, ele inibe fortemente a enzima que auxilia a transferência de ácidos graxos para a mitocôndria e, por isso, inibe a oxidação dos ácidos graxos. O nível de malonil-CoA no citosol pode determinar se a célula vai oxidar ou armazenar as gorduras. A enzima que produz maloni-CoA é a acetil-CoA carboxilase ou ACC. Existem duas formas dessa enzima, cada uma codificada por genes separados. A ACC1 é encontrada no fígado e no tecido adiposo, enquanto a ACC2 se localiza nos músculos esqueléticos e cardíacos. Altas concentrações de glicose e altas concentrações de insulina levam à estimulação da ACC2. Exercícios têm o efeito oposto. Durante o exercício, uma proteína cinase dependente de AMP fosforila a ACC2 e a inativa.

Estudos recentes focalizam a natureza do ganho de peso e da perda de peso relacionados com a ACC2. Os pesquisadores criaram uma variedade de camundongos sem o gene para a ACC2. Esses camundongos comem mais que as correspondentes variedades selvagens, mas apresentam reservas de lipídeos significativamente menores (30%-40% nos músculos esqueléticos e 10% nos músculos cardíacos). Mesmo o tecido adiposo, que ainda contém ACC1, mostrou uma redução dos triacilgliceróis de até 50%. Esses camundongos não mostraram nenhuma outra anomalia. Eles crescem e se reproduzem normalmente e tiveram períodos de vida normais. Os pesquisadores concluíram que quantidades menores de malonil-CoA originadas pela ausência de ACC2 conduzem a dois resultados: aumento da $\beta$-oxidação via eliminação do bloqueio na transferência do ácido graxo para a mitocôndria e uma diminuição na síntese dos ácidos graxos. Especula-se que a ACC2 seja um excelente alvo para as drogas usadas no combate à obesidade.

Um exemplo dessa elongação e insaturação é o apresentado pelo ácido docosaexenoico, um ácido graxo de 22 carbonos com 6 duplas ligações *cis* (22:6). O ácido docosaexenoico é parte predominante dos glicerofosfolipídeos nas membranas em que se localiza o pigmento visual da rodopsina. Sua presença é necessária para fornecer fluidez nas membranas de forma que os sinais de luz cheguem à retina.

Já foi abordado que os lipídeos são uma forma altamente eficiente de armazenamento de energia. Quando temos excesso de energia na forma de "calorias" nutricionais, os lipídeos a acumulam facilmente quase na sua totalidade. Problemas de saúde relacionados com a obesidade estão se tornando muito comuns em países desenvolvidos, o que tem levado ao estudo de como solucionar tais problemas ("Conexões químicas 29B").

## 29.4 Como ocorre a biossíntese dos lipídeos da membrana?

Os vários lipídeos da membrana (seções 21.6-21.8) são montados a partir de seus constituintes. Acabamos de ver como os ácidos graxos são sintetizados no organismo. Esses ácidos graxos são então ativados pela CoA, formando acil-CoA. O glicerol 1-fosfato, que é obtido da redução de di-hidroxiacetona fosfato (um fragmento $C_3$ da glicólise; ver Figura 28.4), é o segundo bloco de construção dos glicerofosfolipídeos. Esse composto combina-se com duas moléculas de CoA, que podem ser iguais ou diferentes:

$$\text{Glicerol 1-fosfato} + \text{Acil-CoA} \longrightarrow \text{Um fosfatidato} + 2\text{CoA—SH}$$

Vimos anteriormente que o glicerol 1-fosfato é um veículo no transporte de elétrons para dentro e para fora da membrana (Seção 28.3). Para completar a molécula, uma serina ativada – ou mesmo colina ou etanolamina também ativadas – é adicionada ao grupo —$OPO_3^{2-}$, formando um éster de fosfato (ver estruturas na Seção 21.6; a Figura 29.4 mostra um modelo de fosfatidilcolina). A colina é ativada por citidina trifosfato (CTP), resultando em CDP-colina. Esse processo é similar à ativação de glicose por UTP (Seção 29.2C), exceto que a base é citosina em vez de uracila (Seção 25.2). Os esfingolipídeos (Seção 21.7) são similarmente construídos a partir de moléculas menores. Uma fosfocolina ativada é adicionada à parte de esfingosina da ceramida (Seção 21.7) para produzir esfingomielina.

Os glicolipídeos são construídos de forma similar. A ceramida é montada como já descrito, e o carboidrato é adicionado uma unidade por vez na forma de monossacarídeos ativados (UDP-glicose e assim sucessivamente).

O colesterol, a molécula que controla a fluidez das membranas e é uma precursora de todos os hormônios esteroides e sais biliares, também é sintetizado pelo organismo humano. Ele é montado no fígado a partir de fragmentos que se originam do grupo acetila da acetil-CoA. Todos os átomos de carbono do colesterol são provenientes dos átomos de carbono das moléculas da acetil-CoA (Figura 29.5). O colesterol no cérebro é sintetizado nas células nervosas por elas próprias; sua presença é necessária para formar as sinapses. O colesterol de nossa dieta e aquele que é sintetizado no fígado circulam no plasma como LDL (ver Seção 21.9) e não estão disponíveis para a formação da sinapse porque a LDL não pode atravessar a barreira sanguínea do cérebro.

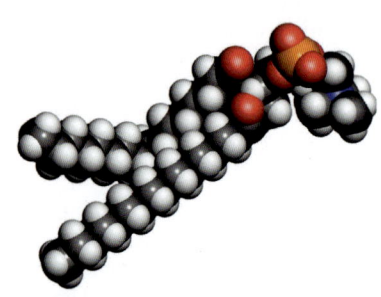

**FIGURA 29.4** Um modelo de fosfatidilcolina, comumente chamada lecitina.

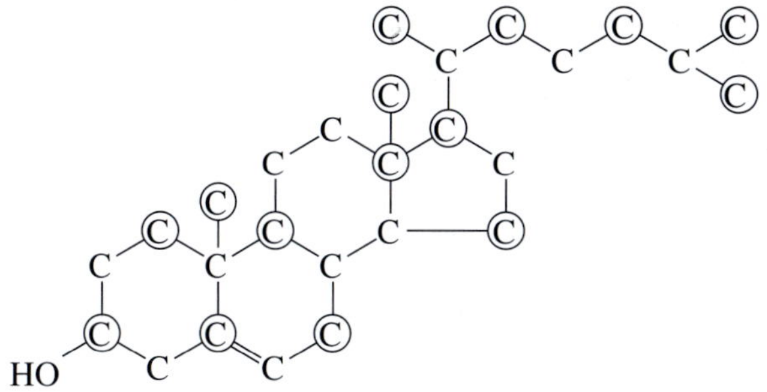

**FIGURA 29.5** Biossíntese do colesterol. Os carbonos circundados são provenientes do grupo —CH3, e os outros átomos de carbono provêm do grupo —CO— do grupo acetila da acetil-CoA.

A síntese de colesterol começa com a condensação sequencial de três moléculas de acetil-CoA para formar o composto 3-hidroxi-3-metilglutaril-CoA (HMG-CoA):

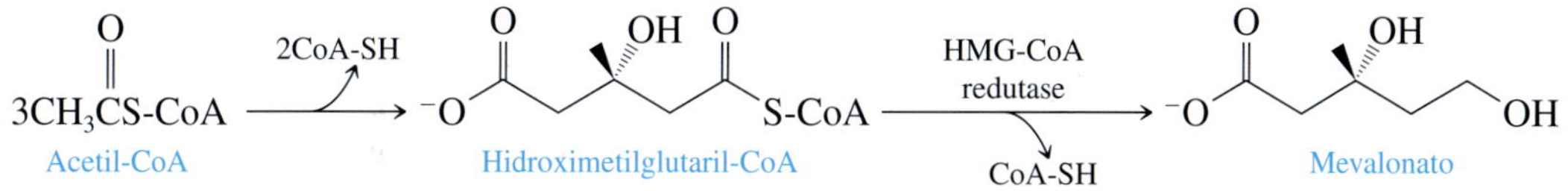

A enzima-chave, HMG-CoA redutase, controla a taxa de síntese do colesterol. Ela reduz o tioéster de HMG-CoA a um álcool primário, produzindo CoA no processo. O composto resultante, mevalonato, sofre fosforilação e descarboxilação para produzir um composto $C_5$, isopentenil pirofosfato:

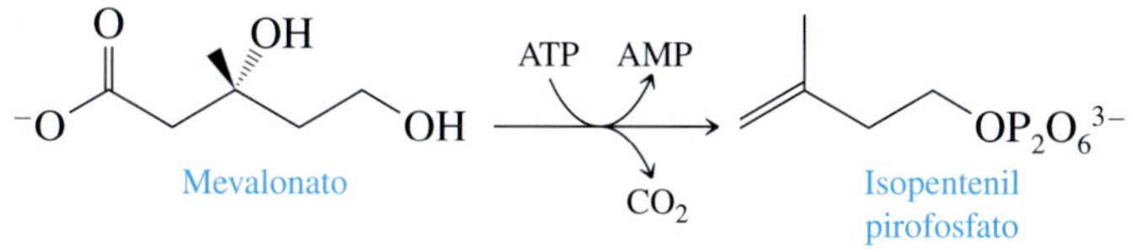

Dessa unidade básica $C_5$, os outros compostos múltiplos de $C_5$ são formados e definitivamente conduzem à síntese do colesterol. Esses intermediários são os pirofosfatos de geranila, $C_{10}$, e farnesila, $C_{15}$:

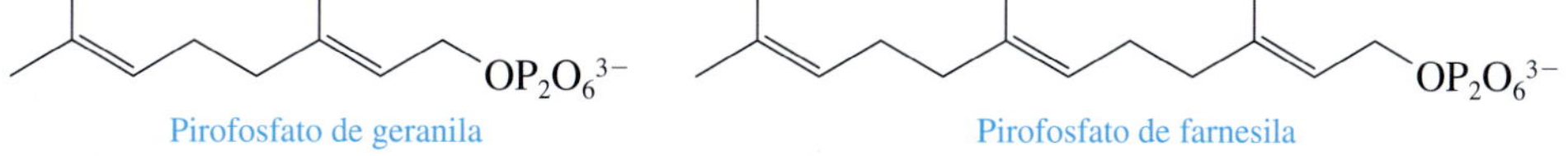

Finalmente, o colesterol é sintetizado da condensação de duas moléculas de farnesil pirofosfato.

As drogas estatínicas, como lovastatina, inibem competitivamente a enzima-chave HMG-CoA redutase e, consequentemente, a biossíntese de colesterol. Essas drogas são frequentemente prescritas para controlar o nível de colesterol no sangue de forma a prevenir a arteriosclerose (Seção 21.9E).

Os intermediários na síntese de colesterol, os pirofosfatos de geranila e farnesila, são constituídos por unidades de isopreno; esses compostos $C_5$ foram discutidos na Seção 12.5. Os compostos $C_{10}$ e $C_5$ são também usados para permitir que moléculas de proteína sejam dispersas na bicamada lipídica das membranas. Quando essas unidades de isopreno múltiplas são ligadas a uma proteína em um processo denominado **prenilação**, a proteína torna-se mais hidrofóbica e é capaz de se mover lateralmente no interior da bicamada com maior facilidade (o nome *prenilação* se origina de isopreno, a unidade de cinco carbonos dos quais os intermediários do colesterol $C_{10}$, $C_{15}$ e $C_{30}$ são feitos). A prenilação distingue as proteínas de forma que possam ficar associadas com membranas e realizar outras funções celulares, como a transdução do sinal da proteína-G (Seção 24.5B).

## 29.5 Como ocorre a biossíntese dos aminoácidos?

O corpo humano precisa de 20 aminoácidos diferentes para construir as cadeias das proteínas – todos os 20 aminoácidos são encontrados na alimentação normal. Alguns dos aminoácidos podem ser sintetizados de outros compostos, que são os aminoácidos não essenciais. Outros não podem ser sintetizados pelo organismo humano e precisam ser fornecidos pela alimentação; trata-se dos **aminoácidos essenciais** (ver Seção 30.6). A maioria dos aminoácidos não essenciais é sintetizada de algum intermediário ou da glicólise (Seção 28.2) ou do ciclo do ácido cítrico (Seção 27.4). O glutamato desempenha um papel central na síntese dos cinco aminoácidos não essenciais. O glutamato, por si só, é sintetizado de α-cetoglutarato, um dos intermediários no ciclo do ácido cítrico:

$$NADH + H^+ + NH_4^+ + \begin{array}{c} COO^- \\ | \\ C=O \\ | \\ CH_2 \\ | \\ CH_2 \\ | \\ COO^- \end{array} \rightleftharpoons \begin{array}{c} COO^- \\ | \\ CH-NH_3^+ \\ | \\ CH_2 \\ | \\ CH_2 \\ | \\ COO^- \end{array} + NAD^+ + H_2O$$

α-cetoglutarato     Glutamato

A reação direta é a síntese, e a inversa, a reação de desaminação oxidativa (degradação), vista no catabolismo dos aminoácidos (Seção 28.8B). Nesse caso, as vias sintéticas e de degradação são exatamente o contrário uma da outra.

O glutamato pode servir como um intermediário na síntese de alanina, serina, aspartato, asparagina e glutamina. Por exemplo, a reação de transaminação vista na Seção 28.8A forma a alanina:

$$\begin{array}{c} COO^- \\ | \\ C=O \\ | \\ CH_3 \end{array} + \begin{array}{c} COO^- \\ | \\ CH-NH_3^+ \\ | \\ CH_2 \\ | \\ CH_2 \\ | \\ COO^- \end{array} \rightleftharpoons \begin{array}{c} COO^- \\ | \\ CH-NH_3^+ \\ | \\ CH_3 \end{array} + \begin{array}{c} COO^- \\ | \\ C=O \\ | \\ CH_2 \\ | \\ CH_2 \\ | \\ COO^- \end{array}$$

Piruvato    Glutamato      Alanina    α-cetoglutarato

---

### Conexões químicas 29C

#### Aminoácidos essenciais

A biossíntese de proteínas requer a presença de todos os aminoácidos constituintes das proteínas. Se um dos 20 aminoácidos faltar ou estiver em pequena quantidade, a biossíntese da proteína será inibida.

Alguns organismos, incluindo bactérias, podem sintetizar todos os aminoácidos de que eles necessitam. Outras espécies, incluindo os humanos, precisam obter os aminoácidos das suas fontes de alimentação. Os aminoácidos essenciais na nutrição humana estão listados na Tabela 29.1. O organismo pode sintetizar alguns desses aminoácidos, mas não em quantidades suficientes para as suas necessidades, especialmente no caso do crescimento das crianças (estas necessitam particularmente de arginina e histidina).

Aminoácidos não são armazenados (exceto na forma de proteínas), portanto o fornecimento de aminoácidos essenciais em nossa dieta é necessário em intervalos regulares. A deficiência de proteínas – especialmente a deficiência prolongada nas fontes que contêm aminoácidos essenciais – leva à doença de **kwashiorkor**. O problema nessa doença, que é particularmente severa em crianças em crescimento, não é simplesmente a inanição, mas a quebra das próprias proteínas do organismo.

TABELA 29.1 Aminoácidos necessários em humanos

| Essenciais | | Não essenciais | |
|---|---|---|---|
| Arginina | Metionina | Alanina | Glutamina |
| Histidina | Fenilalanina | Asparagina | Glicina |
| Isoleucina | Treonina | Aspartato | Prolina |
| Leucina | Triptofano | Cisteína | Serina |
| Lisina | Valina | Glutamato | Tirosina |

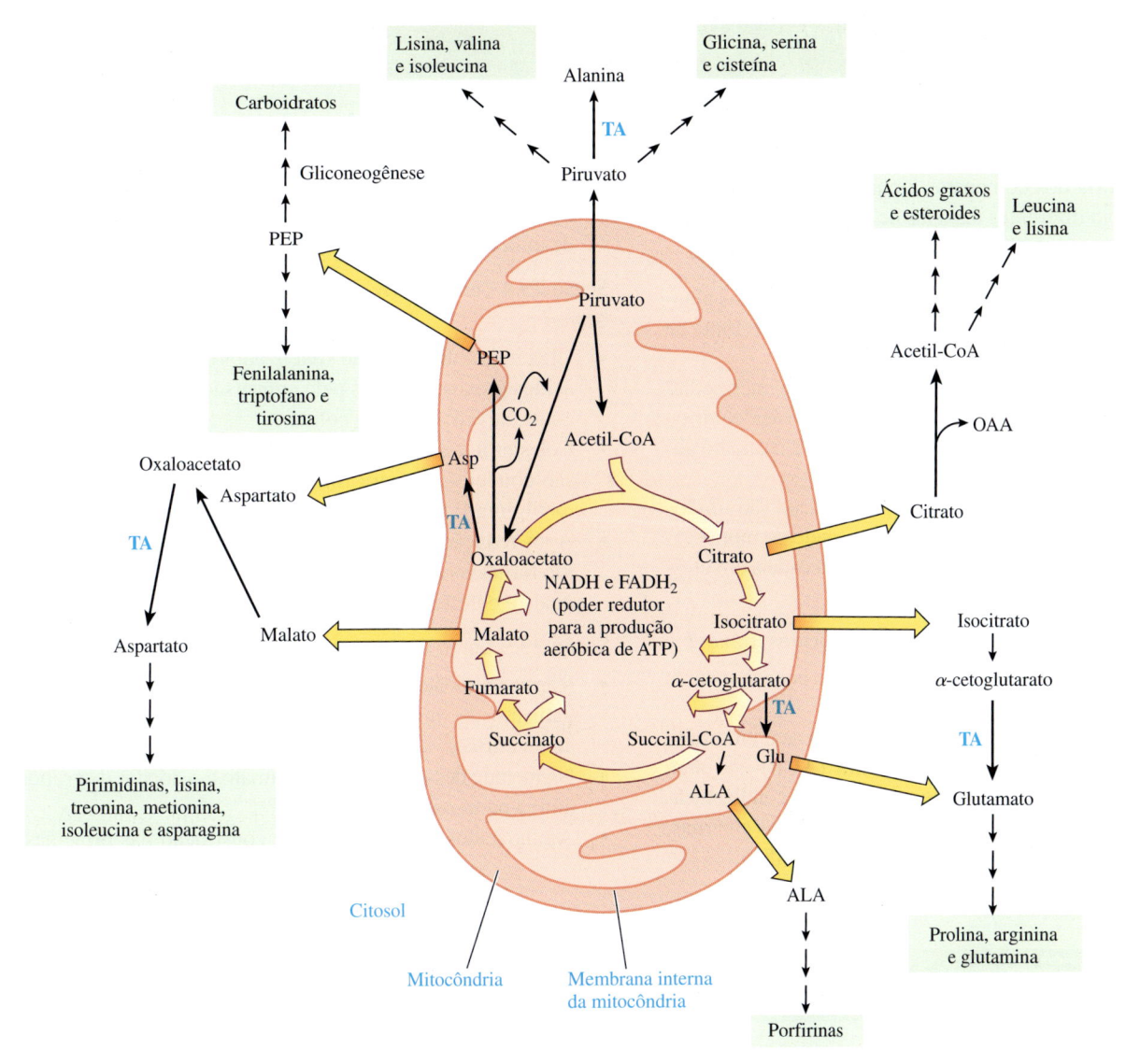

**FIGURA 29.6** Resumo do anabolismo que mostra a função das vias metabólicas centrais. Note que carboidratos, lipídeos e aminoácidos aparecem como produtos. (OAA é oxaloacetato; ALA, um derivado da succinil-CoA; TA, transaminação; $\longrightarrow \longrightarrow \longrightarrow$ é uma via de várias etapas.)

Além de serem as unidades de construção das proteínas, os aminoácidos servem como intermediários na obtenção de um grande número de moléculas biológicas. Vimos que a serina é necessária para a síntese dos lipídeos de membrana (Seção 29.4). Certos aminoácidos são também intermediários na síntese do grupo heme e das purinas e pirimidinas que são a matéria-prima para a elaboração do DNA e RNA (Capítulo 25).

## Pós-escrito

É útil sumarizar os pontos principais das vias anabólicas considerando como elas estão relacionadas. A Figura 29.6 mostra como todas as vias anabólicas têm início no ciclo do ácido cítrico, usando ATP e o poder redutor do NADH e $FADH_2$. O Capítulo 28 introduziu a via metabólica central, e aqui mostramos como ela está relacionada com todo o anabolismo.

## Resumo das questões-chave

**Seção 29.1 Quais são os aspectos gerais das vias biossintéticas?**

- Para a maioria dos compostos bioquímicos, as vias biossintéticas são diferentes das vias de degradação.

**Seção 29.2 Como ocorre a biossíntese dos carboidratos?**

- Na **fotossíntese**, os carboidratos são sintetizados nas plantas a partir de $CO_2$ e $H_2O$, usando a luz solar como fonte de energia.
- A glicose pode ser sintetizada pelos animais de intermediários da glicólise, de intermediários do ciclo do ácido cítrico e de aminoácidos glicogênicos. Esse processo é chamado **gliconeogênese**.
- Quando a glicose ou outros monossacarídeos são unidos em di, oligo e polissacarídeos, cada unidade de monossacarídeo na sua forma ativada é adicionada à cadeia em crescimento.

**Seção 29.3 Como ocorre a biossíntese dos ácidos graxos?**

- A biossíntese dos ácidos graxos é realizada por um sistema multienzimático.
- A chave para a biossíntese dos ácidos graxos é uma **proteína transportadora de grupo acila (ACP)** que atua como um sistema de transporte carrossel: ela conduz a cadeia de ácidos graxos em crescimento por várias enzimas, cada uma delas catalisando uma reação específica.
- A cada volta completa do carrossel, um fragmento $C_2$ é adicionado à cadeia em crescimento do ácido graxo.
- A fonte de fragmento $C_2$ é malonil-ACP, um composto $C_3$ ligado à ACP. Ele se torna um fragmento $C_2$ com a perda de uma molécula de $CO_2$.

**Seção 29.4 Como ocorre a biossíntese dos lipídeos da membrana?**

- Glicerofosfolipídeos são sintetizados de glicerol 1-fosfato; ácidos graxos; ativados pela conversão em acil-CoA; e alcoóis, ativados como a colina.
- Colesterol é sintetizado de acetil-CoA. Três fragmentos $C_2$ são condensados para formar um composto $C_6$, hidroximetilglutaril-CoA.
- Após redução e descarboxilação, unidades $C_5$ isoprênicas são formadas e condensam em intermediários $C_{10}$ e $C_{15}$, dos quais o colesterol é formado.

**Seção 29.5 Como ocorre a biossíntese dos aminoácidos?**

- Vários aminoácidos não essenciais são sintetizados no organismo de intermediários da glicólise ou do ciclo do ácido cítrico.
- Na metade desses casos, o glutamato é o doador de grupos amina na transaminação.
- Aminoácidos são os blocos de construção das proteínas.

## Problemas

**Seção 29.1 Quais são os aspectos gerais das vias biossintéticas?**

29.1 Por que as vias utilizadas pelo organismo para o anabolismo e catabolismo são tão diferentes?

29.2 Como o grande excesso de fosfato inorgânico em uma célula afeta a quantidade de glicogênio? Explique.

29.3 O glicogênio pode ser sintetizado no organismo pelas mesmas enzimas que o degradam. Por que esse processo é utilizado somente em pequena escala na síntese de glicogênio, enquanto a maior parte da biossíntese do glicogênio ocorre por uma via diferente?

29.4 A maioria das reações anabólicas e catabólicas ocorre nos mesmos lugares?

**Seção 29.2 Como ocorre a biossíntese dos carboidratos?**

29.5 Qual é a diferença nas equações globais para a fotossíntese e para a respiração?

29.6 Na fotossíntese, quais são as fontes de (a) carbono, (b) hidrogênio e (c) energia?

29.7 Dê o nome de um composto que pode servir como matéria-prima para a gliconeogênese e que seja (a) da via glicolítica, (b) do ciclo do ácido cítrico e (c) um aminoácido.

29.8 Como a glicose é ativada para a síntese de glicogênio?

29.9 A glicose é o único carboidrato que o cérebro pode utilizar como fonte de energia. Que via é mobilizada para fornecer as necessidades ao cérebro durante a inanição: (a) glicólise, (b) gliconeogênese ou (c) glicogênese? Explique.

29.10 As enzimas que combinam dois compostos $C_3$ em um composto $C_6$ na gliconeogênese são as mesmas ou diferentes daquelas que clivam um composto $C_6$ em dois compostos $C_3$ na glicólise?

29.11 Elabore um esquema no qual a maltose é formada usando inicialmente UDP-glicose.

29.12 O glicogênio é representado como $(glicose)_n$.
  (a) O que $n$ significa?
  (b) Qual é o valor aproximado de $n$?

29.13 Quais são os constituintes da UTP?

**Seção 29.3 Como ocorre a biossíntese dos ácidos graxos?**

29.14 Qual é a fonte de carbono na síntese de ácidos graxos?

29.15 (a) Onde ocorre a síntese de ácidos graxos no organismo?
  (b) A degradação dos ácidos graxos ocorre no mesmo lugar?

29.16 A ACP é uma enzima?

29.17 Na biossíntese de ácidos graxos, que composto é adicionado repetidamente pela sintase?

29.18 (a) Qual é o nome da primeira enzima na síntese dos ácidos graxos?
(b) O que ela faz?

29.19 De que composto o $CO_2$ é liberado na síntese dos ácidos graxos?

29.20 Quais são os grupos funcionais comuns na CoA, ACP e sintase?

29.21 Na síntese dos ácidos graxos insaturados, NADPH + $H^+$ é convertido em $NADP^+$. Essa síntese também é uma etapa de oxidação e não de redução. Explique.

29.22 Quais destes ácidos graxos podem ser sintetizados apenas pelo complexo multienzimático da síntese dos ácidos graxos?
(a) Oleico  (b) Esteárico
(c) Mirístico  (d) Araquidônico
(e) Láurico

29.23 Algumas enzimas podem usar NADH e NADPH como uma coenzima. Outras enzimas usam um ou outro exclusivamente. Que aspectos preveniriam a adequação de NADPH no sítio ativo de uma enzima que, por sua vez, pode acomodar NADH?

29.24 Os ácidos graxos usados para fins de energia no organismo, na forma de gorduras, são sintetizados da mesma forma que os ácidos graxos para as bicamadas lipídicas da membrana?

29.25 Os ácidos linoleico e linolênico não podem ser sintetizados no organismo humano. Isso significa que o organismo humano não produz um ácido graxo insaturado a partir de um saturado?

### Seção 29.4 Como ocorre a biossíntese dos lipídeos da membrana?

29.26 Quais são os blocos de construção (unidades) que o organismo utiliza para montar (sintetizar) o lipídeo de membrana mostrado abaixo?

$$\begin{array}{l} CH_2-O-\overset{O}{\underset{\|}{C}}-(CH_2)_{14}CH_3 \\ | \\ CH-O-\overset{O}{\underset{\|}{C}}-(CH_2)_{10}CH_3 \\ | \\ CH_2-O-\overset{O}{\underset{\|}{P}}-O-CH_2-CH-COO^- \\ \phantom{CH_2-O-}O^- \phantom{-O-CH_2-}NH_3^+ \end{array}$$

29.27 Denomine os constituintes ativados necessários para formar o glicolipídeo glicoceramida.

29.28 Por que a HMG-CoA redutase é uma enzima-chave na síntese do colesterol?

29.29 Descreva por meio de uma designação de esqueleto carbônico como um composto $C_2$ termina como um composto $C_5$.

### Seção 29.5 Como ocorre a biossíntese dos aminoácidos?

29.30 Que reação é a inversa da síntese do glutamato a partir de $\alpha$-cetoglutarato, amônia e NADH + $H^+$?

29.31 Que aminoácido será sintetizado pelo seguinte processo?

$$\begin{array}{l} COO^- \\ | \\ C=O \\ | \\ CH_2 \\ | \\ COO^- \end{array} + NADH + H^+ + NH_4^+ \longrightarrow$$

29.32 Desenhe as estruturas dos compostos necessários para síntese da asparagina por transaminação partindo de glutamato.

29.33 Nomeie os produtos da seguinte reação de transaminação:

$$(CH_3)_2CH-\overset{O}{\underset{\|}{C}}-COO^-$$

$$+ \phantom{.}^-OOC-CH_2-CH_2-\underset{\underset{NH_3^+}{|}}{CH}-COO^- \longrightarrow$$

### Conexões químicas

29.34 (Conexões químicas 29A) Os fotossistemas I e II são "fábricas" complexas constituídas por proteínas, clorofila e vários cofatores. Onde esses fotossistemas estão localizados nas plantas e em que reação da fotossíntese eles participam?

29.35 (Conexões químicas 29A) Qual coenzima reduz $CO_2$ no ciclo de Calvin?

29.36 (Conexões químicas 29B) Qual é a importância metabólica da malonil-CoA?

29.37 (Conexões químicas 29B) Que enzima pode ser um possível alvo para a ação de drogas no tratamento da obesidade?

29.38 (Conexões químicas 29C) Qual é o resultado de ingerir apenas proteínas que não contêm todos os 20 aminoácidos?

### Problemas adicionais

29.39 Na estrutura de $NADP^+$, que ligações conectam nicotinamida e adenina às unidades de ribose?

29.40 Que fragmento $C_3$ conduzido pela ACP é usado na síntese de ácidos graxos?

29.41. Quando ocorre transaminação entre glutamato e fenilpiruvato, que aminoácido é formado?

$$C_6H_5-CH_2-\overset{O}{\underset{\|}{C}}-COO^-$$

$$+ \phantom{.}^-OOC-CH_2-CH_2-\underset{\underset{NH_3^+}{|}}{CH}-COO^- \longrightarrow$$

29.42 Nomeie três compostos com base em unidades isoprenoides que têm uma função na biossíntese de colesterol.

29.43 Cada etapa de ativação na síntese de lipídeos complexos ocorre com o consumo de uma molécula de ATP. Quantas moléculas de ATP são usadas na síntese de uma molécula de lecitina?

29.44 Considere que a desaminação do ácido glutâmico e sua síntese de ácido $\alpha$-cetoglutárico são reações de equilíbrio. De que forma o equilíbrio será deslocado quando o corpo for exposto a temperaturas frias?

29.45 Que composto reage com glutamato no processo de transaminação para formar serina?

29.46 Quais são os nomes dos intermediários $C_{10}$ e $C_{15}$ na biossíntese do colesterol?

29.47 Qual é o carbono 1 na HMG-CoA (3-hidróxi-3-metilglutaril-CoA)?

29.48 Na maioria dos processos biossintéticos, o reagente é reduzido para a obtenção do produto desejado. Essa afirmação é adequada à reação global da fotossíntese?

29.49 Qual é a principal diferença na estrutura entre a clorofila e a heme?

29.50 O complexo enzimático que participa de cada síntese dos ácidos graxos pode produzir ácidos graxos de qualquer tamanho?

### Ligando os pontos

29.51 Como a biossíntese dos ácidos graxos difere do catabolismo destes?

29.52 Como a fonte de energia na biossíntese de carboidratos difere nas plantas e nos animais?

29.53 A enzima que catalisa a fixação de dióxido de carbono na fotossíntese é uma das menos eficientes. Como esse fato resulta nos requisitos de energia na fotossíntese?

### Antecipando

29.54 Na dieta vegan, excluem-se todos os produtos de origem animal. É possível conseguir todos os nutrientes essenciais dessa dieta? Será mais fácil ou mais difícil atingir esse objetivo com uma dieta que contenha produtos de origem animal?

29.55 Muitas proteínas-chave no sistema imune são glicoproteínas (proteínas que incorporam açúcares na sua estrutura). A biossíntese dessas proteínas é afetada pela falta de aminoácidos essenciais, por uma dieta de baixo teor de carboidratos ou por ambas? Explique.

### Desafios

29.56 Os alimentos que comemos fornecem carboidratos, gorduras e proteínas. Com base no que você aprendeu neste capítulo, o que aconteceria se não houvesse o fornecimento dessas matérias-primas? Explique.

29.57 Em geral, processos catabólicos e biossintéticos não ocorrem na mesma parte da célula. Por que essa separação é vantajosa?

29.58 A inibição por retroação desempenha um papel nas vias biossintéticas longas? Explique sua resposta.

29.59 Se ratos de laboratório forem alimentados com todos os aminoácidos, exceto um dos essenciais, e este for administrado quatro horas depois, qual será o efeito durante a síntese de proteínas e por quê?

29.60 Os humanos apresentam todas as vias anabólicas mostradas na Figura 29.6? Caso esteja faltando algumas vias, quais seriam as mais prováveis?

# Nutrição

## 30

Alimentos ricos em fibras incluem grãos integrais, legumes, frutas e vegetais.

### Questões-chave

**30.1** Como se avalia a nutrição?

**30.2** Por que somamos calorias?

**30.3** Como o organismo processa os carboidratos da dieta?

**30.4** Como o organismo processa as gorduras da dieta?

**30.5** Como o organismo processa as proteínas da dieta?

**30.6** Qual é a importância das vitaminas, minerais e água?

## 30.1 Como se avalia a nutrição?

Nos capítulos 27 e 28, vimos o que acontece com o alimento que comemos nos seus estágios finais – após proteínas, lipídeos e carboidratos terem sido fragmentados em seus componentes. Neste capítulo vamos discutir os estágios anteriores – nutrição e dieta – e então os processos digestivos que fragmentam estas moléculas grandes nos respectivos fragmentos menores que são metabolizados. O alimento fornece energia e novas moléculas para substituir aquelas que foram utilizadas pelo organismo. Essa síntese de novas moléculas é particularmente importante nos períodos em que uma criança está se desenvolvendo para se tornar um adulto.

Os componentes da comida e bebida que resultam em crescimento, substituição e energia são chamados **nutrientes**. Nem todos os componentes dos alimentos são nutrientes. Alguns componentes da comida e bebida, como os que proporcionam sabor, cor ou aroma, acentuam nosso prazer pela comida, mas não são por si só nutrientes.

**Digestão** O processo pelo qual o organismo fragmenta moléculas grandes em moléculas menores que podem ser absorvidas e metabolizadas.

**Dieta discriminatória de redução** Uma dieta que evita certos alimentos que são considerados prejudiciais para a saúde de um indivíduo – por exemplo, dietas de baixo teor de sódio para as pessoas com problemas de alta pressão sanguínea.

Nutricionistas classificam os nutrientes em seis grupos:

1. Carboidratos
2. Lipídeos
3. Proteínas
4. Vitaminas
5. Minerais
6. Água

Para que os alimentos sejam processados pelo nosso organismo, eles devem ser absorvidos no sistema sanguíneo ou linfático através das paredes intestinais. Alguns nutrientes, tais como vitaminas, minerais, glicose e aminoácidos, podem ser absorvidos diretamente. Outros, como amido, gorduras e proteínas precisam primeiro ser fragmentados em componentes menores antes de serem absorvidos. Este processo de fragmentação é chamado **digestão**.

Um organismo saudável precisa de uma ingestão adequada de todos os nutrientes. Entretanto, a necessidade de nutrientes varia de uma pessoa para outra. Por exemplo, mais energia é necessária para manter o corpo de um adulto que de uma criança. Por essa razão, as necessidades nutricionais são usualmente fornecidas por quilograma de massa corporal. Adicionalmente, as necessidades de energia de um indivíduo fisicamente ativo são maiores que o de uma pessoa com uma ocupação sedentária. Portanto, quando valores médios são apresentados, como na **Ingestão da Dieta de Referência (IDR)** (Dietary Reference Intakes – DRI) e na primeira diretriz chamada **Recomendações Nutricionais Diárias (RND)** (também chamada doses diárias recomendadas, DDR) (Recommended Daily Allowances – RDA), pode-se ter o conhecimento da ampla faixa que esses valores médios representam.

Os interesses públicos na nutrição e na dieta mudam com o tempo e o local. Setenta ou oitenta anos atrás, o principal interesse nutricional da maioria dos norte-americanos era obter alimento suficiente e evitar doenças causadas pela deficiência de vitaminas, como o escorbuto ou o beribéri. Essa questão é ainda a principal preocupação da maioria da população mundial. Nas sociedades ricas, como nas nações industrializadas, entretanto, hoje a mensagem nutricional não é mais "coma mais", mas "coma menos e discrimine mais o que você escolhe para comer". Fazer dietas para reduzir a massa corporal é um esforço que existe em uma porcentagem considerável da população. Muitas pessoas selecionam sua comida de forma a evitar colesterol (Seção 21.9E) e ácidos graxos saturados para reduzir os riscos de ataques cardíacos.

Conjuntamente com tais **dietas discriminatórias de redução** vieram várias dietas da moda. As **dietas da moda** são exageradas ao acreditar nos efeitos que a nutrição tem sobre a saúde e as doenças. Este fenômeno não é novo, é predominante há muitos anos. Muitas vezes, ele é direcionado por opiniões visionárias, mas que necessitam de embasamento científico. No século XIX, Dr. Kellogg (que tem fama pelos "cornflakes") recomendava uma dieta amplamente vegetariana com base na sua crença de que a carne produzia excessos sexuais. No fim, o seu fervor religioso declinou e seu irmão alcançou sucesso comercial com um alimento à base de grãos que ele inventara. Outro modismo é o da comida crua ou pouco cozida que proíbe o aquecimento dos alimentos acima de 48 °C. Os convictos acreditam que o calor diminui o valor nutricional das proteínas e vitaminas e aumenta a concentração de pesticidas na comida. Obviamente uma dieta de alimentos crus acaba sendo essencialmente vegetariana, o que acaba excluindo carne e seus derivados.

Um alimento recomendado raramente é tão bom, e raramente um alimento condenado é tão ruim quanto os modistas reivindicam. Em geral, cada alimento contém uma grande variedade de nutrientes. Por exemplo, um cereal para o café da manhã típico apresenta os seguintes itens em seus ingredientes: milho prensado, açúcar, sal, flavorizante de malte e vitaminas A, B, C e D, mais outros flavorizantes e conservantes. As leis do consumidor nos Estados Unidos requerem que as embalagens dos produtos sejam rotuladas de forma uniforme para mostrar os valores nutricionais dos alimentos. A Figura 30.1 mostra um rótulo característico encontrado na maioria das latas, garrafas ou caixas de alimento que é comprado.

Tais rótulos precisam listar as porcentagens dos **Valores Diários** para quatro vitaminas e minerais-chave: vitaminas A e C, cálcio e ferro. Caso outras vitaminas ou minerais tenham sido adicionados, ou se o produto reivindica outros aspectos nutricionais de outros nutrientes, estes valores também devem ser mostrados. Os valores de porcentagem diária nos rótulos são baseados em uma ingestão de 2.000 Cal. Para qualquer pessoa que come mais que esta quantidade, a porcentagem efetiva seria menor (e maior para os que comem menos). Note

### Informações Nutricionais

Tamanho da porção 1 Barra (28 g)
Porções por caixa 6

**Quantidade por porção**

**Calorias** 120    Calorias provenientes de gordura 35

| | % Valor Diário* |
|---|---|
| **Total Gordura** 4 g | 6% |
| Gordura Saturada 2 g | 10% |
| **Colesterol** 0 mg | 0% |
| **Sódio** 45 mg | 2% |
| **Potássio** 100 mg | 3% |
| **Total de Carboidratos** 19 g | 6% |
| Fibra da Dieta 2 g | 8% |
| Açúcares 13 g | |
| **Proteína** 2 g | |

| | |
|---|---|
| Vitamina A 15% | Vitamina C 15% |
| Cálcio 15% | Ferro 15% |
| Vitamina D 15% | Vitamina E 15% |
| Tiamina 15% | Riboflavina 15% |
| Niacina 15% | Vitamina $B_6$ 15% |
| Folato 15% | Vitamina $B_{12}$ 15% |
| Biotina 10% | Ácido Pantotênico 10% |
| Fósforo 15% | Iodo 2% |
| Magnésio 4% | Zinco 4% |

*Valores da porcentagem diária são baseados em uma dieta de 2.000 calorias. Os seus valores diários podem ser maiores ou menores dependendo das suas necessidades calóricas.

| | Calorias: | 2.000 | 2.500 |
|---|---|---|---|
| Gordura Total | Menos que | 65 g | 80 g |
| Gordura Saturada | Menos que | 20 g | 25 g |
| Colesterol | Menos que | 300 mg | 300 mg |
| Sódio | Menos que | 2.400 mg | 2.400 mg |
| Potássio | | 3.500 mg | 3.500 mg |
| Carboidrato Total | | 300 g | 375 g |
| Fibra da Dieta | | 25 g | 30 g |

**Figura 30.1** Um rótulo de alimento para uma barra de creme de amendoim crocante. A parte abaixo (após o asterisco) fornece o mesmo tipo de informação em todos os rótulos.

que cada rótulo especifica o tamanho da porção; as porcentagens são baseadas nesta porção, e não no conteúdo total da embalagem. A parte de baixo do rótulo é exatamente a mesma em todos os rótulos, independentemente do alimento; ela mostra as quantidades diárias recomendadas pelo governo, baseada em um consumo de 2.000 ou 2.500 Cal. Algumas embalagens de alimentos têm permissão para ter rótulos menores, ou porque têm somente poucos nutrientes ou porque a embalagem tem um espaço limitado para o rótulo. O fato de ter-se uma uniformidade nos rótulos facilita aos consumidores conhecer exatamente o que eles estão comendo.

Em 1992, o Departamento de Agricultura dos Estados Unidos (USDA) editou um conjunto de normas relacionando o que constitui uma dieta saudável, representada na forma de uma pirâmide (Figura 30.2).

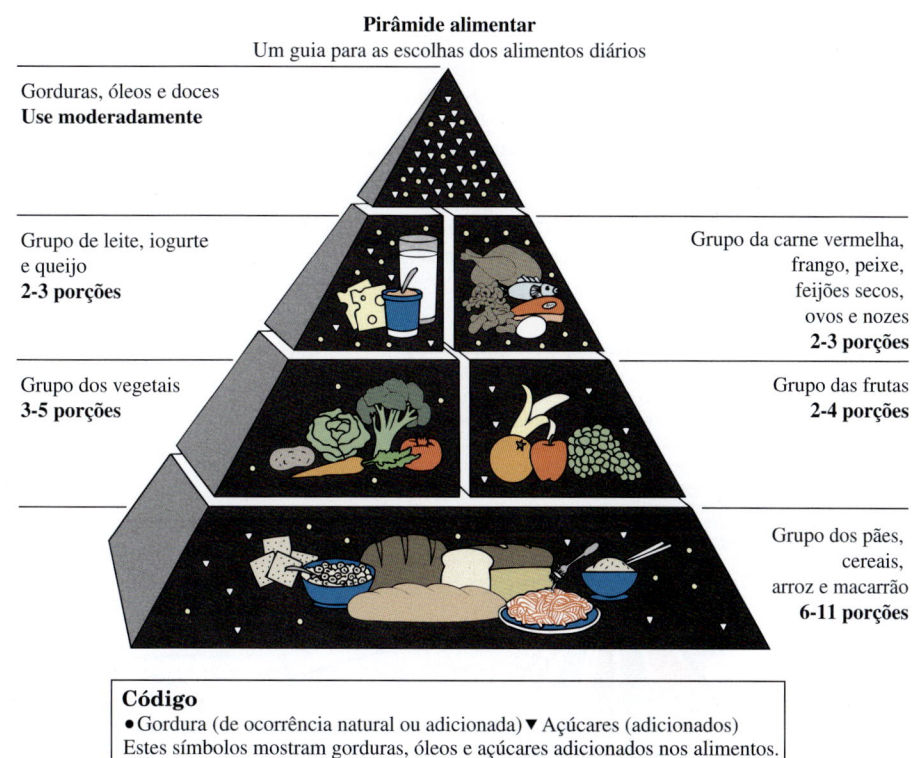

**Pirâmide alimentar**
Um guia para as escolhas dos alimentos diários

Gorduras, óleos e doces
**Use moderadamente**

Grupo de leite, iogurte e queijo
**2-3 porções**

Grupo da carne vermelha, frango, peixe, feijões secos, ovos e nozes
**2-3 porções**

Grupo dos vegetais
**3-5 porções**

Grupo das frutas
**2-4 porções**

Grupo dos pães, cereais, arroz e macarrão
**6-11 porções**

**Código**
• Gordura (de ocorrência natural ou adicionada) ▼ Açúcares (adicionados)
Estes símbolos mostram gorduras, óleos e açúcares adicionados nos alimentos.

USDA, 1992

**TAMANHO DAS PORÇÕES DOS GRUPOS DE ALIMENTOS**

**Pão, cereal, arroz e macarrão**
½ xícara de cereal, arroz, macarrão cozidos
31 gramas de cereal seco
1 fatia de pão
½ rosquinha de tamanho médio

**Leite, iogurte e queijo**
1 xícara de leite ou iogurte
47 gramas de queijo natural
62 gramas de queijo processado
2 xícaras de queijo cotage
1 xícara de frozen iogurte

**Vegetais**
½ xícara de vegetais picados crus ou cozidos
1 xícara de folhas de vegetais crus
¾ de xícara de suco de vegetais
10 batatas fritas

**Carne vermelha, frango, peixe, feijão seco, ovos e nozes**
62-93 gramas de carne magra, peixe ou frango
2-3 ovos
4-6 colheres de sopa de creme de amendoim
1 ½ xícaras de feijões secos cozidos
1 xícara de nozes

**Frutas**
1 maçã, banana ou laranja médias
½ xícara de frutas picadas, cozidas ou em lata
¾ xícara de suco de fruta
¼ xícara de fruta seca

**Gorduras, óleos e doces**
Manteiga, maionese, molho de salada, creme de queijo (*cream cheese*), creme azedo, geleia, gelatina

**FIGURA 30.2** O Guia Pirâmide Alimentar desenvolvido pelo Departamento de Agricultura dos Estados Unidos é um guia geral para uma dieta saudável.

## Conexões químicas 30A

### A nova pirâmide alimentar

Com o tempo, os cientistas começaram a questionar alguns aspectos da pirâmide original mostrada na Figura 30.2. Por exemplo, certos tipos de gordura são conhecidos por serem essenciais à saúde e na verdade reduzem o risco de doenças do coração. Também existe pouca evidência para fundamentar a alegação de que a alta ingestão de carboidratos é benéfica, embora para certos esportes ela seja essencial. A pirâmide original enfatiza os carboidratos e por outro lado escolhe todas as gorduras como os "vilões". Na verdade, há evidências abundantes que associam o consumo de gordura saturada com altos valores de colesterol e os riscos de doenças cardíacas – mas gorduras mono e poli-insaturadas apresentam o efeito contrário. Embora muitos cientistas reconhecessem a distinção entre os vários tipos de gorduras, eles sentiam que as pessoas comuns não os entenderiam, então a pirâmide original foi elaborada para enviar uma mensagem simples: "Gordura é ruim". E como consequência natural de que "gordura é ruim" desencadeou-se que "carboidrato é bom". Entretanto, após anos de estudo, nenhuma evidência provou que uma dieta com 30% ou menos das calorias que vêm das gorduras é mais saudável que uma dieta com um maior consumo de gorduras.

Em uma tentativa de reconciliar os últimos dados nutricionais e apresentando-os de uma forma que possam ser entendidos pelas pessoas comuns, a USDA criou um website (www.mypyramid.gov). Este website interativo permite ao visitante ter um tutorial breve sobre a nova pirâmide, assim como calcular a sua quantidade ideal de vários tipos de alimentos. Essencialmente, a nova pirâmide, em primeiro lugar, mostra os avisos ao lado como na antiga versão. Sua visualização não sugere que determinado tipo de alimento seja melhor que outro; mais propriamente, ela mostra que uma nutrição adequada é uma mistura de todos os grupos. Os nutrientes são classificados em seis grupos: grãos, vegetais, frutas, óleos, leite, carne e feijões. Para cada grupo, a pirâmide descreve as quantidades e variedades que devem ser consumidas. Uma grande diferença entre esta pirâmide e a versão original é que esta inclui uma seção dedicada aos exercícios. Também há uma seção expandida sobre os alimentos cuja ingestão deve ser limitada, como certas gorduras, açúcar e sal.

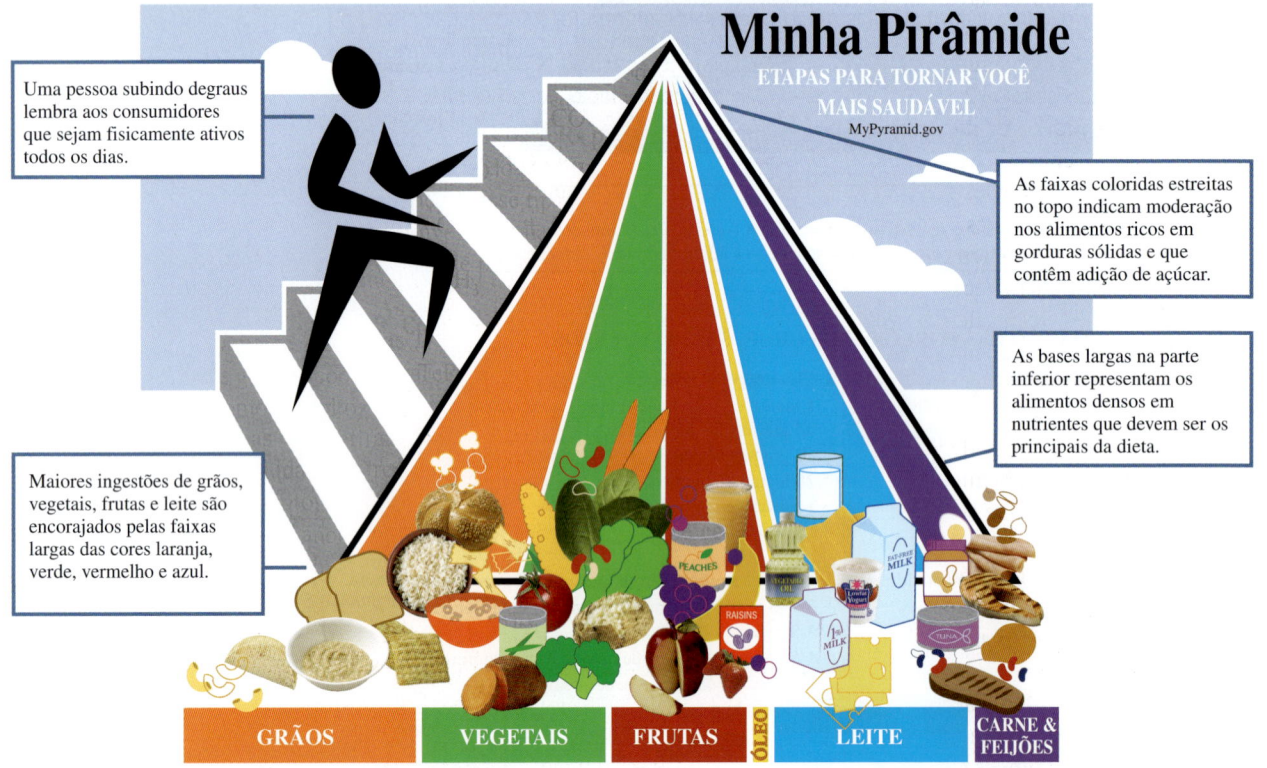

A nova Pirâmide Alimentar. Esta versão das quantidades recomendadas de diferentes tipos de alimentos deriva das últimas pesquisas compiladas pela USDA. Veja o website www.mypyramid.gov para um tutorial (USDA, 2005).

Essas diretrizes são consideradas a base de uma dieta saudável por se basear em alimentos ricos em amido (pão, arroz, e assim por diante), mais frutas e vegetais (que são ricos em vitaminas e minerais). Alimentos ricos em proteínas (carne, peixe, laticínios) devem ser consumidos mais ocasionalmente e gorduras, óleos, e doces não são considerados totalmente necessários. O formato da pirâmide demonstra a importância relativa de cada tipo de grupo alimentar, com os mais importantes formando a base e os menos importantes ou desnecessários aparecendo no topo. Esta descrição pictórica tem sido usada em vários livros-texto e ensinada em escolas para crianças de todas as idades desde o início de sua publicação. Entretanto, a USDA revisou recentemente as informações e a aparência da pirâmide alimentar. Em "Conexões químicas 30A" discute-se essa versão mais recente da pirâmide.

Um importante não nutriente em alguns alimentos é a **fibra**, a qual geralmente consiste em porções não digeríveis dos vegetais e grãos. Alface, repolho, aipo, trigo integral, arroz integral, ervilhas e feijões são ricos em fibras. Quimicamente, fibras são constituídas de celulose, a qual, como visto na Seção 20.5C, não pode ser digerida pelos humanos. Embora não possamos digerir as fibras, elas são necessárias para o funcionamento adequado do sistema digestivo; sem elas, pode ocorre constipação. Em casos mais sérios, uma dieta suficientemente pobre em fibras pode levar ao câncer de cólon. A recomendação da IDR é para a ingestão de 35 g/dia para homens de 50 anos ou mais jovens, e de 25 g/dia para as mulheres nesta mesma faixa etária.

**Fibra** Componente não-nutriente baseado na celulose em nossos alimentos.

**Necessidade calórica basal** A necessidade calórica para um corpo em repouso.

## 30.2 Por que somamos calorias?

A maior parte de nosso suprimento de alimentos serve para fornecer energia para os nossos corpos. Como foi visto nos capítulos 27 e 28, essa energia vem da oxidação dos carboidratos, gorduras e proteínas. A energia proveniente dos alimentos é usualmente medida em calorias. Uma caloria nutricional (Cal) equivale a 1.000 cal ou 1 kcal. Então, quando dizemos que as necessidades médias diárias nutricionais para um adulto jovem do sexo masculino é 3.000 Cal, significa a mesma quantidade de energia necessária para aumentar a temperatura de 3.000 kg de água em 1 °C ou de 30 kg de água em 100 °C (Seção 1.9B). Uma adulta jovem necessita de 2.100 Cal/dia. Estas são as necessidades de pico (máximo) – crianças e pessoas idosas, na média, necessitam de menos energia. Tenha em mente que estas necessidades de energia se aplicam para pessoas ativas. Para pessoas completamente em repouso, as correspondentes necessidades energéticas para um adulto jovem são de 1.800 Cal/dia e para as mulheres, 1.300 Cal/dia. A necessidade para um corpo em repouso é chamada **necessidade calórica basal** ou **requisito calórico basal**.

Um desequilíbrio entre as necessidades calóricas do corpo e a ingestão calórica cria problemas de saúde. A inanição calórica crônica existe em várias partes do mundo nas quais as pessoas simplesmente não têm quantidade suficiente de alimento para comer em razão da seca prolongada, da devastação da guerra, de desastres naturais ou de superpopulação. A inanição afeta particularmente recém-nascidos e crianças. A inanição crônica, chamada **marasmo**, aumenta a mortalidade infantil em até mais que 50%. Esta situação acarreta em pouco crescimento, enfraquecimento dos músculos, anemia e fraqueza geral. Mesmo que a inanição seja posteriormente suprimida, ela resulta em danos permanentes, insuficiente crescimento corporal e baixa resistência às doenças.

Do outro lado do espectro calórico está o excesso de ingestão calórica. Ela resulta na *obesidade* ou acúmulo de gordura corporal. A obesidade está se tornando epidêmica, principalmente na população dos Estados Unidos, trazendo graves consequências: aumento dos riscos de hipertensão, doenças cardiovasculares e diabetes. Obesidade é definida pelo National Institute of Health como aplicável às pessoas com índice de massa corpórea (IMC) de 30 ou maiores. O IMC é uma medida da gordura corporal com base na altura e no peso que se aplica tanto para homens como para mulheres adultos. Por exemplo, uma pessoa de 1,80 m de altura é normal (IMC menor que 25) se tiver massa de 79 kg ou menos. Uma pessoa da mesma altura está em *sobrepeso* se tiver massa maior que 79 kg, porém menor que 95 kg; um indivíduo é *obeso* se tiver massa maior que 95 kg. Mais de 200 milhões de norte-americanos estão com sobrepeso ou são obesos.[1]

Dietas de redução tem como objetivo diminuir a ingestão calórica sem sacrificar qualquer dos nutrientes essenciais. Uma combinação de exercícios e baixa ingestão calórica

---

[1] No Brasil, segundo o IBGE, em pesquisa feita em 2008 e 2009, a obesidade atinge 12,4% dos homens e 16,9% das mulheres com mais de 20 anos, 4,0% dos homens e 5,9% das mulheres entre 10 e 19 anos e 16,6% dos meninos e 11,8% das meninas entre 5 a 9 anos. A obesidade aumentou entre 1989 e 1997 de 11% para 15% e se manteve razoavelmente estável desde então sendo maior no Sudeste do país e menor no Nordeste. (Fonte: http://pt.wikipedia.org/wiki/Obesidade) (NE)

pode eliminar a obesidade, mas usualmente essas dietas alcançam seus objetivos em períodos de tempo longos. Dietas de impacto dão a ilusão de uma perda de peso rápida, mas a maioria dessa diminuição é em razão da perda de água, que pode ser ganha novamente de modo rápido. Atingir este objetivo corresponde a muito esforço, porque as gorduras contêm muita energia. Uma libra (0,5 kg) de gordura corporal é equivalente a 3.500 Cal. Portanto, para perder 5 kg, são necessárias 35.000 Cal a menos, o que pode ser conseguido se o indivíduo reduzir a ingestão calórica em uma taxa de 350 Cal por dia durante 100 dias (ou 700 Cal diárias durante 50 dias) ou as eliminar por meio de exercícios que gastam o mesmo número das calorias dos alimentos.

## 30.3 Como o organismo processa os carboidratos da dieta?

Os carboidratos são a maior fonte de energia contida na dieta. Eles também fornecem compostos importantes para a síntese dos componentes celulares (Capítulo 29). Os principais carboidratos da dieta são o polissacarídeo amido, os dissacarídeos lactose e sacarose e os monossacarídeos glicose e frutose. Antes de o corpo absorver os carboidratos, eles precisam fragmentar di-, oligo- e polissacarídeos em monossacarídeos, porque somente monossacarídeos podem passar na corrente sanguínea.

As unidades de monossacarídeos estão conectadas umas às outras por ligações glicosídicas. Ligações glicosídicas são clivadas por hidrólise. No organismo, esta hidrólise é catalisada por ácidos e por enzimas. Quando uma necessidade metabólica aumenta, polissacarídeo armazenado – amilose, amilopectina e glicogênio – são hidrolisados para fornecer glicose e maltose.

Esta hidrólise está a cargo de várias enzimas:

- **α-amilase** ataca aleatoriamente os três polissacarídeos, hidrolisando ligações α-1,4--glicosídicas.
- **β-amilase** também hidrolisa ligações α-1,4-glicosídicas, porém, de forma ordenada, clivando unidades dissacarídicas de maltose uma por uma a partir da terminação não redutora da cadeia.
- **A enzima de desramificação** hidrolisa ligações α-1,6-glicosídicas (Figura 30.3).

Na hidrólise catalisada por ácido, os polissacarídeos estocados são fragmentados em pontos aleatórios. Na temperatura corporal, a catálise ácida é mais lenta que a hidrólise enzimática.

A digestão (hidrólise) de amido e glicogênio em nosso suprimento de alimentos se inicia na boca, onde a α-amilase é uma das principais componentes da saliva. Ácido clorídrico no estômago e outras enzimas hidrolíticas no trato intestinal hidrolisam amido e glicogênio produzindo mono- e dissacarídeos (D-glicose e maltose).

D-glicose entra na corrente sanguínea e é levada para ser utilizada nas células (Seção 28.2). Por essa razão, D-glicose é frequentemente chamada açúcar do sangue. Em pessoas saudáveis, pouca ou nenhuma glicose termina na urina, exceto por curtos períodos de tempo (quando ocorre excesso de alimentação). Na diabetes, entretanto, glicose não é completamente metabolizada e então ela aparece na urina. Por essa razão é necessário testar a urina dos pacientes com diabetes para verificar a presença de glicose ("Conexões químicas 20C").

A última diretriz da IDR, publicada pela Academia Nacional de Ciências dos Estados Unidos em 2002, recomenda uma ingestão mínima de carboidratos de 130 g/dia. A maioria das pessoas excede esse valor. Adoçantes artificiais ("Conexões químicas 30C") podem ser usados para reduzir a ingestão de mono- e dissacarídeos.

Nem todos consideram essa recomendação como uma palavra final. Certas dietas, como a de Atkins, recomendam ingestão reduzida de carboidratos para forçar o organismo a queimar a gordura armazenada para o suprimento de energia. Por exemplo, durante o período introdutório de duas semanas na dieta Atkins, somente 20 g de carboidratos por dia são recomendados na forma de saladas e vegetais; nem frutas ou vegetais que contenham amido são permitidos.

Para o longo prazo, 5 g adicionais de carboidratos por dia são adicionados na forma de frutas. Esta restrição induz cetose, a produção de corpos cetônicos (Seção 28.7) que pode gerar fraqueza muscular e problemas renais.

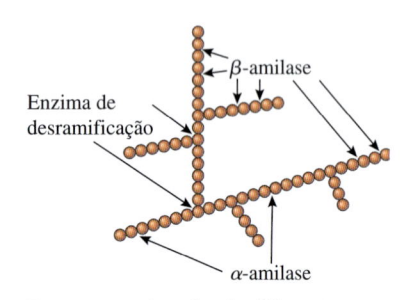

**Figura 30.3** A ação de diferentes enzimas no glicogênio e amido.

## Conexões químicas 30B

### Por que é tão difícil perder peso?

Uma das maiores "tragédias" de ser humano é que é muito fácil ganhar peso (massa) e muito difícil perdê-lo. Se tivermos que analisar as reações químicas específicas envolvidas nesta realidade, teremos de olhar cuidadosamente para o ciclo do ácido cítrico, especialmente as reações de descarboxilação. É claro que todos os alimentos consumidos em excesso podem ser armazenados como gordura. Isto é verdade para carboidratos, proteínas e, é claro, para gorduras. Adicionalmente, essas moléculas podem ser interconvertidas, com exceção das gorduras, que não podem resultar em carboidratos. Por que as gorduras não podem originar carboidratos? A única maneira pela qual uma molécula de gordura pode formar glicose seria entrar no ciclo do ácido cítrico como acetil-CoA e então ser retirada como oxaloacetato para a gliconeogênese (Seção 29.2). Infelizmente, os dois carbonos que entram (no ciclo do ácido cítrico) são efetivamente perdidos pelas descarboxilações (Seção 27.4). Isto leva a um desequilíbrio entre as vias catabólica e anabólica.

Todas as rotas levam às gorduras, mas as gorduras não podem ser conduzidas de volta para formar carboidratos. Os humanos são muito sensíveis aos níveis de glicose no sangue porque grande parte de nosso metabolismo é um mecanismo direcionado para proteger nossas células cerebrais, as quais preferem glicose como combustível. Se comemos mais carboidratos do que precisamos, o excesso de carboidratos resultará em gorduras. Como sabemos, é muito fácil engordar, especialmente à medida que envelhecemos.

E o inverso? Por que nós simplesmente não paramos de comer? Isto não inverteria o processo? Sim e não. Quando começamos a comer menos, as reservas de gordura ficam mobilizadas para a produção de energia. A gordura é uma excelente fonte de energia porque ela forma acetil-CoA e fornece um pronto influxo para o ciclo do ácido cítrico. Portanto podemos perder algum peso pela redução da ingestão de calorias. Infelizmente, nosso açúcar sanguíneo também irá diminuir assim que nossa reserva de glicogênio acabar. Temos muito pouco glicogênio armazenado que poderia ser estocado para manter nossos níveis de glicose no sangue.

Quando a glicose no sangue diminui, nos tornamos deprimidos, lentos e irritáveis. Começamos a ter pensamentos negativos como, "esta coisa de dieta é realmente estúpida. Eu deveria é comer meio litro de sorvete com biscoitos". Se continuamos a dieta, e considerando que não podemos transformar gordura em carboidratos, de onde virá a glicose para o sangue? Somente resta uma fonte – proteínas. As proteínas serão degradadas em aminoácidos e, consequentemente, serão convertidas em piruvato para a gliconeogênese. Então começaremos a perder músculos assim como gordura.

Entretanto, existe um lado favorável neste processo. Usando nosso conhecimento de bioquímica, podemos ver que há uma maneira melhor para perder peso que a dieta – exercício! Se você se exercita corretamente, você pode treinar seu corpo a usar gorduras para fornecer acetil-CoA para o ciclo do ácido cítrico. Consumindo uma dieta normal, será mantida a glicose do sangue e proteínas não serão degradadas para esse propósito; os carboidratos digeridos serão suficientes para manter tanto a glicose sanguínea como as reservas de carboidrato. Com um balanço adequado de exercícios para a ingestão de alimentos e um balanço adequado do tipo correto de nutrientes, podemos aumentar a clivagem de gorduras sem sacrificar as reservas de carboidratos ou proteínas. Em essência, é mais fácil e saudável diminuir o peso se exercitando do que fazendo dieta. Este fato é conhecido há muito tempo. Agora temos condições de entender por que isso é assim bioquimicamente.

---

Hoje existem muitas dietas da moda. A dieta Atkins foi precedida pela Dieta da Zona e pela Dieta do Açúcar de Buster, ambas limitando a ingestão de carboidratos. Outra dieta sugere combinar alimentos que se comem em função do seu tipo sanguíneo ABO. Até o momento, existe pouca evidência científica que apoie qualquer um destes enfoques, embora alguns aspectos de várias dietas tenham seu mérito.

## 30.4 Como o organismo processa as gorduras da dieta?

Gorduras são as fontes de energia mais concentradas. Cerca de 98% dos lipídeos em nossa dieta são gorduras e óleos (triglicérides); os restantes 2% consistem de lipídeos complexos e colesterol.

Os lipídeos nos alimentos que comemos devem ser hidrolisados em componentes menores antes que possam ser absorvidos no sistema sanguíneo ou linfático através das paredes do intestino. As enzimas que promovem esta hidrólise estão localizadas no intestino delgado e são chamadas *lipases*. Entretanto, pelo fato de os lipídeos serem insolúveis no meio aquoso do trato gastrointestinal, eles precisam ser dispersos em pequenas partículas coloidais antes que as enzimas possam atuar sobre elas.

Os *sais biliares* realizam essa importante tarefa. Sais biliares são manufaturados no fígado a partir do colesterol e armazenados na vesícula biliar. Eles são secretados da vesícula pelos dutos biliares até o intestino. Lipases atuam na emulsão produzida pelos sais biliares e gorduras da dieta, fragmentando as gorduras em glicerol e ácidos graxos e os lipídeos complexos em ácidos graxos, alcoóis (glicerol, colina, etanolamina, esfingosina) e carboidratos. Estes produtos de hidrólise são, então, absorvidos através das paredes intestinais.

Somente dois ácidos graxos são essenciais nos animais superiores: os ácidos linolênico e linoleico (Seção 21.3). Nutricionistas ocasionalmente relacionam ácido araquidônico como um **ácido graxo essencial**. Na verdade, nosso organismo pode sintetizar ácido araquidônico a partir do ácido linolênico.

## 30.5 Como o organismo processa as proteínas da dieta?

Embora as proteínas em nossa dieta possam ser usadas para a produção de energia (Seção 28.90), a sua principal utilização é fornecer aminoácidos para que o organismo sintetize nossas próprias proteínas (Seção 26.5).

A digestão de proteínas na dieta começa com o cozimento, o qual desnatura as proteínas (proteínas desnaturadas são hidrolisadas mais facilmente pelo ácido clorídrico no estômago e pelas enzimas digestivas que as proteínas nativas).

O *ácido estomacal* contém HCl a cerca de 0,5%. Esse HCl desnatura as proteínas e hidrolisa aleatoriamente as ligações peptídicas. *Pepsina*, a enzima proteolítica do suco estomacal, hidrolisa ligações peptídicas na parte amínica dos aminoácidos aromáticos: triptofano, fenilalanina e tirosina (veja Figura 30.4).

A maior parte da digestão de proteína, entretanto, ocorre no intestino delgado. Lá, a enzima *quimiotripsina* hidrolisa ligações peptídicas internas nos mesmos aminoácidos em que atua a pepsina, exceto que ela o faz do outro lado, liberando esses aminoácidos pelo terminal carboxila do seu fragmento.

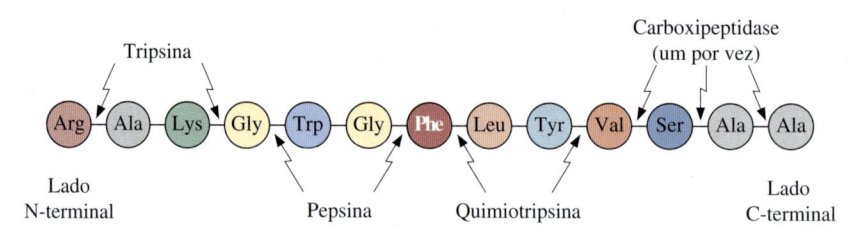

**Figura 30.4** Diferentes enzimas hidrolisam cadeias peptídicas de forma diferente, porém específica. Note que tanto a quimiotripsina como a pepsina hidrolisam os mesmos aminoácidos, mas são mostradas aqui hidrolisando esses aminoácidos separados em sua posição na cadeia para uma comparação do lado pelo qual eles atuam no processo de hidrólise.

Outra enzima, *tripsina*, hidrolisa os aminoácidos somente no lado carboxila da arginina e lisina. Outras enzimas, como *carboxipeptidase*, hidrolisa aminoácidos um por um a partir do lado C-terminal da proteína. Os aminoácidos e pequenos peptídeos são então absorvidos através das paredes do intestino.

O corpo humano é incapaz de sintetizar dez aminoácidos nas quantidades necessárias para a fabricação das proteínas. Esses dez **aminoácidos essenciais** precisam ser obtidos em nosso alimento; eles são mostrados na Tabela 29.1. O corpo hidrolisa as proteínas dos alimentos em seus aminoácidos constituintes e então os rearranja novamente para fabricar as proteínas de nosso corpo. Para uma nutrição adequada, a dieta humana deve conter aproximadamente 20% de proteína.

Uma proteína da dieta que contém todos os aminoácidos essenciais é chamada **proteína completa**. Caseína, a proteína do leite, é uma proteína completa, como é a maioria das proteínas animais – aquelas encontradas na carne, peixe e ovos. Pessoas que comem adequadamente quantidades de carne, peixe, ovos e laticínios obtêm todos os aminoácidos de que precisam para se manterem saudáveis. Cerca de 50 g/dia de uma proteína completa representa uma quantidade adequada.

Uma proteína animal que não é completa é a gelatina, que é feita pela desnaturação do colágeno (Seção 22.12). Falta triptofano e vários aminoácidos se encontram em pequena quantidade na gelatina, incluindo isoleucina e metionina. Várias pessoas que fazem dietas para redução rápida de peso consomem "proteínas líquidas". Essa substância é sim-

---

**Aminoácido essencial** Um aminoácido que o corpo não pode sintetizar nas quantidades necessárias e, portanto, precisa ser obtido na dieta.

plesmente colágeno desnaturado e parcialmente hidrolisado (gelatina). Portanto, se esta for a única fonte de proteína na dieta, faltarão alguns aminoácidos essenciais.

A maioria das proteínas das plantas é incompleta. Por exemplo, falta lisina e triptofano na proteína de milho; falta lisina e treonina na proteína do arroz; falta lisina na proteína de trigo; e legumes apresentam pequenas quantidades de metionina e cisteína. Mesmo a proteína de soja, uma das melhores proteínas das plantas, apresenta uma quantidade muito pequena de metionina. Uma nutrição adequada em aminoácidos é possível com uma dieta vegetariana, mas somente com uma grande variedade de vegetais sendo ingerida. **Complementação protéica** é uma dessas dietas. Na complementação protéica, dois ou mais alimentos complementam os outros que são deficientes. Por exemplo, grãos e legumes complementam-se mutuamente, com os grãos sendo pobres em lisina mas ricos em metionina. Com o tempo, essa complementação proteica nas dietas vegetarianas tornam-se as principais mercadorias em várias partes do mundo – tortilhas de milho e feijões nas Américas Central e do Sul, arroz e lentilhas na Índia e arroz e tofu na China e Japão.

Em vários países desenvolvidos, doenças decorrentes da deficiência de proteína são disseminadas porque as pessoas obtêm suas proteínas principalmente de plantas. Entre elas está a doença de **kwashiorkor**, cujos sintomas incluem estômago inchado, descoloração da pele e retardamento no crescimento.

Proteínas são inerentemente diferentes de carboidratos e gorduras em relação à dieta. Diferentemente das outras duas fontes de combustíveis, proteínas não são armazenadas. Quando comemos muito carboidrato, iremos armazenar a glicose na forma de glicogênio. Se comemos muito de qualquer coisa, armazenaremos gordura. Entretanto, se você come muita proteína (mais que o requerido para as suas necessidades), não existe lugar para armazenar a proteína extra. Proteína em excesso será metabolizada em outras substâncias, como as gorduras. Por essa razão, é preciso consumir quantidades adequadas de proteínas todo dia. Esse requisito é especialmente crítico para os atletas e crianças em desenvolvimento. Se um atleta atua intensamente determinado dia, porém come proteína incompleta, ele ou ela não pode reparar os músculos danificados. O fato de o atleta ter comido um excesso de proteína completa no dia anterior não vai ajudá-lo neste caso.

## 30.6 Qual é a importância das vitaminas, minerais e água?

**Vitaminas** e **minerais** são essenciais para uma boa nutrição. Animais mantidos em dietas que contem carboidratos, gorduras e proteínas suficientes e com um bom suprimento de água não podem sobreviver apenas com isso; eles precisam também de componentes orgânicos essenciais chamados vitaminas e íons inorgânicos chamados minerais. Várias vitaminas, especialmente aquelas do grupo B, funcionam como coenzimas e íons inorgânicos como cofatores nas reações catalisadas por enzimas (Tabela 30.1). A Tabela 30.2 relaciona as estruturas, fontes da dieta e funções de vitaminas e minerais. Deficiências de vitaminas e minerais levam a várias doenças nutricionais controláveis (um exemplo é mostrado na Figura 30.5); estas também são listadas na Tabela 30.2.

A recente tendência na valorização das vitaminas está mais relacionada a seu papel geral do que a qualquer ação específica que elas apresentam contra uma doença particular. Por exemplo, hoje a função da vitamina C na prevenção do escorbuto é abertamente mencionada, mas ela é alardeada como um importante antioxidante. Similarmente, outros antioxidantes vitamínicos ou precursores vitamínicos predominam na literatura médica. Como exemplo, tem sido mostrado que o consumo de carotenoides (outros além do β-caroteno) e vitaminas E e C contribuem significativamente para a saúde respiratória. O mais importante dos três é a vitamina E. Adicionalmente, a perda de vitamina C durante a hemodiálise contribui significativamente aos danos oxidativos nos pacientes, conduzindo a uma arteriosclerose acelerada.

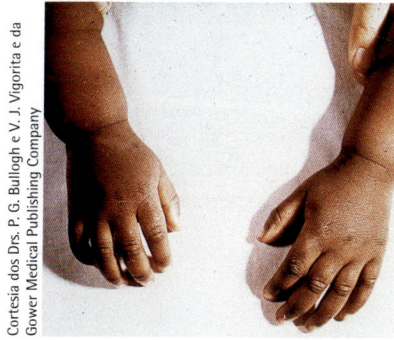

**Figura 30.5** Sintomas do raquitismo, uma deficiência de vitamina D em crianças. A não mineralização dos ossos do rádio e ulna resulta em proeminência do pulso.

## Conexões químicas 30C

### Dieta e adoçantes artificiais

Obesidade é um sério problema nos Estados Unidos. Várias pessoas gostariam de perder peso, mas são incapazes de controlar seu apetite o suficiente para conseguir isso, o que explica por que os adoçantes artificiais são tão populares. Essas substâncias têm um gosto doce, mas não acrescentam calorias. Assim, várias pessoas restringem a sua ingestão de açúcar. Alguns são forçados a isso em virtude de doenças, tal como a diabetes; outras pelo seu desejo de perder peso. Já que a maioria de nós gosta de comer alimentos doces, adoçantes artificiais são adicionados aos vários alimentos e bebidas para os que precisam (ou querem) restringir a ingestão de açúcar.

Quatro adoçantes artificiais não calóricos estão aprovados pela FDA (Food and Drug Administration – EUA). A mais antiga destas substâncias, a sacarina, é 450 vezes mais doce que a sacarose. A sacarina tem sido usada por cerca de 100 anos. Infelizmente, alguns testes têm mostrado que esse adoçante, quando ministrado em quantidades massivas aos ratos, leva ao surgimento de câncer em alguns deles. Outros testes, entretanto, têm apresentado resultados negativos. Pesquisa recente mostrou que este câncer em ratos não é relevante considerando o consumo humano. A sacarina continua sendo vendida.

Um adoçante artificial mais novo, aspartame, não deixa um ligeiro gosto na boca como ocorre com a sacarina. Aspartame é o éster metílico de um dipeptídeo, Asp-Phe (aspartil-fenilalanina). A sua doçura foi descoberta em 1969. Após amplos testes biológicos, ele foi aprovado pela FDA em 1981 para o uso em cereais frios, bebidas, gelatinas e como tabletes ou pó para ser empregado como um substituto do açúcar. Aspartame é 100 a 150 vezes mais doce que sacarose. Ele é feito de aminoácidos naturais, portanto tanto o ácido aspártico como a fenilalanina têm a configuração L. Outras possibilidades também tem sido sintetizar as configurações: L-D, D-L e D-D. Entretanto, todas elas são amargas em vez de doces.

Aspartame é vendido sob os nomes comerciais de Equal e Nutrasweet. Uma versão mais nova do aspartame, neotame, foi aprovada pela FDA em 2002. Vinte e cinco vezes mais doce que o aspartame, ele é essencialmente o mesmo composto mas com um —H substituído por um grupo —CH$_2$—CH$_2$—C(CH$_3$)$_3$ no amino terminal.

Sacarina

Aspartame

Acesulfame-K

Um terceiro adoçante artificial, acesulfame-K, é 200 vezes mais doce que a sacarose e é usado (sob o nome de Sunette) principalmente em misturas secas. A quarta opção, sucralose, é usada em refrigerantes, produtos de panificação, e encontrada em sachês. Este derivado triclorado de um dissacarídeo é 600 vezes mais doce que a sacarose e não deixa sabor residual. Tanto sucralose como acesulfame não são metabolizados pelo organismo; isto é, eles passam de forma inalterada pelo nosso corpo.

Sucralose

É claro que calorias na dieta não são provenientes só dos açúcares. As gorduras da dieta são uma fonte ainda mais importante (Seção 30.4). Espera-se há muito tempo a obtenção de algum tipo de gordura artificial, que possua o mesmo sabor, mas que não tenha (ou somente poucas) calorias, o que ajudaria na perda de peso. A companhia Procter & Gamble vem desenvolvendo esse produto, denominado Olestra. Como as gorduras naturais, essa molécula é um éster carboxílico; diferentemente do glicerol, entretanto, o componente álcool é a sacarose (Seção 20.4A). Todos os oito grupos OH da sacarose são convertidos em grupos ésteres; os ácidos carboxílicos são ácidos graxos de cadeia longa similar aos encontrados nos triglicerídeos normais. O que é aqui ilustrado é constituído de ácido C$_{10}$ decanoico (cáprico).

Olestra

Embora Olestra tenha uma estrutura química similar à da gordura, o corpo humano não pode digeri-la porque as enzimas que digerem gorduras comuns não são adequadas para funcionar com o tamanho particular e a forma desta molécula. Por isso, ela passa através do sistema digestivo de forma inalterada, e não são obtidas calorias dela. Olestra pode ser usada no lugar das gorduras comuns na preparação de itens como biscoitos e batata chips. Pessoas que comem estes alimentos estarão consumindo menos calorias.

O aspecto negativo é que Olestra pode causar diarreia, cólicas e náusea em certas pessoas – efeitos que aumentam com a quantidade consumida. Indivíduos que são suscetíveis a tais efeitos colaterais terão de decidir se a potencial perda de peso vale a pena pelo desconforto envolvido. Adicionalmente, Olestra dissolve e elimina algumas vitaminas e nutrientes em outros alimentos que são digeridos ao mesmo tempo. Para balancear esse efeito, os produtores de alimentos precisam adicionar alguns desses nutrientes (vitaminas A, D, E e K) nos produtos que usam Olestra. FDA exige que todas as embalagens de alimentos que contenham Olestra levem um rótulo explicando tais efeitos colaterais.

Tabela 30.1 Vitaminas e elementos-traço como coenzimas e cofatores.

| Vitamina/Elemento-traço | Forma da coenzima | Enzima representativa | Referência |
|---|---|---|---|
| $B_1$, tiamina | Tiamina pirofosfato, TPP | Piruvato desidrogenase | Etapa 12, Seção 28.2 |
| $B_2$, riboflavina | Flavina adenina dinucleotídeo, FAD | Succinato desidrogenase | Etapa 6, Seção 27.4 |
| Niacina | Nicitinamida adenina dinucleotídeo, $NAD^+$ | D-Gliceraldeído-3-fosfato desidrogenase | Etapa 5, Seção 28.2 |
| Ácido pantotênico | Coenzima A, CoA | Ácido graxo sintetase | Etapa 1, Seção 29.3 |
| $B_6$, piridoxal | Piridixal fosfato, PLP | Aspartato amino transferase | Classe 2, Seção 23.2 |
| $B_{12}$ | | Ribose redutase | Etapa 1, Seção 25.2 |
| Biotina | N-carboxibiotina | Acetil-CoA carboxilase | Malonil-CoA, Seção 29.3 |
| Ácido fólico | | Biossíntese de purina | Seção 25.2 |
| Mg | | Piruvato quinase | Conexões químicas 23C |
| Fe | | Citocromo oxidase | Seção 27.5 |
| Cu | | Citocromo oxidase | Seção 27.5 |
| Zn | | DNA polimerase | Seção 25.6 |
| Mn | | Arginase | Etapa 5, Seção 28.8 |
| K | | Piruvato quinase | Conexões químicas 23C |
| Ni | | Urease | Seção 23.1 |
| Mo | | Nitrato redutase | |
| Se | | Glutationa peroxidase | Conexões químicas 22A |

## Conexões químicas 30D

### Ferro: um exemplo da necessidade de minerais

Ferro, seja na forma de Fe(II) ou Fe(III), é usualmente encontrado no organismo associado com proteínas. Pouco ou nenhum ferro pode ser encontrado "livre" no sangue. Como proteínas que contêm ferro (ferro-proteínas) estão por todo o organismo, há uma necessidade na dieta por esse mineral. Déficits graves podem levar à anemia por deficiência de ferro.

O ferro normalmente se apresenta na forma de Fe(III) nos alimentos. Esta também é a forma em que ele é liberado de utensílios de ferro usados no cozimento de alimentos. Entretanto, ferro precisa estar no estado Fe(II) para ser absorvido. Redução de Fe(III) a Fe(II) pode ser realizada por ascorbato (vitamina C) ou por succinato. Fatores que afetam a absorção incluem a solubilidade de determinado composto de ferro, a presença de antiácidos no trato digestivo e a fonte de ferro. Para fornecer alguns exemplos, o ferro pode formar complexos insolúveis com fosfato ou oxalato, e a presença de antiácidos no trato digestivo pode diminuir a absorção de ferro. O ferro contido em carnes é mais facilmente absorvido que o ferro encontrado nas fontes vegetais.

Os requisitos de ferro variam de acordo com a idade e o sexo. Bebês e adultos do sexo masculino precisam de 10 mg por dia; os bebês já nascem com um suprimento de ferro para um período de três a seis meses. Crianças e mulheres (com idades de 16 até 50 anos) precisam de 15 a 18 mg por dia. Mulheres perdem de 20 à 23 mg durante cada período menstrual. Mulheres grávidas e lactantes precisam mais que 18 mg de ferro por dia. Após um sangramento, qualquer um, independente do sexo, precisa de uma quantidade maior que essa. Corredores de longa distância, particularmente os maratonistas, têm o risco de tornarem-se anêmicos pela perda de sangue por contusões causadas por pisões ou quedas que ocorrem durante as longas corridas. Pessoas com deficiência de ferro podem sofrer um desejo por coisas que não sejam alimentícios como barro, giz e gelo.

Tabela 30.2 Vitaminas e minerais: fontes, funções, doenças da deficiência e doses diárias recomendadas

| Nome estrutura | Melhor fonte de alimento | Função | Sintomas da deficiência e doenças | Recomendações nutricionais diárias |
|---|---|---|---|---|
| **Vitaminas solúveis em gordura (vitaminas insolúveis em água)** | | | | |
| A | Fígado, manteiga, ovos, gema, cenouras, espinafre, batata-doce | Visão; cicatrização dos olhos e pele | Cegueira noturna; cegueira; queratinização do epitélio e da córnea | 800 µg (1.500 µg)[b] |
| D | Salmão, sardinhas, óleo de fígado de bacalhau, queijo, ovos, leite | Promove a absorção e mobilização de cálcio e fosfato | Raquitismo (em crianças): ossos maleáveis; osteomalacia (em adultos); ossos frágeis | 5-10 µg; exposição à luz do Sol |
| E | Óleos vegetais, nozes, batata frita, espinafre | Antioxidante | Nos casos de absorção insatisfatória como na fibrose cística: anemia | 8-10 mg |
| K | Espinafre, batatas, couve-flor, bife de fígado | Coagulação do sangue | Sangramento descontrolado (principalmente em bebês recém-nascidos) | 65-80 µg |
| **Vitaminas solúveis em água** | | | | |
| $B_1$ (tiamina) | Feijões, soja, cereais, presunto, fígado | Coenzima na descarboxilação oxidativa e na via da pentose fosfato | Beribéri. Em alcólatras: falhas cardíacas; congestão pulmonar | 1,1 mg |

Tabela 30.2 Vitaminas e minerais: fontes, funções, doenças da deficiência e doses diárias recomendadas (continuação)

| Nome estrutura | Melhor fonte de alimento | Função | Sintomas da deficiência e doenças | Recomendações nutricionais diárias |
|---|---|---|---|---|
| **Vitaminas solúveis em água** | | | | |
| $B_2$ (riboflavina) | Rins, fígado, leveduras, amêndoas, cogumelos, feijões | Coenzima de processos oxidativos | Invasão da córnea por capilares; queilose; dermatite | 1,4 mg |
| Ácido nicotínico (niacina) | Grão-de-bico, lentilhas, ameixa, pêssego, abacate, figos, peixe, carne, cogumelos, amendoim, pão, arroz, feijão, frutas como framboesa, amora (*berries*) | Coenzima de processos oxidativos | Pelagra | 15-18 mg |
| $B_6$ (piridoxal) | Carne, peixe, nozes, germe de trigo, batata frita | Coenzima na transaminação; síntese da heme | Convulsões; anemia crônica; neuroipatia periférica | 1,6-2,2 mg |
| Ácido fólico | Fígado, rins, ovos, espinafre, beterraba, suco de laranja, abacate, cantalupo (espécie de melão) | Coenzima na metilação e na síntese do DNA | Anemia | 400 μg |

Tabela 30.2 Vitaminas e minerais: fontes, funções, doenças da deficiência e doses diárias recomendadas (continuação)

| Nome estrutura | Melhor fonte de alimento | Função | Sintomas da deficiência e doenças | Recomendações nutricionais diárias |
|---|---|---|---|---|
| **Vitaminas solúveis em água** | | | | |
| $B_{12}$ | Ostras, salmão, fígado, rins | Enzima que atua em parte da remoção de metilas no metabolismo do folato | Desmielinização irregular; degradação dos nervos, do cordão espinal e cérebro | 1-3 μg |
| Ácido pantotênico | Amendoim, trigo-sarraceno, soja, brócolis, fígado, miúdos: rins, cérebro, coração | Parte da CoA; metabolismo de gordura e carboidratos | Distúrbios gastrointestinais; depressão | 4-7 mg |
| Biotina | Leveduras, fígado, rins, nozes, gema de ovo | Síntese de ácidos graxos | Dermatite; náusea; depressão | 30-100 μg |

Tabela 30.2 Vitaminas e minerais: fontes, funções, doenças da deficiência e doses diárias recomendadas (continuação)

| Nome estrutura | Melhor fonte de alimento | Função | Sintomas da deficiência e doenças | Recomendações nutricionais diárias |
|---|---|---|---|---|
| **Vitaminas solúveis em água** | | | | |
| C (ácido ascórbico) | Frutas cítricas, *berries*, brócolis, couve, pimentas, tomates | Hidroxilação do colágeno, cicatrização de feridas; formação de ligações; antioxidante | Escorbuto; fragilidade dos capilares | 60 mg |
| **Minerais** | | | | |
| Potássio | Damasco, banana, tâmaras, figos, nozes, passas, feijões, grão-de-bico, agrião, lentilhas | Resulta no potencial de membrana | Fraqueza muscular | 3.500 mg |
| Sódio | Carne, queijo, frios, peixe defumado, sal de cozinha | Pressão osmótica | Nenhum | 2.000-2.400 mg |
| Cálcio | Leite, queijo, sardinhas, caviar | Formação dos ossos; função hormonal; coagulação do sangue; contração muscular | Câimbras musculares; osteoporose; ossos frágeis | 800-1.200 mg |
| Cloreto | Carne, queijo, frios, peixe defumado, sal de cozinha | Pressão osmótica | Nenhum | 1.700-5.100 mg |
| Fósforo | Lentilhas, nozes, aveia, farinha de grãos, cacau, gema de ovo, queijo, carne (miúdos: cérebro, moela, pâncreas) | Balanceamento do cálcio na dieta | O excesso causa fraqueza nos ossos | 800-1.200 mg |
| Magnésio | Queijo, cacau, chocolate, nozes, soja, feijões | Cofator em enzimas | Hipocalcemia | 280-350 mg |
| Ferro | Passas, feijões, grão-de-bico, salsinha, peixe defumado, fígado, rins, baço, coração, mariscos, ostras | Fosforilação oxidativa; hemoglobina | Anemia | 15 mg |
| Zinco | Leveduras, soja, nozes, milho, queijo, carne, frango | Cofator em enzimas, insulina | Retardamento do crescimento; fígado aumentado | 12-15 mg |

Tabela 30.2 Vitaminas e minerais: fontes, funções, doenças da deficiência e doses diárias recomendadas (continuação)

| Nome estrutura | Melhor fonte de alimento | Função | Sintomas da deficiência e doenças | Recomendações nutricionais diárias |
|---|---|---|---|---|
| **Minerais** | | | | |
| Cobre | Ostras, sardinhas, carne de cordeiro, fígado | Cofator de enzimas oxidativas | Perda da pigmentação do cabelo, anemia | 1,5-3 mg |
| Manganês | Nozes, frutas, vegetais, cereais de grãos integrais | Formação dos ossos | Baixos níveis de colesterol no soro sanguíneo; retardamento do crescimento do cabelo e unhas | 2,0-5,0 mg |
| Crômio | Carne, cerveja, trigo integral e farinhas de centeio | Metabolismo da glicose | A glicose não é disponibilizada para as células | 0,05-0,2 mg |
| Molibdênio | Fígado, rins, espinafre, feijões, ervilhas | Síntese de proteínas | Retardamento do crescimento | 0,075-0,250 mg |
| Cobalto | Carne, laticínios | Componentes da vitamina $B_{12}$ | Anemia perniciosa | 0,05 mg (20-30 mg)[b] |
| Selênio | Carne, frutos do mar | Metabolismo das gorduras | Disfunções musculares | 0,05-0,07 mg (2,4-3,0 mg)[b] |
| Iodo | Carne, frutos do mar, vegetais | Glândula tiroide | Bócio | 150-170 $\mu$g (1000 $\mu$g)[b] |
| Flúor | Água fluoretada, pasta dental fluoretada | Formação do esmalte dos dentes | Queda dos dentes | 1,5-4,0 mg (8-20 mg)[b] |

[a] As RNDs são elaboradas pela Food and Nutrition Board do Conselho Nacional de Pesquisa dos Estados Unidos. Os números aqui fornecidos são baseados nas últimas recomendações (*National Research Council Recommended Dietary Allowances*, 10. ed., 1989, National Academy Press, Washinghton). A RND varia com a idade, sexo e nível de atividade; os números dados são valores médios para ambos os sexos entre as idades de 18 e 24 anos.

[b] São tóxicos se doses acima do que é recomendado entre parênteses são ingeridas.

## Conexões químicas 30E

### Alimentos para o aumento do desempenho

Atletas fazem tudo o que podem para aumentar seu desempenho. Enquanto a mídia foca nos métodos ilegais utilizados por alguns atletas, como o uso de esteroides ou eritropoietina (EPO), vários atletas continuam à procura de formas legais para aumentar seus desempenhos por meio de dieta e suplementos dietéticos. Qualquer substância que auxilie no desempenho é denominada **ergogênica**.

Após exercícios vigorosos durante 30 minutos ou mais, o desempenho tipicamente declina porque as reservas de glicogênio armazenadas nos músculos são esgotadas. Após um período de 90 minutos a 2 horas, as reservas de glicogênio do fígado também ficam sensivelmente diminuídas. Primeiro, pode-se começar o evento esportivo com uma carga completa de glicogênio no músculo ou fígado. Isto explica por que vários atletas se carregam de carboidratos na forma de macarrão ou outras refeições de alto teor de carboidratos nos dias que antecedem a competição. Segundo, pode-se manter o nível de glicose no sangue durante a competição, de forma que o glicogênio do fígado não tenha de ser usado para este propósito, portanto, os açúcares ingeridos podem auxiliar as necessidades energéticas do atleta, poupando parte do glicogênio do músculo e do fígado. Isto explica por que atletas consomem barras e bebidas para os praticantes de atividade física que contêm glicose durante as competições.

A ajuda ergogênica mais frequentemente utilizada, embora muitos atletas possam não percebê-la, é a cafeína. Primeiro, ela age como um estimulante geral do sistema nervoso central, dando ao atleta a sensação de ter muita energia. Segundo, ela estimula a quebra de ácidos graxos resultando em combustível através da sua função de ativador de lipases que fragmentam triacilgliceróis (Seção 30.4). Entretanto, a cafeína é uma "faca de dois gumes", porque ela pode causar desidratação e, na verdade, inibe a quebra de glicogênio.

Há poucos anos, um novo alimento de aumento de desempenho apareceu no mercado e rapidamente tornou-se um *best-seller*: creatina. Ela é vendida sem o controle das agências de saúde. Creatina é um aminoácido de ocorrência natural nos músculos, que armazena energia na forma de fosfocreatina. Durante um período curto de um exercício extenuante, como em uma corrida de 100 metros, os músculos primeiro usam o ATP obtido da reação da fosfocreatina com ADP; somente então eles recorrem às reservas de glicogênio.

Tanto creatina como carboidratos são alimentos naturais e componentes do organismo e, portanto, não podem ser considerados equivalentes aos produtos de aumento de desempenho banidos, como os esteroides anabólicos ou "andro" ("Conexões químicas 21F"). Eles são benéficos na melhora do desempenho em esportes nos quais queimas de energia em um período curto de tempo são necessárias, como no levantamento de peso, salto e provas curtas de velocidade. Recentemente, a creatina tem sido usada experimentalmente para preservar neurônios musculares em doenças degenerativas como a doença de Parkinson, a doença de Huntington e na distrofia muscular. A creatina também tem poucos riscos conhecidos, mesmo com a utilização a longo prazo. Ela é um composto altamente nitrogenado, logo, um uso excessivo de creatina leva aos mesmos problemas de seguir uma dieta caracterizada por excesso de proteínas. A molécula precisa ser hidratada, então, a água é capturada pela creatina, fazendo falta para a hidratação do corpo. Os rins também devem lidar com a excreção extra de nitrogênio.

Enquanto os atletas gastam muito tempo e dinheiro na aquisição de auxílio ergogênico, o auxílio ergogênico mais importante ainda é a água, o elixir da vida que tem sido quase esquecido à medida que ele é substituído por seus primos mais caros, as bebidas para praticantes de atividade física. Um nível de desidratação de 1% durante uma competição pode afetar de forma adversa o desempenho atlético. Para um atleta de 68 kg isso significa perda de 0,7 kg de água como suor. Um atleta poderia facilmente perder muito mais que isso correndo uma prova de 10 quilômetros mesmo nos dias mais frios. Para tornar as coisas mais difíceis, o desempenho é afetado antes que a sede seja sentida. Água precisa ser consumida tanto sozinha ou como parte das bebidas para os praticantes de atividades físicas antes que se perceba a sensação de sede.

Fosfocreatina + ADP $\longrightarrow$ Creatina + ATP

---

Algumas vitaminas têm efeitos incomuns além de sua atuação como coenzimas em várias vias metabólicas ou de sua ação como antioxidantes no organismo. Entre estas vitaminas, encontram-se os efeitos bem conhecidos de fotossensibilização da riboflavina, vitamina $B_2$. Niacinamida, a forma amídica da vitamina B (niacina), é usada em megadoses (2 g/dia) para tratar uma doença autoimune chamada penfigoide bolhosa, que forma bolhas na pele. De outro modo, as mesmas megadoses em pessoas saudáveis provoca danos.

Embora o conceito de RND tenha sido usado desde 1940 e periodicamente atualizado à medida que novos conhecimentos são acrescentados, um novo conceito está sendo desenvolvido no campo da nutrição. O IDR, atualmente em processo de complementação, foi escolhido para substituir o RND e está sendo elaborado sob medida para as diferentes idades e sexos. Ele fornece um conjunto de dois a quatro valores para um nutriente particular na IDR:

- a necessidade média estimada;
- a recomendação diária recomendada (dose diária recomendada);
- o nível de ingestão adequado;
- o nível máximo de ingestão tolerável.

## Conexões químicas 30F

### Comida orgânica: esperança ou sensacionalismo?

A indústria dos alimentos orgânicos está crescendo rapidamente ao redor do mundo. Os mercados que vendem alimentos orgânicos, como o Whole Foods nos Estados Unidos, estão florescendo conjuntamente com os restaurantes orgânicos. Para um alimento ser rotulado como orgânico nos Estados Unidos, ele precisa ser certificado pelo USDA como sendo produzido em um ambiente sem pesticidas ou fertilizantes sintéticos. A carne vermelha ou de frango precisa ser obtida de criações em que não são utilizados hormônios na ração orgânica. Embora possa parecer intuitivo preferir produtos orgânicos, o preço é normalmente desencorajador, sendo de 10 a 100% mais caro que os respectivos alimentos que não são obtidos organicamente. Os reais benefícios da comida orgânica dependem de muitas variáveis. Por exemplo, pesquisadores mostraram que existem poucos benefícios na utilização de bananas orgânicas, uma vez que a maior parte dos pesticidas nas bananas convencionais é eliminada com a casca. Com outras frutas como pêssegos, morangos, maçãs e peras já ocorre o contrário. Um estudo de 2002 realizado pela USDA mostrou que 98% dos frutos convencionais testados apresentavam níveis mensuráveis de pesticidas.

Os pesquisadores concordam que mulheres grávidas e crianças têm os maiores riscos em relação aos pesticidas. Os pesticidas atravessam a placenta durante a gravidez, e um estudo descobriu que existia uma ligação entre pesticidas presentes em alguns apartamentos de Nova York e a diminuição do crescimento fetal. Um estudo da Universidade de Washington descobriu que crianças em idade pré-escolar alimentados com dietas que utilizam alimentos não-orgânicos tinham um nível seis vezes maior de certos pesticidas do que as crianças alimentadas com comida orgânica. Altas doses de certos pesticidas têm sido a causa de doenças neurológicas e reprodutivas em crianças que foram expostas a esses pesticidas. Os organismos jovens são menos hábeis em se livrar das toxinas, e comer alimentos orgânicos seria mais importante para grávidas e mães que amamentam.

Para a carne vermelha e de frango não orgânica a questão é o uso de antibióticos e hormônios no desenvolvimento dos animais. Os antibióticos são uma preocupação, pois podem originar variedades resistentes de bactérias. Alguns estudos têm sugerido uma ligação entre certos tipos de câncer e o uso de hormônios de crescimento.

Além dos perigos potenciais dos pesticidas, surge a questão da qualidade dos nutrientes nos alimentos. Este é um parâmetro mais difícil de medir e os resultados têm sido bem menos conclusivos. Estudos recentes feitos com o trigo mostraram que não há diferenças significativas na qualidade dos nutrientes do trigo, seja ele produzido por meio orgânico ou não. Subjetivamente, entretanto, várias pessoas preferem o gosto das frutas orgânicas, vegetais e grãos, apesar do "gosto amargo" do preço de tais produtos. Se o rápido crescimento da indústria da comida orgânica representa uma tendência, o grande público acredita que esses produtos valem o que custam.

---

Por exemplo, a RND para a vitamina D é 5-10 $\mu g$, a ingestão adequada indicada na IDR para a vitamina D para uma pessoa entre 9 e 50 anos é $5\mu g$, e o nível máximo de ingestão tolerável para esta mesma faixa etária é 50 $\mu g$.

Um terceiro conjunto de padrões aparece nos rótulos de alimentos, os valores diários discutidos na Seção 30.2. Cada um deles dá um único valor para cada nutriente e reflete a necessidade de uma pessoa saudável mediana que se alimenta com 2.000 a 2.500 calorias por dia. O valor diário para a vitamina D, como aparece nas embalagens de vitamina, é 400 Unidades Internacionais, que corresponde a 10 $\mu g$, o mesmo da RND.

A **água** corresponde a 60% de nossa massa corporal. A maioria dos compostos em nosso corpo está dissolvida em água, que também serve de meio de transporte para conduzir nutrientes e resíduos. Nós precisamos manter um equilíbrio adequado entre a ingestão de água e a excreção de água pela urina, fezes, suor e a exalação na respiração. Uma dieta normal necessita cerca de 1.200 a 1.500 mL de água por dia, adicionalmente à água que é consumida como parte dos alimentos. Sistemas públicos de água potável nos Estados Unidos são regulamentados pela Agência de Proteção Ambiental (Environmental Protection Agency – EPA), que determina padrões mínimos de proteção da saúde pública. O suprimento público de água potável para o consumo humano é tratado com desinfetantes (tipicamente cloro) para matar os micro-organismos. Água clorada pode ter um sabor residual e odor característicos. Poços privados não estão sob a regulamentação dos padrões da EPA.

Água engarrafada pode ser originária de fontes, córregos ou fontes públicas de água. Pelo fato de a água engarrafada ser classificada como alimento, ela se encontra sob a supervisão da FDA, que requer os mesmos padrões de pureza e saneamento da água potável de torneira. A maior parte da água engarrafada é desinfetada com ozônio, que não deixa gosto ou odor na água.

## Resumo das questões-chave

### Seção 30.1 Como se avalia a nutrição?

- **Nutrientes** são componentes dos alimentos que proporcionam crescimento, reposição e energia.
- Nutrientes são classificados em seis grupos: carboidratos, lipídeos, proteínas, vitaminas, minerais e água.
- Cada alimento contém uma variedade de nutrientes. A maior parte da nossa ingestão de alimentos é usada para fornecer energia para nosso corpo.

### Seção 30.2 Por que somamos calorias?

- Um adulto jovem típico precisa em média de uma ingestão calórica diária de 3.000 Cal (sexo masculino) ou 2.100 Cal (sexo feminino).
- **Requisito calórico basal** é a energia necessária quando o corpo se encontra completamente em repouso, e corresponde a uma necessidade menor que a normal.
- Um desequilíbrio entre a energia necessária e a ingestão calórica pode criar problemas de saúde. Por exemplo, a inanição crônica aumenta a mortalidade infantil, enquanto a obesidade causa a hipertensão, doenças cardiovasculares e diabetes.

### Seção 30.3 Como o organismo processa os carboidratos da dieta?

- Carboidratos são a maior fonte de energia na dieta humana.
- Monossacarídeos são diretamente absorvidos nos intestinos, enquanto oligo- e polissacarídeos, como amido, são digeridos com o auxílio do ácido estomacal, $\alpha$- e $\beta$-amilases, e enzimas de desramificação.

### Seção 30.4 Como o organismo processa as gorduras da dieta?

- Gorduras são as fontes de energia mais concentradas.
- Gorduras são emulsificadas pelos sais biliares e digeridas pelas lipases antes de serem absorvidas como ácidos graxos e glicerol nos intestinos.
- Gorduras essenciais e aminoácidos são necessários como unidades de construção porque o organismo humano não pode sintetizá-los.

### Seção 30.5 Como o organismo processa as proteínas da dieta?

- Proteínas são hidrolisadas pelo ácido estomacal e posteriormente digeridas por enzimas como a pepsina e tripsina antes de serem absorvidas como aminoácidos.
- Não existe forma de armazenamento de proteínas, portanto boas fontes de proteína precisam ser consumidas na dieta diariamente.

### Seção 30.6 Qual é a importância das vitaminas, minerais e água?

- Vitaminas e minerais são constituintes essenciais da dieta que são necessários em pequenas quantidades.
- As vitaminas solúveis em gordura (aquo-insolúveis) são A, D, E e K.
- As vitaminas C e do grupo B são vitaminas solúveis em água.
- A maioria das vitaminas B são coenzimas essenciais.
- Os minerais mais importantes da dieta são $Na^+$, $Cl^-$, $K^+$, $PO_4^{3-}$, $Ca^{2+}$, $Fe^{2+}$ e $Mg^{2+}$, porém minerais-traço também são necessários.
- Água constitui 60% da massa do corpo.

## Problemas

### Seção 30.1 Como se avalia a nutrição?

30.1 A necessidade de nutrientes é uniforme para todos?

30.2 O flavorizante de banana, acetato de isopentila, é um nutriente?

30.3 Se benzoato de sódio, um conservante alimentício, é excretado sem sofrer alterações e propionato de cálcio, outro conservante alimentício, é metabolizado em $CO_2$ e $H_2O$, você os consideraria nutrientes? Caso seja sim, por quê?

30.4 O milho cresce mais nutritivo somente com fertilizantes orgânicos do que com fertilizantes artificiais?

30.5 Qual parte dos rótulos de Informações Nutricionais nos alimentos é a mesma para todos?

30.6 De quais tipos de alimentos o governo dos Estados Unidos recomenda um maior consumo diário?

30.7 Qual é a importância das fibras na dieta?

30.8 Pode uma substância que, em essência, passa pelo organismo inalterada ser considerada um nutriente essencial? Explique.

### Seção 30.2 Por que somamos calorias?

30.9 Um adulto jovem do sexo feminino precisa de 2.100 Cal/dia. O seu requisito calórico basal é de somente 1.300 Cal/dia. Por que é necessária uma quantidade extra de 800 Cal/dia?

30.10 Quais são as doenças que podem advir da obesidade?

30.11 Assuma que você precisa perder 9 kg de gordura corporal em 60 dias. A sua ingestão atual de calorias é 3.000 Cal/dia. Qual deveria ser a sua ingestão calórica em Cal/dia para atingir esse objetivo, assumindo que não ocorram mudanças no seu padrão de exercícios (atividade física)?

30.12 O que é marasmo?

30.13 Diuréticos auxiliam a secretar água do organismo. Pílulas diuréticas seriam uma boa maneira de reduzir o peso corporal?

**Seção 30.3 Como o organismo processa os carboidratos da dieta?**

30.14 Humanos não podem digerir madeira; cupins o fazem com ajuda de bactérias no seu trato intestinal. Existe uma diferença básica nas enzimas digestivas presentes nos humanos e nos cupins?

30.15 Qual é o produto da reação quando a $\alpha$-amilase age sobre a amilose?

30.16 No estômago HCl hidrolisa as ligações 1,4- e 1,6-glicosídicas?

30.17 A cerveja contém maltose. O consumo de cerveja pode ser detectado pela análise do conteúdo de maltose de uma amostra de sangue?

**Seção 30.4 Como o organismo processa as gorduras da dieta?**

30.18 Que nutrientes fornecem energia na sua forma mais concentrada?

30.19 Qual é o precursor do ácido araquidônico no organismo?

30.20 De quantos (a) ácidos graxos essenciais e (b) aminoácidos essenciais precisam os seres humanos nas suas dietas?

30.21 As lipases degradam (a) colesterol ou (c) ácidos graxos?

30.22 Qual é o papel dos sais biliares na digestão de gorduras?

**Seção 30.5 Como o organismo processa as proteínas da dieta?**

30.23 É possível conseguir um fornecimento nutricional suficiente de proteínas comendo apenas vegetais?

30.24 Sugira uma forma de curar a doença de kwashiorkor.

30.25 Qual é a diferença entre a digestão de proteínas realizada pela tripsina e por HCl?

30.26 Qual será digerido mais rápido: (a) um ovo cru ou (b) um ovo cozido? Explique.

**Seção 30.6 Qual é a importância das vitaminas, minerais e água?**

30.27 Em um campo de prisioneiros durante a guerra, os prisioneiros são alimentados com bastante arroz e água e nada mais. Qual será o resultado desta dieta por longo tempo?

30.28 (a) Quantos mililitros de água por dia são necessários em uma dieta normal?
(b) Com quantas calorias esta quantidade de água contribui?

30.29 Por que os marinheiros ingleses levavam com eles em suas viagens um suprimento de laranjas?

30.30 Quais são os sintomas da deficiência de vitamina A?

30.31 Qual é a função da vitamina K?

30.32 (a) Qual vitamina contém cobalto? (b) Qual é a função dessa vitamina?

30.33 A vitamina C é recomendada em megadoses por algumas pessoas para a prevenção de todos os tipos de doenças, desde resfriados até o câncer. Qual é a doença em que foi cientificamente demonstrado que pode ser prevenida pela ingestão diária de doses recomendadas de vitamina C?

30.34 Por que as Recomendações Nutricionais Diárias (RND) estão sendo substituídas pela Ingestão da Dieta de Referência (IDR)?

30.35 Quais são os efeitos não específicos das vitaminas E, C e dos carotenoides?

30.36 Quais são as melhores fontes diárias de cálcio, fósforo e cobalto?

30.37 Que vitaminas apresentam átomo de enxofre?

30.38 Quais são os sintomas da deficiência da vitamina $B_{12}$?

**Conexões químicas**

30.39 (Conexões químicas 30A) Qual é a diferença entre a Pirâmide Alimentar original publicada em 1992 e a versão revisada aqui apresentada?

30.40 (Conexões químicas 30A) Em relação aos carboidratos e gorduras, por que na nova Pirâmide Alimentar há posições múltiplas para estes nutrientes?

30.41 (Conexões químicas 30B) Explique qual é o significado da seguinte afirmação: "Todos os nutrientes em excesso podem se transformar em gorduras, mas as gorduras não podem ser transformadas em carboidrato".

30.42 (Conexões químicas 30B) O que o açúcar do sangue tem a ver com a dieta?

30.43 (Conexões químicas 30B) Qual é o método mais eficiente de perda de peso?

30.44 Como a diferença entre a perda de peso através da dieta e através de exercícios pode ser explicada pela bioquímica?

30.45 (Conexões químicas 30B) As plantas possuem uma via que é ausente nos humanos, chamada via do glioxilato. Ela permite que acetil-CoA desvie das duas etapas de descarboxilação do ciclo do ácido cítrico. Como a dieta seria diferente para os humanos se eles tivessem esta via?

30.46 (Conexões químicas 30C) Descreva a diferença entre a estrutura do aspartame e do metil éster do ácido fenilalanilaspártico.

30.47 (Conexões químicas 30C)
(a) Qual adoçante artificial não é metabolizado no organismo?
(b) Quais poderiam ser os produtos da digestão do aspartame?

30.48 (Conexões químicas 30C) O que existe de comum nas estruturas do Olestra e da sucralose?

30.49 (Conexões químicas 30D) Por que existe uma necessidade de ferro na dieta?

30.50 (Conexões químicas 30D) Qual é a forma em que se encontra o ferro no organismo?

30.51 (Conexões químicas 30D) Quais são os fatores que influenciam a absorção de ferro no sistema digestivo?

30.52 (Conexões químicas 30D) Quais fatores influenciam as necessidades de ferro de determinada pessoa?

30.53 (Conexões químicas 30E) Observando a Tabela 22.1, que relaciona os aminoácidos comuns encontrados nas proteínas, qual é o aminoácido que mais se assemelha à creatina?

30.54 (Conexões químicas 30E) Qual é o composto que sozinho resulta no maior efeito no desempenho atlético?

30.55 (Conexões químicas 30E) Identifique duas maneiras em que os carboidratos são empregados para o desempenho atlético.

30.56 (Conexões químicas 30E) Por que a creatina é um ergogênico eficiente? Para que tipos de competição é eficiente?

30.57 (Conexões químicas 30E) De que forma a cafeína é usada como composto ergogênico? Quais são os possíveis efeitos colaterais do uso da cafeína?

30.58 (Conexões químicas 30F) Qual é o significado de "orgânico" quando relacionado à comida?

30.59 (Conexões químicas 30F) Quais são as principais considerações que envolvem os alimentos orgânicos *versus* os não orgânicos?

**Problemas adicionais**

30.60 Quais são as substâncias usadas mais frequentemente na desinfecção dos suprimentos de água para consumo humano?

30.61 Qual vitamina é parte da coenzima A (CoA)? Qual é a etapa (ou enzima) que tem CoA como coenzima na (a) glicólise e (b) síntese de ácidos graxos?

30.62 Que vitamina é prescrita em megadoses para combater a formação de bolhas de uma doença autoimune?

30.63 Por que é necessário ter proteínas em nossa dieta?

30.64 Que processos químicos ocorrem durante a digestão?

30.65 De acordo com a Pirâmide Alimentar do governo norte-americano, há alguns alimentos que podem ser completamente omitidos de nossa dieta e ainda continuarmos saudáveis?

30.66 As enzimas de desramificação ajudam na digestão da amilose?

30.67 Como dono de uma companhia que comercializa nozes, você é solicitado a dar informações para uma propaganda que enfatize o valor nutricional das nozes. Quais informações você forneceria?

30.68 Na diabetes, insulina é administrada intravenosamente. Explique por que este hormônio proteico não pode ser administrado por via oral.

30.69 A gema de ovo contém muita lecitina (um fosfoglicerídeo). Após ingestão de um ovo cozido, você encontraria um aumento do nível de lecitina em seu sangue? Explique.

30.70 Como você chamaria uma dieta que de forma escrupulosa evita compostos que contenha fenilalanina? O aspartame poderia ser empregado nessa dieta?

30.71 Que tipo de suplemento enzimático seria recomendado para um paciente após uma operação de úlcera péptica?

30.72 Em um julgamento, uma mulher foi acusada de envenenar o marido pela adição de arsênico na refeição dele. O advogado dela afirmou que a adição na refeição foi feita para melhorar a saúde do marido, uma vez que arsênico é um nutriente essencial. Você aceitaria esse argumento?

# Imunoquímica

## 31

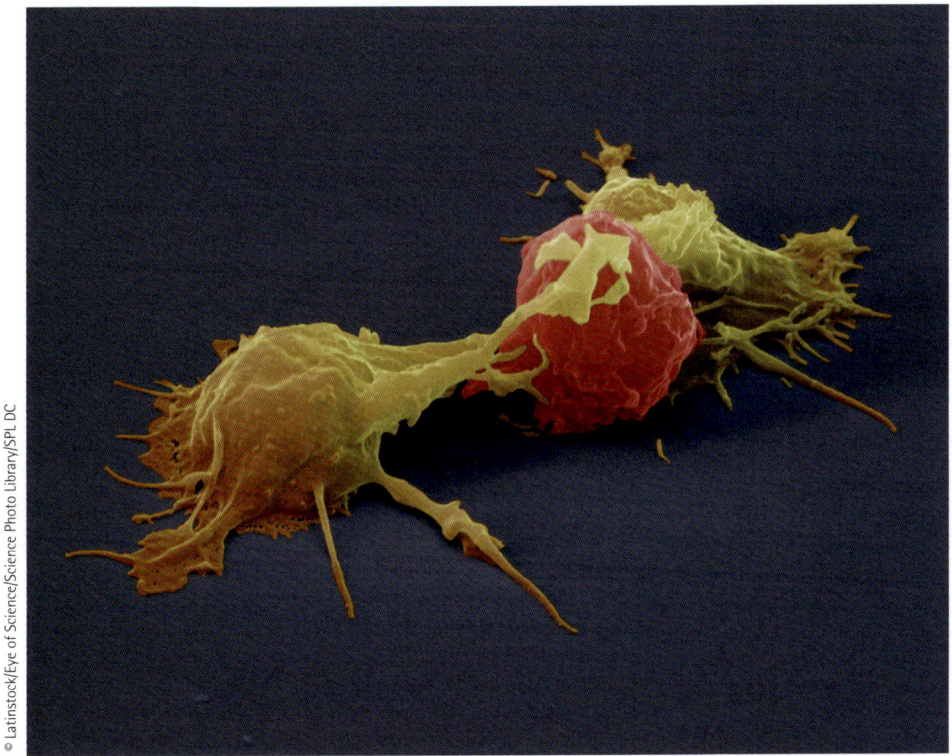

Duas células assassinas naturais (*natural killer – NK*), mostradas em laranja-amarelado, atacam células de leucemia, mostradas em vermelho.

**Questões-chave**

**31.1** Como o organismo se defende das invasões?

**31.2** Que órgãos e células compõem o sistema imune?

**31.3** Como os antígenos estimulam o sistema imune?

**31.4** O que são imunoglobulinas?

**31.5** O que são células T e seus receptores?

**31.6** Como a resposta imune é controlada?

**31.7** Como o organismo reconhece um corpo estranho que pode invadi-lo?

**31.8** Como o vírus da imunodeficiência humana causa Aids?

## 31.1 Como o organismo se defende das invasões?

Quando estávamos no ensino fundamental, provavelmente tivemos catapora. As doenças virais são passadas de uma pessoa para a outra e seguem seu curso. Após a recuperação, nunca mais o indivíduo adquire catapora. As pessoas que foram infectadas tornam-se *imunes* a essa doença. A Figura 31.1, que apresenta uma visão geral desse sistema complexo, pode servir como um mapa do percurso dessas doenças à medida que se leem as diferentes seções deste capítulo.

Na Figura 31.1, encontramos a localização precisa do tópico em discussão e a sua correlação com o sistema imune como um todo. Como pode ser visualizado, o sistema imune contém múltiplas camadas de proteção contra organismos invasores. Nesta seção, serão introduzidas brevemente as principais partes do sistema imune. Esses tópicos serão expandidos nas seções subsequentes.

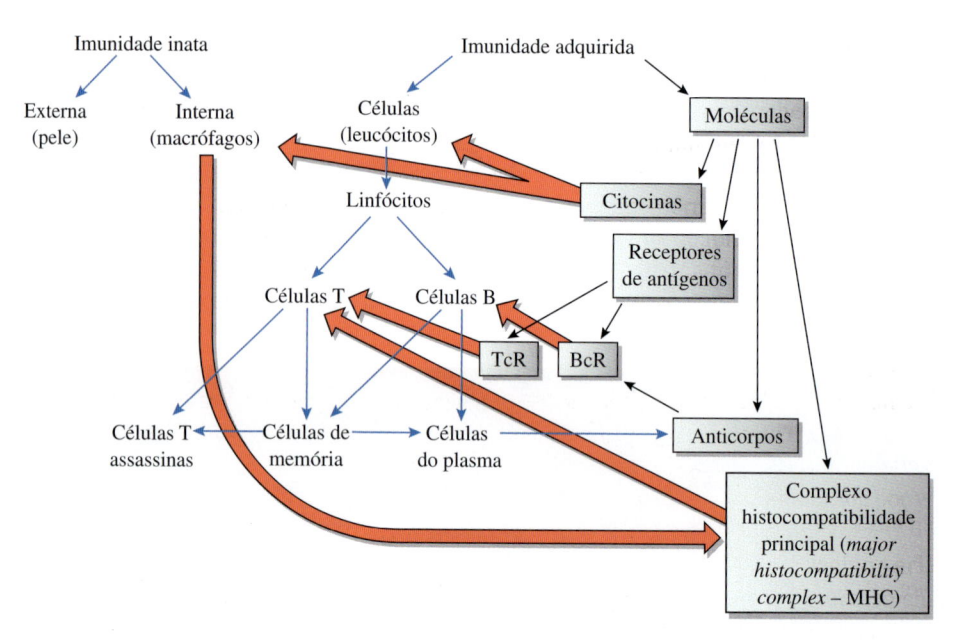

**FIGURA 31.1** Visão geral do sistema imune: seus componentes e suas interações.

## A. Imunidade inata

Quando consideramos o enorme número de bactérias, viroses, parasitas e toxinas que podem atacar nosso organismo, surpreende-nos o fato de não ficarmos continuamente doentes. A maioria dos estudantes aprende sobre os anticorpos no ensino médio e, nos dias de hoje, praticamente todos aprendem sobre as células T por causa de sua correlação com a Aids. Quando se abordam aspectos relacionados à imunidade, constata-se que existem muitas outras armas de defesa além das células T e dos anticorpos. Na verdade, só descobrimos que estamos doentes quando os patógenos (agentes patogênicos) abatem as linhas de frente de defesa, que são chamadas conjuntamente de **imunidade inata**.

Imunidade inata inclui vários componentes. Uma parte, denominada **imunidade inata** externa, inclui barreiras físicas, como a pele, o muco e as lágrimas. Todas essas barreiras agem para impedir a penetração dos patógenos e não necessitam de células especializadas para lutar contra esses agentes. Se um patógeno – seja uma bactéria, um vírus ou parasita – é capaz de romper essa camada externa de defesa, os guerreiros celulares do sistema inato de defesa entram em ação. As células do sistema imune inato estudadas aqui são **células dendríticas, macrófagos e células assassinas naturais** (*natural killer* – **NK**). As células dendríticas são as primeiras a agir e as mais importantes na luta contra as doenças. Essas células são assim denominadas por causa de suas longas projeções na forma de tentáculos.

As células assassinas naturais funcionam como policiais da **imunidade interna inata**. Quando eles encontram células cancerosas, células infectadas por um vírus ou qualquer outra célula suspeita, atacam as células anormais (ver foto de abertura do capítulo). Outras respostas não específicas incluem a proliferação de macrófagos, que englobam e digerem bactérias e reduzem a inflamação. Na resposta inflamatória devida a ferimentos ou infecções, os capilares dilatam para permitir um maior fluxo de sangue ao sítio inflamado, o que permite que os agentes do sistema imune inato interno se juntem no local afetado.

## B. Imunidade adaptativa

Os vertebrados têm uma segunda linha de defesa, chamada **imunidade adaptativa** ou **adquirida**. Nos referimos a esse tipo de imunidade quando falamos coloquialmente sobre o **sistema imunológico**. Os pontos-chave do sistema imune são *especificidade* e *memória*. Os componentes celulares da imunidade adquirida são **células T** e **B**. O sistema imune usa anticorpos e células receptoras projetadas especificamente para cada tipo de invasor. Em um segundo encontro com o mesmo invasor, a resposta é mais rápida, mais vigorosa e mais prolongada que da primeira vez porque o sistema imune se lembra da natureza do invasor no primeiro encontro.

---

**Imunidade inata** Trata-se da resistência natural não específica do corpo contra invasores externos, que não tem memória.

Os invasores podem ser bactérias, vírus, bolores ou grãos de pólen. Um organismo sem defesa contra esses invasores não poderia sobreviver. Existe uma doença genética rara na qual as pessoas nascem com o sistema imune que não funciona. Esforços são feitos, então, para abrigá-las em um ambiente fechado totalmente selado. Enquanto permanecem nesse ambiente, os portadores dessa doença sobrevivem, entretanto, quando são removidos, morrem rapidamente. A severidade dessa doença, denominada imunodeficiência combinada grave, explica por que ela foi a primeira doença tratada com a terapia gênica (Seção 26.8). O vírus da Aids (Seção 31.8) destrói lentamente o sistema imune, particularmente as células do tipo T. Os indivíduos soropositivos morrem em decorrência de algum invasor, que em uma pessoa sem o vírus seria facilmente combatido pelo organismo.

Como veremos, a beleza do sistema imune do nosso corpo está na sua flexibilidade. O sistema é capaz de fabricar milhões de potenciais defensores, portanto ele pode quase sempre encontrar a forma correta de localizar o invasor, mesmo que nunca tenha visto antes aquele organismo estranho em particular.

## C. Componentes do sistema imune

Substâncias estranhas que invadem o organismo são chamadas **antígenos**. O sistema imune é constituído tanto por células como por moléculas. Dois tipos de **células sanguíneas brancas**, denominadas linfócitos, lutam contra os invasores: (1) células T matam os invasores por contato e (2) células B fabricam **anticorpos**, que são moléculas solúveis de imunoglobulina que imobilizam os antígenos.

As moléculas básicas do sistema imune pertencem à **superfamília das imunoglobulinas**. Todas as moléculas dessa classe têm certa porção de moléculas que pode interagir com antígenos, e todas são glicoproteínas. Nessa superfamília, as cadeias polipeptídicas têm dois domínios: uma região constante e outra variável. A região constante tem a mesma sequência de aminoácidos nas moléculas da mesma classe. Em contraste, a região variável é antígeno-específica, o que significa que a sequência de aminoácidos nessa região é única para cada antígeno. As regiões variáveis são projetadas para reconhecer somente um antígeno específico.

Existem três representantes da superfamília das imunoglobulinas no sistema imune:

1. Anticorpos são imunoglobulinas solúveis secretadas pelas células plasmáticas.
2. Receptores na superfície das células T (**TcR**) reconhecem e ligam antígenos.
3. Moléculas que servem para apresentar os antígenos também pertencem a essa superfamília. Elas residem no interior das células. Essas moléculas de proteínas são conhecidas como complexo principal de histocompatibilidade (*major histocompatibility complex* – MHC).

Quando uma célula é infectada por um antígeno, moléculas do MHC interagem com ele e trazem uma porção característica do antígeno para a superfície da célula. A forma como essa superfície se apresenta é uma marcação para a célula doente que precisa ser destruída. Isso acontece em determinada célula que foi infectada por um vírus e pode ocorrer em macrófagos que englobam e digerem bactérias e vírus.

## D. A velocidade da resposta imune

O processo de encontrar a imunoglobulina correta e levá-la a lutar com um invasor em particular é relativamente lento, se comparado com a ação das substâncias químicas mensageiras abordadas no Capítulo 24. Enquanto neurotransmissores atuam em milissegundos e hormônios em segundos, minutos ou horas, imunoglobulinas respondem ao antígeno em períodos longos – semanas e meses.

Embora o sistema imune possa ser considerado outra forma de comunicação química (Capítulo 24), ele é muito mais complexo que a neurotransmissão porque envolve sinalização molecular e interação entre várias células. Nessas interações constantes, os principais elementos são os seguintes: (1) as células do sistema imune, (2) os antígenos e a sua percepção pelo sistema imune, (3) os anticorpos (moléculas de imunoglobulinas) que são projetados para imobilizar antígenos, (4) moléculas receptoras na superfície das células que reconhecem antígenos e (5) moléculas de citocina que controlam essas interações. Uma vez que o sistema imune é a base das defesas do organismo, sua importância para os estudantes das ciências correlacionadas com a saúde é inegável.

---

**Antígeno** Uma substância estranha ao organismo que aciona uma resposta imune.

**Anticorpo** Uma molécula de glicoproteína que interage com um antígeno.

**Superfamília das imunoglobulinas** Glicoproteínas compostas de segmentos de proteína variáveis e constantes que têm homologias significativas para sugerir que evoluíram de um ancestral comum.

## 31.2 Que órgãos e células compõem o sistema imune?

O plasma sanguíneo circula no organismo e entra em contato com os outros fluidos corporais através de membranas semipermeáveis dos vasos sanguíneos. Por essa razão, o sangue pode trocar substâncias químicas com os outros fluidos corporais e, através deles, com as células e os órgãos do corpo (Figura 31.2).

### A. Órgãos linfoides

Os vasos capilares linfáticos drenam os fluidos que banham as células do corpo. O fluido no interior desses vasos é chamado **linfa**. Os vasos linfáticos circulam através do corpo e entram em certos órgãos, denominados **órgãos linfoides**, como o timo, o baço, as amígdalas e os nódulos linfáticos (Figura 31.3). As células primariamente responsáveis pelo funcionamento do sistema imune são as células brancas do sangue chamadas **linfócitos**. Como o nome indica, essas células são principalmente encontradas nos órgãos linfoides. Linfócitos podem ser tanto específicos como não específicos para determinado antígeno.

As células T são linfócitos que se originam na medula óssea, mas que amadurecem (maturam) na glândula timo. As células B são linfócitos que se originam e amadurecem na medula óssea. As células B e T são encontradas principalmente na linfa, onde circulam procurando os invasores. Um pequeno número de linfócitos também é encontrado no sangue. Para chegar lá, eles precisam se comprimir através de pequenas aberturas entre as células endoteliais. Esse processo é auxiliado por moléculas sinalizadoras chamadas **citocinas** (Seção 31.6). A sequência da resposta do organismo aos invasores estranhos é descrita esquematicamente na Tabela 31.1.

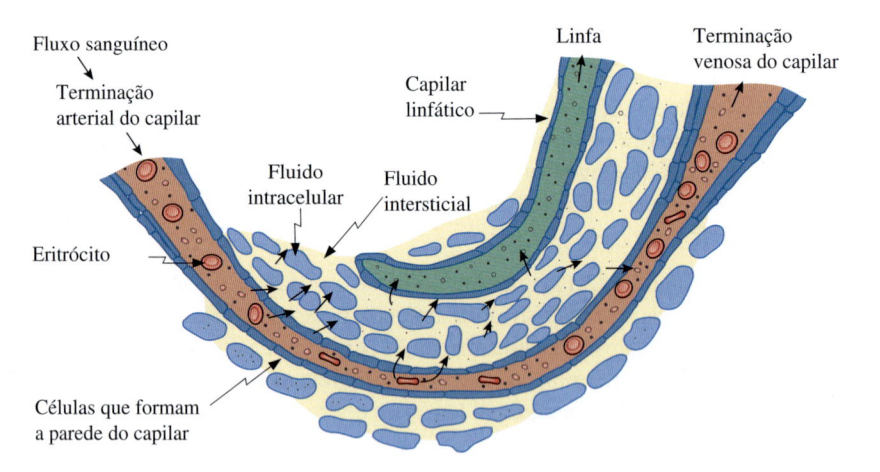

**FIGURA 31.2** Troca de substâncias entre três fluidos corporais: sangue, fluido intersticial e linfa (Holum, J. R. *Fundamentals of general, organic and biological chemistry*. Nova York: Jonh Wiley & Sons, 1978. p. 569).

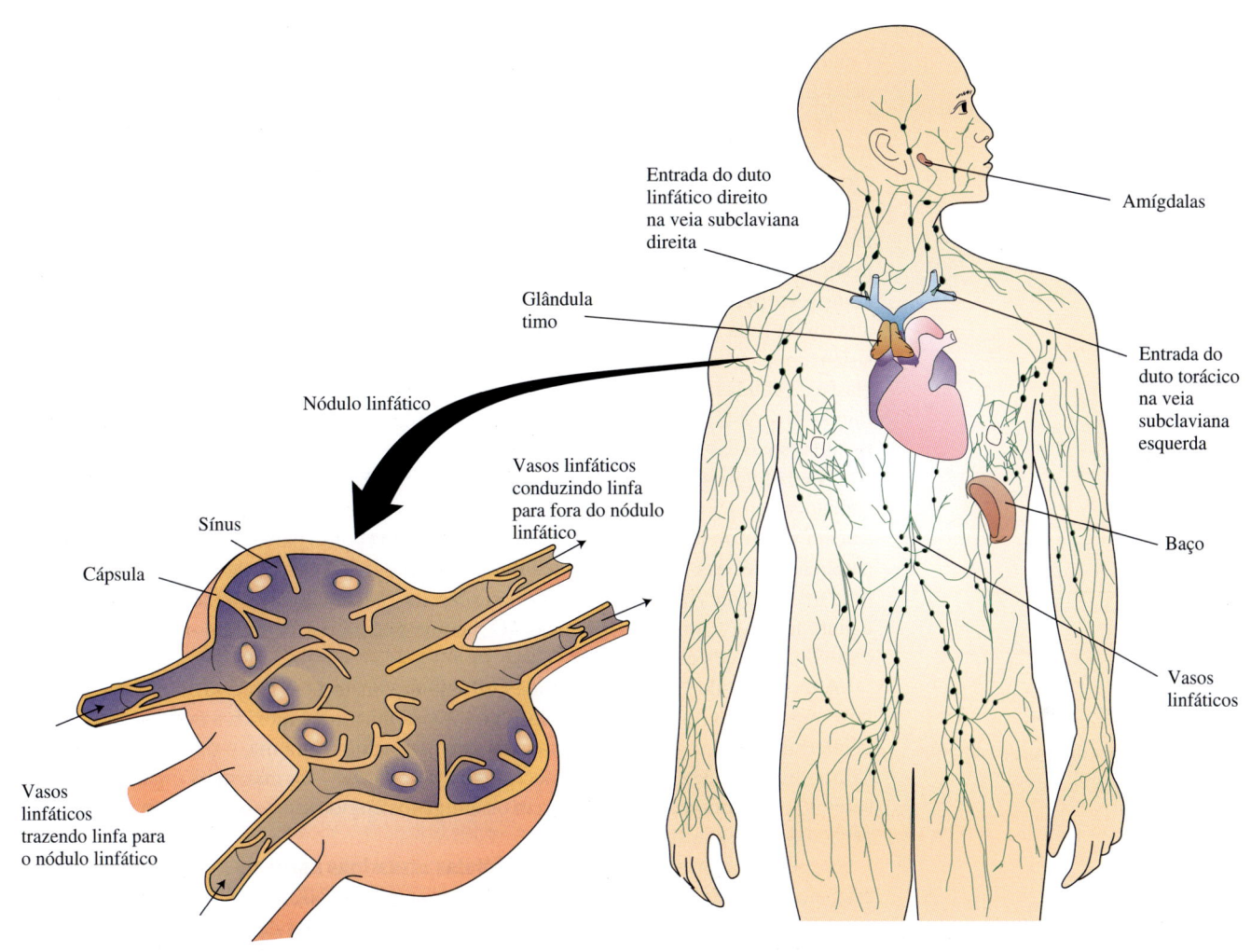

**FIGURA 31.3** O sistema linfático é uma rede de vasos linfáticos que contêm um fluido claro, chamado linfa, e vários tecidos linfáticos e órgãos localizados através do corpo. Os nódulos linfáticos são massas de tecido linfático cobertos com uma cápsula fibrosa. Os nódulos linfáticos filtram a linfa. Além disso, eles são preenchidos com macrófagos e linfócitos.

**TABELA 31.1** Interações entre diferentes células do sistema imune

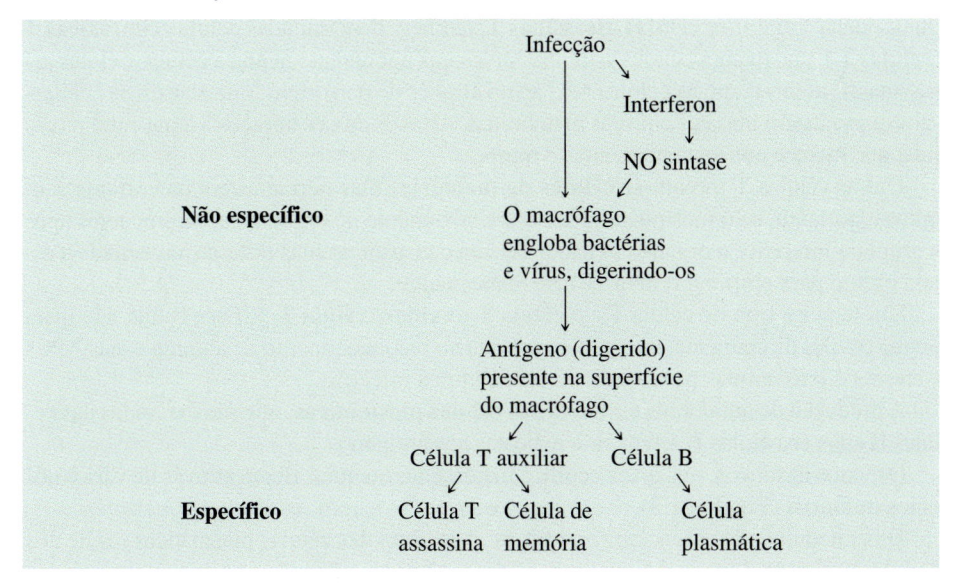

| | |
|---|---|
| | Infecção |
| | ↓ ↘ |
| | Interferon |
| | ↓ |
| | NO sintase |
| | ↓ ↙ |
| **Não específico** | O macrófago engloba bactérias e vírus, digerindo-os |
| | ↓ |
| | Antígeno (digerido) presente na superfície do macrófago |
| | ↙ ↘ |
| | Célula T auxiliar    Célula B |
| | ↙ ↘         ↓ |
| **Específico** | Célula T   Célula de   Célula |
| | assassina  memória    plasmática |

### B. Células da imunidade interna inata

Como mencionado na Seção 31.1A, as células principais da imunidade inata são células dendríticas, macrófagos e células assassinas naturais.

As **células dendríticas** são encontradas na pele, na membrana das mucosas, nos pulmões e no baço. Elas são as primeiras células do sistema inato que irão golpear qualquer vírus ou bactéria que perambulem pelo seu caminho. Utilizando receptores parecidos com ventosas, elas se agarram aos invasores e os englobam por endocitose. Essas células então cortam os patógenos que foram devorados e trazem partes de suas proteínas para a superfície. Na superfície, os fragmentos de proteína são expostos em uma proteína chamada **complexo principal de histocompatibilidade (MHC)**. As células dendríticas viajam através da linfa para o baço, onde elas apresentam esses antígenos para outras células do sistema imune, as **células T auxiliares (células $T_H$)**. Células dendríticas fazem parte de uma classe de células designadas como **células apresentadoras de antígeno** (*antigen presenting cells* – APCs) e são o ponto de partida na maioria das respostas que são tradicionalmente associadas com o sistema imune.

**Macrófagos** são as primeiras células no sangue que encontram um antígeno e pertencem ao sistema imune inato interno. Portanto, por serem não específicos, os macrófagos atacam virtualmente qualquer coisa não reconhecida como parte do organismo, incluindo patógenos, células cancerosas e tecidos danificados. Os macrófagos englobam uma bactéria invasora ou vírus e os matam. Nesse caso, a "bala mágica" é a molécula de NO, que é tanto tóxica ("Conexões químicas 4C") como pode atuar como um mensageiro secundário ("Conexões químicas 24E").

A molécula de NO tem uma vida curta no organismo e é necessário fabricá-la constantemente. Quando se inicia uma infecção, o sistema imune fabrica a proteína interferon.[1] O interferon, por sua vez, ativa um gene que produz uma enzima, o óxido nítrico sintase. Com o auxílio dessa enzima, os macrófagos, dotados de NO, matam os organismos invasores. Os macrófagos, então, digerem os antígenos englobados e apresentam um pequeno pedaço dele na sua superfície.

As células anormais são o alvo das **células assassinas naturais (NK)**. Uma vez que se estabelece o contato físico entre essas células, as células NK liberam proteínas, apropriadamente denominadas perforinas, que perfuram as membranas das células-alvo e criam poros. A membrana das células-alvo começa a vazar, o que permite que os líquidos hipotônicos (Seção 6.8C) do entorno entrem na célula, que então incham e consequentemente arrebatam a célula.

### C. Células da imunidade adaptativa: células T e B

As células T interagem com antígenos apresentados pelas APCs e produzem outras células T que são altamente específicas ao antígeno. Quando essas células T diferenciam, algumas delas tornam-se **células assassinas T**, também denominadas **células citotóxicas T (células $T_c$)**, que matam células estranhas invasoras por contato célula a célula. Células assassinas T, assim como as células NK, agem através de perforinas, que atacam as células-alvo e produzem buracos em suas membranas. Através desses buracos a água entra na célula, que incha e consequentemente se rompe.

Outras células T tornam-se **células de memória**. Elas permanecem na corrente sanguínea, portanto, se o mesmo antígeno entra novamente no organismo, mesmo anos após a primeira infecção, o organismo não precisará construir as suas defesas novamente e estará pronto para eliminar o invasor instantaneamente.

Um terceiro tipo de célula T é a **célula T auxiliar (célula $T_H$)**. Essa célula não mata outras células diretamente, mas está envolvida no reconhecimento de antígenos nas APCs e recruta outras células para ajudar na luta contra a infecção.

A produção de anticorpos é a tarefa das **células plasmáticas**, que são derivadas das células B após as células B terem sido expostas aos antígenos.

Os vasos linfáticos, nos quais ocorre a maioria dos ataques, fluem através de vários nódulos linfáticos (Figura 31.3).

Esses nódulos são essencialmente filtros. A maioria das células plasmáticas reside nos nódulos linfáticos, logo, a maioria dos anticorpos é produzida neles. Cada nódulo linfático é também preenchido com milhões de outros linfócitos. Mais que 99% de todas as bactérias invasoras e partículas estranhas são filtradas nos nódulos linfáticos. Como consequên-

---
[1] Essa proteína é também chamada interferona. (NT)

As células assassinas naturais e as células T assassinas agem da mesma forma, utilizando perforinas. As células $T_c$ atacam alvos específicos; e as células NK, todos os alvos suspeitos.

cia, a linfa que sai dos nódulos se encontra praticamente livre dos invasores e contém anticorpos produzidos nas células plasmáticas. Todos os linfócitos derivam de células-tronco na medula óssea. Células-tronco são células indiferenciadas que podem se transformar em vários tipos diferentes de células. Como mostrado na Figura 31.4, elas podem se diferenciar em células T no timo ou células B na medula óssea.

## 31.3 Como os antígenos estimulam o sistema imune?

### A. Antígenos

Antígenos são substâncias estranhas que induzem uma resposta imune; por essa razão, eles também são chamados imunogênicos. Três aspectos caracterizam um antígeno. O primeiro é a sua singularidade – moléculas do próprio corpo não deveriam induzir uma resposta imune. A segunda condição é que o antígeno precisa ter uma massa molecular maior que 6.000. A terceira condição é que a molécula precisa ter a complexidade adequada. Um polipeptídeo constituído somente de lisina, por exemplo, não é imunogênico.

Antígenos podem ser proteínas, polissacarídeos ou ácidos nucleicos; todas essas substâncias são moléculas grandes (polímeros). Antígenos podem ser solúveis no citoplasma ou encontrados na superfície das células, embebidos na membrana ou apenas absorvidos na membrana. Um exemplo de um polissacarídeo antigenicítico é o grupo sanguíneo ABO ("Conexões químicas 20D").

Nos antígenos proteicos, somente parte da estrutura primária é necessária para originar uma resposta imune. Cerca de 5 a 7 aminoácidos são necessários para interagir com um anticorpo, e de 10 a 15 aminoácidos são necessários para que exista ligação aos receptores nas células T. A menor unidade de um antígeno capaz de ligação com um anticorpo é chamado **epítopo**. O reconhecimento de um epítopo não requer necessariamente que os aminoácidos se apresentem para as moléculas em sua proximidade na sequência de sua estrutura primária, uma vez que as dobras da cadeia e a estrutura secundária resultante expõem aminoácidos em uma sequência não necessariamente correspondente à estrutura primária. Por exemplo, aminoácidos nas posições 20 e 28 podem formar parte de um epítopo. *Os anticorpos podem reconhecer todos os tipos de antígenos, mas as células T reconhecem apenas antígenos peptídicos.*

Como já mencionado, os antígenos podem estar no interior de uma célula infectada ou na superfície de um vírus ou bactéria que penetrou na célula. Para induzir uma reação imune, o antígeno ou seu epítopo precisam ser trazidos para a superfície da célula infectada. Similarmente, após o macrófago inchar e digerir parcialmente um antígeno, ele precisa trazer o epítopo de volta à superfície para induzir uma resposta imune das células T (Tabela 31.1).

### B. Complexos de histocompatibilidade principal

A tarefa de trazer o epítopo do antígeno para a superfície da célula é realizada pelo complexo de histocompatibilidade principal (MHC). O nome advém do fato de a sua função na resposta imune ter sido descoberta primeiramente em órgãos transplantados. Moléculas MHC são proteínas transmembrânicas que pertencem à superfamília das imunoglobulinas. Existem duas classes de moléculas MHC (Figura 31.5), e ambas têm domínios de ligação nos peptídeos variáveis. O MHC classe I é constituído de uma única cadeia polipeptídica, enquanto o MHC classe II é um dímero. Moléculas de MHC classe I pegam moléculas de antígeno que foram *sintetizadas dentro de uma célula infectada por um vírus*. Moléculas de MHC classe II pegam *antígenos "mortos"*. Em cada caso, o epítopo ligado ao MHC é trazido para a superfície da célula para ser apresentado às células T.

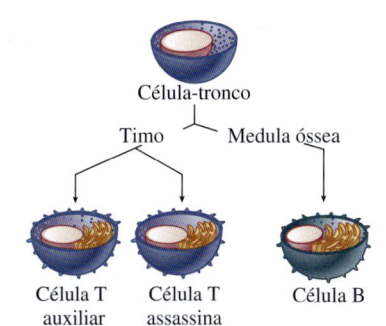

**FIGURA 31.4** Desenvolvimento de linfócitos. Todos os linfócitos são basicamente derivados de células-tronco da medula óssea. No timo, células T desenvolvem células T auxiliares e células assassinas T. Células B se desenvolvem na medula óssea.

Existem exceções: em uma doença autoimune, o organismo confunde as suas próprias proteínas com as estranhas.

**Epítopo** O menor número de aminoácidos em um antígeno que induz uma resposta autoimune.

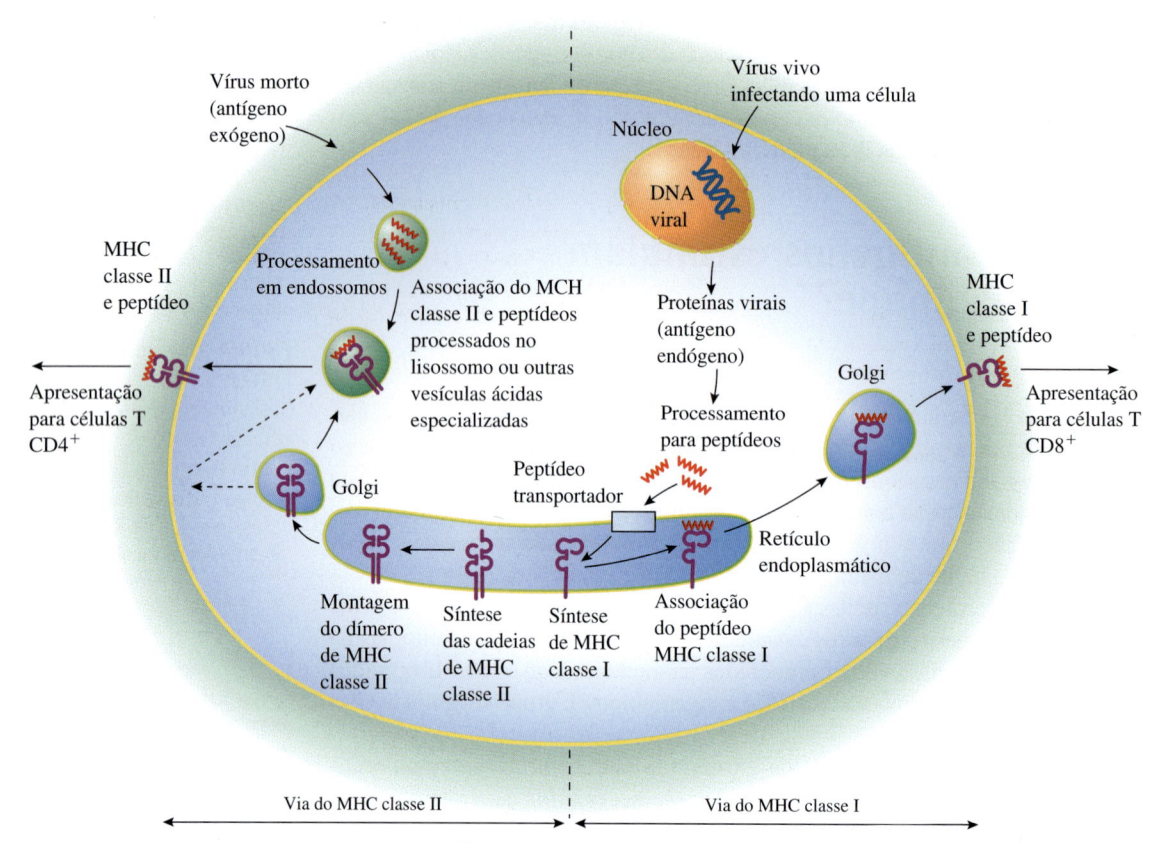

**FIGURA 31.5** Processamento diferencial de antígenos nas vias MHC classe II (esquerda) ou MHC classe I (direita). *Clusters* determinantes (CD) são partes do complexo receptor das células T (ver Seção 31.5B).

Por exemplo, se um macrófago englobar e digerir um vírus, o resultado será o antígeno morto. A digestão ocorre em várias etapas. Primeiro, o antígeno é processado nos lisossomos, organelas especiais das células que contêm enzimas proteolíticas. Uma enzima chamada tiol redutase lisossomal induzido por interferon-gama (*gamma-interferon inducible lysosomal thiol reductase* – GILT) quebra as pontes dissulfeto do antígeno por redução. As ligações reduzidas do antígeno se desenrolam e se expõem para as enzimas proteolíticas, que as hidrolisam em peptídeos menores. Esses peptídeos servem como epítopos que são reconhecidos pelo MHC classe II. A diferença entre MHC I e MHC II torna-se significativa quando vemos as funções das células T. Os antígenos ligados ao MHC I vão interagir com células assassinas T, enquanto os ligados ao MHC II vão interagir com células auxiliares T.

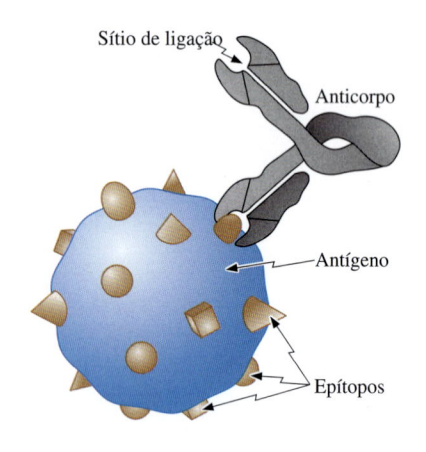

Ligação de um anticorpo ao epítopo de um antígeno.

# 31.4 O que são imunoglobulinas?

### A. Classes de imunoglobulinas

As **imunoglobulinas** são glicoproteínas, isto é, moléculas de proteína que contêm carboidratos. As diferentes classes de imunoglobulinas variam não apenas em sua massa molecular e no conteúdo de carboidrato, mas também a sua concentração no sangue difere significativamente (Tabela 31.2). Os anticorpos IgG e IgM são os anticorpos mais importantes encontrados no sangue. Eles interagem com antígenos e acionam o englobamento (fagocitose) dessas células pelos fagócitos. No interior dos fagócitos, os antígenos são destruídos nos lisossomos. Os antígenos ligados aos anticorpos também são destruídos no sistema sanguíneo por um processo complicado chamado sistema complemento. As moléculas IgA são encontradas principalmente nas secreções: lágrimas, leite e muco. Por isso, essas imunoglobulinas atacam o material invasor antes que ele entre na corrente sanguínea. As moléculas de IgE desempenham um papel nas reações alérgicas, como asma e rinite alérgica, e estão envolvidas na defesa do organismo contra parasitas.

## Conexões químicas 31A

### O podofilo e agentes quimioterápicos

Em muitos países, as doenças do coração são a principal causa de morte. De forma coletiva, os vários tipos de câncer representam a segunda causa de morte, e estima-se que, nas próximas décadas, eles encabeçarão a lista. Como os fatores de risco para o desenvolvimento de câncer não são ainda claramente conhecidos, os tratamentos através de cirurgia, radioterapia e quimioterapia ainda representam os principais meios utilizados no combate à doença. Na quimioterapia, uma substância ou combinação de substâncias é introduzida no organismo para destruir as células cancerosas. Enquanto estamos apenas começando a entender como essas substâncias funcionam no organismo, muitas delas já são conhecidas há mais de um século. Entre elas, há o efeito antitumor de um extrato do podofilo comum, *Podophyllum peltatum*, descrito em 1861 por Robert Bentley, do Kings College de Londres. O princípio ativo do extrato de podofilo foi identificado vinte anos atrás: a picropodofilina. O mecanismo de ação dessa droga ficou obscuro até 1946. Sabemos agora que ela suprime o crescimento do tumor pela inibição da formação do feixe de fibras nucleares na mitose, que mantém as células realizando a divisão nuclear. A estrutura da picropodofilina foi determinada em 1954, e, na década de 1970, pesquisadores da empresa Sandoz conseguiram sintetizar vários análogos da picropodofilina que são ainda mais eficazes que a correspondente droga obtida do podofilo. Entre essas drogas, há o etoposito, que é eficaz no tratamento do câncer de pulmão, câncer dos testículos, linfomas, leucemia e vários tipos de tumor de cérebro. O etoposito também inibe a topoisomerase II, uma enzima importante na regulação do DNA.

Picropodofilina

Etoposito

### B. Estrutura das imunoglobulinas

Cada molécula de imunoglobulina é constituída de quatro cadeias polipeptídicas: duas cadeias leves idênticas e duas cadeias pesadas idênticas. As quatro cadeias polipeptídicas estão arranjadas simetricamente, formando uma estrutura em Y (Figura 31.6).

**TABELA 31.2** Classes de imunoglobulinas

| Classe | Massa molecular (MM) | Conteúdo de carboidrato (%) | Concentração no plasma (mg/100 mL) |
|---|---|---|---|
| IgA | 200.000-700.000 | 7-12 | 90-420 |
| IgD | 160.000 | <1 | 1-40 |
| IgE | 190.000 | 10-12 | 0,01-0,1 |
| IgG | 150.000 | 2-3 | 600-1.800 |
| IgM | 950.000 | 10-12 | 50-190 |

Quatro ligações dissulfeto conectam as quatro cadeias em uma única unidade. Tanto as cadeias leves como as pesadas possuem regiões variáveis. As regiões constantes têm a mesma sequência de aminoácidos em diferentes anticorpos, e as regiões variáveis têm diferentes sequências de aminoácidos em diferentes anticorpos.

As regiões variáveis do anticorpo reconhecem a substância estranha (o antígeno) e se ligam a ele (Figura 31.7). Pelo fato de cada anticorpo conter duas regiões variáveis, ele pode se ligar a dois antígenos, formando um agregado grande, como mostrado na Figura 31.8.

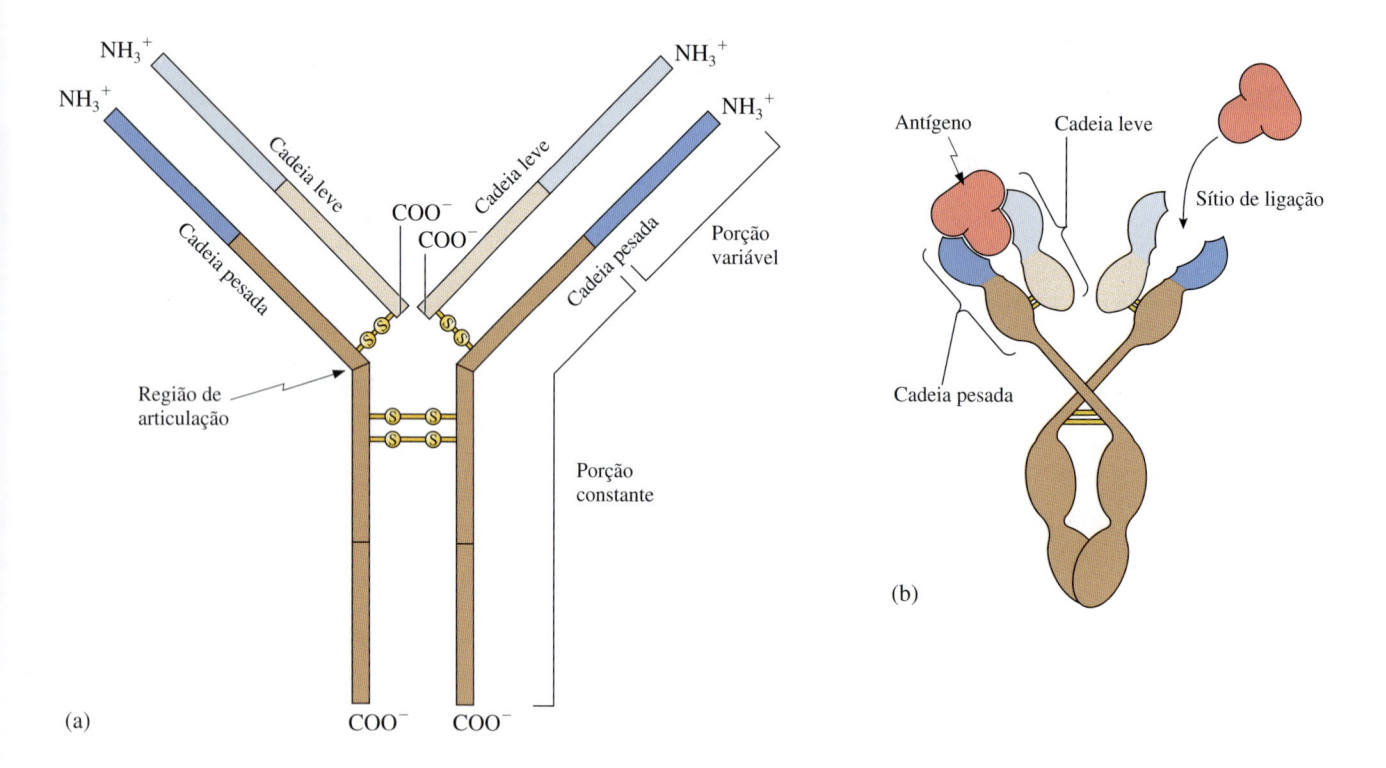

**Figura 31.6** (a) Diagrama esquemático de um anticorpo do tipo IgG composto de duas cadeias pesadas e duas cadeias leves conectadas por ligações dissulfeto. A finalização da cadeia na região do grupo amino terminal de cada uma das cadeias tem porções variáveis. (b) Um modelo que mostra como um anticorpo se liga a um antígeno.

A ligação do antígeno na região variável do anticorpo não ocorre por ligações covalentes, mas sim por forças intermoleculares muito fracas como as forças de dispersão de London, interações dipolo-dipolo e ligações de hidrogênio (Seção 5.7). Essa ligação é parecida com a maneira como os substratos se ligam em enzimas ou hormônios, e neurotransmissores se ligam a um sítio receptor. Isso significa que o antígeno precisa se adequar à superfície do anticorpo. Os humanos têm mais de 10.000 anticorpos diferentes circulando em níveis mensuráveis, o que permite que nosso organismo lute contra um grande número de invasores estranhos. Entretanto, o número potencial de anticorpos que pode ser criado pelos genes disponíveis chega à casa dos milhões.

### C. Células B e anticorpos

Cada célula B sintetiza apenas um único anticorpo imunoglobulínico, e esse anticorpo contém um único sítio de ligação de antígeno para um epítopo. Antes de encontrar um antígeno, esses anticorpos são inseridos na membrana plasmática das células B, onde atuam como receptores. Quando um antígeno interage com um receptor, ele estimula a célula B a se dividir e diferenciar em células plasmáticas. Essas células-filha secretam anticorpos solúveis que têm os mesmos sítios de ligação de antígeno como nas originais anticorpo/receptor. Os anticorpos solúveis secretados aparecem no soro (a parte não celular do sangue) e podem reagir com um antígeno. Logo, uma imunoglobulina produzida nas células B pode agir como receptor para ser estimulada pelo antígeno ou como um mensageiro que foi secretado e que está pronto para neutralizar e eventualmente destruir um antígeno (Figura 31.9).

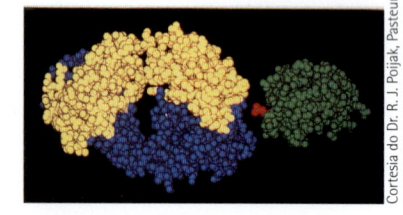

**FIGURA 31.7** Complexo antígeno-anticorpo destruído. O antígeno (mostrado em verde) é lisozima. A cadeia pesada do anticorpo é mostrada em azul; a cadeia leve, em amarelo.

### D. Como o organismo adquire a diversidade necessária para reagir perante os diferentes antígenos?

Desde o momento da concepção, determinado organismo contém todo o DNA que ele sempre terá, incluindo aquele que conduzirá a formação dos anticorpos e receptores das células T. Portanto, o organismo nasce com um repertório de genes necessários para lutar contra as infecções. Durante o desenvolvimento das células B, as regiões variáveis das cadeias pesadas são montadas por um processo denominado recombinação V(J)D. Vários éxons estão presentes em cada uma das três áreas diferentes – V, J e D – do gene da imunoglobulina. Combinar um éxon de cada área resulta em um *novo gene V(J)D*. Esse processo cria uma grande diversidade por causa do grande número de maneiras com que essa combinação pode ser realizada (Figura 31.10). Para um tipo de cadeia leve do anticorpo, chamada capa (letra do alfabeto grego, $\kappa$), existem, em linhas gerais, 40 genes V e 5 genes J, que sozinhos resultam em 40 × 5 ou 200 combinações de V e J. Para outro tipo de cadeia leve, denominada lambda (letra do alfabeto grego, $\lambda$), cerca de 120 combinações são possíveis. Para as cadeias pesadas, há uma diversidade ainda maior: cerca de 50 genes V, 27 genes D e 6 genes J. Quando fazemos os cálculos de todas as possíveis combinações envolvendo as regiões V, J, D e C, tanto para as cadeias leves como para as pesadas, obtemos mais que 2 milhões de combinações possíveis.

Entretanto, essa é somente a primeira etapa. Um segundo nível de diversidade é criado pela mutação de genes V(J)D nas células somáticas. À medida que as células proliferam em resposta ao reconhecimento de um antígeno, essas mutações podem causar um aumento de mil vezes na afinidade de um antígeno para um anticorpo. Esse processo é chamado **afinidade por maturação**.

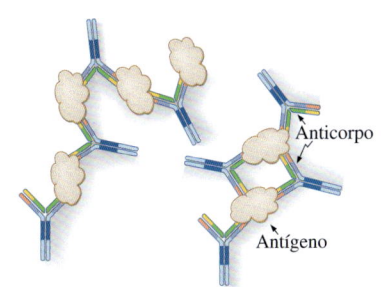

**Figura 31.8** Uma reação antígeno-anticorpo forma um precipitado. Tipicamente, um antígeno como uma bactéria ou um vírus apresenta vários sítios de ligação para anticorpos. Cada região variável de um anticorpo (a região bifurcada do Y) pode ligar um antígeno diferente. O agregado formado então precipita e é atacado por fagócitos e pelo sistema complementar.

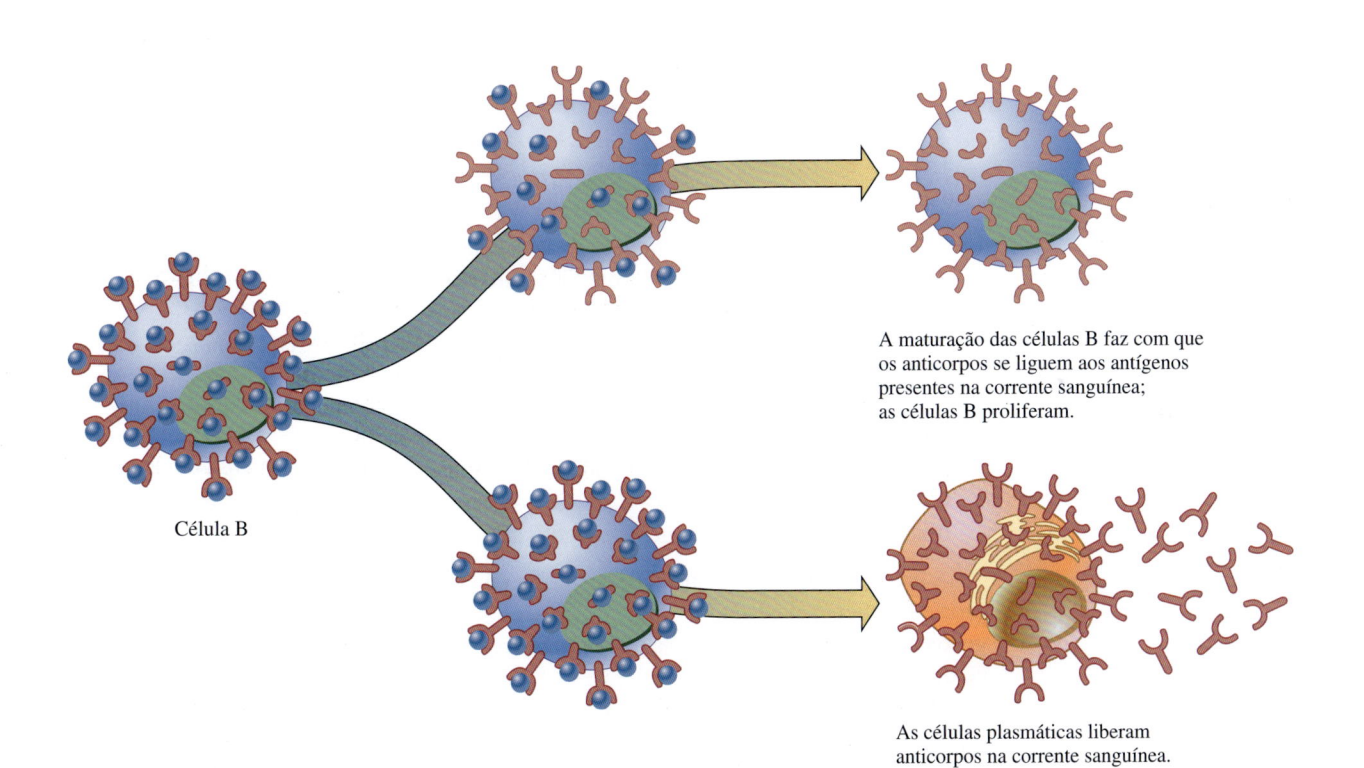

**FIGURA 31.9** As células B têm anticorpos na sua superfície, que permitem que os antígenos se liguem a elas. As células B com anticorpos certos para os antígenos presentes crescem e se desenvolvem. Quando as células B se desenvolvem em células plasmáticas, elas liberam anticorpos que, então, circulam na corrente sanguínea. (Adaptada de Weissman, I. L.; Cooper, M. D. How the immune system develops. *Scientific American*, set. 1993.)

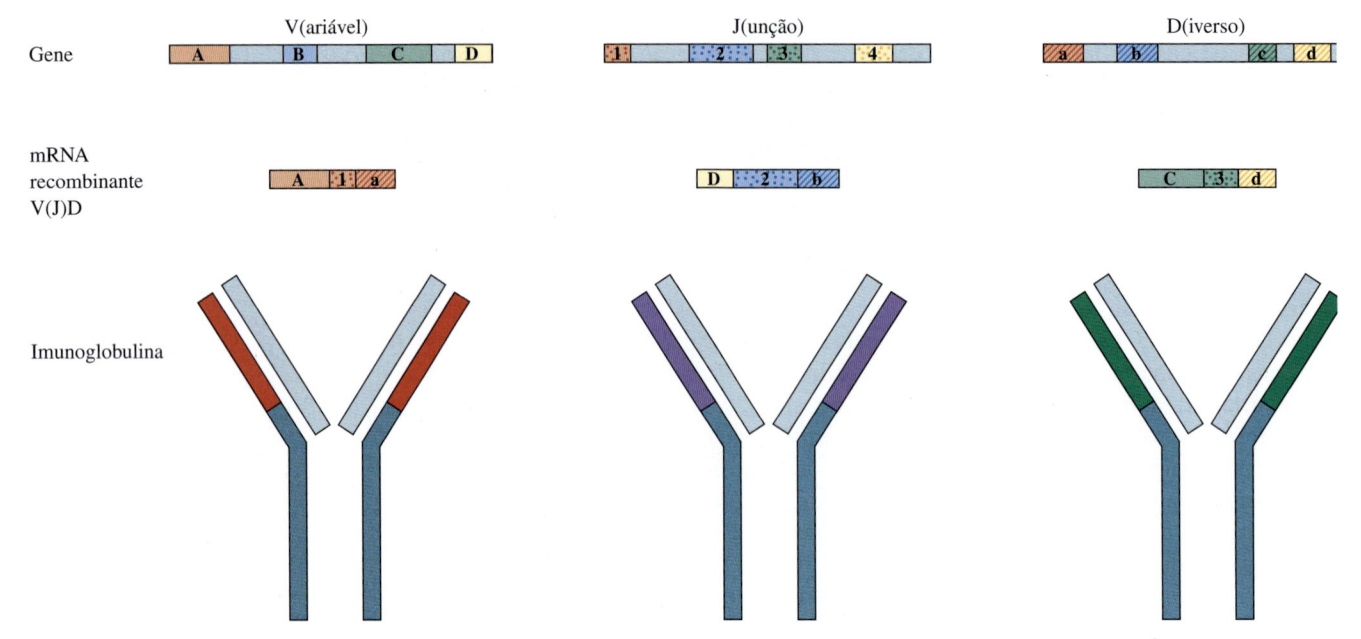

**FIGURA 31.10** Diversificação de imunoglobulinas por recombinação V(J)D. Éxons de três genes – os genes V(ariável) (A, B, C, D), J(unção) (1, 2, 3, 4) e D(iverso) (a, b, c, d) – se combinam para formar novos genes V(J)D que são transcritos aos correspondentes mRNAs. A expressão desses novos genes resulta em uma grande variedade de imunoglobulinas que têm regiões variáveis diferentes nas suas cadeias pesadas.

Existem três maneiras de criar mutações. Duas afetam as regiões variáveis, e uma, a região constante.

1. A hipermutação somática (*somatic hypermutation* – SHM) cria um ponto de mutação (somente um nucleotídeo). A proteína resultante da mutação é capaz de se ligar mais fortemente ao antígeno.
2. Na mutação por conversão de gene (*gene conversion* – GC), trechos da sequência de nucleotídeos são copiados de um pseudogene V e entram na V(J)D. Isso também permite que as proteínas sintetizadas da mutação GC façam contatos mais fortes com o antígeno que sem a mutação.
3. Mutações na região constante da cadeia são obtidas por recombinação de troca de classe (*class switch recombination* – CSR). Nesse caso, os éxons das regiões constantes são trocados entre regiões altamente repetitivas.

A diversidade de anticorpos criados pelas recombinações V(J)D é altamente amplificada e finamente ajustada por mutações nesses genes. Uma vez que a resposta a um antígeno ocorre no nível do gene, ela é facilmente preservada e transmitida de uma geração de células para a seguinte.

Embora as combinações possíveis de genes que levam à diversidade dos anticorpos pareçam ilimitadas, é importante lembrar que a base da diversidade é o mapa genético que o organismo recebeu. Anticorpos não aparecem porque eles são necessários; mais propriamente, os anticorpos são selecionados e proliferam porque eles já existiram em pequenas quantidades antes que fossem estimulados pelo reconhecimento de um antígeno.

### E. Anticorpos monoclonais

Quando um antígeno é injetado em um organismo (por exemplo, a lisozima humana em um coelho), a resposta inicial é bastante lenta. Pode levar de uma a duas semanas antes que uma antilisozima apareça no soro sanguíneo do coelho. Esses anticorpos, entretanto, não são uniformes. O antígeno pode possuir vários epítopos, e o antissoro contém uma mistura de imunoglobulinas com especificidade variável para todos os epítopos. Mesmo anticorpos de um único epítopo usualmente apresentam uma variedade de especificidades.

Cada célula B (e cada produto da célula plasmática) produz somente um tipo de anticorpo. Em princípio, cada uma dessas células representaria uma fonte potencial de suprimento de anticorpos homogêneos para clonagem. Entretanto, na prática, isso não é possível porque

> **Conexões químicas 31B**
>
> ### A guerra dos anticorpos monoclonais contra o câncer de mama
>
> O câncer de mama é atualmente a segunda causa de morte relacionada com as mortes de câncer nos Estados Unidos, mas esse *status* será provavelmente alterado em um futuro próximo. A taxa de sobrevivência para as mulheres diagnosticadas com o câncer de mama tem aumentado nos últimos dez anos. Entre os fatores que contribuem para isso, estão o aumento da conscientização, que leva a uma detecção precoce, e o desenvolvimento de vários novos medicamentos e técnicas para combater a doença.
>
> O câncer resulta de uma ampla variedade de erros no metabolismo. Para combater o câncer, os cientistas primeiro identificam diferenças específicas entre células de câncer (cancerígenas) e normais. Em seguida, procuram maneiras de interromper a mudança que permite que as células normais se tornem cancerígenas ou meios de atacá-las diretamente assim que se formam. Várias drogas usadas para combater câncer de mama, assim como outros tipos de câncer, funcionam pelo direcionamento de anticorpos monoclonais contra proteínas na superfície celular que tem sido identificada como ativa no processo de câncer. Uma proteína encontrada em vários cânceres de mama é o Fator de Crescimento Epidérmico Humano 2 (*Human Epidermal Growth Factor 2* – HER2), um membro de uma vasta classe de fatores de crescimento epidérmico que estão relacionados com vários tipos de câncer. Essas proteínas são receptores que se unem a ligantes específicos, causando um rápido crescimento celular. Estudos mostram que vários cânceres de mama apresentam um aumento no nível de HER2.
>
> No câncer de mama, o HER2 causa o crescimento de um tumor agressivo, logo, qualquer droga que possa interromper a sua ação pode ser um potente agente anticâncer. Uma dessas armas potentes é um anticorpo monoclonal chamado trastuzumab, aprovado para uso em 1998; sua utilização aumentou significativamente a expectativa de vida dos pacientes tanto no estágio inicial como metastático do câncer de mama. O sucesso do trastuzumab levou à criação de novas drogas, como pertuzumab, que ataca a proteína em diferentes sítios e também a impede de interagir com outros receptores que estão relacionados ao câncer.
>
> Várias estratégias usam anticorpos monoclonais para combater o câncer de mama. O anticorpo pode se ligar diretamente ao fator de crescimento antes que ele se ligue a seu receptor na superfície da célula. Dessa forma, o fator de crescimento não atinge a célula nem causa o crescimento desordenado que leva ao tumor. O anticorpo pode também bloquear o sítio de ligação do receptor, portanto o fator de crescimento não pode se ligar à célula. Vários efeitos celulares são iniciados pela dimerização de dois receptores da célula (Seção 23.6D), e anticorpos monoclonais podem também bloquear esse processo. Alguns dos receptores celulares que podem levar ao desenvolvimento de câncer são baseados na tirosina quinase (Seção 23.6D), e anticorpos monoclonais têm sido criados para inibir a sua atividade (Capítulo 23). Finalmente, novas tecnologias estão sendo desenvolvidas de forma a ligar anticorpos monoclonais a uma toxina específica. Quando o anticorpo se liga a um receptor celular crítico de uma célula cancerígena, a toxina é conduzida para o interior da célula, o que resulta na morte desta.
>
> Um grande progresso está sendo obtido no desenvolvimento de terapias individualizadas, nas quais o perfil específico do paciente permite ao médico conhecer quais são as proteínas celulares responsáveis pelo desenvolvimento do tumor. Uma vez que um alvo proteico específico é identificado, pode-se realizar uma combinação adequada de drogas. Essa capacidade de identificação já está resultando em um impacto significativo nas taxas de sobrevivência nos pacientes com câncer de mama, e podemos esperar maiores progressos nos próximos anos.

linfócitos não crescem continuamente em meio de cultura. No fim da década de 1970, Georges Köhler e César Milstein desenvolveram um método de contornar esse problema, feito pelo qual receberam o Prêmio Nobel em Fisiologia de 1984. A técnica por eles desenvolvida requer a fusão de linfócitos que produz o anticorpo desejado com células de mieloma de camundongo. O **hibridoma** (mieloma híbrido) resultante, como todas as células cancerígenas, pode ser clonado em cultura (Figura 31.11) e produz os anticorpos desejados. Pelo fato de os clones serem o produto de uma célula única, eles produzem **anticorpos monoclonais** homogêneos. Com essa técnica, torna-se possível produzir anticorpos para quase qualquer antígeno em quantidades apreciáveis. Os anticorpos monoclonais podem, por exemplo, ser usados para testes de substâncias biológicas que podem atuar como antígenos. Um exemplo marcante da sua utilidade é nos testes sanguíneos para a detecção do HIV; esse procedimento tornou-se rotineiro para garantir a qualidade do sangue utilizado pelo sistema público de fornecimento de sangue. Os anticorpos monoclonais são também comumente usados no tratamento de câncer, como descrito em "Conexões químicas 31B".

## 31.5 O que são células T e seus receptores?

### A. Receptores das células T

Da mesma forma que as células B, as células T têm em sua superfície receptores únicos que interagem com antígenos. Observamos anteriormente que as células T respondem somente aos antígenos proteicos. Um indivíduo possui milhões de células T diferentes, e cada uma delas tem em sua superfície um único receptor da célula T (TcR), que é específico para somente um antígeno. O TcR é uma glicoproteína constituída de duas subunidades unidas por ligações cruzadas de pontes de dissulfeto. Como as imunoglobulinas, os TcRs têm regiões constantes (C) e variáveis (V).

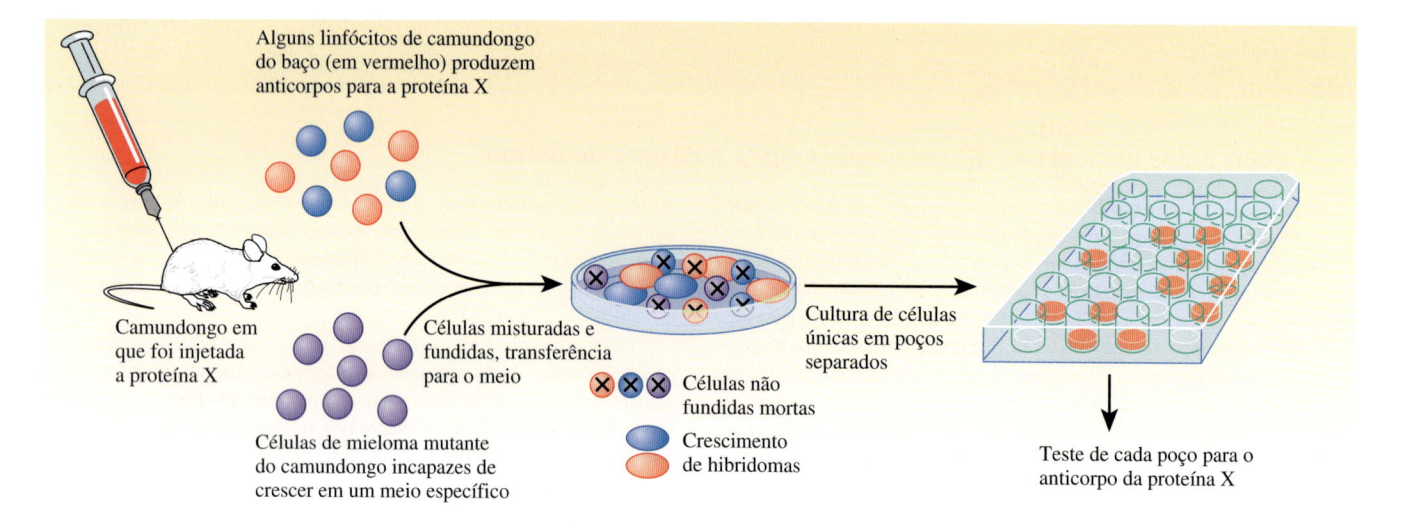

**FIGURA 31.11** Procedimento para a produção de anticorpos monoclonais contra um antígeno proteico X. Um camundongo é imunizado contra o antígeno X, e alguns de seus linfócitos do baço produzem anticorpos. Os linfócitos são fundidos com células de mieloma mutantes que não podem crescer em determinado meio porque elas não possuem uma enzima encontrada nos linfócitos. As células que não se fundiram morrem porque os linfócitos não podem crescer em meio de cultura, e as células de mieloma mutante não podem sobreviver nesse meio. As células individuais crescem em meio de cultura em poços separados e são testadas para os anticorpos da proteína X.

A ligação do antígeno ocorre na região variável. A similaridade na sequência de aminoácidos entre imunoglobulinas (Ig) e TcR, assim como a organização das cadeias polipeptídicas, faz das moléculas TcR membros da superfamília das imunoglobulinas.

Existem, entretanto, algumas diferenças fundamentais entre imunoglobulinas e TcRs. Por exemplo, as imunoglobulinas têm quatro cadeias polipeptídicas, enquanto os TcRs contêm apenas duas subunidades. As imunoglobulinas podem interagir diretamente com antígenos, mas os TcRs podem interagir com eles somente quando o epítopo de um antígeno é apresentado por uma molécula de MHC. Finalmente, as imunoglobulinas podem sofrer mutação. Esse tipo de mutação pode ocorrer em todos os corpos celulares, exceto naqueles envolvidos na reprodução sexual. Portanto, as moléculas de Ig podem aumentar sua diversidade pela mutação somática, mas os TcRs não.

### B. Complexo receptor da célula T

Um TcR se encontra ancorado na membrana através de segmentos transmembrana hidrofóbicos (Figura 31.12). O TcR sozinho, entretanto, não é suficiente para a ligação com o antígeno. Também são necessárias outras moléculas de proteínas que funcionam como correceptores e/ou transdutores de sinal. Essas moléculas recebem o nome de CD3, CD4 e CD8, em que "CD" representa ***cluster* determinante**. O TcR e CD juntos formam o **complexo receptor da célula T**.

A molécula de CD3 adere ao TcR no complexo não através de ligações covalentes, mas sim através de forças intermoleculares (Seção 5.7). Esse é um sinal de transdução porque, ao ocorrer a ligação do antígeno, o CD3 torna-se fosforilado. Esse evento aciona uma sinalização sequencial no interior da célula que é conduzida por diferentes quinases. Vimos uma sequência de sinalização similar na neurotransmissão (Seção 24.5).

As moléculas CD4 e CD8 agem como **moléculas de adesão**, assim como transdutores de sinal. Uma célula T tem tanto uma molécula CD4 ou uma molécula CD8 para auxiliar a ligação do antígeno com o receptor e acoplar a célula T a uma APC ou célula B (Figura 31.13).

**Moléculas de adesão** Várias moléculas de proteína que ajudam a ligar um antígeno a um receptor da célula T e acoplar a célula T a outra célula via um MHC.

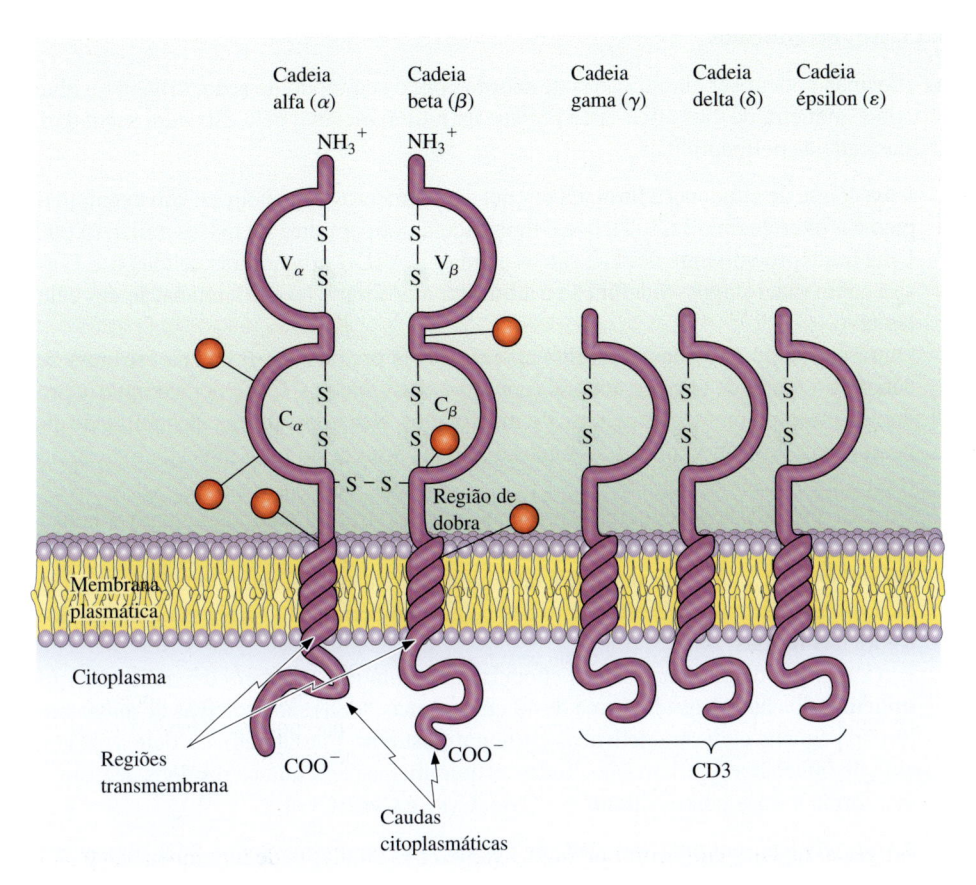

**FIGURA 31.12** Estrutura esquemática de um complexo TcR, que é composto de duas cadeias: $\alpha$ e $\beta$. Cada uma delas apresenta dois domínios extracelulares: um amino-terminal de domínio V e uma carboxila-terminal de domínio C. Os domínios são estabilizados por ligações intracadeia dissulfeto entre resíduos de cisteína. As cadeias $\alpha$ e $\beta$ estão ligadas por uma ligação intercadeia dissulfeto próxima da membrana celular (região de dobra). Cada cadeia é ancorada na membrana por segmentos transmembrana hidrofóbicos e terminam no citoplasma com um segmento carboxila-terminal rico em resíduos catiônicos. Ambas as cadeias são glicosiladas (esferas vermelhas). O *cluster* determinante (CD) correceptor é composto de três cadeias: $\gamma$, $\delta$ e $\varepsilon$. Cada uma delas está ancorada na membrana plasmática por um segmento transmembrana hidrofóbico. Cada uma delas também está ligada através de ligações cruzadas de uma ponte dissulfeto, e o grupo carboxílico terminal está localizado no citoplasma.

Uma característica particular da molécula de CD4 é que ela se liga fortemente a uma glicoproteína especial que apresenta uma massa molecular de 120.000 (gp120). Essa glicoproteína existe na superfície do vírus da imunodeficiência humana (HIV). Através dessa ligação ao CD4, o HIV pode entrar e infectar células T auxiliares e causar Aids. As células T auxiliares morrem como resultado da infecção do HIV, o que origina a diminuição da população de células T tão drasticamente que o sistema imune não pode funcionar. Como consequência, o organismo sucumbe a infecções patogênicas (Seção 31.8).

## 31.6 Como a resposta imune é controlada?

### A. Natureza das citocinas

As citocinas são moléculas de glicoproteína produzidas por uma célula, porém alteram a função de outra célula. Elas não têm antígeno específico. As citocinas transmitem comunicações intercelulares entre diferentes tipos de células em sítios diversos no corpo. Elas são espécies de vida curta e não são armazenadas nas células.

As citocinas facilitam a resposta inflamatória coordenada e apropriada pelo controle de vários aspectos da reação imune. Elas são liberadas em erupções, em resposta a todas as formas de ferimento ou intrusão (real ou aparente), viajam e se ligam a receptores específicos de citocinas na superfície de macrófagos e de células B e T, e induzem a proliferação celular.

Um grupo de citocinas é chamado **interleucinas (ILs)** porque elas se comunicam entre si e coordenam as ações dos leucócitos (todos os tipos de células sanguíneas brancas). Os macrófagos secretam IL-1 na infecção bacteriana. A presença de IL-1, então, induz os calafrios e a febre. A temperatura elevada do corpo reduz tanto o crescimento bacteriano como acelera a mobilização do sistema imune ("Conexões químicas 7A"). Um leucócito pode fabricar várias citocinas diferentes, e uma célula pode ser o alvo de várias citocinas.

**Citocina** Uma glicoproteína que trafega entre as células e altera a função da célula-alvo.

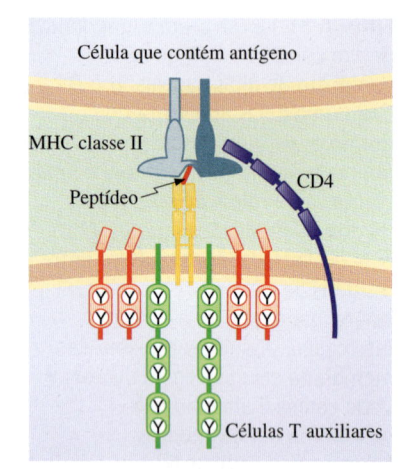

**FIGURA 31.13** Interação entre células T auxiliares e células que contêm antígeno. Peptídeos estranhos são mostrados na superfície pelas proteínas MHC II. Estes se ligam aos receptores da célula T de uma célula T auxiliar. Uma proteína de acoplamento chamada CD4 ajuda a ligação entre as duas células.

**Quimiocina** Um polipeptídeo de massa molecular pequena que interage com receptores especiais na célula-alvo e altera a sua função.

O oxigênio singlete corresponde à molécula de $O_2$ em que os elétrons externos estão em um estado de alta energia. Existem duas formas comuns de oxigênio singlete e ambas são espécies reativas de oxigênio.

### B. Classes de citocinas

As citocinas podem ser classificadas de acordo com o seu modo de ação, origem ou alvo. A melhor maneira de classificá-las é por sua estrutura, ou seja, pela estrutura secundária de suas cadeias polipeptídicas.

1. Uma classe de citocinas é formada por quatro segmentos de $\alpha$-hélices. Um exemplo típico é a interleucina-2 (IL-2), que é uma cadeia polipeptídica de massa molar 15.000. Uma fonte proeminente de IL-2 são as células T. A IL-2 ativa outras células B e T, assim como macrófagos. Sua função é aumentar a proliferação e diferenciação das células-alvo.

2. Outra classe de citocinas apresenta apenas folhas pregueadas-$\beta$ na sua estrutura secundária. O fator de necrose tumoral (*tumor necrosis factor* – TNF), por exemplo, é produzido principalmente por células T e macrófagos. Seu nome deriva da habilidade que possui para destruir células tumorais suscetíveis através de lise, após sua ligação aos receptores na célula tumoral.

3. Uma terceira classe de citocinas apresenta em sua estrutura secundária tanto $\alpha$-hélices como folhas-$\beta$. Um representante dessa classe é o fator de crescimento epidérmico (*epidermal growth factor* – EGF), que é uma proteína rica em cisteína. Como seu nome indica, o EGF estimula o crescimento das células epidérmicas, e sua principal função é a cura das feridas.

4. Um subgrupo de citocinas são as citocinas quimiotáticas, também denominadas **quimiocinas**. Os humanos têm cerca de 40 quimiocinas; todas são proteínas de massa molecular pequena com características estruturais distintas. Elas atraem leucócitos para um sítio de infecção ou inflamação. Todas as quimiocinas têm quatro resíduos de cisteína que formam duas pontes dissulfeto: Cys1-Cys3 e Cys2-Cys4.

As quimiocinas têm uma variedade de nomes, tais como interleucina-8 (IL-8) e proteínas monocíticas quimiotáticas (de MCP-1 a MCP-4). As quimiocinas interagem com receptores específicos, compostos de sete segmentos helicoidais acoplados a proteínas ativadas com GTP.

### C. Modo de ação das citocinas

Quando um tecido é lesionado, os leucócitos investem para as áreas inflamadas. As quimiocinas ajudam os leucócitos a migrar dos vasos sanguíneos ao sítio lesionado, onde os leucócitos, em todas as suas formas – neutrófilos, monócitos, linfócitos –, se acumulam e atacam os invasores, engolem-nos (fagocitose) e posteriormente os matam. Outras células fagocíticas, os macrófagos, que residem nos tecidos e não precisam migrar até o local da lesão, fazem o mesmo. Essas células fagocíticas ativadas destroem suas vítimas pela liberação de endotoxinas, que matam bactérias, e/ou pela produção de intermediários de oxigênio altamente reativos, como superóxido, oxigênio singlete, peróxido de hidrogênio e radicais hidroxila.

As quimiocinas são também os maiores participantes na inflamação crônica, em doenças autoimunes, asma e outras formas de inflamação alérgica, e mesmo na rejeição de tecidos/órgãos transplantados.

## 31.7 Como o organismo reconhece um corpo estranho que pode invadi-lo?

Um dos maiores problemas ante as defesas do organismo é como reconhecer um corpo estranho como "não sendo do próprio organismo" e, portanto, evitar um ataque "a si próprio" – ou seja, às células saudáveis do organismo.

### A. Seleção das células B e T

Os membros do sistema imune adaptativo, células B e T, são todos específicos e têm memória, portanto eles atacam somente invasores externos reais. As células T maturam na glândula do timo. Durante o processo de maturação, as células T que falham no reconhecimento e na interação com MHC e, portanto, não respondem aos antígenos externos são elimina-

## Conexões químicas 31C

### Imunização

A varíola foi um flagelo durante vários séculos, com cada eclosão levando várias pessoas à morte e outras ficando desfiguradas pelos profundos caroços que ficam no rosto ou corpo. Uma forma de imunização foi praticada na China antiga e no Oriente Médio pela exposição intencional de pessoas a feridas e fluidos das lesões das vítimas da varíola. Esse método ficou conhecido no mundo ocidental como variolação, introduzida na Inglaterra e nas colônias americanas em 1721.

Edward Jenner, um médico inglês, constatou que as pessoas que trabalhavam na ordenha e que tinham contraído a varíola bovina de vacas infectadas pareciam ser imunes à doença. A varíola bovina era uma doença tênue, enquanto a varíola poderia ser letal. Em 1796, Jenner realizou um experimento potencialmente mortal: mergulhou uma agulha no pus de um ordenhador infectado com varíola bovina e então arranhou a mão de um menino com essa agulha. Dois meses depois, Jenner injetou no menino uma dose letal do agente da varíola. O menino sobreviveu e não desenvolveu nenhum sintoma da doença. Os boatos sobre esse feito se espalharam, e Jenner logo se estabeleceu no ramo da imunização. Quando essas notícias chegaram à França, os céticos cunharam um termo depreciativo, *vacinação*, que significa algo como "envacamento". O escárnio não durou muito, e essa prática foi logo adotada no mundo inteiro.

Um século depois, em 1879, Louis Pasteur descobriu que tecidos infectados com raiva (hidrofobia) continham vírus muito mais fracos (atenuados). Quando injetados em pacientes, eles apresentavam uma resposta imune que os protegia contra a raiva. Pasteur chamou esses antígenos de proteção atenuados de *vacinas* em homenagem ao trabalho de Jenner. Hoje, imunização e vacinação são sinônimas.

Vacinas estão disponíveis para várias doenças, incluindo pólio, sarampo e varíola, apenas para mencionar algumas poucas doenças. Uma vacina pode ser feita tanto de vírus e bactérias mortos ou dos correspondentes organismos na forma atenuada. Por exemplo, a vacina Salk da poliomielite é um vírus da pólio que se tornou inofensivo pelo tratamento com formaldeído. Essa vacina é aplicada através de injeções intramusculares. Já a vacina Sabin da pólio é uma forma mutante do vírus selvagem; a mutação torna o vírus sensível à temperatura. O vírus mutante vivo é administrado oralmente. A temperatura do corpo e os sucos gástricos fazem dele um vírus inofensivo antes que penetre na corrente sanguínea.

Vários cânceres possuem carboidratos específicos na superfície da célula que são marcadores do tumor. Se esse antígeno pudesse ser introduzido por injeção sem colocar em perigo o indivíduo, ele poderia fornecer uma vacina ideal. Obviamente, não podemos usar ou mesmo atenuar células cancerígenas para vacinação. Entretanto, a expectativa é de que análogos sintéticos de um marcador de tumor produzirão a mesma reação imune que os marcadores de superfície de câncer originais realizam. Portanto, a injeção desse composto sintético inócuo poderia induzir o corpo a produzir imunoglobulinas que originariam a cura do câncer – ou ao menos prevenir a sua ocorrência. Um composto chamado 12:13 dEpoB, um derivado do macrolídeo epotilon B, está atualmente sendo investigado pelas suas características para tornar-se uma potencial vacina anticâncer.

As vacinas alteram os linfócitos nas células plasmáticas que produzem grande quantidade de anticorpos para lutar contra os antígenos invasores. Entretanto, essa é apenas a resposta de curto termo. Alguns linfócitos tornam-se células de memória em vez de células plasmáticas. Essas células de memória não secretam anticorpos, mas armazenam-nos para servir como um dispositivo de detecção para futuras invasões das mesmas células invasoras. Dessa forma, a imunidade de longo termo é estabelecida. Se uma segunda invasão ocorre, essas células de memória se dividem diretamente em células plasmáticas que secretam anticorpos e mais das células memória. Esse tipo de resposta é rápido porque não é necessário passar pelo processo de ativação e diferenciação nas células plasmáticas, que usualmente leva duas semanas.

A varíola foi erradicada, e a vacinação contra essa doença já não é mais necessária. Pelo fato de a varíola ser uma potencial arma de bioterrorismo, o governo dos Estados Unidos recentemente recomeçou a produção de vacinas.

---

das através de um processo de seleção. Elas essencialmente morrem por causa de negligência. As células T que expressam receptores (TcR) e estão propensas a interagir com os autoantígenos normais também são eliminadas através de um processo de seleção (Figura 31.14). Portanto, as células T ativadas que deixam a glândula do timo contêm TcRs que podem responder aos antígenos estranhos. Mesmo que algumas células T propensas a reagir com os autoantígenos escapem na seleção da detecção, elas podem ser desativadas através do sistema de transdução de sinal que, entre outras funções, realiza a ativação da tirosina quinase e a desativação da fosfatase, similar aos processos que foram vistos na sinalização dos neurotransmissores adrenérgicos (Seção 24.5).

Similarmente, a maturação das células B na medula óssea depende do entrosamento de seus receptores, BcR, com os antígenos. Essas células B que são propensas a interagir com os autoantígenos também são eliminadas antes que saiam da medula óssea. Da mesma forma que as células T, vários caminhos de sinalização controlam a proliferação das células B. Entre eles, a ativação da tirosina quinase e a desativação pela fosfatase fornecem um controle secundário.

### B. Discriminação das células do sistema imune inato

A primeira linha de defesa é o sistema imune inato, no qual células como as células assassinas naturais ou os macrófagos não têm alvos específicos nem memória de qual epítopo representa um sinal de perigo. Contudo, essas células precisam, de alguma forma, discriminar entre células normais e anormais para identificação de seus alvos.

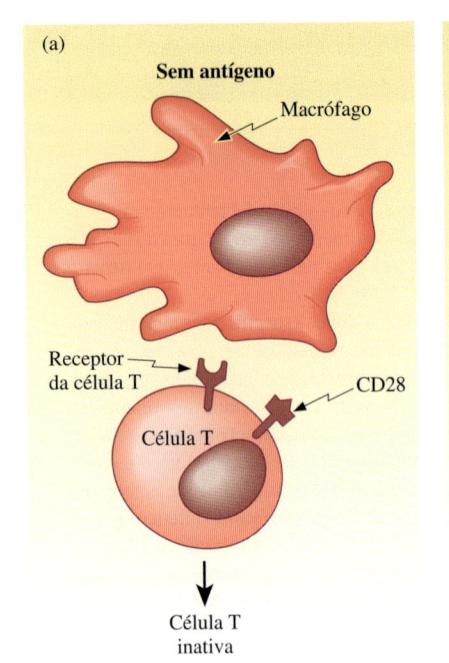

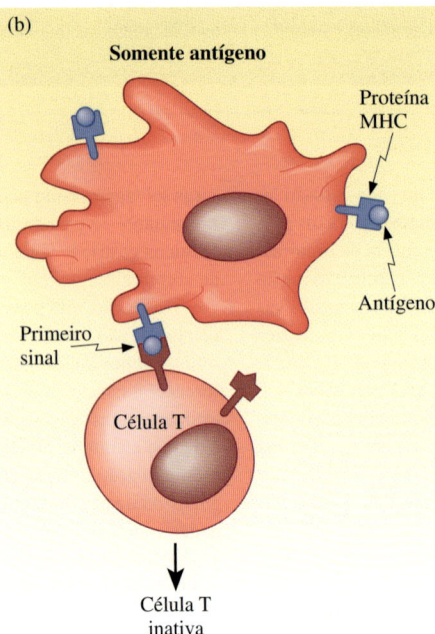

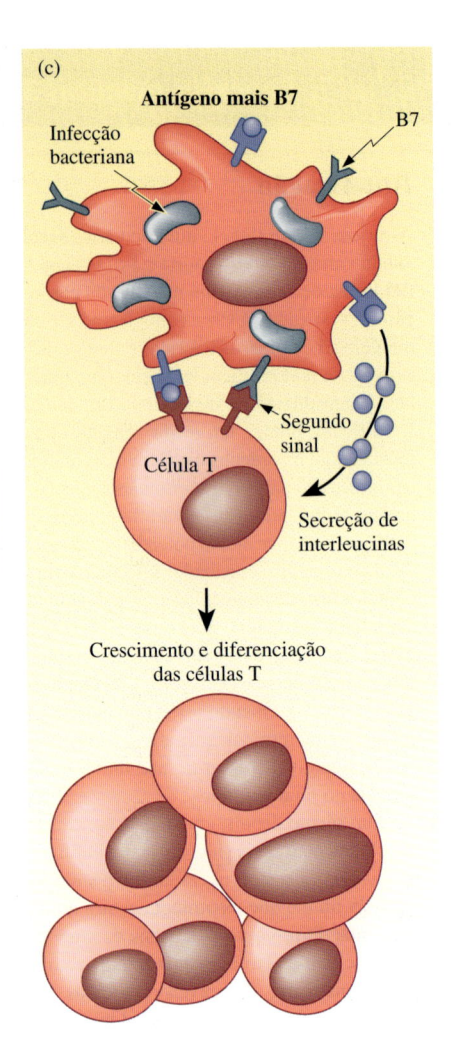

**FIGURA 31.14** Um processo de duas etapas conduz ao crescimento e à diferenciação das células T. (a) Na ausência de antígeno, não ocorre proliferação das células T. Essas linhagens de células T morrem por negligenciamento. (b) Na presença somente do antígeno, o receptor das células T se liga ao antígeno na superfície da célula de um macrófago através da proteína MHC. Ainda não ocorre proliferação das células T porque falta o segundo sinal. Dessa maneira, o organismo pode evitar uma resposta inapropriada para o seu próprio antígeno. Esse processo ocorre inicialmente no desenvolvimento das células T, eliminando efetivamente aquelas células que de outra forma poderiam ser ativadas pelos autoantígenos. (c) Quando ocorre uma infecção, uma proteína B7 é produzida em resposta a essa infecção. A proteína B7 na superfície da célula infectada se liga a uma proteína CD28 na superfície de uma célula T imatura, resultando em um segundo sinal que permite que ela cresça e prolifere.

O mecanismo pelo qual essa identificação é realizada só foi investigado recentemente e ainda não é totalmente entendido. O ponto principal é que as células da imunidade inata apresentam dois tipos de receptores na sua superfície: um **receptor de ativação** e um **receptor de inibição**. Quando uma célula saudável do organismo encontra um macrófago ou uma célula assassina natural, o receptor inibitório na superfície reconhece o epítopo da célula normal, liga-se a ela e previne a ativação da célula assassina ou do macrófago. Entretanto, quando um macrófago encontra uma bactéria com um antígeno estranho em sua superfície, o antígeno se liga ao receptor de ativação do macrófago. Essa ligação permite que o macrófago englobe a bactéria por fagocitose. Tais antígenos estranhos podem ser lipopolissacarídeos de bactérias gram-negativas ou peptídeo-glicanos de bactérias gram-positivas.

Quando uma célula é infectada, danificada ou transformada em uma célula maligna, os epítopos que sinalizam uma célula saudável diminuem muito e usualmente são mostrados na superfície dessas células cancerígenas.

## Conexões químicas 31D

### Antibióticos: uma faca de dois gumes

Neste mundo moderno, certamente nos valemos dos antibióticos. Na verdade, várias das doenças do passado foram praticamente erradicadas por essas drogas, que podem impedir o ciclo de vida da bactéria. Infecções comuns consideradas fatais no início do século XX hoje são comumente tratadas com sucesso com a penicilina ou outro antibiótico comum, como a eritromicina ou cefalosporina.

Entretanto, os antibióticos podem também causar sérios problemas. Várias pessoas são alérgicas a penicilina e seus derivados, e essas alergias aos antibióticos podem ser muito fortes. Uma pessoa pode tomar um antibiótico uma vez e não apresentar nenhum sintoma. O uso subsequente do mesmo antibiótico pode causar uma erupção severa na pele. E uma terceira exposição pode ser até fatal. O uso indiscriminado de antibióticos pode ser prejudicial. Várias doenças são causadas por viroses, que não respondem ao tratamento com antibióticos. No entanto, pacientes não querem ouvir que não há nada a fazer a não ser esperar que a doença desapareça, então frequentemente são administrados antibióticos a eles. Os antibióticos também são prescritos antes que a exata natureza da infecção seja conhecida. Esse uso indiscriminado é a maior causa do aumento da incidência de microrganismos resistentes às drogas.

Uma doença que tem florescido por causa do uso incorreto de antibióticos é a gonorreia. Uma variedade da *Neisseria gonorrhoeae* produz $\beta$-lactamase, uma enzima que degrada a penicilina. Essas variedades são denominadas PPNG: produtor de penicilinase *N. gonorrhoeae*. Antes de 1976, quase nenhum caso de PPNG havia sido relatado nos Estados Unidos. Hoje, milhares de casos ocorrem por todo o país. A fonte desse problema foi descoberta como originária das bases militares nas Filipinas, onde os soldados contraíam a doença do contato com prostitutas. Entre as prostitutas, há uma prática comum de usar pequenas doses de antibióticos em uma tentativa de prevenir a disseminação de doenças sexualmente transmissíveis. Na verdade, o uso constante de antibióticos tem justamente o efeito contrário – ele causa o desenvolvimento de variedades de microrganismos resistentes às drogas.

Um antibiótico comumente dado para as crianças com dor de ouvido é a amoxicilina, um derivado da penicilina. Dores de ouvido intensas ou repetidas podem causar perda da audição, portanto os pais frequentemente se apressam em tratar os filhos com antibióticos. Entretanto, existem dois aspectos negativos do superuso de antibióticos. Primeiro, a eficiência é minimizada porque as bactérias que causam a dor de ouvido estão localizadas no interior do ouvido, em que o acesso dos antibióticos é mínimo. Segundo, o superuso de antibióticos afeta o interior dos dentes em desenvolvimento, levando a um amolecimento da estrutura do dente que conduz a futuros problemas dentários.

Quando uma pessoa com problemas de infecção bacteriana usa antibióticos precocemente no combate à infecção, ela nunca tem a oportunidade de exibir uma resposta imune verdadeira. Por essa razão, a pessoa estará suscetível à mesma doença repetidas vezes. Esse problema é identificado hoje em doenças, como a faringite (estreptocócica), que muitas pessoas têm todo ano. Alguns médicos estão tentando evitar a prescrição de antibióticos até que seus pacientes tenham a chance de lutar contra a doença por si mesmos. Alguns pacientes também estão intencionalmente evitando usar antibióticos pelas mesmas razões. Embora essa estratégia seja atraente e intuitiva, se prestarmos atenção na faringite, poderemos ver ainda outro lado dessa história.

A febre reumática é uma complicação da faringite que não foi tratada. Ela é caracterizada por febre e inflamação disseminada das juntas e do coração. Esses efeitos são produzidos pela resposta imune do organismo para a proteína M do grupo A de estreptococos. A proteína M se assemelha à principal proteína do tecido cardíaco. Como resultado, os anticorpos atacam as válvulas do coração e a proteína M das bactérias. Cerca de 3% dos indivíduos que não se tratam com antibióticos quando têm faringite desenvolvem febre reumática. Cerca de 40% dos pacientes com febre reumática desenvolvem danos nas válvulas do coração, os quais permanecem mascarados por dez ou mais anos. A melhor maneira de evitar essa complicação é o tratamento precoce da faringite com antibióticos.

Em suma, os antibióticos são armas muito importantes em nosso arsenal contra as doenças, mas não devem ser usados indiscriminadamente. No caso de serem utilizados, o período completo do tratamento deve ser obedecido. A última coisa que você gostaria de fazer é eliminar a maioria – mas não todas – das bactérias que o infectaram, pois, dessa forma, você deixaria para trás umas poucas "superbactérias" que seriam resistentes às drogas.

---

Poucos receptores inibitórios de macrófagos ou células assassinas naturais podem se ligar à superfície da célula-alvo, e receptores mais ativados encontram os ligantes convidados. Como consequência, o balanço se desloca em favor da ativação, e os macrófagos e as células assassinas farão seu trabalho.

### C. Doenças autoimunes

Apesar de as proteções do organismo tentarem prevenir os ataques contra "si mesmo", ou seja, contra as células saudáveis, existem várias doenças em que alguma parte da rota do sistema imune é desviada. A psoríase (uma doença da pele) é mediada pelas células T em que citocinas e quimiocinas desempenham um papel essencial. Outras doenças autoimunes, como miastenia grave, artrite reumatoide, esclerose múltipla ("Conexões químicas 21D") e diabetes insulinodependente ("Conexões químicas 24F"), também envolvem citocinas e quimiocinas. As alergias são outro exemplo de funcionamento incorreto do sistema imune. Pólens e pelos de animais são alergênicos que podem provocar ataques de asma. Algumas pessoas são tão sensíveis a certos alergênicos dos alimentos que mesmo os resíduos que ficam em uma faca usada para espalhar creme de amendoim podem ser fatais para uma pessoa alérgica ao amendoim.

A principal droga de tratamento das doenças autoimunes envolve a utilização de glicocorticoides, sendo o mais importante deles o cortisol (Seção 21.10A). Eles representam

> Drogas macrolídicas constituem uma classe de drogas, principalmente antibióticos, em que todas possuem um macrociclo grande com um anel de lactona. Exemplos comuns são a eritromicina e claritromicina.

uma terapia padrão no tratamento de artrite reumatoide, asma, inflamações nos ossos, psoríase e eczema. Os efeitos benéficos dos glicocorticoides são sobrepujados, entretanto, pelos seus efeitos colaterais indesejados, que incluem osteoporose, atrofia cutânea e diabetes. Os glicocorticoides regulam diretamente a síntese de citocinas pela interação com os genes ou indiretamente através dos fatores de transcrição.

Drogas macrolídicas são usadas para suprimir o sistema imune durante o transplante de tecidos ou no caso de certas doenças autoimunes. Drogas como a ciclosporina A ou rapamicina se ligam aos receptores no citosol e, através de mensageiros secundários, inibem a entrada de fatores nucleares no núcleo. Normalmente, esses fatores nucleares sinalizam uma necessidade para a transcrição, logo, a sua ausência previne a transcrição de citocinas – por exemplo, interleucina-2.

## 31.8 Como o vírus da imunodeficiência humana causa Aids?

O vírus da imunodeficiência humana (HIV) é a mais infame das retroviroses, uma vez que ele é o agente que causa a síndrome da imunodeficiência adquirida (Aids), que afeta mais de 40 milhões de pessoas em todo o mundo e tem resistido continuamente às tentativas de erradicação. Os melhores remédios de que dispomos hoje podem diminuir seu avanço, mas nada tem sido capaz de parar a Aids.

O genoma do HIV constitui-se em uma fita simples de RNA que possui várias proteínas em sua volta, incluindo uma transcriptase reversa e uma protease vírus-específica. A cobertura proteica envolve o RNA – um arranjo proteico que resulta em uma forma global de um cone truncado. O envelope é composto de uma bicamada fosfolipídica formada da membrana plasmática das células infectadas inicialmente no ciclo de vida do vírus, assim como de algumas glicoproteínas específicas, como a gp41 e gp120, como mostrado na Figura 31.15.

O HIV nos oferece um exemplo clássico do modo de operação das retroviroses. A infecção começa quando o vírus se liga aos receptores na superfície da célula (Figura 31.16). O centro viral está inserido na célula e se desintegra parcialmente. A transcriptase reversa catalisa a produção de DNA a partir do RNA viral. O DNA viral é integrado no DNA da célula hospedeira. O DNA, incluindo o DNA integrado viral, é transcrito em RNA.

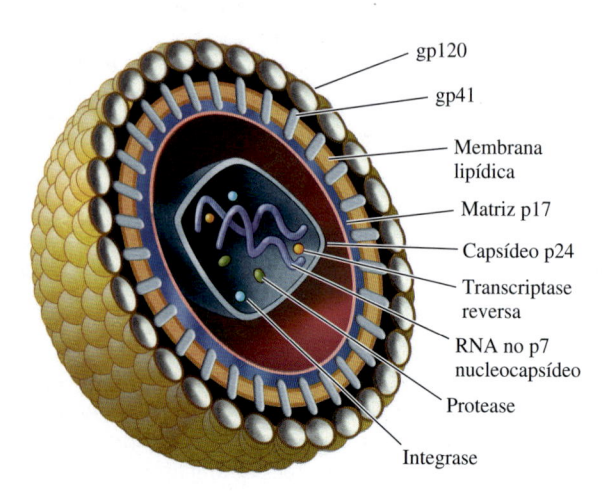

**FIGURA 31.15** A arquitetura do HIV. O genoma do RNA é circundado por proteínas de nucleocapsídeos e várias enzimas virais – transcriptase reversa, integrase e protease. O cone truncado é composto de subunidades de proteínas do capsídeo P24. A matriz P17 (outra camada proteica) reside no envelope, que é composto de uma bicamada lipídica e glicoproteínas, como a gp41 e gp120.

Inicialmente, RNAs pequenos são produzidos, especificando a sequência de aminoácidos das proteínas virais regulatórias. Depois são produzidos RNAs grandes, que especificam a sequência de aminoácidos das enzimas virais e proteínas de cobertura. A protease viral assume uma importância particular no processo de enxertar a nova partícula de vírus. Tanto o RNA viral como as proteínas virais são incluídas ao se enxertar o vírus, assim como em algumas membranas da célula infectada.

### A. A habilidade do HIV de confundir o sistema imune

Por que o HIV é tão mortal e tão difícil de ser detido? Várias viroses, como o adenovírus, causam nada mais que um simples resfriado; outros, como o vírus que causa a síndrome respiratória aguda severa (*severe accute respiratory syndrome* – Sars), são mortais. Ao mesmo tempo que temos visto a completa erradicação do vírus mortal da Sars, o adenovírus ainda continua entre nós. O HIV tem várias características que conduzem a sua persistência e eventual letalidade. No fim, ele é mortal porque o seu alvo são as células T auxiliares. O sistema imune está sob constante ataque por vírus, e milhões de células T e células T assassinas são convocadas para lutar com bilhões de partículas de vírus. Através da degradação das membranas das células T via enxertamento e ativação de enzimas que levam à morte das células, a contagem de células T diminui a um ponto em que a pessoa infectada não é mais capaz de ter uma resposta imune desejada. Como resultado, o indivíduo eventualmente sucumbe à pneumonia ou a outra doença oportunista.

Existem várias razões para que essa doença seja tão persistente. Por exemplo, ela atua lentamente. A Sars foi erradicada rapidamente porque o vírus era rápido no ataque, tornando fácil encontrar pessoas infectadas antes que elas tivessem a chance de espalhar a doença. Em contraste, indivíduos infectados com HIV podem viver anos antes que estejam cientes de que possuem a doença. Entretanto, essa é apenas uma pequena parte que faz do HIV um vírus tão difícil de ser exterminado.

O HIV é difícil de matar porque é difícil de ser encontrado. Para um sistema imune lutar com um vírus, é necessário localizar uma macromolécula específica que pode ser ligada aos anticorpos ou receptores das células T. A transcriptase reversa do HIV é muito incorreta quanto à sua replicação. O resultado é que ocorrem mutações rápidas do HIV, uma situação que apresenta um considerável desafio aos que querem delinear tratamentos para a cura da Aids. O vírus se transforma tão rapidamente que variedades múltiplas de HIV podem estar presentes em um único indivíduo.

Outro truque do vírus é a mudança conformacional da proteína gp120 quando ela se liga ao receptor CD4 na célula T. A forma normal do monômero da gp120 pode exibir uma resposta de anticorpo, mas esses anticorpos são muito inativos. A gp120 forma um complexo com gp41 e muda sua forma quando está ligada ao CD4. Ela também se liga a um sítio secundário na célula T que normalmente se liga à citocina. Essa mudança expõe parte de gp120 que estava previamente escondida e, portanto, não pode exibir anticorpos.

O HIV também é hábil em escapar do sistema imune inato. Células naturais assassinas tentam atacar o vírus, mas o HIV liga uma proteína particular da célula, denominada ciclofilina, ao seu capsídeo, que bloqueia o agente fator-1 de restrição antiviral. Outras proteínas do HIV bloqueiam o inibidor viral chamado CRM-15, que normalmente quebra o ciclo de vida viral.

Finalmente, o HIV se esconde do sistema imune ao se disfarçar utilizando, na membrana externa, açúcares que são muito similares aos açúcares naturais encontrados na maioria das células hospedeiras, tornando o sistema imune "cego" para detectá-lo.

### B. A procura por uma vacina

A tentativa de encontrar a vacina para o HIV é semelhante à procura pelo "Cálice Sagrado", e até agora tem tido o mesmo resultado. Uma estratégia para utilizar uma vacina para estimular o sistema imune do corpo para o HIV é mostrada na Figura 31.17. O DNA para um único gene do HIV, como o gene *gag*, é injetado no músculo. O gene *gag* leva à formação da proteína Gag, que é assimilada pelas células de antígeno e então exposta na superfície de suas células. Isso faz com que seja exibida uma resposta imune, estimulando células assassinas e T auxiliares. Isso também estimula a resposta humoral, impelindo a produção de anticorpos. A Figura 31.17 também mostra uma segunda fase do tratamento, certo reforço constituído de um adenovírus que leva ao gene *gag*.

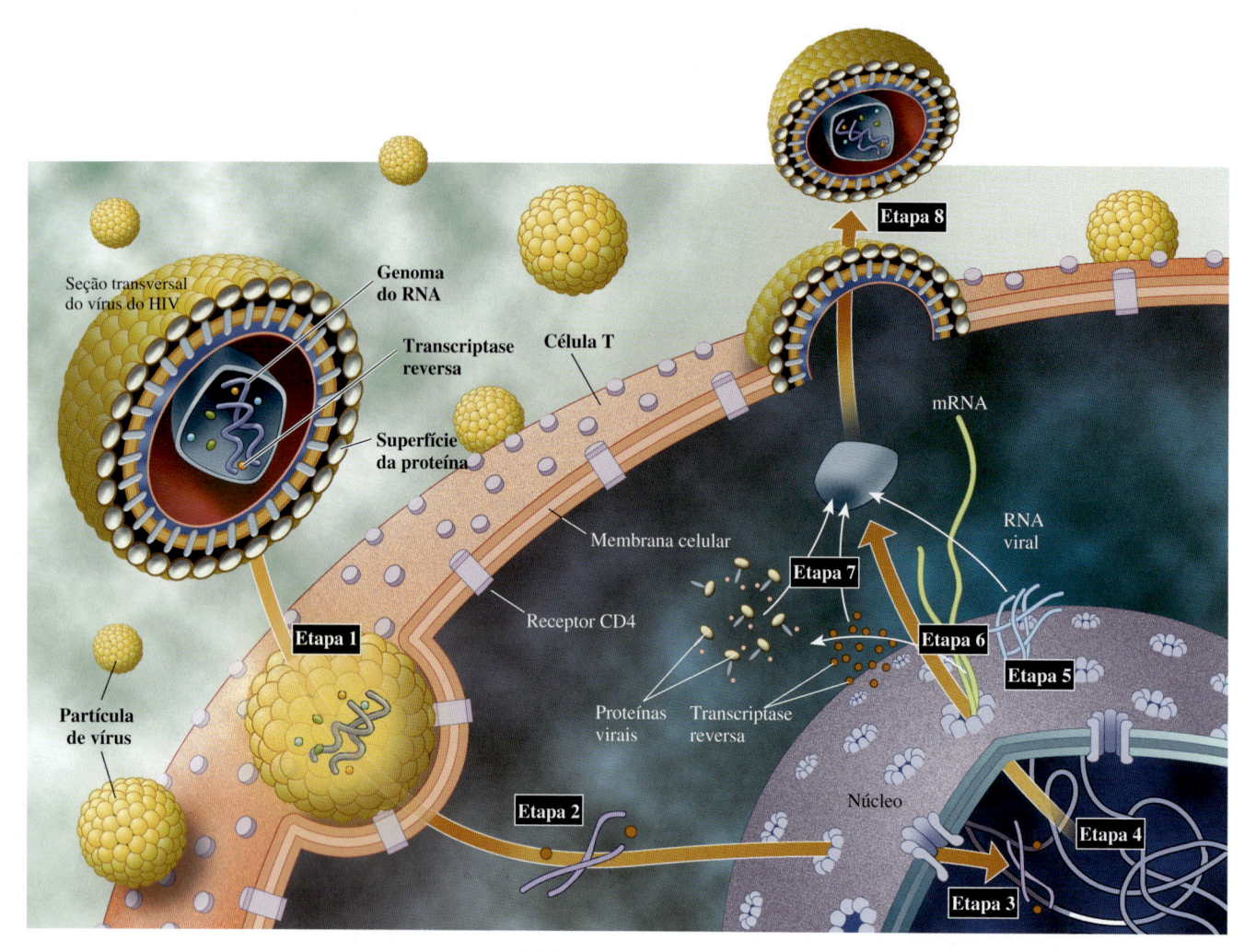

**FIGURA 31.16** A infecção pelo HIV começa quando a partícula de vírus se liga aos receptores CD4 na superfície da célula (etapa 1). O centro viral é inserido no interior da célula e se desintegra parcialmente (etapa 2). A transcriptase reversa catalisa a produção de DNA a partir do RNA viral. O DNA viral é integrado ao DNA da célula hospedeira (etapa 3). O DNA, incluindo o DNA viral integrado, é transcrito em RNA (etapa 4). Pequenos RNAs são primeiramente produzidos, especificando a sequência de aminoácidos das proteínas virais regulatórias (etapa 5). Depois são produzidas moléculas de RNAs maiores, que especificam a sequência de aminoácidos das enzimas virais e proteínas de cobertura (etapa 6). A protease viral assume uma importância particular no enxertamento (inserção) das novas partículas de vírus (etapa 7). Tanto o RNA viral como as proteínas virais são incluídos no vírus enxertado, assim como em algumas das membranas infectadas (etapa 8).

Infelizmente, a maioria das tentativas de produzir anticorpos tem se mostrado malsucedida. A tentativa mais radical foi realizada pela empresa VaxGen, que conduziu uma pesquisa até o terceiro estágio de testes clínicos, testando a vacina em mais de mil pessoas de alto risco e comparando-as com mil pessoas que não tinha recebido a vacina. Nesse estudo, 5,7% dos indivíduos que receberam a vacina foram infectados, comparados com 5,8% do grupo que recebeu placebo. Os dados foram analisados por várias pessoas, e, apesar das tentativas de mostrar uma melhor resposta para certos grupos étnicos, os testes no contexto global foram considerados um fracasso. A vacina Aidsvax foi baseada na gp120.

### C. Terapia antiviral

Enquanto a busca por uma vacina eficiente continua com sucessos pequenos a desprezíveis, as empresas farmacêuticas estimulam a elaboração de drogas capazes de inibir retroviroses. Desde 1996, existiam 16 drogas usadas para inibir tanto a transcriptase reversa como a protease do HIV. Muitas outras estavam em testes clínicos, incluindo drogas cujo

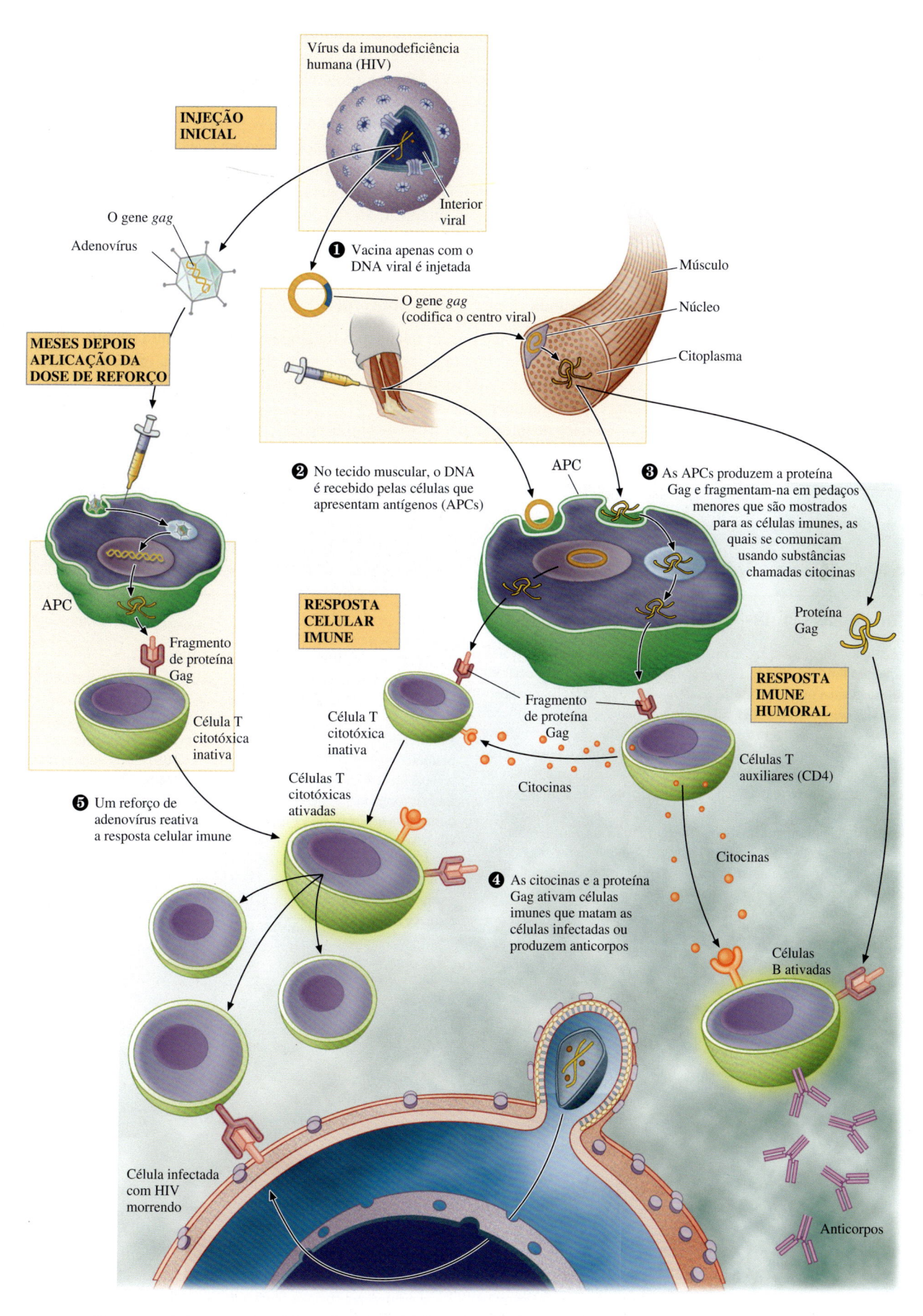

**FIGURA 31.17** Uma estratégia para uma vacina para a Aids. (Reimpressão autorizada por Ezzel, C. Hope in a vial. *Sci. Am.*, p. 39-45, jun. 2002.)

alvo são gp41 e gp120 na tentativa de prevenir a entrada do vírus. Uma combinação de drogas para inibir retroviroses foi alcunhada **terapia antirretroviral altamente ativa** (*highly active antiretroviral therapy* – **Haart**). Experiências iniciais com a Haart foram bem-sucedidas, levando a população viral a ponto de ser indetectável, e com a concomitante volta da população de células CD4. Entretanto, como sempre parece ser o caso para o HIV, posteriormente ele ressurgiu do que parecia ser uma situação em que havia sido abatido. O HIV permaneceu escondido no organismo e irrompeu de volta assim que a terapia foi interrompida. Portanto, o cenário mais favorável para os pacientes de Aids é um período de vida suportado em terapias caras em razão do alto custo das drogas. Além disso, longa exposição ao tratamento Haart resulta em náusea constante, anemia e sintomas de diabetes, os ossos ficam quebradiços, e surgem doenças do coração.

### D. Uma segunda chance para os anticorpos

Como os pacientes não podem ficar sob o tratamento Haart indefinidamente, vários pesquisadores tentaram combinar essa terapia com vacinas. Embora a maior parte das vacinas não fosse eficiente de modo isolado, elas se mostraram mais eficazes quando combinadas com o tratamento Haart. Além disso, uma vez vacinados, os pacientes tiveram a oportunidade de interromper o uso de outras drogas, o que possibilitou um descanso tanto físico como mental para se recuperarem dos efeitos colaterais da terapia antiviral.

## Conexões químicas 31E

### Por que as células-tronco são especiais?

As células-tronco são precursoras de todos os outros tipos de células, incluindo linfócitos T e B. Essas células indiferenciadas têm a habilidade de formar qualquer tipo de célula, assim como se replicar para gerar mais células-tronco. As células-tronco são frequentemente chamadas **células progenitoras** por causa de sua habilidade de se diferenciar em vários tipos de células. Uma célula-tronco **pluripotente** é capaz de resultar em todos os tipos de células, em um embrião ou adulto. Algumas células são chamadas **multipotentes** porque podem se diferenciar em mais de um tipo de célula, mas não em todos os tipos de células. Quanto mais distante no curso de seu desenvolvimento uma célula se encontra em relação ao estágio zigoto, menos potente será o tipo de célula. O uso de células-tronco, especialmente **células-tronco embrionárias**, tem sido um campo fascinante de pesquisa nos últimos anos.

### História da pesquisa em células-tronco

A história das células-tronco começou na década de 1970 com estudos sobre células de teratocarcinoma, que são encontradas em câncer dos testículos. Essas células são misturas bizarras de células diferenciadas e indiferenciadas. Descobriu-se que essas **células de carcinoma embrionário** (*embryonal carcinoma cells* – EC) são pluripotentes, o que levou à ideia de usá-las para terapia. Entretanto, essa linha de pesquisa foi interrompida porque as células transformavam-se em tumores, o que torna o seu uso perigoso, e eram **aneuploides**, isto é, apresentavam um número errado de cromossomos.

Um trabalho inicial com células-tronco embrionárias (*embryonic stem cells* – ES) utilizou células que foram cultivadas em cultura após terem sido tiradas de embriões. Descobriu-se que essas células poderiam ser mantidas por longos períodos. Diferentemente, a maioria das

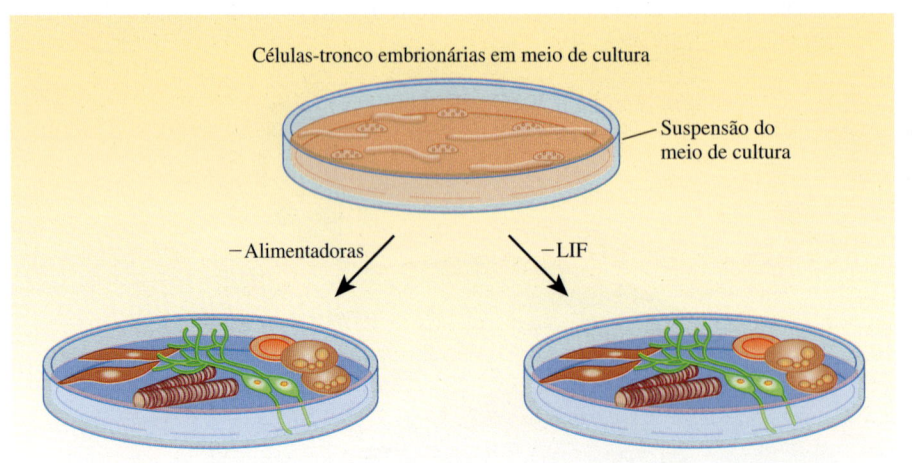

Células-tronco embrionárias pluripotentes podem crescer em meio de cultura celular e ser mantidas em um estado indiferenciado pelo seu crescimento em certas células alimentadoras, como os fibroblastos, ou pelo uso de fatores de inibição de leucemia (LIF). Quando removidas das células alimentadoras ou quando o LIF é removido, elas começam a se diferenciar em uma ampla variedade de tipos de tecidos, que podem então ser coletados e crescer para a terapia dos tecidos (Donovan, P. J.; Gearhart, J. *Nature*, v. 414, p. 92-7, 2001).

## Conexões químicas 31E (continuação)

células diferenciadas não crescia por períodos longos em meio de cultura. As células-tronco são mantidas em cultura pela adição de certos fatores, como fator de inibição de leucemia (*leukemia-inhibiting factor* – LIF) ou células alimentadoras (células não mitóticas ou fibroblastos). Uma vez liberadas desses controles, as células ES se diferenciam em todos os tipos de células.

### Células-tronco trazem esperança

As células-tronco colocadas em um tecido particular, como o sangue, se diferenciarão e crescerão como células sanguíneas. Outras, quando colocadas no tecido do cérebro, irão crescer como células cerebrais. Essa descoberta é muito excitante porque se acreditava que existia pouca chance para os pacientes com problemas de medula e outros danos severos nos nervos, uma vez que essas células não se regeneram. Na teoria, neurônios poderiam ser produzidos para tratar doenças neurodegenerativas, como o mal de Alzheimer ou a doença de Parkinson. Células musculares poderiam ser produzidas para tratar distrofias musculares e doenças do coração. Em um estudo, células-tronco de camundongo foram injetadas no coração de um camundongo que havia sofrido infarto do miocárdio. As células se espalharam e pararam em uma região não afetada dentro da zona infartada, e começou a crescer um novo tecido cardíaco. Células-tronco humanas pluripotentes foram usadas para regenerar o tecido nervoso em ratos com lesões nervosas e mostraram uma melhora na habilidade motora e cognitiva deles. Resultados como esses levaram os cientistas a declarar que a tecnologia das células-tronco será o mais importante avanço na ciência desde a descoberta da clonagem.

Células-tronco pluripotentes têm sido coletadas essencialmente a partir do tecido embrionário. Essas células mostram maior habilidade em se diferenciar em vários tipos de tecidos e se reproduzir em meio de cultura. Células-tronco também têm sido retiradas de tecidos adultos, já que algumas estão sempre presentes em um organismo, mesmo no estágio adulto. Essas células são usualmente multipotentes, uma vez que podem formar vários tipos diferentes de células, mas não são tão versáteis como as células ES. Por isso, vários cientistas acreditam que as células ES são a melhor fonte para a terapia dos tecidos que as respectivas células-tronco adultas.

A aquisição e o uso das células-tronco podem ser relacionados a uma técnica chamada reprogramação celular, que é um componente necessário da clonagem total de mamíferos, como o processo que criou a ovelha mais famosa, Dolly. A maior parte das células somáticas em um organismo contém os mesmos genes, mas as células se desenvolvem como tecidos diferentes com amplos padrões de expressão gênica.

Um mecanismo que altera a expressão dos genes sem mudança da real sequência do DNA é chamado mecanismo **epigênico**. Um estado epigênico do DNA em uma célula é o traço hereditário que permite a existência de uma "memória molecular" na célula. Essencialmente, uma célula do fígado lembra-se de onde veio e continuará a se dividir, permanecendo uma célula do fígado. Esses estados epigênicos envolvem metilação de citosina-guanina dinucleotídeos e interações com proteínas da cromatina (Seção 25.3). Os genes dos mamíferos possuem um nível adicional de informação epigênica denominado *imprinting*, que permite ao DNA reter a memória molecular da origem de sua linha embrionária. O DNA parental é impresso diferentemente do DNA maternal. No desenvolvimento normal, somente o DNA que veio dos dois pais seria capaz de combinar e levar a uma descendência viável.

O estado epigênico das células somáticas é geralmente bloqueado de forma que tecidos diferenciados permaneçam estáveis. A chave na clonagem completa de um organismo foi a capacidade de apagar o estado epigênico e retornar ao estado de ovo fertilizado, que tem o potencial de produzir todos os tipos de células. Caso o núcleo de uma célula somática seja injetado em um recipiente oócito, o estado epigênico do DNA pode ser reprogramado ou ao menos "parcialmente" reprogramado. A memória molecular é apagada, e as células começam a se comportar como um verdadeiro zigoto. Essa técnica pode ser usada para derivar células-tronco pluripotentes ou para transferir um blastócito em uma mãe-transportadora para o crescimento e desenvolvimento. Em novembro de 2001, o primeiro clone de blastócito foi criado dessa maneira a fim de que um número suficiente de células fosse produzido para que células-tronco pluripotentes pudessem ser coletadas para pesquisa.

Atualmente, o debate sobre o uso de células-tronco embrionárias continua pelo mundo todo. A questão é de ordem ética e envolve também a definição do que é vida. Células-tronco embrionárias são provenientes de várias fontes, incluindo fetos abortados, cordões umbilicais e embriões de clínicas de fertilização *in vitro*. A informação da clonagem de células embrionárias humanas somente se adiciona a essa controvérsia. O governo dos Estados Unidos cortou os recursos destinados às pesquisas em células-tronco, mas permite que elas continuem em todos os tipos de linhas de células embrionárias. Sobre esse processo, há ainda algumas questões importantes: as poucas células criadas pela clonagem terapêutica de suas próprias células somáticas constituem vida? Se essas células constituem vida, elas têm os mesmos direitos de um humano que foi concebido naturalmente? Se fosse possível, seria permitido a alguém desenvolver seu próprio clone terapêutico em um adulto?

### E. O futuro da pesquisa com anticorpos

Tentativas de criar uma vacina parecem ter falhado porque a vacina exibe muitos anticorpos. Os pacientes precisam de um **anticorpo neutralizante** que seja capaz de eliminar completamente seu alvo. Os pesquisadores descobriram um paciente que tinha Aids há seis anos, mas que nunca desenvolveu nenhum sintoma. Eles, então, analisaram seu sangue e encontraram um anticorpo raro, que denominaram **b12**. Em testes de laboratório, verificou-se que o **b12** detém a maioria das variedades do HIV. O que torna o b12 diferente de outros anticorpos? A análise estrutural mostrou que esse anticorpo apresenta um formato diferente do anticorpo de uma imunoglobulina normal. Ele tem seções de longas espirais que se encaixam em uma dobra da gp120. Essa dobra na gp120 não pode resultar em mutação; caso contrário, a proteína não seria hábil em se ancorar adequadamente ao receptor de CD4.

Outro anticorpo foi encontrado em um paciente diferente que parecia ser resistente ao HIV. Esse anticorpo era, na verdade, um dímero e tinha um formato mais parecido com um "I" em vez do tradicional "Y". Esse anticorpo, denominado **2G12**, reconhece alguns açúcares na membrana externa do HIV que são exclusivos do vírus.

A identificação de uns poucos anticorpos desse tipo tem permitido aos pesquisadores tentar desenvolver uma vacina numa direção oposta ao caminho normal. Na **retrovacinação**, os pesquisadores têm o anticorpo e precisam achar uma vacina de forma que ele seja apresentado ao organismo, em vez de injetar a vacina que irá induzir a formação do anticorpo.

## Resumo das questões-chave

### Seção 31.1 Como o organismo se defende das invasões?

- O sistema imune humano nos protege contra invasores externos e é constituído de duas partes: (1) resistência natural do organismo, chamada imunidade inata e (2) imunidade adaptativa ou adquirida.
- A **imunidade inata** é não específica. **Macrófagos** e **células assassinas naturais (NK)** são células da imunidade inata que funcionam como policiais.
- A **imunidade adquirida** ou **adaptativa** é altamente específica, sendo direcionada contra um invasor particular.
- Imunidade adquirida (conhecida como sistema imune) também apresenta memória, diferentemente da imunidade inata.

### Seção 31.2 Que órgãos e células compõem o sistema imune?

- Os componentes celulares principais do sistema imune são as células brancas do sangue, ou **leucócitos**. Os leucócitos especializados no sistema linfático são chamados **linfócitos**. Eles circulam principalmente nos **órgãos linfoides**.
- O sistema **linfático** é um conjunto de vasos que se estende através do corpo e está conectado, por um lado, ao fluido intersticial e, por outro, aos vasos sanguíneos.
- Os linfócitos que maturam na medula óssea e produzem imunoglobulinas solúveis são as **células B**. Os linfócitos que maturam na glândula do timo são as **células T**.

### Seção 31.3 Como os antígenos estimulam o sistema imune?

- **Antígenos** são moléculas complexas de origem externa. Um antígeno pode ser uma bactéria, um vírus ou uma toxina.
- Um antígeno pode interagir com anticorpos, receptores das células T (TcR) ou com moléculas do complexo de histocompatibilidade principal (MHC). Todos esses três tipos de moléculas pertencem à **superfamília imunoglobulínica**.
- Um **epítopo** é a menor parte de um antígeno que se liga ao anticorpo, aos TcRs e MHCs.

### Seção 31.4 O que são imunoglobulinas?

- Anticorpos são **imunoglobulinas**. Essas glicoproteínas solúveis em água são constituídas de duas cadeias pesadas e duas cadeias leves. As quatro cadeias estão unidas por pontes de dissulfeto.
- As imunoglobulinas contêm regiões variáveis nas quais a composição dos aminoácidos de cada anticorpo é diferente. Essas regiões interagem com antígenos para formar agregados grandes que são insolúveis.
- Uma grande diversidade de anticorpos é sintetizada por vários processos no organismo.
- Durante o desenvolvimento das células B, a **região variável** das cadeias pesadas é montada por um processo chamado recombinação V(J)D.
- Mutações nesses genes novos criam sempre uma grande diversidade. A hipermutação somática (SHM) que gera um ponto de mutação (só um nucleotídeo) é uma forma. Desvios da mutação introduzidos no gene V(J)D constituem mutação por conversão de gene (GC).
- As imunoglobulinas apresentam uma resposta de longo termo a um antígeno, que dura de semanas a meses.
- Todos os antígenos – sejam proteínas, polissacarídeos ou ácidos nucleicos – interagem com imunoglobulinas produzidas pelas células B.

### Seção 31.5 O que são células T e seus receptores?

- Antígenos proteicos interagem com células T. A ligação do epítopo ao TcR é facilitada pelo MHC, que leva o epítopo à superfície da célula T, onde ela é apresentada ao receptor.
- Com a ligação do epítopo ao receptor, a célula T é estimulada. Ela prolifera e pode se diferenciar em (1) células T assassinas, (2) células de memória ou (3) células T auxiliares.
- O TcR tem diversas moléculas auxiliares, como CD4 ou CD8, que permitem que ele se ligue ao epítopo firmemente e a outras células via proteínas MHC.
- Moléculas CD (*cluster* determinante) também pertencem à superfamília das imunoglobulinas.
- Os anticorpos podem reconhecer todos os tipos de antígenos, mas os TCRs reconhecem apenas antígenos peptídicos.

### Seção 31.6 Como a resposta imune é controlada?

- O controle e a coordenação da resposta imune são manipulados por **citocinas**, que são pequenas moléculas de proteína.
- Citocinas quimiotáticas, as **quimiocinas**, como a interleucina-8, facilitam a migração de leucócitos dos vasos sanguíneos em um sítio de lesão ou inflamação. Outras citocinas ativam células B e T e macrófagos, permitindo a eles engolir corpos estranhos ao organismo, digeri-los ou destruí-los pela liberação de toxinas especiais.
- Algumas citocinas, como o fator de necrose tumoral (TNF), podem quebrar as células tumorais por lise.

### Seção 31.7 Como o organismo reconhece um corpo estranho que pode invadi-lo?

- Diversos mecanismos permitem que o corpo reconheça o próprio organismo.
- Na imunidade adaptativa, células T e B que são propensas a interagir com autoantígenos são eliminadas.
- Na imunidade inata, dois tipos de receptores existem na superfície das células T e B: **receptor de ativação** e **receptor de inibição**. O receptor de inibição reconhece o epítopo de uma célula normal, liga-se a ela e previne a ativação da célula T assassina ou do macrófago.
- Várias doenças autoimunes são mediadas por células T, em que citocinas e quimiocinas desempenham um papel essencial.
- O tratamento padrão para as doenças autoimunes é constituído de drogas glicocorticoides, que previnem a transcrição e, portanto, a síntese de citocinas.

### Seção 31.8 Como o vírus da imunodeficiência humana causa Aids?

- O HIV é um retrovírus que se insere em células T auxiliares.
- O vírus enfraquece o sistema imune pela destruição das células T auxiliares através de danos em suas membranas celulares e pela ativação de enzimas que causam apoptose.
- O HIV tem sido estudado por mais de 25 anos na tentativa de se encontrar uma cura, mas nenhuma cura eficaz foi descoberta até então. O vírus se esconde do sistema imune hospedeiro e apresenta mutação tão frequente que nenhuma resposta efetiva dos anticorpos pode ser ajustada.
- Uma combinação de terapias com a utilização de enzimas inibitórias e anticorpos tem produzido os melhores resultados.

## Problemas

### Seção 31.1 Como o organismo se defende das invasões?

31.1 Dê dois exemplos de imunidade inata externa nos humanos.

31.2 Que forma de imunidade é característica apenas dos vertebrados?

31.3 Como a pele combate as invasões de bactérias?

31.4 Receptores das células T e moléculas MHC interagem com antígenos. Qual é a diferença no modo de interação entre essas duas moléculas com os antígenos?

31.5 O que diferencia a imunidade inata da imunidade adaptativa (adquirida)?

### Seção 31.2 Que órgãos e células compõem o sistema imune?

31.6 Em que parte do organismo são encontradas as maiores concentrações de anticorpos e de células T?

31.7 Onde as células T e B amadurecem e se diferenciam?

31.8 O que são células de memória? Qual é a função delas?

31.9 Quais são os alvos favoritos dos macrófagos? Como eles matam essas células-alvo?

### Seção 31.3 Como os antígenos estimulam o sistema imune?

31.10 Uma molécula estranha, como a aspirina (MM 180), poderia ser considerada um antígeno pelo organismo?

31.11 Que tipo de antígeno é reconhecido pelas células T?

31.12 Qual é a menor unidade de um antígeno capaz de se ligar a um anticorpo?

31.13 Como os antígenos são transformados de forma que possam ser reconhecidos pelo MHC classe II?

31.14 Que função desempenham moléculas MHC na resposta imune dos grupos sanguíneos ABO?

31.15 Os MHCs pertencem a que classe de compostos? Onde os MHCs são encontrados no organismo?

31.16 Qual é a diferença existente na função das moléculas MHC das classes I e II?

### Seção 31.4 O que são imunoglobulinas?

31.17 Quando uma substância estranha é injetada em um coelho, quanto tempo transcorre até que sejam encontrados anticorpos contra essa substância estranha no soro sanguíneo do animal?

31.18 Diferencie as funções desempenhadas pelas imunoglobulinas IgA, IgE e IgG.

31.19 (a) Que imunoglobulina tem o maior conteúdo de carboidrato e se encontra em menor concentração no soro sanguíneo?
(b) Qual é a sua principal função?

31.20 De acordo com "Conexões químicas 20D", o antígeno nas células vermelhas do sangue de uma pessoa com o sangue do tipo B é uma unidade de galactose. Mostre com um esquema como um anticorpo de uma pessoa com sangue do tipo A agregaria as células do sangue do tipo B se ocorresse uma transfusão de sangue por engano.

31.21 Na estrutura da imunoglobulina, a "região de dobra" une a haste do Y às suas ramificações (braços). A região de dobra pode ser clivada por enzimas específicas, produzindo um fragmento $F_c$ (a haste do Y) e dois fragmentos $F_{ab}$ (os dois braços). Qual desses fragmentos pode interagir com antígenos? Explique.

31.22 Como as cadeias leves e pesadas de um anticorpo são mantidas unidas?

31.23 O que significa a expressão *superfamília imunoglobulínica*?

31.24 Se fossem isolados dois anticorpos monoclonais de certa população de linfócitos, em que sentido eles seriam similares um ao outro e em que sentido seriam diferentes?

31.25 Que interações ocorrem entre um antígeno e um anticorpo?

31.26 Explique como uma nova proteína é criada na porção variável da cadeia pesada pela recombinação V(J)D.

31.27 O que origina a diversidade dos anticorpos?

**Seção 31.5 O que são células T e seus receptores?**

31.28 Moléculas receptoras de células T são constituídas de duas cadeias polipeptídicas. Que parte da cadeia age como sítio de ligação e o que se liga a ela?

31.29 Qual é a diferença entre receptor da célula T (TcR) e um complexo TcR?

31.30 Que tipo de estrutura terciária caracteriza o TcR?

31.31 Quais são os constituintes de um complexo TcR?

31.32 Através de que processo químico o CD3 realiza a transdução de sinal no interior da célula?

31.33 Que molécula de adesão no complexo TcR ajuda o HIV a infectar um leucócito?

31.34 Nas células T, três tipos de moléculas pertencem à superfamília imunoglobulínica. Indique-os e descreva brevemente a função deles.

31.35. Que funções o CD4 e CD8 realizam na resposta imune?

**Seção 31.6 Como a resposta imune é controlada?**

31.36 Qual é o tipo de molécula das citocinas?

31.37 As citocinas interagem com o quê? Elas se ligam aos antígenos?

31.38 Na maioria dos livros sobre bioquímica, há uma verdadeira "sopa de letras" relacionada às citocinas. Identifique essas citocinas pelos seus nomes completos: (a) TNF, (b) IL e (c) EGF.

31.39 O que são quimiocitocinas? Como elas enviam suas mensagens?

31.40 Qual é a característica química da estrutura das quimiocitocinas?

31.41 Quais são as características químicas das citocinas que as enquadram nessa classificação?

31.42 Que aminoácido está presente em todas as citocinas?

**Seção 31.7 Como o organismo reconhece um corpo estranho que pode invadi-lo?**

31.43 Como o organismo previne a atividade das células T contra um autoantígeno?

31.44 O que torna uma célula tumoral diferente de uma célula normal?

31.45 Escreva o nome de uma via de sinalização que controla a maturação das células B e previne que elas tenham afinidade por um autoantígeno, tornando-as ativas.

31.46 Como o receptor inibitório nos macrófagos previne um ataque às células normais?

31.47 Quais componentes do sistema imune estão principalmente envolvidos nas doenças autoimunes?

31.48 Como os glicocorticoides aliviam os sintomas dos portadores de doenças autoimunes?

**Seção 31.8 Como o vírus da imunodeficiência humana causa Aids?**

31.49 Quais células são atacadas pelo HIV?

31.50 Como o HIV entra nas células e as ataca?

31.51 Como o HIV confunde o sistema imune humano?

31.52 Que tipos de terapia são usados para combater a Aids?

31.53 Por que as vacinas têm sido malsucedidas na detenção da Aids?

31.54 Quais são os aspectos estruturais dos dois tipos de anticorpo de neutralização que têm sido mais bem-sucedidos no combate à Aids? O que torna esses anticorpos mais eficientes?

**Conexões químicas**

31.55 (Conexões químicas 31A) Qual é a relação entre o podofilo e a quimioterapia?

31.56 (Conexões químicas 31B) O que tem contribuído para as altas taxas de sobrevivência das mulheres com câncer de mama?

31.57 (Conexões químicas 31B) Por que os anticorpos monoclonais são uma boa escolha para serem utilizados como arma contra o câncer de mama?

31.58 (Conexões químicas 31B) Por que uma situação na qual um anticorpo monoclonal, ao ser utilizado como uma droga anticâncer, seria superior à da utilização de um anticorpo policlonal?

31.59 (Conexões químicas 31B) Que tipo de evidência sugere que uma proteína HER2 é importante em vários tipos de câncer de mama?

31.60 (Conexões químicas 31B) Como os anticorpos monoclonais são usados para combater o câncer?

31.61 (Conexões químicas 31B) Qual é a relação entre a tirosina quinase e o câncer?

31.62 (Conexões químicas 31C) O que fez Edward Jenner, "o pai da imunização"? Em sua opinião, alguém poderia fazer legalmente um experimento como o de Jenner nos dias de hoje?

31.63 (Conexões químicas 31C) Que observação levou Edward Jenner a realizar o seu experimento?

31.64 (Conexões químicas 31C) Qual é a derivação da palavra *vacinação*?

31.65 (Conexões químicas 31D) Por que as alergias aos antibióticos são perigosas?

31.66 (Conexões químicas 31D) O que significa a expressão "uso indiscriminado de antibióticos"?

31.67 (Conexões químicas 31D) Por que a gonorreia, uma doença sexualmente transmissível (DST), tem se beneficiado do uso indiscriminado de antibióticos?

31.68 (Conexões químicas 31D) Quais são os aspectos negativos do uso de amoxicilina para combater a dor de ouvido em crianças?

31.69 (Conexões químicas 31D) Por que a faringite (estreptocócica) é uma doença séria além dos problemas diretamente associados com a irritação da garganta?

31.70 (Conexões químicas 31E) Quais são os diferentes tipos de célula-tronco?

31.71 (Conexões químicas 31E) Por que as células-tronco são especiais? Por que os cientistas consideram que elas podem ser de grande auxílio?

31.72 (Conexões químicas 31E) O que são estados epigênicos? Por que os cientistas querem ser capazes de manipular o estado epigênico das células-tronco?

**Problemas adicionais**

31.73 Que imunoglobulinas formam a primeira linha de defesa contra as bactérias invasoras?

31.74 Que células do sistema imune inato são as primeiras a interagir com os agentes patogênicos invasores?

31.75 Que composto ou complexo de compostos do sistema imune é o principal responsável pela proliferação dos leucócitos?

31.76 Dê o nome do processo além da recombinação V(J)D que pode aumentar a diversidade imunoglobulínica na região variável.

31.77 Dê o nome do análogo sintético do marcador de célula tumoral que pode ser a primeira vacina anticâncer.

31.78 A cadeia leve de uma imunoglobulina é a mesma da região V?

31.79 Onde os receptores TNF estão localizados?

31.80 As regiões variáveis das imunoglobulinas ligam os antígenos. Quantas cadeias polipeptídicas têm as regiões variáveis em uma molécula de imunoglobulina?

# APÊNDICE I

## Notação exponencial

O sistema de **notação exponencial** baseia-se em potências de 10 (ver tabela). Por exemplo, se multiplicarmos $10 \times 10 \times 10 = 1.000$, isso será expresso como $10^3$. Nessa expressão, o 3 é chamado de **expoente** ou **potência** e indica quantas vezes multiplicamos 10 por ele mesmo e quanto zeros se seguem ao 1.

Existem também potências negativas de 10. Por exemplo, $10^{-3}$ significa 1 dividido por $10^3$:

$$10^{-3} = \frac{1}{10^3} = \frac{1}{1.000} = 0,001$$

Números são frequentemente expressos assim: $6,4 \times 10^3$. Em um número desse tipo, 6,4 é o **coeficiente**, e 3, o expoente ou a potência de 10. Esse número significa exatamente o que ele expressa:

$$6,4 \times 10^3 = 6,4 \times 1.000 = 6.400$$

Do mesmo modo, podemos ter coeficientes com expoentes negativos:

$$2,7 \times 10^{-5} = 2,7 \times \frac{1}{10^5} = 2,7 \times 0,00001 = 0,000027$$

Para representar um número maior que 10 na notação exponencial, procedemos da seguinte maneira: colocamos a vírgula decimal logo depois do primeiro dígito (da esquerda para a direita) e então contamos quantos dígitos existem após a vírgula. O expoente (neste caso positivo) é igual ao número de dígitos encontrados após a vírgula. Na representação de um número na notação exponencial são excluídos os zeros finais, a não ser que seja necessário mantê-los devido à representação dos respectivos algarismos significativos.

### Exemplo

$37\,500 = 3,75 \times 10^4$ — 4 porque existem quatro dígitos após o primeiro dígito do número

Coeficiente

$628 = 6,28 \times 10^2$

Dois dígitos após o primeiro dígito do número (expoente 2)

Coeficiente

$859.600.000.000 = 8,596 \times 10^{11}$

Onze dígitos após o primeiro dígito do número (expoente 11)

Coeficiente

---

Não precisamos colocar a vírgula decimal após o primeiro dígito, mas, ao fazê-lo, obtemos um coeficiente entre 1 e 10, e esse é o costume.

Utilizando a notação exponencial, podemos dizer que há $2,95 \times 10^{22}$ átomos de cobre em uma moeda de cobre. Para números grandes, o expoente é sempre *positivo*.

Para números pequenos (menores que 1), deslocamos a vírgula decimal para a direita, para depois do primeiro dígito diferente de zero, e usamos um *expoente negativo*.

---

A notação exponencial também é chamada de notação científica.

Por exemplo, $10^6$ significa 1 seguido de seis zeros, ou 1.000.000, e $10^2$ significa 100.

**AP. 1.1** Exemplos de notação exponencial

| | |
|---|---|
| 10.000 | $= 10^4$ |
| 1.000 | $= 10^3$ |
| 100 | $= 10^2$ |
| 10 | $= 10^1$ |
| 1 | $= 10^0$ |
| 0,1 | $= 10^{-1}$ |
| 0,01 | $= 10^{-2}$ |
| 0,001 | $= 10^{-3}$ |

### Exemplo

$$0{,}00346 = 3{,}46 \times 10^{-3}$$

Três dígitos até o primeiro número diferente de zero

$$0{,}000004213 = 4{,}213 \times 10^{-6}$$

Seis dígitos até o primeiro número diferente de zero

---

Em notação exponencial, um átomo de cobre pesa $1{,}04 \times 10^{-22}$ g.

Para converter notação exponencial em números por extenso, fazemos a mesma coisa no sentido inverso.

### Exemplo

Escrever por extenso: (a) $8{,}16 \times 10^7$     (b) $3{,}44 \times 10^{-4}$

### Solução

(a) $8{,}16 \times 10^7 = 81.600.000$

Sete casas para a direita
(adicionar os zeros correspondentes)

(b) $3{,}44 \times 10^{-4} = 0{,}000344$

Quatro casas para a esquerda

---

Quando os cientistas somam, subtraem, multiplicam e dividem, são sempre cuidadosos em expressar suas respostas com o número apropriado de dígitos, o que chamamos de algarismos significativos. Esse método é descrito no Apêndice II.

### A. Somando e subtraindo números na notação exponencial

Podemos somar ou subtrair números expressos em notação exponencial *somente se eles tiverem o mesmo expoente*. Tudo que fazemos é adicionar ou subtrair os coeficientes e deixar o expoente como está.

### Exemplo

Somar $3{,}6 \times 10^{-3}$ e $9{,}1 \times 10^{-3}$.

### Solução

$$\begin{array}{r} 3{,}6 \times 10^{-3} \\ +\ 9{,}1 \times 10^{-3} \\ \hline 12{,}7 \times 10^{-3} \end{array}$$

A resposta também poderia ser escrita em outras formas igualmente válidas:

$$12{,}7 \times 10^{-3} = 0{,}0127 = 1{,}27 \times 10^{-2}$$

Quando for necessário somar ou subtrair dois números com diferentes expoentes, primeiro devemos mudá-los de modo que os expoentes sejam os mesmos.

### Exemplo

Somar $1{,}95 \times 10^{-2}$ e $2{,}8 \times 10^{-3}$.

### Solução

Para somar esses dois números, transformamos os dois expoentes em $-2$. Assim, $2{,}8 \times 10^{-3} = 0{,}28 \times 10^{-2}$. Agora podemos somar:

$$\begin{array}{r} 1{,}95 \times 10^{-2} \\ +\ 0{,}28 \times 10^{-2} \\ \hline 2{,}33 \times 10^{-2} \end{array}$$

---

Uma calculadora com notação exponencial muda o expoente automaticamente.

## B. Multiplicando e dividindo números na notação exponencial

Para multiplicar números em notação exponencial, primeiro multiplicamos os coeficientes da maneira usual e depois algebricamente *somamos* os expoentes.

### Exemplo
Multiplicar $7{,}40 \times 10^5$ por $3{,}12 \times 10^9$.

### Solução

$$7{,}40 \times 3{,}12 = 23{,}1$$

Somar todos os expoentes:

$$10^5 \times 10^9 = 10^{5+9} = 10^{14}$$

Resposta:

$$23{,}1 \times 10^{14} = 2{,}31 \times 10^{15}$$

### Exemplo
Multiplicar $4{,}6 \times 10^{-7}$ por $9{,}2 \times 10^4$.

### Solução

$$4{,}6 \times 9{,}2 = 42$$

Somar todos os expoentes:

$$10^{-7} \times 10^4 = 10^{-7+4} = 10^{-3}$$

Resposta:

$$42 \times 10^{-3} = 4{,}2 \times 10^{-2}$$

Para dividir números expressos em notação exponencial, primeiro dividimos os coeficientes e depois algebricamente *subtraímos* os expoentes.

### Exemplo
Dividir: $\dfrac{6{,}4 \times 10^8}{2{,}57 \times 10^{10}}$

### Solução

$$6{,}4 \div 2{,}57 = 2{,}5$$

Subtrair expoentes:

$$10^8 \div 10^{10} = 10^{8-10} = 10^{-2}$$

Resposta:

$$2{,}5 \times 10^{-2}$$

### Exemplo
Dividir: $\dfrac{1{,}62 \times 10^{-4}}{7{,}94 \times 10^7}$

### Solução

$$1{,}62 \div 7{,}94 = 0{,}204$$

Subtrair expoentes:

$$10^{-4} \div 10^7 = 10^{-4-7} = 10^{-11}$$

Resposta:

$$0{,}204 \times 10^{-11} = 2{,}04 \times 10^{-12}$$

Calculadoras científicas fazem esses cálculos automaticamente. Só é preciso digitar o primeiro número, pressionar +, −, × ou ÷, digitar o segundo número e pressionar =. (O método para digitar os números pode variar; leia as instruções que acompanham a calculadora.) Muitas calculadoras científicas também possuem uma tecla que automaticamente converte um número como 0,00047 em notação científica ($4{,}7 \times 10^{-4}$) e vice-versa. Para problemas relativos à notação exponencial, ver Capítulo 1, Problemas 1.17 a 1.24.

# APÊNDICE II

## Algarismos significativos

Se você medir o volume de um líquido em um cilindro graduado, poderá constatar que é 36 mL, até o mililitro mais próximo, mas não poderá saber se é 36,2 ou 35,6 ou 36,0 mL, porque esse instrumento de medida não fornece o último dígito com certeza. Uma bureta fornece mais dígitos. Se você usá-la, será capaz de dizer, por exemplo, que o volume é 36,3 mL e não 36,4 mL. Mas, mesmo com uma bureta, você não poderá saber se o volume é 36,32 ou 36,33 mL. Para tanto, precisará de um instrumento que lhe forneça mais dígitos. Esse exemplo mostra que *nenhum número medido pode ser conhecido com exatidão*. Não importa a qualidade do instrumento de medida, sempre haverá um limite para o número de dígitos que podem ser medidos com certeza.

Definimos o número de **algarismos significativos** como o número de dígitos de um número medido cuja incerteza está somente no último dígito.

Qual é o significado dessa definição? Suponha que você esteja pesando um pequeno objeto em uma balança de laboratório cuja resolução é de 0,1 g e constate que o objeto pesa 16 g. Como a resolução da balança é de 0,1 g, você pode estar certo de que o objeto não pesa 16,1 g ou 15,9 g. Nesse caso, você deve registrar o peso como 16,0 g. Para um cientista, há uma diferença entre 16 g e 16,0 g. Escrever 16 g significa que você não sabe qual é o dígito depois do 6. Escrever 16,0 significa que você sabe: é o 0. Mas não sabe qual o dígito que vem depois do 0. Existem várias regras para o uso dos algarismos significativos no registro de números medidos.

### A. Determinando o número de algarismos significativos

Na Seção 1.3, vimos como calcular o número de algarismos significativos de um número. Resumimos aqui as orientações:

1. Dígitos diferentes de zero sempre são significativos.
2. Zeros no começo de um número nunca são significativos.
3. Zeros entre dígitos diferentes de zero são sempre significativos
4. Zeros no final de um número que contém uma vírgula decimal sempre são significativos.
5. Zeros no final de um número que não contém vírgula decimal podem ou não ser significativos.

Neste livro consideraremos que nos números terminados em zero todos os algarismos são significativos. Por exemplo, 1.000 mL têm quatro algarismos significativos, e 20 m, têm dois algarismos significativos.

### B. Multiplicando e dividindo

A regra em multiplicação e divisão é que a resposta final deve ter o mesmo número de algarismos significativos que o número com *menos* algarismos significativos.

**Exemplo**

Fazer as seguintes multiplicações e divisões:
(a) $3,6 \times 4,27$
(b) $0,004 \times 217,38$
(c) $\dfrac{42,1}{3,695}$
(d) $\dfrac{0,30652 \times 138}{2,1}$

## Solução

(a) 15 (3,6 tem dois algarismos significativos)
(b) 0,9 (0,004 tem um algarismo significativo)
(c) 11,4 (42,1 tem três algarismos significativos)
(d) $2,0 \times 10^1$ (2,1 tem dois algarismos significativos)

## C. Somando e subtraindo

Na adição e na subtração, a regra é completamente diferente. O número de algarismos significativos em cada número não importa. A resposta é dada com o *mesmo número de casas decimais* do termo com menos casas decimais.

**Exemplo**

Somar ou subtrair:

(a) 320,0|84
    80,4|7
  200,2|3
    20,0|
  620,8|

(b) 61|4532
  13|7
  22|
    0|003
  97|

(c)   14,26|
   -1,05|41
   13,21|

**Solução**

Em cada caso, somamos ou subtraímos normalmente, mas depois arredondamos de modo que os únicos dígitos que aparecerão na resposta serão aqueles das colunas em que todos os dígitos são significativos.

## D. Arredondando

Quando temos muitos algarismos significativos em nossa resposta, é preciso arredondar. Neste livro, usamos a seguinte regra: se *o primeiro dígito eliminado* for 5, 6, 7, 8 ou 9, aumentamos *o último dígito* em uma unidade; de outro modo, fica como está.

**Exemplo**

Fazer o arredondamento em cada caso considerando a eliminação dos dois últimos dígitos:
(a) 33,679   (b) 2,4715   (c) 1,1145   (d) 0,001309   (e) 3,52

**Solução**

(a)    33,679 = 33,7
(b)     2,4715 = 2,47
(c)     1,1145 = 1,11
(d)  0,001309 = 0,0013
(e)       3,52 = 4

## E. Números contados ou definidos

Todas as regras precedentes aplicam-se a números *medidos* e **não** a quaisquer números que sejam *contados* ou *definidos*. Números contados e definidos são conhecidos com exatidão. Por exemplo, um triângulo é definido como tendo 3 lados, e não 3,1 ou 2,9. Aqui tratamos o número 3 como se tivesse um número infinito de zeros depois da vírgula decimal.

**Exemplo**

Multiplicar 53,692 (um número medido) × 6 (um número contado).

**Solução**

$$322,15$$

Como 6 é um número contado, nós o conhecemos com exatidão, e 53,692 é o número com menos algarismos significativos; o que estamos fazendo é somar 53,692 seis vezes.

Para problemas sobre algarismos significativos, ver Capítulo 1, Problemas 1.25 a 1.30.

# Respostas

## Capítulo 20 Carboidratos

**20.1** A seguir, apresentam-se as projeções de Fischer para as quatro 2-cetopentoses que consistem em dois pares de enantiômeros.

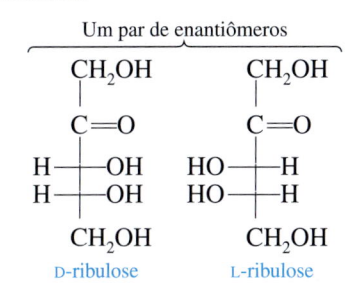

Um par de enantiômeros:
- D-ribulose
- L-ribulose

Um segundo par de enantiômeros:
- D-xilulose
- L-xilulose

**20.2** A D-manose difere em configuração da D-glicose somente no carbono 2. Uma maneira de se chegar às formas estruturais de $\alpha$ e $\beta$ de D-manopiranose é desenhar a correspondente $\alpha$ e $\beta$ de D-manopiranose, e então inverter a configuração do carbono 2.

$\beta$-D-manopiranose ($\beta$-D-manose)

$\alpha$-D-manopiranose ($\alpha$-D-manose)

**20.3** D-manose difere da configuração da D-glicose apenas no carbono 2.

$\beta$-D-manopiranose ($\beta$-D-manose) (b)

$\alpha$-D-manopiranose ($\alpha$-D-manose) (a)

**20.4** A seguir é apresentada a projeção de Haworth e a conformação cadeira para este glicosídeo.

**20.5** A ligação $\beta$-glicosídica está entre o carbono 1 da unidade à esquerda e o carbono 3 da unidade à direita.

Unidade de $\beta$-D-glicopiranose — Ligação $\beta$-1,3-glicosídica — Unidade de $\alpha$-D-glicopiranose

**20.7** O grupo carbonila numa aldose é um aldeído. Numa cetose, é uma cetona. Uma aldopentose é uma aldose que contém cinco átomos de carbono. Uma aldocetose é uma cetose que contém cinco átomos de carbono.

**20.9** As três hexoses mais abundantes no mundo biológico são D-glicose, D-galactose e D-frutose. A terceira é uma 2-cetoexose.

**20.11** Enantiômeros são imagens especulares não sobreponíveis.

**20.13** Numa aldopentose, a configuração D ou L é determinada por sua configuração no carbono 4.

**20.15** Os compostos (a) e (c) são D-monossacarídeos. O composto (b) é um L-monossacarídeo.

**20.17** Uma 2-cetoeptose tem quatro estereocentros e 16 estereoisômeros possíveis. Oito desses são D-2-cetoeptoses, e oito, L-2-cetoeptoses. A seguir, apresenta-se uma das oito possíveis D-2-cetoeptoses.

$$\begin{array}{c} CH_2OH \\ | \\ C=O \\ HO-*-H \\ HO-*-H \\ H-*-OH \\ H-*-OH \\ | \\ CH_2OH \end{array}$$

**20.19** Em um aminoaçúcar, um ou mais grupos —OH são substituídos por grupos —NH$_2$. Os três aminoaçúcares mais abundantes no mundo biológico são D-glicosamina, D-galactosamina e N-acetil-D-glicosamina.

**20.21** (a) Uma piranose é a forma hemiacetal cíclica, de seis membros, de um monossacarídeo.
(b) Uma furanose é a forma hemiacetal cíclica, de cinco membros, de um monossacarídeo.

**20.23** Sim, são anômeros. Não, não são enantiômeros, isto é, não são imagens especulares. Diferem em configuração somente no carbono 1 e, portanto, são diastereômeros.

**20.25** Uma projeção Haworth mostra o anel de seis membros como um hexágono planar. Na realidade, o anel está franzido e sua conformação mais estável é uma conformação cadeira em que todos os ângulos de ligação têm aproximadamente 109,5°.

**20.27** O composto (a) difere da D-glicose somente na configuração do carbono 4. O composto (b) difere apenas no carbono 3.

(a) [estrutura piranose → forma aberta]

(b) [estrutura piranose → forma aberta → projeção de Fischer da D-galactose]

D-galactose

[projeção de Fischer da D-alose]

D-alose

**20.29** A rotação específica de uma L-glicose é −112,2°.

**20.31** Um glicosídeo é um acetal cíclico de um monossacarídeo. Uma ligação glicosídica é a ligação do carbono anomérico com o grupo —OR do glicosídeo.

**20.33** Não, glicosídeos não podem sofrer mutarrotação porque o carbono anomérico não tem liberdade para interconverter-se nas configurações α e β por meio do aldeído ou da cetona de cadeia aberta.

**20.35** A seguir, vemos projeções de Fischer da D-glicose e D-sorbitol. As configurações nos quatro estereocentros da D-glicose não são afetadas por essa redução.

$$\begin{array}{c} CHO \\ H-OH \\ HO-H \\ H-OH \\ H-OH \\ CH_2OH \end{array} \xrightarrow{NaBH_4} \begin{array}{c} CH_2OH \\ H-OH \\ HO-H \\ H-OH \\ H-OH \\ CH_2OH \end{array}$$

D-glicose → D-sorbitol

**20.37** O ribitol é o produto da redução da D-ribose. O 1-fosfato de β-D-ribose é o éster fosfórico do grupo OH no carbono anomérico da β-D-ribofuranose.

Ribitol

β-D-ribofuranose 1-fosfato (β-D-ribose 1-fosfato)

**20.39** Dizer que se trata de uma ligação β-1,4-glicosídica significa que a configuração no carbono anomérico (neste problema, o carbono 1) da unidade de monossacarídeo que forma a ligação glicosídica é β, a que está ligada ao carbono 4 da segunda unidade de monossacarídeo. Dizer que se trata de uma ligação α-1,6-glicosídica significa que a configuração no carbono anomérico (neste problema, o carbono 1) da unidade de monossacarídeo que forma a ligação glicosídica é alfa, e que está ligada ao carbono 6 da segunda unidade de monossacarídeo.

**20.41** (a) Ambas as unidades de monossacarídeo são D-glicose.
(b) Estão unidas por uma ligação β-1,4-glicosídica.
(c) É um açúcar redutor e
(d) sofre mutarrotação.

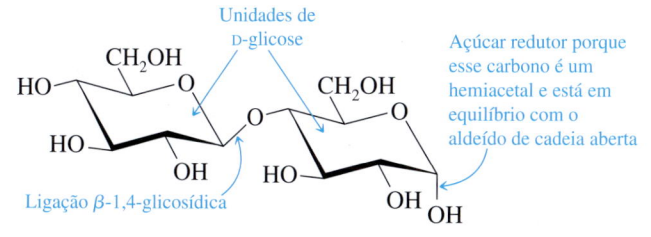

**20.43** Um oligossacarídeo contém aproximadamente de seis a dez unidades de monossacarídeos. Um polissacarídeo contém mais – geralmente muito mais – de dez unidades de monossacarídeo.

**20.45** A diferença está no grau de ramificação da cadeia. A amilose é composta de cadeias não ramificadas, enquanto a amilopectina é uma rede ramificada, as ramificações começando por ligações α-1,6-glicosídicas.

**20.47** As fibras de celulose são insolúveis em água porque a força de uma ligação de hidrogênio da molécula de celulose com moléculas superficiais de água não é suficiente para superar as forças intermoleculares que a mantêm na fibra.

**20.49** (a) Nestas fórmulas estruturais, o $CH_3CO$ (grupo acetila) é abreviado como Ac.

A seguir, apresentam-se estruturas de Haworth e estruturas cadeira para esse dissacarídeo que se repete.

**20.51** Sua capacidade de lubrificação diminui.

**20.53** Assim são capazes de tolerar a galactose enquanto crescem. Até que desenvolvam a capacidade de metabolizar a galactose, a substituição de sacarose pela lactose faz com que a galactose existente na lactose seja substituída pela frutose da sacarose, evitando assim a intolerância pela galactose.

**20.55** O ácido L-ascórbico é oxidado (há perda de dois átomos de hidrogênio) quando convertido em ácido L-desidroascórbico. O ácido L-ascórbico é um agente redutor biológico.

**20.57** Os tipos A, B e O têm em comum a D-galactose e a L-fucose. Somente o tipo A tem a *N*-acetil-D-glicosamina.

**20.59** A mistura de sangues dos tipos A e B resultará em coagulação.

**20.61** Na Tabela 20.1, consulte a fórmula estrutural da D-altrose e desenhe-a. Depois substitua os grupos —OH nos carbonos 2 e 6 por hidrogênios.

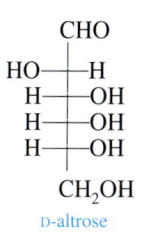

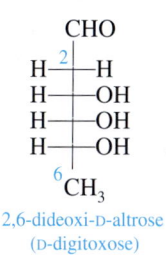

**20.63** A unidade monossacarídica da salicina é a D-glicose.

**20.65** A quitosana pode ser obtida das conchas de crustáceos como camarão e lagosta.

**20.67** O anel de cinco membros da frutose é quase planar, portanto a projeção de Haworth é uma boa representação de sua estrutura.

**20.69** No amido, as ligações α-glicosídicas unem uma unidade de glicose à outra. A celulose tem ligações β-glicosídicas. A diferença consiste no fato de que os humanos e outros animais podem digerir o amido, mas não a celulose.

**20.71** Aminoaçúcares desempenham um importante papel estrutural em polissacarídeos como a quitina, que forma a concha dura de caranguejos, camarões e lagostas. Também desempenham um papel nas estruturas dos antígenos dos grupos sanguíneos.

**20.73** O intermediário nessa transformação é um enodiol formado por tautomeria cetoenólica do fosfato de di-hidroxiacetona. A tautomeria cetoenólica desse intermediário produz o 3-fosfato de D-gliceraldeído.

**20.75** (a) A coenzima A é quiral e tem cinco estereocentros.
(b) Os grupos funcionais, começando da esquerda, são um tiol (—SH), duas amidas, um álcool secundário, um éster de fosfato, um anidrido fosfato, um éster de fosfato, outro éster de fosfato, uma unidade de 2-deoxirribose e uma ligação β-glicosídica com a adenina, uma amina heterocíclica.
(c) Sim, é solúvel em água por causa da presença de vários grupos C=O polares, um grupo —OH e três grupos fosfato, todos interagindo com moléculas de água por meio de ligação de hidrogênio.
(d) A seguir, apresentam-se os produtos da hidrólise de todas as ligações amida, éster e glicosídicas.

## Capítulo 21 Lipídeos

**21.1** (a) É um éster de glicerol e contém um grupo fosfato, portanto trata-se de um glicerofosfolipídeo. Além do glicerol e fosfato, ele tem como componentes um ácido mirístico e um ácido linoleico. O outro álcool é a serina. Sendo assim, pertence ao subgrupo das cefalinas.
(b) Os componentes presentes são glicerol, ácido mirístico, ácido linoleico, fosfato e serina.

**21.3** *Hidrofóbico* significa "aversão a água". Se o corpo não tivesse essas moléculas, não poderia haver nenhuma estrutura porque a água dissolveria tudo.

**21.5** O ponto de fusão aumentaria. As ligações duplas *trans* se ajustariam melhor no empacotamento das longas caudas hidrofóbicas, criando mais ordem e, portanto, mais interação entre as cadeias. Isso exigiria mais energia para o rompimento e, assim, um ponto de fusão mais elevado.

**21.7** Os diglicerídeos com ponto de fusão mais alto serão aqueles com dois ácidos esteáricos (um ácido graxo saturado). Aqueles com ponto de ebulição mais baixo conterão ácidos oleicos (ácidos graxos monoinsaturados).

**21.9** (b) Porque seu peso molecular é mais alto.

**21.11** O mais baixo é (c); depois (b); o mais alto é (a).

**21.13** Quanto mais grupos de cadeia longa, menor a solubilidade; o mais baixo é (a); depois (b); o mais alto é (c).

**21.15** Glicerol, palmitato de sódio, estereato de sódio, linolenato de sódio.

**21.17** Lipídeos complexos podem ser classificados em dois grupos: fosfolipídeos e glicolipídeos. Fosfolipídeos contêm um álcool, dois ácidos graxos e um grupo fosfato. Dividem-se em dois tipos: glicerofosfolipídeos e esfingolipídeos. Nos glicerofosfolipídeos, o álcool é o glicerol. Nos esfingolipídeos, o álcool é a esfingosina. Os glicolipídeos são lipídeos complexos que contêm carboidratos.

**21.19** A presença de ligações duplas *cis* em ácidos graxos produz maior fluidez porque eles não podem compactar-se tanto quanto os ácidos graxos saturados.

**21.21** As proteínas integrais da membrana estão inseridas na membrana. As proteínas periféricas da membrana estão na superfície da membrana.

**21.23** Um fosfatidil inositol contendo ácidos oleico e araquidônico:

**21.25** Lipídeos complexos que contêm ceramidas incluem esfingomielina, esfingolipídeos e glicolipídeos cerebrosídeos.

**21.27** Os grupos funcionais hidrofílicos de (a) glicocerebrosídeos: carboidrato; grupos hidroxila e amida do cerebrosídeo. (b) Esfingomielina: grupo fosfato; colina; hidroxila e amida da ceramida.

**21.29** Os cristais de colesterol podem ser encontrados em (1) cálculos biliares, que às vezes são puro colesterol, e em (2) articulações de pessoas que sofrem de bursite.

**21.31** O carbono do anel D do esteroide, ao qual está ligado o grupo acetila na progesterona, é o que mais sofre substituições.

**21.33** A LDL da corrente sanguínea entra nas células e liga-se às proteínas receptoras de LDL presentes na superfície. Depois de ligado, a LDL é transportada para dentro das células, onde o colesterol é liberado por degradação enzimática da LDL.

**21.35** A remoção de lipídeos dos núcleos de triglicerídeos das partículas de VLDL aumenta a densidade das partículas, convertendo-as de VLDL em LDL.

**21.37** Quando a concentração de colesterol no soro sanguíneo é alta, a síntese de colesterol no fígado é inibida, e a síntese de receptores de LDL na célula, estimulada. Os níveis de colesterol no soro controlam a formação de colesterol no fígado, regulando as enzimas que sintetizam o colesterol.

**21.39** O estradiol (E) é sintetizado a partir da progesterona (P) através da intermediação da testosterona (T). Primeiramente, o grupo acetila do anel D de P é convertido num grupo hidroxila, produzindo T. O grupo metila de T, na junção dos anéis A e B, é removido e o anel A torna-se aromático. O grupo cetônico em P e T é convertido num grupo hidroxila em E.

**21.41** As estruturas do esteroide aparecem na seção 21.10. As principais diferenças estruturais estão no carbono 11. A progesterona não tem substituintes, exceto o hidrogênio, o cortisol tem um grupo hidroxila, a cortisona tem um grupo cetônico, e o RU-486 tem um grupo *p*-aminofenila grande. O grupo funcional do carbono 11 aparentemente tem pouca importância para a ligação no receptor.

**21.43** Eles possuem uma estrutura de anel esteroide, um grupo metila no carbono 13, um grupo triplamente ligado ao carbono 17, e todos apresentam insaturação nos anéis A, B ou em ambos.

**21.45** Sais biliares ajudam a solubilizar gorduras. São produtos de oxidação do próprio colesterol e a ele se ligam, formando complexos que são eliminados nas fezes.

**21.47** (a) Glicocolato:

(b) Cortisona:

(c) PGE$_2$:

(d) Leucotrieno B4:

**21.49** A aspirina reduz a velocidade da síntese das tromboxanas, inibindo a enzima COX. Como as tromboxanas intensificam o processo de coagulação do sangue, o resultado é que derrames causados por coágulos sanguíneos no cérebro ocorrerão com menos frequência.

**21.51** As ceras consistem principalmente em ésteres de ácidos saturados de cadeia longa e alcoóis. Em razão dos componentes saturados, as moléculas de cera são mais compactas que as dos triglicerídeos, que frequentemente apresentam componentes insaturados.

**21.53** O transportador é uma proteína transmembrana helicoidal. Os grupos hidrofóbicos das hélices estão voltados para fora e interagem com a membrana. Os grupos hidrofílicos das hélices estão do lado interno e interagem com os íons cloretos hidratados.

**21.55** (a) A esfingomielina age como um isolante.
(b) O isolante é degradado, prejudicando a condução nervosa.

**21.57** α-D-galactose, β-D-glicose, β-D-glicose.

**21.59** Impedem a ovulação.

**21.61** Inibe a formação da prostaglandina, impedindo o fechamento do anel.

**21.63** Os Aines inibem as ciclo-oxigenases (enzimas COX) necessárias para o fechamento do anel. Os leucotrienos não têm anel em sua estrutura, portanto não são afetados pelos inibidores de COX.

**21.65** (Ver Figura 21.2) As moléculas polares não podem penetrar na dupla camada. São insolúveis em lipídeos. Moléculas apolares podem interagir com o interior da dupla camada ("semelhante dissolve semelhante").

**21.67** Ambos os grupos são derivados de um precursor comum, $PGH_2$, num processo catalisado pelas enzimas COX.

**21.69** *Coated pits* são concentrações de receptores de LDL na superfície das células. Eles se ligam à LDL e, por endocitose, transferem-na para dentro da célula.

**21.71** No transporte facilitado, uma proteína da membrana ajuda uma molécula a atravessar a membrana sem precisar de energia. No transporte ativo, uma proteína da membrana participa do processo, mas é necessária energia. A hidrólise da ATP geralmente fornece a energia necessária.

**21.73** A aldosterona tem um grupo aldeído na junção dos anéis C e D. Os outros esteroides têm grupos metila.

**21.75** A massa molecular do triglicerídeo é em torno de 800 g/mol, isto é, 0,125 mol (100 g ÷ 800 g/mol = 0,125 mol). É necessário 1 mol de hidrogênio para cada mol de ligações duplas do triglicerídeo. São três ligações duplas, portanto os mols de hidrogênio necessários para 100 g = 0,125 mol × 3 = 0,375 mol de gás hidrogênio. Convertendo em gramas de hidrogênio, 0,375 × 2 g/mol = 0,750 g de gás hidrogênio.

**21.77** Esse lipídeo é uma ceramida, um tipo de esfingolipídeo.

**21.79** Algumas proteínas associadas a membranas associam-se exclusivamente com um dos lados da membrana, e não com o outro.

**21.81** As afirmações (c) e (d) são coerentes com o que se sabe sobre as membranas. A ligação covalente entre lipídeos e proteínas [afirmação (e)] não é comum. As proteínas "flutuam" nas duplas camadas de lipídeos, e não entre elas [afirmação (a)]. Moléculas maiores tendem a ser encontradas na camada lipídica externa [afirmação (b)].

**21.83** A afirmação (c) está correta. A difusão transversal raramente é observada [afirmação (b)]. As proteínas estão ligadas aos lados interno e externo da membrana [afirmação (a)].

**21.85** Tanto os lipídeos quanto os carboidratos contêm carbono, hidrogênio e oxigênio. Os carboidratos têm grupos aldeído e cetona, assim como alguns esteroides. Os carboidratos possuem vários grupos hidroxila, o que os lipídeos não têm em grande extensão. Lipídeos têm importantes componentes que são de natureza hidrocarbônica. Esses aspectos estruturais implicam que os carboidratos tendem a ser bem mais polares que os lipídeos.

**21.87** Principalmente lipídeo: óleo de oliva e manteiga; principalmente carboidrato: algodão e algodão-doce.

**21.89** As quantidades são o ponto principal aqui. Grandes quantidades de açúcar podem fornecer energia. A queima de gordura causada pela presença de taurina desempenha um papel relativamente secundário em razão da pequena quantidade.

**21.91** As outras extremidades das moléculas envolvidas nas ligações de ésteres em lipídeos, tais como os ácidos graxos, tendem a não formar longas cadeias de ligações com outras moléculas.

**21.93** As moléculas maiores tendem a ser encontradas no exterior da célula porque a curvatura da membrana celular lhes proporciona mais espaço.

**21.95** As cargas tendem a se agrupar nas superfícies da membrana. Cargas positivas e negativas se atraem. Duas cargas positivas ou duas negativas se repelem, portanto cargas diferentes não apresentam essa repulsão.

## Capítulo 22 Proteínas

**22.1**

$$H_3\overset{+}{N}-CH-\overset{O}{\underset{|}{C}}-O^- + H_3\overset{+}{N}-CH-\overset{O}{\underset{|}{C}}-O^-$$
Valina (Val)  Fenilalanina (Phe)

$$\downarrow$$

$$H_3\overset{+}{N}-CH-\overset{O}{C}-N-CH-\overset{O}{C}-O^- + H_2O$$
Valilfenilalanina (Val-Phe)

**22.3** (a) armazenamento (b) movimento

**22.5** Proteção.

**22.7** A tirosina tem um grupo hidroxila adicional na cadeia lateral da fenila.

**22.9** Arginina.

**22.11**

Pirrolidinas (aminas alifáticas heterocíclicas)

**22.13** Elas fornecem a maior parte dos aminoácidos necessários ao nosso organismo.

**22.15** Essas estruturas são semelhantes, exceto que um dos hidrogênios na cadeia lateral da alanina foi substituído por um grupo fenila na fenilalanina.

**22.17** Aminoácidos são zwitteríons, portanto todos têm cargas positivas e negativas. Essas moléculas se atraem fortemente e, por isso, são sólidas em baixas temperaturas.

**22.19** Todos os aminoácidos possuem um grupo carboxila com p$K_a$ em torno de 2 e um grupo amino com p$K_a$ entre 8 e 10. Um grupo é significativamente mais ácido, e o outro, mais básico. Para haver um aminoácido não ionizado, o hidrogênio deverá estar no grupo carboxila, e o grupo amino, ausente. No caso de o grupo carboxila ser o ácido mais forte, isso nunca acontecerá.

**22.21**

$$H_3\overset{+}{N}-\underset{\underset{COOH}{\underset{|}{CH_2}}}{\overset{H}{\underset{|}{C}}}-COO^-$$

**22.23**

$$H_2N-\underset{\underset{\overset{+}{NH_3}}{\underset{|}{(CH_2)_4}}}{\overset{H}{\underset{|}{C}}}-COO^-$$

**22.25** A cadeia lateral do imidazol.

**22.27** A cadeia lateral da histidina é um imidazol com um nitrogênio que reversivelmente se liga a um hidrogênio. Quando dissociada, é neutra; quando associada, é positiva. Portanto, quimicamente, é uma base, mesmo tendo um p$K_a$ na faixa ácida.

**22.29** Histidina, arginina e lisina.

**22.31** A serina pode ser obtida pela hidroxilação da alanina. A tirosina é obtida pela hidroxilação da fenilalanina.

**22.33** A tiroxina é um hormônio que controla a velocidade geral do metabolismo. Tanto humanos quanto animais às vezes sofrem de baixos níveis de tiroxina, o que resulta em falta de energia e cansaço.

**22.35**

Alanilglutamina
(Ala-Gln)

Glutaminilalanina
(Gln-Ala)

**22.37**

**22.39** Somente a cadeia peptídica contém unidades polares.

**22.41**

(a) estrutura do tripeptídeo em pH 2

(b) A estrutura em pH 2 é mostrada acima. Em pH 7 seria assim:

(c) Em pH 10:

**22.43** Uma carga efetiva positiva seria adquirida e ela se tornaria mais solúvel em água.

**22.45** (a) 256  (b) 160.000

**22.47** Valina ou isoleucina.

**22.49** (a) secundária  (b) quaternária
(c) quaternária  (d) primária

**22.51** Acima de pH 6,0, os grupos COOH são convertidos em grupos COO⁻. As cargas negativas se repelem, rompendo a α-hélice compacta e convertendo-a numa espiral aleatória.

**22.53** (1) extremidade C-terminal (2) extremidade N-terminal (3) folha pregueada (4) espiral aleatória (5) interação hidrofóbica (6) ponte de dissulfeto (7) α-hélice (8) ponte salina (9) ligações de hidrogênio

**22.55** (a) A hemoglobina fetal tem menos pontes salinas entre as cadeias.
(b) A hemoglobina fetal tem maior afinidade pelo oxigênio.
(c) A hemoglobina fetal apresenta uma curva de saturação de oxigênio que está entre a mioglobina e a hemoglobina adulta, portanto o gráfico seria como a seguinte figura:

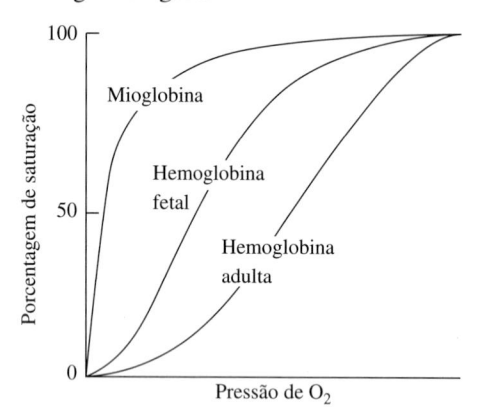

**22.57** A heme e a cadeia polipeptídica formam a estrutura quaternária do citocromo c. Esta é uma proteína conjugada.
**22.59** As ligações de hidrogênio intramoleculares entre o grupo carbonila da cadeia peptídica e o grupo N—H.
**22.61** Cisteína.
**22.63** Íons de metais pesados como a prata desnaturam proteínas bacterianas reagindo com os grupos —SH da cisteína. As proteínas, desnaturadas pela formação de sais de prata, formam precipitados insolúveis.
**22.65** (Conexões químicas 22A) Nutrasweet contém fenilalanina. As pessoas que sofrem da doença genética fenilcetonúria devem evitar a fenilalanina, já que não podem metabolizá-la, e seu acúmulo no organismo trará efeitos graves.
**22.67** Sintomas como fome, sudorese e problemas de coordenação acompanham o diabetes quando ocorre hipoglicemia.
**22.69** A forma anormal tem maior porcentagem de folha $\beta$ preguada quando comparada à forma normal.
**22.71** O comportamento da mioglobina na ligação com oxigênio é hiperbólico, enquanto o da hemoglobina é sigmoidal.
**22.73** As duas mais comuns são as doenças priônicas e o mal de Alzheimer.
**22.75** Mesmo sendo viável, não é totalmente correto chamar de "desnaturação" o processo que converte uma $\alpha$-queratina em $\beta$-queratina. Qualquer processo que transforma uma proteína de $\alpha$ em $\beta$ requer pelo menos duas etapas: (1) conversão da forma $\alpha$ em espiral aleatória, e (2) conversão da espiral aleatória na forma $\beta$. O termo "desnaturação" descreve apenas a primeira parte do processo (1ª etapa). A segunda etapa seria chamada de "renaturação". O processo global é chamado de desnaturação seguida de renaturação. Supondo que o processo imaginário de fato ocorra, sem passar pela espiral aleatória, então o termo "desnaturação" não se aplica.

**22.77** Uma estrutura quaternária, porque as subunidades formam ligações cruzadas.
**22.79** (a) hidrofóbica   (b) ponte salina
(c) ligação de hidrogênio   (d) hidrofóbica
**22.81** Glicina.
**22.83** Uma carga positiva no grupo amino.
**22.85** Os aminoácidos têm cadeias laterais que podem catalisar reações orgânicas. São polares ou às vezes apresentam carga, e a capacidade de estabelecer ligações de hidrogênio ou pontes salinas pode ajudar a catalisar a reação.
**22.87** As proteínas podem ser desnaturadas quando a temperatura é apenas um pouco mais alta que um determinado valor ideal. Por essa razão, a saúde de um animal de sangue quente depende da temperatura corporal. Se a temperatura for muito alta, as proteínas poderão desnaturar-se e perder a funcionalidade.
**22.89** Mesmo se conhecermos todos os genes de um organismo, nem todos eles codificam proteínas, nem todos são expressos o tempo todo.
**22.91** Um suplemento dietético contendo colágeno poderá ajudar uma pessoa a perder peso, mas seria de pouca utilidade na reparação do tecido muscular, pois o colágeno não é uma boa fonte de proteína. Um terço de seus aminoácidos é glicina, e outro terço, prolina. Para ser eficaz, a reparação muscular requer proteína de alta qualidade.

## Capítulo 23 Enzimas

**23.1** Catalisador é qualquer substância que aumenta a velocidade de uma reação, não sendo por ela alterada. Enzima é um catalisador biológico que pode ser uma proteína ou uma molécula de RNA.
**23.3** Sim. Lipases não são muito específicas.
**23.5** Porque as enzimas são muito específicas e milhares de reações devem ser catalisadas num organismo.
**23.7** Liases adicionam água numa ligação dupla ou removem água de uma molécula, gerando assim uma ligação dupla. Hidrolases usam água para uma ligação éster ou amida, gerando assim duas moléculas.
**23.9** (a) isomerase   (b) hidrolase
(c) oxidorredutase   (d) liase
**23.11** O *cofator* é mais genérico e significa uma parte não proteica de uma enzima. Uma *coenzima* é um cofator orgânico.
**23.13** Na inibição reversível, o inibidor pode ligar-se e depois ser liberado. Na inibição não competitiva, uma vez ligado o inibidor, não ocorre catálise. Na inibição irreversível, uma vez ligado o inibidor, a enzima fica inoperante, já que o inibidor não poderia ser removido e não ocorreria catálise.
**23.15** Não. Em altas concentrações do substrato, a superfície da enzima está saturada. Dobrar a concentração do substrato produzirá apenas um pequeno aumento na velocidade da reação, ou mesmo nenhum aumento.
**23.17** (a) Menos ativa em temperatura normal do corpo.
(b) A atividade diminui.

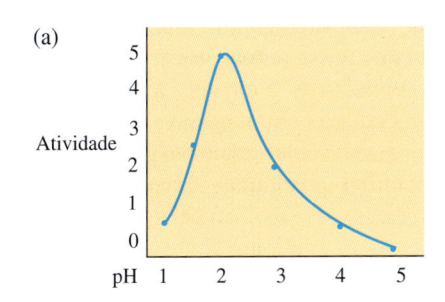

**23.19**
(a) [Gráfico de Atividade vs pH: curva com pico em pH ≈ 2, atividade máxima ≈ 5, diminuindo até ≈ 0 em pH 5]

(b) 2
(c) Atividade zero.

**23.21** O sítio ativo de uma enzima é muito específico para o tamanho e formato das moléculas do substrato. A ureia é uma molécula pequena e o sítio ativo da urease é específico para ela. A dietilureia tem os dois grupos etila ligados. É improvável que a dietilureia se ajuste a um sítio ativo específico para a ureia.

**23.23** Os resíduos de aminoácido mais encontrados em sítios ativos de enzimas são His, Cys, Asp, Arg e Glu.

**23.25** A resposta correta é (c). Inicialmente a enzima não tem exatamente o formato certo para se ligar fortemente a um substrato, mas o formato do sítio ativo se altera para melhor acomodar a molécula do substrato.

**23.27** Resíduos de aminoácidos, além daqueles encontrados em sítios ativos de enzimas, estão presentes para ajudar a formar um bolsão tridimensional onde se liga o substrato. Esses aminoácidos agem no sentido de tornar o tamanho, formato e ambiente (polar ou apolar) do sítio ativo apropriados para o substrato.

**23.29** A cafeína é um regulador alostérico.

**23.31** Não há diferença. São a mesma coisa.

**23.33**

[Estrutura: —NH—CH(CH$_2$-C$_6$H$_4$-O-PO$_3^{2-}$)—C(=O)—]

**23.35**

Fosforilase b $\underset{\underset{2P_i}{\text{fosfatase}}}{\overset{\overset{2ATP}{\text{quinase}}}{\rightleftharpoons}}$ Fosforilase a + ADP

**23.37** A glicogênio fosforilase é controlada por regulação alostérica e por fosforilação. Os controles alostéricos são muito rápidos, de modo que, quando diminui o nível de ATP, por exemplo, há uma resposta imediata à enzima, permitindo a produção de mais energia. A modificação covalente por fosforilação é ativada por respostas hormonais. São um pouco mais lentas, porém mais duradouras e mais eficazes.

**23.39** Assim como acontece com a lactato desidrogenase, há cinco isozimas de PFK: $M_4$, $M_3L$, $M_2L_2$, $ML_3$ e $L_4$.

**23.41** Duas enzimas que aumentam em concentração no soro após um ataque cardíaco são a creatina fosfoquinase e a aspartato aminotransferase. A creatina fosfoquinase atinge seu máximo antes da aspartato aminotransferase, e seria a melhor escolha nas primeiras 24 horas.

**23.43** Os níveis séricos das enzimas AST e ALT são monitorados no diagnóstico de hepatite e ataque cardíaco. Os níveis séricos de AST aumentam após um ataque cardíaco, mas os níveis de ALT são normais. Na hepatite, os níveis de ambas as enzimas são elevados. O diagnóstico, até que se façam outros testes, indicaria que o paciente pode ter tido um ataque cardíaco.

**23.45** Substâncias químicas presentes em vapores orgânicos são desintoxicados no fígado. A enzima fosfatase alcalina é monitorada para diagnosticar problemas hepáticos.

**23.47** Não é possível administrar quimotripsina por via oral. O estômago a trataria como faz com todas as proteínas de nossa dieta: seria degradada, por hidrólise, em aminoácidos livres. Mesmo que moléculas inteiras e intactas da enzima estivessem presentes no estômago, o baixo pH na região não lhe permitiria nenhuma atividade, pois seu pH preferido é 7,8.

**23.49** Um análogo de estado de transição é construído para mimetizar o estado de transição da reação. Não tem o mesmo formato do substrato ou do produto, mas é algo intermediário entre os dois. A potência desses análogos como inibidores dá credibilidade à teoria do ajuste induzido.

**23.51** A succinilcolina tem uma estrutura química semelhante à da acetilcolina, portanto ambas podem ligar-se ao receptor de acetilcolina da placa terminal do músculo. A ligação de ambas as colinas provoca contração muscular. No entanto, a enzima acetilcolinesterase hidrolisa a succinilcolina muito mais lentamente. A contração muscular não ocorrerá enquanto a succinilcolina estiver presente agindo como relaxante.

**23.53** As reações mais comuns das quinases estudadas neste livro são aquelas que envolvem o uso de ATP para fosforilar outra molécula, seja uma enzima ou um metabólito. Um exemplo seria a glicogênio fosforilase quinase. Essa enzima catalisa a seguinte reação, conforme descrito em "Conexões químicas 23E":

Fosforilase + ATP ⟶ Fosforilase-P + ADP

Outro exemplo é a hexoquinase da glicólise (Capítulo 28). A hexoquinase catalisa a seguinte reação:

Glicose + ATP ⟶ glicose 6-P + ADP

**23.55** Muitas pessoas já sofreram traumas psicológicos que as atormentaram por vários anos ou mesmo a vida inteira. Se as memórias de longo prazo pudessem ser seletivamente bloqueadas, isso traria alívio a pacientes que sofrem com algo que aconteceu no passado.

**23.57** Na enzima piruvato quinase, a =$CH_2$ do substrato fosfoenolpiruvato encontra-se num bolsão hidrofóbico formado pelos aminoácidos Ala, Gly e Thr. O grupo metila da cadeia lateral da Thr, e não o grupo hidroxila, encontra-se no bolsão. As interações hidrofóbicas atuam aqui para manter o substrato no sítio ativo.

**23.59** Os pesquisadores tentavam inibir as fosfodiesterases porque o cGMP age no sentido de causar relaxamento nos vasos sanguíneos contraídos. Esperava-se que esse método ajudasse a tratar angina e pressão alta.

**23.61** A fosforilase existe nas formas fosforilada e não fosforilada, sendo a primeira mais ativa. A fosforilase é também controlada alostericamente por vários compostos, incluindo AMP e glicose. Embora os dois ajam semi-independentemente, de certo modo estão relacionados. A forma fosforilada tende a assumir o estado R, que é mais ativo, e a forma não fosforilada tende a assumir o estado T, menos ativo.

**23.63** No processamento da cocaína por enzimas esterease específicas, a molécula de cocaína passa por um estado intermediário. Criou-se uma molécula que mimetiza esse estado de transição. Esse análogo do estado de transição pode ser administrado a um animal hospedeiro, que então produz anticorpos do análogo. Quando esses anticorpos são administrados a uma pessoa, agem como uma enzima que degrada a cocaína.

**23.65** A cocaína bloqueia a recaptação do neurotransmissor dopamina, causando uma superestimulação no sistema nervoso.

**23.67** (a) Antes de serem enlatados, legumes como vagem, milho e tomate são aquecidos para eliminar microrganismos. O leite é preservado por um processo de aquecimento chamado pasteurização.
(b) Picles e chucrute são preservados por armazenamento em vinagre (ácido acético).

**23.69** Os resíduos de aminoácidos (Lys e Arg) clivados pela tripsina têm cadeias laterais básicas, possuindo, portanto, cargas positivas em pH fisiológico.

**23.71** Essa enzima funciona melhor num pH em torno de 7.

**23.73** Uma hidrolase.

**23.75** (a) A enzima chama-se etanol desidrogenase ou, de um modo mais geral, álcool desidrogenase. Também é conhecida como etanol oxidorredutase.
(b) Etil acetato esterease ou etil acetato hidrolase.

**23.77** Isozimas ou isoenzimas.

**23.79** Não, a direção tomada por uma reação é determinada por sua termodinâmica, incluindo a concentração de substratos e produtos. Numa via metabólica, a reação somente poderá seguir no sentido direto se houver uma enorme concentração dos substratos e a imediata remoção dos produtos. No entanto, uma enzima catalisaria a reação em ambas as direções se isso fosse termodinamicamente possível.

**23.81** O atleta poderá beneficiar-se do efeito estimulante da cafeína, mas, numa corrida longa, ele também ficaria desidratado por causa do efeito diurético nos rins. Um dos fatores mais importantes nas provas de resistência é a hidratação, portanto qualquer substância que cause desidratação será prejudicial ao desempenho num evento de longa distância.

**23.83** É provável que a estrutura do RNA torne-o mais capaz de adotar uma maior amplitude de estruturas terciárias, de modo que possa dobrar-se e formar moléculas globulares semelhantes a enzimas à base de proteína. O RNA também tem um oxigênio extra, que lhe proporciona um grupo reativo adicional para ser usado em catálise ou um grupo eletronegativo, útil em ligações de hidrogênio.

**Capítulo 24 Comunicadores químicos: neurotransmissores e hormônios**

**24.1** A proteína-G é uma enzima que catalisa a hidrólise de GTP em GDP. A GTP, portanto, é um substrato.

**24.3** Um mensageiro químico opera entre as células, e mensageiros secundários sinalizam dentro da célula, no citoplasma.

**24.5** A concentração de $Ca^{2+}$ nos neurônios controla o processo. Quando chega a $10^{-4}$ $M$, as vesículas liberam os neurotransmissores na sinapse.

**24.7** A glândula pituitária anterior.

**29.9** Com a ligação da acetilcolina, a conformação das proteínas no receptor é alterada e a parte central do canal iônico se abre.

**24.11** A toxina da naja causa paralisia, agindo como antagonista do sistema nervoso. Ela bloqueia o receptor e interrompe a comunicação entre o neurônio e a célula muscular. A toxina da botulina impede a liberação de acetilcolina das vesículas pré-sinápticas.

**24.13** A taurina é um $\beta$-aminoácido, e seu grupo ácido é o $—SO_2OH$, e não $—COOH$.

**24.15** O grupo amino no Gaba está na posição gama, e as proteínas contêm apenas alfa aminoácidos.

**24.17** (a) Norepinefrina e histamina.
(b) Ativando um mensageiro secundário, cAMP, dentro da célula.
(c) Anfetaminas e histidina.

**24.19** É fosforilada por uma molécula de ATP.

**24.21** Produto da oxidação da dopamina, catalisada pela MAO:

HO—⟨benzeno⟩—$CH_2CH_2NH_3^+$ + $H_2O$ $\xrightarrow{\text{Monoamina oxidase (MAO)}}_{NAD^+ \quad NADH + H^+}$
Dopamina

HO—⟨benzeno⟩—$CH_2$—CHO + $NH_4^+$

**24.23** (a) Anfetaminas aumentam e (b) a reserpina diminui a concentração do neurotransmissor adrenérgico.

**24.25** O aldeído correspondente.

**24.27** (a) A própria proteína transportadora de íons.
(b) Ele é fosforilado e muda o formato.
(c) Ativa a proteína quinase que faz a fosforilação da proteína transportadora de íons.

**24.29** São pentapeptídeos.

**24.31** A enzima é uma quinase. A reação é a fosforilação do 1,4-difosfato de inositol em 1,4,5-trifosfato de inositol:

[estrutura do 1,4-difosfato de inositol com OP nas posições 1 e 4, OH nas posições 2, 3, 5, 6] + ATP

P = —PO$_3^{2-}$

$\xrightarrow{\text{Quinase}}$ [estrutura do 1,4,5-trifosfato de inositol com OP nas posições 1, 4 e 5] + ADP

**24.33** AMP cíclica.

**24.35** A proteína quinase.

**24.37** O glucagon inicia uma série de reações que finalmente ativa a proteína quinase. A proteína quinase fosforila duas enzimas fundamentais no fígado, ativando uma e inibindo a outra. A combinação desses efeitos faz baixar o nível da frutose 2,6-bisfosfato, um importante regulador do metabolismo de carboidratos. O 2,6-bisfosfato de frutose estimula a glicólise e inibe a gliconeogênese. Assim, quando diminui a quantidade do 2,6-bisfosfato de frutose, a gliconeogênese é estimulada, e a glicólise, inibida.

**24.39** A insulina se liga a receptores de insulina no fígado e nas células musculares. O receptor é um exemplo de uma proteína chamada tirosina quinase. Um resíduo específico de tirosina torna-se fosforilado no receptor, ativando sua atividade como quinase. A proteína-alvo, chamada IRS, é então fosforilada pela tirosina quinase ativa. A IRS fosforilada age como o segundo mensageiro, causando a fosforilação de muitas enzimas-alvo na célula. O efeito é reduzir o nível de glicose no sangue, aumentando a velocidade de vias metabólicas que usam a glicose e diminuindo a velocidade de vias que formam a glicose.

**24.41** A maioria dos receptores de hormônios esteroides está localizada no núcleo da célula.

**24.43** No cérebro, hormônios esteroides podem agir como neurotransmissores.

**24.45** A calmodulina, uma proteína que se liga ao íon cálcio, ativa a proteína quinase II, que catalisa a fosforilação de outras proteínas. Esse processo transmite o sinal do cálcio à célula.

**24.47** Injeções locais da toxina impedem a liberação de acetilcolina nessa área.

**24.49** Os emaranhados neurofibrilares encontrados em cérebros de pacientes portadores de Alzheimer são compostos de proteínas tau. Essas proteínas, que normalmente interagem com o citoesqueleto, crescem nesses emaranhados, alterando assim a estrutura normal da célula.

**24.51** Fármacos que aumentam a concentração do neurotransmissor acetilcolina podem ser eficazes no tratamento do mal de Alzheimer. Os inibidores da acetilcolinesterase, como o Aricept, inibem a enzima que decompõe o neurotransmissor.

**24.53** Na doença de Parkinson, há uma deficiência do neurotransmissor dopamina, mas uma pílula de dopamina não seria um tratamento eficaz. A dopamina não consegue atravessar a barreira hematoencefálica.

**24.55** Fármacos como a Cogentina, que bloqueiam os receptores colinérgicos, geralmente são usados para tratar os sintomas da doença de Parkinson. Esses fármacos diminuem os movimentos espasmódicos e os tremores.

**24.57** O óxido nítrico relaxa a musculatura lisa que envolve os vasos sanguíneos. Esse relaxamento faz aumentar o fluxo sanguíneo no cérebro, o que, por sua vez, causa dores de cabeça.

**24.59** Os neurônios adjacentes àqueles danificados pelo derrame começam a liberar glutamato e NO, destruindo outras células na região.

**24.61** O diabetes dependente de insulina (tipo 1) é causado pela produção insuficiente de insulina pelo pâncreas. A administração de insulina alivia os sintomas desse tipo de diabetes. O diabetes não dependente de insulina (tipo 2) é causado por uma deficiência de receptores de insulina ou pela presença de receptores de insulina inativos. Outras drogas são usadas para aliviar os sintomas.

**24.63** Com o monitoramento da glicose nas lágrimas, o paciente não precisa tirar várias amostras de sangue todos os dias.

**24.65** Alguns perigos possíveis incluem dilatação da próstata, aumento de anormalidades cromossômicas, câncer de mama e início precoce da puberdade.

**24.67** A aldosterona se liga a um receptor específico no núcleo. O complexo de receptores da aldosterona funciona como um fator de transcrição que regula a expressão do gene. Como resultado, são produzidas proteínas para o metabolismo mineral.

**24.69** Altas doses de acetilcolina ajudarão. O brometo de decametônio é um inibidor concorrente da acetilcolina esterase. O inibidor pode ser removido aumentando-se a concentração do substrato.

**24.71** A alanina é um α-aminoácido em que o grupo amino está ligado ao mesmo carbono que o grupo carboxila. Na β-alanina, o grupo amino está ligado ao carbono adjacente àquele em que está ligado o grupo carboxila.

$$\text{CH}_3 - \overset{\alpha}{\underset{\underset{\text{NH}_3^+}{|}}{\text{CH}}} - \text{COO}^- \qquad \overset{\beta}{\underset{\underset{\text{NH}_3^+}{|}}{\text{CH}_2}} - \text{CH}_2 - \text{COO}^-$$

Alanina (um α-aminoácido)    β-alanina (um β-aminoácido)

**24.73** São estes os efeitos do NO na musculatura lisa: vasodilatação e aumento do fluxo sanguíneo; dores de cabeça causadas pela vasodilatação no cérebro; aumento do fluxo sanguíneo no pênis, resultando em ereções.

**24.75** A acetilcolina esterase catalisa a hidrólise do neurotransmissor acetilcolina, produzindo acetato e colina. A acetilcolina transferase catalisa a síntese da acetilcolina a partir da acetila-CoA e da colina.

**24.77** A reação apresentada a seguir é a hidrólise da GTP:

**24.79** A ritalina aumenta os níveis de serotonina. A serotonina tem um efeito calmante sobre o cérebro. Uma das vantagens dessa droga é que não aumenta os níveis do estimulante dopamina.

**24.81** Proteínas são capazes de interações específicas em sítios de reconhecimento. Essa capacidade é útil na seletividade dos receptores.

**24.83** Mensageiros adrenérgicos, como a dopamina, são derivados de aminoácidos. Por exemplo, existe uma via bioquímica que produz dopamina a partir do aminoácido tirosina.

**24.85** A insulina é uma pequena proteína. Se for ingerida por via oral, será digerida como outra proteína qualquer e não será aproveitada como uma proteína inteira.

**24.87** Hormônios esteroides afetam diretamente a síntese de ácido nucleico.

**24.89** Os mensageiros químicos variam em seu tempo de resposta. Aqueles que operam em distâncias curtas, como os neurotransmissores, apresentam tempos de resposta curtos. Seu modo de ação consiste frequentemente em abrir ou fechar canais numa membrana ou ligar-se a um receptor, por sua vez, ligado à membrana. Hormônios devem ser transmitidos pela corrente sanguínea, o que requer um tempo maior para que ocorra o seu efeito. Alguns hormônios podem afetar, e de fato afetam, a síntese de proteínas, o que torna o tempo de resposta ainda mais longo.

**24.91** Ter duas enzimas diferentes para a síntese, além da decomposição da acetilcolina, significa que as velocidades de formação e decomposição podem ser controladas independentemente.

**Capítulo 25 Nucleotídeos, ácidos nucleicos e hereditariedade**

**25.1**

**25.3** Hemofilia, anemia falciforme etc.

**25.5** (a) Em células eucarióticas, o DNA está localizada no núcleo da célula e nas mitocôndrias.
(b) O RNA é sintetizado a partir do DNA do núcleo, mas sua utilização na síntese de proteínas ocorre nos ribossomos, no citoplasma.

**25.7** O DNA tem o açúcar desoxirribose, enquanto o RNA tem o açúcar ribose. O RNA tem uracila; o DNA, timina.

**25.9** A timina e a uracila têm como base o anel da pirimidina. A timina, porém, tem um substituinte metila no carbono 5, enquanto a uracila tem um hidrogênio. Todos os outros substituintes do anel são iguais.

**25.11**

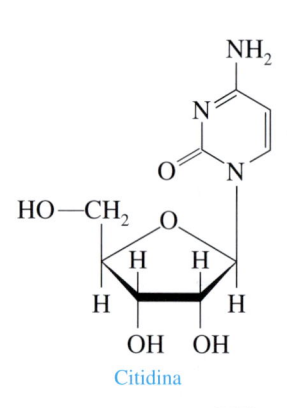

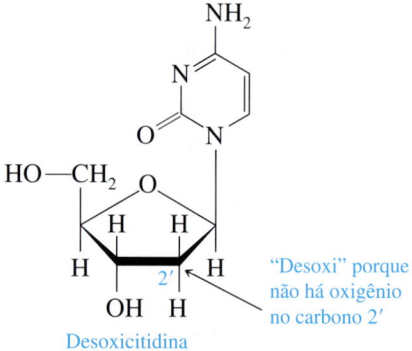

**25.13** A D-ribose e a 2-desoxi-D-ribose têm a mesma estrutura, exceto no carbono 2. A D-ribose tem um grupo hidroxila e um hidrogênio no carbono 2, enquanto a desoxirribose tem dois hidrogênios.

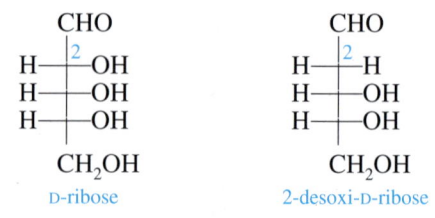

**25.15** O nome "ácido nucleico" deriva do fato de que os nucleosídeos estão ligados por grupos fosfato, que são a forma dissociada do ácido fosfórico.

**25.17** Ligações de anidrido.

**25.19** No RNA, os carbonos 3′ e 5′ da ribose estão unidos aos fosfatos por ligações éster. O carbono 1 está associado à base nitrogenada por uma ligação $N$-glicosídica.

**25.21** (a) [estrutura: difosfato ligado a desoxirribose com uracila]

(b) [estrutura: monofosfato ligado a desoxirribose com adenina]

**25.23** (a) Uma das extremidades terá um grupo livre fosfato ou hidroxila 5' que não faz parte da ligação fosfodiéster. Essa extremidade é chamada de extremidade 5'. A outra extremidade, a 3', terá um grupo livre fosfato ou hidroxila 3'.
(b) Por convenção, a extremidade desenhada à esquerda é a extremidade 5'. A é a extremidade 5', e C, a extremidade 3'.
(c) A fita complementar seria GTATTGCCAT escrito de 5' a 3'.

**25.25** Duas.

**25.27** Interações eletrostáticas.

**25.29** A superestrutura dos cromossomos consiste em muitos elementos. O DNA e as histonas combinam-se para formar nucleossomos enrolados em fibras de cromatina. Essas fibras formam ainda alças e minibandas, compondo a superestrutura do cromossomo.

**25.31** A dupla hélice.

**25.33** O DNA é enrolado em torno das histonas, coletivamente formando nucleossomos que, por sua vez, se enrolam em solenoides, alças e bandas.

**25.35** rRNA.

**25.37** mRNA.

**25.39** As ribozimas, ou formas catalíticas de RNA, estão envolvidas em reações de *splicing* pós-transcricionais, que clivam moléculas maiores de RNA em formas menores mais ativas. As moléculas de tRNA, por exemplo, são formadas dessa maneira.

**25.41** Um pequeno RNA nuclear está envolvido em reações de *splicing* de outras moléculas de RNA.

**25.43** Micro RNAs têm 22 bases e impedem a transcrição de certos genes. Pequenos RNAs interferentes variam de 22 a 30 bases e estão envolvidos na degradação de moléculas específicas de mRNA.

**25.45** Imediatamente após a transcrição, o RNA mensageiro contém tanto íntrons quanto éxons. Os íntrons são clivados pela ação de ribozimas que catalisam reações de *splicing* no mRNA.

**25.47** Não.

**25.49** A especificidade entre os pares de bases, A-T e G-C

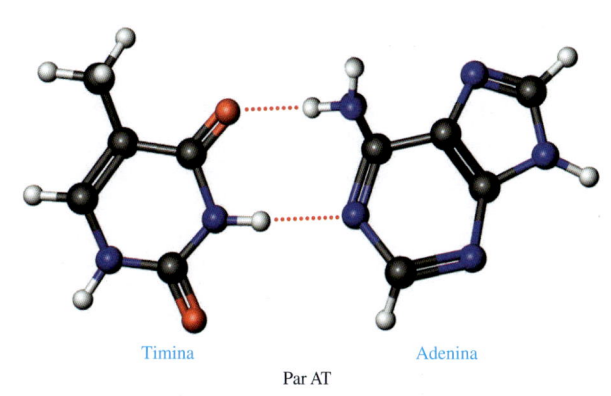

**25.51** [estrutura molecular do par AT - Timina e Adenina]

**25.53** Quatro.

**25.55** Na replicação semiconservativa do DNA, a nova hélice filha é composta de uma fita da molécula original (ou molécula-mãe) e uma fita nova.

**25.57**

$$\text{Histona}-(CH_2)_4-NH_3^+ + CH_3-COO^- \underset{\text{desacetilação}}{\overset{\text{acetilação}}{\rightleftharpoons}}$$

$$\text{Histona}-(CH_2)_4-NH-\overset{\overset{O}{\|}}{C}-CH_3$$

**25.59** Helicases são enzimas que rompem as ligações de hidrogênio entre os pares de bases na dupla hélice do DNA, ajudando assim no desenrolamento da hélice. Isso prepara o DNA para o processo de replicação.

**25.61** Pirofosfato.

**25.63** A fita condutora ou fita contínua é sintetizada na direção que vai de 5' a 3'.

**25.65** DNA ligase.

**25.67** Na direção que vai de 5' a 3'.

**25.69** Uma das enzimas envolvidas na via de reparo por excisão de base (*base excision repair* – BER) é uma endonuclease que catalisa a clivagem hidrolítica da sequência de fosfodiéster. A enzima hidrolisa no lado 5' do sítio AP.

**25.71** Uma ligação β-N-glicosídica entre a base danificada e a desoxirribose.

**25.73** Indivíduos portadores da doença hereditária XP não têm uma enzima envolvida na via NER e não são capazes de fazer reparos no DNA danificado por luz UV.

**25.75** 5'ATGGCAGTAGGC3'.

**25.77** A droga anticancerígena fluoruracila inibe a síntese de timidina, rompendo assim a replicação.

**25.79** A DNA polimerase, enzima que possibilita as ligações fosfodiéster no DNA, não funciona na extremidade do DNA linear. Isso resulta no encurtamento dos telômeros em cada replicação. O encurtamento do telômero age como um cronômetro para a célula, permitindo que ela controle o número de divisões.

**25.81** Como o genoma é circular, mesmo se os iniciadores (primers) 5′ forem removidos, sempre haverá DNA mais adiante que poderá agir como um iniciador para uso da DNA polimerase enquanto ela sintetiza DNA.

**25.83** É feita uma impressão digital (*fingerprint*) do DNA da criança, da mãe e dos supostos pais para eliminar possíveis paternidades.

**25.85** Uma vez feita a impressão digital do DNA, cada banda no DNA da criança deve vir de um dos pais. Assim, se a criança tem uma banda e a mãe não, então o pai deve ter a banda. Dessa maneira, possíveis paternidades são eliminadas.

**25.87** Um exemplo é que uma companhia de seguros de vida poderia elevar as taxas ou recusar-se a lhe oferecer o seguro se seu perfil genético tivesse indicadores negativos. A mesma coisa aconteceria com um seguro de saúde. As companhias poderiam começar a selecionar pessoas com certos traços positivos, discriminando as demais. Essa informação poderia levar a novas formas de discriminação.

**25.89** Ele desintoxica drogas e outras substâncias químicas adicionando a elas um grupo hidroxila.

**25.91** Um bolsão tridimensional de ribonucleotídeos onde as moléculas do substrato são ligadas por reação catalítica. Grupos funcionais para catálise incluem a sequência de fosfato, grupos hidroxilas da ribose e as bases nitrogenadas.

**25.93** (a) A estrutura da base nitrogenada uracila é mostrada na Figura 25.1. Ela é um componente do RNA. (b) A uracila com uma ribose ligada por uma ligação N-glicosídica é chamada de uridina.

**25.95** DNA nativo.

**25.97** % mol A = 29,3; % mol T = 29,3; % mol G = 20,7; % mol C = 20,7.

**25.99** A síntese do RNA vai de 5′ a 3′.

**25.101** A replicação do DNA requer um iniciador, que é o RNA. Como a síntese do RNA não requer um iniciador, faz sentido que o RNA tenha precedido o DNA como material genético. Isso, somado ao fato de o RNA ser capaz de catalisar reações, significa que o RNA pode ser tanto uma enzima quanto uma molécula hereditária.

**25.103** O par de bases guanina-citosina tem três ligações de hidrogênio, enquanto o par de bases adenina-timina tem apenas duas. Portanto, é preciso mais energia para separar fitas de DNA com pares de bases G—C, já que é necessário fornecer mais energia para romper suas três ligações de hidrogênio.

**25.105** O DNA é o modelo para todos os componentes de um organismo. É importante que tenha mecanismos de reparação, porque, se houver erros, todos os seus produtos sempre estarão errados. Se um DNA correto resultar num RNA incorreto por força de alguma mutação, então os produtos do RNA poderão estar errados. O RNA, porém, tem vida curta e, na próxima vez que for produzido, estará correto. Uma boa analogia é o livro de receitas. As palavras nas páginas são o DNA. Como você as lê, é o RNA. Se você não ler corretamente as palavras, a receita poderá dar errado uma vez. Se, no entanto, a impressão do livro estiver errada, a receita sempre dará errado.

### Capítulo 26 Expressão gênica e síntese de proteínas

**26.1** Primeiro, proteínas de ligação devem tornar menos condensada e mais acessível a porção do cromossomo onde está o gene. Segundo, a enzima helicase deve desenrolar a dupla hélice próxima ao gene. Terceiro, a polimerase deve reconhecer o sinal de iniciação no gene.

**26.2** (a) CAU e CAC  (b) GUA e GUG

**26.3** valina + ATP + tRNA$_{Val}$

**26.4** —CCT CGATTG—
—GGAGC TAAC—

**26.5** (c); a expressão gênica refere-se a ambos os processos – transcrição e tradução.

**26.7** A tradução da proteína ocorre nos ribossomos.

**26.9** Helicases são enzimas que catalisam o desenrolamento da dupla hélice de DNA antes da transcrição. As helicases rompem as ligações de hidrogênio entre os pares de bases.

**26.11** A sinalização de término ocorre na extremidade 5′ da fita molde que está sendo transcrita. Pode-se dizer também que ocorre na extremidade 3′ da fita de codificação.

**26.13** O grupo metila localiza-se no nitrogênio 7 da guanina.

**26.15** No RNA mensageiro.

**26.17** As subunidades ribossômicas principais são a 60S e 40S, que podem ser dissociadas em subunidades ainda menores.

**26.19** 326.

**26.21** Leucina, arginina e serina têm mais, com seis códons. Metionina e triptofano têm menos, um para cada.

**26.23** O aminoácido para a tradução da proteína está vinculado, através de uma ligação éster, à extremidade 3' do tRNA. A energia para produzir a ligação éster vem da quebra de duas ligações bastante energéticas do fosfato anidro da ATP (produzindo AMP e dois fosfatos).

**26.25** (a) A subunidade 40S em eucariotos forma o complexo de pré-iniciação como mRNA e o Met-tRNA, que se tornará o primeiro aminoácido na proteína. (b) A subunidade 60S liga-se ao complexo de pré-iniciação e introduz o próximo aminoacil-tRNA. A subunidade 60S contém a enzima peptidil transferase.

**26.27** Fatores de elongação são proteínas que participam do processo de ligação do tRNA e do movimento do ribossomo no mRNA durante o processo de elongação, na tradução.

**26.29** Uma molécula especial de tRNA é usada para iniciar a síntese de proteínas. Nos procariotos, é o tRNA$^{fmet}$, que carregará uma formil-metionina. Nos eucariotos, há uma molécula semelhante, mas que carrega metionina. No entanto, esse tRNA que carrega metionina para a iniciação de síntese é diferente do tRNA que carrega metionina para posições internas.

**26.31** Não há aminoácidos nas proximidades do ataque nucleofílico que leva à formação da ligação peptídica. Sendo assim, o ribossomo deve estar usando sua porção RNA para catalisar a reação, portanto é um tipo de enzima chamada ribozima.

**26.33** As partes do DNA envolvidas são promotores, amplificadores, silenciadores e elementos de resposta. Moléculas que se ligam ao DNA incluem RNA polimerase, fatores de transcrição e outras proteínas que podem ligar a RNA polimerase e um fator de transcrição.

**26.35** O sítio ativo das aminoacil-tRNA sintases (AARS) contém porções discriminantes para assegurar que cada aminoácido esteja ligado ao seu tRNA correto. As duas etapas de peneiramento (exclusão) funcionam com base no tamanho do aminoácido.

**26.37** Ambas são sequências de DNA que se ligam a fatores de transcrição. A diferença deve-se, em grande parte, ao nosso próprio entendimento do quadro geral. Um elemento de resposta controla um conjunto de respostas num determinado contexto metabólico. Por exemplo, um elemento de resposta pode ativar vários genes quando o organismo é desafiado metabolicamente por metais pesados, calor ou redução na pressão de oxigênio.

**26.39** Os proteossomos desempenham um papel na degradação pós-tradução de proteínas danificadas. Proteínas danificadas pela idade ou que se dobraram de forma incorreta são degradadas pelos proteossomos.

**26.41** (a) Mutação silenciosa: suponha que a sequência de DNA seja TAT na fita de codificação, que resultará em UAU no mRNA. A tirosina é incorporada à proteína. Agora suponha uma mutação no DNA para TAC. Isso resultará em UAC no mRNA. Novamente, o aminoácido será a tirosina. (b) Mutação letal: a sequência original de DNA é GAA na fita codificação, que transcreve em GAA no mRNA. Isso codificará o aminoácido ácido glutâmico. A mutação TAA resultará em UAA, um sinal de terminação que não incorpora nenhum aminoácido.

**26.43** Sim, uma mutação nociva pode ser transmitida, como gene recessivo, de geração para geração, sem que nenhum indivíduo demonstre sintomas da doença. Somente quando ambos os pais carregarem genes recessivos, a prole terá 25% de chance de herdar a doença.

**26.45** Endonucleases de restrição são enzimas que reconhecem sequências específicas no DNA e catalisam a hidrólise das ligações fosfodiéster nessa região, clivando assim ambas as fitas do DNA.

**26.47** A mutação por seleção natural é um processo extremamente longo e lento que vem ocorrendo há séculos. Cada alteração natural no gene foi ecologicamente testada e geralmente apresenta um efeito positivo ou o organismo não é viável. A engenharia genética, que opera mutações muito rápidas no DNA, não proporciona tempo suficiente para que possamos observar todas as possíveis consequências biológicas e ecológicas da alteração.

**26.49** A descoberta de enzimas de restrição permitiu que os cientistas cortassem o DNA em locais específicos e ligasse diferentes pedaços dessa molécula. Isso resultou na capacidade de clonar DNA estranho num hospedeiro, podendo assim tanto ampliar o DNA como expressá-lo. Sem enzimas de restrição, os cientistas não poderiam expressar, por exemplo, uma proteína humana numa célula de bactéria ou criar o gene terapêutico usado em terapia gênica.

**26.51** A capa viral é uma proteína protetora que encobre uma partícula viral. Todos os componentes necessários para fazer a capa – por exemplo, aminoácidos e lipídeos – vêm do hospedeiro.

**26.53** Sítio invariante é um segmento da proteína que apresenta o mesmo aminoácido em todas as espécies estudadas. Estudos sobre sítios invariantes ajudam a estabelecer vínculos genéticos e relações evolutivas.

**26.55** Mutação silenciosa é uma alteração no DNA que não resulta em mudança no produto do DNA. Isso pode acontecer quando há uma mudança de base, mas, por causa da redundância do código genético, a alteração não muda o aminoácido codificado.

**26.57** Uma mutação silenciosa pode requerer uma molécula diferente de tRNA, ainda que o mesmo aminoácido venha a ser incorporado. O movimento do ribossomo durante a tradução poderá ser diferente, dependendo do tRNA utilizado, o que potencialmente leva a diferentes padrões de dobramento na proteína produzida.

**26.59** A proteína p53 é um supressor de tumores. Quando seu gene sofre mutação, a proteína não mais controla a replicação e a célula começa a crescer num ritmo acelerado.

**26.61** A proteína de Duffy é encontrada na superfície das células vermelhas do sangue. Ela age como uma proteína de acoplamento para a malária, portanto mutações que levam à perda dessa proteína tornam a pessoa resistente à malária.

**26.63** Vários tipos de mutação afetam a produção da proteína Y. Uma mutação do gene Y poderia alterar a sequência da proteína, como acontece na Duffy e na anemia falciforme. Essas mudanças podem ser irrelevantes ou resultar na total perda de função da proteína. Outra mutação no gene X poderia ser uma mutação silenciosa, mas, como vimos em "Conexão química 26D", mesmo uma mutação silenciosa poder resultar numa proteína alterada. Outra possibilidade é que a mutação afete não o gene X diretamente, mas o promotor desse gene. Se a região do promotor sofrer mutação, menos moléculas de RNA polimerase poderão ligar-se e a proteína terá sua expressão reduzida. Mutações também podem afetar regiões do reforçador ou do silenciador, alterando o nível de expressão da proteína Y.

**26.65** (a) Transcrição: as unidades incluem o DNA que está sendo transcrito, RNA polimerases e vários fatores de transcrição.
(b) Tradução: mRNA, subunidades ribossômicas, aminoacil-tRNA, fatores de iniciação, fatores de elongação.

**26.67** Doenças hereditárias não podem ser evitadas, mas o aconselhamento genético pode ajudar as pessoas a entender os riscos envolvidos na transmissão à prole de um gene que sofreu mutação.

**26.69** (a) Plasmídeo: um pedaço de DNA, pequeno, fechado e circular, encontrado em bactérias. É replicado num processo independente do cromossomo bacteriano. (b) Gene: um segmento de DNA cromossômico que codifica uma proteína específica ou RNA.

**26.71** Cada um dos aminoácidos tem quatro códons. Todos os códons começam com G. A segunda base é diferente para cada aminoácido. A terceira base pode ser qualquer uma das quatro bases possíveis. O fator de distinção para cada aminoácido é a segunda base.

**26.73** O hexapeptídeo é Ala-Glu-Val-Glu-Val-Trp.

## Capítulo 27 Bioenergética: como o corpo converte alimento em energia

**27.1** ATP.
**27.3** (a) 2  (b) a membrana externa
**27.5** Cristas são membranas dobradas que têm origem membrana interna. Estão conectadas à membrana interna por canais tubulares.
**27.7** Há duas ligações de fosfato anidro:

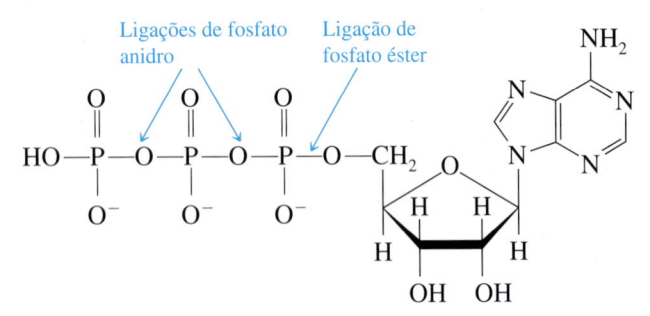

$$HO-\underset{O^-}{\underset{\|}{\overset{O}{\overset{\|}{P}}}}-O-\underset{O^-}{\underset{\|}{\overset{O}{\overset{\|}{P}}}}-O-\underset{O^-}{\underset{\|}{\overset{O}{\overset{\|}{P}}}}-O-CH_2-\text{(adenosina)}$$

Ligações de fosfato anidro / Ligação de fosfato éster

**27.9** Nenhuma das duas; ambas geram a mesma energia.
**27.11** É uma ligação de fosfato éster.
**27.13** Os dois átomos de nitrogênio que fazem parte das ligações C=N são reduzidos e formam $FADH_2$.
**27.15** (a) ATP  (b) $NAD^+$ e FAD  (c) grupos acetila
**27.17** Uma ligação amida é formada entre a porção amina da mercaptoetanolamina e o grupo carboxila do ácido pantotênico (ver Figura 27.7).
**27.19** Não. A porção ácido pantotênico não é a parte ativa. Esta é o grupo —SH na extremidade da molécula.
**27.21** Tanto gorduras quanto carboidratos são degradados a acetil coenzima A.
**27.23** α-cetoglutarato.
**27.25** O succinato é oxidado pela FAD, e o produto da oxidação é o fumarato.
**27.27** A fumarase é uma liase (ela adiciona água a uma dupla ligação).
**27.29** Não, mas a GTP é produzida na etapa 5.
**27.31** Permite que a energia seja liberada em pequenos pacotes.
**27.33** As ligações duplas carbono-carbono ocorrem no cis-aconitato e no fumarato.
**27.35** O α-cetoglutarato transfere seus elétrons ao $NAD^+$, que se torna NADH + $H^+$.
**27.37** Carreadores móveis de elétrons da cadeia de transporte de elétrons: citocromo c e CoQ.
**27.39** Quando o $H^+$ atravessa o canal iônico, as proteínas do canal sofrem rotação. A energia cinética desse movimento rotatório é convertida e armazenada como energia química na ATP.
**27.41** Esse processo ocorre nas membranas interiores da mitocôndria.
**27.43** (a) 0,5  (b) 12
**27.45** Íons voltam a entrar na matriz mitocondrial através da ATPase carreadora de prótons.
**27.47** A porção $F_1$ da ATPase catalisa a conversão de ADP em ATP.
**27.49** O peso molecular do acetato = 59 g/mol, portanto 1 g acetato = 1 ÷ 59 = 0,017 mol de acetato. Cada mol de acetato produz 12 mols de ATP [ver Problema 27.43(b)], portanto 0,017 mol × 12 = 0,204 mol de ATP. Isso é igual a 0,204 mol ATP × 7,3 kcal/mol = 1,5 kcal.
**27.51** (a) Os músculos contraem por meio de filamentos espessos (miosina) e finos (actina) que deslizam entre si.
(b) A energia vem da hidrólise da ATP.
**27.53** A ATP transfere um grupo fosfato para o resíduo de serina no sítio ativo da glicogênio fosforilase, ativando assim a enzima.
**27.55** Não. Seria nocivo a seres humanos porque não sintetizariam moléculas de ATP em quantidade suficiente.
**27.57** Essa quantidade de energia (87,6 kcal) é obtida de 12 mol de ATP (87,6 kcal ÷ 7,3 kcal/mol ATP = 12 mol ATP). A oxidação de 1 mol de acetato produz 12 mol de ATP. O peso molecular de $CH_3COOH$ é 60 g/mol, portanto a resposta é 60 g ou 1 mol de $CH_3COOH$.
**27.59** A energia de movimento aparece primeiro no canal iônico, onde a passagem de $H^+$ provoca rotação nas proteínas que revestem o canal.
**27.61** Ambos são hidroxiácidos.
**27.63** A miosina, o filamento espesso do músculo, é uma enzima que age como uma ATPase.
**27.65** O isocitrato tem dois estereocentros.
**27.67** O canal iônico é a porção $F_0$ da ATPase e é formado por 12 subunidades.
**27.69** Não, em grande parte, ela vem da energia química como resultado do rompimento de ligações na molécula de $O_2$.
**27.71** Ela remove dois hidrogênios do succinato para produzir o fumarato.
**27.73** O dióxido de carbono que exalamos é liberado pelas duas etapas de descarboxilação oxidativa no ciclo do ácido cítrico.
**27.75** Por causa do papel central do ácido cítrico no metabolismo, ele pode ser considerado um bom nutriente.
**27.77** O complexo II não gera energia suficiente para produzir ATP. Os outros sim.
**27.79** O citrato isomeriza em isocitrato e converte álcool terciário em álcool secundário. Alcoóis terciários não podem ser oxidados, mas os secundários podem ser oxidados, produzindo um grupo cetônico.
**27.81** O ferro é encontrado em agrupamentos de ferro-enxofre em proteínas e também faz parte do grupo heme dos citocromos.
**27.83** Carreadores de elétrons móveis transferem elétrons de um complexo proteico grande e menos móvel para outro.
**27.85** A ATP e os agentes redutores como NADH e $FADH_2$, que são geradas pelo ciclo do ácido cítrico, são necessários para as vias biossintéticas.
**27.87** É provável que as vias biossintéticas apresentem reações de redução, pois seu efeito é reverter o catabolismo, que é oxidativo.

**27.89** A ATP não é armazenada no organismo. Ela é hidrolisada para fornecer energia a muitos tipos diferentes de processos e, portanto, reverte rapidamente.

**27.91** O ciclo do ácido cítrico gera NADH e FADH$_2$, estas duas moléculas têm uma conexão com o oxigênio pela cadeia de transporte de elétrons.

## Capítulo 28 Vias catabólicas específicas: metabolismo de carboidratos, lipídeos e proteínas

**28.1** De acordo com a Tabela 28.2, o rendimento de ATP a partir do ácido esteárico é de 146 ATP. Isso dá 146/18 = 8,1 ATP/átomo de carbono. Para o ácido láurico (C$_{12}$):

| | |
|---|---|
| 1ª etapa: Ativação | −2 ATP |
| 2ª etapa: Desidrogenação cinco vezes | 10 ATP |
| 3ª etapa: Desidrogenação cinco vezes | 15 ATP |
| Seis fragmentos de C$_2$ em via comum | 72 ATP |
| Total | 95 ATP |

95/12 = 7,9 ATP por átomo de carbono para o ácido láurico. Assim, o ácido esteárico gera mais ATP/ átomo C.

**28.3** Eles servem de blocos construtores para a síntese de proteínas.

**28.5** Os dois fragmentos C$_3$ estão em equilíbrio. À medida que o gliceraldeído é consumido, o equilíbrio se desloca e converte o outro fragmento C$_3$ (fosfato de di-hidroxiacetona) em fosfato de gliceraldeído.

**28.7** (a) Etapas 1 e 3  (b) Etapas 6 e 9

**28.9** A inibição da ATP ocorre na etapa 9. Ela inibe a piruvato quinase por retroalimentação.

**28.11** A NADPH é o composto em questão.

**28.13** Cada molécula de glicose produz duas moléculas de lactato, portanto três mols de glicose geram seis mols de lactato.

**28.15** De acordo com a Tabela 28.1, dois mols de ATP são produzidos diretamente no citoplasma.

**28.17** Duas moléculas de ATP são produzidas em ambos os casos.

**28.19** Enzimas que catalisam a fosforilação de substratos usando ATP são chamadas de quinases. Portanto, a enzima que transforma glicerol 1-fosfato é chamada de glicerol quinase.

**28.21** (a) As duas enzimas são tioquinase e tiolase.
(b) "Tio" refere-se à presença de um grupo contendo enxofre, como o —SH.
(c) Ambas as enzimas inserem um CoA—SH num composto.

**28.23** Toda vez que ocorre β-oxidação no ácido graxo, gera-se uma acetil-CoA, uma FADH$_2$ e uma NADH. Depois de três oxidações, CH$_3$(CH$_2$)$_4$CO—CoA permanece a partir do ácido láurico original; três acetil-CoA, três FADH$_2$ e três NADH + H$^+$ são produzidas.

**28.25** Utilizando dados da Tabela 28.2, obtemos um valor de 112 mols de ATP para cada mol de ácido mirístico.

**28.27** O organismo usa preferencialmente carboidratos como fonte energética.

**28.29** (a) A transformação de acetoacetato em β-hidroxiburato é uma reação de redução.
(b) A acetona é produzida por descarboxilação do acetoacetato.

**28.31** Ele entra no ciclo do ácido cítrico.

**28.33** Desaminação oxidativa da alanina em piruvato:

CH$_3$—CH(NH$_3^+$)—COO$^-$ + NAD$^+$ + H$_2$O ⟶

CH$_3$—C(=O)—COO$^-$ + NADH + H$^+$ + NH$_4^+$

**28.35** Um dos nitrogênios vem do íon amônio através do intermediário fosfato de carbamoíla. O outro nitrogênio vem do aspartato.

**28.37** (a) O produto tóxico é o íon amônio.
(b) O organismo se livra dele convertendo-o em ureia.

**28.39** A tirosina é considerada um aminoácido glicogênico porque o piruvato pode ser convertido em glicose quando o organismo necessitar.

**28.41** Ele é armazenado na ferritina e depois reutilizado.

**28.43** Cãibras musculares ocorrem por causa da acumulação de ácido láctico.

**28.45** O tampão bicarbonato/ácido carbônico contrapõe-se aos efeitos ácidos dos corpos cetônicos.

**28.47** A reação é uma transaminação:

Ph—CH$_2$—CH(NH$_3^+$)—COO$^-$ + $^-$OOC—C(=O)—CH$_2$—CH$_2$—COO$^-$ ⟶

(Fenilalanina)  (α-cetoglutarato)

Ph—CH$_2$—C(=O)—COO$^-$ + $^-$OOC—CH(NH$_3^+$)—CH$_2$—CH$_2$—COO$^-$

(Fenilpiruvato)  (Glutamato)

**28.49** O preto e o azul devem-se à hemoglobina no sangue solidificado; o verde, à biliverdina; e o amarelo, à bilirrubina.

**28.51** A produção de etanol em leveduras ocorre como resultado da glicólise, com um rendimento efetivo de duas moléculas de ATP para cada mol de glicose metabolizado.

**28.53** A glicose pode ser convertida em ribose pela via do fosfato de pentose.

**28.55** A etapa da glicólise em que o grupo fosfato é transferido de fosfoenolpiruvato (PEP) para ADP, produzindo ATP, indica que a energia do grupo fosfato no PEP é maior que na ATP.

**28.57** O fosfato de carbamoíla tem um grupo amida e um grupo fosfato.

**28.59** O piruvato pode ser convertido em oxaloacetato.

**28.61** A Tabela 28.1 leva em conta o fato de que a glicose pode ser metabolizada ainda pelo ciclo do ácido cítrico, que produz NADH e FADH$_2$. Essas coenzimas trans-

ferem elétrons para o oxigênio, produzindo, nesse processo, a ATP.
**28.63** O lactato desempenha um papel fundamental na regeneração do NAD$^+$.
**28.65** Os aminoácidos podem ser metabolizados para gerar energia, mas geralmente isso só acontece em condições de inanição.
**28.67** Catabolismo, oxidativo, gera energia; anabolismo, redutivo, consome energia.
**28.69** Se procurarmos os dois processos nas equações químicas balanceadas, veremos que são exatamente opostos. Diferem porque a fotossíntese requer energia solar e ocorre somente em alguns organismos, como as plantas, enquanto o catabolismo aeróbico da glicose libera energia e ocorre em todo tipo de organismo.
**28.71** Açúcares já são parcialmente oxidados, portanto sua via de oxidação completa avança ainda mais, produzindo menos energia.
**28.73** As reações da glicólise ocorrem no citosol. Por causa de sua carga, os compostos que formam uma parte dessa via não estão tão propensos a atravessar a membrana celular para fora quanto estariam se não tivessem carga. As reações do ciclo do ácido cítrico ocorrem na mitocôndria, que tem uma dupla membrana. Os intermediários do ciclo do ácido cítrico tendem a ficar dentro da mitocôndria, mesmo se não tiverem carga.
**28.75** A produção de ATP ocorre em conexão com a reoxidação da NADH e FADH$_2$ produzidas no ciclo do ácido cítrico.

## Capítulo 29 Vias biossintéticas

**29.1** Diferentes vias permitem flexibilidade e superam os equilíbrios desfavoráveis. Torna-se possível o controle separado de anabolismo e catabolismo.
**29.3** A principal via biossintética do glicogênio não utiliza o fosfato inorgânico porque a presença de uma grande quantidade desse fosfato deslocaria a reação para o processo de degradação, de modo que não seria sintetizada uma quantidade substancial de glicogênio.
**29.5** A fotossíntese é o inverso da respiração:

$6CO_2 + 6H_2O \longrightarrow C_6H_{12}O_6 + 6O_2$ Fotossíntese
$C_6H_{12}O_6 + 6O_2 \longrightarrow 6CO_2 + 6H_2O$ Respiração

**29.7** Um composto que pode ser usado para a gliconeogênese:
(a) da glicólise: piruvato
(b) do ciclo do ácido cítrico: oxaloacetato
(c) da oxidação de aminoácido: alanina
**29.9** As necessidades de glicose para o cérebro são satisfeitas pela gliconeogênese, pois as outras vias metabolizam a glicose, e somente a gliconeogênse a produz.
**29.11** A maltose é um dissacarídeo composto de duas unidades de glicose ligadas por uma ligação $\alpha$-1,4-glicosídica.

UDP-glicose + glicose $\longrightarrow$ maltose + UDP

**29.13** A UTP consiste em uracila, ribose e três fosfatos.
**29.15** (a) A biossíntese dos ácidos graxos ocorre principalmente no citoplasma.
(b) Não, a degradação dos ácidos graxos ocorre na matriz mitocondrial.

**29.17** Na biossíntese dos ácidos graxos, um composto de três carbonos, malonil ACP, é repetidamente adicionado à sintase.
**29.19** O dióxido de carbono é liberado a partir do malonil ACP, resultando na adição de dois carbonos à cadeia em crescimento do ácido graxo.
**29.21** É uma etapa de oxidação porque o substrato é oxidado com a concomitante remoção do hidrogênio. O agente oxidante é o $O_2$. A NADPH também é oxidada durante a etapa.
**29.23** A NADPH é mais volumosa que a NADH por causa de seu grupo fosfato extra e também tem duas cargas negativas a mais.
**29.25** Não, o organismo faz outros ácidos graxos insaturados, tais como os ácidos oleico e araquidônico.
**29.27** Os componentes ativados necessários são esfingosina, acil-CoA e UDP-glicose.
**29.29** Todos os carbonos do colesterol originam-se na acetil-CoA. Um fragmento C5 chamado pirofosfato de isopentenila é um importante intermediário na biossíntese dos esteroides.

3 acetil-CoA $\longrightarrow$ mevalonato
$C_2$ $\qquad\qquad\qquad$ $C_6$
$\qquad\qquad\longrightarrow$ pirofosfato de isopentenila + $CO_2$
$\qquad\qquad\qquad\qquad\qquad C_5$

**29.31** O aminoácido produzido será o ácido aspártico.
**29.33** Os produtos da reação de transaminação mostrada são valina e $\alpha$-cetoglutarato.

$$(CH_3)_2CH-\overset{O}{\underset{\|}{C}}-COO^- + {}^-OOC-CH_2-CH_2-\underset{\underset{NH_3^+}{|}}{CH}-COO^- \longrightarrow$$

A forma cetônica da valina $\qquad\qquad$ Glutamato

$$(CH_3)_2CH-\underset{\underset{NH_3^+}{|}}{CH}-COO^- + {}^-OOC-CH_2-CH_2-\overset{O}{\underset{\|}{C}}-COO^-$$

Valina $\qquad\qquad\qquad\qquad$ $\alpha$-cetoglutarato

**29.35** A NADPH é o agente redutor no processo em que o dióxido de carbono é incorporado em carboidratos.
**29.37** A acetil-CoA carboxilase (ACC) é uma enzima fundamental na biossíntese dos ácidos graxos. Ela existe em duas formas: no fígado e no tecido muscular. A enzima encontrada no músculo afeta a perda de peso e pode tornar-se um alvo para fármacos antiobesidade.
**29.39** As ligações que conectam as bases nitrogenadas às unidades de ribose são as ligações N-glicosídicas, como aquelas encontradas nos nucleotídeos.
**29.41** O aminoácido produzido por essa transaminação é a fenilalanina.
**29.43** A estrutura da lecitina (fosfatidil colina) é mostrada na Seção 21.6. A síntese de uma molécula dessa natureza requer glicerol ativado, dois ácidos graxos ativados e colina ativada. Cada ativação exige uma molécula de ATP para um total de quatro moléculas de ATP.
**29.45** O composto que reage com glutamato numa reação de transaminação para formar a serina é o 3-hidroxipiruvato. A reação inversa é mostrada a seguir:

$$\underset{\text{Serina}}{\begin{array}{c}\text{COO}^-\\|\\\text{CH}-\text{NH}_3^+\\|\\\text{CH}_2\text{OH}\end{array}} + \underset{\alpha\text{-cetoglutarato}}{\begin{array}{c}\text{COO}^-\\|\\\text{C}=\text{O}\\|\\\text{CH}_2\\|\\\text{CH}_2\\|\\\text{COO}^-\end{array}} \longrightarrow \underset{\text{3-hidroxipiruvato}}{\begin{array}{c}\text{COO}^-\\|\\\text{C}=\text{O}\\|\\\text{CH}_2\text{OH}\end{array}} + \underset{\text{Glutamato}}{\begin{array}{c}\text{COO}^-\\|\\\text{CH}-\text{NH}_3^+\\|\\\text{CH}_2\\|\\\text{CH}_2\\|\\\text{COO}^-\end{array}}$$

**29.47** A HMG-CoA é hidroximetilglutaril-CoA. Sua estrutura é mostrada na seção 29.4. O carbono 1 é o grupo carbonila ligado ao grupo tio da CoA.

**29.49** Heme é um anel porfirínico com ferro no centro. A clorofila é um anel porfirínico com magnésio no centro.

**29.51** A biossíntese dos ácidos graxos ocorre no citoplasma, requer NADPH e utiliza malonil-CoA. O catabolismo dos ácidos graxos ocorre na matriz mitocondrial, produz NADH e $FADH_2$ e não precisa de malonil-CoA.

**29.53** A fotossíntese necessita de muita energia luminosa do sol.

**29.55** A falta de aminoácidos essenciais impediria a síntese da parte proteica. A gliconeogênese pode produzir açúcares mesmo sob condições de inanição.

**29.57** A separação de vias catabólicas e anabólicas permite maior eficiência, especialmente no controle das vias.

**29.59** Se ratos de laboratório forem alimentados com todos os aminoácidos, menos um dos essenciais, serão incapazes de sintetizar proteína. Administrar o aminoácido essencial depois não será útil, pois os outros aminoácidos já foram metabolizados.

## Capítulo 30 Nutrição

**30.1** Não, as necessidades nutricionais variam de pessoa para pessoa.

**30.3** O benzoato de sódio não é catabolizado pelo organismo, portanto não atende à definição de nutriente – componentes do alimento que proporcionam crescimento, substituição e energia. O propionato de cálcio entra no metabolismo principal por conversão em succinil-CoA e no catabolismo pelo ciclo do ácido cítrico, e portanto é um nutriente.

**30.5** As informações nutricionais encontrada em todos os alimentos deve apresentar a porcentagem de valores diários para quatro importantes nutrientes: vitaminas A e C, cálcio e ferro.

**30.37** Quimicamente, a fibra é celulose, um polissacarídeo que não pode ser degradado pelos humanos. É importante para o funcionamento adequado dos processos dietéticos, especialmente no cólon.

**30.9** A necessidade calórica basal é calculada supondo que o corpo esteja completamente em repouso.

**30.11** 1.833 cal.

**30.13** Não. Na melhor das hipóteses, os diuréticos seriam uma solução temporária.

**30.15** O produto seria fragmentos de oligossacarídeos de diferentes tamanhos muito menores que as moléculas originais de amilose.

**30.17** Não. A maltose dietética, o dissacarídeo composto de unidades de glicose ligadas por uma ligação 1,4-glicosídica, é rapidamente hidrolisada no estômago e nos intestinos delgados. Quando chega à corrente sanguínea, ela é a glicose monossacarídea.

**30.19** Ácido linoleico.

**30.21** Não. Lipases não degradam nenhum dos dois, mas degradam triacilgliceróis.

**30.23** Sim, é possível para um vegetariano obter um suprimento suficiente de proteínas adequadas, porém a pessoa deve conhecer muito bem o conteúdo de aminoácidos dos vegetais para que possa levar em conta a devida complementação proteica.

**30.25** As proteínas da dieta começam a ser degradadas no estômago, que contém HCl numa concentração de aproximadamente 0,5%. A tripsina é uma protease presente no intestino delgado e que dá continuidade à digestão das proteínas. No estômago, o HCl desnatura a proteína da dieta, provocando uma hidrólise relativamente aleatória das ligações amida na proteína. São produzidos fragmentos de proteína. A tripsina catalisa a hidrólise das ligações peptídicas somente no lado carboxílico dos aminoácidos Arg e Lys.

**30.27** Espera-se que a maioria dos prisioneiros desenvolva doenças carenciais num futuro próximo.

**30.29** As limas forneciam aos marinheiros o suprimento de vitamina C para evitar o escorbuto.

**30.31** A vitamina K é essencial para uma coagulação adequada do sangue.

**30.33** A única doença que, segundo provas científicas, pode ser evitada com a vitamina C é o escorbuto.

**30.35** As vitaminas E e C e os carotenoides podem ter efeitos significativos na saúde respiratória. Isso pode resultar de sua atividade como antioxidantes.

**30.37** Há um átomo de enxofre na biotina e na vitamina $B_1$ (também chamada de tiamina).

**30.39** A pirâmide alimentar original não levava em conta as diferenças entre tipos de nutrientes. Todas as gorduras deviam ser limitadas e todos os carboidratos eram saudáveis. As novas diretrizes reconhecem que as gorduras poli-insaturadas são necessárias e que os carboidratos de grãos integrais são melhores do que os de fontes refinadas. A nova pirâmide também reconhece a importância dos exercícios físicos, o que não acontecia com a anterior.

**30.41** O excesso de proteínas, carboidratos e gorduras ingeridos são metabolizados resultando em níveis mais elevados de ácidos graxos. No entanto, não há nenhuma via que permita às gorduras gerar um excedente efetivo de carboidratos. Sendo assim, a gordura armazenada não pode ser usada para fazer carboidratos quando o nível de glicose no sangue é baixo.

**30.43** Toda a perda efetiva de peso baseia-se em atividade crescente e, ao mesmo tempo, na limitação de ingestão calórica. No entanto, é mais eficaz concentrar-se no aumento da atividade do que na limitação da ingestão.

**30.45** Teoricamente, se os humanos tivessem a via do glioxilato, a alimentação seria mais fácil. Quando se eliminam as duas etapas de descarboxilação do ciclo do ácido cítrico, não há perda de carbono da acetil-CoA.

**30.47** (a) A maioria dos estudos mostra que os adoçantes artificiais Sucralose e acessulfame-K não são metabolizados em quantidades mensuráveis.

(b) A digestão do aspartame pode levar a altos níveis de fenilalanina.

**30.49** O ferro é um importante cofator em muitos compostos biológicos. O mais óbvio é o papel que o ferro desempenha na hemoglobina. É o ferro que diretamente liga o oxigênio, que é a fonte de respiração para o nosso metabolismo. O ferro deve ser consumido na dieta para manter os níveis de ferro na hemoglobina e em muitos outros compostos.

**30.51** Fatores que afetam a absorção incluem a solubilidade do composto de ferro, a presença de antiácidos no trato digestivo e a fonte do ferro.

**30.53** Arginina.

**30.55** Ingestão de carboidrato antes do evento e consumo de carboidratos durante o evento.

**30.57** A cafeína age como um estimulante do sistema nervoso central, proporcionando uma sensação de energia geralmente apreciada pelos atletas. Além disso, a cafeína reduz os níveis de insulina e estimula a oxidação dos ácidos graxos, o que seria benéfico para atletas de provas de resistência. No entanto, ela é também um diurético e pode levar à desidratação em eventos de longa distância.

**30.59** O custo é a maior desvantagem dos alimentos orgânicos, já que podem ser até 100% mais caros que os não orgânicos. O tipo de alimento também deve ser levado em conta, pois pesticidas e algumas substâncias químicas são transferidos do alimento para o consumidor, enquanto outras não são. Por exemplo, se um pesticida está concentrado na casca da banana, isso não é um problema tão sério quanto seria se estivesse acumulado na própria banana. Pesticidas e outras substâncias são mais perigosos para crianças e gestantes que para outras pessoas.

**30.61** A vitamina ácido pantotênico faz parte da CoA.

(a) Glicólise: piruvato desidrogenase usa CoA como coenzima.

(b) Síntese de ácidos graxos: a primeira etapa envolve a enzima ácido graxo sintase.

**30.63** As proteínas ingeridas na dieta são degradadas em aminoácidos livres, que então são usados para construir proteínas com diversas funções específicas. Duas importantes funções são a integridade estrutural e a catálise biológica. Nossas proteínas estão constantemente sendo renovadas, isto é, são continuamente degradadas e reconstruídas com aminoácidos livres.

**30.65** No ápice da pirâmide alimentar, estão as gorduras, os óleos e doces, e o seguinte aviso: "Use com moderação". Podemos omitir completamente os doces da dieta, no entanto a omissão completa de gorduras e óleos é perigosa. Em nossa dieta, devemos ter gorduras e óleos que contenham os dois ácidos graxos essenciais. Os ácidos graxos essenciais podem estar presentes como componentes de outros grupos alimentares – carne vermelha, aves e peixes.

**30.67** Nozes não são apenas um alimento saboroso – também são saudáveis. De fato, estão incluídas num grupo alimentar da pirâmide alimentar do Ministério da Agricultura dos Estados Unidos. As nozes também são uma boa fonte de vitaminas e minerais, que incluem as vitaminas E e B, biotina, potássio, magnésio, fósforo, zinco e manganês.

**30.69** Não, a lecitina é degradada no estômago e nos intestinos bem antes de poder entrar no sangue. O fosfoglicerídeo é degradado em ácidos graxos, glicerol e colina, que são absorvidos através das paredes intestinais.

**30.71** Pacientes submetidos a uma cirurgia de úlcera recebem enzimas digestivas que podem ter sido perdidas durante o procedimento. O suplemento de enzimas deve conter proteases para ajudar a decompor as proteínas, além de lipases para ajudar na digestão de gorduras.

## Capítulo 31 Imunoquímica

**31.1** Exemplos de imunidade inata externa incluem ação da pele, lágrimas e muco.

**31.3** A pele combate a infecção proporcionando uma barreira contra a penetração de agentes patogênicos. Ela também secreta ácidos láctico e graxo, e ambos criam um baixo pH, inibindo assim o crescimento de bactérias.

**31.5** O processo de imunidade inata tem pouca capacidade de mudança em resposta a perigos imunológicos. Os principais aspectos da imunidade adaptativa (adquirida) são especificidade e memória. O sistema imunológico adquirido utiliza moléculas de anticorpos desenhadas para cada tipo de invasor. Num segundo encontro com o mesmo perigo, a resposta é mais rápida e mais prolongada que da primeira vez.

**31.7** As células T originam-se na medula óssea, mas crescem e se desenvolvem na glândula timo. As células B originam-se e crescem na medula óssea.

**31.9** Macrófagos são as primeiras células do sangue a encontrar ameaças potenciais ao sistema. Atacam praticamente qualquer coisa que não seja reconhecida como parte do organismo, incluindo agentes patogênicos, células cancerígenas e tecidos danificados. Macrófagos engolfam e invadem bactérias ou vírus, os mata com óxido nítrico (NO) e depois os digerem.

**31.11** Antígenos à base de proteína.

**31.13** Moléculas de MHC classe II capturam antígenos danificados. Um antígeno alvo é processado primeiro nos lisossomos, onde é primeiro degradado por enzimas proteolíticas. Uma enzima, GILT, reduz as pontes de dissulfeto do antígeno. Os antígenos peptídicos reduzidos se desdobram e em seguida são degradados por proteases. Os fragmentos peptídicos restantes servem como epítopos que são reconhecidos por moléculas de MHC de classe II.

**31.15** Moléculas de MHC são proteínas transmembrânicas que pertencem à superfamília das imunoglobulinas.

Estão originalmente presentes dentro da célula até se associarem a antígenos, quando então se dirigem para a superfície da membrana.

**31.17** Se considerarmos que o coelho nunca foi exposto ao antígeno, a resposta ocorrerá em 1 ou 2 semanas após a injeção de antígeno.

**31.19** (a) As moléculas de IgE têm um conteúdo de 10%-12% de carboidrato, que é igual ao das moléculas de IgM. As moléculas de IgE têm a menor concentração no sangue, algo em torno de 0,01-0,1 mg/100 mL de sangue.

(b) As moléculas de IgE estão envolvidas nos efeitos da renite alérgica e de outras alergias. Também oferecem proteção contra parasitas.

**31.21** Os dois fragmentos Fab seriam capazes de se ligar ao antígeno. Esses fragmentos contêm as regiões de sequência variável da proteína e, portanto, podem ser alterados durante a síntese contra um antígeno específico.

**31.23** A expressão *superfamília das imunoglobulinas* refere-se a todas as proteínas que apresentam a estrutura padrão de uma cadeia pesada e uma cadeia leve.

**31.25** Anticorpos e antígenos se juntam por meio de interações não covalentes fracas: ligações de hidrogênio, interações eletrostáticas (dipolo-dipolo) e interações hidrofóbicas.

**31.27** O DNA para a superfamília das imunoglobulinas tem múltiplas vias de recombinação durante o desenvolvimento da célula. A diversidade reflete o número de permutações e modos de combinar várias regiões: constantes, variáveis, de junção e de diversidade.

**31.29** As células T carregam em sua superfície proteínas que funcionam como receptores específicos para antígenos. Esses receptores (TcR), que são membros da superfamília das imunoglobulinas, têm regiões constantes e variáveis. Encontram-se ancorados na membrana da célula T por interações hidrofóbicas. Não são capazes de, por si sós, se ligar aos antígenos, mas precisam de moléculas de proteínas adicionais chamadas *clusters* determinantes, que agem como correceptores. Quando as moléculas de TcR combinam com proteínas *cluster* determinantes, formam complexos receptores de célula T (complexos TcR).

**31.31** Os componentes dos complexos TcR são (1) as moléculas de proteínas acessórias denominadas *cluster* determinantes e (2) o receptor da célula T.

**31.33** CD4.

**31.35** São moléculas de adesão que ajudam a acoplar células de antígenos e células T. Também agem como transdutoras de sinal.

**31.37** Citocinas são glicoproteínas que interagem com receptores de citocina em macrófagos e células B e T. Elas não reconhecem os antígenos nem se ligam a eles.

**31.39** Quimioquinas são uma classe de citocinas que enviam mensagens entre células. Elas atraem leucócitos para o local do ferimento e se ligam a receptores específicos nos leucócitos.

**31.41** Todas as quimioquinas são proteínas de baixo peso molecular com quatro resíduos de cisteína unidos em ligações específicas de dissulfeto: Cys1—Cys3 e Cys2—Cys4.

**31.43** As células T maturam na glândula timo. Durante a maturação, as células que não interagem com MHC e assim não podem responder a antígenos externos são eliminadas por um processo especial de seleção. As células T que expressam receptores que podem interagir com autoantígenos normais são eliminadas pelo mesmo processo de seleção.

**31.45** Uma via de sinalização que controla a maturação de células B é a via de fosforilação ativada pela tirosina quinase e desativada pela fosfatase.

**31.47** Citocinas e quimioquinas.

**31.49** Células T auxiliares.

**31.51** É difícil saber por que o vírus sofre mutação rapidamente. Uma de suas proteínas de acoplamento muda de conformação quando acopla, e os anticorpos eliciados contra proteínas não acopladas são ineficazes. O vírus se liga a várias proteínas que inibem fatores antivirais e recobre sua membrana externa com açúcares muito semelhantes aos açúcares naturais encontrados em células hospedeiras.

**31.53** As vacinas contam com a capacidade de o sistema imunológico reconhecer uma molécula estranha e fazer anticorpos específicos para ela. O HIV se esconde do sistema imunológico de várias maneiras e muda frequentemente. O organismo fabrica anticorpos, mas eles não são muito eficazes em encontrar ou neutralizar o vírus.

**31.55** Desde a década de 1880, sabia-se que o podofilo possuía propriedades anticancerígenas. Mais tarde, descobriu-se que uma substância química encontrada no podofilo, a picropodofilina, inibe a formação do fuso durante a mitose em células que se dividem. Como fazem todos os agentes quimioterápicos, ela retarda o desenvolvimento de células que se dividem rapidamente, como as células cancerígenas, mais do que com células normais.

**31.57** A maioria das células cancerígenas tem proteínas específicas em sua superfície que ajudam a identificá-las como tais. Anticorpos monoclonais são muito específicos para as moléculas às quais se ligarão, o que os torna uma excelente opção para combater o câncer. Os anticorpos atacarão a célula cancerígena, e somente ela, se o anticorpo monoclonal for suficientemente específico.

**31.59** Estudos de marcação por fluorescência mostram que células do câncer de mama apresentam níveis elevados da proteína HER2. Além disso, drogas elaboradas para atacar a HER2 são muito bem-sucedidas na identificação de células cancerígenas.

**31.61** Muitos tipos de câncer estão vinculados à dimerização de receptores específicos de células. A tirosina quinase é um tipo de receptor de célula que funciona via dimerização. Anticorpos monoclonais específicos estão sendo elaborados para bloquear a dimerização das tirosinas quinases.

**31.63** Jenner notou que ordenhadoras, que frequentemente estavam expostas à varíola bovina, raramente contraíam varíola humana, se é que isso acontecia.

**31.65** Alergias a antibióticos podem ser intensas. A pessoa pode não apresentar nenhum sintoma na primeira exposição, mas uma segunda ou terceira poderá produzir sérias reações ou mesmo ser fatal.

**31.67** Em alguns países, as profissionais do sexo usam constantemente pequenas doses de antibiótico numa tentativa de evitar doenças sexualmente transmissíveis. Infelizmente, o efeito colateral dessa prática tem sido permitir a evolução de linhagens de gonorreia resistentes a antibióticos.

**31.69** Uma das moléculas da bactéria estreptococos assemelha-se a uma proteína encontrada nas válvulas do coração. A tentativa do corpo de combater a infecção estreptocócica na garganta pode resultar em anticorpos que atacam não somente as bactérias, mas também as válvulas cardíacas das pessoas. É o que acontece na febre reumática.

**31.71** Células-tronco podem ser transformadas em outros tipos de célula. Os cientistas estão trabalhando para encontrar meios de usar células-tronco para reparar tecido nervoso ou tecido cerebral danificados. Em alguns modelos de animais, a função da célula cerebral foi restaurada após um derrame por adição de células-tronco ao cérebro na área danificada.

**31.73** As moléculas de IgA constituem a primeira linha de defesa, pois são encontradas nas lágrimas e em secreções das mucosas. Podem interceptar invasores antes que cheguem à corrente sanguínea.

**31.75** As quimioquinas (ou, de modo mais geral, citocinas) ajudam os leucócitos a migrar para fora dos vasos sanguíneos, até o local do ferimento. As citocinas ajudam na proliferação dos leucócitos.

**31.77** Um composto chamado 12:13 dEpoB, um derivado da epotilona B, está sendo estudado como vacina contra o câncer.

**31.79** Os receptores do fator de necrose tumoral estão localizados nas superfícies de vários tipos de células, mas especialmente em células tumorais.

# Glossário

**Abzima** (*Seção 23.8*) Imunoglobulina gerada quando se usa um análogo de estado de transição como antígeno.

**Acetila, grupo** (*Seção 27.3*) O grupo CH$_3$CO—.

**Ácido desoxirribonucleico** (*Seção 25.2*) Macromolécula da hereditariedade em eucariotos e procariotos. É composta de cadeias de monômeros nucleotídicos de uma base nitrogenada, 2-desoxi-D-ribose e fosfato.

**Ácido graxo essencial** (*Seção 30.4*) Ácido graxo necessário na dieta.

**Ácido ribonucleico (RNA)** (*Seção 25.5*) Um tipo de ácido nucleico que consiste em monômeros nucleotídicos de uma base nitrogenada, D-ribose e fosfato.

**Ácidos nucleicos** (*Seção 25.3*) Polímero composto de nucleotídeos.

**Adenovírus** (*Seção 26.9*) Vetor muito usado em terapia gênica.

**Agente mutagênico** (*Seção 26.7*) Substância química que induz uma mudança de base ou mutação no DNA.

**Agonista** (*Seção 24.1*) Molécula que mimetiza a estrutura de um neurotransmissor natural ou hormônio, liga-se ao mesmo receptor e elicia a mesma resposta.

**Aids** (*Seção 31.8*) Síndrome da imunodeficiência adquirida. Doença causada pelo vírus da imunodeficiência humana, que ataca e reduz a quantidade de células T.

**Alfa (α-) aminoácido** (*Seção 22.2*) Aminoácido em que o grupo amino está ligado ao átomo de carbono próximo ao carbono de —COOH.

**Alfa (α-) hélice** (*Seção 22.9*) Um tipo de estrutura secundária repetitiva de proteínas em que a cadeia peptídica adota uma conformação helicoidal, estabilizada por ligação de hidrogênio, entre uma sequência peptídica N—H e a sequência do C=O, quatro aminoácidos adiante na cadeia.

**Alostérica, proteína** (*Conexões químicas 22G*) Proteína que apresenta um comportamento tal que a ligação de uma molécula a um sítio altera a capacidade da proteína de se ligar a outra molécula num sítio diferente.

**Alosterismo (Enzima alostérica)** (*Seção 23.6*) Regulação enzimática em que a ligação de um regulador em um dos sítios da enzima modifica a capacidade desta última de se ligar ao substrato no sítio ativo. Enzimas alostéricas geralmente possuem múltiplas cadeias polipeptídicas, com possibilidade de comunicação química entre elas.

**Amilase** (*Seção 30.3*) Enzima que catalisa a hidrólise de ligações α-1,4-glicosídicas em amidos.

**Aminoácido** (*Seção 22.1*) Composto orgânico que contém um grupo amino e um grupo carboxila.

**Aminoácido essencial** (*Seção 30.5*) Aminoácido que o organismo não pode sintetizar na quantidade necessária, e portanto deve ser obtido na dieta.

**Aminoácido neurotransmissor** (*Seção 24.5*) Neurotransmissor ou hormônio que é também um aminoácido.

**Aminoacil tRNA sintetase** (*Seção 26.3*) Enzima que vincula o aminoácido correto a uma molécula de tRNA. Também denominada aminoacil tRNA sintase.

**Aminoaçúcar** (*Seção 20.1*) Monossacarídeo em que um grupo —OH é substituído por um grupo —NH$_2$.

**Anabolismo** (*Seção 27.1*) Processo bioquímico em que se constroem moléculas maiores a partir de moléculas menores.

**Análogo do estado de transição** (*Seção 23.8*) Molécula construída para mimetizar o estado de transição de uma reação catalisada por enzima.

**Aneuploide, célula** (*Conexões químicas 31F*) Célula com o número errado de cromossomos.

**Ânion** (*Seção 3.2*) Íon com carga elétrica negativa.

**Antagonista** (*Seção 24.1*) Molécula que se liga a um receptor de neurotransmissor, mas não elicia a resposta natural.

**Anticódon** (*Seção 26.3*) Sequência de três nucleotídeos no tRNA, também chamado de sítio de reconhecimento do códon, complementar ao códon do mRNA.

**Anticorpo** (*Seção 31.1*) Glicoproteína de defesa sintetizada pelo sistema imunológico de vertebrados e que interage com um antígeno; também chamado de imunoglobulina.

**Anticorpo monoclonal** (*Seção 31.4*) Anticorpo produzido por clones de uma única célula B específica para um único epítopo.

**Anticorpo neutralizador** (*Seção 31.8*) Um tipo de anticorpo que destrói completamente seu antígeno alvo.

**Anticorpos multiclonais** (*Conexões químicas 31B*) Um tipo de anticorpo encontrado no soro depois que um vertebrado é exposto a um antígeno.

**Antígeno** (*Seções 31.1 e 31.3*) Substância estranha ao organismo e que ativa uma resposta imunológica.

**AP, sítio** (*Seção 25.7*) A ribose e o fosfato deixados depois que uma glicolase remove uma base purínica ou pirimidínica durante o reparo ao DNA.

**Apoenzima** (*Seção 23.2*) Porção proteica de uma enzima que tem cofatores ou grupos prostéticos.

**Ativação de um aminoácido** (*Seção 26.5*) Processo em que um aminoácido é ligado a uma molécula de AMP e depois ao 3'—OH de uma molécula de tRNA.

**Ativação de uma enzima** (*Seção 23.2*) Qualquer processo em que uma enzima inativa é transformada em uma enzima ativa.

**Atividade enzimática** (*Seção 23.4*) Velocidade em que procede uma reação catalisada por enzima, e que geralmente é medida como a quantidade de produto produzido por minuto.

**Axônio** (*Seção 24.2*) A parte longa de uma célula nervosa que sai do corpo principal da célula e finalmente conecta-se com outra célula nervosa ou do tecido nervoso.

**Bases** (*Seção 25.2*) Purinas e pirimidinas, que são componentes de nucleosídeos. DNA e RNA.

**Cadeia descontínua** (*Seção 25.6*) DNA sintetizado descontinuamente e que se estende numa direção oposta à forquilha de replicação.

**Cadeias laterais** (*Seção 22.7*) A parte do aminoácido que varia de um para outro. A cadeia lateral está ligada ao carbono alfa e a sua natureza determina as características do aminoácido.

**Carcinógeno** (*Seção 26.7*) Mutagênico químico que pode causar câncer.

**Carreadora** (*Seção 24.5*) Molécula de proteína que transporta pequenas moléculas, tais como glicose ou ácido glutâmico, de um lado a outro da membrana.

**Cassette de expressão** (*Seção 26.9*) Sequência de genes contendo um gene introduzido via terapia gênica, e que é incorporada num vetor, substituindo o próprio DNA do vetor.

**Catabolismo** (*Seção 27.1*) Processo bioquímico de decomposição de moléculas para suprir energia.

**Células apresentadoras de antígenos (APCs)** (*Seção 31.2*) Células que clivam moléculas externas e as apresentam em sua superfície para que se liguem a células T ou células B.

**Célula assassina natural** (*Seções 31.1 e 31.2*) Célula do sistema imunológico inato que ataca células infectadas ou cancerígenas.

**Célula assassina T** (*Seção 31.2*) Célula T que mata as células externas invasoras por contato. Também chamada de célula T citotóxica.

**Célula B** (*Seção 31.1*) Um tipo de linfócito que é produzido e amadurece na medula óssea. As células B produzem moléculas de anticorpos.

**Célula de carcinoma embrionário** (*Conexões químicas 31D*) Célula multipotente derivada de carcinomas.

**Célula de memória** (*Seção 31.2*) Um tipo de célula T que permanece no sangue depois de terminada uma infecção, agindo como uma linha de defesa rápida se o mesmo antígeno for encontrado novamente.

**Células dendríticas** (*Seções 31.1 e 31.2*) Células importantes do sistema imunológico inato e que, geralmente, são as primeiras células na defesa contra invasores.

**Célula plasmática** (*Seção 31.2*) Célula derivada de uma célula B que foi exposta a um antígeno.

**Células progenitoras** (*Conexões químicas 31D*) Outro termo para células-tronco.

**Célula T** (*Seção 31.1*) Um tipo de célula linfoide que amadurece no timo e que reage com antígenos via receptores ligados à superfície da célula. As células T se diferenciam em célula T de memória ou células assassinas T.

**Células T auxiliares** (*Seção 31.2*) Tipo de célula T que ajuda na resposta do sistema imunológico adquirido contra invasores, mas que não elimina diretamente as células infectadas.

**Célula-tronco embrionária** (*Conexões químicas 31D*) Células-tronco derivadas de tecido embrionário. O tecido embrionário é a mais rica fonte de células-tronco.

**Célula-tronco multipotente** (*Conexões químicas 31D*) Célula-tronco capaz de se diferenciar em muitos, mas não todos, tipos de células.

**Célula-tronco pluripotente** (*Conexões químicas 31E*) Célula-tronco capaz de se desenvolver em todo tipo de célula.

**Chaperona** (*Seção 22.10*) Molécula de proteína que ajuda outras proteínas a se dobrar numa conformação biologicamente ativa, permitindo que proteínas parcialmente desnaturadas recuperem sua conformação biologicamente ativa.

**Cistina** (*Seção 22.4*) Dímero de cisteína em que dois aminoácidos estão covalentemente ligados por uma ligação de dissulfeto entre seus grupos —SH da cadeia lateral.

**Citocina** (*Seção 31.6*) Glicoproteína que se desloca entre células e altera a função de uma célula-alvo.

**Clonagem** (*Seção 25.8*) Processo pelo qual o DNA é ampliado por inserção num hospedeiro e replicado junto com o DNA do próprio hospedeiro.

***Cluster* determinante** (*Seção 31.5*) Conjunto de proteínas de membrana em células T que ajudam na ligação de antígenos a receptores de célula T.

**Código genético** (*Seção 26.4*) Sequência de tripletos de nucleotídeos (códons) que determina a sequência de aminoácidos numa proteína.

**Códon** (*Seção 26.3*) Sequência de três nucleotídeos no mRNA que especifica um determinado aminoácido.

**Coenzima** (*Seção 23.3*) Molécula orgânica, frequentemente uma vitamina B, que age como um fator.

**Cofator** (*Seção 23.3*) A parte não proteica de uma enzima necessária à sua função catalítica.

**Complementação proteica** (*Seção 30.5*) Dieta que combina proteínas de fontes variadas para chegar a uma proteína completa.

**Complexo aberto** (*Seção 26.6*) Complexo de DNA, RNA polimerase e fatores gerais de transcrição que devem ser formados antes de ocorrer a transcrição. Nesse complexo, o DNA está sendo separado.

**Complexo enzima-substrato** (*Seção 23.5*) Parte do mecanismo de uma reação enzimática em que a enzima está ligada ao substrato.

**Complexo principal de histocompatibilidade (MHC)** (*Seções 31.2 e 31.3*) Complexo proteico transmembrânico que traz o epítopo de um antígeno até a superfície da célula infectada para ser apresentado às células T.

**Complexo receptor de célula T** (*Seção 31.5*) A combinação de receptores de célula T, antígenos e *clusters* determinantes (CD), todos envolvidos na capacidade da célula T de se ligar ao antígeno.

**Controle por retroação** (*Seção 23.6*) Um tipo de regulação enzimática em que o produto de uma série de reações inibe a enzima que catalisa a primeira reação da série.

**Cromatina** (*Seção 25.6*) Complexo de DNA com proteínas histônicas e não histônicas presentes em células eucarióticas entre as divisões celulares.

**Cromossomos** (*Seção 25.6*) Estruturas existentes dentro do núcleo dos eucariotos que contêm DNA e proteína, e que são replicadas como unidades durante a mitose. Cada cromossomo é formado de uma molécula longa de DNA que contém muitos genes hereditários.

**C-terminal** (*Seção 22.6*) Aminoácido localizado na extremidade de uma cadeia peptídica e que apresenta um grupo carboxila livre.

**Curva de saturação** (*Seção 23.4*) Gráfico da atividade enzimática *versus* a concentração do substrato. Em altos níveis de substrato, a enzima torna-se saturada e a velocidade não aumenta de modo linear à medida que aumenta o substrato.

**Dedos de ligação a íons metálicos** (*Seção 26.6*) Um tipo de fator de transcrição que contém íons de metais pesados, tais como $Zn^{2+}$, e que ajuda a RNA polimerase a se ligar ao DNA a ser transcrito. Em inglês, *metal binding finger*.

**Dendrito** (*Seção 24.2*) Projeção capilar que se estende do corpo de uma célula nervosa do lado oposto ao axônio.

**Desaminação oxidativa** (*Seção 28.8*) Reação em que o grupo amino de um aminoácido é removido e um α-acetoácido é formado.

**Desidrogenase** (*Seção 23.2*) Classe de enzimas que catalisa reações de oxirredução, geralmente utilizando $NAD^+$ como agente oxidante.

**Desnaturação** (*Seção 22.12*) Perda das estruturas secundária, terciária e quaternária de uma proteína por obra de um agente químico ou físico que deixa a estrutura primária intacta.

**Dieta da moda** (*Seção 30.1*) Crença exagerada nos efeitos da nutrição sobre a saúde e a doença.
**Dieta discriminatória restritiva** (*Seção 30.1*) Dieta que evita certos ingredientes alimentícios considerados nocivos à saúde do indivíduo – por exemplo, dietas com baixo teor de sódio para pessoas com pressão alta.
**Digestão** (*Seção 30.1*) Processo em que o organismo decompõe moléculas grandes em moléculas menores que podem ser absorvidas e metabolizadas.
**Dipeptídeo** (*Seção 22.6*) Peptídeo com dois aminoácidos.
**Dissacarídeo** (*Seção 20.4*) Carboidrato que contém duas unidades de monossacarídeos unidas por uma ligação glicosídica.
**DNA** (*Seção 25.2*) Ácido desoxirribonucleico.
**DNA recombinante** (*Seção 26.8*) DNAs de duas fontes que se combinaram numa só molécula.
**Dogma central** (*Seção 26.1*) Doutrina que afirma o direcionamento básico da hereditariedade quando o DNA leva ao RNA, que leva à proteína. Essa doutrina é verdadeira em quase todas as formas de vida, com exceção de alguns vírus.
**Dupla hélice** (*Seção 25.3*) Arranjo em que duas fitas de DNA se entrelaçam em espiral como a rosca de um parafuso.

**EGF** (*Seção 31.6*) Fator de crescimento epidérmico; uma citocina que estimula células epidérmicas durante o processo de cura de ferimentos.
**Elemento de resposta** (*Seção 26.6*) Sequência de DNA, localizada depois de um promotor, que interage com um fator de transcrição para estimular a transcrição em eucariotos. Elementos de resposta podem controlar vários genes semelhantes com base em um único estímulo.
**Eletroforese** (*Conexões químicas 25C*) Técnica laboratorial que envolve a separação de moléculas num campo elétrico.
**Elongação** (*Seção 26.2*) Fase da síntese da proteína em que as moléculas de tRNA ativado liberam novos aminoácidos nos ribossomos, onde são unidos por ligações peptídicas para formar um polipeptídeo.
**Encefalina** (*Seção 24.6*) Pentapeptídeo encontrado nas células nervosas do cérebro e que age no controle da percepção da dor.
**Endonuclease de restrição** (*Seção 26.8*) Enzima, geralmente purificada de bactérias, que corta o DNA numa sequência específica de bases.
**Engenharia genética** (*Seção 26.8*) Processo pelo qual genes são inseridos em células.
**Enzima** (*Seção 23.1*) Catalisador biológico que aumenta a velocidade de uma reação química proporcionando uma via alternativa com energia de ativação mais baixa.
**Enzima desramificadora** (*Seção 30.3*) Enzima que catalisa a hidrólise das ligações $\alpha$-1,6-glicosídicas no amido e no glicogênio.
**Epigenética** (*Conexões químicas 31D*) O estudo dos processos hereditários que alteram a expressão gênica sem alterar o DNA.
**Epítopo** (*Seção 31.3*) O menor número de aminoácidos num antígeno que produz uma resposta imunológica.
**Equação iônica simplificada** (*Seção 23.6*) Equação química que não contém íons espectadores.
**Especificidade** (*Seção 31.1*) Uma característica da imunidade adquirida baseada no fato de que as células produzem anticorpos específicos para um amplo espectro de agentes patogênicos.

**Especificidade do substrato** (*Seção 23.1*) A limitação de uma enzima para catalisar reações específicas com substratos específicos.
**Especificidade enzimática** (*Seção 23.1*) Limitação de uma enzima em catalisar uma reação específica com um substrato específico.
**Espirais aleatórias** (*Seção 22.9*) Proteínas que não apresentam nenhum padrão que se repete.
**Estrutura primária das proteínas** (*Seção 22.8*) A ordem dos aminoácidos num peptídeo, polipeptídeo ou proteína.
**Estrutura primária do DNA** (*Seção 25.3*) A ordem das bases no DNA.
**Estrutura quaternária** (*Seção 22.11*) Organização de uma proteína com múltiplas cadeias polipeptídicas ou subunidades; refere-se principalmente ao modo como as múltiplas cadeias interagem.
**Estrutura secundária das proteínas** (*Seção 22.9*) Estruturas que se repetem nos polipeptídeos e que se baseiam unicamente em interações da cadeia peptídica. Exemplos são a alfa hélice e a folha beta-preguada.
**Estrutura secundária do DNA** (*Seção 25.3*) Formas específicas de DNA devidas ao pareamento de bases complementares.
**Estrutura terciária** (*Seção 22.10*) Conformação geral de uma cadeia polipeptídica que inclui as interações das cadeias laterais e a posição de cada átomo no polipeptídeo.
**Éxon** (*Seção 25.5*) Sequência nucleotídica no mRNA que codifica uma proteína.
**Expressão gênica** (*Seção 26.1*) Ativação de um gene para produzir uma proteína específica. Envolve tanto a transcrição quanto a tradução.

**Fagocitose** (*Seção 31.4*) Processo em que grandes particulados, incluindo bactérias, são puxados para dentro de uma célula branca chamada fagócito.
**Farmacogenômica** (*Conexões químicas 25E*) O estudo de como variações genéticas afetam a elaboração de uma droga.
**Fator de elongação** (*Seção 26.5*) Pequena molécula de proteína envolvida no processo de ligação do tRNA e de movimento do ribossomo sobre o mRNA durante a elongação.
**Fator de necrose do tecido (TNF)** (*Seção 31.6*) Um tipo de citocina produzido por células T e macrófagos que têm a capacidade de lisar células tumorais suscetíveis.
**Fator de supressão tumoral** (*Conexões químicas 26F*) Proteína que controla a replicação do DNA, de modo que as células não se dividam constantemente. Muitos tipos de câncer são causados por fatores de supressão tumoral que sofreram mutação.
**Fator de transcrição** (*Seção 26.2*) Proteína ligante que facilita a ligação da RNA polimerase ao DNA a ser transcrito, ou que se liga a um local remoto e estimula a transcrição.
**Fator geral de transcrição (GTF)** (*Seção 26.6*) Proteínas que formam um complexo com o DNA que está sendo transcrito e a RNA polimerase.
**Fenda maior** (*Seção 25.3*) A mais larga das fendas (ou sulcos) desiguais encontradas numa dupla hélice de B-DNA.
**Fenda menor** (*Seção 25.3*) A mais estreita das fendas (ou sulcos) desiguais encontradas numa dupla hélice de B-DNA.
**Fibra** (*Seção 30.1*) Componente celulósico, não nutricional, de nossa alimentação.
**Fita (−)** (*Seção 26.2*) A fita de DNA usada como molde para transcrição. Também chamada de fita molde e fita antissenso.

**Fita (+)** (*Seção 26.2*) Fita de DNA não utilizada como molde para transcrição, mas que tem uma sequência idêntica ao RNA produzido. Também chamada de fita codificadora e fita senso.

**Fita antissenso** (*Seção 26.2*) Fita de DNA que age como molde para transcrição. Também chamada de fita molde e fita (−).

**Fita codificadora** (*Seção 26.2*) Fita de DNA que não é usada como molde para transcrição, mas que tem uma sequência idêntica à do RNA produzido. Também chamada de fita (+) e fita senso.

**Fita condutora** (*Seção 25.6*) Fita DNA sintetizada continuamente e que se estende na direção da forquilha de replicação.

**Fita molde** (*Seção 26.2*) A fita de DNA usada como molde para transcrição. Também chamada fita (−) e fita antissenso.

**Fita senso** (*Seção 26.2*) Fita de DNA que não é usada como molde para transcrição, mas que tem uma sequência idêntica ao do RNA produzido. Também chamada de fita codificadora e fita (+).

**Folha beta ($\beta$−) pregueada** (*Seção 22.9*) Um tipo de estrutura secundária em que a sequência de duas cadeias de proteínas, nas mesmas ou em diferentes moléculas, é unida por ligações de hidrogênio.

**Forma R** (*Seção 23.6*) A forma mais ativa de uma enzima alostérica.

**Forma T** (*Seção 23.6*) A forma menos ativa de uma enzima alostérica.

**Forquilha de replicação** (*Seção 25.6*) Numa molécula de DNA, ponto onde está ocorrendo a replicação.

**Fotossíntese** (*Seção 29.2*) Processo em que a planta sintetiza carboidratos a partir de $CO_2$ e $H_2O$, com a ajuda da luz do sol e da clorofila.

**Fragmento Okazaki** (*Seção 25.6*) Pequeno segmento de DNA formado por cerca de 200 nucleotídeos em organismos superiores e 2.000 nucleosídeos em procariotos.

**Gene** (*Seção 25.1*) A unidade da hereditariedade; segmento de DNA que codifica uma proteína.

**Genes estruturais** (*Seção 26.2*) Genes que codificam proteínas.

**Genoma** (*Conexões químicas 25E*) O sequenciamento completo do DNA de um organismo.

**Glândula endócrina** (*Seção 24.2*) Uma glândula como o pâncreas, hipófise e hipotálamo, que produz hormônios envolvidos no controle de reações químicas e do metabolismo.

**Glicogênese** (*Seção 29.2*) A conversão de glicose em glicogênio.

**Glicogenólise** (*Seção 28.3*) Via bioquímica para a decomposição de glicogênio em glicose.

**Glicólise** (*Seção 28.2*) Via catabólica em que a glicose é decomposta em piruvato.

**Glicômica** (*Conexões químicas 31D*) O conhecimento sobre todos os carboidratos, incluindo glicoproteínas e glicolipídeos, contidos numa célula ou tecido e a determinação de suas funções.

**Gliconeogênese** (*Seção 29.2*) Processo pelo qual a glicose é sintetizada no organismo.

**Gordura** (*Seção 21.3*) Uma mistura de triglicerídeos que contém alta proporção de ácidos graxos saturados de cadeia longa.

**Gp120** (*Seção 31.5*) Glicoproteína de massa molecular 120.000, localizada na superfície do vírus da imunodeficiência humana, que se liga fortemente às moléculas CD4 das células T.

**Gray (Gy)** (*Seção 21.5*) Unidade SI para a quantidade de radiação absorvida de uma fonte. 1 Gy = 100 rad.

**Guanosina** (*Seção 25.2*) Nucleosídeo formado por D-ribose e guanina.

**Helicase** (*Seção 25.6*) Proteína que age numa forquilha de replicação para desenrolar DNA, de modo que a DNA polimerase possa sintetizar uma nova fita de DNA.

**Hélice estendida** (*Seção 22.9*) Um tipo de hélice encontrada no colágeno, causada por uma sequência repetitiva.

**Hélice-volta-hélice** (*Seção 26.6*) Motivo comum para um fator de transcrição.

**Hibridização** (*Seção 25.8*) Processo pelo qual duas fitas de ácidos nucleicos ou seus segmentos formam uma estrutura de dupla fita através da ligação de hidrogênio entre pares de bases complementares.

**Hibridoma** (*Seção 25.8*) Combinação de uma célula de milenoma com uma célula B para produzir anticorpos monoclonais.

**Hidrofóbica, interação** (*Seção 22.10*) Interação por meio de forças de dispersão de London entre grupos hidrofóbicos.

**Hidrolase** (*Seção 23.2*) Enzima que catalisa uma reação de hidrólise.

**Hipertermófilo** (*Seção 23.4*) Organismo que vive em temperaturas extremamente altas.

**Histona** (*Seção 25.6*) Proteína básica encontrada em complexos com DNA em eucariotos.

**HIV** (*Seções 31.4 e 31.8*) Vírus da imunodeficiência humana.

**Hormônio** (*Seção 24.2*) Mensageiro químico liberado por uma glândula endócrina na corrente sanguínea e de lá transportado até atingir sua célula-alvo.

**Impressão digital de DNA** (*Conexões químicas 25C*) Padrão de fragmentos de DNA gerados por eletroforese e usado em ciência forense.

**Imunidade adaptativa** (*Seção 31.1*) Imunidade adquirida com especificidade e memória.

**Imunidade adquirida** (*Seção 31.1*) A segunda linha de defesa que os vertebrados possuem contra organismos invasores.

**Imunidade externa inata** (*Seção 31.1*) Proteção inata contra invasores externos característica das barreira da pele, lágrimas e mucosa.

**Imunidade inata** (*Seção 31.1*) A primeira linha de defesa contra invasores externos, que inclui a resistência da pele à penetração, lágrimas, mucosa e macrófagos não específicos que engolfam a bactéria.

**Imunidade inata interna** (*Seção 31.1*) Um tipo de imunidade inata utilizada depois que um agente patogênico penetrou no tecido.

**Imunodeficiência combinada severa (SCID)** (*Seção 26.9*) Doença causada pela falta de várias enzimas possíveis e que leva à ausência de sistema imunológico.

**Imunógeno** (*Seção 31.3*) Outro termo para antígeno.

**Imunoglobulina** (*Seção 31.4*) Proteína com função de anticorpo e capaz de se ligar a um antígeno específico.

**Ingestão Diária Recomendada (RDA)** (*Seção 30.1*) A necessidade média diária de nutrientes publicada pela *US Food and Drug Administration*.

**Ingestão da Dieta de Referência (DRI)** (*Seção 30.1*) O sistema numérico atual para registro de necessidades nutricionais; média das necessidades diárias de nutrientes publicada pela *US Food and Drug Administration*.

**Inibição competitiva** (*Seção 23.3*) Mecanismo da regulação enzimática em que um inibidor compete com o substrato pelo sítio ativo.
**Inibição da atividade enzimática** (*Seção 23.3*) Qualquer processo reversível ou irreversível que torna a enzima menos ativa.
**Inibição não competitiva** (*Seção 23.3*) Regulação enzimática em que um inibidor se liga ao sítio ativo, alterando assim o formato desse sítio e reduzindo sua atividade catalítica.
**Inibidor** (*Seção 23.3*) Composto que se liga a uma enzima e diminui sua atividade.
**Iniciação da síntese de proteínas** (*Seção 26.5*) Primeira etapa do processo em que a sequência de bases do mRNA é traduzida na estrutura primária de um polipetídeo.
**Iniciador (*primer*)** (*Seção 25.6*) Pequenos pedaços de DNA ou RNA que iniciam a replicação do DNA.
**Interleucina** (*Seção 31.6*) Citocina que controla e coordena a ação de leucócitos.
**Íntron** (*Seção 25.5*) Sequência de nucleotídeos no mRNA que não codifica uma proteína.
**Isoenzima** (*Seção 23.6*) Enzima que pode ser encontrada em múltiplas formas, cada uma delas catalisando a mesma reação. Também chamada de isozima.
**Isomerase** (*Seção 23.2*) Enzima que catalisa uma reação de isomerização.
**Isômeros constitucionais** (*Seção 26.2*) Compostos de mesma fórmula molecular, mas com diferente ordem de junção (conectividade) entre seus átomos.
**Isozimas** (*Seção 23.6*) Duas ou mais enzimas que desempenham as mesmas funções, mas com diferentes combinações de subunidades – isto é, diferentes estruturas quaternárias.

**Kwashiorkor** (*Seção 30.5*) Doença causada pela ingestão insuficiente de proteínas e caracterizada pela inchação do estômago, descoloração da pele e crescimento retardado.

**Leucócitos** (*Seção 31.2*) Células brancas do sangue que são os componentes principais do sistema imunológico adquirido, e que agem via fagocitose ou produzindo anticorpos.
**Liase** (*Seção 23.2*) Classe de enzimas que catalisam a adição de dois átomos ou grupos de átomos a uma ligação dupla, ou sua remoção para formar uma ligação dupla.
**Ligação peptídica** (*Seção 22.6*) Ligação amida que une dois aminoácidos. Também chamada união peptídica.
**Ligase** (*Seção 23.2*) Classe de enzimas que catalisam uma reação unindo duas moléculas. Costumam ser chamadas de sintetases ou sintases.
**Linfócito** (*Seções 31.1 e 31.2*) Célula branca do sangue que passa a maior parte do tempo nos tecidos linfáticos. Aquelas que maturam na medula óssea são as células B. As que maturam no timo são as células T.
**Linfoides, órgãos** (*Seção 31.2*) Os órgãos principais do sistema imunológico, tais como os nodos linfáticos, baço e timo, que estão conectados entre si pelos vasos capilares linfáticos.
**Lipase** (*Seção 30.4*) Enzima que catalisa a hidrólise de uma ligação éster entre um ácido graxo e um glicerol.
**Lipoproteína** (*Seção 20.9*) Agrupamentos de forma esférica que contêm moléculas de lipídeos e moléculas de proteínas.
**L-monossacarídeo** (*Seção 20.1*) Monossacarídeo que, ao ser representado como uma projeção de Fischer, apresenta o grupo —OH em seu penúltimo carbono à esquerda.

**Macrófago** (*Seções 31.1 e 31.2*) Célula branca ameboide do sangue que se movimenta entre as fibras de tecidos, engolfando células mortas e bactérias por fagocitose, e que depois apresenta em sua superfície alguns antígenos engolfados.
**Marasmo** (*Seção 30.2*) Outro termo para inanição crônica, quando o indivíduo não ingere calorias suficientes. É caracterizado por crescimento interrompido, debilitação muscular, anemia e fraqueza generalizada.
**Maturação por afinidade** (*Seção 31.4*) Processo de mutação de células T em células B em resposta a um antígeno.
**Membrana pós-sináptica** (*Seção 24.2*) Na sinapse, membrana que está mais próxima do dendrito do neurônio que recebe a transmissão.
**Membrana pré-sináptica** (*Seção 24.2*) Na sinapse, membrana que está mais próxima do dendrito do axônio do neurônio que transmite o sinal.
**Mensageiro químico** (*Seção 24.1*) Qualquer substância química liberada em determinado local e que se desloca para outro local antes de agir. Pode ser um hormônio, neurotransmissor ou íon.
**Mensageiro secundário** (*Seção 24.1*) Molécula criada ou liberada devido à ligação de um hormônio ou neurotransmissor que, então, prossegue carregando e amplificando o sinal dentro da célula.
**Metabolismo** (*Seção 27.1*) A soma de todas as reações químicas numa célula.
**Micro RNA** (*Seção 25.4*) Pequeno RNA de 22 nucleosídeos envolvido na regulação dos genes e no desenvolvimento do organismo.
**Microarrays de proteínas** (*Conexões químicas 22F*) Técnica usada para estudar proteômica e que consiste em fixar milhares de amostras de proteínas em um chip.
**Minissatélite** (*Seção 25.5*) Pequena sequência repetitiva de DNA que às vezes está associada ao câncer quando sofre mutação.
**Modelo chave-fechadura** (*Seção 23.5*) Modelo para a interação enzima-substrato baseado no postulado de que o sítio ativo de uma enzima está perfeitamente ajustado ao substrato.
**Modelo do ajuste induzido** (*Seção 23.5*) Modelo que explica a especificidade da ação enzimática comparando o sítio ativo a uma luva e o substrato à mão.
**Modificação de proteína** (*Seção 23.6*) Processo em que a atividade da enzima é afetada, modificando-a com ligações covalentes, tais como a fosforilação de um determinado aminoácido.
**Modulação negativa** (*Seção 23.6*) Processo em que um regulador alostérico inibe a ação da enzima.
**Modulação positiva** (*Seção 23.6*) Processo em que um regulador alostérico intensifica a ação da enzima.
**Molécula de adesão** (*Seção 31.5*) Proteína que ajuda a ligar um antígeno ao receptor de célula T.
**Monossacarídeo** (*Seção 20.1*) Carboidrato que não pode ser hidrolisado em um composto mais simples.
**Mutarrotação** (*Seção 20.2*) Mudança numa rotação específica que ocorre quando uma forma α ou β de um carboidrato é convertida numa mistura de equilíbrio das duas formas.

**Necessidade calórica basal** (*Seção 30.2*). Necessidade calórica para um indivíduo em repouso, geralmente dada em cal/dia.
**Neurônio** (*Seção 24.1*) Outro nome para célula nervosa.

**Neuropeptídeo Y** (*Seção 24.6*) Peptídeo encontrado no cérebro, afeta o hipotálamo e é um agente estimulante do apetite.

**Neurotransmissor** (*Seção 24.2*) Mensageiro químico entre um neurônio e outra célula, que pode ser um outro neurônio, uma célula muscular ou uma célula de glândula.

**Neurotransmissor adrenérgico** (*Seção 24.4*) Neurotransmissor ou hormônio monoamínico. Entre os mais comuns estão a epinefrina (adrenalina), serotonina, histamina e dopamina.

**Neurotransmissor colinérgico** (*Seção 24.1*) Neurotransmissor ou hormônio derivado da acetilcolina.

**Neurotransmissor excitatório** (*Seção 24.4*) Neurotransmissor que intensifica a transmissão de impulsos nervosos.

**Neurotransmissor inibitório** (*Seção 24.4*) Neurotransmissor que diminui a intensidade dos impulsos nervosos.

**Neurotransmissor peptidérgico** (*Seção 24.6*) Um tipo de neurotransmissor ou hormônio baseado num peptídeo, como o glucagon, insulina e as encefalinas.

**N-terminal** (*Seção 22.6*) Aminoácido da extremidade de uma cadeia peptídica e que apresenta um grupo amino livre.

**Nucleofílico, ataque** (*Seção 23.5*) Reação química em que um átomo com muitos elétrons, como o oxigênio ou o enxofre, se liga a um átomo eletrodeficiente, como o carbono carbonílico.

**Nucleosídeo** (*Seção 25.2*) Combinação de uma amina aromática heterocíclica ligada por uma ligação glicosídica e uma D-ribose ou 2-desoxi-D-ribose.

**Nucleossomo** (*Seção 25.3*) Combinações de DNA e proteínas.

**Nucleotídeo** (*Seção 25.2*) Éster fosfórico de um nucleosídico.

**Nutrição parenteral** (*Conexões químicas 29A*) Termo técnico para a alimentação intravenosa.

**Nutriente** (*Seção 30.1*) Componentes dos alimentos e bebidas que fornecem energia e proporcionam substituição e crescimento.

**Óleo** (*Seção 21.2*) Mistura de triglicerídeos que contém uma grande parcela de ácidos graxos insaturados de cadeia longa.

**Origem da replicação** (*Seção 25.6*) Numa molécula de DNA, o ponto onde começa a replicação.

**Oxidação beta ($\beta$)** (Seção 28.5) Via bioquímica que degrada ácidos graxos em acetil CoA, removendo dois carbonos de uma só vez e gerando energia.

**Oxidorredutase** (*Seção 23.2*) Classe de enzimas que catalisa uma reação de oxirredução.

**Padrão de repetição** (*Seção 22.6*) Padrão repetitivo de ligações peptídicas num polipetídeo ou proteína.

**Pares de bases complementares** (*Seção 25.3*) A combinação de uma base purínica e uma base pirimidínica que se juntam por ligações de hidrogênio no DNA.

**Partículas ribonucleoproteicas nucleares pequenas** (*Seção 25.4*) Combinações de RNA e proteína usadas nas reações de *splicing* no RNA.

**Pentose fosfato, via das** (*Seção 28.2*) Via bioquímica que produz ribose e NADPH a partir do glicose-6-fosfato ou que, alternativamente, libera energia.

**Peptídeo** (*Seção 22.6*) Cadeia curta de aminoácidos ligada via ligações peptídicas.

**Peptidil transferase** (*Seção 26.5*) Atividade enzimática do complexo ribossômico responsável pela formação das ligações peptídicas entre os aminoácidos do peptídeo em crescimento.

**Perforina** (*Seção 31.2*) Proteína produzida por células assassinas T que perfura a membrana das células-alvo.

**Plasmídeos** (*Seção 26.8*) Pequenos DNAs circulares de origem bacteriana geralmente utilizados para construir DNA recombinante.

**Polipeptídeo** (*Seção 22.6*) Cadeia longa de aminoácidos ligada via ligações peptídicas.

**Ponto isoelétrico (pI)** (*Seção 22.3*) Valor de pH em que a molécula não tem carga efetiva.

**Porção regulatória** (*Seção 26.6*) Parte do ribossomo que permite a entrada apenas de certas moléculas de tRNA.

**Procarioto** (*Seção 25.6*) Organismo que não tem núcleo verdadeiro nem organelas.

**Processo de pós-transcrição** (*Seção 26.2*) Processo, como o *splicing* ou *capping*, que altera o RNA depois de ele ser inicialmente formado durante a transcrição.

**Produtos finais da glicação avançada** (*Seção 22.7*) Produto químico de açúcares e proteínas que se juntam para produzir uma imina.

**Proenzima** (*Seção 23.6*) Forma inativa de uma enzima que deve ter parte de sua cadeia polipeptídica clivada antes de se tornar ativa.

**Promotor** (*Seção 26.2*) Sequência de DNA usada para reconhecimento da RNA polimerase e para ligação ao DNA.

**Prostético, grupo** (*Seção 22.11*) A parte não proteica de uma proteína conjugada.

**Proteína** (*Seção 22.1*) Longa cadeia de aminoácidos ligados por ligações peptídicas. Geralmente deve haver um mínimo de 30 a 50 aminoácidos numa cadeia para que ela possa ser considerada uma proteína.

**Proteína completa** (*Seção 30.5*) Fonte de proteínas que contém as quantidades suficientes de aminoácidos necessárias para um crescimento e desenvolvimento normais.

**Proteína conjugada** (*Seção 22.11*) Proteína que contém uma parte não proteica, como a parte heme da hemoglobina.

**Proteínas de desenrolamento** (*Seção 25.6*) Proteínas especiais que ajudam a desenrolar o DNA, de modo que ele possa ser replicado.

**Proteína de ligação** (*Seção 26.2*) Proteína que se liga aos nucleossomos tornando o DNA mais acessível à transcrição.

**Proteína de ligação do elemento de resposta ao AMP cíclico (CREB)** (*Conexões químicas 26E*) Importante fator de transcrição que se liga ao elemento de resposta ao cAMP, estimulando a transcrição de muitos genes eucarióticos.

**Proteína fibrosa** (*Seção 30.1*) Proteína usada para fins estruturais. As proteínas fibrosas são insolúveis em água e apresentam alta porcentagem de estruturas secundárias, tais como alfa-hélices e/ou folhas beta-pregueadas.

**Proteína globular** (*Seção 22.1*) Proteína utilizada principalmente para fins não estruturais e bastante solúvel em água.

**Proteína-G** (*Seção 21.5*) Proteína que é estimulada ou inibida quando um hormônio se liga a um receptor, e que em seguida altera a atividade de outra proteína, como a adenilciclase.

**Proteômica** (*Conexões químicas 22F*) O conhecimento a respeito de todas as proteínas e peptídeos de uma célula ou de um tecido e suas funções.

**Proteossomo** (*Seção 26.6*) Grande complexo de proteínas envolvido na degradação de outras proteínas.

**Quemiocina** (*Seção 31.6*) Citocina quimiotática que facilita a migração de leucócitos dos vasos sanguíneos para o local do ferimento ou inflamação.

**Quimiosmótica, teoria** (*Seção 27.5*) Proposta por Mitchell, segundo a qual o transporte de elétrons é acompanhado de uma acumulação de prótons no espaço intermembrânico da mitocôndria, que por sua vez cria pressão osmótica; os prótons levados de volta à mitocôndria sob essa pressão geram ATP.

**Quinase** (*Seção 23.6*) Classe de enzimas que modifica covalentemente uma proteína com um grupo fosfato, geralmente através de um grupo —OH na cadeia lateral de uma serina, treonina ou tirosina.

**Reação em cadeia da polimerase (PCR)** (*Seção 25.8*) Técnica para ampliar o DNA e que faz uso de DNA polimerase de bactérias termofílicas, estável quando aquecida.

**Recaptação** (*Seção 24.4*) O transporte de um neurotransmissor de volta para o neurônio através da membrana pré-sináptica.

**Receptor** (*Seção 24.1*) Proteína de membrana que pode se ligar a um mensageiro químico e assim desempenhar uma função, tal como a síntese de um segundo mensageiro ou a abertura de um canal iônico.

**Receptor de ativação** (*Seção 31.7*) Receptor de célula do sistema imunológico inato que ativa a célula imunológica em resposta a um antígeno externo.

**Receptor de célula T** (*Seção 31.1*) Glicoproteína da superfamília das imunoglobulinas localizada na superfície das células T e que interage com o epítopo apresentado pelo MHC.

**Receptor inibitório** (*Seção 31.7*) Receptor localizado na superfície de uma célula do sistema imunológico inato e que reconhece antígenos em células saudáveis e impede a ativação do sistema imunológico.

**Reforçador** (*Seção 26.6*) Sequência de DNA que não faz parte do promotor e que se liga a um fator de transcrição, reforçando a transcrição.

**Regulação gênica** (*Seção 26.6*) Os vários métodos utilizados pelos organismos para controlar quais genes serão expressos e quando.

**Regulador** (*Seção 23.6*) Molécula que se liga a uma enzima alostérica e muda sua atividade. A mudança pode ser positiva ou negativa.

**Replicação** (*Seção 25.6*) Processo em que o DNA é duplicado para formar duas réplicas exatas da molécula original.

**Replicação semiconservativa** (*Seção 25.6*) Replicação das fitas de DNA em que cada molécula-filha tem uma fita parental e uma fita recém-sintetizada.

**Reprogramação celular** (*Conexões químicas 31F*) Técnica usada na clonagem completa de mamíferos em que uma célula somática é reprogramada para se comportar como um ovo fertilizado.

**Resíduo** (*Seção 22.6*) Outro termo para o aminoácido de uma cadeia peptídica.

**Reservatório de aminoácido** (*Seção 28.1*) Aminoácidos livres encontrados em todo o organismo, tanto dentro quanto fora das células.

**Retrovacinação** (*Seção 31.8*) Processo em que cientistas têm um anticorpo que querem usar e tentam desenvolver moléculas para eliciá-lo.

**Retrovírus** (*Seção 26.1*) Vírus, como o HIV, que tem um genoma de RNA.

**Ribossomo** (*Seção 25.4*) Pequenos corpos esféricos da célula feitos de proteína e RNA; o sítio da síntese de proteínas.

**Ribozima** (*Seção 23.1*) Enzima formada de ácido nucleico. As ribozimas atualmente conhecidas catalisam a clivagem de parte de suas próprias sequências no mRNA e no tRNA.

**RNA** (*Seção 25.2*) Ácido ribonucleico.

**RNA de transferência (tRNA)** (*Seção 25.4*) RNA que transporta aminoácidos para o sítio da síntese de proteínas nos ribossomos.

**RNA interferente pequeno** (*Seção 25.4*) Pequenas moléculas de RNA envolvidas na degradação de moléculas específicas de mRNA.

**RNA mensageiro** (*Seção 25.4*) O RNA que carrega informação genética do DNA para o ribossomo e age como um molde para a síntese de proteínas.

**RNA nuclear pequeno** (*Seção 25.4*) Pequenas moléculas de RNA (100-200 nucleotídeos) localizadas no núcleo e que são distintas do tRNA e do rRNA.

**RNA ribossômico (rRNA)** (*Seção 25.5*) Um tipo de RNA que é complexado com proteínas e forma os ribossomos usados na tradução de mRNA em proteína.

**Satélites** (*Seção 25.5*) Pequenas sequências de DNA que são repetidas centenas de milhares de vezes, mas não codificam nenhuma proteína no RNA.

**Sequência de consenso** (*Seção 26.2*) Sequência de DNA, na região do promotor, que é relativamente conservada de espécie para espécie.

**Sequência de Shine-Dalgarno** (*Seção 26.5*) Sequência no mRNA que atrai o ribossomo para a tradução.

**Sequência de terminação** (*Seção 26.2*) Uma sequência de DNA que informa a RNA polimerase para terminar a síntese.

**Silenciador** (*Seção 26.6*) Uma sequência de DNA que não faz parte do promotor que se liga a um fator de transcrição, suprimindo a transcrição.

**Sinal de iniciação** (*Seção 26.2*) Sequência no DNA que identifica onde a transcrição deve começar.

**Sinapse** (*Seção 24.2*) Pequeno espaço aquoso entre a extremidade de um neurônio e sua célula alvo.

**Sítio A** (*Seção 26.3*) Sítio da grande subunidade ribossômica ao qual se liga a molécula de tRNA.

**Sítio ativo** (*Seção 23.3*) Cavidade tridimensional de uma enzima com propriedades químicas específicas para acomodar o substrato.

**Sítio de controle** (*Seção 26.6*) Sequência de DNA que faz parte de um óperon procariótico. Essa sequência está mais adiante no DNA do gene estrutural e desempenha um papel no controle da transcrição desse gene.

**Sítio de reconhecimento** (*Seção 26.3*) Área da molécula de tRNA que reconhece o códon do mRNA.

**Sítio P** (*Seção 26.5*) Sítio localizado na grande subunidade ribossômica onde o peptídeo se liga antes que a peptidil transferase o vincule ao aminoácido associado ao sítio A durante a elongação.

**Sítio regulador** (*Seção 23.6*) Sítio, que não o sítio ativo, onde um regulador se liga a um sítio alostérico e afeta a velocidade da reação.

**Solenoide** (*Seção 25.3*) Espiral enrolada na forma de hélice.

*Splicing* (*Seção 25.4*) Remoção de um segmento de RNA interno e a junção das extremidades restantes da molécula de RNA.

**Substância P** (*Seção 24.6*) Neurotransmissor peptidérgico com 11 aminoácidos e que está envolvido na transmissão de sinais de dor.

**Substrato** (*Seção 23.3*) Composto ou compostos cuja reação é catalisada por uma enzima.

**Subunidade** (*Seção 23.6*) Cadeia polipeptídica individual de uma enzima que tem múltiplas cadeias.

**Superfamília das imunoglobulinas** (*Seção 31.1*) Família de moléculas com estrutura semelhante que inclui as imunoglobulinas, receptores de célula T e outras proteínas de membrana envolvidas nas comunicações da célula. Todas as moléculas dessa classe possuem uma região que pode reagir com antígenos.

**Suplemento ergogênico** (*Conexões químicas 30D*) Substância que pode ser consumida para aumentar o desempenho de um atleta.

**Terapia antirretroviral altamente ativa (Haart)** (*Seção 31.8*) Tratamento agressivo contra a Aids que envolve o uso de diferentes drogas.

**Terapia gênica** (*Seção 26.9*) Processo de tratamento de doença por introdução de cópia funcional de um gene num organismo que não possui esse gene.

**Terminação** (*Seções 26.2 e 26.5*) Etapa final da tradução, durante a qual uma sequência de terminação no mRNA informa os ribossomos para que se dissociem e liberem o peptídeo recém-sintetizado.

**TNF** (*Seção 31.6*) Fator de necrose tumoral; um tipo de citocina produzido por células T e macrófagos que têm a capacidade de lisar células tumorais.

**Tradução** (*Seção 26.1*) Processo em que a informação codificada num mRNA é usada para montar uma proteína específica.

**Transaminação** (*Seção 28.8*) A troca de um grupo amino de um aminoácido por um grupo cetônico de um alfa-cetoácido.

**Transcrição** (*Seção 25.4*) Processo em que o DNA é usado como modelo para a síntese de RNA.

**Transdução de sinal** (*Seção 24.5*) Uma cascata de eventos através da qual o sinal de um neurotransmissor ou hormônio, passado a seu receptor, é levado para dentro da célula-alvo e amplificado em muitos sinais que podem causar modificação na proteína, ativação enzimática ou a abertura de canais da membrana.

**Transferase** (*Seção 23.2*) Classe de enzima que catalisa uma reação em que um grupo de átomos, como o grupo acila ou o grupo amino, é transferido de uma molécula para outra.

**Transformação física** (*Seção 1.1*) Transformação da matéria em que ela não perde sua identidade.

**Translocação** (*Seção 26.5*) Parte da tradução em que o ribossomo percorre uma distância de três bases no mRNA, de modo que o novo códon possa estar no sítio A.

**Triglicerídeo** (*Seção 21.7*) Um tipo de lipídeo formado pela ligação de glicerol com três ácidos graxos, por meio de ligações éster.

**Tripla hélice** (*Seção 22.11*) A hélice tripla do colágeno é composta de três cadeias peptídicas. Cada cadeia é em si mesma uma hélice virada para a esquerda. Essas cadeias estão entrelaçadas numa hélice voltada para a direita.

**Ureia, ciclo da** (*Seção 28.8*) Via cíclica que produz ureia a partir de amônia e dióxido de carbono.

**Vesícula sináptica** (*Seção 24.2*) Compartimento que contém um neurotransmissor e que se funde à membrana pré-sináptica, liberando seu conteúdo quando chega o impulso nervoso.

**Vírus da leucemia murina de Moloney (MMLV)** (*Seção 26.9*) Vetor muito utilizado em terapia gênica.

**Vitamina** (*Seção 30.6*) Substância orgânica necessária em pequenas quantidades na dieta da maioria das espécies, e que geralmente funciona como um cofator em importantes reações metabólicas.

**Zimogênio** (*Seção 23.6*) Forma inativa de uma enzima que deve ter parte de sua cadeia polipeptídica clivada antes de se tornar ativa; uma proenzima. Também denominado zimógeno.

**Zíper de leucina** (*Seção 26.6*) Motivo comum em um fator de transcrição.

**Zwitteríon** (*Seção 22.3*) Molécula que tem igual número de cargas positivas e negativas, o que lhe dá carga efetiva zero.

# Índice remissivo

Números de página em **negrito** referem-se a termos em negrito no texto. Números de página em *itálico* referem-se a figuras. Tabelas são indicadas com um *t* após o número da página. O material que aparece nos quadros é indicado por um *q* após o número da página.

## A

AARS (aminoacil-tRNA sintetase), 660
ABO, sistema de grupo sanguíneo, 489*q*-490*q*
    antígenos, 759
Abzimas, **583**, 583
Acesulfame-K, 740*q*
Acetal
    formação de glicosídeo, 484-485, 497-498
Acetaldeido, 697
Acetato
    no ciclo do ácido cítrico, 679-683
Acetila ($CH_3CO^-$), molécula carreadora de, **678**
Acetila, grupo, 678-679
Acetil-CoA carboxilase, 723*q*
Acetil coenzima A (Acetil-CoA), 598*q*
    biossíntese (anabolismo) de ácidos graxos, 722, *722*, 724
    descarboxilação oxidativa do piruvato e formação, 698
    estrutura, 679, *679*
    na via catabólica comum, 679, *679*, 681
    $\beta$-oxidação de ácidos graxos e formação, 700, *702*
Acetilcolina, 569*q*, 595-599
    armazenamento e ação como mensageiro químico, 595
    botulismo, 599*q*, 599
    doença de Alzheimer, 647*q*, 599*q*
    efeitos de gases dos nervos, 597*q*
    regulação, 599
    remoção, do sítio receptor, 597
    sinalização do cálcio para liberar, 596*q*
Acetilcolina transferase, 598*q*
Acetilcolinesterase, 569*q*, 598
    efeito de gases dos nervos, 597*q*
Acetoacetato como componente de corpos cetônicos, 704
Acetona ($CH_3CO_2$)
    nos corpos cetônicos, 704
Polossacarídeos ácidos, 476, 495-497
Acidez ($pK_a$)
    do aminoácido, 540
Ácido acético ($CH_3COOH$), 569*q*
Ácido araquidônico, 526, 738
Ácido ascórbico (Vitamina C), 483*q*
Ácido aspártico, *536*, 539
Ácido $\alpha$-cetoglutárico, 710
Ácido cítrico, ciclo do, *674*, 676, 679-683, **688**, *695*, 736
    balanceamento do carbono, 679
    diagrama, 679
    efeito da escassez de glicose, 703
    enzimas, 675, 683-685
    etapas, 679-682
    glicólise, 698
    produção de energia, 682
Ácido clorídrico (HCl)
    hidrólise de proteínas, 694
    no ácido do estômago, **738**

Ácido desoxirribonucleico (DNA), **616**, **640**
Ácido docosaexenoico ($C_{22}H_{32}O_2$), 724
Ácido glicurônico, 488, 495
Ácido glutâmico, *536*, 539
    drogas que afetam a função de mensageiro do, 593*t*
    recaptação, 599
Ácido hialurônico, 495
Ácido 2-hidroxipropanoico. *Ver* Ácido láctico
Ácido linoleico, 506, 509, 737
Ácido oleico, 506
Ácido ribonucleico (RNA), **616**, **640**
    açúcares, 617-618
    bases, 616-617
    classes, 626
    estrutura do DNA e, 620-626
    fosfato de, 618-619
    funções de diferentes tipos de, 628*t*
    nucleotídeos e nucleosídeos, 619*t*
    *primer*, na replicação de DNA, **633**, 635
Ácidos aldônicos, 486, 498, **498**
Ácidos graxos, 504
    biossíntese (anabolismo), 722-724
    catabolismo por $\beta$-oxidação, 694, 700-703
    essenciais, 505, **738**
    estado físico, 505
    formação, 694
    porcentagem em gorduras e óleos comuns, 506*t*
    rendimento energético do catabolismo do ácido esteárico, 703*t*
    saturados e insaturados, 519
    *trans*, 506
Ácidos graxos essenciais, 505, **738**
Ácido ribonucleico (RNA)
    dos vírus, 656*q*
    estrutura, 616-619, 620-622. *Ver também* Nucleotídeo(s)
Ácidos urônicos, oxidação de monossacarídeos a, 487-488
Ácido(s). *Ver também* Acidez ($pK_a$)
    aminoácidos como, 574
Acila, proteína carreadora de (ACP), **722**, **728**
Acil-CoA, 722
Aconitato, 679
Açúcar de cozinha. *Ver* Sacarose ($C_{12}H_{22}O_{11}$)
Açúcares
    amino, 479-480
    como componente dos ácidos nucleicos, 617-618
    glicose. *Ver* Glicose
    redutores, **486**, **496**
    tabela. *Ver* Sacarose ($C_{12}H_{22}O_{11}$)
Açúcares redutores, **486**, **496**
Adaptação induzida, modelo de atividade enzimática da, **573**, 574-578, **585**
Adenilato ciclase, 600-601

Adenina (A), 616, *617*, 622, 623, *623*
Adenosina, 650
Adenosina desaminase ADA), **667**
Adesão, moléculas de, **766**
Adoçantes artificiais, 543*q*, 736, 740*q*-740*q*
ADP. *Ver* Difosfato de adenosina (ADP)
Adrenalina, 541. *Ver também* Epinefrina
Adrenérgicos, mensageiros químicos, 594, 600-605, 610
    controle de neurotransmissão, 602
    histaminas, 604
    mensageiros secundários, 600-601
    monoamina, 600
    remoção de neurotransmissores, 602
    remoção de sinais, 601-602
Adrenocorticoides, hormônios, *519*, 519-520, **527**
Agonistas, drogas, **593**, **610**
Água ($H_2O$)
    como nutriente, **749**
Aids. *Ver* Síndrome da imunodeficiência adquirida (Aids)
Alanina, *536*, 542, 599, *727*
    catabolismo, *710*
    estereoquímica, *538*
    formação, 651
Alanina aminotransferase (ALT), 581
Álcool fetal, síndrome do, 697
Aldeídos
    monoamina oxidase (MAO), 602, 603, 605
Alditóis, **485**, 485-486, 497, **497**
Aldoexoses, 478*t*
Aldopentoses
    como hemiacetais cíclicos, 482
    formas D-, 480*t*
Aldoses, **476**
    oxidação, 486
Aldosterona, 519, *519*
Aldotetroses, 478*t*
Alergias, 771
Alfa ($\alpha$) aminoácidos, 534-535, **535**
Alimento. *Ver também* Dieta humana
    aumento do desempenho, 747*q*
    contagem de calorias, 735-736
    nutrição. *Ver* Nutrientes; Nutrição humana
    processamento no organismo, 736-738
Alosterismo, regulação enzimática por, **576**, **585**
ALT (alanina aminotransferase), 581
Alzheimer, doença de, 553*q*
    acetilcolina, 598*q*-599*q*
    acetilcolina transferase e, 598*q*
Amidas
    síntese de proteína, 542
Amido, 493, **496**
    ação de enzimas, 736
    $\alpha$-amilase, **736**
    $\beta$-amilase, **736**
Amilopectina, 493, *493*, **496**
Amilose, 493, **496**
Aminoácidos, **534**, 534-538, **561**
    alfa, 534, **534**
    biossíntese (anabolismo), 726-728
    características, 539
    catabolismo do nitrogênio, 705-710
    como neurotransmissores, 594, 599, 610
    como zwitteríons, 538-539
    C-terminal, 543, 547
    especificidade do tRNA, 660
    essenciais, **726**, 726*q*, **739**
    estrutura, *534*
    formação de proteína, 542-544. *Ver também* Síntese de proteína
    grupo carboxila, 540, 542
    incomuns, 541
    ligações peptídicas, 542-544
    N-terminal, 543, 547
    sequência em decapeptídeos N-terminais de $\beta$-globina em algumas espécies, 661*q*
    tipos comuns, 535*t*, 535-538
Aminoácidos essenciais, **726**, 726*b*, **739**
Aminoacil-tRNA sintetase (AARS), **648**, 650, 660
Aminoaçúcares, 479
Amino, grupo, 542-544
    transaminação e troca, 706
Amônia ($NH_3$)
    formação da ureia a partir de dióxido de carbono e, 707-709
AMP cíclico (cAMP)
    amplificação, 638-640
    como mensageiro secundário, 600-601
    circular (plasmídeos), 664
Anabolismo, **673**, **688**
    aminoácidos, 726-728
    carboidratos, 718-722
    lipídeos, 723-724
    na via metabólica central, 728
    resumo, 728
    vias biossintéticas, 717-718
Analgésicos, 538*q*. *Ver também* Aspirina; Ibuprofen
Análogos de estado de transição, **581**, 583, 584*b*, **585**
Androstenediona, 522*q*
Anemia falciforme, 549*b*, 629, 663
Aneuploides, células, **776***q*
Anfiprótica, substância
    aminoácidos como, 539
Angina, 579*q*
Animal(is)
    célula típica, 675, *675*
    proteínas estruturais, 533
Ânion, transporotador de, **511***q*
Anomérico, carbono, **481**, **496**
Anômeros, **481**, **496**
Antagonistas, drogas, **593**, 599, **620**
Antibióticos, 771*q*
    problemas associados com o uso, 771*q*
Anticoagulantes, 496
Anticódon, **648**, **669**
Anticorpo neutralizador, **777**
    2G12, 779
Anticorpos, **755**
    B12, **777**

catalíticos, 583, 584q
células B, 758, 762-763, *763*
do tipo IgG, *762*
função do gene V(J)D na diversifição dos, 763-764, 767
ligação com o epítopo do antígeno, *760*
maturação por afinidade na ligação com antígenos, 764
monoclonais, 765q, **765**
neutralizadores, **777**
pesquisa futura, 777
reconhecimento do antígeno, 759, 762
Anticorpos catalíticos, 582-583
contra os efeitos da cocaína, 584q
Antígeno (s), 534, **755**, **759**, **778**
características, 759
diversificação da resposta da imunoglobulina, 763-764, *764*
epítopo, 759. *Ver também* Epítopo
maturação por afinidade em ligação com anticorpos, 764
principais complexos de histocompatibilidade, 759
reconhecimento pelo anticorpo, 759, 762
Anti-histaminas, 604
Anti-inflamatórios, 525, 526q, 526. *Ver também* Aspirina
Antitrombina III, 496
APCs (células de apresentação de antígeno), **758**
Apetite, função dos peptídeos no, 605
apoB-100, proteína, 518
Apoenzima, **570**, **585**
AP site (*apurínico/apirimidínico*), 636
Arginina, *537*, 568, 604, 708
Argininosuccinato, 708
Arteriosclerose, 517
Artrite reumatoide, 495, 772
Asma, 526
Asparagina, *536*
Aspartame, 543q, 740q
Aspartato, 540, 707
Aspartato aminotransferase (AST), 581
Aspirina
ação, 525, 526q, 584q
Atividade enzimática, 571-572
concentração do substrato, 571-572
inibição, 571, 573, *576*, 578, 579q
mecanismos, 572-579
pH, 572
temperatura, 572
Atletas, 522q
alimentos para aumentar desempenho, 747q
ATPase translocadora de próton, **685**, **688**
Autoimune doença, 772
Avery, Oswald (1877-1955), 616
Axônio, *592*, **595**
bainha de mielina, 514q

## B

b12, anticorpo, **777**
Bactérias
ingestão por macrófago, *756*
técnicas de DNA recombinante, 664, *664-665*
Bainha de mielina, esclerose múltipla e outras doenças que afetam a, 514q

Bandagens, 494q
Base(s)
aminoácidos, 540
Base(s), ácido nucleico, **616**, 616-617
composição e proporção em duas espécies, 621t
danos ao DNA e reparo, 636-638
estrutura primária do DNA, 620-621
pareamento, 622, *624*
pareamento complementar, 622, *624*
principais tipos, *617*
sequência, 629
B-DNA, 623
Beadle, George, (1903-1989), 616
Bebidas energéticas, 524
Bentley, Robert, 761q
Bicamada lipídica, **508**, **527**
modelo molecular do preenchimento de espaço da, 509
transporte através da, 511q
1,6-Bifosfato de frutose, 695, *696*
4,5- Bifosfatos de fosfatidilinositol (PIP2), **510**
Bioenergética. *Ver* Membrana(s)
Bisfenol A, 610 q
Bomba quimiosmótica, produção de ATP e função da, 685-686
Botox, 597q
Botulismo, 599q, 599
Brometo de decametônio, inibição competitiva pelo, 599
Brown, Michael, 518

## C

Cabelo, desnaturação reversível de proteínas no, 560-561
Cadeia de transporte de elétrons, *675*, 683-685, **688**
desacopladores, 684q
gradiente protônico, **685**
rendimento energético, 686
Cadeias laterais, peptídeo, 544
Cafeína, 747q
Caixa GC, 656
Cálcio ($Ca^{2+}$)
como mensageiro químico secundário, 596q
drogas que afetam a função de mensageiro do, 593t
Cálculos biliares, *517*
Calmodulina, 597q
Calvin, ciclo de, **721**q
Calvin, Melvin (1911-1997), 721q
cAMP. *Ver* AMP cíclico (cAMP)
Canais iônicos dependentes de ligantes, 599
Canais transmembrânicos, 511q
Canal iônico, mensageiros químicos e abertura do, 597, 599, *601*
Canal protônico, 684, **685**
Câncer
anticorpos monoclonais e tratamento, 765q
carcinogênico, **663**
cólon, 735
drogas para tratamento, 620q, 761q
oncogenes, 663q
vacina potencial, 769q

Carboidrato, anabolismo do, 718-722
    conversão da glicose em outros carboidratos em animais, 720-722
    conversão de $CO_2$ atmosférico em glicose nas plantas, 718-719, 720q-721q
    síntese da glicose em animais, 719-720
Carboidrato, catabolismo do, 679, 694
    reações de glicólise, 694-699
    rendimento energético a partir do catabolismo da glicose, 699-700
Carboidrato(s), 475-501
    bandagens feitas de, 494q
    biossíntese. *Ver* Carboidrato, anabolismo do
    catabolismo. *Ver* Carboidrato, catabolismo do
    definição, **476**
    dissacarídeos, 490-492
    monossacarídeos. *Ver* Monossacarídeos
    oligossacarídeos, 490
    polissacarídeos, 493-495
    tipos sanguíneos, 489q
Carbono (C)
    anomérico, 481
Carboxipeptidase, 568, 738
Carcinogênico, 663
Carnitina, 701
Carnitina aciltransferase, 701
Cassete de expressão, **667**
Catabolismo, **673**, **688**
    bomba quimiosmótica e produção de ATP, 685-686
    carboidratos. *Ver* Carboidrato, catabolismo do
    conversão da energia química produzida pelo, 687-691
    das proteínas. *Ver* Proteína(s), catabolismo da
    de lipídeos. *Ver* Lipídeo, catabolismo do
    elétron e transporte de $H^+$, 683-685
    função da mitocôndria, 675
    papel do ciclo do ácido cítrico, 679-683
    principais compostos, 676-679
    rendimento energético resultante, 686
    resumo, 712
    via catabólica comum, 674, 693-694, *695*
    via comum do, **674**
Catalisador(es)
    enzimas como, 533, 578, *575*
    polimerases no processo de transcrição, 644
Catecolaminas, 540
Cech, Thomas, 628
Cefalinas, **509**
Célula nervosa
    anatomia, *592*, 594
    mielinização dos axônios, 514q
Célula(s)
    armazenamento de gordura, 694
    componentes, *675*
    estrutura, *675*
    via metabólica comum em, *675*, 674-675
Célula(s) B, **755**, 756, 758-759, **778**
    corpo estranho, 768
Células assassinas naturais, *753*, **754**, **758**, 788
Células brancas do sangue (leucócitos), 755-756, 768, 778
    linfócitos como um tipo de. *Ver* Linfócitos

Células de apresentação do antígeno (APCs), **758**
Células de memória, **758**
Células do plasma, 758, 763
Células embrionárias de carcinoma, **776**q
Células T auxiliares (células TH), **758**
    desenvolvimento, *759*
    infecção de HIV, 767, 773
Células-tronco, *759*
    desenvolvimento de linfócitos das, *759*
    histórico da pesquisa, 777q
    perspectivas e potencial de pesquisa, 776q-777q
Células-tronco embrionárias, **776**q
Célula(s) T, **755**, 756, 778. *Ver também* Receptor(es) de célula T
    auxiliar, **758**. *Ver também* Células T auxiliaries (células TH)
    citotóxica (células Tc), **758**
    corpo estranho e seleção, 768
    crescimento e diferenciação, *770*
    interação com célula dendrítica, 758
    memória, 758
Células vermelhas do sangue (eritrócitos)
    anemia falciforme, *549*, 549b, 629, 663
    velhas, destruição de, 710
Celulose, 493-494, **497**, 533, 735
    estrutura, *495*
Ceramida, **512**, 724
Cérebro humano, 592
    efeitos de doença de Alzheimer, 553q, 598q
    glicose e corpos cetônicos como fonte de energia, 703-704, 737q
    peptídeos e comunicação química, 605-606
Cerebrosídeos, **512**
α-Cetoácido, 706
Cetoacidose, **706**q
Cetogênicos, aminoácidos, **710**, **712**
α-Cetoglutarato, 681, 706, 726, *727*
2-Cetohexoses, formas D- das, 480t
Cetônico, grupo, 706
2-Cetopentoses, formas-D-, 479t
Cetose, 736
Cetoses, **476**
    como açúcares redutores, 486
Chaperona, proteínas, **553**, 561, **562**
    regulação gênica na etapa pós-tradução e função, **660**, 669
Chargaff, Erwin (1905-2002), 620
Chargaff, regras de, sobre pareamento de base no DNA, 622, *623*
Chave-e-fechadura, modelo, da atividade enzimática, **573**, **585**
Ciclo de Krebs. *Ver* Ácido cítrico, ciclo do
Ciclo menstrual, hormônios e, 520
Ciclo-oxigenase (COX), **524**, 583q
Citocromo c, 547-548
Cirurgia a laser, no olho humano, 560q
Cisteína, *537*, 727
    cistina como dímero da, 539
Cisteína protease, 579, *575*

Cistina, **539**
Cistinúria, 712*q*
Citocinas, **756**, 767, 772, **778**
    classes, 768
    modo de ação, 768
Citocromo oxidase, 685
Citoplasma, reações anabólicas no, 718
Citosina (C), 617, *617*, 622, *623*, 638
    desaminação e formação de uracila, 636, *637*
Citotóxicas (assassina), células T (células Tc), **758**
Citrulina, 604*q*, *707*, 708
Clonagem de DNA, **638**
Clorofila, reações fotossintéticas e, 720*b*-721*b*
Cloroplastos, **720***q*
*Clostridium botulinum*, 597*q*
*Cluster* determinante, **766**, **778**
*Coated pits*, **518**
Cocaína,
    anticorpos catalíticos contra, 584*q*
    neurotransmissor dopamina, 603*q*
Código genético, **648**, 649*t*, **669**
    segundo, **650**
Códon, **648**, 662*b*, **669**
    código genético, 649*t*
    de parada, **660**
Coenzima A (CoA), 598, 678, 698
Coenzima Q, 683
Coenzima(s), **571**, **585**
    $NAD^+$ e FAD, 677
    vitaminas como, 741*t*
Cofatores, enzima, **570**, **585**, 741*t*
Colágeno, 533, *551*, **554**, 555
Cólera (*Vibrio cholerae*), 602
Colesterol, **516**, **527**
    biossíntese (anabolismo), 724, *725*
    cálculos biliares, *517*
    drogas para baixar os níveis de, 725
    estrutura, 514
    lipoproteína de baixa densidade, **517**, 518
    lipoproteínas como carreadoras de, 517-518
    níveis no sangue, 516, 518
    sais biliares como produto de oxidação do, 523
    transporte, 517-518
Colina, 510, 569*b*, 599
Colinérgicos, mensageiros químicos, **593**, 593-599, **594**, **610**
Colisão, teoria da. *Ver* Teoria cinético-molecular
Complementação proteica, **739**
Complexo aberto **657**
Complexo antígeno-anticorpo, *762*
Complexo de Golgi, *675*
Complexo de pré-iniciação, 650, **656**
Complexo enzima-substrato, **573**
Complexo receptor de célula T, **766**, 767
Complexos de histocompatibilidade principal (MHC), 755, **758**, 759-760
    classes de (MHC I, MHC II), 759-760
Complexos proteína e cofatores, 718
Compostos
    da via catabólica comum, 676-679
    zwitteríons, 538, 538-539

Comunicação celular. *Ver* Comunicações químicas
Comunicações químicas, 592-613
    acetilcolina como mensageiro, 595-599
    aminoácidos
    hormônios esteróides, 606-607, 609-610
    hormônios, 593-594*t*, 595, 606-607, 609-610
    mensageiros adrenérgicos, 600-605
    moléculas envolvidas 592-593. *Ver também* Mensageiros químicos; Receptores de mensagens químicas
    neurotransmissores, 593-595, 599. *Ver também* Neurotransmissores
    peptídeos, 605-606
    sistema imunológico 756. *Ver também* Sistema imunológico
Conexões químicas
    ácido ascórbico, 483*q*
    acúmulo de lactato nos músculos, 698*q*
    adoçantes artificiais, 740*q*-740*q*
    agentes quimioterápicos no tratamento do câncer, 761*q*
    Alzheimer, doença de, e acetilcolina transferase, 598*q*
    aminoácidos, 712*q*, 726*q*
    anemia falciforme, 549*q*
    antibióticos, 771*q*
    anticorpos catalíticos contra a cocaína, 584*q*
    aumento no desempenho dos atletas, 747*q*
    bainha de mielina em torno dos axônios, 514*q*
    botulismo, 597*q*
    cálcio como agente sinalizador (mensageiro secundário), 596*q*
    células-tronco, 776*q*-777*q*
    cetoacidose diabética, 706*q*
    cetoacidose, 706*q*
    cirurgia a laser e desnaturação da proteína, 560*q*
    diabetes, 609*q*
    dieta, 740*q*-739*q*
    doenças dependentes da conformação de proteína/peptídeo em humanos, 553*q*
    dopamina, 603*q*
    drogas anticancerígenas, 620*q*
    drogas redutoras de peso, 684*q*
    efeitos da transdução de sinal no metabolismo, 703*q*
    enzimas, 545*q*, 577*q*, 582*q*, 583*q*
    esclerose múltipla, 514*q*
    estrutura da proteína quaternária e das proteínas alostéricas, 558*q*-559*q*
    farmacogenômica, 636*qb*
    fotossíntese, 720*q*-721*q*
    galactosemia, 480*q*
    impressão digital de DNA, 634*q*
    imunizações, 769*q*
    inibidores de enzimas, 579*q*
    insulina, 549*q*
    liberação de acetilcolina, 597*q*
    mutação e evolução bioquímica, 661*q*
    níveis de glicose no sangue, 487*q*
    obesidade, 684*q*
    oncogenes, 663*q*
    óxido nítrico, 604*q*
    p53, 663*q*

pirâmide alimentar, 734q
proteômica, 584q
ranço de óleos e gorduras, 506q
redução do peso, 737q
relaxantes musculares, 569q
telômeros, telomerase e tempo de vida dos organismos, 631q
terapia com anticorpos monoclonais, 765q
teste para glicose, 485q
tipos sanguíneos, 489q-490q
transporte através das membranas celulares, 511q
vacinações, 769q
vírus, 656q
Conformação cadeira, **483**, **497**
    monossacarídeos, 483-484
Contracepção oral, 523q
Controle por retroação, regulação enzimática por, **575**, 575-576, **585**
Conversão gênica (GC), mutação por, 764
Cooperatividade positiva, ligação do oxigênio à hemoglobina e, **558**q
Coração humano
    acumulação de lactato, 698q
    angina, 579q
    arterioesclerose, 517, **518**, 519
    conversão de lactato em piruvato, 580
    infarto do miocárdio, 518, 580
Corey, Robert, 550
Cori, ciclo de, 719, *722*
Cori, Gerty e Carl, *721*
Corpo humano
    contracepção oral, 523q
    cuidados médicos. *Ver* Medicina
    nutrição. *Ver* Nutrição humana
    obesidade, 684q
Corpos cetônicos, 703-704, **704**, 710, **712**, 737
    diabetes, 706q
Cortisol, *519*, 519-520, 771
Cortisona, *520*, 520
Creatina fosfoquinase (CPK), 581
Creatina, 747q
Creutzfeldt-Jakob, doença de, 553q
Crick, Francis, 622, *622*
Cristas, mitocôndria, **676**
Cromatina, **633**
Cromossomos, **616**
    estrutura do DNA. *Ver* Ácido desoxirribonucleico (DNA)
    replicação do DNA e abertura dos, 633
    superestrutura, *625*
    telômeros na extremidade dos, 631q
C-terminais (aminoácido C-terminal), **543**
Curva sigmoidal, **559**q

# D

Danos oxidativos, proteção contra, 699
Decanoato de nandrolona, 522q
"Dedos" de ligação metálicos de fatores de transcrição, **659**
Dendríticas, células, **755**, **758**
    interação com célula T, 758

Dendritos, *592*, **593**
Depósitos de armazenamento de gordura, **694**
Desaminação oxidativa, **706**, 706, 709, **713**
Descarboxilação, reações de, **680**
Desnaturação de proteínas, 557-561
    cirurgia ocular com raio laser em humanos e, 560q
Desnaturação reversa, 562
β-2-desóxi-D-ribose, 617
Detergentes
    sais biliares como, 524
Diabetes melito, 609b, 736
    cetoacidose, 706q
    dependente de insulina, 772
    insulina, 548, 549b
    teste de glicose no sangue, 487q
Diacetato de etilenodiol, 523q
Diclofenac, 525
Dieta de Atkins, 737
Dieta humana. *Ver também* Nutrientes; Nutrição humana
    aminoácidos essenciais, **726**, 726q, **739**
    bebidas energéticas, 524
    calorias, 735-736
    carboidratos, 736-737
    gorduras, 737
    para aumentar o desempenho, 747q
    porções, 733
    proteína, 737-739
    redução de peso, 732, 736, 740b-741q
    redução do colesterol e de ácidos graxos saturados, 519
    vitaminas, minerais e água, 739-749
Dietas discriminatórias de redução, **732**
Difosfato de adenosina, (ADP), 577q, 618, 676, 687
Difosfato de guanosina (GDP), 600, *601*
Digestão, **732**, 736
Diglicerídeos, **505**
Di-hidroxiacetona, 476
Dióxido de carbono, ($CO_2$)
    conversão em glicose nas plantas, 718-719, 720q-721q
    formação da ureia a partir da amônia e, 707-709
Dipeptídeo, **542**, 547
    translocação na síntese de proteína, *652*
Dissacarídeos, **490**, 490-492
D, L, sistema
    configuração de aminoácido, 535
    configuração de carboidrato, 477-479
D-monossacarídeo, 477, 478t, **496**
    ácido L-ascórbico, 483q
    estrutura, 476
    extração de energia. *Ver* Glicólise
    fórmulas de projeção de Fischer, 476-477
    galactosemia como incapacidade de utilizar o, 480q
    nomenclatura, 476
    processamento, 736
    propriedades físicas, 479
DNA ligase, 635
DNA polimerase, 631q, 638, **640**
DNA recombinante, técnicas de, 664-666, 669
DNA. *Ver* Ácido desoxirribonucleico (DNA)
Doçura, 492t

Doenças e condições
　Aids. *Ver* Síndrome da imunodeficiência adquirida
　　(Aids); Vírus da Imunodeficiência Humana (HIV)
　Alzheimer, 553*b*, 598*b*
　armazenamento de lipídeos, 515*q*-516*q*
　artrite reumatoide, 495
　arterioesclerose, 517, **518**
　autoimune, 772
　botulismo, 597*q*
　câncer. *Ver* Câncer
　causada por mudanças de conformação em proteínas e
　　peptídeos, 553*q*
　célula falciforme, 549*b*, 629, 662
　cistinúria, 712*q*
　cólera, 602
　Creutzfeldt-Jakobs, 553*q*
　diabetes. *Ver* Diabetes melito
　esclerose múltipla, 512, 514*q*
　febre reumática, 771*q*
　fenilcetonúria (PKU), 712*q*
　galactosemia, 480*q*
　gonorreia, 771*q*
　hipercolesterolemia familiar, 519
　imunodeficiência combinada severa, **667**
　infecção estreptocócica na garganta, 771*q*
　infecções nos ouvidos, 771*q*
　kwashiorkor (deficiência de proteína), 726*b*, **739**
　mal de Parkinson, 540, 603*q*
　marasmo, **735**
　nutricionais, 724*q*, **735**, **739**, 739*q*-739*q*, *739*
　priônicas, 553*q*
　raquitismo, *739*
　SARS (síndrome respiratória aguda severa), 773
　síndrome alcoólica fetal, 697
　síndrome de Guillain-Barré, 514*q*
　varíola, 769*q*
　vírus como causa de, 656*q*
Dogma central da biologia molecular, **644**, *644*
Donepezil, 598*q*
Dopamina, 584*q*, 600
　depleção no mal de Parkinson, 603*q*
　drogas que afetam a função de mensageiro da, 593*t*
Dor, transmissão de sinais de, 605-606
β-D-ribofuranose (β-D-Ribose), 485, 617
Drogas. *Ver também* Fármacos
　agonistas e antagonistas, 593
　*angel dust*, 600
　anticancerígenos, 620*q*
　anti-inflamatório, 525, 526*b*, 526. *Ver também* Aspirina
　catalíticas, 584*q*
　cocaína, 584*q*
　comunicações químicas e transmissões nervosas
　　afetadas por, 592-593*t*
　contraceptivos orais, 523*q*
　influência genética no metabolismo de, 636*q*
　macrolídeo, 769
　morfina, *576*, 605
　Photofrin, 560*q*
　Viagra, 579*q*

D-sorbitol, redução de D-Glicose em, 485
Dupla hélice, DNA, **622**
　comparações entre RNA e, 624-626
　desenrolamento, 633, 636
　estrutura do ácido nucleico, 616-619
　estrutura primária, 620-622, *621*
　estrutura secundária, 622-624
　estruturas de ordem superior, 624-626
　expressão gênica, 644
　fita líder e fita atrasada, 631, *633*
　forquilha de replicação, 630-631
　*looping*, *658*
　manipulação recombinante, 664-665
　origem da replicação, 630-631
　relaxação, 633
　reparo, 636-637
　replicação. *Ver* Replicação do DNA
　sequência nucleotídica, *625*. *Ver também* Sequências de
　　nucleotídeos no DNA

**E**

Electroforese, **634***q*
Elementos de resposta, **656**
Elementos-traço, 741*t*
Elétron(s)
　agentes de transferência de, em reações biológicas de
　　oxirredução, 677
　transporte de, no ciclo do ácido cítrico, 683-685
Elongação, etapa de, na síntese de proteínas, 650-721
Elongação, fatores de, **651**, *652*
Elongação, transcrição e, **646**
Enantiômeros
　de gliceraldeídos, 476, *477*
Encefalinas, **605**
　drogas que afetam função de mensageiro das, 593*t*
　semelhanças com a morfina, *576*
Endinucleases de restrição, **665**
Energia
　agentes de armazenamento na via catabólica comum,
　　676-677
　bioenergética. *Ver* Metabolismo
　extração em alimentos, 694-701
Energia calorífica
　conversão de energia química em, 687
Energia elétrica
　conversão de energia química em, 686-687
Energia de ativação, 574, 581
Energia mecânica
　conversão em energia química, 687
Energia química
　bioenergética. *Ver* Metabolismo
　conversão para outras formas de energia, 686-687
　produção de ATP, 685-686
Enxofre
　ataque nucleofílico por, 574-575 578, *575*
Enzimas elaboradas, 581-583
Enzima COX, anti-inflamatórios e inibição da, 524-525,
　526*q*, 526

Enzima de ativação, **571**
Enzima, diagnóstico médico e uso de ensaios de, 581*t*
Enzima(s), **567**, 567-589, **585**
 alostéricas, **576**, *576*
 análogos de estado de transição, 581-583, 584*q*
 anticorpos catalíticos para tratar o vício, 584*q*
 ciclo do ácido cítrico, 676, 683-685
 classificação, 570*t*
 como catalisadores, 534, 567-568, 576
 digestão da proteína, 738-739
 digestivas, 694
 elaboração, 581-583
 especificidade do substrato, 568, 569*q*
 fatores que influenciam a atividade das, 571-572
 gliconeogênese, 719
 hidrólise de carboidratos, 736
 inibição, 579*q*
 mecanismos de ação, 572-579
 modelos, 573-578
 nomenclatura, 569*t*
 regulação, 575-580, 582*q*
 sítios ativos, 571, 577*b*
 terminologia, 570
 usos medicinais, 579*q*, 579
Enzimas alostéricas, **576**
 efeito de ativadores e inibidores de ligação nas, *579*
 regulador e sítio regulatório, 576-579
Enzimas desramificadoras, **736**
Epigênico, mecanismo, **777***q*
Epinefrina, 600, 701*q*
 drogas que afetam a função de mensageiro da, 593*t*
 oxidação a aldeído, 602
Epítopo, **759**, **778**
 ligação do anticorpo ao, *760*, 768
Ergogênicos, agentes, 747*b*
Eritritol, 486
Esclerose múltipla, 512, 514*b*, 773
Esfingolipídeos, **507**, **510**, 510-512, **527**
Esfingomielina, 511*b*, 512, 724
Esfingosina, 510
Especificidade das enzimas, 568
Esqueleto carbônico dos aminoácidos, 709-710
Estado de transição
 catalisadores enzimáticos, **575**, **585**
Esterase, degradação da cocaína pela, 584*q*
Estereoisômeros
 aminoácidos e proteínas, 535, *538*
Ésteres
 ceras, 507*q*
 fosfóricos, 488
Ésteres fosfóricos, 488
Esteroide(s), **516**, 516-518, **527**, 594
 colesterol, **517**. *Ver também* Colesterol
 estrutura, 514
 funções fisiológicas, 519-524
 lipoproteínas e transporte de cholesterol, 517-518
Esteroides anabólicos, 522*q*-522*q*
Esteroides, hormônios, 519-523, **606**
 adrenocorticoide, *519*, 519-521

 anabólicos, 522*b*-523*b*
 como mensageiros secundários, 594, 606-610
 contracepção oral, 523*q*
Estômago, acidez do
 catabolismo dos alimentos e função da, 736, 739
Estradiol, *520*, 523
Estrutura primária da proteína, **547**, 547-549, *556*, **562**
Estrutura quaternária das proteínas, **554**, 554-557, **562**
 hemoglobina, 554, *557*
 proteínas alostéricas, 558*q*-559*q*
Estrutura secundária da proteína, **550**, 550-551, *556*, **562**
 α-hélice e folha β-pregueada, 550, *550*, **550**, 563
 hélice estendida do colágeno, **551**
Estrutura terciária da proteína, **551**, 551-553, *556*
 forças estabilizantes, 551-554
 forças que levam à formação da, *554*
Etanolamina, 510
Etapa de ativação na síntese de proteína, 649-650
Etapa de iniciação da síntese de proteína, 650, *651*
Etapa de terminação na síntese de proteína, 653, *654*
Ética, pesquisa com células-tronco e, 777*q*
Etoposídeo, 761*q*
Eucariotos
 expressão gênica, 644-647, 649-655
 propriedades do mRNA em procariotos e durante a transcrição e a tradução, *630*
 regulação gênica, 657-661
Evolução
 mutações e bioquímica, 661*b*
 teoria de Darwin, universalidade do código genético como suporte para a, 648
Exercícios
 acumulação de lactato nos músculos durante os, 698*q*
 perda de peso, 737*q*
Éxons, **629**, *630*, **640**, 646, *646*
Expressão gênica, **644**, 644-671
 código genético, 648-649
 definição, **644**
 DNA, manipulação do, 664-666
 etapas da síntese de proteína, 649-655
 função das proteínas, 534
 mutações, 661-663
 regulação gênica, 655-661
 tradução e síntese de proteína facilitados pelo RNA, 648
 transcrição do DNA em RNA, 645-647
*Ex vivo*, terapia gênica, **667**

F

Fabry, doença de, 515*t*
FAD (dinucleotídeo flavina adenina), **688**
 estrutura, *678*
 reações biológicas de oxirredução, 677
 redução a $FADH_2$, 677, 682
$FADH_2$, 685
 redução de FAD a, 677, 682
Fagócitos, 760
Fagocitose, 760
Farmacogenômica, 636*q*

Fármacos. *Ver também* Drogas
   antibióticos, 771*q*
   anti-histamínicos, 605
   antivirais, 656*q*, 776
   comunicações químicas e transmissões nervosas afetadas por, 592-593*t*
   diabetes melito, 609*q*
   estatínicos, 725
   inibidores de MAO, 602
   anticorpos monoclonais 764, 765*q*
   quimioterapia, 761*q*
   redutores de peso, 684*q*
   variações genéticas em resposta a, 636*q*
Fator de crescimento epidérmico (EGF), 768
Fator de necrose tumoral (TNF), 768
Fator de transcrição, **607**
Fator de transcrição geral (GTF), **656**
Fatores de iniciação, 650, *651*
Fatores de transcrição, **646**, **669**
   expressão gênica e função dos, 657, *657*, 658-659
   hélice-volta-hélice e zíper de leucina, **659**
   "dedos" metálicos de ligação, **658**
Febre reumática, 771*q*
Fe (III), 741*q*
Fenciclidina (PCP), 600
Fenda maior, B-DNA, **624**
Fenda menor, B-DNA, **624**
Fenilalanina, *537*, 541, *710*, 740
   catabolismo defeituoso em humanos, 712*q*
   código genético, 648
Fenilcetonúria (PKU), 712*b*
Ferro
   necessidades diárias, 741*q*
   nos alimentos, 741*q*
Fibras dietéticas, **735**
Fibrinogênio, 534
Fibrosas, proteínas, **534**
Fibroscópio, 560*q*
Fischer, Emil (1852-1919), 476
Fita antissenso, **645**
Fita atrasada, replicação de DNA, **631**, *632*, **640**
Fita codificadora, **645**
Fita líder, replicação de DNA, **631**, *632*, **640**
Fita molde, **645**
Fitas de DNA, (-) e (+),**644**
Fita senso, **645**
Fluoruracila, 620*q*
Folha β-pregueada, 550, *550*, **563**
Forma T da enzima, **579**, *579*
Forquilha de replicação, **630**, 635
Fosfatidilcolina, **509**, 511*q*, *724*
Fosfatidiletanolamina, 511
Fosfatidilinositol (PI), 510, **510**
Fosfatidilserina, 511
Fosfato
   ácidos nucleicos, 618-619
   transferência de grupos fosfato na via catabólica comum, 676-677
Fosfato de di-hidroxiacetona, 695, 700

3-Fosfato de gliceraldeído, 695, 700
1-Fosfato de glicerol, 724
3-Fosfato de glicerol, 699
6-Fosfato de glicose, 694, 698
Fosfolipídeos, **507**, **526**. *Ver também* Glicerofosfolipídeos; Esfingolipídeos
Fosforilação, **676**
   de enzimas, 579
   no processo da glicólise, 694-698
Fosforilada, proteína quinase, **658**
Fotofrina (droga), 560*q*
Fotossíntese, **718**, **720***q*-**721***q*, **728**
Franklin, Rosalind (1920-1958), 622, *622*
Frutofuranose, 482
Frutose
   catabolismo, 700
   forma D-, 476, 480*t*
   hemiacetais cíclicos, 484
FTO, 723*b*
Fumarato, 681, 708
-furan-, **481**
Furanose, **481**, **496**
Furchgott, Robert, 604*q*

## G

2G12, anticorpo, 778
Gaba (ácido γ-aminobutírico, 599
*gag*, gene, 775
Galactosamina, 479
Galactose
   catabolismo, 700
   forma D-, 476, 480*t*, 490*q*
   incapacidade de metabolizar a, 480*q*
Galactosemia, 480*q*
Galantamina, 598*q*
Gangliosídeos, **512**
Garganta infeccionada por estreptocócicos, 771*q*
Gases dos nervos, 593*q*
Gaucher, doença de, 515*t*
Gaze, 494*q*
Gene estrutural, 646, **646**
Genes supressores tumorais, 663*q*
Gene(s), **616**, **629**, **640**. *Ver também* Projeto do Genoma Humano
   CYP2D6 e o metabolismo de drogas, 636*q*
   estruturais, 645, *645*
   mutações, 661-663, 764
   sequências codificadoras e não codificadoras (éxons, íntrons), 629, *630*, 646, *646*
   transcrição. *Ver* Transcrição
Genômica, 555*q*
   pessoal, 635*q*
   resposta a drogas, 636*q*
Gilt (tiol redutase lisossômica induzível por gama-interferon), 760
Gliceraldeído, 476
   configuração de aminoácido, 535, *538*
   estereocentro e enantiômeros, 476-477
Glicerofosfolipídeos, **507**, 509-510, **527**

Glicerol, 504, 694, 724
    catabolismo, 700
Glicina, *536*, *538*, 547
Glicocerebrosídeos, 515*b*
Glicocolato, 524
Glicocorticoides, 772
Glicófago (Metformina), 609*q*
Glicogênese, **722**
Glicogênicos, aminoácidos, **709**, **712**
Glicogênio, 493, **497**
    ação de enzimas, 736
    decomposição para formar glicose, 582*q*, 694-696, 700
    depleção em atletas, 747*b*
    função do glicogênio fosforilase na decomposição ou síntese do, 582*q*, 701*b*, 718
Glicogênio fosforilase, 579
    como modelo de regulação enzimática, 582*q*
    efeitos da transdução de sinal, 701*b*
Glicogênio sintase, 701*q*
Glicogenólise, **700**
Glicolipídeos, **507**, **512**, **527**, 724
Glicólise, 577*q*, 694-699, **712**
    catabolismo do glicerol, 700
    ciclo do ácido cítrico, 698
    da glicose, 694-697, *696*, *697*, 698
    rendimento energético do catabolismo da glicose, 699-700
    via do fosfato de pentose, 698-699, *699*
    visão geral, e entradas/saídas da, *697*
Gliconato, 486
Gliconeogênese, **719**, **728**
Glicopiranose, 485-486, 491
    conformações cadeira, 483
    $\beta$-D-glicopiranose, 485
    mutarrotação, 484, **497**
    projeções de Haworth, 481
Glicoproteínas
    citocinas como, 767
    imunoglobulinas como, 760
Glicosamina, 479
Glicose ($C_6H_{12}O_6$), 476
    catabolismo, 694-699
    conversão de carboidrato em, 720-722
    conversão de $CO_2$ em, em plantas, 718, 720*q*-721*q*
    corpos cetônicos formados em resposta à carência de, 703-704
    decomposição do glicogênio em, 582*q*, 694, 700
    forma-D, 477, 478*t*
    glicólise, 694-699
    níveis no sangue, 476, 477, 487*q*, 609*q*, 736
    oxidação, enzimas e, 568
    redução de D- a D-sorbitol, 485
    síntese, 719-720
Glicose oxidase, 484
Glicosídeos (acetais), formação de, **484**, 484-485, 497-498
Glicosídicas, ligações, **485**, 491, *493*, 495
    hidrólise, 736
    nos nucleosídeos do DNA e RNA, 617-618
Globina, gene, éxons e íntrons da, 629

Globulares, proteínas, **534**
Glucagon, 605
Glutamato, 540, 709
    biossíntese (anabolismo) de aminoácidos, 726, *727*
    desaminação oxidativa, **706**, 706, 709
    transaminação e formação, 706
Glutamina, *536*, 709
Glutationa
    proteção contra danos oxidativos e função, 699
GMP cíclico (cGMP), 579*q*
Goldstein, Joseph, 518
Gonorreia resistentes a drogas, linhagens de, 771*q*
Gordura marrom, 684*q*
Gorduras artificiais, 740*q*-739*q*
Gorduras insaturadas, 505, 506*t*, 703
Gorduras, **505**, **526**. *Ver também* Lipídeo(s)
    armazenamento, *694*
    artificiais, 740*q*-740*q*
    dietéticas, processamento no organismo, 737
    dietéticas, 733, 740*q*-739*q*
    porcentagem de ácidos graxos em algumas, 506*t*
    ranço, 506*q*
    saponificação, 507
Gradiente protônico, **685**
Grupo carbonila
    em aminoácidos, 540, 542
    monossacarídeos e, 480
GTP. *Ver* Trifosfato de guanosina (GTP)
Guanina (G), 616, *617*, 619, 622, *623*
Guanosina, **618**
Guillain-Barré, síndrome de, 514*q*

**H**

Haworth, projeção de, **481**, 481-483, **497**
Haworth, Walter N., 481
Helicases, **635**, **640**, **645**
Hélice estendida, estrutura secundária da proteína, **551**, **562**
$\alpha$-Hélice, estrutura secundária da proteína, 550, **562**
Hélice-volta-hélice, fator de transcrição, **658**
*Helicobacter pylori*, bactéria, 604
Heme, proteína
    como coenzima, 571
    estrutura, *557*
    na mioglobina e na hemoglobina, 559*q*
    reações de catabolização, 710-712
Hemiacetal
    formação de monossacarídeo cíclico, 480-484, 497
Hemoglobina, 534, 546, 554
    anemia falciforme, 549*b*, 629, 663
    comparação com a mioglobina, 559*q*
    estrutura, 554, *557*
    sequência de decapeptídeos N-terminal de de $\beta$-globinas, em algumas espécies, 661*q*
    transporte de oxigênio, 559*q*
Heparina, 496, **496**
Herceptina (droga), 765*q*
Hereditariedade, 615-641
    ampliação do DNA, 638-640
    estrutura do ácido nucleico, 616-619

estrutura do DNA, 616, 620-626
fluxo de informação, *626*
genes, **616**, 629
moléculas da, 615-616
reparo do DNA, 636-638
replicação do DNA, 629-635
RNA, **616**, 620-628
Heroína, 584*q*
Herpes, vírus da, 656*q*
Hibridização de ácidos nucleicos, **638**
Hibridoma, **765**
Hidrofóbicas, interações, estrutura terciária da proteína estabilizada por, 551, *552*, **562**
Hidrogenação
de lipídeos, 507
Hidrogênio (H)
transporte de H⁺, 677, 683-686
Hidrolases, **569**, 570*t*
β-Hidroxibutirato como componente de corpos cetônicos, 704
Hidroxila, grupo
monossacarídeos, 480
Hidroxilisina, 541, *541*
Hidroximetilglutaril-CoA, 725
4-Hidroxipentanal, 480
Hidroxiprolina, 541, *541*
Hidroxiureia, 549*b*
Hiperbólica, curva, **559***b*
Hipercolesterolemia familiar, 519
Hiperglicemia, 487*b*
Hipermutação somática (SHM), 764
Hipertensão, 579*q*
Hipófise, hormônios da, 595
Hipoglicemia, 549*q*
Hipotálamo, 605
Histamina, 604
drogas que afetam a função de mensageiro da, 593*t*
Histidina, *537*, 540, 578, *575*, 604
Histona desacetilase, 633
Histona(s), 616, *624*, **625**, **640**
acetilação e desacetilação das principais, 633
HIV-1 protease, 567, 579*q*
HIV. *Ver* Vírus da imunodeficiência humana (HIV)
HMG-CoA redutase, 519
Hormônio luteinizante (LH), 520
Hormônios
esteroide. *Ver* Esteroides, hormônios
funções de mensageiro químico, 592, 593-594, **610**
hipófise, *595*
principais, 594*t*
proteínas como, 534
sexuais, 520-523
Hormônios sexuais, 520-523, **527**
humanos, composição e propriedades dos, 518*t*
Hidrólise
ligações glicosídicas, 736
triglicerídeos, 507*q*

**I**

Ibuprofeno, 526
-ídeo (sufixo), **485**

Ignaro, Louis, 604*q*
*Imprinting*, informação genética, **777***q*
Imunidade, 754
adaptativa, **754**, 754
inata, 754, 758
vacinações, 769*q*
Imunidade adaptativa, **754**, 754, **778**
células de. *Ver* Célula(s) B; Célula(s) T
Imunidade adquirida, **754**. *Ver também* Imunidade adaptativa
Imunidade inata, **754**, **778**
células, 758
corpo estranho em células de, 768-769
Imunidade inata externa, **754**
Imunizações, 769*q*
Imunodeficiência combinada severa (SCID), **667**, 755
Imunogênio, 582
Imunoglobulina(s), **755**, **760**, **778**, **778**. *Ver também* Anticorpos; Complexos de histocompatibilidade principal (MHC); Receptor(es) de célula T
anticorpos monoclonais, 765
classes, 760-761*t*
domínios constantes e variáveis em moléculas de, 755, 778
estrutura, 761
gene V(J)D e diversificação de respostas, 763, 764, *764*
IgA, 761
IgE, *761*
IgG, 760, *762*
IgM, 760
receptores de célula T, diferença entre, 766
síntese pela célula B, e função, 762, *763*
Índice de massa corporal, 723*q*, 735
Indometacina, 526
Inflamatória, resposta, 767
Influenza, vírus da, 656*q*
Ingestões Dietéticas de Referência (DRI), **732**
Inibição, enzima de, **571**, 573-575, *576*, 578, **585**
usos medicinais, 579*q*
Inibidores competitivos de enzimas, **571**, 573, *576*, 578, 579*q*, **585**, 599
Inibidores não competitivos de enzimas, **571**, 573, *576*, 578, **585**
Insulina, 605-606, 615
cadeias A e B, *548*
diabetes e produção de, 487*q*, 609*q*
estrutura polipeptídica, *548*
produção por técnicas de DNA recombinante, 665
utilização, 548*q*
Interações celulares específicas do sistema imunológico, 757*t*
Interações celulares não específicas do sistema imunológico, 757*t*
Interleucinas (ILs), **767**
Íntrons, **629**, *630*, **640**, 646, *646*
Ionizante, radiação
como mutagênicoss, 662
Íon metálico, coordenação de, 551-552, **561**
Isocitrato, oxidação e descarboxilação do, 680-681
Isoleucina, *537*

Isomerases, **569**, 570*t*
Isômeros estruturais. *Ver* Isômeros constitucionais
Isopreno, 725
Isozimas (isoenzimas), **580**, *580*, **585**
-itol (sufixo), **486**

## J

Jencks, William, 581
Jenner, Edward, 769*q*
Junções comunicantes, 511*q*

## K

Killer (citotóxicas), cálulas T (células Tc), **758**
Knoop, Franz, 701
Köhler, Georges, 765
Koshland, Daniel, **573**
Krebs, Hans (1900-1981), *680*, 708
Kwashiorkor, 726*q*, **739**

## L

Laboratório, feramentas de. *Ver* Ferramentas
Laços de anticódon em tRNA, *627*
Lactato
    acumulação nos músculos, 698*q*
    conversão da glicose em, 719, *719*
    conversão do piruvato em, 580
    glicólise, catabolismo da glicose e, *696, 697, 698*
Lactato desidrogenase (LDH), 581
    isozimas, 580, *580*
Lactose, 491, **496**
Landsteiner, Karl (1868-1943), 489*q*
L-dopa (L-di-hidroxifenilalanina), 540, 603*q*
Le Chatelier, princípio de, reações químicas e
    superando os efeitos do, em vias biossintéticas, 718
Lecitina, **509**
Leptina, 605
Lerner, Richard, 581
Leucina, *536*, 648, *710*
Leucócitos. *Ver* Células brancas do sangue (leucócitos)
Leucodistrofia de Krabbe, 515*t*
Leucotrieno, receptores de (LTRs), 526
Leucotrienos, **526**, **527**
Liases, **569**, 570*t*
Ligação cruzada do colágeno, estrutura de, **556**
Ligação de dissulfeto, **539**
Ligação de hidrogênio
    estrutura terciária da proteína estabilizada por, *552*, 562
Ligação peptídica, 542-544, **561**
    formação na síntese de proteína, 651, 653
Ligações covalentes
    estrutura terciária da proteína estabilizada por, 551
Ligações de hidrogênio
    intermoleculares, **550**
    intramoleculares, **550**
    pares de bases do ácido nucleico, *623*
Ligações de hidrogênio intermoleculares, **550**
Ligações químicas
    anti-inflamatórios, 526*q*, 526
    esteroides anabólicos, 522*b*

Ligantes. *Ver* Mensageiros químicos
Ligases, **569**, 570*t*
Linfa, **756**, *757*
Linfócitos, **756**, 778. *Ver também* Células B; Células T
    desenvolvimento, *759*
    efeito de vacinas nos, 769*q*
    produção de anticorpos monoclonais a partir de, 765
Linfoides, órgãos, **756**, 778
Linfonodos, *757*, 758-759
Linoleico, ácido, 738
Lipases, 568, 694, 737
Lipídeos, 503-531, **526**
    bainha de mielina em torno dos axônios, 514*q*
    ceras, 507*q*
    classificação, 503-504
    classificação baseada na estrutura, 504
    classificação baseada na função, 503-504
    complexo, 507, *507*
    doença do armazenamento de, em humanos, 515*q*-516*q*
    esfingolipídeos, **510**, 510-512
    esteroides, **514**, 514-518. *Ver também* Esteroide(s)
    estrutura da membrana e função dos, 508-509
    glicerofosfolipídeos, 509-510
    glicolipídeos, 512
    metabolismo. *Ver* Lipídeos, catabolismo dos
    oxidação e ranço, 506*q*
    processamento, 737
    prostaglandinas, tromboxanos e leucotrienos, 524-526
    simples, 507
    transporte na membrana celular, 511*q*
    triglicerídeos, 504-507
Lipídeos, biossíntese dos, 722-724
Lipídeos, catabolismo dos, 679, 694
    catabolismo do glicerol, 700
    β-oxidação de ácidos graxos, 700-703
    rendimento energético, 703*t*
Lipídeos complexos
    estrutura, 507, 526
    hidrólise, 695
Lipoproteína de densidade muito baixa (VLDL), **517**
    composição e propriedades, 518*t*
Lipoproteínas, **517**
    composição e propriedades, 518*t*
    de alta densidade (HDL). *Ver* Lipoproteínas de alta densidade (HDL)
    de baixa densidade. *Ver* Lipoproteínas de baixa densidade (LDL)
    transporte de colesterol, 517-519
Lipoproteínas de alta densidade (HDL), **517**, **527**
    humanas, composição e propriedades, 518*t*
    níveis no soro sanguíneo, 518
    transporte do colesterol, 518
Lipoproteínas de baixa densidade (LDL), **517**, **527**, 724
    composição e propriedades, 518*t*
    estrutura, *518*
    níveis no soro sanguíneo, 518
    transporte do colesterol, 517-518
Lisina, *537*, 541, 568
Lisossomos, 568, *675*
    processamento de antígenos, 760

Lisozima, 568
Luz, reações da, fotossíntese, 720*q*-721*q*

## M

Macrófagos, **754**, *756*, **758**, 759, 778
    reconhecimento de corpo estranho, 768-770
Macrolídeas, drogas, 772
Malato, 682
Malonil-CoA, 723*q*
Maltose, 491, **496**
Manitol, 486
Manosamina, 479
MAO, inibidores de, 602
Marasmo, **735**
Matriz mitocondrial, **676**
Maturação por afinidade, ligação antígeno-anticorpo, **765**
*MDR1*, 662*q*
Medicina
    enzimas e inibição enzimática usadas em, 579*q*, 580-581
    terapia gênica, 667-668
Membrana(s), **508**, **527**
    biossíntese de lipídeos de, 724-725
    papel dos lipídeos na estrutura das, 504, 508-509
    transporte através das, 508, 511*q*
Memória, 576*q*
Mensageiros biológicos. *Ver* Mensageiros químicos
Mensageiros químicos, **610**
    acetilcolina, 595-599
    adrenérgicos, 600-605
    classes, 594
    função de peptídeos, 605-618
    hormônios, 592-595
    hormônios esteroides, 606-607, 609-610
    lipídeos, 504
    neurotansmissores, 592-595
    secundários. *Ver* Mensageiros secundários
Mensageiros secundários, **592**, 594, 600-601, **610**. *Ver também* Prostaglandina(s); Tromboxanos
    ação de mensageiros peptidérgicos, hormônios e neurotransmissores e função dos, 605-606
    AMP (cAMP) cíclico como, 600-601
    cálcio como, 596*q*
    hormônios esteroides como, 594
    óxido nítrico como, 604*q*
Mentais, transtornos, 540
2-Mercaptoetanol ($HOCH_2CH_2SH$), 561
Metabolismo, **673**, 673-691, **688**
    bomba quimiosmótica e produção de ATP, 685-686
    conversão de energia química (ATP) em outras formas de energia, 687-691
    efeitos da transdução de sinal, 701*q*
    função da mitocôndria, 675
    função do ciclo do ácido cítrico, 679-683
    principais compostos da via catabólica comum, 676-679
    transporte de elétrons, 683-685
    transporte de $H^+$, 683-685
    via anabólica, 674. *Ver também* Vias catabólicas do anabolismo, 675, 674. *Ver também* Catabolismo
Metabolismo dos alimentos. *Ver* Catabolismo

Metabolismo extensivo (ME) de drogas, 636*q*
Metabolismo ultraextensivo (UEM) de drogas, 636*b*
Metandienona 522*q*
Metenolona, 522*q*
1-Metilguanosina, 627
Metionina, *537*, 649, 660
Metionina encefalina, *576*
Mevalonato, 725
Microplaquetas de proteína, 555*q*
Micro RNA (Mirna), 628, **640**
Mifepristona (RU 486), 521, 523
Milstein, César, 765
Minerais, 739, 741*t*-746*t*
Mineralocorticoides, 519
Minissatélites, DNA, **629**
Miocárdio, infarto do, 518, 580
Mioglobina, 559*b*
Mitchell, Peter (1920-1992), 685
Mitocôndria, função da, no catabolismo da célula, 674, *675*, **688**
Modificação da proteína, regulação enzimática e, **579**, **585**
Modismo dietético, **732**
Modulação negativa, **576**
Modulação positiva, **576**
Moléculas carreadoras de elétrons, FAD e $NAD^+$ como, 677
Moléculas transportadoras, 600
Moloney, vírus da leucemina murina de (MMLV), **667**, *668*
Monoamina oxidases (MAOs), 602
Monoamina mensageiros químicos, 599-600. Ver também Dopamina; Epinefrina; Histamine; Norepinefrina (noradrenalina); Serotonina
    ação, 600
    inativação, 602
Monoclonais, anticorpos, **765**
    produção, *766*
    terapia do câncer usando, 765*q*
Monofosfato de adenosina, (AMP), 618, 676
Monoglicerídeos, **505**
Monossacarídeos, 475-490, **476**, **496**
    aminoaçúcares, 479
    decomposição de carboidratos para formar, 694
    definição, 476
    estruturas cíclicas, 480-484
    formas D e L, 476-480
    reações características, 484-490, 497
    tipos sanguíneos, 489*q*-490*q*
Morfina, *576*, 605
Mosaico fluido em membranas, modelo do, *508*, **509**
Movimento muscular, papel das proteínas no, 534
Mullins, Kary B. (1945-), 638
Multipotentes, células-tronco, **776***b*
Murad, Ferid, 604*q*
Músculo(s)
    acumulação de lactato, 698*q*
    armazenamento de oxigênio pela mioglobina, 559*q*
    contração, *687*
    enzimas e relaxamento, 569*q*
    proteínas, **534**

Mutações, **661**, 661-663, **669**
    evolução bioquímica e gene, 661*q*
    no gene V(J)D, 764
    silenciosas, 662*b*
Mutações pontuais, 764, 766
Mutações silenciosas, 662*q*
Mutagênicos, **663**, **669**
Mutarrotação, 484, **497**

## N

N-Acetil-D-galactosamina, 489*q*
N-Acetil-D-glicosamina, 479, 489*q*, 495
NADH
    catabolismo da glicose, 699-700
    redução do NAD$^+$ a, 677, 681, 682, 700
NAD$^+$ (nicotinamida adenina dinucleotídeo), **688**
    em reações biológicas de oxirredução, 677
    estrutura, *678*
    redução a NADH, 677, 681, 682, 700
NADP$^+$ (fosfato de nicotinamida adenina dinucleotídeo), *699*
NADPH, via do fosfato de pentose, 698-699
Não esteroidais, drogas anti-inflamatórias (NSAids), 525, 526*b*, 526. *Ver também* Aspirina.
Necessidades calóricas mínimas, **735**, **749**
NER (reparo por excisão de nucleotídeo), 638, 663
Neurônio, **592**, 594. *Ver também* Célula nervosa
Neuropeptídeo, **605**
Neurotransmissores, **592**, **610**
    aminoácidos como, 599
    classificação, 594
    colinérgicos, **593**, 593-599
    efeitos da cocaína, 584*q*
    excitatórios e inibitórios, **599**
    regulação, 599, 602
    remoção, 602
    transdução de sinal, 600, *601*
Neurotransmissores excitatórios, **599**
Neurotransmissores inibitórios, **599**
Nicotina, 595, 599
Nicotínico, receptor, 595
Niemann-Pick, doença de, 516*t*
Nirenberg, Marshall, 648
Nitrogênio
    catabolismo do aminoácido, 705-709
N-Metil-D-aspartato (NMDA), receptor de, 600
Nomenclatura
    enzimas, 569
    glicosídeos, 485
    no nível da tradução, 660
Norepinefrina (noradrenalina)
    absorção no sítio do receptor, 600, *601*
    drogas que afetam a função de mensageiro da, 592*t*, 594*t*
    oxidação a aldeído, 602
Noretindrona, 523*q*
Noretinodrel, 523*q*
N-terminal, aminoácido, **543**, 547
Núcleo (da célula), *675*

Nucleofílico, ataque
    formação de ligação peptídica, 653
    mecanismos enzimáticos, **575**
    replicação de DNA, 633
Nucleosídeos, **617**, 619*t*
Nucleossomos, **624**, **640**
Nucleotídeo(s), **618**, 619, 621
    açúcares, 617-618
    bases, **616**, 616-617
    fosfato de, 618-619
    fragmentos Okazaki, **635**
    oito, no DNA e RNA, 619*t*
    reparo por excisão, 636-637
    replicação de DNA e adição de, 633
    sequências, no DNA, 625. *Ver também* Sequência de nucleotídeos no DNA
Nutrição humana, 731-751. *Ver também* Dieta humana
    água, 739-749
    aumento do desempenho em atletas, 747*q*
    complementação proteica, **739**
    contagem de calorias, 735-736
    medida, 731-735
    minerais, 739-749
    processamento de carboidrato, 736-737
    processamento de gorduras, 737
    processamento de proteína, 737-739
    vitaminas, 739-749
Nutrientes, **731**
    ácidos graxos essenciais, 505, **738**
    água como, 749
    aminoácidos essenciais, **726**, 726*q*, 739
    classificação, 732
    doses diárias recomendadas
    estrutura, 742*t*-746*t*
    insuficientes, doença causada por, 726*q*, 735, 739
    minerais como, 739, 741*t*
    necessidades, **732**, 735
    pirâmide alimentar, 733, 734*q*
    proteínas, 739
    rótulos, *732*
    vitaminas, 739, 741*t*

## O

Obesidade
    base biológica, 723*q*
    drogas para redução de peso, 684*q*
    perigos para a saúde, 735
Okazaki, fragmentos, **635**, **640**
Óleos, **505**, **526**
    porcentagem de ácidos graxos em alguns, 506*t*
    ranço, 506*q*
Óleos poli-insaturados, 506
Olestra, 740*q*-740*q*
Olho humano
    cirurgia a laser e função das proteínas desnaturadas, 560*b*
Oligossacarídeos, **490**
Oncogênese, 663*q*
Organelas, *675*, **688**

Origem da replicação, **630**
Orinase (Tolbutamida), 609*q*
Ornitina, 568, *707*, 708
-ose (sufixo), **476**, **486**
Ovos, proteínas desnaturadas em, 558, 561
Ovulação, 520
Oxaloacetato, 682
    a partir de PEP, 703
    a partir do malato, 682
Oxalosuccinato, 680-681
    $\beta$-oxidação, 694, 700-703, 712
Oxidação
    gorduras e óleos e ranço resultante, 506*q*
    monossacarídeos, 486-488, 498
    obtendo energia dos ácidos graxos por $\beta$-oxidação, 694, 700-703, 712
    sais biliares como produto do colesterol, 523
Óxido nítrico (NO)
    como mensageiro químico secundário, 604*q*
    função de macrófago, 758
Oxidoredutases, **569**, 570*t*
Oxigênio ($O_2$)
    comportamento da hemoglobina e mioglobina quando ligadas ao, 558*q*-559*q*
Oxitocina, 605
    estrutura, *549*
    função, 548

**P**

Palha de aço, 776*q*-777*q*
Papaína, 575, *575*
Pares de bases complementares, *623*, **640**
Parkinson, mal de, 540, 603*q*
Pasteur, Louis, 769*q*
Pauling, Linus, 550
Penicilinas
    inibição de enzimas pela, 578
Pent- (prefixo), **476**
PEP (fosfoenolpiruvato), 703
Pepsina, 570, 738
Peptidégicos, mensageiros químicos, 594, 605-606, **610**
Peptídeo(s), **544**
    como mensageiros químicos, 594, 605-606
    doença humana causada por mudança de conformação nos, 553*q*
    síntese de proteína a partir de. Ver Síntese de proteína, cadeias laterais na, 544
Peptidil transferase, **652**, *652*
Pequenas partículas de ribonucleoproteína nuclear (snRNPs), **628**, **640**
Pequeno RNA de interferência (siRNA), **628**, **640**
Pequeno RNA nuclear (snRNA), **628**
Peroxidase, 583*q*
pH (concentração de íons de hidrônio)
    atividade enzimática, 573
    ponto isoelétrico (pI), **539**, 545-546, *546*
Picropodofilina, 761*q*
Pirâmide alimentar, *733*, 734*q*
-piran-, **481**

Piranose, **481**, **496**
Pirimidina
    nucleotídeos de DNA e RNA, 617, 623, *623*
Pirofosfato de farnesila, 725
Pirofosfato de geranila, 725
Pirofosfato de isopentenila, 725
Piruvato de fosfoenol (PEP), 577*q*
Piruvato desidrogenase, 698
Piruvato, 577*q*, 580, *727*
    catabolismo do esqueleto carbônico dos aminoácidos e a produção de, 709-710
    descarboxilação oxidativa e produção de acetil-CoA, 698
    glicólise e produção de, 695-696
Piruvato quinase
    fosforilação, 579
    modelo, 577*q*
    regulação da glicólise pela, 695
    sítio ativo e substratos de, 577*q*
Placas amiloides e formação fibrílica, 553*q*, 598*q*
Planta(s)
    anabolismo, 720*q*-721*q*
    celulose, 493-494, 533
    fotossíntese e biossíntese do carboidrato, 718
Plasmídeos, **664**, 665
Pluripotentes, células-tronco, **776***q*
PM (*poor metabolism*), metabolizador pobre ou deficiente, 636*q*
Podofilo (*Podophyllum peltatum*), efeitos antitumorais do extrato de, 761*q*
Pol II, fator de transcrição, 656, *657*
Polimerase, reação da cadeia de, **638**, *639*, **640**
Polimerases, 645
Poliomielite, vírus da, 656*q*
Polipeptídeos, **544**, 563
Polissacarídeos, **490**, 493-495
    ácidos, 495-496
    amido (amilase, amilopectina), 493
    celulose, 493-494
    glicogênio, 493
Poluentes biológicos, 609*b*
Pontes salinas, estrutura terciária da proteína estabilizada por, 551, *552*, **562**
Ponto isoelétrico (pI), **539**, 545-546, *546*, **561**
Porção reguladora de gene eucariótico, **646**
Pós-sinápticas, membranas, 592, **594**, **610**
Pós-tradução da regulação gênica, etapa de, 659
Pós-tradução, modificação, 541
Pós-transcrição, etapa de, 649, 660
Prenilação, **725**
    de proteína ras, 725*q*
Pré-sináptica, terminações nervosas, **595**, **610**
Pressão sanguínea, 604*q*
    alta, 579*q*
    controle, 604*q*
Primases, **633**
*Primer*(s), ácido nucleico, 635
    hibridização de DNA, 640
    RNA, **633**, 635
Priônicas, proteínas, 553*q*

Procariotos
    estrutura dos ribossomos, *628*
    expressão gênica, 644
    processamento, 736-738
    propriedades das moléculas de mRNA durante transcrição e tradução, *630*
Processo de ligação na replicação de DNA, 635
Proenzimas (zimógenos), regulação enzimática por, **576**, **585**
Progenitoras, células, **776***q*
Progesterona, *519*, 610
    biossíntese de hormônios da, *519*
    ciclo reprodutivo feminino, 520
Projeções de Fischer, **476**, 476-477, **496**
    fórmulas, 476
Projeto do Genoma Humano, 555*q*, 635*q*-636*q*, 659
Prolina, *536*, *541*
Prolina racemase, 581-582, *582*
Promotores, **646**, 656, **669**
Propofol, 488
Propriedades físicas
    monossacarídeos, 480
    triglicerídeos, 505-506
Propriedades químicas
    aminoácidos, 540
    de proteínas, 544-547
Prostaglandina enderoperóxido sintase (PGHS), 583*q*
Prostaglandina(s), **524**, 524-526, **527**
Prostético, grupo, **554**
Proteassomos, regulação gênica pós-tradução e, **659**
Proteína, anabolismo da, 726-728. *Ver também* Síntese de proteína
Proteína, catabolismo da, 694, 705-710
    catabolismo da heme, 710-712
    processamento do esqueleto carbônico do aminoácido no, 709-710
    processamento do nitrogênio no, 705-709
    visão geral, 705
Proteína completa, **739**
Proteína-G, 600
    cascata de adenilato ciclase, 600, *601*, 602
    efeito da toxina do cólera, 602
Proteína quinase M, 576*q*
Proteína(s), 533-564
    alostéricas, 558*q*
    aminoácidos combinados para formar, 542-544
    aminoácidos, 534-538. *Ver também* Aminoácido(s)
    chaperona, **553**, 562
    complemento expresso por genomas, 555*q*
    completa, **739**
    conjugada, **554**
    desnaturada, 557-562
    enzimas como, 533. *Ver também* Enzima(s)
    estrutura primária, **547**, 547-549, *556*
    estrutura quaternária, 554, 558*q*-559*q*
    estrutura secundária, **550**, 550, *556*
    estrutura terciária, 551-553, *556*
    fibrosa, **534**
    função protetora, 534
    funções, 533-534
    globular, **534**
    junções comunicantes construídas de subunidades de, 511*q*
    ligação, 645
    membrana integral, **557**
    metabolismo. *Ver* Proteína, catabolismo da
    modificação e regulação enzimática, **580**
    mudanças, 553*q*
    ponto isoelétrico, **539**, 545-546, *546*
    prenilação, 725
    processamento no organismo humano, 737-741
    propriedades, 544-545
    síntese. *Ver* Síntese de proteína
    zwitteríons, **538**, 538-539, 546
Proteínas alostéricas, estrutura quaternária e, 558*q*
Proteínas conjugadas, **554**
Proteínas de armazenagem, 534
Proteínas de ligação, **645**
Proteínas estruturais, 533
Proteínas integrantes da membrana, **556**
Proteína transmembrânica, 596
Proteoma, 555*q*
Prusiner, Stanley, 553*b*
Psoríase, 772
Purinas, 667
    nos nucleotídeos de DNA e RNA, 616-617, 622-623, *623*

Q

Queratectomia fosforefratária (PRK), 560*q*
Queratina, 533, 551, 559
Quilomícrons, **517**
Quimiocinas, **768**, 771, **778**
Quimiosmótica, teoria, **685**
Quimioterápicos, agentes, 761*b*
Quimotripsina, 737
Quinases, 576*q*
Quitina, 479, 494*b*
Quitosana, 494*b*

R

Ranço de gorduras e óleos, 506*q*
Reações no escuro, fotossíntese, 720*b*-721*b*
Reações químicas
    agentes para transferência eletrônica em oxirreduções biológicas, 677
    catabolismo de carboidratos, 694-699
    catabolismo de lipídeos, 701-705
    catabolismo de proteínas, 705-710
    da glicólise, 694-699
    fotossíntese, 720*q*-721*q*
    lipídeos, 507
    monossacarídeos, 484-490, 497-498
Recaptação, 599, **610**
Receptor de ativação, **770**, **779**
Receptor(es) de célula T, 755, 765-766
    diferenças entre imunoglobulinas e, 766
    estrutura, 767, *767*
    molécula CD4 e infecção por HIV, 767, 774

moléculas de adesão, **766**
reconhecimento de antígeno peptídico pelos, 759
Receptores de mensagens químicas, **592**, **610**
   aminoácido, 599
   colinérgicos (acetilcolina), 595
Receptor inibitório, **770**, **779**
Recombinação de troca de classe (CSR), 764
Recomendações Nutricionais diárias (RND), **732**, 733, 742*t*, 746*t*
Redução de peso em humanos
   adoçantes artificiais, 740*q*-740*q*
   dietas, 732, 736, 737, 740*q*-739*q*
   drogas, 684*q*
   razões para a dificuldade de, 736*q*
Reforçadores (sequências de DNA), 646, 656, **657**, 669
Regulação gênica, 655-661
   do nível pós-transcricional, 659-660
   no nível transcricional, 656-658
Regulação gênica em nível de tradução, **655**, 660
Regulação gênica em nível transcricional, 656-658
   em nível pós-transcricional, 659
   em nível transcricional, 656-658
Regulador de enzimas alostéricas, 576
Reparo por excisão de base (BER), 636, *637*
Reparo por excisão de nucleotídeo (NER), 638, 663
Replicação do DNA, *626*, 629-635, *644*
   aspectos gerais, 633, 635
   etapas, 633, 636
   fitas líderes e fitas atrasadas na, bidirecional, 631, 635
   forquilha de replicação, **630**, 635
   natureza semiconservativa, 630
   origem, **630**
   replissomos, 633
Replicação do RNA, *644*
Replicação semiconservativa do DNA, **631**
Replissomos, **633**
   componentes e funções, 632*q*
Reprogramação celular, células-tronco e técnica de, 777*q*
Resíduos de aminoácidos, **544**
Reservatório de aminoácidos, **694**
Resposta imunológica. *Ver também* Sistema imunológico
   regulação, 767, 768
   velocidade, 755
Retículo sarcoplásmico, 511*q*
Retrovacinação, 778
Retrovírus, 773
Ribofuranose, 482
Ribose, 484, 617
   via do fosfato de pentose e produção de, 698-699
   40S ribossomo, 647
   60S ribossomo, 647
Ribossomos, **627**, 627-628
   estrutura de procarioto, *628*
   função da ribozima, 653
   síntese de proteína, 647-648, 650-653
Ribozimas, **567**, **628**, **640**, 653
Rivastigmina, 598*q*
RNA de transferência (tRNA), **627**, 628*t*, **640**, 644
   especificidade para cada aminoácido, 660
   estrutura, *627*
   iniciação da síntese de proteína e função do, 650
   tradução e função, 648
RNA mensageiro (mRNA), 626, **640**
   propriedades durante transcrição e tradução, *630*
   síntese de proteína e função, 650
   tradução e função, 648
   transcrição, 645, *646*
RNA polimerases, 645, 647
RNA ribossômico (rRNA), 627-628*t*, **640**, 644. *Ver também* Ribossomos
   metilação pós-transcricional, 647
   tradução e função, 647-648
RNA. *Ver* Ácido ribonucleico (RNA)
Rodbell, Martin (1925-1998), 600
Rodopsina, 724
Rótulos em alimentos, *732*
R (relaxada), forma, da enzima, **576**, *579*
RU 486 (Mifepristona), 521, 523

## S

Sabões, **507**, **526**. *Ver também* Detergentes
   saponificação de gorduras e produção de, 507
Sacarídeos, **476**
   dissacarídeos, 490-492
   monossacarídeos. *Ver* Monossacarídeos
   polissacarídeos, 493-495
   oligossacarídeos, **490**
Sacarina, 740*b*
Sacarose ($C_{12}H_{22}O_{11}$), 476, 490-491, **496**
Sais biliares, **523**, **527**, 737
Sangue humano. *Ver também* Células vermelhas do sangue (eritrócitos); Células brancas do
   anemia falciforme, 549*q*, 663
   anticoagulantes, 496
   coagulação, 525, 534, 568
   glicose, 476, 478, 487*q*, 609*q*, 736
   NADPH e defesa contra danos oxidativos, 699
   níveis de colesterol, 516, 518
   tipos, 489*q*-490*q*, 759
   transfusões, 489*q*-489*q*
Saponificação
   de gorduras, 506-507
SARS (síndrome respiratória aguda severa), 773
Satélites, DNA, **629**
Saturadas, gorduras, 505, 506*t*, 519
Schultz, Peter, 581
Schwann, células de, 514*q*
Segundo código genético, **650**
Selenocisteína, 655*q*
Sequência de aminoácidos, 616
   ação enzimática, *569*
   função proteica vinculada à, 548
Sequência de nucleotídeos no DNA, *625*
   codificadores e não codificadores (éxons, íntrons), 629, *630*, 646, *646*
   satélite, 629
Sequência de terminação no processo de transcrição, **647**
Sequências de consenso, **645**
Serina, 510, *536*

Serotonina, 540, 600, 603q
  drogas que afetam a função de mensageiro da, 593t
Shine-Dalgarno, sequência (de RNA) de, **650**, *651*
Sieving portions of enzime, **662**
Silenciadores (sequências de DNA), **656**
Sinal de iniciação, **646**
Sinapse, *592*, **594**, **610**
Síndrome da imunodeficiência adquirida (Aids), 567, 579q.
  *Ver também* Vírus da imunodeficiência humana (HIV)
Síntese de proteína, 649-655. *Ver também* Expressão gênica
  biossíntese de aminoácidos, 726-728
  componentes moleculares de reações em quatro etapas da, 649t
  e genes em procariotos *versus* eucariotos, 629, *630*
  etapa de ativação, 649-650
  etapa de elongação, 650-653
  etapa de iniciação, 650-651
  etapa de terminação, 653, *654*
  informação hereditária no DNA para orientação da, 616, 620, 644
  papel de diferentes RNAs na, 627-628t
Sistema imunológico, 753-781
  células do, 756-759, 757t
  células T e receptores de células T, 765-767
  componentes, 755
  corpo estranho, determinação por, 768-772
  especificidade e memória como principais aspectos, 754-755
  HIV, Aids, 772-778
  imunidade adaptativa, **754**, 754
  imunoglobulinas, 760-765
  introdução, 754-756
  órgãos, 756-759
  papel das proteínas, 534
  regulação, 767, 768
  simulação de antígeno, 759
  visão geral, 754
Sistema linfático, *757*, *758-759*, 778
Sítio A (sítio aceptor), ribossomo, **650**
  ligação com, 650-651
Sítio de reconhecimento de códon, **648**
Sítio P, ribossomo **650**
Sítio regulatório da enzima, **576**
Sítios ativos na enzima, **571**, 577q, **585**
Solenoide, **624**, *625*
Somáticas, células, 631q
  telômeros em cromossomos de, 631q
  terapia gênica, 667
*Splicing*, 628, *630*, 659, *659*
  tradução e função, 647-648
  transcrição de informação do DNA. *Ver* Transcrição
*Splicing* alternativo, 659-660
*Splicing* de moléculas de RNA, **628**, *630*
  alternativo, 659
Substância P, **606**
Substrato, 571-572, **585**
  concentração e atividade enzimática, 571-572
Substrato, especificidade do, 568
Succinato, 680-684

Succinilcolina, 569q
  como inibidor competitivo, 599
Sucralose, 740q

# T

Tampão
Tampão,
  no sangue humano, 546, *546*
  proteínas como, 546, *546*
TATA, caixa, 646, 656
Tatum, Edward, 616
Tau, proteínas, 598q
Taurina, 523, 599
Taurocolato, 524
Tay-Sachs, doença, 516t
Tecidos conectivos, 495
Teia de aranha **533**, 551q
Telomerase, 631q
Telômeros, 631q
Temperatura
  atividade enzimática, 572
Terapia antiretroviral altamente ativa (Haart), **776**
Terapia antiviral, 656q, 776
Terapia gênica, 635b, 667-668
Terapia gênica *in vivo*, 667-668, **669**
Terminações coesivas, DNA, 665
Termogenina, 684q
Testosterona, 520, 523
  e esteroides anabólicos, 522q
Tetr- (prefixo), **476**
Thudichum, Johann, 512
Timina (T), 617, *617*, 622, *623*
Tirosina, *537*, 541, *541*, 738
Tiroxina, 541, *541*
Topoisomerases (girases), 633, **640**
Toxinas
  cólera, 602
Tradução, *626*, 644-645, 669
  propriedades do mRNA durante a, *630*
Transaminação, **706**
Transcrição, *626*, 644-647
  propriedades do mRNA durante a, *630*
Transcriptase reversa, 774, *774*
Transdução de sinal, 600, *601*, **610**
  efeitos no metabolismo, 703q
  na replicação do DNA, 633
  remoção da amplificação do sinal, 601-602
Transferases, **569**, 570t
Translocação, etapa de elongação da síntese de proteína, **652**
Translocador de membrana interna (TIM), 675
Translocador de membrana externa (TOM), 675
Transmissão de impulsos nervosos, drogas que afetam, 593t
Transporte
  ânion, **511**b
  através de membranas, 508, 511q
  colesterol, 517-518
  de oxigênio pela hemoglobina, 559q
  facilitado, **511**q
  função das proteínas, 534

passivo, **511**q
  remoção de neurotransmissores por, 600
Transporte ativo, **511**q
Transporte facilitado, **511**q
Transporte passivo, **511**q
Treonina, *537*
Trifosfato de adenosina (ATP), 618, **687**
  armazenamento de energia e liberação
    no catabolismo, 674, 676
  bomba quimiosmótica e produção de, 685-686
  catabolismo da glicose e rendimento, 699, 700*t*, 700
  consumo em vias anabólicas, 678, 719, 723
  na ativação da síntese de proteína, 649
Trifosfato de guanosina (GTP)
  cascata de transdução de sinal, 600, *601*
  formação no ciclo do ácido cítrico, **681**
Trifosfato de uridina (UTP), conversão da glicose em
  outros carboidratos e função do, 721-722
Triglicerídeos, **504**, **505**
  estrutura, *504*
  propriedades físicas e químicas, 505-507
Trigliceróis, **505**. *Ver também* Triglicerídeos
Trinitrotolueno, 684q
Trioses, **476**
Tripeptídeo, **544**, 547
Tripletos (códons), 648, 649*t*
Tri- (prefixo), **476**
Tripsina, 568, 570, 738
  regulação, 576
Triptofano, *537*, 568, 739
Trissacarídeos, **490**
tRNAfMet, **650**, *651*
Tromboxanos, **525**, **527**

## U

Ubiquinona. *Ver* Coenzima Q
Úlceras, 604
Uracila (U), 617, *617*, 636, *637*
Urease, 568
Ureia, 568
  formação, 707-710
Ureia, ciclo da, 707-709, **712**
Uridina, 618
Uridina difosfato (UDP)-glicose, 721-722
Urina
  corpos cetônicos, 704
  glicose, 487*b*
  usando vírus, 665, *666*
U.S. Department of Agriculture (USDA), 733, *733*

## V

Vaca louca, doença da, 553q
Vacinas, 769q
  contra infecção por HIV, 775, *775*
Valina, *536*
Valor diário, listagem de rótulos de alimentos, **732**, 733, 735
Varíola, 769q

Vasopressina
  estrutura, *549*
  função, 548
Vasos sanguíneos, 579q, 604q
Veneno de cobra, 599
Veneno(s)
  interrupção da mensagem química pelo, 599
Vesículas, neurotransmissores armazenados em, 594, **610**
Via anaeróbica,**695**
Via bioquímica, **674**. *Ver também* Vias biossintéticas; Via catabólica comum
Via catabólica comum, *675*, 674, 693-694
  carboidratos, lipídeos e catabolismo de proteínas, *695*
  ciclo do ácido cítrico, 679-683
  compostos da, 676-679
  produção de ATP (energia), 685-686
  rendimento energético, 686
  resumo, 712
  transporte de elétrons e H⁺, 683-685
Via complementar, 763
Via da fosforilação oxidativa, **676**, 686, **688**, *695*, 700
  desacopladores, 684q
Via do fosfato de pentose, **698**, 698-699, *699*, **712**
Viagra (fármaco), 579q, 604q
Vias biossintéticas, **717**, 717-730. *Ver também* Anabolismo
  aminoácidos, 726-728
  carboidratos, 718-722
  flexibilidade, 717
  lipídeos, 723-724
  princípio de Le Chatelier, 718
Vias catabólicas do anabolismo, 674, *675*
Vidarabina (Vira-A) (fármaco), 656q
Vírus da imunodeficiência humana (HIV), 772-778
  busca de vacina contra, 775, *775*, **775**
  estrutura, *771*
  métodos de ataque ao sistema imunológico, 773
  molécula CD4, células T auxiliadoras e, 767, 773
  processos infecciosos, 773
  tratamento de infecção por, 567, 579q, 776
Vírus, 656q
  HIV. *Ver* Vírus da imunodeficiência humana (HIV)
  terapia antiviral, 656q, 776
  terapia gênica, 667-668, *668*
  usando DNA recombinante, 665
Vitamina B, 571, 748
Vitamina C, 739
Vitamina D, 739, 749
Vitamina E, 739
Vitamina(s)
  fontes, funções, deficiências e necessidades diárias, 742*t*-746*t*
  importância nutricional, 739, 742*t*, 749
V(J)D, gene, diversidade de resposta imunológica devido à recombinação e mutação do, 763
Von Euler, Ulf, 524

## W

Watson, James (1928-), 622, *622*
Wilkins, Maurice (1916-2004), 622

## X

Xilitol, 486

## Z

Zimógenos. *Ver* Proenzimas (zimógenos)
Zinc fingers, fatores de transcrição, 658, *659*
Zíper de leucina, **659**
Zwitterions, 538-539, 546, **561**

# Grupos funcionais orgânicos importantes

| | Grupo funcional | Exemplo | Nome comum (Iupac) |
|---|---|---|---|
| Álcool | —ÖH | $CH_3CH_2OH$ | Etanol (Álcool etílico) |
| Aldeído | —C(=O)—H | $CH_3CHO$ | Etanal (Acetaldeído) |
| Alcano | | $CH_3CH_3$ | Etano |
| Alceno | \C=C/ | $CH_2=CH_2$ | Eteno (Etileno) |
| Alcino | —C≡C— | $HC≡CH$ | Etino (Acetileno) |
| Amida | —C(=O)—N— | $CH_3CNH_2$ | Etanoamida (Acetamida) |
| Amina | —NH₂ | $CH_3CH_2NH_2$ | Etanoamina (Etilamina) |
| Anidrido | —C(=O)—Ö—C(=O)— | $CH_3COOCCH_3$ | Anidrido etanóico (Anidrido acético) |
| Areno | (anel benzênico) | (benzeno) | Benzeno |
| Ácido carboxílico | —C(=O)—ÖH | $CH_3COH$ | Ácido etanóico (Ácido acético) |
| Dissulfeto | —S̈—S̈— | $CH_3SSCH_3$ | Dimetil dissulfeto |
| Éster | —C(=O)—Ö—C— | $CH_3COCH_3$ | Etanoato de metila (Acetato de metila) |
| Éter | —Ö— | $CH_3CH_2OCH_2CH_3$ | Dietil éter |
| Haloalcano (Haleto de alquila) | —Ẍ:  X = F, Cl, Br, I | $CH_3CH_2Cl$ | Cloroetano (Cloreto de etila) |
| Cetona | —C(=O)— | $CH_3CCH_3$ | Propanona (Acetona) |
| Fenol | (anel benzênico)—ÖH | (fenol)—OH | Fenol |
| Sulfeto | —S̈— | $CH_3SCH_3$ | Dimetil sulfeto |
| Tiol | —S̈H | $CH_3CH_2SH$ | Etanotiol (Etil mercaptana) |

## Código genético padrão

| Primeira posição (Extremidade 5') | Segunda posição | | | | Terceira posição (Extremidade 3') |
|---|---|---|---|---|---|
| | U | C | A | G | |
| U | UUU Phe | UCU Ser | UAU Tyr | UGU Cys | U |
| | UUC Phe | UCC Ser | UAC Tyr | UGC Cys | C |
| | UUA Leu | UCA Ser | UAA Stop | UGA Stop | A |
| | UUG Leu | UCG Ser | UAG Stop | UGG Trp | G |
| C | CUU Leu | CCU Pro | CAU His | CGU Arg | U |
| | CUC Leu | CCC Pro | CAC His | CGC Arg | C |
| | CUA Leu | CCA Pro | CAA Gln | CGA Arg | A |
| | CUG Leu | CCG Pro | CAG Gln | CGG Arg | G |
| A | AUU Ile | ACU Thr | AAU Asn | AGU Ser | U |
| | AUC Ile | ACC Thr | AAC Asn | AGC Ser | C |
| | AUA Ile | ACA Thr | AAA Lys | AGA Arg | A |
| | AUG Met* | ACG Thr | AAG Lys | AGG Arg | G |
| G | GUU Val | GCU Ala | GAU Asp | GGU Gly | U |
| | GUC Val | GCC Ala | GAC Asp | GGC Gly | C |
| | GUA Val | GCA Ala | GAA Glu | GGA Gly | A |
| | GUG Val | GCG Ala | GAG Glu | GGG Gly | G |

*AUG forma parte do sinal de iniciação, bem como a codificação para os resíduos internos da metionina.

## Nomes e abreviações dos aminoácidos mais comuns

| Aminoácido | Abreviação de três letras | Abreviação de uma letra |
|---|---|---|
| Alanina | Ala | A |
| Arginina | Arg | R |
| Asparagina | Asn | N |
| Ácido aspártico | Asp | D |
| Cisteína | Cys | C |
| Glutamina | Gln | Q |
| Ácido glutâmico | Glu | E |
| Glicina | Gly | G |
| Histidina | His | H |
| Isoleucina | Ile | I |
| Leucina | Leu | L |
| Lisina | Lys | K |
| Metionina | Met | M |
| Fenilalanina | Phe | F |
| Prolina | Pro | P |
| Serina | Ser | S |
| Treonina | Thr | T |
| Triptofano | Trp | W |
| Tirosina | Tyr | Y |
| Valina | Val | V |

**Massas atômicas padrão dos elementos 2007** Com base na massa atômica relativa de $^{12}C = 12$, em que $^{12}C$ é um átomo neutro no seu estado fundamental nuclear e eletrônico.†

| Nome | Símbolo | Número atômico | Massa atômica | Nome | Símbolo | Número atômico | Massa atômica |
|---|---|---|---|---|---|---|---|
| Actínio* | Ac | 89 | (227) | Magnésio | Mg | 12 | 24,3050(6) |
| Alumínio | Al | 13 | 26,9815386(8) | Manganês | Mn | 25 | 54,938045(5) |
| Amerício* | Am | 95 | (243) | Meitnério | Mt | 109 | (268) |
| Antimônio | Sb | 51 | 121,760 (1) | Mendelévio* | Md | 101 | (258) |
| Argônio | Ar | | 39,948 18(1) | Mercúrio | Hg | 80 | 200,59(2) |
| Arsênio | As | 33 | 74,92160(2) | Molibdênio | Mo | 42 | 95,96(2) |
| Astato* | At | 85 | (210) | Neodímio | Nd | 60 | 144,22 (3) |
| Bário | Ba | 56 | 137,327(7) | Neônio | Ne | 10 | 20,1797 (6) |
| Berílio | Be | 4 | 9,012182(3) | Netúnio* | Np | 93 | (237) |
| Berquélio* | Bk | 97 | (247) | Nióbio | Nb | 41 | 92,90638 (2) |
| Bismuto | Bi | 83 | 208,98040 (1) | Níquel | Ni | 28 | 58,6934 (4) |
| Bório | Bh | 107 | (264) | Nitrogênio | N | 7 | 14,0067(2) |
| Boro | B | 5 | 10,811 (7) | Nobélio* | No | 102 | (259) |
| Bromo | Br | 35 | 79,904(1) | Ósmio | Os | 76 | 190,23 (3) |
| Cádmio | Cd | 48 | 112,411(8) | Ouro | Au | 79 | 196,966569(4) |
| Cálcio | Ca | 20 | 40,078(4) | Oxigênio | O | 8 | 15,9994 (3) |
| Califórnio* | Cf | 98 | (251) | Paládio | Pd | 46 | 106,42(1) |
| Carbono | C | 6 | 12,0107(8) | Platina | Pt | 78 | 195,084 (9) |
| Cério | Ce | 58 | 140,116(1) | Plutônio* | Pu | 94 | (244) |
| Césio | Cs | 55 | 132,9054 519(2) | Polônio* | Po | 84 | (209) |
| Chumbo | Pb | 82 | 207,2(1) | Potássio | K | 19 | 39,0983(1) |
| Cloro | Cl | 17 | 35,453(2) | Praseodímio | Pr | 59 | 140,90765 (2) |
| Cobalto | Co | 27 | 58,933195 | Prata | Ag | 47 | 107,8682(2) |
| Cobre | Cu | 29 | 63,546 29(3) | Promécio* | Pm | 61 | (145) |
| Criptônio | Kr | 36 | 83,798(2) | Protactínio* | Pa | 91 | 231,0358 8 (2) |
| Cromo | Cr | 24 | 51,9961(6) | Rádio* | Ra | 88 | (226) |
| Cúrio* | Cm | 96 | (247) | Radônio* | Rn | 86 | (222) |
| Darmstádio | Ds | 110 | (271) | Rênio | Re | 75 | 186,207(1) |
| Disprósio | Dy | 66 | 162,500(1) | Ródio | Rh | 45 | 102,9055 0(2) |
| Dúbnio | Db | 105 | (262) | Roentgênio(5) | Rg | 111 | (272) |
| Einstênio* | Es | 99 | (252) | Rubídio | Rb | 37 | 85,4678(3) |
| Enxofre | S | 16 | 32,065(5) | Rutênio | Ru | 44 | 101,07 (2) |
| Érbio | Er | 68 | 167,259(3) | Ruterfórdio | Rf | 104 | (261) |
| Escândio | Sc | 21 | 44,955912 (6) | Samário | Sm | 62 | 150,36(2) |
| Estanho | Sn | 50 | 118,710 (7) | Seabórgio | Sg | 106 | (266) |
| Estrôncio | Sr | 38 | 87,62 (1) | Selênio | Se | 34 | 78,96(3) |
| Európio | Eu | 63 | 151,964 (1) | Silício | Si | 14 | 28,0855(3) |
| Férmio* | Fm | 100 | (257) | Sódio | Na | 11 | 22,9896928 (2) |
| Ferro | Fe | 26 | 55,845(2) | Tálio | Tl | 81 | 204,3833(2) |
| Flúor | F | 9 | 18,9984032(5) | Tântalo | Ta | 73 | 180,9488(2) |
| Fósforo | P | 15 | 30,973762 (2) | Tecnécio* | Tc | 43 | (98) |
| Frâncio* | Fr | 87 | (223) | Telúrio | Te | 52 | 127,60(3) |
| Gadolínio | Gd | 64 | 157,25(3) | Térbio | Tb | 65 | 158,9253 5 (2) |
| Gálio | Ga | 31 | 69,723(1) | Titânio | Ti | 22 | 47,867 (1) |
| Germânio | Ge | 32 | 72,64(1) | Tório* | Th | 90 | 232,0380 6(2) |
| Háfnio | Hf | 72 | 178,49(2) | Túlio | Tm | 69 | 168,93421(2) |
| Hássio | Hs | 108 | (277) | Tungstênio | W | 74 | 183,84(1) |
| Hélio | He | 2 | 4,002602(2) | Unúmbio | Uub | 112 | (285) |
| Hidrogênio | H | 1 | 1,00794(7) | Ununéxio | Uuh | 116 | (292) |
| Hólmio | Ho | 67 | 164,93032(2) | Ununóctio | Uuo | 118 | (294) |
| Índio | In | 49 | 114,818(3) | Ununpêntio | Uup | 115 | (228) |
| Iodo | I | 53 | 126,90447(3) | Ununquádio | Uuq | 114 | (289) |
| Irídio | Ir | 77 | 192,217(3) | Ununtrio | Uut | 113 | (284) |
| Itérbio | Yb | 70 | 173,54 (5) | Urânio* | U | 92 | 238,0289 1(3) |
| Ítrio | Y | 39 | 88,90585(2) | Vanádio | V | 23 | 50,9415(1) |
| Lantânio | La | 57 | 138,90547(7) | Xenônio | Xe | 54 | 131,293 (6) |
| Laurêncio* | Lr | 103 | (262) | Zinco | Zn | 30 | 65,38(2) |
| Lítio | Li | 3 | 6,941(2) | Zircônio | Zr | 40 | 91,224(2) |
| Lutécio | Lu | 71 | 174,9668(1) | | | | |

† As massas atômicas de muitos elementos podem variar, dependendo da origem e do tratamento da amostra. Isto é especialmente verdadeiro para o Li, materiais comerciais que contém lítio, apresentam massas atômicas Li que variam entre 6,939 e 6,996. As incertezas nos valores de massa atômica são apresentadas entre parênteses após o último algarismo significativo para que são atribuídas.

* Elementos que não apresentam nuclídeo estável, o valor entre parênteses representa a massa atômica do isótopo de meia-vida mais longa. No entanto, três desses elementos (Th, Pa e U) têm uma composição isotópica característica e a massa atômica é tabulada para esses elementos. (http://www. chem.qmw.ac.uk / IUPAC / ATWT /)

# Tabela Periódica dos Elementos

| Período | 1A (1) | 2A (2) | 3B (3) | 4B (4) | 5B (5) | 6B (6) | 7B (7) | 8B (8) | 8B (9) | 8B (10) | 1B (11) | 2B (12) | 3A (13) | 4A (14) | 5A (15) | 6A (16) | 7A (17) | 8A (18) |
|---|---|---|---|---|---|---|---|---|---|---|---|---|---|---|---|---|---|---|
| 1 | Hidrogênio 1 **H** 1,0079 | | | | | | | | | | | | | | | | | Hélio 2 **He** 4,0026 |
| 2 | Lítio 3 **Li** 6,941 | Berílio 4 **Be** 9,0122 | | | | | | | | | | | Boro 5 **B** 10,811 | Carbono 6 **C** 12,011 | Nitrogênio 7 **N** 14,0067 | Oxigênio 8 **O** 15,9994 | Flúor 9 **F** 18,9984 | Neônio 10 **Ne** 20,1797 |
| 3 | Sódio 11 **Na** 22,9898 | Magnésio 12 **Mg** 24,3050 | | | | | | | | | | | Alumínio 13 **Al** 26,9815 | Silício 14 **Si** 28,0855 | Fósforo 15 **P** 30,9738 | Enxofre 16 **S** 32,066 | Cloro 17 **Cl** 35,4527 | Argônio 18 **Ar** 39,948 |
| 4 | Potássio 19 **K** 39,0983 | Cálcio 20 **Ca** 40,078 | Escândio 21 **Sc** 44,9559 | Titânio 22 **Ti** 47,867 | Vanádio 23 **V** 50,9415 | Cromo 24 **Cr** 51,9961 | Manganês 25 **Mn** 54,9380 | Ferro 26 **Fe** 55,845 | Cobalto 27 **Co** 58,9332 | Níquel 28 **Ni** 58,6934 | Cobre 29 **Cu** 63,546 | Zinco 30 **Zn** 65,38 | Gálio 31 **Ga** 69,723 | Germânio 32 **Ge** 72,61 | Arsênio 33 **As** 74,9216 | Selênio 34 **Se** 78,96 | Bromo 35 **Br** 79,904 | Criptônio 36 **Kr** 83,80 |
| 5 | Rubídio 37 **Rb** 85,4678 | Estrôncio 38 **Sr** 87,62 | Ítrio 39 **Y** 88,9059 | Zircônio 40 **Zr** 91,224 | Nióbio 41 **Nb** 92,9064 | Molibdênio 42 **Mo** 95,96 | Tecnécio 43 **Tc** (97,907) | Rutênio 44 **Ru** 101,07 | Ródio 45 **Rh** 102,9055 | Paládio 46 **Pd** 106,42 | Prata 47 **Ag** 107,8682 | Cádmio 48 **Cd** 112,411 | Índio 49 **In** 114,818 | Estanho 50 **Sn** 118,710 | Antimônio 51 **Sb** 121,760 | Telúrio 52 **Te** 127,60 | Iodo 53 **I** 126,9045 | Xenônio 54 **Xe** 131,29 |
| 6 | Césio 55 **Cs** 132,9054 | Bário 56 **Ba** 137,327 | Lantânio 57 **La** 138,9055 | Háfnio 72 **Hf** 178,49 | Tântalo 73 **Ta** 180,9488 | Tungstênio 74 **W** 183,84 | Rênio 75 **Re** 186,207 | Ósmio 76 **Os** 190,2 | Irídio 77 **Ir** 192,22 | Platina 78 **Pt** 195,084 | Ouro 79 **Au** 196,9666 | Mercúrio 80 **Hg** 200,59 | Tálio 81 **Tl** 204,3833 | Chumbo 82 **Pb** 207,2 | Bismuto 83 **Bi** 208,9804 | Polônio 84 **Po** (208,98) | Astato 85 **At** (209,99) | Radônio 86 **Rn** (222,02) |
| 7 | Frâncio 87 **Fr** (223,02) | Rádio 88 **Ra** (226,0254) | Actínio 89 **Ac** (227,0278) | Ruterfórdio 104 **Rf** (261,11) | Dúbnio 105 **Db** (262,11) | Seabórgio 106 **Sg** (263,12) | Bóhrio 107 **Bh** (262,12) | Hássio 108 **Hs** (265) | Meitnério 109 **Mt** (266) | Darmstádio 110 **Ds** (271) | Roentgênio 111 **Rg** (272) | 112 Descoberto 1996 | 113 Descoberto 2004 | 114 Descoberto 1999 | 115 Descoberto 2004 | 116 Descoberto 1999 | | 118 Descoberto 2006 |

**Lantanídeos**

| Cério 58 **Ce** 140,115 | Praseodímio 59 **Pr** 140,9076 | Neodímio 60 **Nd** 144,24 | Promécio 61 **Pm** (144,91) | Samário 62 **Sm** 150,36 | Európio 63 **Eu** 151,965 | Gadolínio 64 **Gd** 157,25 | Térbio 65 **Tb** 158,9253 | Disprósio 66 **Dy** 162,50 | Hólmio 67 **Ho** 164,9303 | Érbio 68 **Er** 167,26 | Túlio 69 **Tm** 168,9342 | Itérbio 70 **Yb** 173,54 | Lutécio 71 **Lu** 174,9668 |
|---|---|---|---|---|---|---|---|---|---|---|---|---|---|

**Actinídeos**

| Tório 90 **Th** 232,0381 | Protactínio 91 **Pa** 231,0388 | Urânio 92 **U** 238,0289 | Netúnio 93 **Np** (237,0482) | Plutônio 94 **Pu** (244,664) | Amerício 95 **Am** (243,061) | Cúrio 96 **Cm** (247,07) | Berquélio 97 **Bk** (247,07) | Califórnio 98 **Cf** (251,08) | Einstênio 99 **Es** (252,08) | Férmio 100 **Fm** (257,10) | Mendelévio 101 **Md** (258,10) | Nobélio 102 **No** (259,10) | Laurêncio 103 **Lr** (262,11) |
|---|---|---|---|---|---|---|---|---|---|---|---|---|---|

**Legenda:**
- METAIS
- METALOIDES
- NÃO METAIS

Exemplo:
Urânio
92 → Número atômico
**U** → Símbolo
238,0289 → Massa atômica

Nota: As massas atômicas referem-se aos valores Iupac 2007 (até quatro casas decimais). Os números entre parênteses são as massas atômicas ou números de massa do isótopo mais estável de um elemento.

Impressão e Acabamento

**brasilform**
gráfica | editora

Rua Rosalina de Moraes Silva, 71
Cotia-SP - Tel: 4615 1111 - Fax: 4615 1117
www.brasilform.com.br
e-mail: brasilform@brasilform.com.br